电脑办公实战从入门到精通

龙马工作室 编著

超值版

人民邮电出版社
北京

图书在版编目（CIP）数据

电脑办公实战从入门到精通 ： 超值版 / 龙马工作室编著. -- 北京 ： 人民邮电出版社，2014.6（2016.10 重印）
ISBN 978-7-115-35251-4

Ⅰ. ①电… Ⅱ. ①龙… Ⅲ. ①办公自动化－应用软件 Ⅳ. ①TP317.1

中国版本图书馆CIP数据核字(2014)第068400号

内容提要

本书通过精选案例引导读者深入学习，系统地介绍了电脑办公的相关知识和方法。

全书共分 22 章。第 1～4 章主要介绍电脑办公的基本知识，包括电脑办公所需的设备和软件、电脑的基本操作、电脑打字，以及电脑办公软件的管理等；第 5～8 章主要介绍 Word 文档的制作方法，包括月末总结报告的制作、办公室装修协议的制作、公司宣传彩页的制作，以及文档的检查、审阅与打印等；第 9～14 章主要介绍 Excel 报表的制作方法，包括制作产品记录清单、制作公司订单流程图、制作年销售额对比图、计算员工工资、设计产品销售透视表和透视图，以及 Excel 函数和公式的运用等；第 15～16 章主要介绍幻灯片的制作，包括制作新员工培训幻灯片和个人年终总结发言幻灯片等；第 17 章主要介绍 Outlook 的使用方法；第 18～22 章主要介绍如何利用网络辅助办公、办公设备的使用方法、Office 的辅助软件、Office 2010 组件的协同应用，以及手机移动办公等。

在本书附赠的 DVD 多媒体教学光盘中，包含了 16 小时与图书内容同步的视频教学录像及所有案例的配套素材和结果文件。此外，还赠送了大量相关学习内容的教学录像、Word 常用文书模板、Excel 实用表格模板及扩展学习电子书等。为了满足读者在手机和平板电脑上学习的需要，光盘中还赠送了本书教学录像的手机版视频学习文件。

本书不仅适合电脑办公的初、中级读者学习使用，也可以作为各类院校相关专业学生和电脑培训班学员的教材或辅导用书。

◆ 编　　著　龙马工作室
　责任编辑　张　翼
　责任印制　杨林杰

◆ 人民邮电出版社出版发行　　北京市丰台区成寿寺路 11 号
　邮编　100164　　电子邮件　315@ptpress.com.cn
　网址　http://www.ptpress.com.cn
　大厂聚鑫印刷有限责任公司印刷

◆ 开本：787×1092　1/16
　印张：19
　字数：486 千字　　　　2014 年 6 月第 1 版
　印数：12101－12900 册　　2016 年 10 月河北第 8 次印刷

定价：39.80 元（附光盘）

读者服务热线：(010)81055410　印装质量热线：(010)81055316
反盗版热线：(010)81055315
广告经营许可证：京东工商广字第 8052 号

Preface 前言

随着社会信息化的不断普及，计算机已经成为人们工作、学习和日常生活中不可或缺的工具，而计算机的操作水平也成为衡量一个人综合素质的重要标准之一。为满足广大读者的实际应用需要，我们针对不同学习对象的接受能力，总结了多位计算机高手、国家重点学科教授及计算机教育专家的经验，精心编写了这套“实战从入门到精通”系列图书。本套图书面市后深受读者喜爱，为此，我们特别推出了畅销书《电脑办公实战从入门到精通》的单色超值版，以便满足更多读者的学习需求。

一、系列图书主要内容

本套图书涉及读者在日常工作和学习中各个常见的计算机应用领域，在介绍软硬件的基础知识及具体操作时，均以读者经常使用的版本为主，在必要的地方也兼顾了其他版本，以满足不同读者的需求。本套图书主要包括以下品种。

《跟我学电脑实战从入门到精通》	《Word 2003办公应用实战从入门到精通》
《电脑办公实战从入门到精通》	《Word 2010办公应用实战从入门到精通》
《笔记本电脑实战从入门到精通》	《Excel 2003办公应用实战从入门到精通》
《电脑组装与维护实战从入门到精通》	《Excel 2010办公应用实战从入门到精通》
《黑客攻击与防范实战从入门到精通》	《PowerPoint 2003办公应用实战从入门到精通》
《Windows 7实战从入门到精通》	《PowerPoint 2010办公应用实战从入门到精通》
《Windows 8实战从入门到精通》	《Office 2003办公应用实战从入门到精通》
《Photoshop CS5实战从入门到精通》	《Office 2010办公应用实战从入门到精通》
《Photoshop CS6实战从入门到精通》	《Word/Excel 2003办公应用实战从入门到精通》
《AutoCAD 2012实战从入门到精通》	《Word/Excel 2010办公应用实战从入门到精通》
《AutoCAD 2013实战从入门到精通》	《Word/Excel/PowerPoint 2003三合一办公应用实战从入门到精通》
《CSS 3+DIV网页样式布局实战从入门到精通》	《Word/Excel/PowerPoint 2007三合一办公应用实战从入门到精通》
《HTML 5网页设计与制作实战从入门到精通》	《Word/Excel/PowerPoint 2010三合一办公应用实战从入门到精通》

二、写作特色

从零开始，循序渐进

无论读者是否从事计算机相关行业的工作，是否接触过电脑办公，都能从本书中找到最佳的学习起点，循序渐进地完成学习过程。

紧贴实际，案例教学

全书内容均以实例为主线，在此基础上适当扩展知识点，真正实现学以致用。

紧凑排版，图文并茂

紧凑排版既美观大方又能够突出重点、难点。所有实例的每一步操作，均配有对应的插图和注释，以便读者在学习过程中能够直观、清晰地看到操作过程和效果，提高学习效率。

单双混排，超大容量

本书采用单、双栏混排的形式，大大扩充了信息容量，在300多页的篇幅中容纳了传统图书600多页的内容，从而在有限的篇幅中为读者奉送了更多的知识和实战案例。

独家秘技，扩展学习

本书在每章的最后，以“高手私房菜”的形式为读者提炼了各种高级操作技巧，而“举一反三”栏目更是为知识点的扩展应用提供了思路。

书盘结合，互动教学

本书配套的多媒体教学光盘内容与书中知识紧密结合并互相补充。在多媒体光盘中，我们仿真工作、生活中的真实场景，通过互动教学帮助读者体验实际应用环境，从而全面理解知识点的运用方法。

三、光盘特点

16小时全程同步视频教学录像

光盘涵盖本书所有知识点的同步教学录像，详细讲解每个实战案例的操作过程及关键步骤，帮助读者更轻松地掌握书中所有的知识内容和操作技巧。

超多、超值资源

除了与图书内容同步的视频教学录像外，光盘中还赠送了大量相关学习内容的教学录像、Word常用文书模板、Excel实用表格模板及辅助学习电子书等，以方便读者扩展学习。为了满足读者在手机和平板电脑上学习的需要，光盘中还赠送了本书教学录像的手机版视频学习文件。

手机版视频教学录像

将手机版视频教学录像复制到手机后，即可在手机上随时随地跟着教学录像进行学习。

四、配套光盘运行方法

Windows XP操作系统

(1) 将光盘放入光驱中，几秒钟后光盘就会自动运行。

(2) 若光盘没有自动运行，可以双击桌面上的【我的电脑】图标，打开【我的电脑】窗口，然后双击【光盘】图标，或者在【光盘】图标上单击鼠标右键，在弹出的快捷菜单中选择【自动播放】选项，光盘就会运行。

Windows 7操作系统

(1) 将光盘放入光驱中，几秒钟后系统会弹出【自动播放】对话框，如左下图所示。

(2) 单击【打开文件夹以查看文件】链接以打开光盘文件夹，用鼠标右键单击光盘文件夹中的MyBook.exe文件，并在弹出的快捷菜单中选择【以管理员身份运行】菜单项，打开【用户账户控制】对话框，如右下图所示，单击【是】按钮，光盘即可自动播放。

(3) 再次使用本光盘时，将光盘放入光驱后，双击光驱盘符或单击系统弹出的【自动播放】对话框中的【运行MyBook.exe】链接，即可运行光盘。

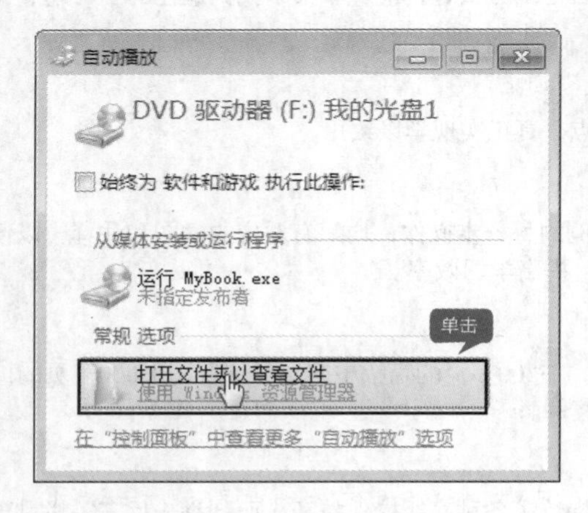

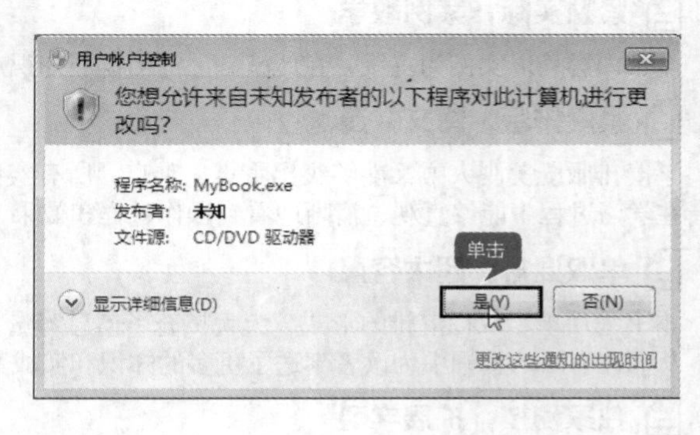

五、光盘使用说明

1. 在电脑上学习光盘内容的方法

（1）光盘运行后会首先播放片头动画，之后进入光盘的主界面。其中包括【课堂再现】、【学习笔记】、【手机版】三个学习通道，和【素材文件】、【结果文件】、【赠送资源】、【帮助文件】、【退出光盘】五个功能按钮。

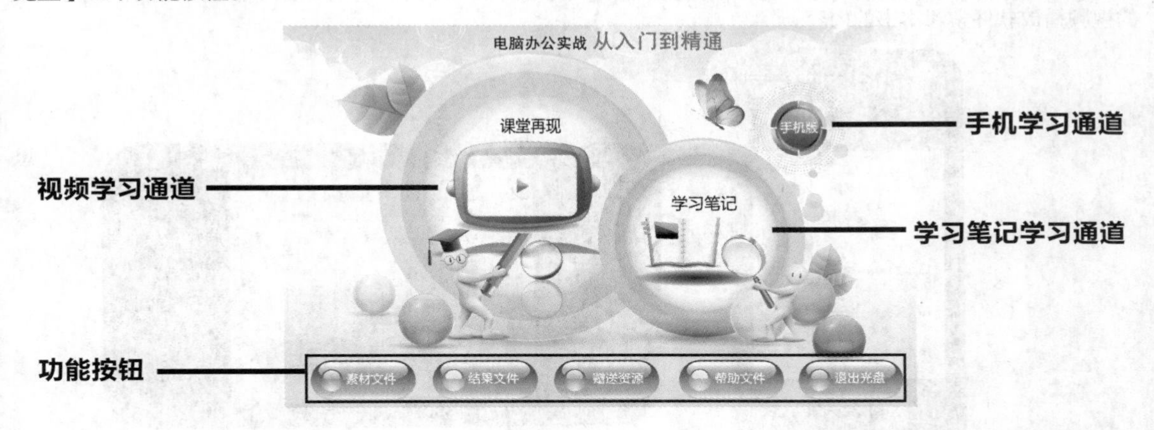

（2）单击【课堂再现】按钮，进入多媒体同步教学录像界面。在左侧的章号按钮（如此处为 第16章 ）上单击鼠标左键，在弹出的快捷菜单上单击要播放的节名，即可开始播放相应的教学录像。

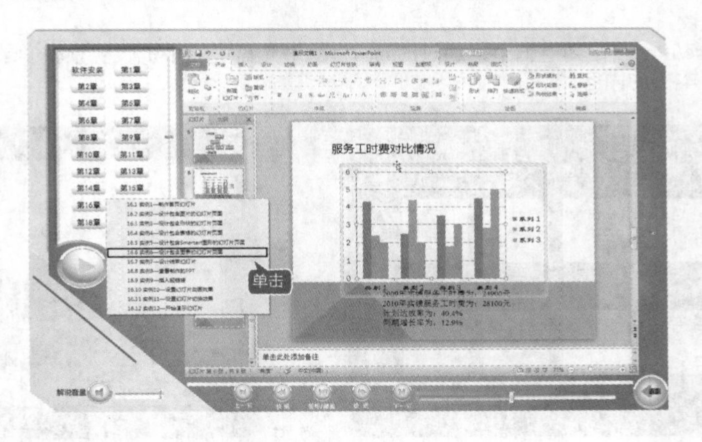

（3）单击【学习笔记】按钮，可以查看本书的学习笔记。

（4）单击【手机版】按钮，可以查看手机版视频教学录像。

（5）单击【素材文件】、【结果文件】、【赠送资源】按钮，可以查看对应的文件和资源。

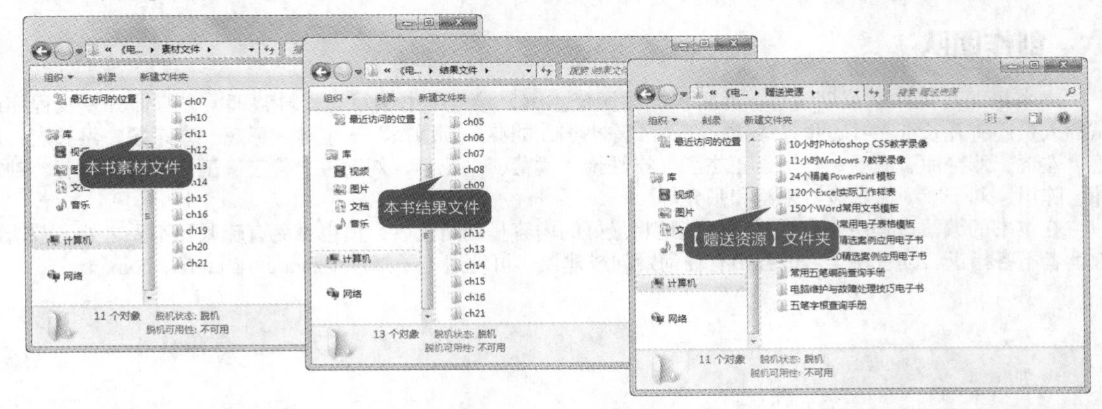

（6） 单击【帮助文件】按钮，可以打开“光盘使用说明.pdf”文档，该说明文档详细介绍了光盘在电脑上的运行环境、运行方法，以及在手机上如何学习光盘内容等。

（7） 单击【退出光盘】按钮，即可退出本光盘系统。

2. 在手机上学习光盘内容的方法

（1） 将安卓手机连接到电脑上，把光盘中赠送的手机版视频教学录像复制到手机上，即可利用已安装的视频播放软件学习本书的内容。

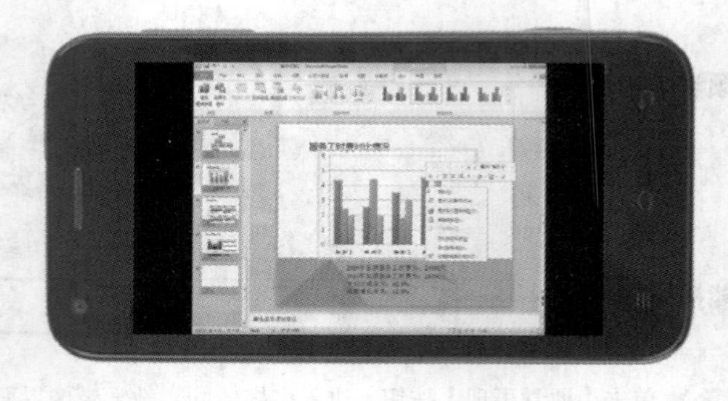

（2） 将iPhone/iPad连接到电脑上，通过iTunes将随书光盘中的手机版视频教学录像导入设备中，即可在iPhone/iPad上学习本书的内容。

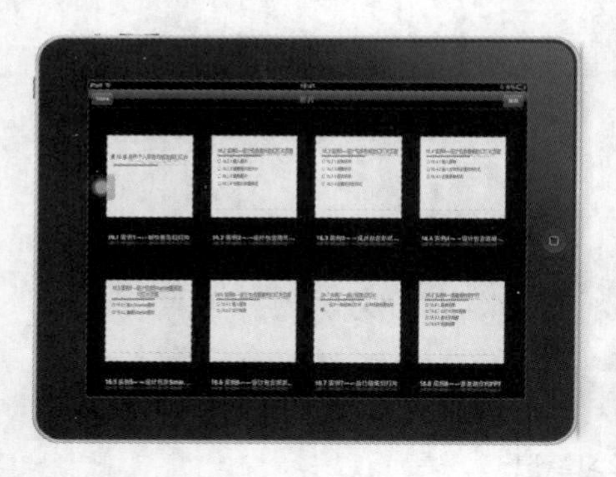

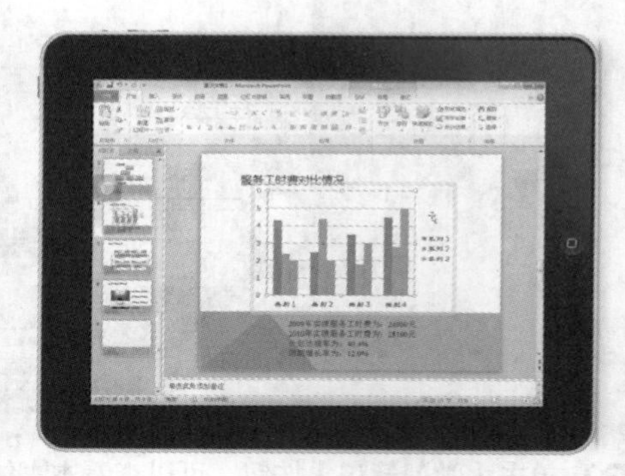

（3） 如果读者使用的是其他类型的手机，可以直接将光盘中的手机版视频教学录像复制到手机上，然后使用手机自带的视频播放器观看视频。

六、创作团队

本书由龙马工作室策划编著，乔娜、赵源源任主编，参与本书编写、资料整理、多媒体开发及程序调试的人员还有孔长征、孔万里、李震、王果、陈小杰、胡芬、刘增杰、王金林、彭超、李东颖、侯长宏、刘稳、左琨、邓艳丽、康曼、任芳、王杰鹏、崔姝怡、侯蕾、左花苹、刘锦源、普宁、王常吉、师鸣若、钟宏伟、陈川、刘子威、徐永俊、朱涛和张允等。

在本书的编写过程中，我们竭尽所能地将最好的内容呈现给读者，但也难免有疏漏和不妥之处，敬请广大读者不吝指正。读者在学习过程中有任何疑问或建议，可发送电子邮件至zhangyi@ptpress.com.cn。

编者

目录 Contents

第 1 章 认识电脑办公

本章视频教学时间：23分钟

工欲善其事，必先利其器。电脑办公需要一系列的硬件设备和软件工具。做好了充分的准备，就可以轻松实现办公自动化了。

第 2 章 熟悉电脑的基本操作

本章视频教学时间：26分钟

电脑文件如同一件一件的衣服，而文件夹就像是衣柜。在Windows 7中，你可以轻松地整理“衣服”和“衣柜”，也根据自己的喜好随心所欲地设置桌面。

第 3 章 轻松学会打字

本章视频教学时间：1小时17分钟

打字是用户和电脑进行交流的最主要途径。用户可以根据自己的喜好选择不同的输入法。

第 4 章 管理电脑中的办公软件

本章视频教学时间：19分钟

安装电脑办公软件，可以为工作带来方便。如果用户觉得有些办公软件使用起来很不趁手，还可以将其卸载。有效地管理办公软件，可以使工作得心应手。

第 5 章 用 Word 制作月末总结报告

本章视频教学时间：54分钟

月末总结报告就是总结上一个月的主要活动。Word 2010的基本功能就是记录文本文档，设置文本的字体样式、段落样式，并能够方便地对文本进行修改。因此，Word 2010为制作月末总结报告提供了一个很好的平台。

第 6 章 用 Word 制作办公室装修协议

本章视频教学时间：46分钟

制作办公室装修协议，不仅需要协议内容合理规范，更要使文档格式工整、美观，这样才能使协议的条理更清晰，责任更明确。

第 7 章 用 Word 制作公司宣传彩页

本章视频教学时间：1小时11分钟

Word 2010提供的美化文档功能可以帮助每一位办公室人员制作一份色彩绚丽、能够充分展示公司形象的公司宣传彩页。

第 8 章 用 Word 检查、审阅与打印岗位职责书

本章视频教学时间：47分钟

一份专业的岗位职责书文档，其内容必须要正确和完整。Word 2010提供的检查、审阅与打

印功能，可以让错误无处藏身。

第 9 章 用 Excel 制作产品记录清单

本章视频教学时间：1小时4分钟

产品记录清单是较简单的报表，在制作时主要涉及了Excel 2010的基本操作，包括新建工作表、输入内容、快速填充表格数据、单元格的操作、行和列的基本操作等内容。

第 10 章 用 Excel 制作公司订单流程图

本章视频教学时间：53分钟

使用插图与艺术字，可以让Excel工作表不再单调。

第 11 章 用 Excel 制作年销售额对比图

本章视频教学时间：42分钟

使用直观的图表创建对比图，可以更加清晰地展现年销售额中数据的特性及其之间的关系，进而提高报表的可读性。

第 12 章 用 Excel 计算员工工资

本章视频教学时间：41分钟

用Excel 2010来计算员工工资，可以使用它强大的自动化计算功能，通过公式和函数来计算结果，可以提高工作效率。

第 13 章 用 Excel 设计产品销售透视表与透视图

本章视频教学时间：25分钟

数据透视表可以清晰地展现数据的汇总情况，对数据的分析和决策起到至关重要的作用。

第 14 章 用 Excel 分析学生成绩表

本章视频教学时间：48分钟

掌握处理和分析各种数据的方法，熟练应对Excel中的大量数据，可以轻轻松松办公。本章介绍使用Excel分析学生成绩表的方法和技巧。

第 15 章 制作新员工培训幻灯片

本章视频教学时间：49分钟

在制作员工培训PPT时设置动画效果，可以让幻灯片内容通过不同的方式动起来；在幻灯片之间设置切换效果，可以让每一张幻灯片给人耳目一新的感觉。

第 16 章 制作个人年终总结发言幻灯片

本章视频教学时间：1小时4分钟

一份内容丰富、样式新颖的报告PPT，更能够有效地传达需要表达的信息。因此，在制作个人年终总结报告PPT时，添加一些图片、艺术字和表格等元素，一定会有意想不到的效果。

第 17 章 使用 Outlook 收发邮件

本章视频教学时间：24分钟

使用Outlook 2010，可以方便地收发电子邮件并管理联系人信息，实现人与人之间便捷的信息通信和联络。

第 18 章 利用网络辅助办公

本章视频教学时间：1小时6分钟

网络是一个资源丰富的世界，学会上网，可以看见更广阔的天地。

第 19 章 办公设备的使用

本章视频教学时间：33分钟

使用办公设备进行办公，可以使办公流程更加自动化，员工的工作效率更高，工作成果更加显著。

第 20 章 Office 2010 的高级办公应用——使用辅助插件

本章视频教学时间：17分钟

使用Office辅助工具可以使用户在完成某项任务时节省大量的时间，并使Office 2010的操作更加方便快捷。

第21章 Office 2010的协同应用——Office组件间的协作

本章视频教学时间：24分钟

在使用比较频繁的办公软件中，Word、Excel和PowerPoint之间的资源是可以共享及相互调用的，这样可以提高工作的效率。

第22章 Office的跨平台应用——使用手机移动办公

本章视频教学时间：28分钟

想在公园就能办公吗？想在公交车上就能办公吗？智能手机就能帮您实现这些愿望，使您感受到移动办公的快捷、高效与便利。

DVD 光盘赠送资源

1. 16小时全程同步教学录像
2. 11小时Windows 7教学录像
3. 10小时Photoshop CS5教学录像
4. 200个Excel常用电子表格模板
5. 150个Word常用文书模板
6. 120个Excel实际工作样表
7. 24个精美PowerPoint模板
8. 五笔字根查询手册
9. 常用五笔编码查询手册
10. 电脑维护与故障处理技巧电子书
11. Word 2010精选案例应用电子书
12. Excel 2010精选案例应用电子书
13. 本书所有案例的配套素材和结果文件

第 1 章

认识电脑办公

本章视频教学时间：23 分钟

熟练掌握办公所需软件的知识，熟练操作常用的办公器材，例如打印机和扫描仪等，都是十分必要的，因为在日常办公中，随时都需要用到这些东西。

【学习目标】

- 通过本章的学习，初步了解一些办公器材和一些办公软件。

【本章涉及知识点】

- 认识电脑办公的一些必备设备
- 了解电脑办公的一些必备软件

1.1 电脑办公必备设备

本节视频教学时间：11 分钟

在电脑上办公，需要熟练操作常用的办公器材，因为在处理日常的事务时，随时都有可能使用办公设备打印资料或扫描资料。常见的电脑办公设备有打印机、复印机、扫描仪、传真机、投影仪、路由器、其他（如移动硬盘）等。下面介绍几种常见的办公设备。

1.1.1 电脑

用于办公的电脑主要有台式电脑、笔记本电脑和平板电脑，其主要特点是运算速度快、精度高，具有存储与记忆能力，具有逻辑判断能力，自动化程度高。台式电脑占地庞大，需要有电脑桌或者专用的工作台，但其性能较为稳定，并且具有出色的扩展性。笔记本电脑又称手提电脑或膝上型电脑，与台式电脑的内部结构相同。不同的是，其各个部件都被整合在一起，所以其有重量轻、体积小的优势，方便携带。平板电脑待机时间较笔记本电脑长，且比笔记本电脑更加小巧，携带更加方便，主要特点是可平放，手持性，人性化等。

1.1.2 打印机

打印机是自动化办公不可缺少的一部分，是重要的输出设备之一。通过打印机，用户可以将在电脑中编辑好的文档、图片等资料打印到纸上，从而方便将资料进行存档、报送及作其他用途。下图所示为针式打印机和喷墨式打印机。

针式打印机

喷墨式打印机

1.1.3 复印机

复印机是从书写、绘制或印刷的原稿得到等倍、放大或缩小的复印品的设备。复印机复印的速度快，操作简便，与传统的铅字印刷、蜡纸油印、胶印等的主要区别是无需经过其他制版等中间手段，而能直接从原稿获得复印品。复印份数不多时较为经济。复印机发展的总体趋势是从低速到高速、从黑白到彩色（数码复印机与模拟复印机的对比）。至今，复印机、打印机、传真机已集几身于一体。

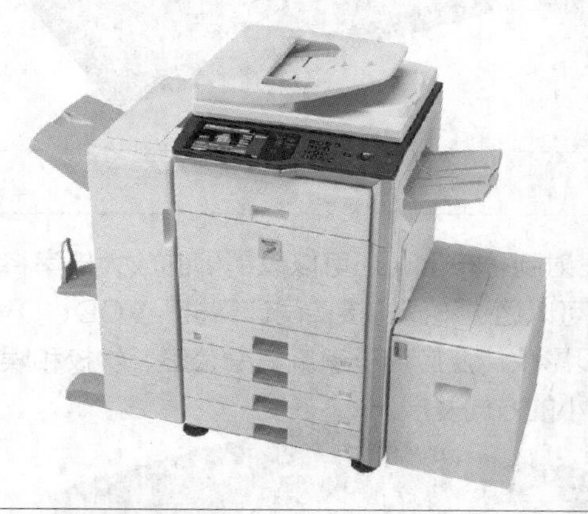

1.1.4 扫描仪

扫描仪的作用是将稿件上的图像或文字输入到电脑中。如果是图像，则可以直接使用图像处理软件进行加工；如果是文字，则可以通过OCR（Optical Character Recognition，即光学字符识别）软件，把图像文本转化为电脑能识别的文本文件。这样可节省把字符输入电脑的时间，大大提高输入速度。

目前，许多类型的办公和家用扫描仪均配有OCR软件，扫描仪与OCR软件共同承担着从文稿的输入到文字识别的全过程。

通过扫描仪和OCR软件，就可以对报纸、杂志等媒体上刊载的有关文稿进行扫描，随后进行OCR识别（或存储成图像文件，留待以后进行OCR识别），将图像文件转换成文本文件或Word文件进行存储。

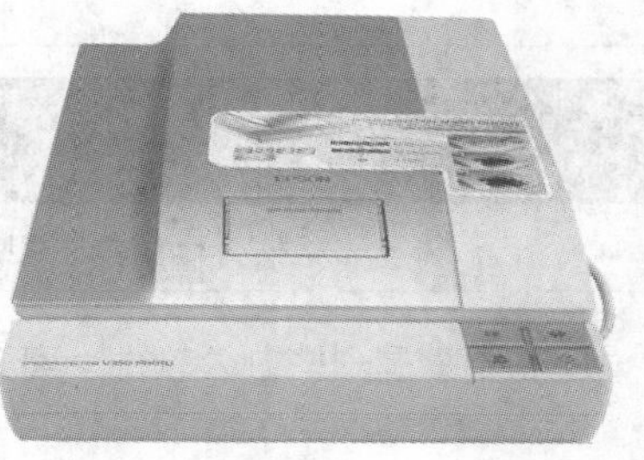

1.1.5 传真机

传真机是应用扫描和光电变换技术，把文件、图表、照片等静止图像转换成电信号，传送到接收端，以记录形式进行复制的通信设备。

传统的传真机，其高耗材、低效率、难管理的问题已慢慢被解决，目前传真无纸化优势已经日趋明显。由于环保是21世纪的主题曲，传真机已走向节省、便捷、高效、环保的路线。

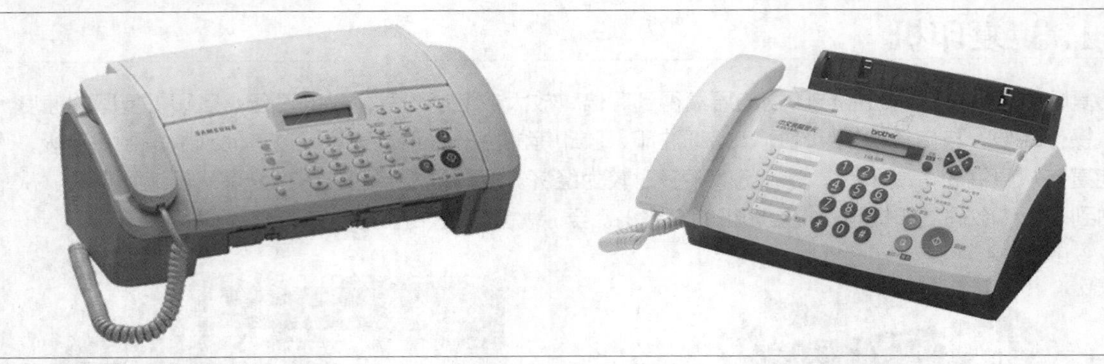

1.1.6 投影仪

投影仪又称为投影机，是一种可以将图像或视频投射到幕布上，还可以以精确的放大倍率将物体放大投影在投影屏上来测定物体形状、尺寸的仪器。它可以通过不同的接口同计算机、VCD、DVD、BD、游戏机、DV等相连接来播放相应的视频信号。投影仪广泛应用于家庭、办公室、学校和娱乐场所。现在投影仪逐步向提高亮度和分辨率，同时轻薄短小的方向发展。

1.1.7 其他设备

电脑办公中还需要其他一些办公设备，如移动硬盘、数码相机、路由器、碎纸机等。这些都是必不可少的。移动硬盘可以在计算机之间交换大容量数据，方便携带，还可以存储数据。路由器是连接因特网中各局域网、广域网的设备，是互联网络的枢纽。碎纸机可以将打印的纸张分割成很多的细小纸片，以达到保密的目的。

1.2 电脑办公必备软件

本节视频教学时间：12 分钟

在电脑上办公，不仅需要掌握常用的办公器材，还需要掌握一些办公软件。离开这些办公软件，电脑办公将会很困难。

1.2.1 文件处理类

电脑办公离不开文件的处理。常见的文件处理软件有Office、WPS、Adobe Acrobat等。

1. Office电脑办公软件

Office办公软件包含Word、Excel、PowerPoint、Outlook、Access、Publisher、Infopath和OneNote等组件。Office中最常用的4大办公组件是：Word、Excel、PowerPoint和Outlook。

(1) Word：市面上使用频率最高的文字处理软件之一。使用Word，可以实现文本的编辑、排版、审阅和打印等功能。

(2) Excel：一款强大的数据表格处理软件。使用Excel，可对各种数据进行分类统计、运算、排序、筛选和创建图表等操作。

(3) PowerPoint：制作演示文稿的软件。使用PowerPoint，可以使会议或授课变得更加直观、丰富。

(4) Outlook：一款运行于客户端的电子邮件软件。使用Outlook，可以直接进行电子邮件的收发、任务安排、制定计划和撰写日记等工作。

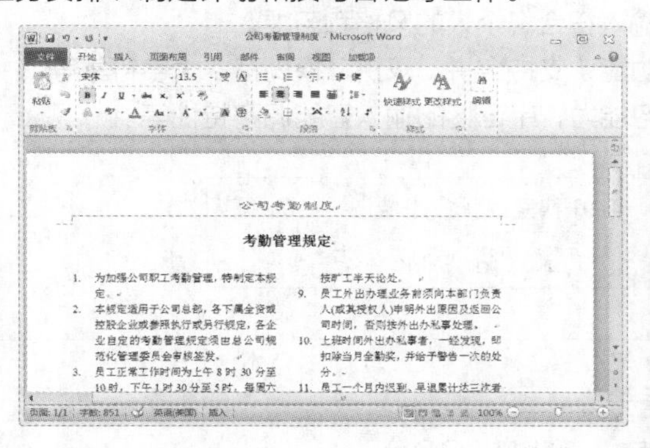

2. WPS

WPS (Word Processing System)，中文意为文字编辑系统，曾是中国最流行的文字处理软件之一。

1.2.2 文字输入类

输入法软件有：搜狗拼音输入法、紫光拼音输入法、微软拼音输入法、智能拼音输入法、全拼输入法、五笔字型输入法等。下面介绍几种常用的输入法。

1. 搜狗输入法

搜狗输入法是目前较流行的中文输入法，其特点主要有以下几点。

(1) 大量网络流行词汇、新词、热词：搜狗拼音输入法利用独特的搜索引擎，可以自动分析互联网上出现的新词、热词，省去了单个输入及手工造词的麻烦。

(2) 动态升级输入法和词库：网络上的流行词汇可能每天都会发生变化，搜狗拼音输入法可以定期把搜索引擎得到的最新词汇更新到词库中去。

(3) 最佳的互联网词频和智能算法：搜狗拼音输入法通过搜索引擎分析、统计互联网大量中文页面，获得最佳的词频排序，使它主要适用于互联网用户的习惯和词库的需要。

long'ma'gong'zuo'shi

1.龙马工作室 2. 3.龙马 4.龙吗 5.龙 6.隆 7.弄 8.笼 9.聋

2. 紫光拼音输入法

面向用户：无论您是刚刚接触拼音输入法，还是使用过中文DOS/Windows等其他拼音输入法，紫光拼音都为您提供了丰富的选项，尽可能使得汉字输入符合您个人的风格和习惯。

功能强大：精选的大容量词库，超强的用户定制功能，支持全拼、双拼、模糊音、大字符集等。

智能特性：快速的智能组词算法，输入中的自学习能力，带记忆的输入智能调整特性等。

long'ma'gong'zuo'shi [F9] 搜索:龙马工作室 1/4 

1 龙马工作室 2 龙马 3 龙 4 隆 5 笼 6 聋 7 陇 8 拢 9 垄

1.2.3 沟通交流类

常见的办公文件中便于沟通交流的软件有：飞鸽传书、MSN、QQ等。

1. 飞鸽传书

飞鸽传书(FreeEIM）是一款优秀的企业即时通信工具。它具有体积小、速度快、运行稳定、半自动化等特点，被公认为是目前企业即时通信软件中比较优秀的一款。

2. MSN

MSN全称Microsoft Service Network（微软网络服务），是微软公司推出的即时通信软件。用户可以用它与亲人、朋友、工作伙伴进行文字聊天、语音对话、视频会议等即时交流，还可以通过此软件来查看联系人是否联机。

3. QQ

腾讯QQ有在线聊天、视频电话、点对点续传文件、共享文件等多种功能，是在办公中使用率较大的一款软件。

1.2.4 网络应用类

在办公中，有时需要查找资料或是下载资料，使用网络可快速完成这些工作。常见的网络应用软件有：浏览器、下载工具等。

浏览器是指可以显示网页服务器或者文件系统的HTML文件内容，并让用户与这些文件交互的一种软件。常见的浏览器有Internet Explorer浏览器、360安全浏览器等。

下载工具是一种可以使你更快地从网上下载东西的软件。常见的下载工具有：Flashget（网际快车）、Net Transport（网络传送带）、Thunder（迅雷）等。

1.2.5 安全防护类

在电脑办公的过程中，有时会出现电脑的死机、黑屏、重新启动以及电脑反应速度很慢，或者中毒的现象，使工作成果丢失。为防止这些现象的发生，防护措施一定要做好。常用的免费安全防护类软件有360安全卫士、电脑管家等。

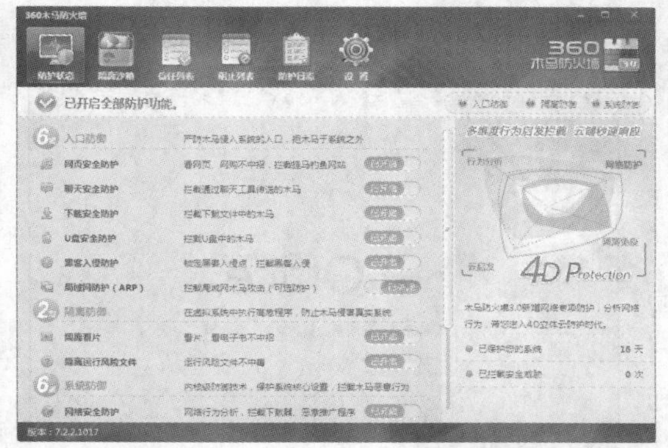

1.2.6 影音图像类

在办公中，有时需要作图，或播放影音等，这时就需要使用影音图像工具。常见的影音图像工具有Ps、暴风、会声会影等。

1.2.7 辅助办公类

办公软件还有很多辅助软件，如翻译软件、压缩软件、刻录软件、虚拟光驱、虚拟打印机等，可以辅助进行某项任务、某项操作或某件事，使操作过程更加简单轻松，对办公应用有很大的帮助。

虚拟光驱是一种模拟（CD/DVD-ROM)工作的工具软件，可以生成和你电脑上所安装的光驱功能一模一样的光盘镜像。一般光驱能做的事虚拟光驱一样可以做到。

虚拟打印机和真实打印机一样，安装完毕，打开“控制面板”中的“打印机和传真”，即会看到所安装的虚拟打印机。用户可以像使用一台真实打印机一样使用它们。这些虚拟打印机可以帮助我们完成很多特殊的任务。虚拟打印机的打印文件是以某种特定的格式保存在电脑上的，也就是说你不可能用虚拟打印机把文件直接打印到纸上。用虚拟打印机打印的结果是硬盘上的一个文件，你可以用专门的阅读器打印那个文件以查看打印效果。

高手私房菜

技巧1：保留早期的办公软件版本，安装Office 2010版本

安装Office 2010办公软件，可以将早期版本升级，也可以保留早期版本重新安装。

1 打开Office 2010安装程序

下载并双击打开Office 2010安装程序。

2 单击【自定义】按钮

为了保留低版本软件，这里单击【自定义】按钮。

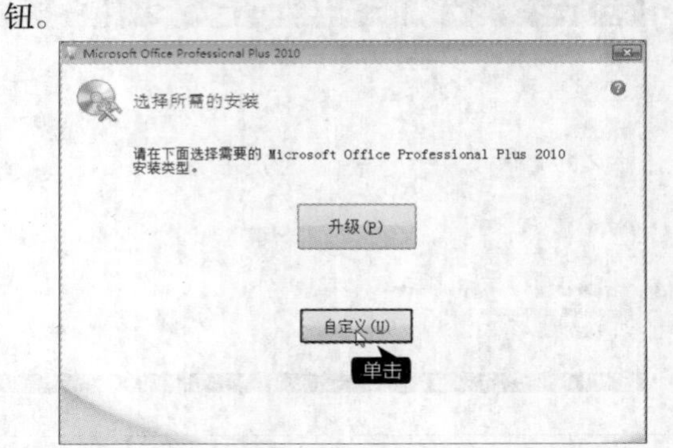

3 保留早期版本

单击选中【保留所有早期版本】单选项。

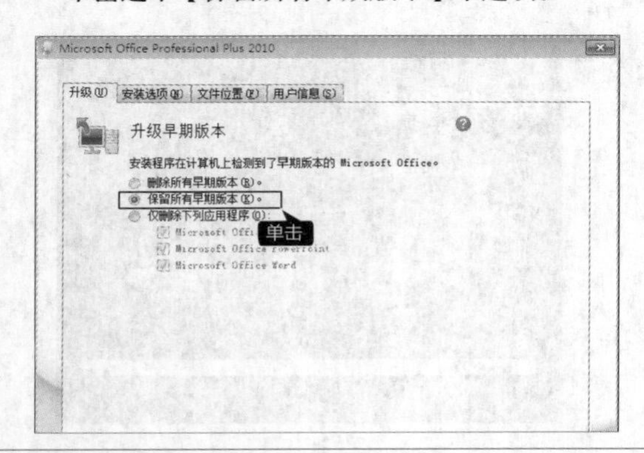

4 自动安装文件

安装程序将自动安装，安装完毕时弹出安装完成对话框，关闭对话框即可。

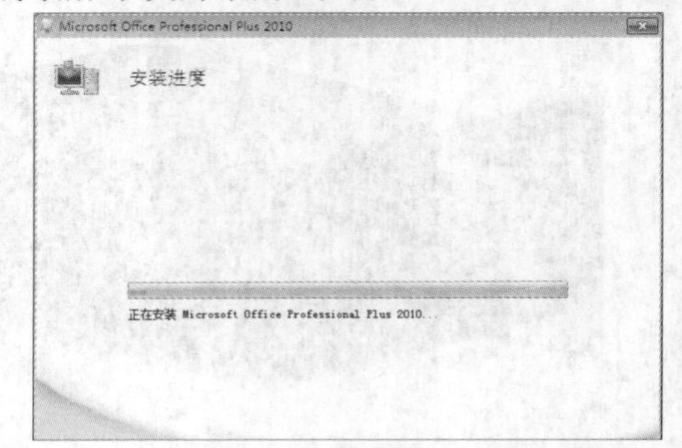

技巧2：选择品牌机还是兼容机

1．品牌机

品牌机是指由具有一定规模和技术实力的正规生产厂家生产，并具有明确品牌标识的电脑，如Lenovo（联想）、Haier（海尔）、Dell（戴尔）等。品牌机是由公司组装起来的，且经过兼容性测试正式对外出售的整套的电脑，它有质量保证和完整的售后服务。

一般选购品牌机，不需要考虑配件搭配问题，也不需要考虑兼容性。只要付款做完系统后就可马上搬机走人，省去了组装机硬件安装和测试的过程，买品牌机可以节省很多时间。

2．兼容机

兼容机简单讲就是DIY的机器，也就是非厂家原装，完全根据顾客的要求进行配置的机器，其中的元件可以是同一厂家出品的，但更多的是整合各家之长的电脑。兼容机在进货、组装、质检、销售和保修等方面随意性很大。

与品牌机相比，兼容机的优势在于以下几点。

(1) 组装机搭配随意，可根据用户要求随意搭配。

(2) DIY配件市场淘汰速度比较快，品牌机很难跟上其更新的速度，比如说有些在散件市场已经淘汰了的配件还出现在品牌机上。

(3) 价格优势，电脑散件市场的流通环节少，利润也低，价格和品牌机有一定差距，品牌机流通环节多，利润相比之下要高，所以没有价格优势。值得注意的是由于大部分电脑新手主要看重硬盘大小和CPU高低，而忽略了主板和显卡的重要性，品牌机往往会降低主板和显卡的成本。

第2章

熟悉电脑的基本操作

本章视频教学时间：26 分钟

要想熟练地操作电脑，熟悉电脑的桌面、窗口的操作、文件和文件夹的管理是必不可少的。

【学习目标】

- 通过本章的学习，掌握电脑的基本操作。

【本章涉及知识点】

- 熟悉电脑桌面
- 了解窗口的操作
- 掌握如何管理文件和文件夹
- 了解快捷方式的基本操作

2.1 实例1——熟悉电脑桌面

本节视频教学时间：11 分钟

进入Windows 7操作系统后，用户首先看到的是桌面。桌面的组成元素主要包括桌面背景、图标、【开始】按钮，快速启动工具栏、任务栏和通知区域。

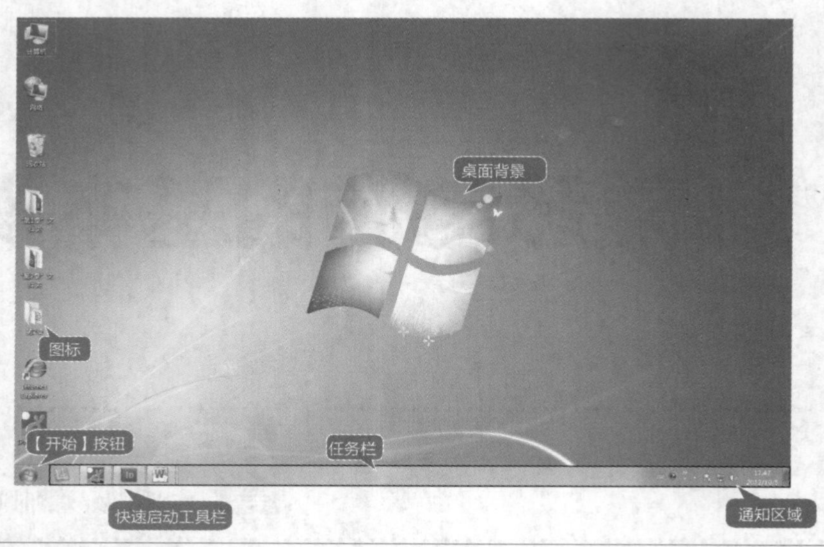

2.1.1 设置桌面背景

桌面背景可以是个人收集的数字图片、Windows 提供的图片、纯色或带有颜色框架的图片，也可以显示幻灯片图片。

Windows 7操作系统自带了很多漂亮的背景图片，用户可以从中选择自己喜欢的图片作为桌面背景。除此之外，用户还可以把自己收藏的精美图片设置为背景图片。

下面简单介绍如何设置Windows 7操作系统的桌面背景。

1 选择【个性化】菜单命令

在桌面的空白处右键单击，在弹出的快捷菜单中选择【个性化】菜单命令。

2 弹出【个性化】窗口

即可弹出【个性化】窗口。

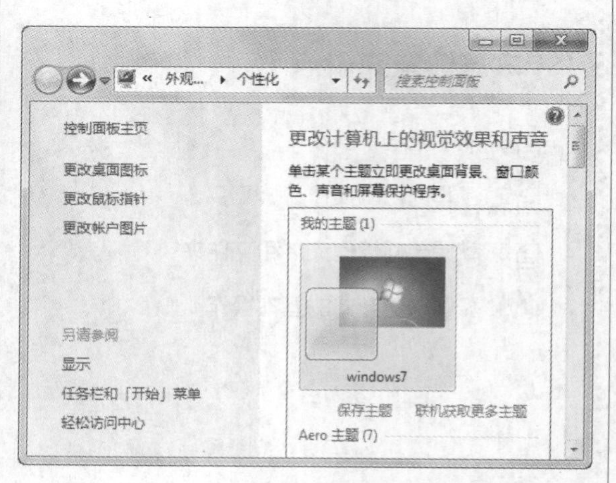

3 单击【桌面背景】图标

单击【桌面背景】图标，进入【选择桌面背景】界面，单击选中需要设置为桌面背景的图片。选中图片后，系统显示将选中的图片设置为桌面背景的预览状态。

4 完成桌面背景的设置

单击【保存修改】按钮，关闭【个性化】窗口，即可完成桌面背景的设置。

工作经验小贴士

用户也可以在【个性化】窗口【Aero主题】列表中，单击相应的主题，快速设置桌面背景。单击【窗口颜色】图标，可以设置窗口的颜色。

2.1.2 更改桌面图标

在Windows 7操作系统中，所有的文件、文件夹和应用程序等都是由相应的图标表示的。在桌面上，图标一般由文字和图片组成。文字说明图标的名称或功能，图片是图标的标识符。桌面上的图标包括图标和快捷方式图标。双击桌面上的图标或者快捷方式图标，可以快速地打开相应的文件、文件夹或者应用程序。

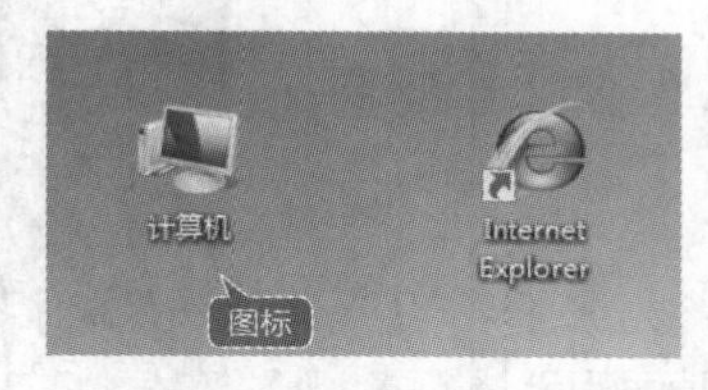

1 选择【个性化】菜单命令

在桌面的空白处单击鼠标右键，在弹出的快捷菜单中选择【个性化】菜单命令。

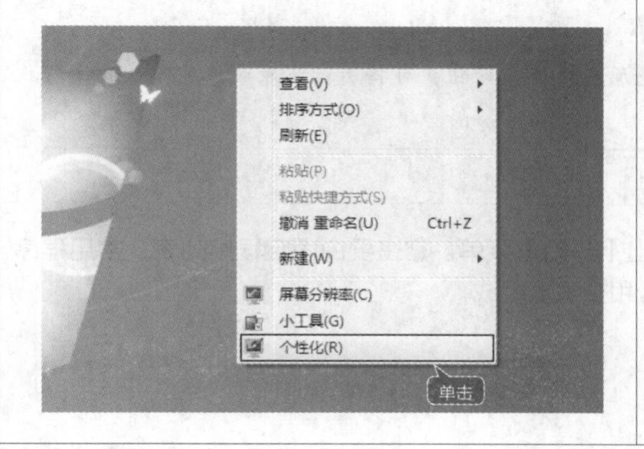

2 弹出【个性化】窗口

即可弹出【个性化】窗口，单击【更改桌面图标】选项。

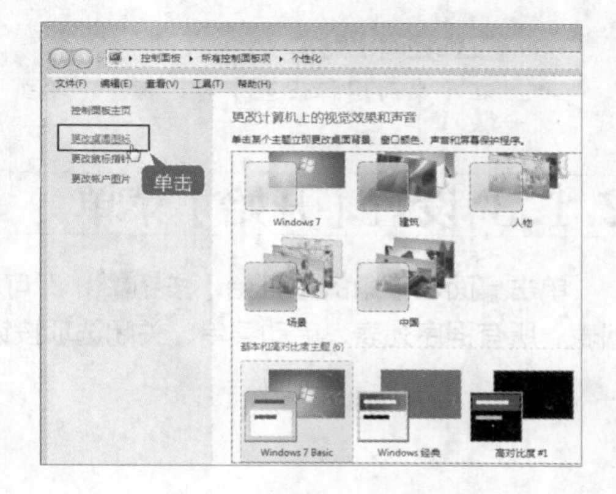

3 弹出【桌面图标设置】对话框

弹出【桌面图标设置】对话框，选中需要更改的图标，这里选择“计算机”图标，然后单击【更改图标】按钮。

4 选择桌面图标

弹出【更改图标】对话框，在“从以下列表中选择一个图标”列表框中选择一个图标。

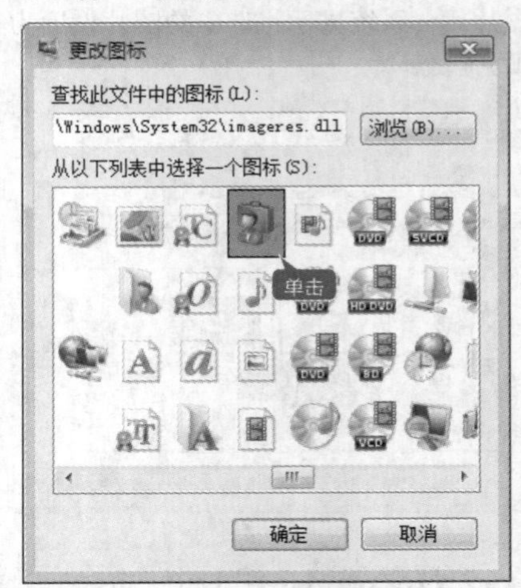

5 返回【桌面图标设置】对话框

单击【确定】按钮，返回【桌面图标设置】对话框。

6 更改完成

单击【确定】按钮，关闭【桌面图标设置】对话框，即可看到桌面上“计算机”图标已改为所设置的图标。

工作经验小贴士

在【桌面图标设置】对话框中，单击【还原默认值】按钮，可将图标还原成系统默认的图标状态。

2.1.3 设置【开始】菜单

单击桌面左下角的【开始】按钮，即可弹出【开始】菜单。它主要由固定程序列表、常用程序列表、所有程序列表、启动菜单、关闭选项按钮区和搜索框组成。

(1) 固定程序列表

该列表中显示开始菜单中的固定程序。默认情况下，菜单中显示的固定程序只有【入门】和【Windows Media Center】两个。通过选择不同的选项，可以快速地打开应用程序。

(2) 常用程序列表

此列表中主要存放系统常用程序，包括【便签】、【画图】、【截图工具】、【远程桌面连接】和【放大镜】等。此列表是随着时间动态分布的，如果超过10个，它们会按照时间的先后顺序依次替换。

(3) 所有程序列表

用户在所有程序列表中可以查看所有系统中安装的软件程序。单击【所有程序】按钮，即可打开所有程序列表。单击文件夹的图标，可以继续展开相应的程序。单击【返回】按钮，即可隐藏所有程序列表。

(4) 启动菜单

【开始】菜单的右侧是启动菜单。在启动菜单中列出了经常使用的Windows程序链接，常见的有【文档】、【计算机】、【控制面板】、【图片】和【音乐】等。单击不同的程序按钮，即可快速打开相应的程序。

(5) 搜索框

搜索框主要用来搜索计算机上的项目资源，是快速查找资源的有力工具。在搜索框中直接输入需要查询的文件名，按【Enter】键即可进行搜索操作。

(6) 关闭选项按钮区

关闭选项按钮区主要用来对操作系统进行关闭操作。其中包括【关机】、【切换用户】、【注销】、【锁定】、【重新启动】、【睡眠】和【休眠】等选项。

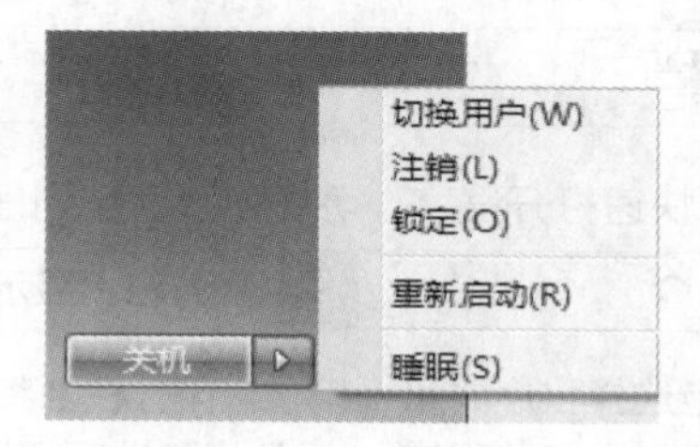

了解了开始菜单之后，就可以根据需要对开始菜单进行设置。接下来讲解如何自定义开始菜单。

1 弹出【任务栏和[开始]菜单属性】对话框

右键单击桌面左下角的【开始】按钮，在弹出的快捷菜单中选择【属性】菜单命令，弹出【任务栏和[开始]菜单属性】对话框。

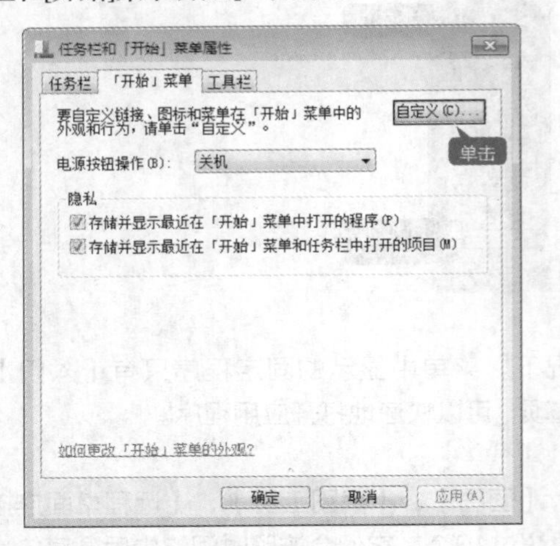

2 单击【自定义】按钮

单击【自定义】按钮，弹出【自定义[开始]菜单】对话框，在"您可以自定义[开始]菜单上的链接、图标以及菜单的外观和行为。"列表框中单击选中【运行命令】复选框。

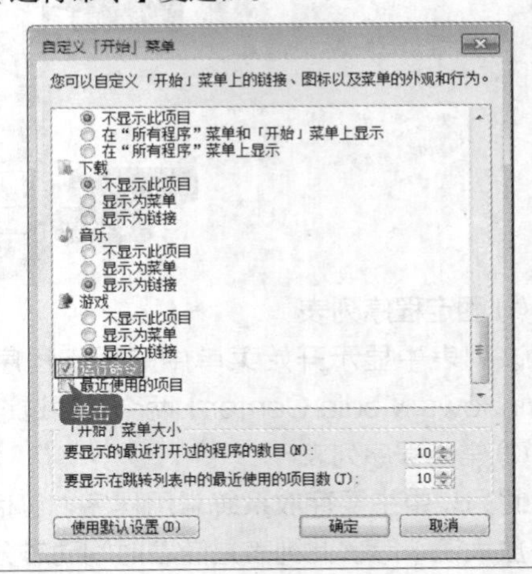

3 取消选中【隐私】列表区域的两个选项

单击【确定】按钮，返回【任务栏和[开始]菜单属性】对话框，取消选中【隐私】列表区域的两个选项。

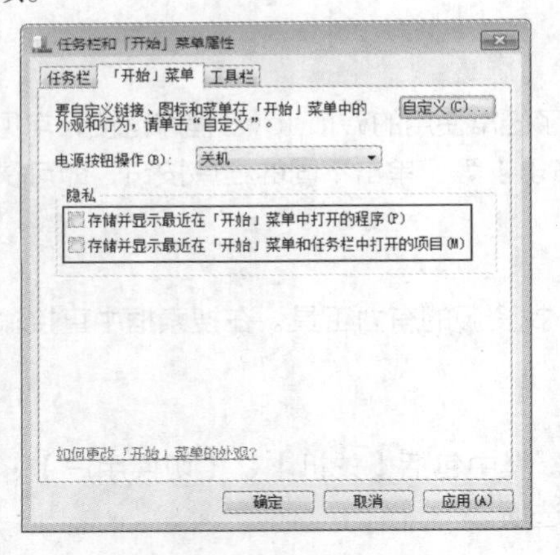

4 设置完成

单击【确定】按钮，关闭【任务栏和[开始]菜单属性】对话框，单击桌面左下角的【开始】按钮，即可看到添加的【运行...】选项。并且固定程序列表和常用程序列表栏为空。

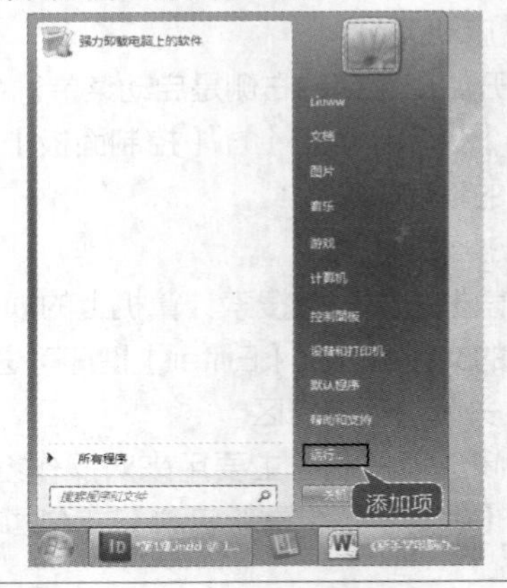

2.1.4 设置快速启动栏

在Windows 7操作系统中若想快速打开程序，可将程序锁定到任务栏。

1 选择【将此程序锁定到任务栏】命令

如果程序已经打开，在任务栏上选择程序并单击鼠标右键，从弹出的快捷菜单中选择【将此程序锁定到任务栏】命令。

2 任务栏上显示添加的应用程序

任务栏上将会一直存在添加的应用程序，用户可以随时打开程序。

如果程序没有打开，选择【开始】➤【所有程序】命令，在弹出的下拉列表中选择需要添加到任务栏中的应用程序。右键单击该程序，在弹出的快捷菜单中选择【锁定到任务栏】命令。

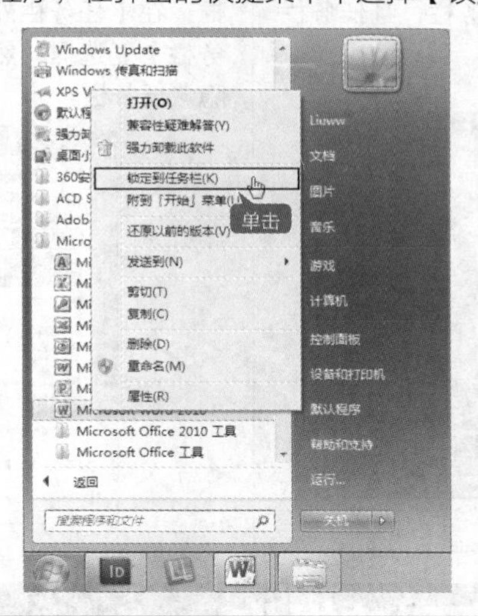

2.1.5 任务栏的基本操作

任务栏是位于桌面最底部的长条。它主要由程序区域、通知区域和显示桌面按钮组成。和以前的操作系统相比，Windows 7中的任务栏设计更加人性化，使用更加方便，功能更强大，灵活性更高。

下面详细介绍隐藏任务栏并将任务栏中的应用程序图标分开显示的具体操作步骤。

1 弹出【任务栏和[开始]菜单属性】对话框

将鼠标光标放置在任务栏上右键单击，在弹出的快捷菜单中选择【属性】菜单命令，弹出【任务栏和[开始]菜单属性】对话框。

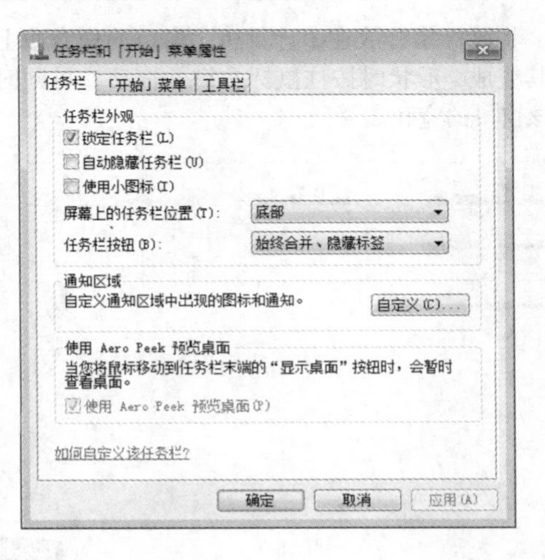

2 隐藏任务栏

在【任务栏】选项卡下，单击选中【自动隐藏任务栏】复选框，然后在【任务栏按钮】右侧的下拉列表中选择【从不合并】选项。设置完成后，单击【确定】按钮，关闭【任务栏和[开始]菜单属性】对话框。

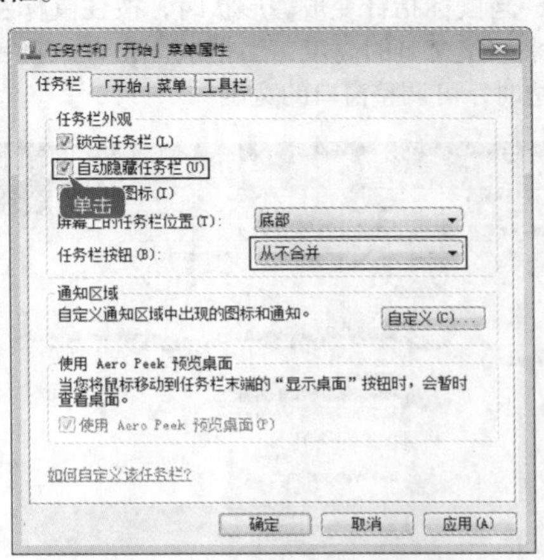

3 查看任务栏

返回桌面，可以看到任务栏已经隐藏，当将鼠标光标放置在桌面的底部时显示任务栏，且任务栏上的应用程序不合并。

4 取消隐藏任务栏

再次打开【任务栏和[开始]菜单属性】对话框，在【任务栏外观】区域撤消选中【自动隐藏任务栏】复选框，然后单击【确定】按钮，即可取消隐藏任务栏。

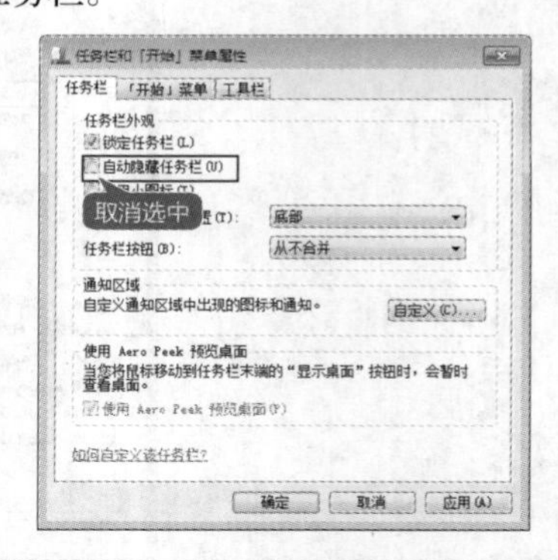

2.2 实例2——窗口的操作

本节视频教学时间：4 分钟

当用户开始运行一个应用程序时，应用程序就会创建并显示一个窗口。当用户操作窗口中的对象时，该程序会做出相应的反应。用户可以通过关闭一个窗口来终止一个程序的运行，也可以通过选择相应的应用程序窗口来选择应用程序。

2.2.1 调整窗口的大小

窗口是用户界面中最重要的部分。它是屏幕上与一个应用程序相对应的矩形区域，是用户与产生该窗口的应用程序之间的可视界面。打开一个窗口后，用户可以通过拖曳该窗口的边或角来调整该窗口的大小。

1 调整窗口的高

打开【计算机】窗口，将鼠标指针放在该窗口的上边，当鼠标指针变成![]形状时，按住鼠标左键并拖动来调整窗口的高度（当把鼠标指针放置在右边或左边时，可调整窗口的宽度）。

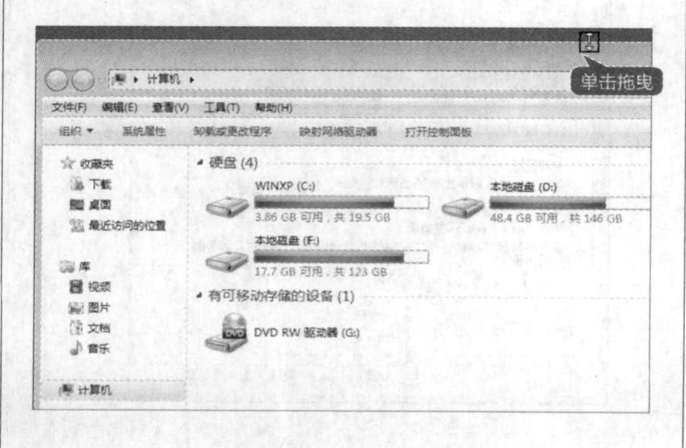

2 同时调整窗口的宽和高

将鼠标指针放在【计算机】窗口的任意角上，当其变成![]形状时按住鼠标左键并拖动，可同时调整该窗口的宽和高。

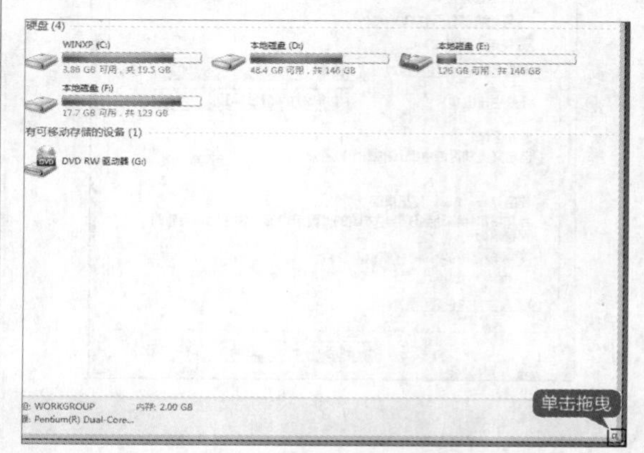

2.2.2 最大与最小化窗口

当用户打开一个应用程序时，通常会打开一个窗口。例如，打开【回收站】窗口，用户可以将回收站窗口最大化和最小化显示。

1 单击【最大化】按钮

回收站窗口没有充满整个屏幕，可以单击【回收站】窗口右上角的【最大化】按钮。

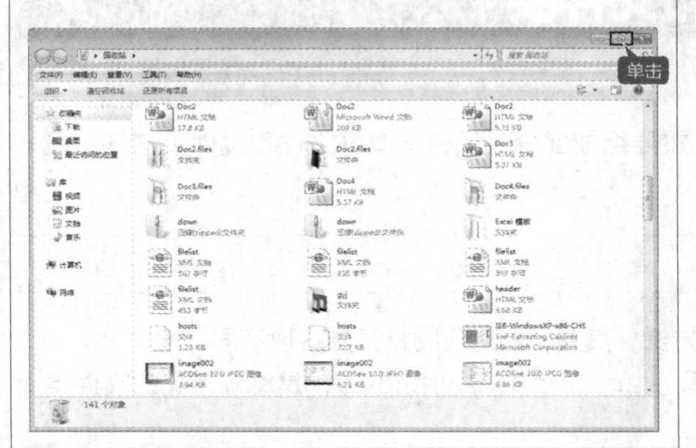

2 窗口最大化

窗口最大化，此时【最大化】按钮变成【向下还原】按钮，单击该按钮可将窗口还原成和以前一样的大小。

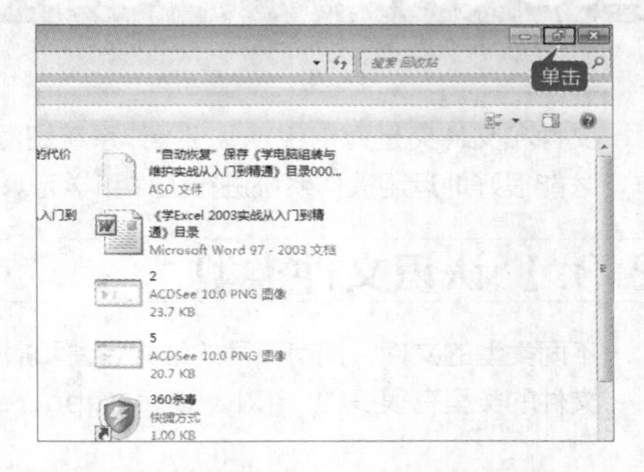

3 最小化窗口

单击【回收站】窗口右上角的【最小化】按钮。这时，【回收站】窗口只显示在任务栏的一个很小范围内。

工作经验小贴士

双击【回收站】窗口中的按钮控制区或者鼠标右键单击按钮控制区，在弹出的快捷菜单中选择【最大化】命令，也可以将窗口最大化显示。

鼠标右键单击【回收站】窗口上方的按钮控制区，在弹出的快捷菜单中选择【最小化】命令，也可以将窗口最小化显示。

2.2.3 还原与关闭窗口

当打开一个窗口后，若该窗口处于最大化显示状态，可以单击窗口右上角的【向下还原】按钮，使其恢复到上次所调整的窗口大小的状态。还原与关闭计算机窗口的操作如下。

1 还原窗口

打开【计算机】窗口后，右键单击按钮控制区，在弹出的快捷菜单中选择【还原】命令，将窗口还原。

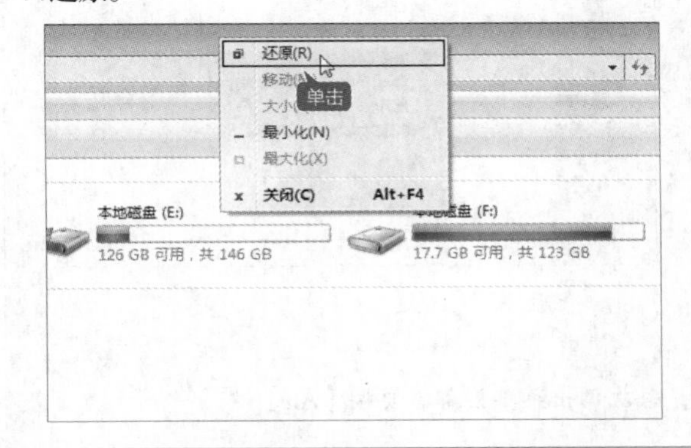

2 关闭窗口

单击计算机窗口右上方的【关闭】按钮，即可关闭计算机。

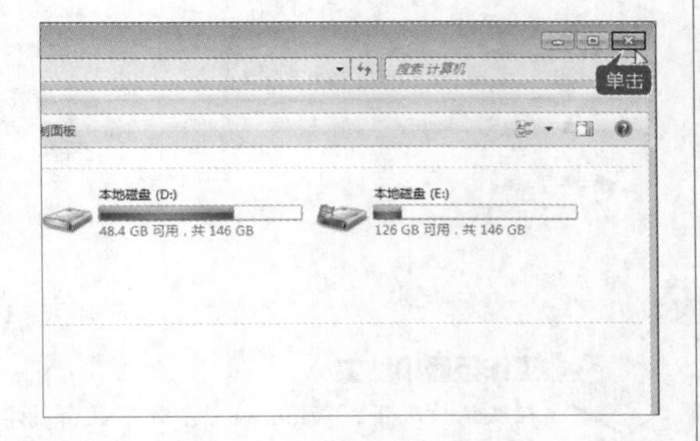

工作经验小贴士

关闭窗口的另外3种方法如下。

方法1：右键单击【计算机】窗口的按钮控制区，在弹出的快捷菜单中选择【关闭】命令进行关闭。

方法2：选择【组织】➤【关闭】选项，即可关闭窗口

方法3：按【Alt+F4】组合键也可以关闭窗口。

2.3 实例3——管理文件和文件夹

本节视频教学时间：7分钟

文件和文件夹是Windows 7操作系统资源的重要组成部分。只有掌握好文件和文件夹的基本操作，才能很好地运用操作系统进行工作和学习。

2.3.1 认识文件类型

不同类型的文件，拥有不同的结构特性和操作方法，其图标和对应的打开方式也不同。

文件的类型有很多种，.txt、.doc、.jpg、.gif、.rar、.mp3、.avi和.flv等都是比较常见的文件类型。

2.3.2 查看文件的扩展名

默认情况下，Windows 7操作系统并不显示文件的扩展名，用户可以通过设置来显示文件的扩展名。

1 选择【文件夹选项】命令

打开【计算机】中的任意目录，按【Alt】键调出菜单栏，选择【工具】➤【文件夹选项】命令。

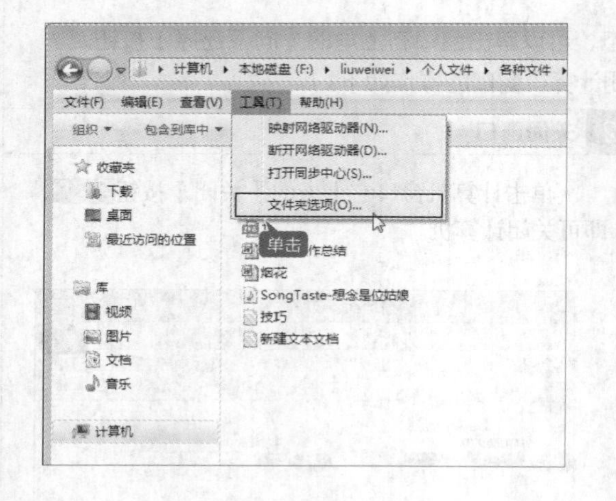

2 查看文件的扩展名

弹出【文件夹选项】对话框。选择【查看】选项卡，在【高级设置】列表框中撤消选中【隐藏已知文件类型的扩展名】复选框。单击【确定】按钮，用户即可查看文件的扩展名。

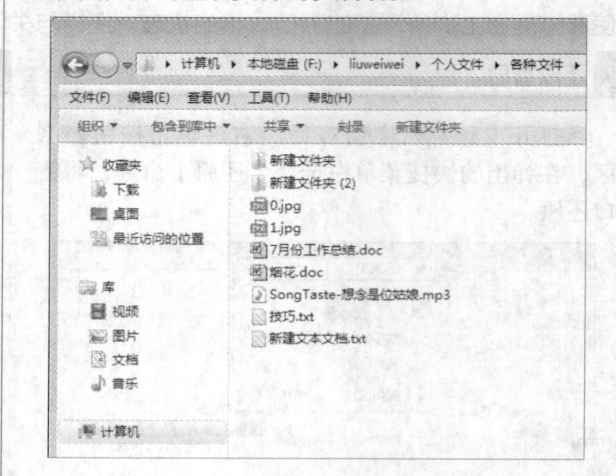

工作经验小贴士

在默认情况下，Windows 7系统不显示菜单栏，每次调出菜单栏都需要按【Alt】键。

2.3.3 查看文件或文件夹的属性

如果用户想知道文件（或文件夹）的相关详细信息，可以查看文件（或文件夹）的属性。

1 选择【属性】命令

选择需要查看属性的文件（例如，选择“新建文本文档”），单击鼠标右键，在弹出的快捷菜单中选择【属性】命令。

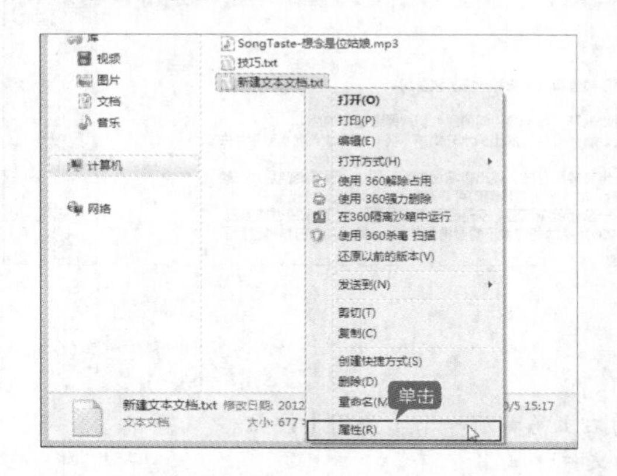

2 弹出【新建文本文档属性】对话框

弹出【新建文本文档属性】对话框，即可查看文件的常规属性。选择【详细信息】选项卡，在此可查看文件的详细信息，选择【以前的版本】选项卡，查看文件早期版本的相关信息。

工作经验小贴士

查看文件夹属性的方法与查看文件属性的方法类似，这里将不再赘述。

2.3.4 打开和关闭文件或文件夹

打开和关闭文件或文件夹是操作电脑经常用到的。因此，需要用户熟练操作打开和关闭文件或文件夹。打开文件的常用方法有以下3种。

⑴ 选择需要打开的文件，双击即可打开文件。

⑵ 选择需要打开的文件，单击鼠标右键，在弹出的快捷菜单中选择【打开】命令。

⑶ 利用【打开方式】命令打开文件。

下面详细介绍如何利用【打开方式】命令打开文件，然后根据需要关闭打开的文件。

1 选择【打开方式】命令

选择需要打开的文件，单击鼠标右键，在弹出的快捷菜单中选择【打开方式】命令。

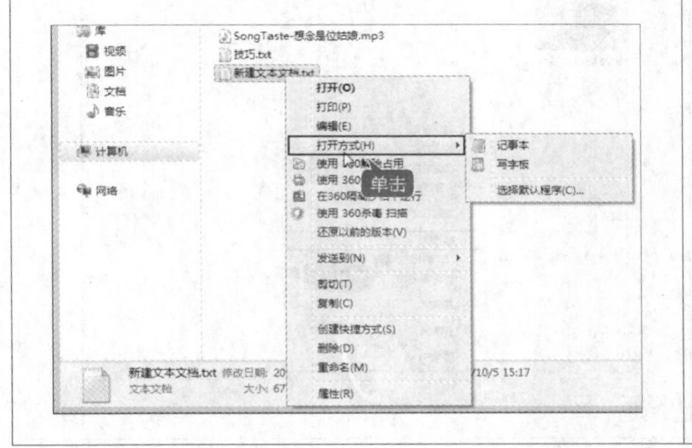

2 选择【写字板】命令

在弹出的子菜单中选择相关的软件。本实例选择【写字板】命令。

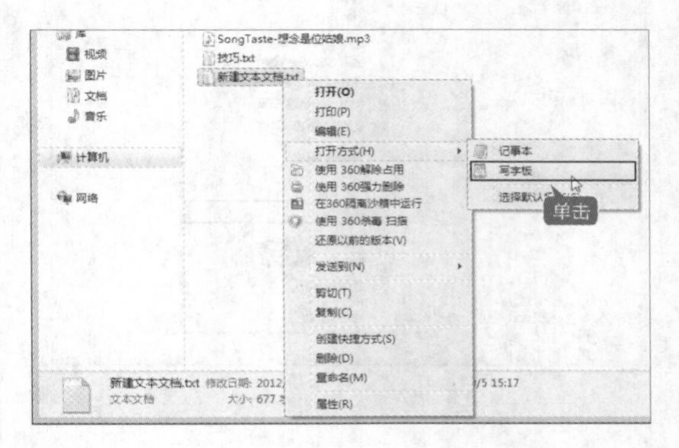

3 打开写字板

写字板软件将自动打开选择的文件，如下图所示。

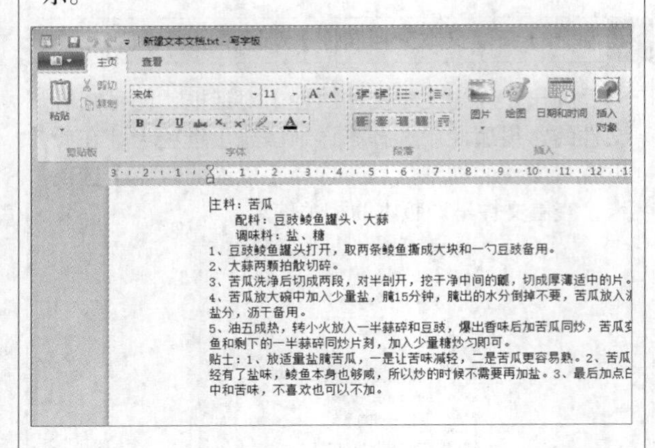

4 关闭文件

单击【关闭】按钮可以直接关闭文件。

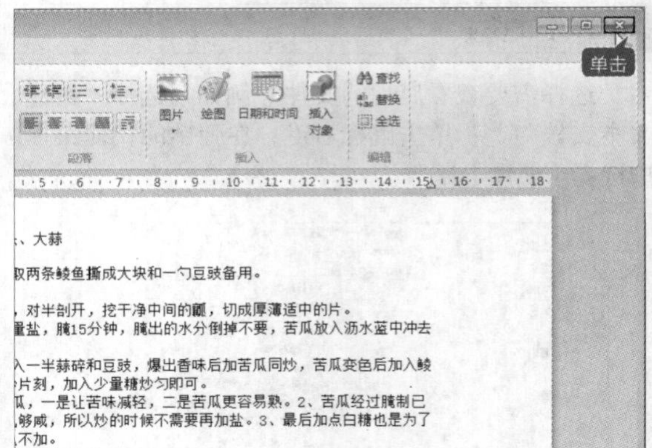

工作经验小贴士

一般文件的打开都和相应的软件有关，在软件的右上角都有一个【关闭】按钮。按【Alt+F4】组合键可以快速地关闭当前打开的文件。

打开和关闭文件夹的方法与打开和关闭文件的方法类似，这里将不再赘述。

2.3.5 复制、移动文件或文件夹

文件或文件夹的复制和移动也是电脑操作必不可少的。下面介绍文件或文件夹的复制和移动。

1. 复制文件

复制文件的方法有多种，下面详细介绍一种比较常用的复制文件的操作步骤。

1 选择【复制】命令

右键单击要复制的文件，在弹出的快捷菜单中选择【复制】命令。

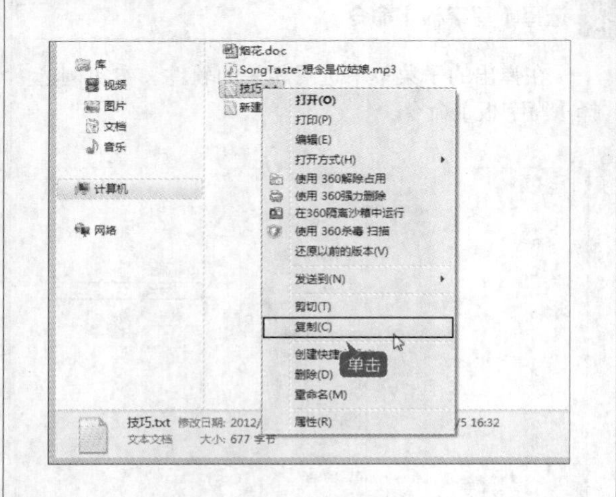

2 选择【粘贴】命令

在目标文件夹中，单击鼠标右键，在弹出的快捷菜单中选择【粘贴】命令即可。

工作经验小贴士

用户也可以通过以下方法复制文件。

(1) 选择要复制的文件，按住[Ctrl]键将其拖动到目标位置。

(2) 右键单击要复制的文件，在弹出的快捷菜单中选择【复制】命令。

除了直接复制和发送文件以外，还有一种更为简单的复制方法。在打开的文件夹窗口中选取要进行复制的文件，然后按住鼠标左键并拖动到目标位置（可以是磁盘、文件夹或者桌面上），释放鼠标，即可把文件复制到指定的地方。

2. 移动文件

移动文件的具体操作步骤如下。

1 选择【剪切】命令

选择需要移动的文件，并单击鼠标右键，在弹出的快捷菜单中选择【剪切】命令。

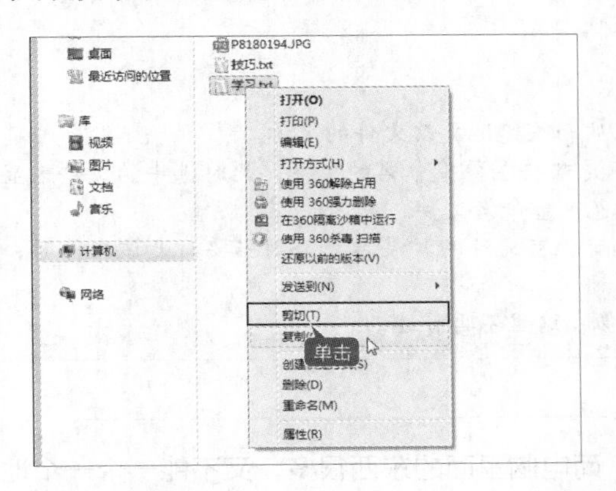

2 选择【粘贴】命令

选择并打开目标文件夹，单击鼠标右键，在弹出的快捷菜单中选择【粘贴】命令。选定的文件被移动到当前文件夹中。

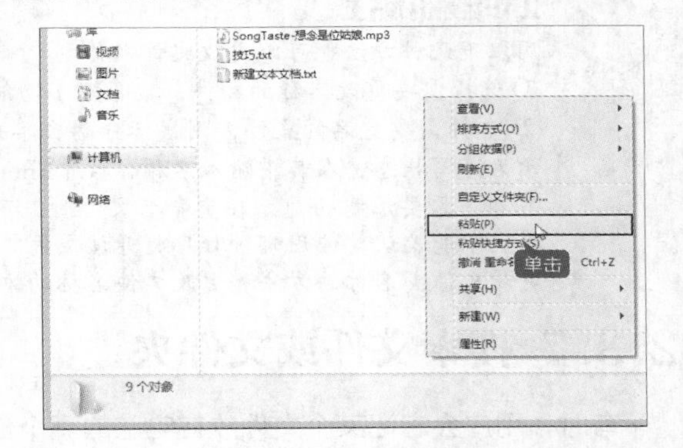

工作经验小贴士

复制和移动文件夹的方法与复制和移动文件的方法类似，这里将不再赘述。

2.3.6 更改文件或文件夹的名称

新建文件后，文件都是以一个默认的名称作为文件名。其实，用户可以在【计算机】、【资源管理器】或任意一个文件夹窗口中给新建的或已有的文件重新命名。

1 选择【重命名】菜单命令

在【计算机】或【资源管理器】的任意一个驱动器中，在需要重命名的文件上右击，在弹出的快捷菜单中选择【重命名】菜单命令。

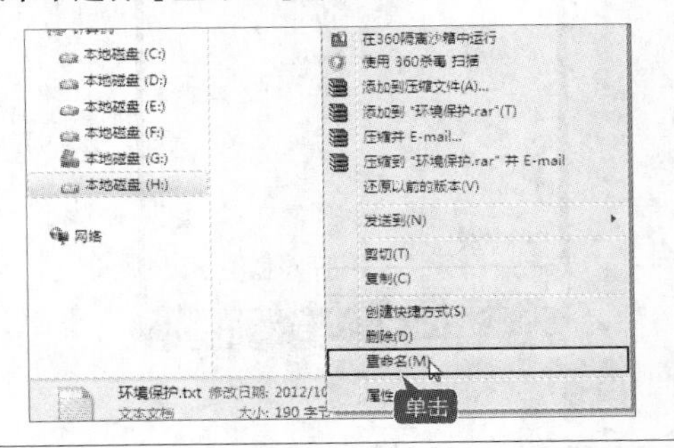

2 文件名称以蓝色显示

文件的名称以蓝色背景显示。

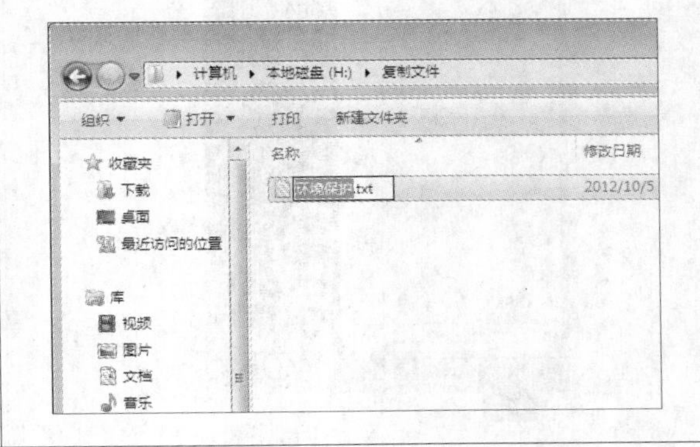

3 输入名称

直接输入新的文件名称。

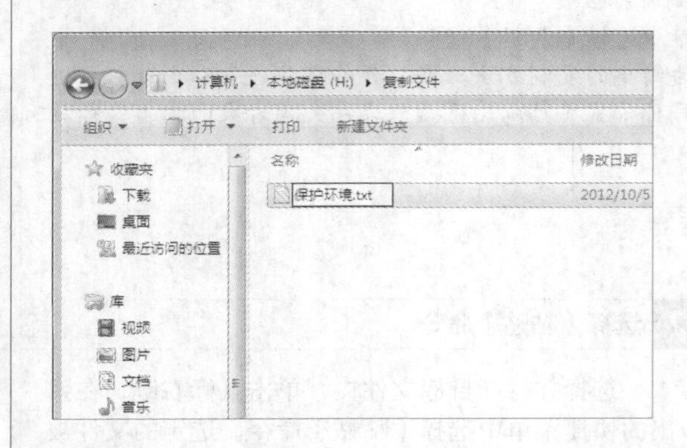

4 完成更改

按【Enter】键，即可完成对文件名称的更改。

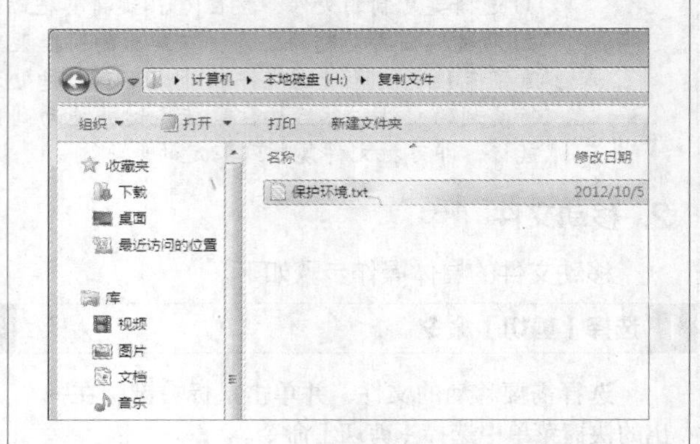

工作经验小贴士

用以下几种方法也可以更改文件名称。

(1) 选择需要更改名称的文件，按【F2】功能键，从而快速地更改文件的名称。

(2) 选择需要更名的文件，用鼠标分两次单击（不是双击）要重命名的文件，此时选中的文件名显示为可写状态，在其中输入名称，按【Enter】键也可重命名文件。

另外，需要注意的是，在重命名文件时，不能改变已有文件的扩展名，否则当要打开该文件时，系统不能确认要使用哪种程序打开该文件。

更改文件夹名称的方法和更改文件名称的方法类似，这里不再赘述。

2.3.7 搜索文件或文件夹

有时，用户会忘记某个文件放在电脑的哪个位置，而电脑里面的东西很多，又不能一个一个地找。这时可以利用系统自带的搜索功能，将文件搜索出来。

1. 使用【开始】菜单上的搜索框

用户可以使用【开始】菜单上的搜索框查找存储在计算机上的文件、文件夹以及程序等。

1 单击【开始】按钮

单击桌面左下角的【开始】按钮，即可弹出【开始】菜单，在【搜索】文本框中输入文件所包含的文字。

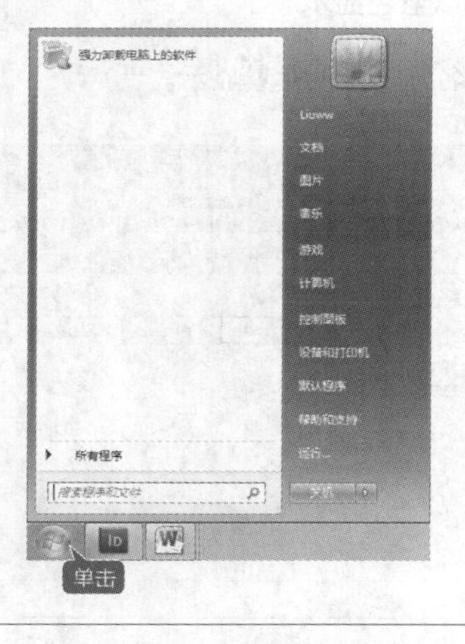

2 查看搜索结果

这里输入“八仙花”，然后按【Enter】键确认，即可查看搜索结果。

2. 利用【计算机】或文件夹窗口右上角的搜索框搜索文件

利用【计算机】或文件夹窗口右上角的搜索框搜索文件的具体操作步骤如下。

1 输入关键字

打开【计算机】窗口，在右上角的搜索框中输入文件所包含的文字。

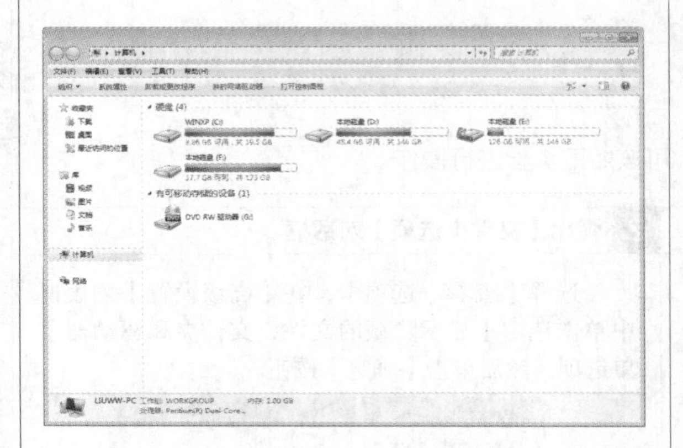

2 查看搜索结果

这里输入“文档”，然后按【Enter】键确认，即可查看搜索结果。

2.3.8 显示、隐藏文件或文件夹

隐藏文件可以增强文件的安全性，同时可以防止误操作导致的文件丢失现象。

1 选择【属性】命令

选择需要隐藏的文件，如“7月份工作总结.doc”，单击鼠标右键，在弹出的快捷菜单中选择【属性】命令。

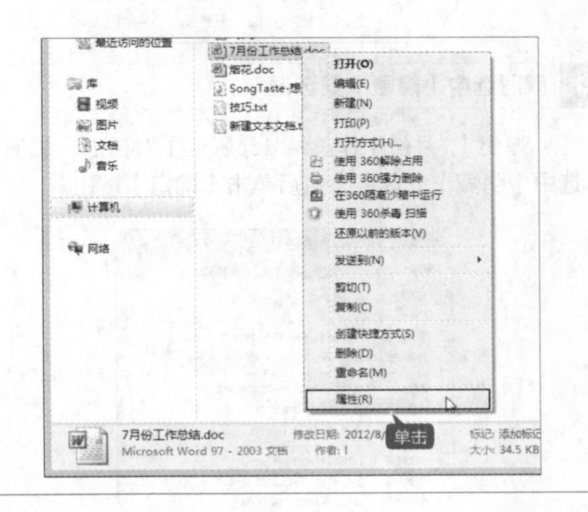

2 选中【隐藏】复选框

弹出【7月份工作总结.doc属性】对话框，选择【常规】选项卡，然后单击选中【隐藏】复选框，单击【确定】按钮。

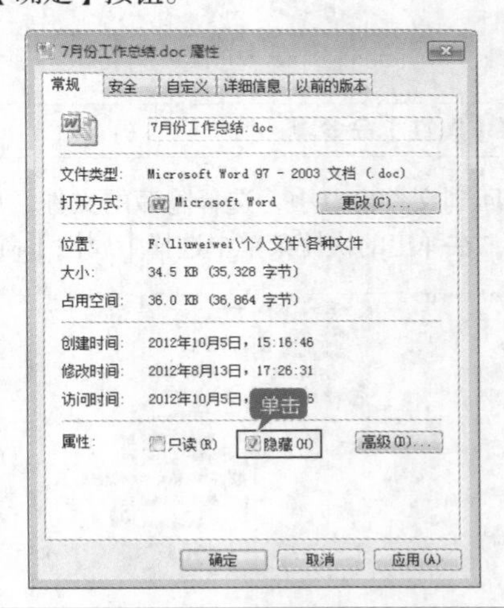

关闭【7月份工作总结.doc属性】对话框后，选择的文件被成功隐藏，如下图所示。

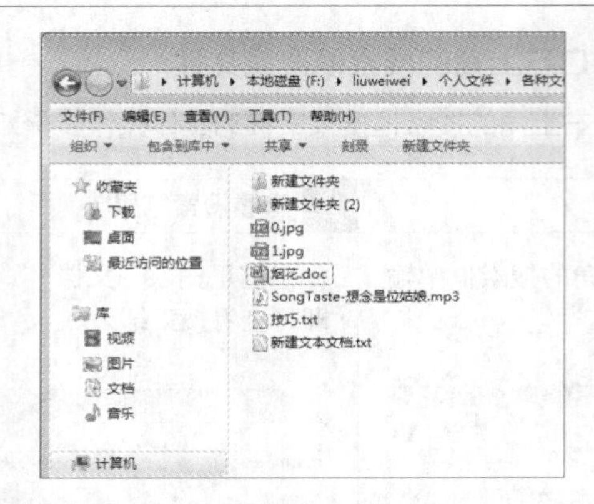

文件被隐藏后，如果用户想显示隐藏的文件，可按如下步骤进行操作。

1 选择【文件夹选项】命令

打开【计算机】窗口，按【Alt】键调出菜单栏。选择【工具】➤【文件夹选项】命令，弹出【文件夹选项】对话框。

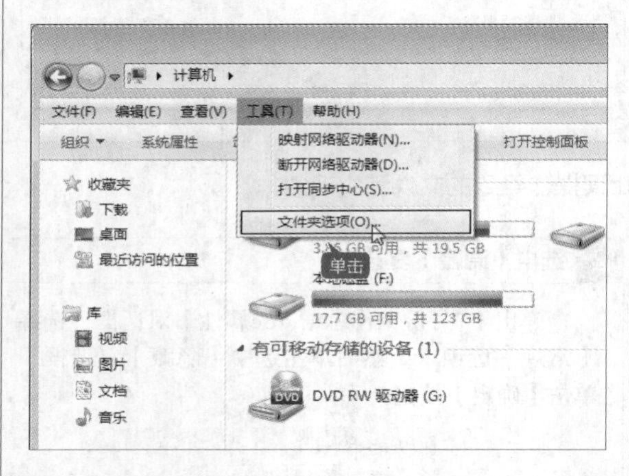

2 弹出【文件夹选项】对话框

选择【查看】选项卡，在【高级设置】列表框中单击选中【显示隐藏的文件、文件夹和驱动器】单选项，然后单击【确定】按钮。

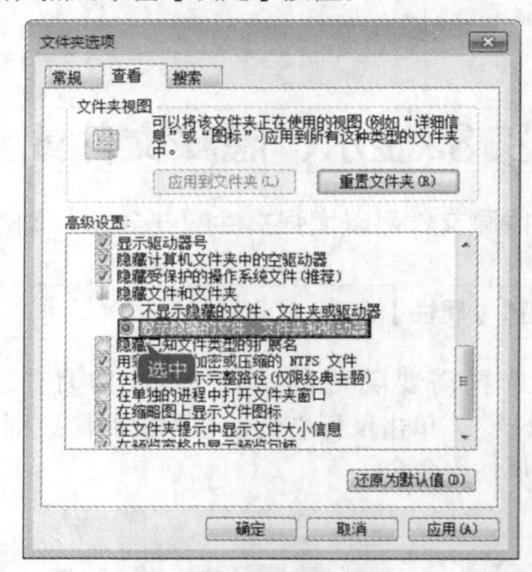

3 选择【属性】命令

返回到文件窗口中，选择隐藏的文件，单击鼠标右键，在弹出的快捷菜单中选择【属性】命令。

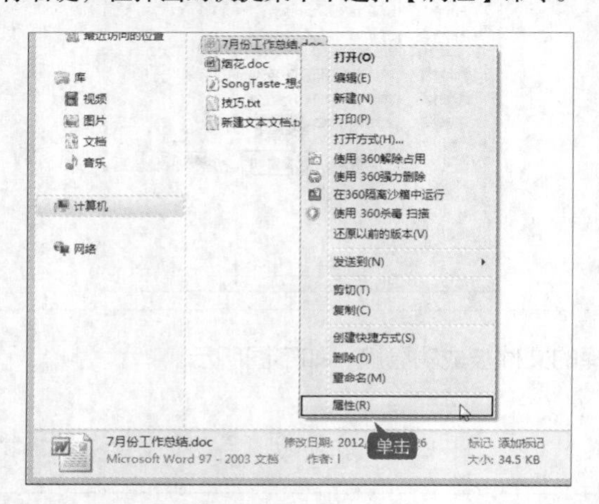

4 取消选中【隐藏】复选框

弹出【7月份工作总结.doc属性】对话框，撤消选中【隐藏】复选框，然后单击【确定】按钮。

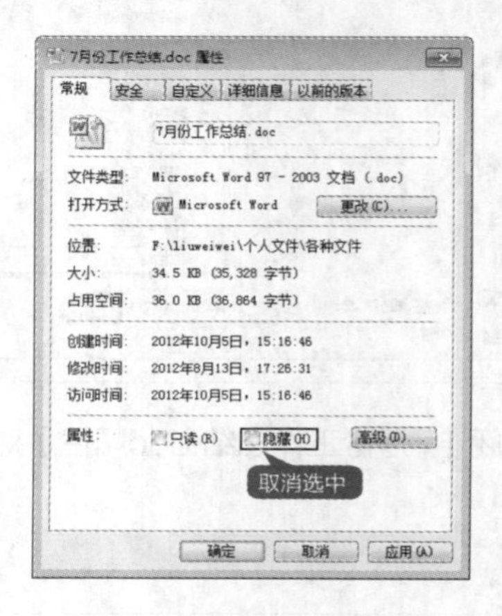

成功显示隐藏的文件，如下图所示。

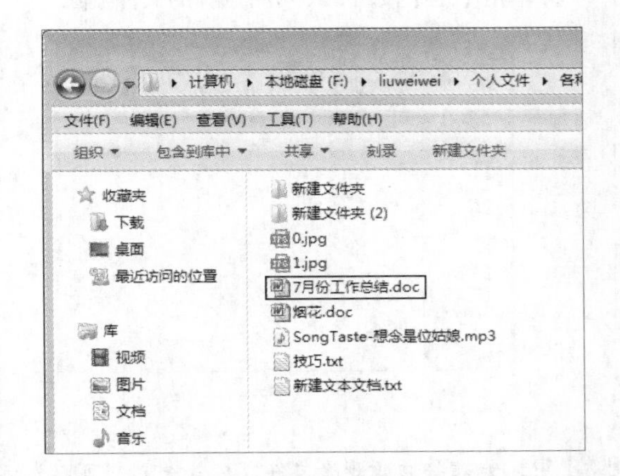

工作经验小贴士

完成显示文件的操作后，用户可以在【文件夹选项】对话框中撤消选中【显示隐藏的文件、文件夹和驱动器】单选项，从而避免对隐藏文件的误操作。

工作经验小贴士

和隐藏文件的作用一样，隐藏文件夹不仅可以增强文件夹的安全性，还可以防止误操作导致的文件夹丢失现象。隐藏、显示文件夹的操作方法与隐藏、显示文件的操作方法相同，这里不再详细介绍。

2.3.9 删除文件或文件夹

删除不需要的文件或文件夹可以释放磁盘空间。有多种方法可以删除文件或文件夹。

(1) 选择要删除的文件或文件夹，按键盘上的【Delete】键。

(2) 选择要删除的文件或文件夹，选择【文件】➤【删除】菜单命令。

(3) 选择要删除的文件或文件夹并单击鼠标右键，在弹出的快捷菜单中选择【删除】菜单命令。

(4) 选择要删除的文件或文件夹，直接拖动到【回收站】中。

使用工具栏中的【删除】命令也可以删除文件或文件夹。

1 选择要删除的文件

选择要删除的文件，按【Alt】键，调出工具栏。

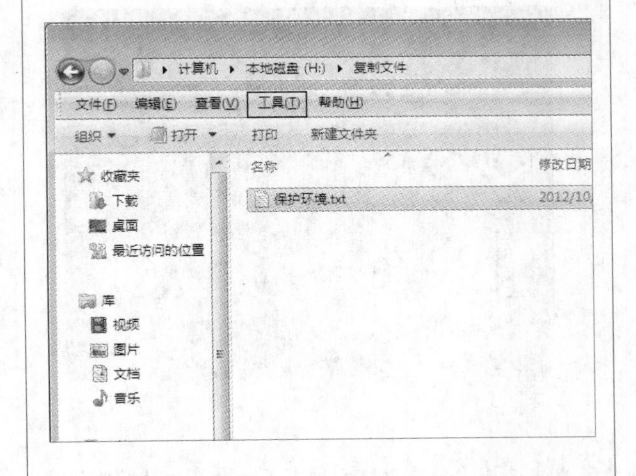

2 选择【删除】命令

选择【文件】➤【删除】菜单命令。

3 打开【删除文件】对话框

弹出一个【删除文件】对话框，如果确定要删除，单击【是】按钮，要取消则单击【否】按钮。

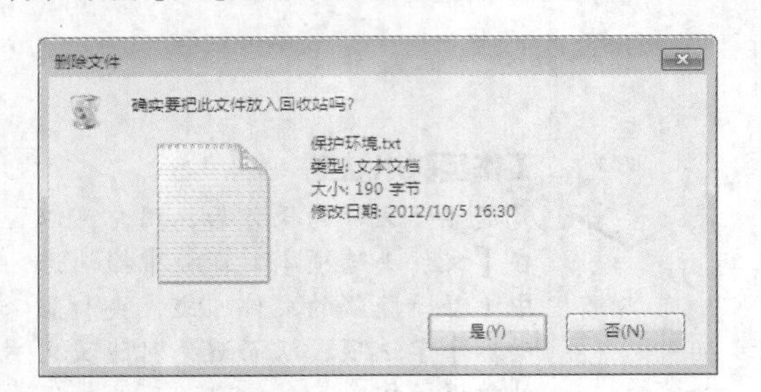

4 删除完成

单击【是】按钮，即可将选择的文件删除。

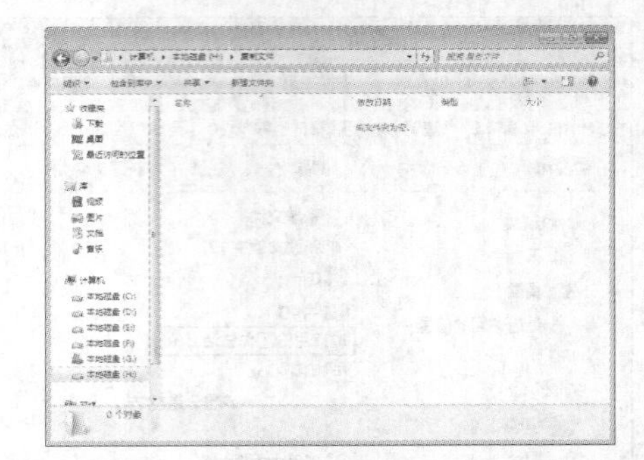

工作经验小贴士

删除命令只是将文件或文件夹移入到【回收站】中，如果要彻底删除文件或文件夹，则可以先选择要删除的文件或文件夹，然后按【Shift+Delete】组合键，根据提示可将其彻底删除。

2.4 实例4——快捷方式的基本操作

本节视频教学时间：4分钟

对于经常使用的程序或文件夹，可以为其创建快捷键或快捷方式，将其放在桌面上或其他可以快速访问的地方。这样可以避免因寻找程序或文件夹而浪费时间，提高工作和学习的效率。

2.4.1 创建快捷方式

快捷方式的创建非常简单，其具体操作方法如下。

1 执行创建快捷方式命令

选择需要创建快捷方式的文件夹并单击鼠标右键，在弹出的快捷菜单中选择【发送到】➤【桌面快捷方式】命令。

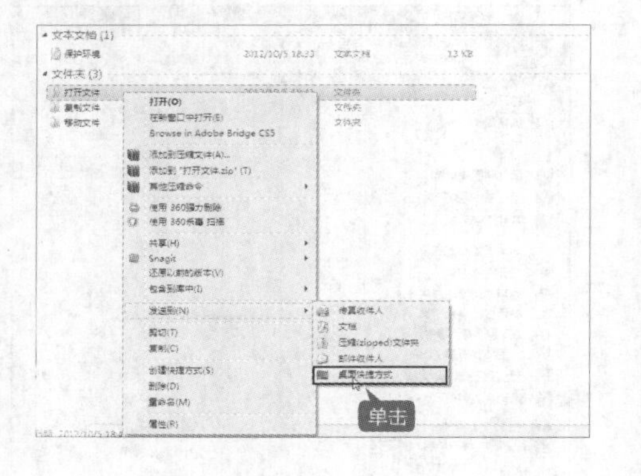

2 查看效果

系统将自动在桌面上添加一个【打开文件 – 快捷方式】的快捷方式文件夹，双击即可打开文件夹。

工作经验小贴士

用户也可以选择文件夹右击，在弹出的快捷菜单中选择【创建快捷方式】菜单命令，然后将快捷方式移动到桌面或容易快速访问的位置。

2.4.2 使用快捷方式快速启动程序

为常用的程序设置快捷键，这样在使用的时候既方便又快捷。

1 选择【属性】命令

单击【开始】按钮，将鼠标指针停留到【画图】命令上，单击鼠标右键，在弹出的快捷菜单中选择【属性】命令。

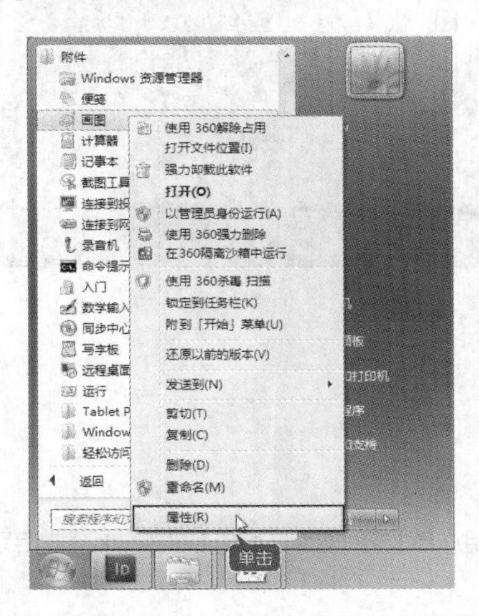

2 弹出【画图属性】对话框

弹出【画图属性】对话框，如下图所示。

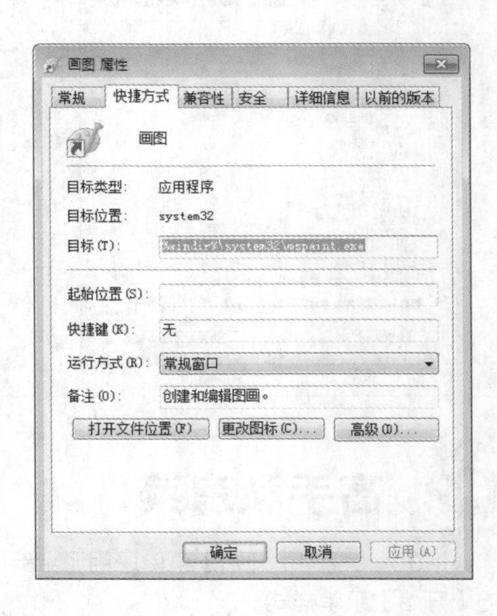

3 输入快捷键【Ctrl+Alt+5】

在【快捷键】文本框内输入快捷键。这里输入快捷键【Ctrl+Alt+5】。

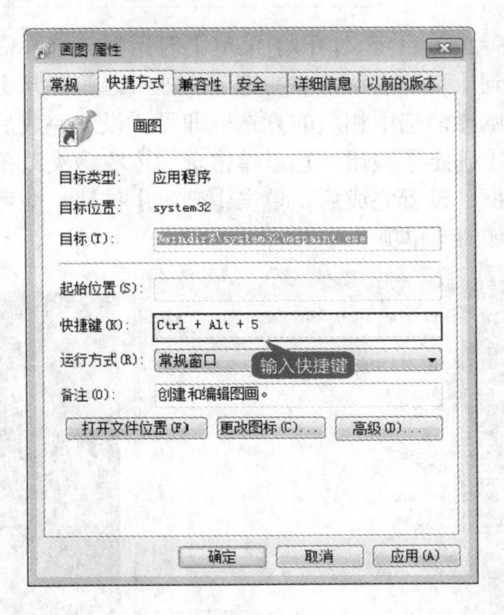

4 快速打开画图窗口

单击【确定】按钮，返回到桌面，按【Ctrl+Alt+5】组合键可快速打开画图窗口。

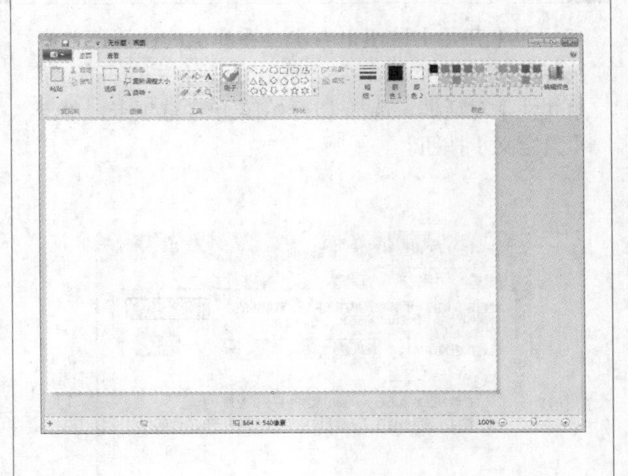

工作经验小贴士

用户也可以为其他比较常用的程序创建快捷键，这里不再一一赘述。

举一反三

除了Windows 7的基本组成、桌面小工具的使用及窗口的基本操作内容外，要想真正的使用好电脑，还需要了解一些常见的个性设置方法，以满足自己的需求。如让【启动】菜单个性化、360应用屏等。

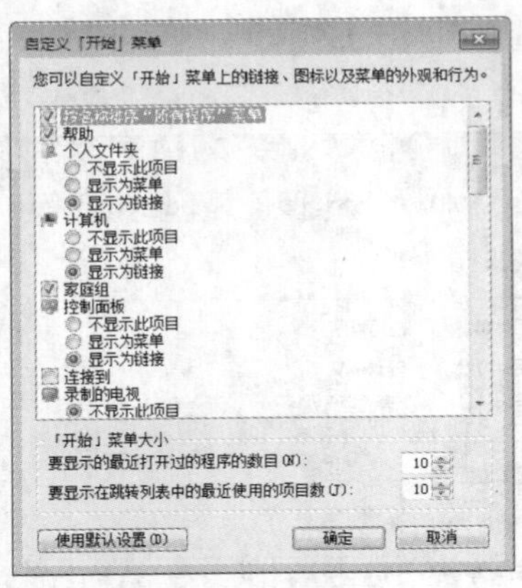

高手私房菜

Windows 7的【开始】菜单采用了全新的设计，如果用户感觉不适应，可以根据需要设置自定义的【开始】菜单样式。

技巧：让【启动】菜单个性化

用户可以对【启动】菜单中的项目进行添加和删除等操作，具体操作步骤如下。

1 单击【自定义】按钮

在【开始】按钮上右击，在弹出的快捷菜单中选择【属性】菜单命令，弹出【任务栏和[开始]菜单属性】对话框。选择【[开始]菜单】选项卡，单击【自定义】按钮。

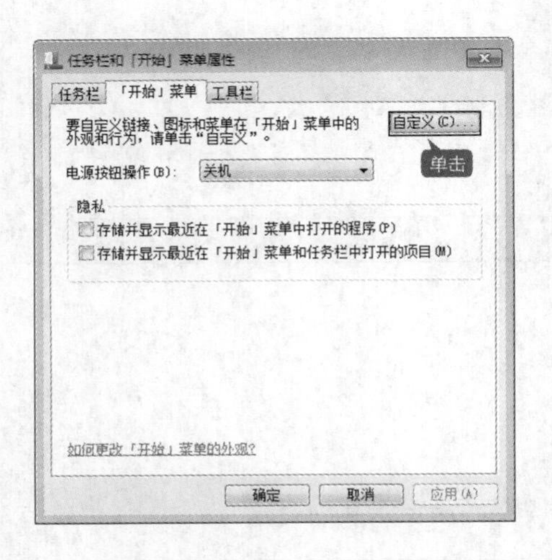

2 选中【收藏夹菜单】复选框

弹出【自定义[开始]菜单】对话框，选择需要添加到【启动】菜单中的选项。如果想删除某个程序，则撤消选中相应的复选框即可。设置完成后，单击【确定】按钮。这里单击选中【收藏夹菜单】复选框，设置完成后，单击【确定】按钮，即可查看添加的菜单项。

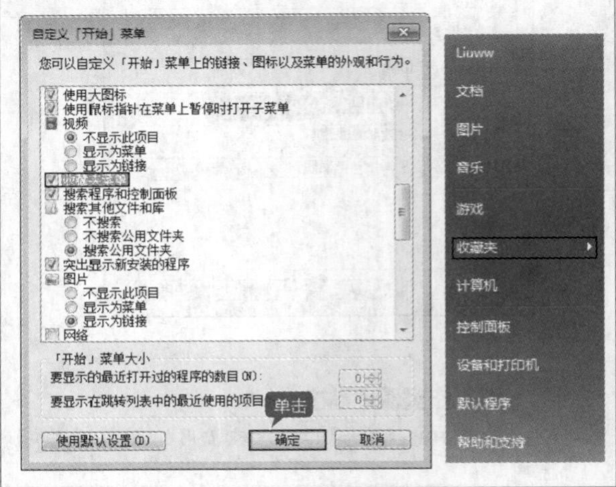

第 3 章

轻松学会打字

本章视频教学时间：1 小时 17 分钟

学会输入汉字和英文是使用电脑的第一步。输入英文字符时，只要按着键盘输入就可以了，而汉字不能直接输入，需要用英文字母和数字对汉字进行编码，然后通过输入编码得到所需汉字。本章主要讲述输入法的管理、拼音打字、五笔打字、手写输入文字和语音输入文字。

【学习目标】

- 通过本章的学习，可以使用输入法输入各种符号及文字。

【本章涉及知识点】

- 认识输入法
- 掌握使用拼音打字
- 掌握使用五笔打字
- 掌握手写输入
- 掌握语音输入

3.1 实例1——输入法管理

 本节视频教学时间：11分钟

本节主要介绍输入法的基本概念、安装和删除输入法以及如何设置默认的输入法。

3.1.1 认识输入法

输入法是指为了将各种符号输入计算机或其他设备而采用的编码方法。汉字输入的编码方法基本上都是将音、形、义与特定的键相联系，再根据不同汉字进行组合来完成汉字的输入。

目前，键盘输入的解决方案有区位码、拼音、表形码和五笔字型等。在这几种输入方案中，又以拼音输入法和五笔字型输入法为主，而五笔字型输入法主要是以王码和极品五笔输入法为主。

3.1.2 挑选适合自己的输入法

随着网络的快速发展，各类输入法软件也有如雨后春笋般飞速发展，面对如此多的输入法软件，很多人都觉得很迷茫，不知道应该选择哪一种，这里，作者将从不同的角度出发，告诉您如何挑选一款适合自己的输入法。

1. 根据自己的输入方式

有些人不懂拼音，就适合使用五笔输入法；相反，有些人对于拆分汉字很难上手，那么，这些人最好是选择拼音输入法。

2. 根据输入法的性能

功能上更胜一筹的输入法软件，显然可以更好地满足需求。那么，如何去了解各大输入法的性能呢？我们可以去那些输入法的官方网站了解，在了解的过程中，可以从以下几方面入手：

(1) 输入法的基本操作，有些软件在操作上比较人性化，有些则相对有所欠缺，选择时要注意；

(2) 在功能上，可以根据各输入法软件的官方介绍，联系自己的实际需要，去对比它们各自不同的功能，相信您总会选择到一种适合自己的输入法；

(3) 看输入法的其他设计是否符合个人需要，比方说皮肤、字数统计等功能。

3. 根据有无特殊需求选择

有些人选择输入法，是有着一些特殊的需求的。例如，好多朋友选择QQ输入法，因为他们本身就是腾讯的用户，而且登录使用QQ输入法可以加速QQ升级。有不少人是因为类似的特殊需要才会选择某种输入法的。

选择到一种适合自己的输入法，可以使工作和社交变得更加开心和方便。

3.1.3 安装与删除输入法

Windows 7操作系统虽然自带了一些输入法，但不一定能满足用户的需求。用户可以安装和删除相关的输入法。安装输入法前，用户需要先从网上下载输入法程序。

下面以微软拼音输入法的安装为例，讲述安装输入法的一般方法。

1 单击【继续】按钮

双击下载的安装文件，即可启动其安装向导。选择【单击此处接受《Microsoft 软件许可条款》】选项，单击【继续】按钮。

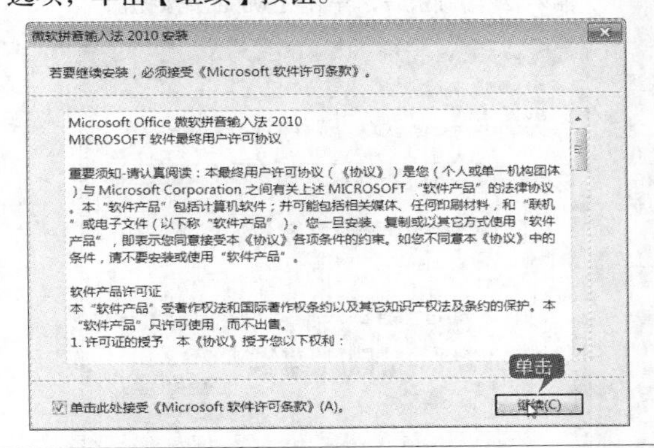

2 安装完成

根据提示安装微软拼音输入法2010，安装完成后，单击【完成】按钮。

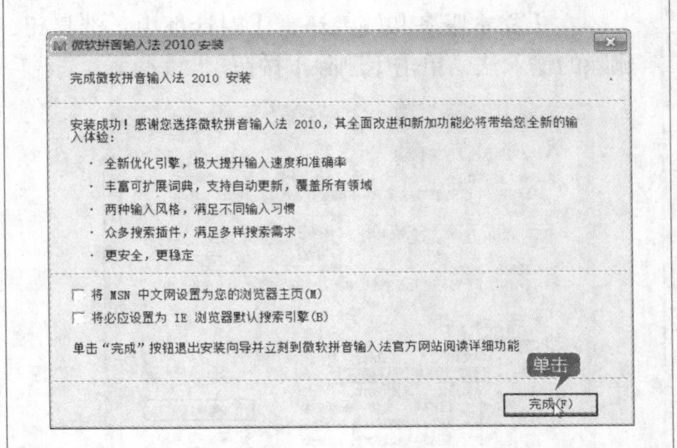

添加系统自带的输入法。

1 单击【设置】命令

在状态栏上右击选择输入法的图标，在弹出的快捷菜单中选择【设置】菜单命令。

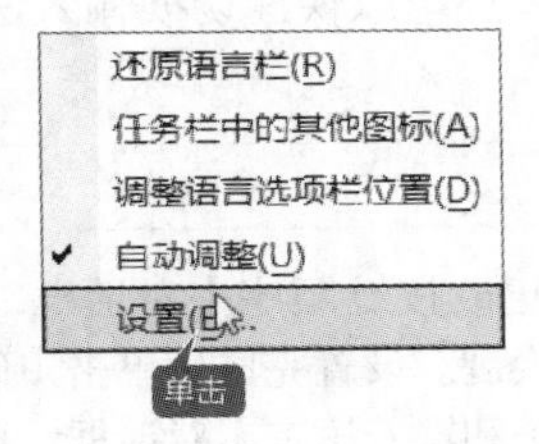

2 单击【添加】按钮

弹出【文本服务和输入语言】对话框，单击【添加】按钮。

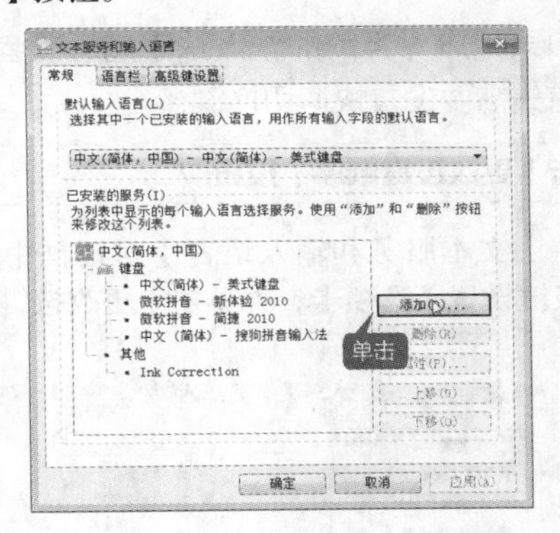

3 添加语言

弹出【添加输入语言】对话框，选择想添加的输入法，单击【确定】按钮。

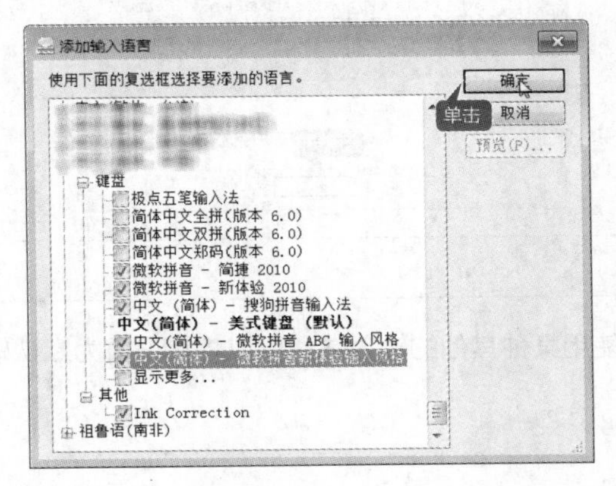

4 添加完成

返回到【文本服务和输入语言】对话框，单击【确定】按钮。

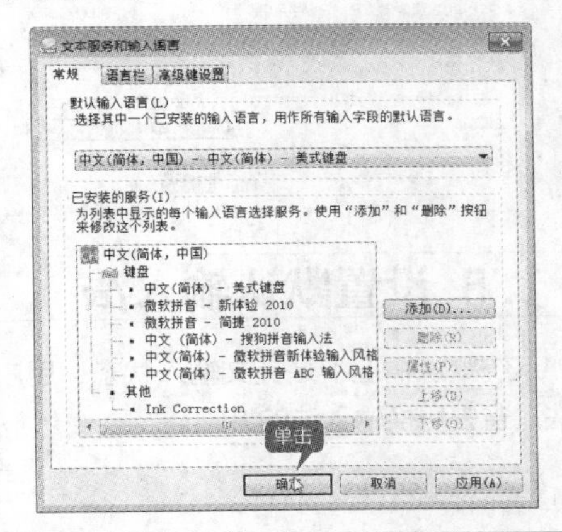

如果对某个输入法不满意，可以将其删除。

1 删除所选输入法

在【文本服务和输入语言】对话框中，选择想删除的输入法，单击【删除】按钮。

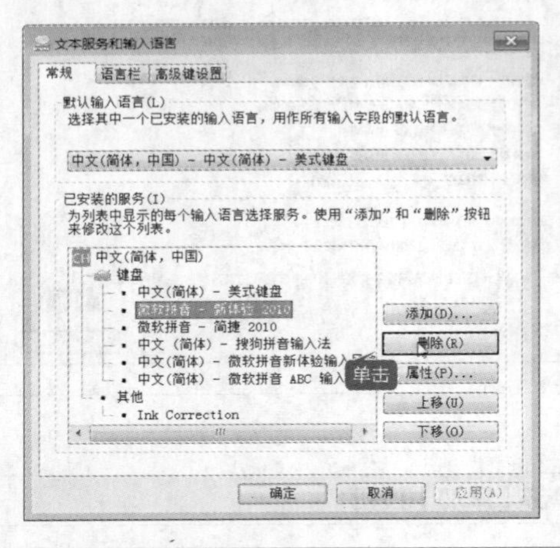

2 单击【确定】按钮

输入法被删除后，单击【确定】按钮。

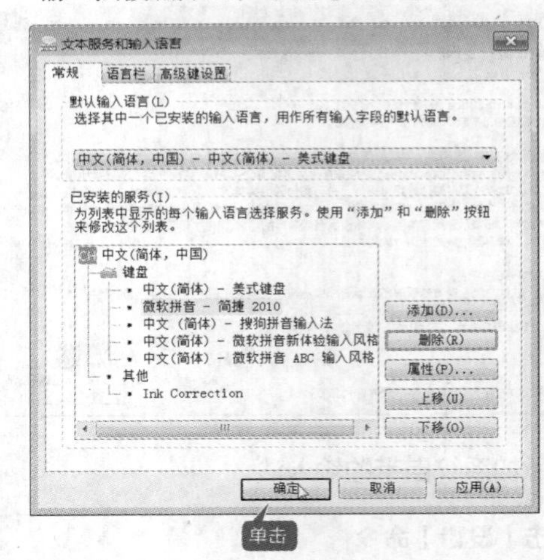

3.1.4 切换输入法

如果用户对当前的输入法不满意或者需要使用别的输入法，还可以快速切换输入法。切换输入法，首先需要设置快速切换键。

1 单击【更改按键顺序】按钮

在【文本服务和输入语言】对话框中，选择【高级键设置】选项卡，并单击【更改按键顺序】按钮。

2 设置完成

弹出【更改按键顺序】对话框，根据自己的习惯设置切换键。设置完成后单击【确定】按钮返回【文本服务和输入语言】对话框，再次单击【确定】按钮即可。

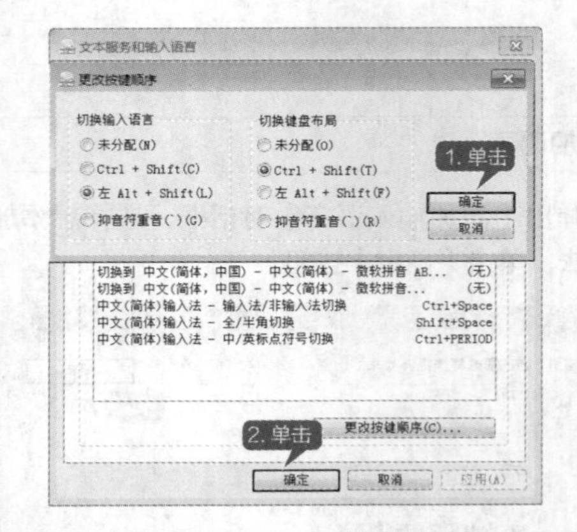

3.1.5 设置默认输入法

系统默认情况下是英文输入状态，用户如果习惯使用某种其他的输入法，可以将其设置为默认输入法，省去切换输入法的麻烦。

1 选择【设置】菜单命令

在状态栏上右击选择输入法的图标，在弹出的快捷菜单中选择【设置】菜单命令。

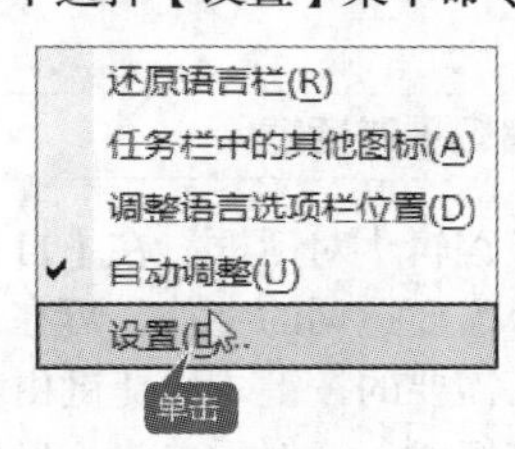

2 设置默认输入法

弹出【文本服务和输入语言】对话框，在【默认输入语言】下单击向下按钮，在弹出的下拉列表中选择默认的输入法，单击【确定】按钮，即可将选择的输入法设为默认的输入法。

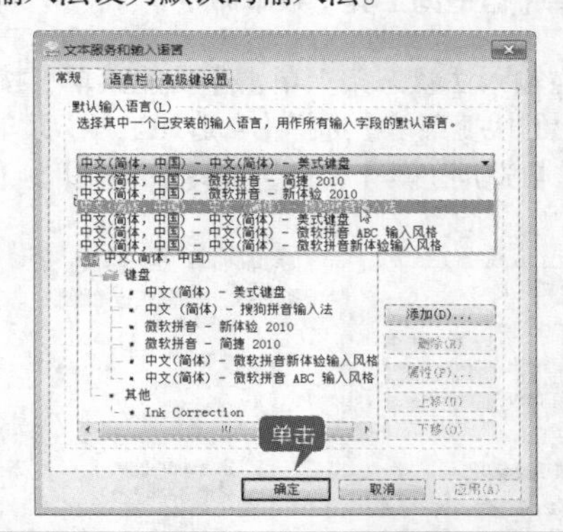

工作经验小贴士

选择【开始】➤【控制面板】➤【区域和语言】菜单命令，弹出【区域和语言】对话框，在【键盘和语言】选项卡下单击【更改键盘】按钮，也可弹出【文本服务和输入语言】对话框。

3.2 实例2——使用拼音打字

本节视频教学时间：9分钟

常见的拼音输入法有很多，如微软拼音输入法、智能ABC输入法和搜狗拼音输入法等。下面以微软拼音输入法为例，讲述拼音打字的一般方法。

1. 输入风格

微软根据用户不同的使用习惯，设置了3种输入方式，它们是“微软拼音-新体验 2010”、“微软拼音-简捷 2010”和“中文（简体）-微软拼音 ABC 输入风格”，用户可以依据自己的需要选择相应风格的输入方法。

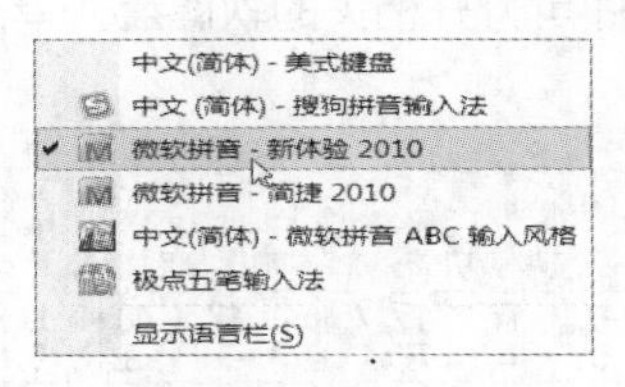

2. 辅助输入

辅助输入是输入大字符集中收录的没有读音的汉字的有效途径。选择辅助输入的方法是，在输入法状态条上单击【功能菜单】按钮，选择【辅助输入法】➤【Unicode码输入】或【GB码输入】命令即可。

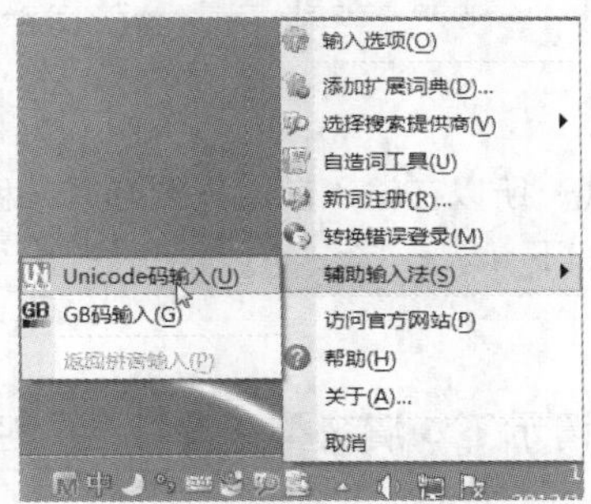

3. 自造词工具

自造词工具用于管理和维护自造词词典以及自学习词表，用户可以对自造词的词条进行编辑、删除、设置快捷键、导入或导出到文本文件等操作。

1 选择【自造词工具】菜单命令

在输入法状态条上单击【功能菜单】按钮，在弹出的快捷菜单中选择【自造词工具】菜单命令，弹出【自造词工具】窗口，选择【编辑】➤【增加】命令。

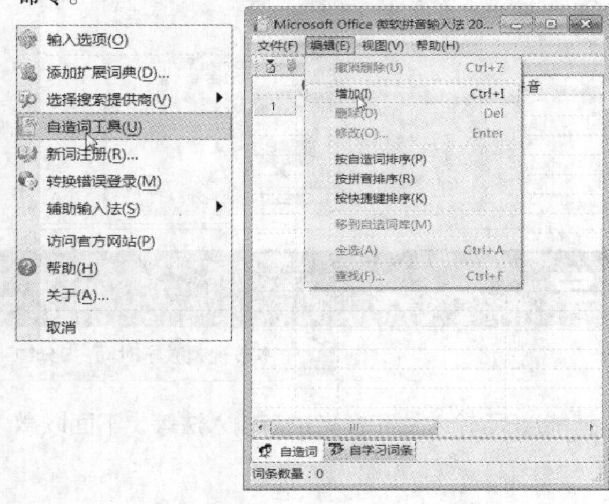

2 设置【词条编辑】对话框

弹出【词条编辑】对话框，在【自造词】文本框中，输入一个需要造词的字符，再在【快捷键】文本框中，输入需要的按键（快捷键由2~8个小写英文字母或数字组成），然后单击【确定】按钮即可。

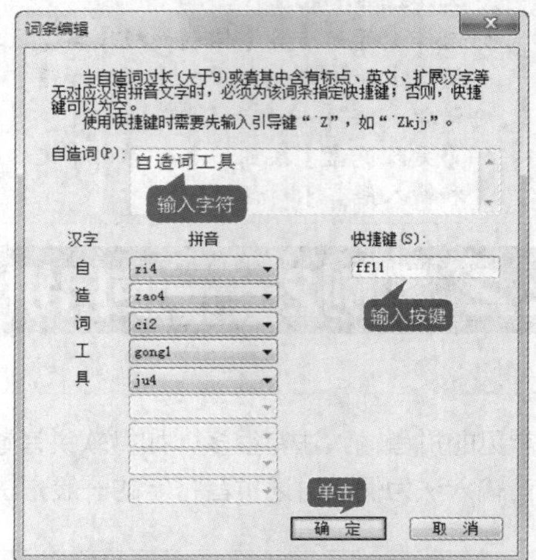

4. 软键盘

与其他输入法一样，微软拼音输入法提供了13种软键盘布局。选择软键盘的方法是，在输入法状态条上单击【功能菜单】按钮，选择【软键盘】命令，再在下拉菜单中，选择一种软键盘名称即可。例如，选择【数学符号】选项，即可打开相关的软键盘，单击软键盘的相关按钮，即可输入数学符号。

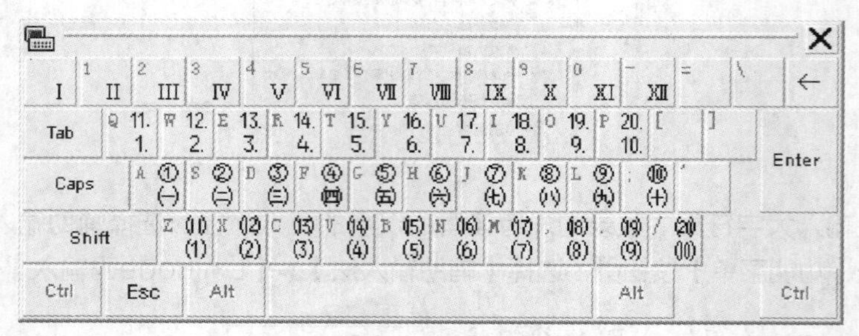

5. 微软拼音输入法的使用

微软拼音输入法有多种输入方式，所以在输入前，先要选择一种输入风格，以微软拼音-新体验2010为例，输入“qingsx”，效果如下。

可见，当连续输入一串汉语拼音时，微软拼音输入法通过语句的上下文自动选取最优的输出结果。当输入一句话完成时，可以按空格键结束，但此时并不表示输入结束，此时还可以对整句话进行修改。

当输入法自动转换的结果与用户希望的有所不同时，用户可以移动光标到错字处，候选窗口自动打开，用鼠标或键盘从候选窗口中选出正确的字或词即可，也可以单击候选窗口右边的▶按钮或按键盘上的"="键向后翻，找到所要的字符。

3.3 实例3——使用五笔打字

本节视频教学时间：48分钟

通常所说的五笔输入法以王码公司开发的为主。到目前为止，王码五笔输入法经过了3次改版升级，分为86版五笔输入法、98版五笔输入法和18030版五笔输入法，其中，86版五笔输入法的使用率占五笔输入法的85%以上。不同版本的五笔输入法除了字根的分布不同外，拆字和使用方法是一样的。除了王码五笔输入法，也有其他的五笔输入法，但它们的用法与王码五笔输入法完全兼容甚至一样。常见的第三方五笔输入法有万能五笔、智能陈桥五笔、极品五笔、海峰五笔、超级五笔等。

3.3.1 认识五笔字根在键盘上的分布

五笔字型的输入思想是，从汉字中选出150多种常见的字根作为输入汉字的基本单位。

学习五笔输入法需要掌握键盘上的编码字根，字根的定义以及英文字母键是五笔输入法的核心，是学习五笔输入法的关键。

1. 字根简介

由不同的笔画交叉连接而成的结构就叫做字根，字根可以是汉字的偏旁（如，彳、冫、凵、廴、火），也可以是部首的一部分（勹、厶），甚至是笔画（一、丨、丿、丶、乛）。

五笔字根在键盘上的分布是有规律的，所以记忆字根并不是很难的事情。

2. 字根在键盘上的分布

用键盘输入汉字是通过手指击键来完成的，因此，五笔字型的字根键盘分配是与各个键位的使用频率和手指的灵活性结合起来的。把字根代号从键盘中央向两侧依大小顺序排列，将使用频率高的字根集中在各区的中间位置，这样，键位更容易掌握，击键效率也会提高。

五笔字根的分布按照首笔笔画分为5类，分别对应英文键盘上的一个区，每个区又分为5个位，位号从键盘中部向两端排列，共25个键位，其中【Z】键不用于定义字根，而是用于五笔字型的学习。各键位的代码既可以用区位号表示，也可以用英文字母表示。

五笔字型中优选了130多种基本字根，分五大区，每区又分五个位，其分区情况如下图所示。

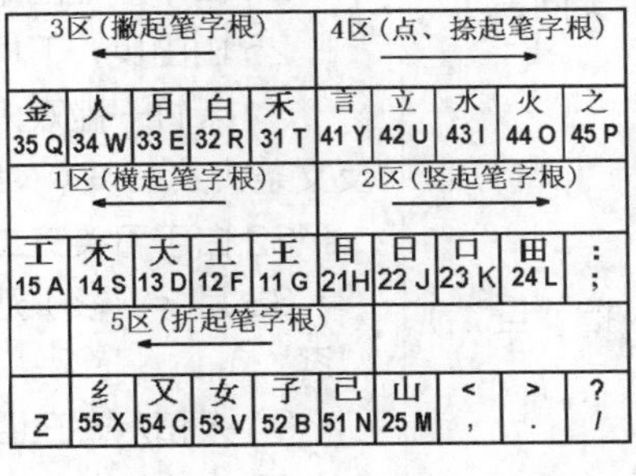

3区（撇起笔字根）←					4区（点、捺起笔字根）→				
金 35 Q	人 34 W	月 33 E	白 32 R	禾 31 T	言 41 Y	立 42 U	水 43 I	火 44 O	之 45 P
1区（横起笔字根）←					2区（竖起笔字根）→				
工 15 A	木 14 S	大 13 D	土 12 F	王 11 G	目 21 H	日 22 J	口 23 K	田 24 L	: ;
5区（折起笔字根）←									
Z	纟 55 X	又 54 C	女 53 V	子 52 B	已 51 N	山 25 M	< ,	> .	? /

①区：横起笔类，分“王（G）土（F）大（D）木（S）工（A）”5个位。

②区：竖起笔类，分“目（H）日（J）口（K）田（L）山（M）”5个位。

③区：撇起笔类，分“禾（T）白（R）月（E）人（W）金（Q）”5个位。

④区：捺起笔类，分“言（Y）立（U）水（I）火（O）之（P）”5个位。

⑤区：折起笔类，分“已（N）子（B）女（V）又（C）纟（X）”5个位。

上面5个区中，没有给出每个键位对应的所有字根，而是只给出了键名字根，下图所示为86版五笔字根键位分布图。

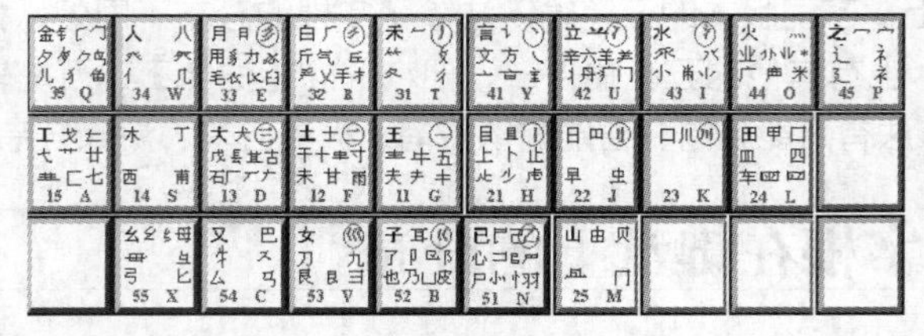

下图所示为98版五笔字根键位分布图。98版五笔字根除码元的排列与86版五笔字根有些区别外，编码规则一样。

在五笔字根分布图的各个键面上有不同的符号，如下图所示。现以第1区的【A】键为例进行介绍。

键名字　成字字根　字根　同位字根　区号　位号

字根　同位字根　成字字根　同位字根　字母

键名字：每个键的左上角的那个主码元，都是构字能力很强或者有代表性的汉字，这个汉字叫做键名字，简称“键名”。

字根：各键上代表某种汉字结构特征的笔画结构，如“戈、七、廾”等。

同位字根：也可称辅助字根，是键位上除键名字以外的字根，或者是不太常用的笔画结构。

3.3.2 学五笔字根助记歌

3.3.1节中的五笔字型键盘字根图给出了86版和98版五笔输入法（这里以介绍86版为主）每个字母所对应的笔画、键名和基本字根等。为了方便用户记忆，下面给出王码公司为每一区的码元编写的一首“助记词”，其中，括号内的为注释内容。

11 王旁青头戋（兼）五一（兼、戋同音）。

12 土士二干十寸雨。

13 大犬三（羊）古石厂。

14 木丁西。

15 工戈草头右框（匚）七。

21 目具上止卜虎皮。（“具上”指“且”）

22 日早两竖与虫依。

23 口与川，字根稀。

24 田甲方框四车力。（“方框”即“囗”）

25 山由贝，下框几。

31 禾竹一撇双人立（“双人立”即“彳”），反文条头共三一（“条头”即“夂”）。

32 白手看头三二斤（“看”头即“𠂇”）。

33 月彡（衫）乃用家衣底（“家衣底”即“豕”）。

34 人和八，三四里（在34区）。

35 金（钅）勺缺点（勹）无尾鱼（⿷），犬旁留叉儿（乂）一点夕（指"⺈"），氏无七（妻）（"氏"去掉"七"为"𠂆"）。

41 言文方广在四一，高头一捺谁人去。（高头"亠"，"谁"去"亻"即"讠"和"主"）

42 立辛两点六门疒。

43 水旁兴头小倒立。

44 火业头（⺌），四点（灬）米。

45 之字军盖建道底（即"之、宀、冖、廴、辶"），摘礻（示）衤（衣）。

51 已半巳满不出己，左框折尸心和羽。（"左框"即"コ"）

52 子耳了也框向上（"框向上"即"凵"）。

53 女刀九臼山朝西（"山朝西"即"彐"）。

54 又巴马，丢矢矣（"矣"去"矢"为"厶"），

55 慈母无心弓和匕（"母无心"即"⺟"），幼无力（"幼"去"力"为"幺"）。

3.3.3 用五笔输入汉字

五笔字型输入法是一种拼形输入法，当看到一个汉字时，用户就能根据汉字的各部分字根写出该汉字的编码，例如：

岩编码为"山"和"石"；

照编码为"日"、"刀"、"口"和"灬"；

潮编码为"氵"、"十"、"早"和"月"。

可见，汉字的编码规则是遵照书写顺序的原则的。总的来说，五笔输入法规定了以下原则：

(1) 按书写顺序从左到右、从上到下、从外到内的取码原则。

(2) 以基本字根为取码单位，例如猫字的编码为丶、丿、艹、田，而不是取犭、艹、田。

(3) 最多取四码，超出四码时取1、2、3、末四个字根，不足四码时取末笔字型交叉识别码（末笔字型交叉的内容在后面介绍）。

(4) 取大优先。如果一个汉字有多种拆分方法，就取拆分后字根最少的那一种，尽可能使字根数目最少。例如，根据"取大优先"的原则，"章"只能拆分为"立早"，不可以拆分为"立日十"。

1. 输入键名汉字

在五笔字型的基本字根中，有些字根本身就是一个汉字，

键盘上每个键的第一个字根称为键名字，总共有25个，如下图所示。

Q	W	E	R	T	Y	U	I	O	P
金	人	月	白	禾	言	立	水	火	之

A	S	D	F	G	H	J	K	L
工	木	大	土	王	目	日	口	田

Z	X	C	V	B	N	M
	纟	又	女	子	已	山

其输入方法是连续按4次该键即可，例如，王、土、大的输入方法如下。

王：（GGGG）　　土：（FFFF）　　大：（DDDD）

2. 输入成字字根和偏旁部首

在五笔字型键盘字根中，除键名汉字外，凡是由单个字根组成的汉字就叫做成字字根。例如，在D键中，除了键名汉字"大"字外，成字字根有犬、古、石等。

输入成字字根的方法是，键名代码+首笔代码+次笔代码+末笔代码，例如：

此外，汉字的偏旁部首与成字字根的输入方法也相同，例如：

五笔字型输入法中，大部分常用汉字都有简码，如果某个汉字有简码，就不用输完全码了。例如，“古”字为三级简码，所以只需输入DGH后按空格键即可。

3. 输入5种单笔画

单笔画即一丨丿、乙，王码五笔输入法中规定，五种单笔画的编码如下。

一 GGLL　　丿 TTLL　　乙 NNLL

丨 HHLL　　丶 YYLL

4. 输入一般汉字

前面介绍的是特殊字的输入方法，下面介绍输入一般汉字的输入方法。

一般汉字有以下3种情况。

⑴ 汉字字根超过4码，取码方法是第一码+第二码+第三码+最后一码，例如：

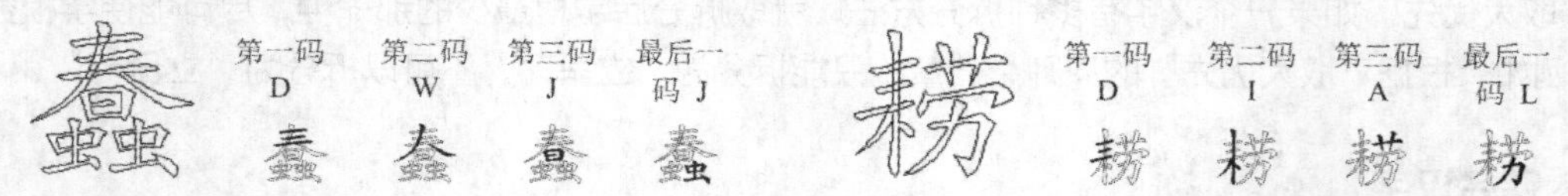

⑵ 汉字字根刚好是4码，其取码方法是第一码+第二码+第三码+第四码，例如：

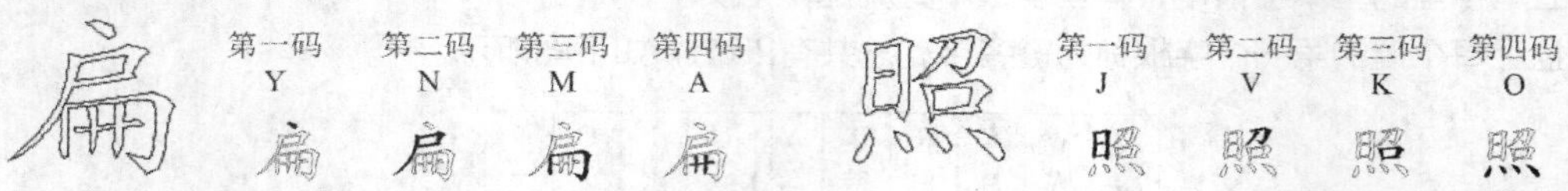

⑶ 对于不够拆分成4个字根的汉字，如果只输入其第一、第二个字根，则会出现很多汉字等待选择，为了解决这个问题，五笔输入法采用了一种“末笔字型识别码（即补码）”，不足4码的汉字取码的方法是第一码+第二码（+第三码）+补码，例如：

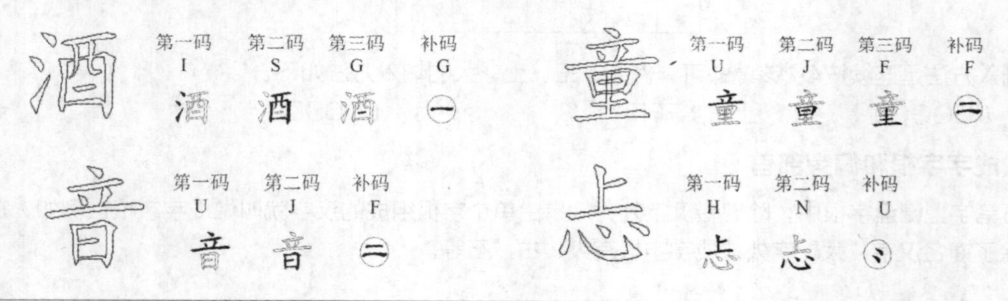

5. 简码输入

所谓简码，就是被简化了的编码。

按照五笔字型输入法的规则，一个汉字的编码由四个字母构成，省略掉编码中后面的若干个字母，就形成了简码。使用简码输入汉字，可以大大加快输入速度。五笔字型输入法分为一级简码、二级简码和三级简码。

(1) 一级简码，又称为高频字。一级简码就是把使用频率最高的25个汉字分配在25个键位上，输入时，只要击打它们对应的字母键，再按空格键即可。

Q	W	E	R	T	Y	U	I	O	P
我	人	有	的	和	主	产	不	为	这

A	S	D	F	G	H	J	K	L
工	要	在	地	一	上	是	中	国

Z	X	C	V	B	N	M
	经	以	发	了	民	同

(2) 二级简码。除了一级简码外，五笔字型还把一些使用频率较高的常用汉字定为二级简码汉字。二级简码汉字的编码规则是：编码=字根码1+字根码2+空格。例如，淡、度、宫、累的编码见下表。

汉字	拆分结果	全码	简码
淡	氵火火	IOOY	IO
度	广廿又	YACI	YA
宫	宀口口	PKKF	PK
累	田幺小	LXIU	LX

有时，同一个汉字可有几种简码。例如，“经”字就同时有一、二、三级简码及全码4个输入码。

(3) 三级简码。三级简码汉字的编码规则是：编码=字根码1＋字根码2＋字根码3+空格。例如：

汉字	拆分结果	全码	简码
混	氵日匕匕	IJXX	IJX
摆	扌四土厶	RLFC	RLF

3.3.4 词组的使用

五笔字型输入法把输入单个汉字与输入词组统一起来，输入单个汉字与输入词组时不需要切换，而且输入词组时不需要附加其他信息，因为词组的编码最多也是四码，只是对不同字数的词语，取码的规则不同而已。

1. 两字词组的编码规则

两字词组的编码规则是，依次取每一个汉字编码的前两个字根代码，一共四码。例如：

词组	拆分结果	编码
教室	土丿宀一	FTPG
琢磨	王豕广木	GEYS
敷衍	一月彳氵	GETI

2. 三字词组的编码规则

三字词组的编码规则是，依次取第一、第二个汉字的第一个字根代码，再取第三个汉字的前两个字根代码，一共四码。例如：

词组	拆分结果	编码
电视机	日礻木几	JPSM

3. 四字词组的编码规则

四字词组的编码规则是，依次取每个汉字的第一码，一共四码。

4. 多字词组的编码规则

多字词组是指4个字以上的词组。多字词组的编码规则是，依次取每个词组第一、第二、第三个汉字的第一码和最后一个汉字的第一码。例如："辩证唯物主义"拆分为"辛讠口丶"，编码为"UYKY"。

5. 手工造词

五笔输入法词库中只添加了最常用的一些词组，如果用户经常用到某个词组，那么可以自己把该词组添加到词库中。

3.4 实例4——手写输入文字

本节视频教学时间：4分钟

Windows 7操作系统自带的Tablet PC软件支持手写功能。

1 选择【Tablet PC 输入面板】菜单命令

单击【开始】按钮，在弹出的菜单中选择【所有程序】菜单命令，然后再选择【附件】➤【Tablet PC】➤【Tablet PC 输入面板】菜单命令。

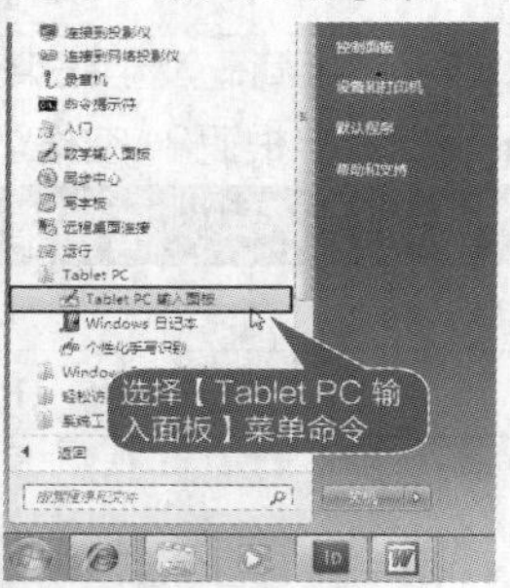

2 书写文字

弹出【Tablet PC】主程序，拖动鼠标直接在面板上写字。

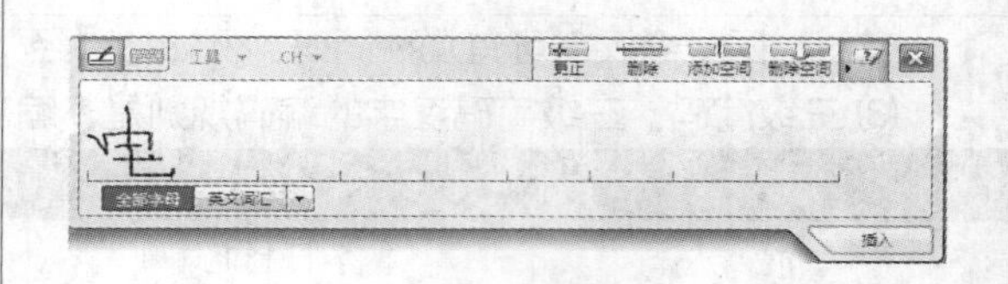

3 完成输入

书写完成后，系统自动将手写的文字进行转换，单击【插入】按钮，即可将手写的文字插入到文字软件中。

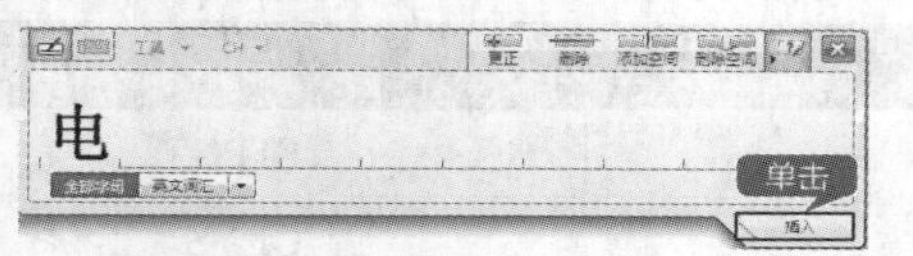

4 删除文字

如果想删除手写的文字，直接在文字上画一条横线，即可完成删除文字的操作。

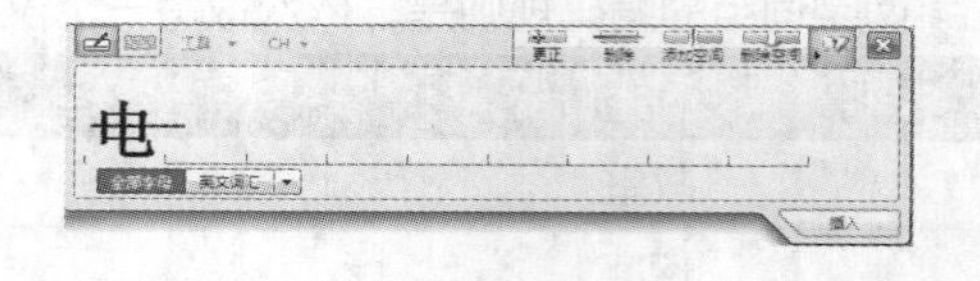

3.5 实例5——语音输入文字

本节视频教学时间：5分钟

Windows 7操作系统提供了语音输入文字的功能，用户在使用该功能前，需要将麦克风和电脑正确地连接。

1 选择【轻松访问】选项

单击【开始】按钮，在弹出的菜单中选择【控制面板】菜单命令，打开【控制面板】窗口，选择【轻松访问】选项。

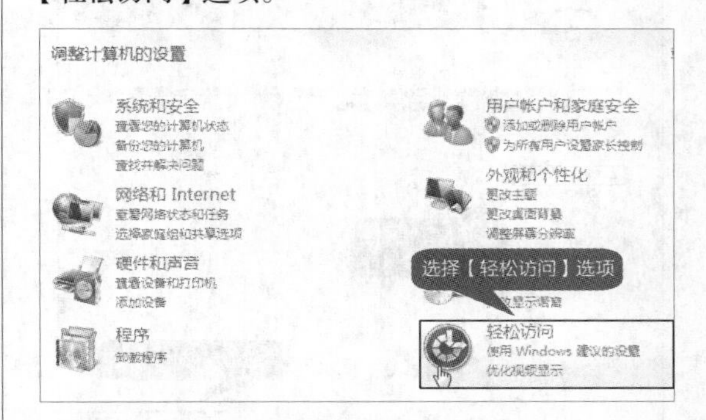

2 启动语音识别

弹出【轻松访问】窗口，选择【启动语音识别】选项。

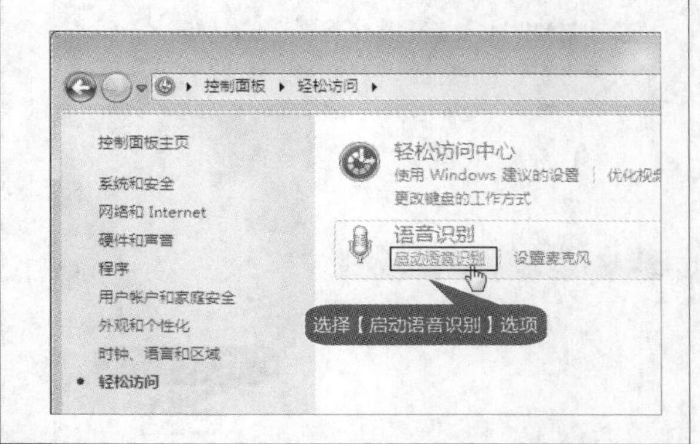

3 开始设置语音识别

弹出【设置语音识别】对话框，单击【下一步】按钮。

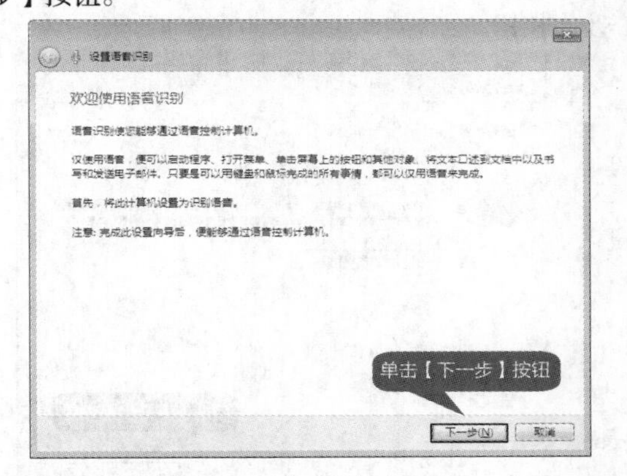

4 选择麦克风的类型

选择麦克风的类型，单击【下一步】按钮。

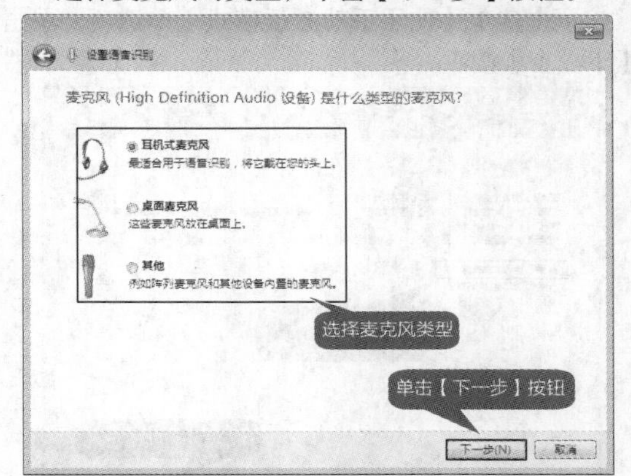

5 提示麦克风设置

提示麦克风设置，单击【下一步 】按钮。

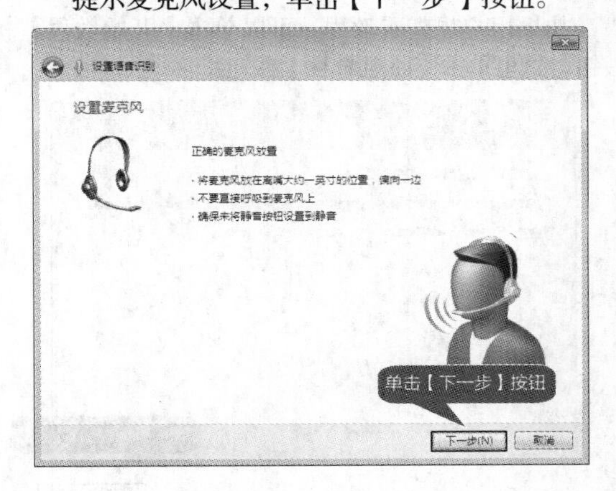

6 朗读提示文字

以正常的语速和音量朗读对话框中提示的文字，单击【下一步】按钮。

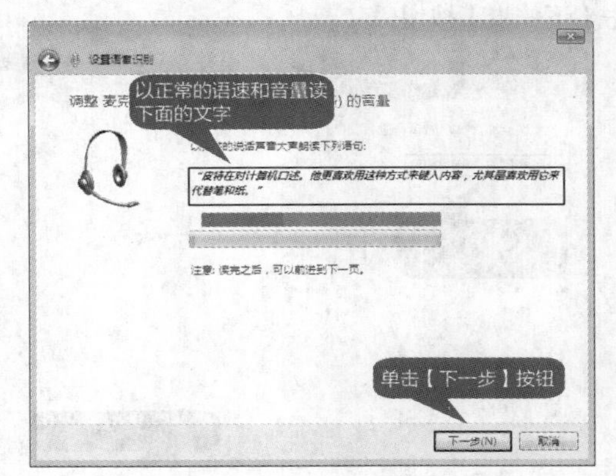

7 麦克风设置完成

麦克风设置完成后，单击【下一步】按钮。

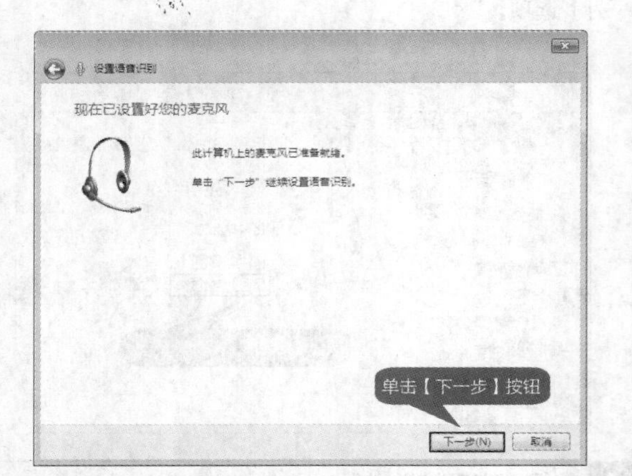

8 选择【启用文档审阅】单选项

单击选中【启用文档审阅】单选项，单击【下一步】按钮。

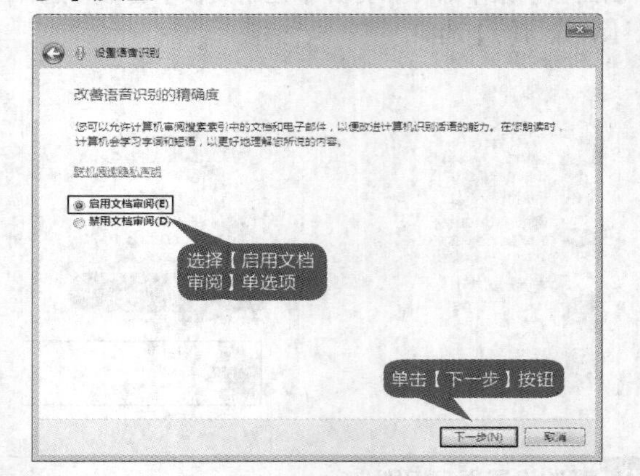

9 选择【使用手动激活模式】单选按钮

单击选中【使用手动激活模式】单选项，单击【下一步】按钮。

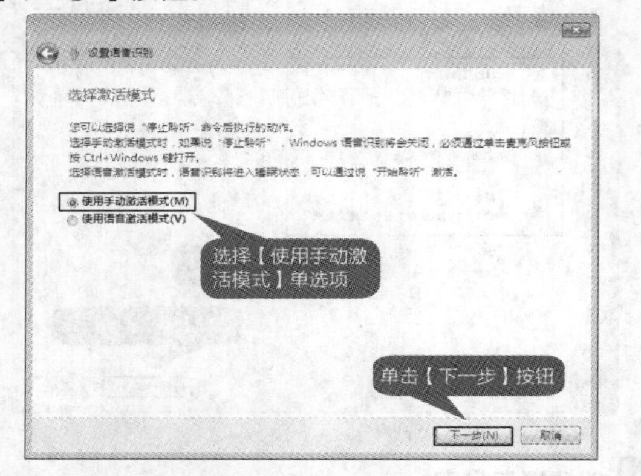

10 弹出【打印语音参考卡片】对话框

弹出【打印语音参考卡片】对话框，单击【下一步】按钮。

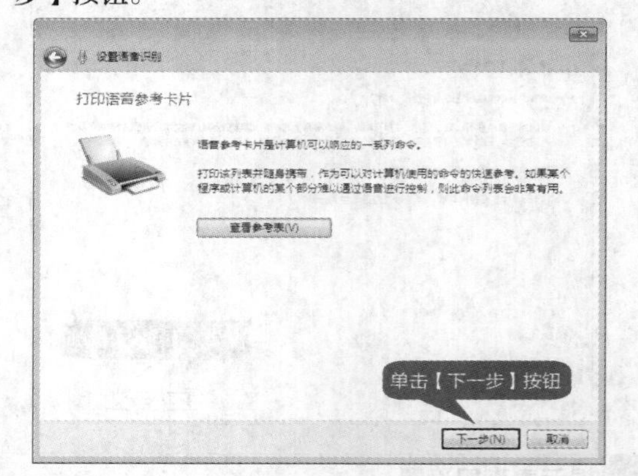

11 选择【启动时运行语音识别】选项

单击选中【启动时运行语音识别】复选框，单击【下一步】按钮。

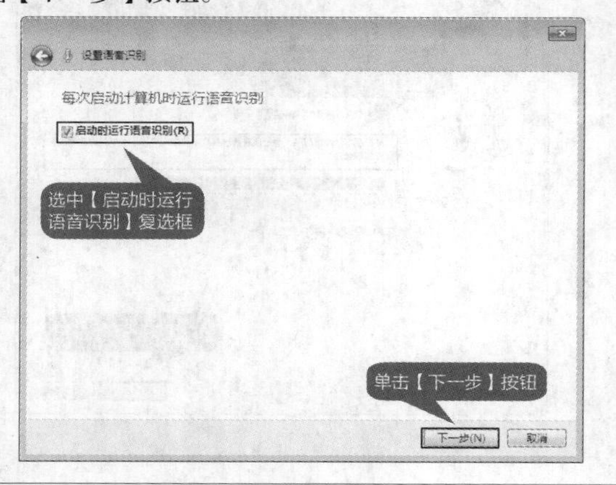

12 跳过教程

如果用户想查看教程，可以单击【开始教程】按钮，这里单击【跳过教程】按钮。

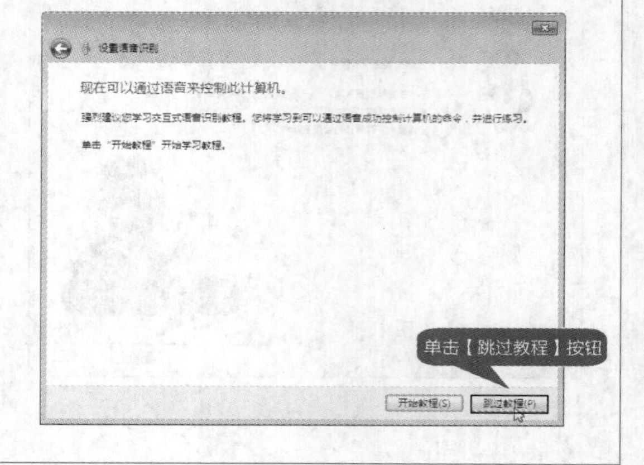

13 录入语音

弹出语音识别软件，单击左侧的【开始】按钮，然后开始录入语音。

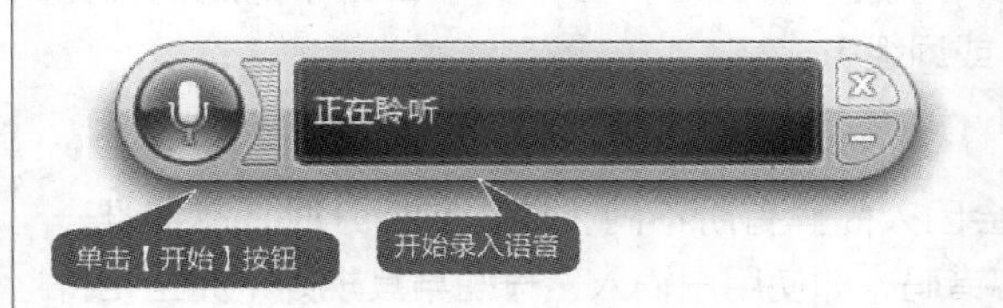

14 完成语音输入

系统将弹出【选择一个程序】对话框，选择和录入语音相同的文本，单击【确定】按钮，即可完成语音输入文字。

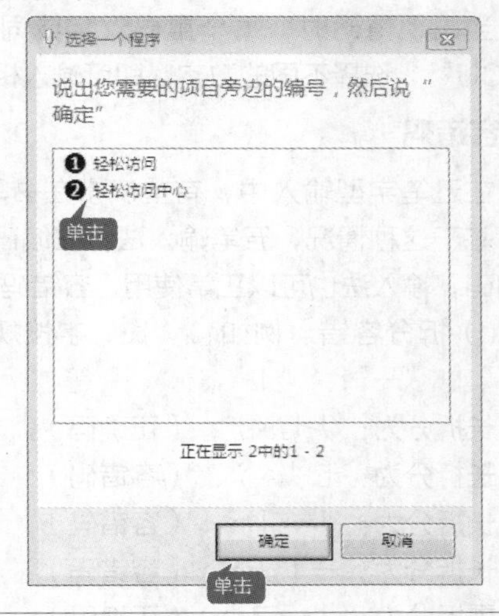

举一反三

本章讲解了多种输入法的安装和使用，除此之外用户还要了解输入法图标的设置。如隐藏输入法图标、更换输入法皮肤等设置。用户也可以根据需要更换自己喜欢的输入法，并对已安装的输入法进行设置。

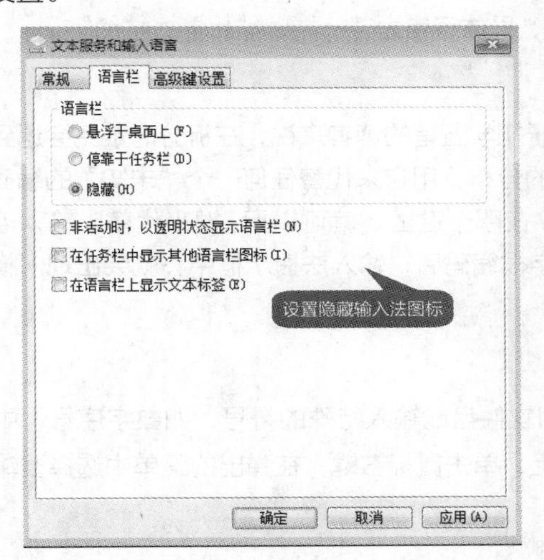

高手私房菜

在应用五笔输入法输入汉字时，用户除了要了解前面介绍的内容之外，还要了解重码、容错码和Z键的用途。

技巧1：重码、容错码的用途

1. 重码

当输入一个编码时，有时会出现几个甚至几十个汉字，这种现象就是重码。

当出现重码时，每个重码汉字或词组之前都有一个数字，例如，去、支、云三字的编码都为“FCU”，选择不同的数字，即可输入相应的汉字（或词组）。

2. 容错码

在五笔字型输入中，有些汉字在书写顺序上，会因人而异有所不同，这样在拆分时，就很难一致。基于这种情况，五笔输入法特在编码中设计了容错码，即使用户输入了一些与其规则不完全相符的编码，输入法也可以正常使用。容错码主要分为以下几类。

(1) 拆分容错。例如，“长”字按规则，应拆分为“丿”、“七”和“、”，通常容易拆错为“丿”、“一”、“丨”、“、”等。

长拆分为：丿七丶氵 （正确码）

长拆分为：七丿丶氵 （容错码）

长拆分为：丿一丨丶 （容错码）

长拆分为：一丨丿丶 （容错码）

秉拆分为：丿一彐小 （正确码）

秉拆分为：禾彐氵 （容错码）

(2) 字型容错。例如：“左”和“右”应为上下型结构，容错为杂合型结构。“右”字拆分为：ナ口（F）（正确码），而拆分为：ナ口（D）（容错码）。F表示上下型结构，D表示杂合型结构。

(3) 异体容错。

例如：“武”字应拆分为“一”、“弋”、“止”，异体容错为“一”、“止”、“弋”。

技巧2：Z键盘的用途

在五笔字型输入法中，Z键是一个万能帮助键。对于初学五笔的读者来说，在拆分时难免会遇到一些困难，这时可以利用Z键来帮助我们巩固并掌握字根的分布，用它来代替任何一个“未知”的编码。例如：“横”的编码为“SAMW”，如果忘记“艹”在哪个键上，就可以用Z键来代替。输入“木（S）”、“Z”、“由（M）”、“八（W）”四个字根编码后，输入法提示框中，就会出现“横”字，并且还将正确的编码显示在该字后面。

技巧3：软件盘的用途

在搜狗拼音输入法或万能五笔字型输入法中，使用软件盘能输入特殊的符号、如数字序号、中文数字、特殊符号、制表符等。将鼠标指针放在图标⌨上，单击鼠标右键，在弹出的菜单中选择要输入的符号类型，即可打开该类型符号的软件盘。

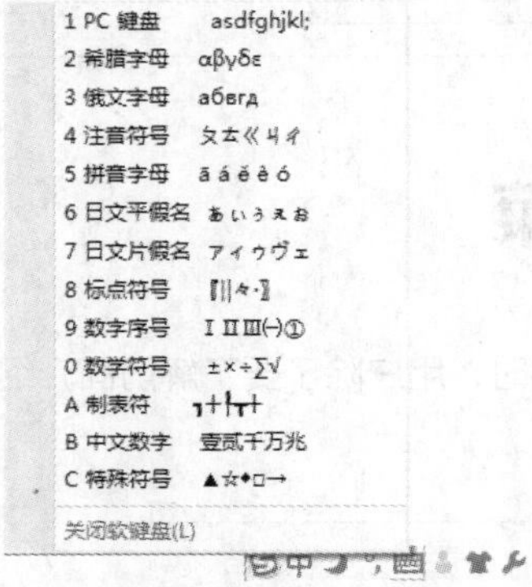

1 PC 键盘 asdfghjkl;
2 希腊字母 αβγδε
3 俄文字母 абвгд
4 注音符号 ㄆㄊㄍㄐㄔ
5 拼音字母 āáěèó
6 日文平假名 あいうえお
7 日文片假名 アイウヴェ
8 标点符号 『‖々·』
9 数字序号 ⅠⅡⅢ㈠①
0 数学符号 ±×÷∑√
A 制表符 ┐┼┞┼
B 中文数字 壹贰千万兆
C 特殊符号 ▲☆◆□→
关闭软键盘(L)

第 4 章

管理电脑中的办公软件

本章视频教学时间：19 分钟

Office 2010是市面上使用频率较高的办公软件，是办公使用的工具集合。用户通过Office 2010，可以实现文档的编辑、排版和审阅，表格的设计、排序、筛选和计算，演示文稿的设计和制作以及电子邮件的收发等功能。

【学习目标】

- 通过本章的学习，了解 Office 办公软件。

【本章涉及知识点】

- 熟悉办公软件
- 掌握安装办公软件
- 掌握如何启动和退出办公软件
- 了解如何卸载不需要的办公软件

4.1 电脑办公需要掌握哪些软件

 本节视频教学时间：4 分钟

我们一般所讲的办公软件，主要是指微软的Office套装。目前，Office的最新版本为Office 2010。Office 2010与以前的版本相比，增加了许多新的功能，操作起来更简单，设计的效果更直观。

Office 2010办公软件包含Word 2010、Excel 2010、PowerPoint 2010、Outlook 2010、Access 2010、Publisher 2010、InfoPath 2010和OneNote等组件。Office 2010中最常用的4大办公组件是：Word 2010、Excel 2010、PowerPoint 2010和Outlook 2010。

用户熟练掌握Office 2010办公软件的使用，可以有效地提高工作效率，节约大量的办公费用。

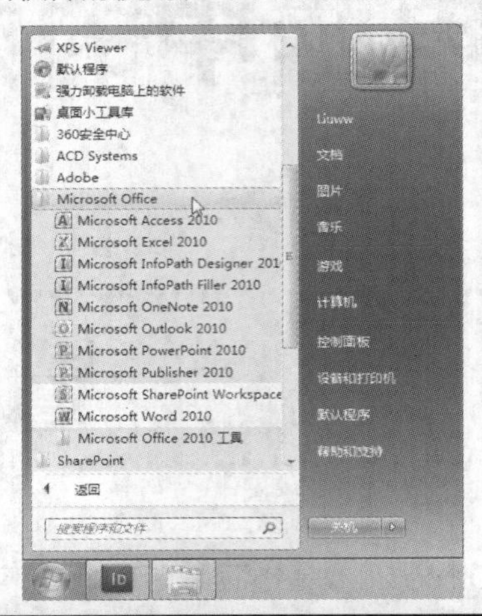

4.2 实例1——安装办公软件

 本节视频教学时间：4分钟

在使用Office 2010之前，首先要安装该软件，下面介绍如何安装Office 2010。

1 弹出安装提示窗口

将光盘放入计算机的光驱中，系统会自动弹出安装提示窗口。

2 单击【自定义】按钮

在弹出的对话框中阅读软件许可条款，单击选中【我接受此协议的条款】复选框，单击【继续】按钮，在弹出的对话框中选择安装类型，这里选择单击【自定义】按钮。

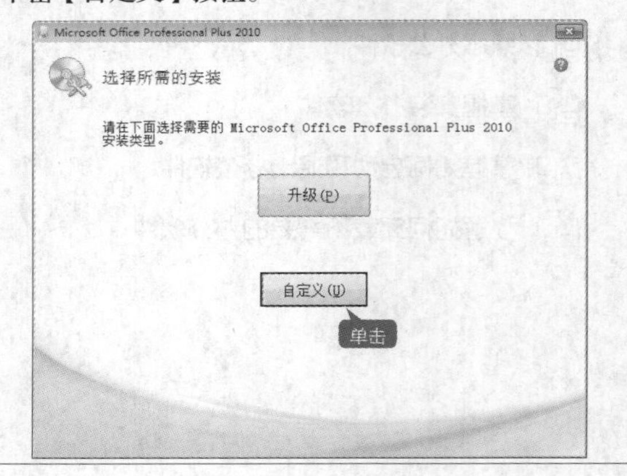

3 设置自定义

在弹出的对话框中可以设置升级选项，还可以自定义程序的运行方式以及软件的安装位置，单击【立即安装】按钮。

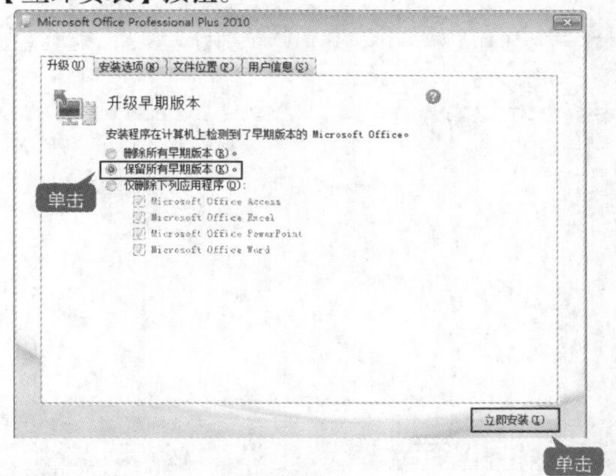

4 显示目前安装的进度

开始安装软件，在弹出的对话框中显示目前安装的进度。

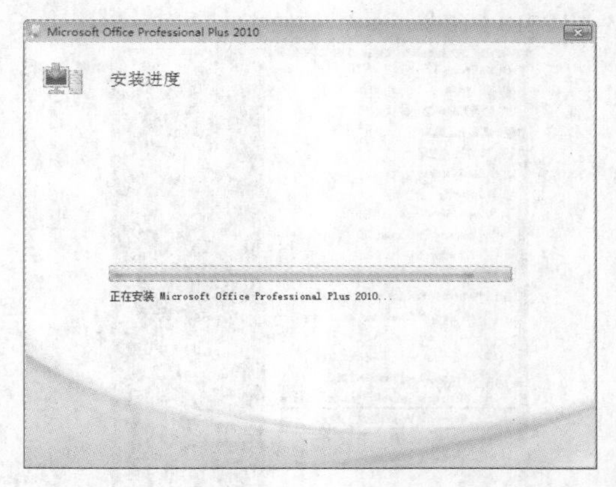

5 关闭安装向导

弹出提示安装完成的对话框，单击【关闭】按钮关闭安装向导。

6 完成安装

弹出【安装】对话框，单击【是】按钮，重启电脑，即可完成安装。

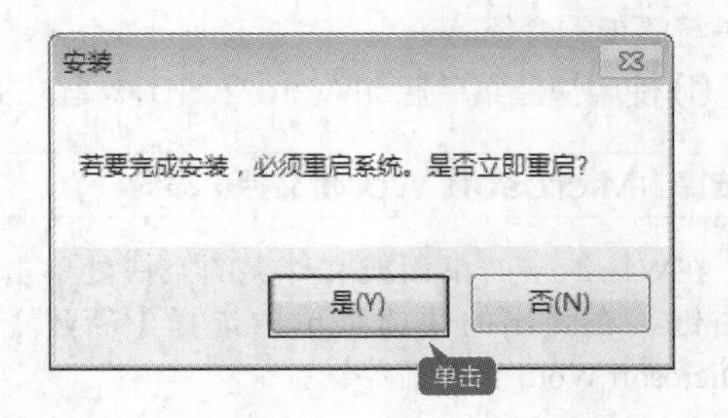

工作经验小贴士

如果安装文件已经存储在本地硬盘中，可以找到并双击安装文件，即可进入软件的安装提示窗口。

4.3 实例2——启动办公软件的常用方法

本节视频教学时间：4分钟

在介绍了如何安装Office 2010办公软件之后，还需要了解如何启动Office 2010，这是使用Office办公的前提条件。下面以Word 2010为例，介绍启动办公软件的常用方法。

1 选择【Microsoft Word 2010】命令

在Windows 7操作系统的任务栏中选择【开始】➤【所有程序】➤【Microsoft Office】➤【Microsoft Word 2010】命令。

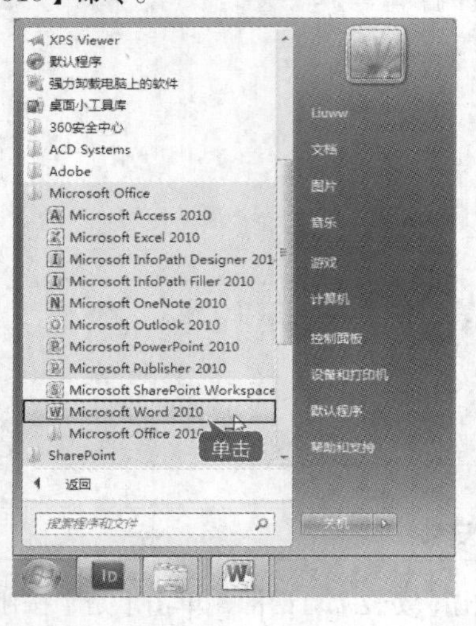

2 打开并创建一篇新的空白文档

随即会打开并创建一篇新的空白文档。

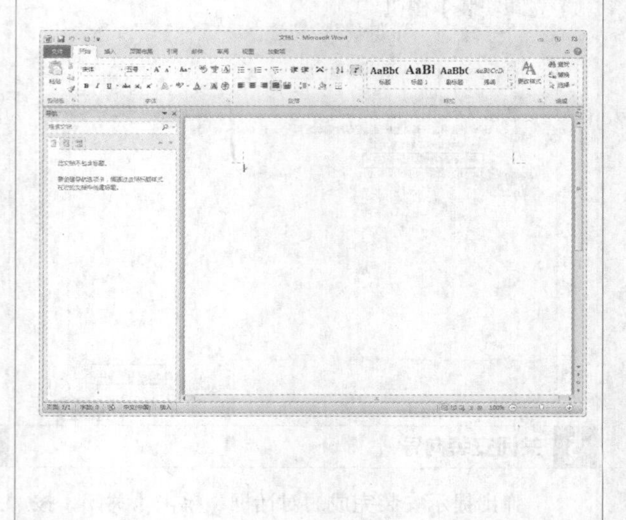

除了使用正常启动的方法启动Word 2010外，还可以使用其他的一些快捷方式，下面就对这些方法进行简单的介绍。

(1) 使用快捷菜单启动Word 2010，具体的操作步骤如下。

1 选择【Microsoft Word 文档】命令

在Windows7桌面或文件夹的空白处单击鼠标右键，在弹出的快捷菜单中选择【新建】➤【Microsoft Word 文档】命令。

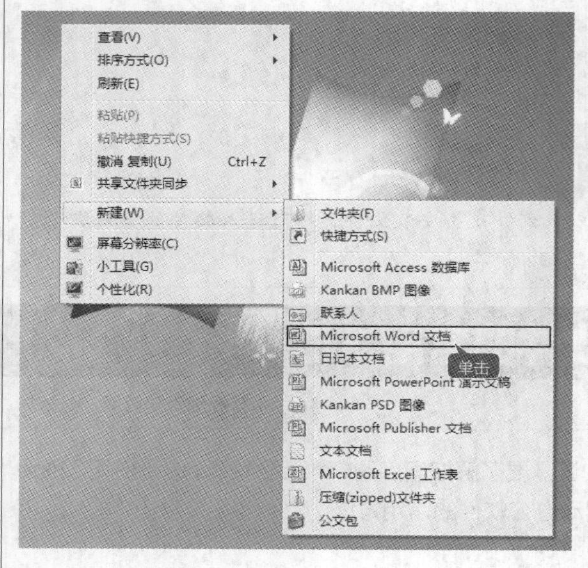

2 新建并打开文档

执行该命令后即可创建一个Word文档，用户可以直接重新命名该新建文档。双击该新建文档，Word 2010就会打开这篇新建的空白文档。

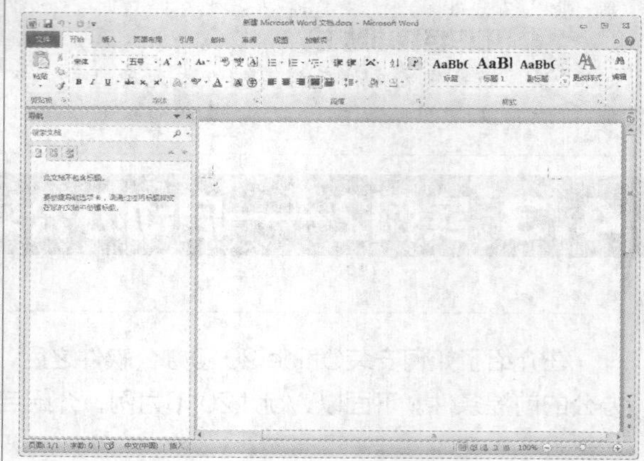

(2) 创建快捷方式启动Word 2010，具体的操作步骤如下。

1 选择【桌面快捷方式】命令

打开Office 2010的安装目录，即安装软件时所设置的安装路径，在这里Office 2010的安装目录为“E:\Program Files\Microsoft Office\Office14”。在“Office14”文件夹下找到“WINWORD.EXE文件”，然后右击该文件图标，在弹出的快捷菜单中选择【发送到】➤【桌面快捷方式】命令。

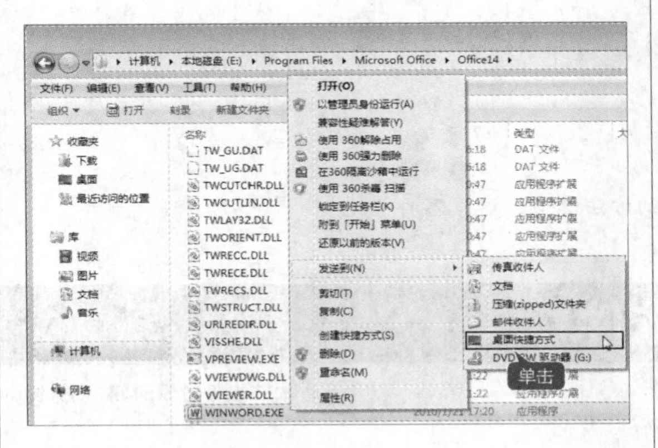

2 双击WINWORD.EXE快捷方式图标启动

此时在桌面上就会多出一个“WINWORD.EXE–快捷方式”快捷方式图标，双击此快捷方式图标即可启动Word 2010。

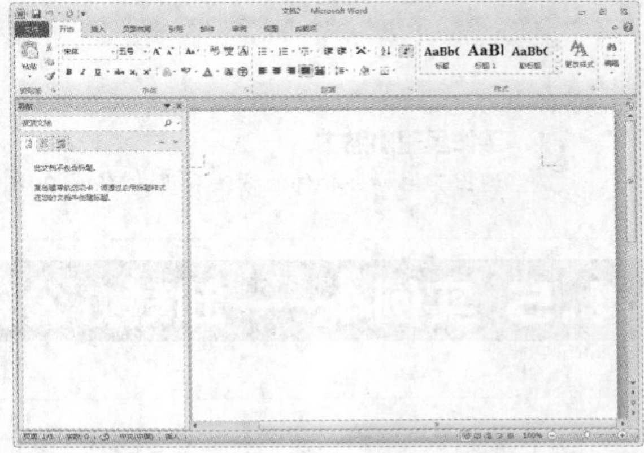

工作经验小贴士

启动其他办公软件的方法和启动Word 2010的方法类似，这里不再赘述。

4.4 实例3——退出办公软件的常用方法

本节视频教学时间：4 分钟

完成对文档的编辑处理后即可退出Word文档，退出Word 2010的方法有以下几种。

(1) 单击文档标题栏最右端的【关闭】按钮 ☒。

(2) 选择【文件】选项卡中的【关闭】选项。

(3) 右击文档标题栏，在弹出的控制菜单中选择【关闭】命令。

(4) 直接按下【Alt+F4】组合键关闭文档。

如果在退出之前没有保存修改过的文档，在退出文档时Word 2010系统就会弹出一个保存文档的信息提示对话框，用户可以根据需要进行选择。

下面详细介绍使用【文件】选项卡退出Word 2010软件的具体操作。

1 选择【关闭】菜单命令

在文档的编辑界面，选择【文件】➤【关闭】菜单命令。

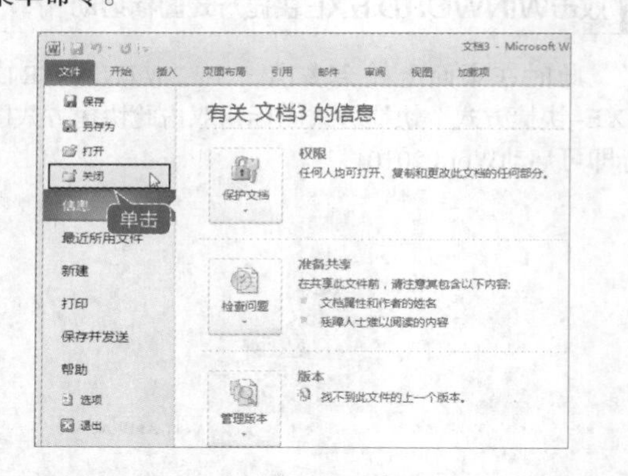

2 退出软件

弹出【是否将更改保存到 文档3 中】提示框，用户可以根据需要选择，这里单击【保存】按钮，在弹出的【另存为】对话框中选择保存位置，单击【保存】按钮，即可退出软件。

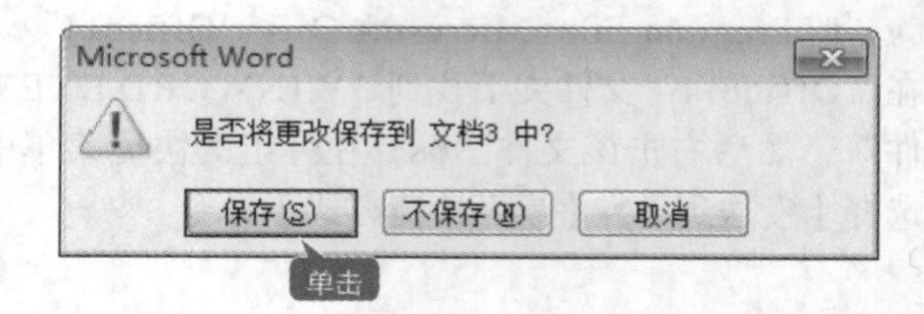

工作经验小贴士

退出其他办公软件的方法和退出Word 2010的方法类似，这里不再赘述。

4.5 实例4——卸载办公软件

本节视频教学时间：3分钟

由于误操作，用户删除了一些重要的办公软件安装程序，或者在使用过程中遇到了不可修复的问题，就不得不卸载办公软件。卸载办公软件的具体操作如下。

1 选择【控制面板】选项

选择【开始】➤【控制面板】选项。

2 弹出【控制面板】对话框

弹出【控制面板】对话框，单击【程序和功能】选项，进入【卸载或更改程序】对话框。

3 单击【卸载】按钮

选中需要卸载的办公软件，单击【卸载】按钮。

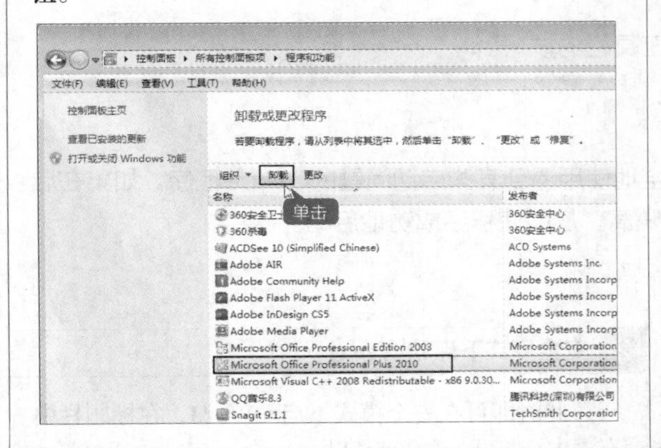

4 弹出【安装】提示框

弹出【安装】提示框，单击【是】按钮，即可开始卸载。

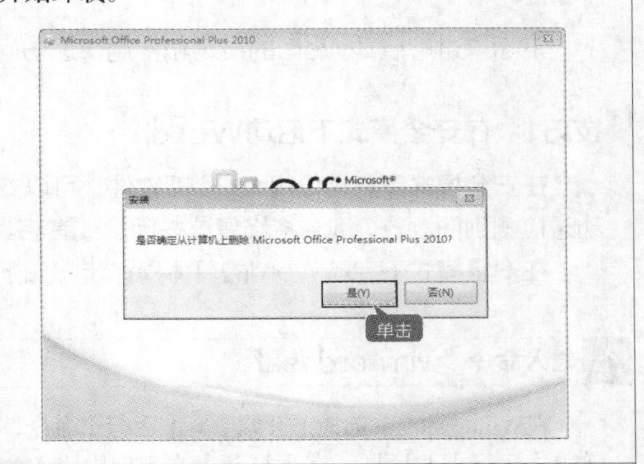

5 显示卸载进度

系统自动显示当前的卸载进度，如下图所示。

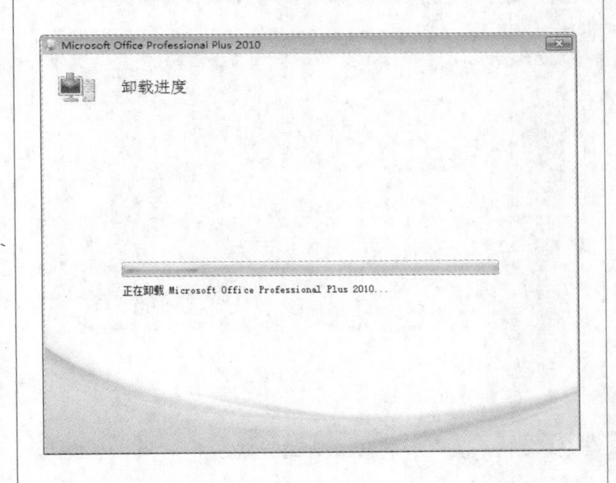

6 完成办公软件的卸载

弹出提示卸载完成的对话框，单击【关闭】按钮关闭卸载向导，完成办公软件的卸载。

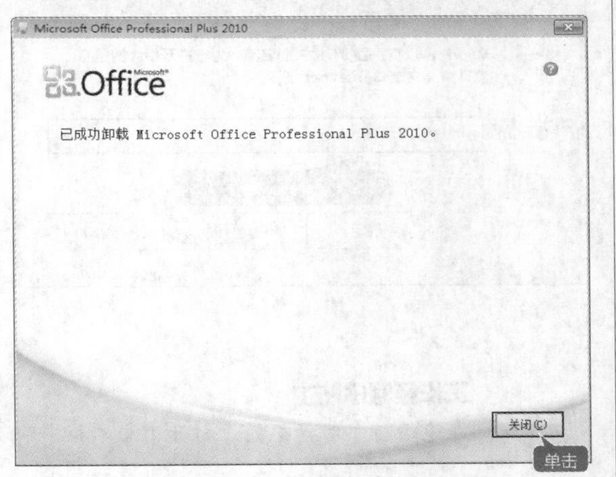

举一反三

用户可以使用操作系统自带的【添加或删除程序】功能卸载办公软件，也可以借助第三方软件来卸载程序软件，如360安全卫士、Windows优化大师等。

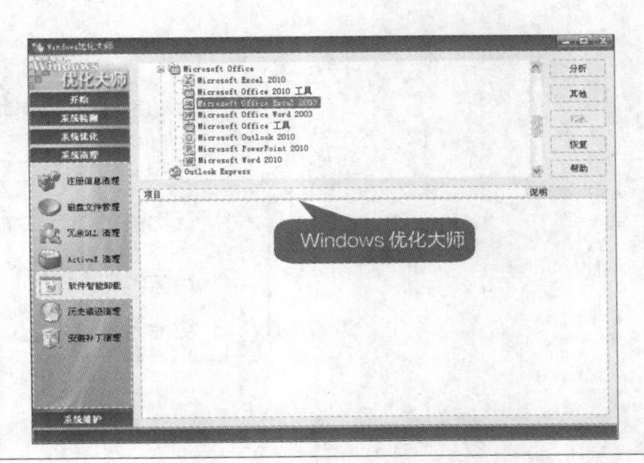

高手私房菜

下面来讲解启动Word的技巧和使用快速访问工具栏的技巧。

技巧1：在安全模式下启动Word

在安全模式下启动Office2010软件，可以安全地使用遇到某些启动问题的Office程序。如果在启动时检测到问题，Office将修复这些问题或者将其隔离，从而使程序成功地启动。

在安全模式下启动Word的具体操作步骤如下。

1 输入命令“winword /safe”

在Windows 7中选择【开始】➤【运行】命令，弹出【运行】对话框，在【打开】文本框中输入命令“winword /safe”，单击【确定】按钮。

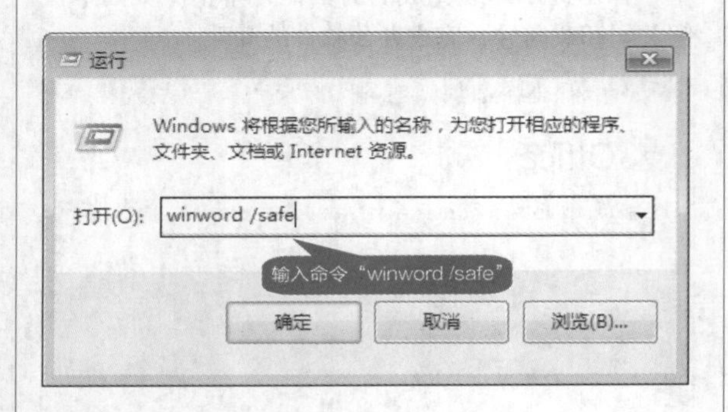

2 安全模式下启动Word

此时即可在安全模式下启动Word，在标题栏中有“安全模式”的提示字样。

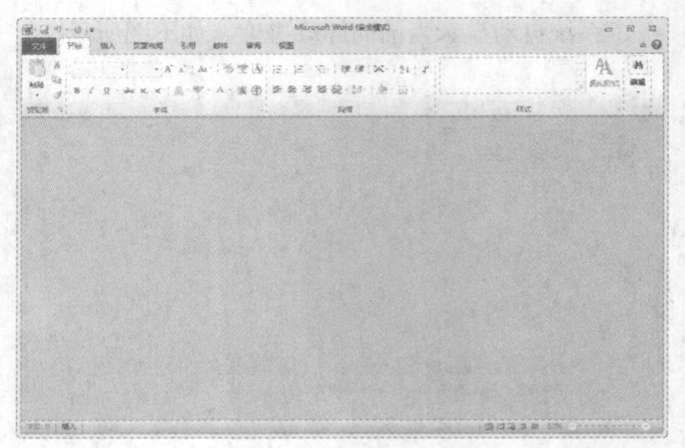

工作经验小贴士

在【运行】对话框的【打开】文本框中输入命令“winword”，可以正常启动Word。

技巧2：从快速访问工具栏中删除按钮

为了方便使用，用户还可以从快速访问工具栏中删除不需要的按钮，只需右击快速访问工具栏中需要删除的按钮，在弹出的快捷菜单中选择【从快速访问工具栏删除】命令，即可完成操作。

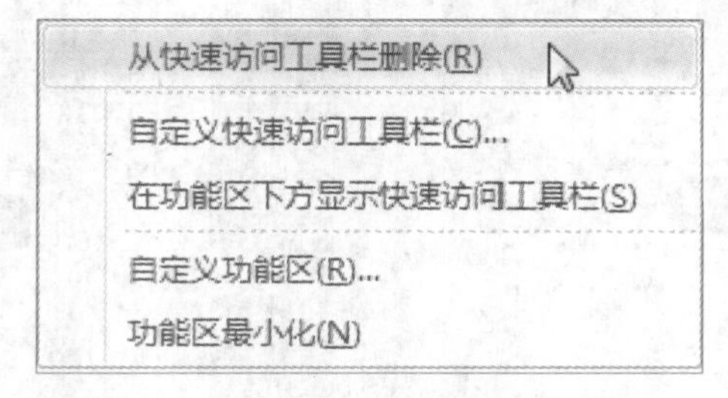

第 5 章

用 Word 制作月末总结报告

本章视频教学时间：54 分钟

Word 2010是市面上使用频率较高的一款文字处理软件，用户通过此软件可以实现文本的编辑、排版、审阅和打印等功能。

【学习目标】

- 通过本章的学习，可以初步了解 Word 2010 软件，并学会制作简单的文档。

【本章涉及知识点】

- 了解 Word 2010 的工作界面
- 设置字体及字号
- 设置段落对齐方式
- 修改内容

5.1 认识Word 2010的界面

本节视频教学时间：14分钟

用户打开Word 2010文档后，如果要对文字进行处理，首先需要了解文档的窗口具有什么功能。本节将对文档的窗口进行详细的介绍。

启动Word 2010中文版就可以打开Word文档窗口，Word文档窗口由标题栏、功能区、快速访问工具栏、工作区、导航窗格和状态栏等部分组成。

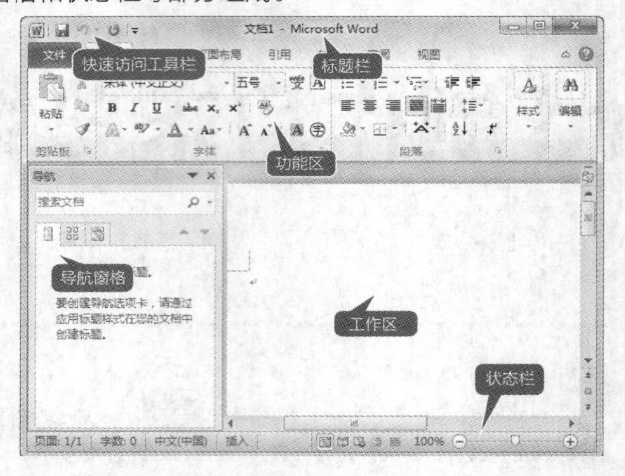

1.【文件】选项卡

单击【文件】选项卡弹出其下拉列表，该列表中包含【保存】、【另存为】、【打开】、【关闭】、【信息】、【最近所用文件】、【新建】、【打印】、【保存并发送】、【帮助】、【选项】和【退出】等菜单选项。

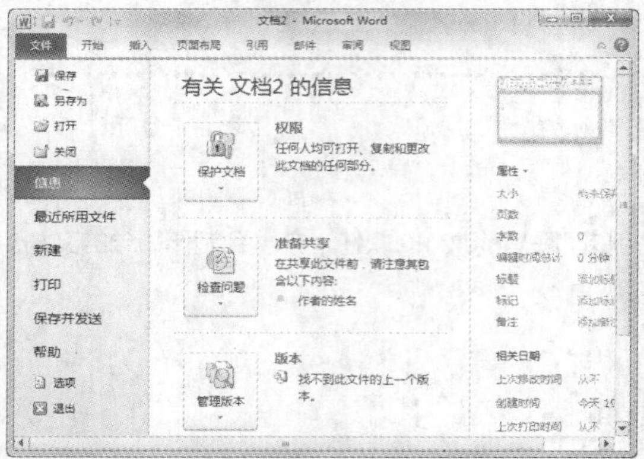

2. 快速访问工具栏

用户可以使用快速访问工具栏实现常用的功能，例如保存、撤消、恢复、打印预览和快速打印等。

单击右边的【自定义快速访问工具栏】按钮，在弹出的下拉列表中可以选择用户想要显示在快速访问工具栏中的工具按钮。

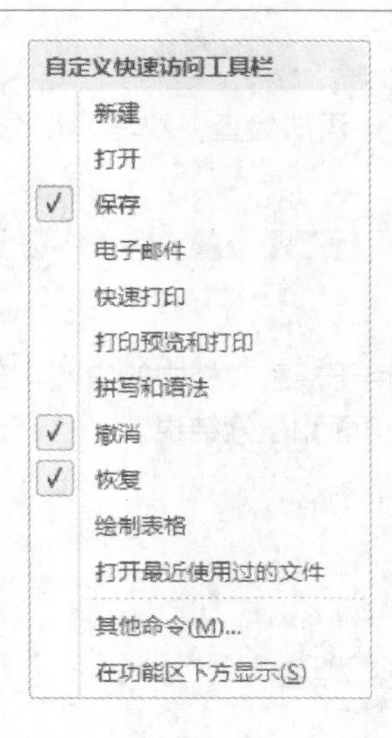

3. 标题栏

标题栏显示了当前打开的文档的名称，还为用户提供了3个窗口控制按钮，分别为【最小化】按钮 、【最大化】按钮 （或【还原】按钮 ）和【关闭】按钮 。

4. 功能区

功能区是菜单和工具栏的主要显示区域，几乎涵盖了所有的按钮、库和对话框。功能区首先将控件对象分为多个选项卡，然后在选项卡中将控件细化为不同的组。

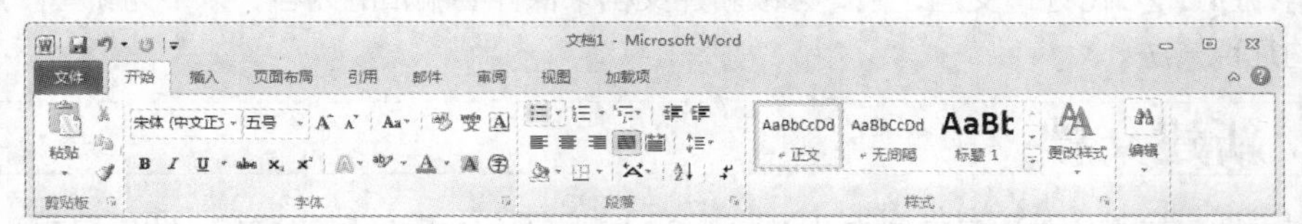

选项卡分为固定选项卡和隐藏式选项卡。例如，当用户选择一张图片，即会显示【图片工具】➤【格式】隐藏式选项卡。

5. 文档编辑区

文档编辑区是用户工作的主要区域，用来实现文档、表格、图表和演示文稿等的显示和编辑。Word 2010的文档编辑区除了可以进行文档的编辑之外，还有水平滚动条和垂直滚动条等辅助功能。

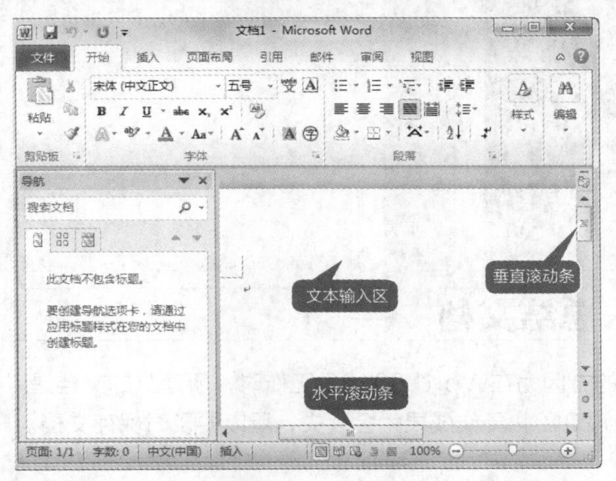

6. 状态栏

状态栏提供页码，字数统计，拼音、语法检查，改写，视图方式，显示比例和缩放滑块等辅助功能，以显示当前的各种编辑状态。

7.【导航】窗格

【导航】窗格中的上方是搜索框，用于搜索文档中的内容。在下方的列表框中通过单击 、 和 按钮，可以分别浏览文档中的标题、页面和搜索结果。

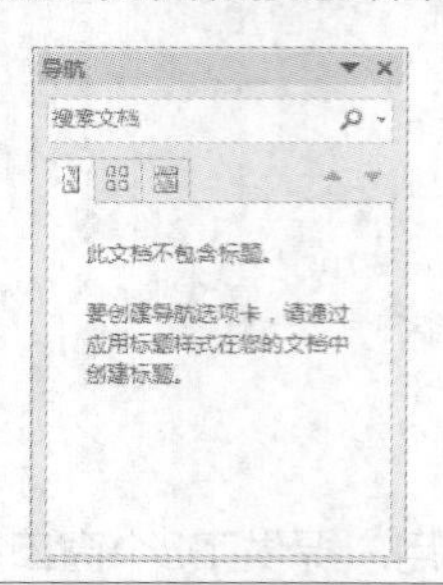

5.2 实例1——新建“月末总结报告”文档

本节视频教学时间：6分钟

在使用Word 2010处理文档之前，必须新建文档来保存要编辑的内容，以下为新建“月末总结报告”文档的几种方法。

5.2.1 新建文档

创建新文档最基本的方法是直接启动Word 2010，具体的操作步骤如下：选择【开始】➤【所有程序】➤【Microsoft Office】➤【Microsoft Office Word 2010】命令，打开一个空白的文档。

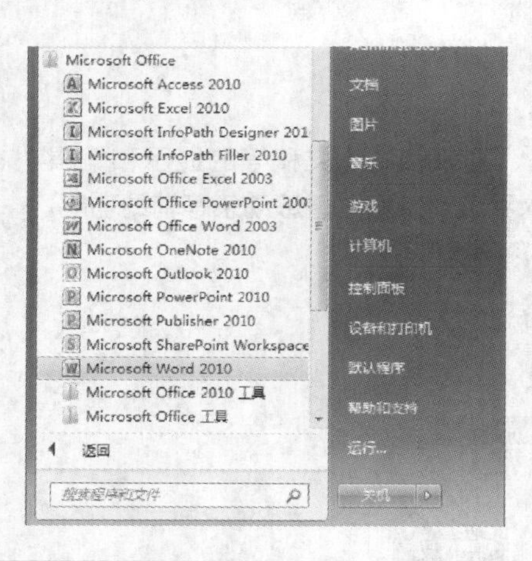

5.2.2 保存月末总结文档

保存文档是非常重要的，因为在Word 2010中工作时，所建立的文档是以临时文件的形式保存在电脑中的，只要退出Word 2010，工作成果就会丢失，所以要及时保存文档。

1 选择【保存】菜单命令

选择【文件】➤【保存】菜单命令。

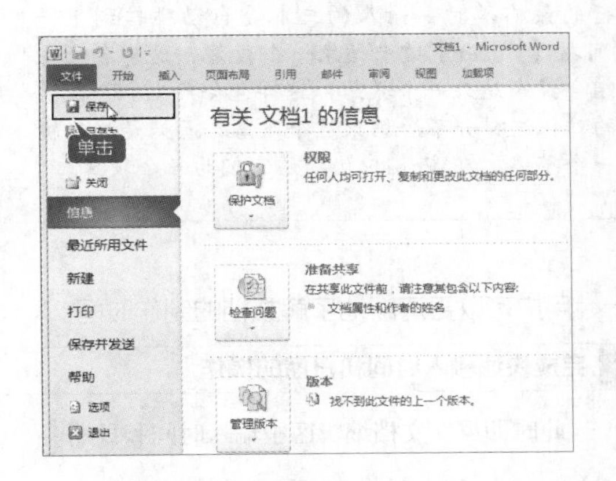

2 根据提示保存

弹出【另存为】对话框，在【另存为】对话框中选择文档要保存的位置，并输入【月末总结报告】，单击【保存】按钮即可。

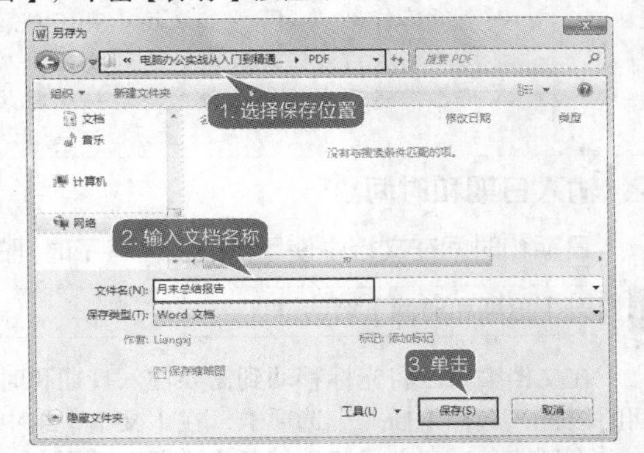

工作经验小贴士

在设置保存位置时，使用该对话框左侧的图标按钮或对话框中的工具按钮可以大大地提高工作的效率。同时，由于系统会自动设置扩展名，所以在【文件名】中只需输入文档的名称即可，而无需在文件名的后面添加文件扩展名，如“.docx”等。要保存文档，还可以单击快速访问工具栏中的【保存】按钮或使用【Ctrl+S】组合键实现。

5.3 实例2——输入月末总结内容

本节视频教学时间：8 分钟

创建新文档后，用户就可以在文本编辑区中输入文本了。要在文本编辑区中正确地输入文本内容，就要熟练地掌握输入文本的各种操作，如输入汉字、字母和标点符号等。

1. 输入标题及文本内容

用户在对文档编辑时，最主要的就是输入汉字和英文字符。Word 2010的输入功能十分易用，只要会使用键盘打字，就可以方便地在文档中输入文字内容。打开随书光盘中的“素材\ch05\月末总结报告.txt”文档，复制其内容，然后粘贴到“月末总结报告.doc”文档中，如下图所示。

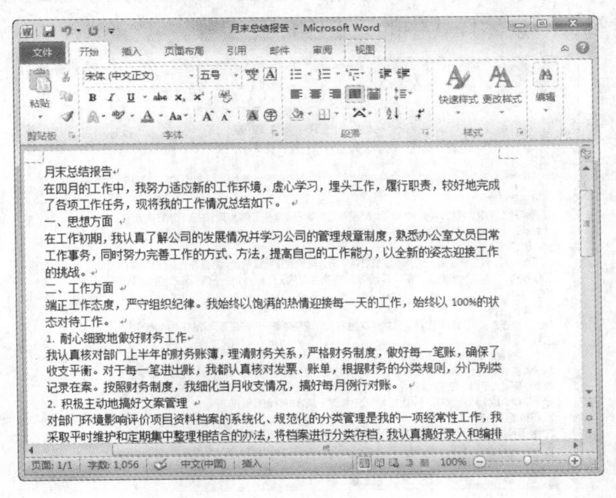

工作经验小贴士

输入文字时，如果输入错误可以按【Backspace】键删除错误的字符，然后再输入正确的字符。同时，在输入的过程中，当文字到达一行的最右端时，输入的文本会自动跳转到下一行。如果在未输入完一行时就要换行输入，则可按【Enter】键来结束一个段落，这样会产生一个段落标记"↵"。如果按【Shift+Enter】组合键来结束一个段落，这样也会产生一个段落标记"↓"，虽然此时也能达到换行输入的目的，但这样并不会结束这个段落，而只是换行输入而已，实际上前一个段落与后一个段落仍为一个整体，在Word中仍默认它们为一个段落。

2. 输入日期和时间

日期和时间在文档中使用得很多，有了时间的显示，用户可以更清晰地了解文档的制作时间。

1 打开【日期和时间】对话框

在文档编辑区将光标移动到需要输入日期和时间的位置，选择【插入】选项卡，在【文本】组中单击【日期和时间】按钮，打开【日期和时间】对话框，并在【可用格式】中选择合适的日期格式，单击【确定】按钮。

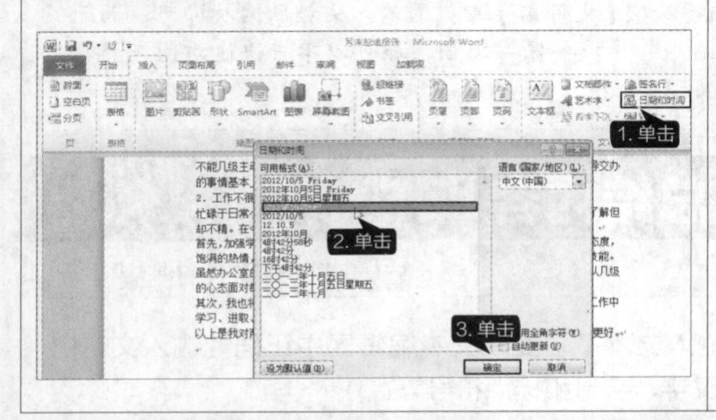

2 完成快速输入时间和日期的操作

此时即可在文档编辑区中输入时间和日期。

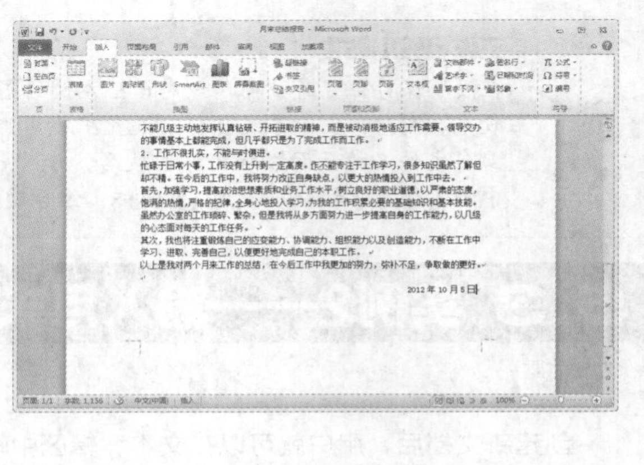

5.4 实例3——设置字体、字号及字形

本节视频教学时间：7 分钟

字体样式设置的好坏，直接影响到文本内容的可读性。优秀的文本样式可以给人以简洁、清新、易读的感觉。本节就来讲解一下字体样式中的设置字体及字号。

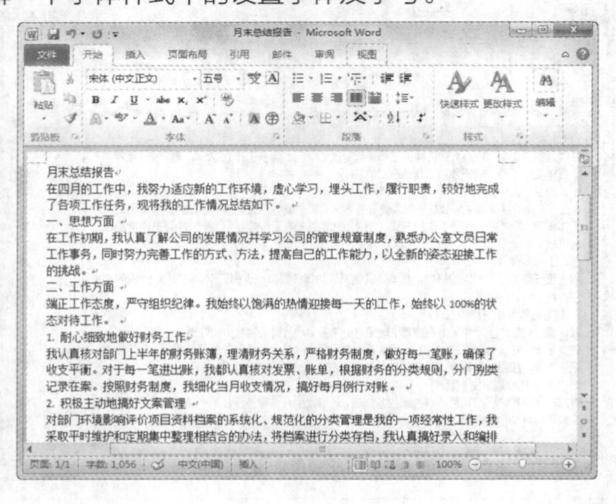

1 设置字体

选中需要更改字体的文本，如“月末总结报告”，然后在【开始】选项卡下【字体】选项组中，单击【字体】右侧的倒三角按钮，在下拉列表中选择【楷体】选项。

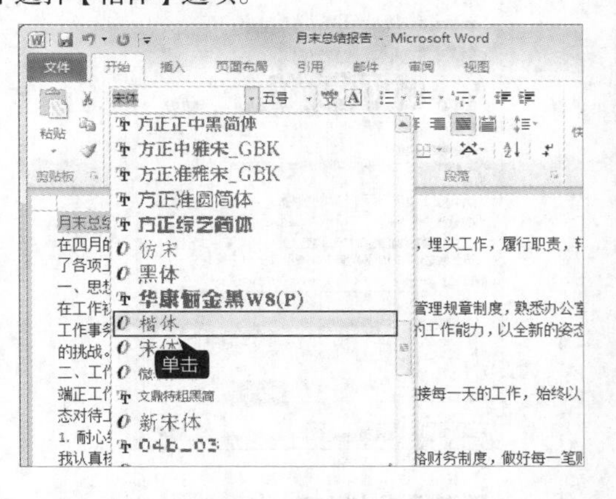

2 设置字号

在【开始】选项卡下【字体】选项组中，单击【字号】右侧的倒三角按钮，在下拉列表中选择【小二】选项。

3 加粗并查看效果

在【字体】选项组中，单击【加粗】按钮，效果如图所示。

4 设置其他文本内容

按照步骤1~2，设置月末总结报告中其他文本的字体及字号分别为“宋体 (中文正文)”和“小四”，效果如图所示。

月末总结报告

在四月的工作中，我努力适应新的工作环境，虚心学习，埋头工作，履行职责，较好地完成了各项工作任务，现将我的工作情况总结如下。

一、思想方面

在工作初期，我认真了解公司的发展情况并学习公司的管理规章制度，熟悉办公室文员日常工作事务，同时努力完善工作的方式、方法，提高自己的工作能力，以全新的姿态迎接工作的挑战。

二、工作方面

端正工作态度，严守组织纪律。我始终以饱满的热情迎接每一天的工作，始终以100%的状态对待工作。

1. 耐心细致地做好财务工作

我认真核对部门上半年的财务账簿，理清财务关系，严格财务制度，做好每一笔账，确保了收支平衡。对于每一笔进出账，我都认真核对发票、账单，根据财务的分类规则，分门别类记录在案。按照财务制度，我细化当月收支情况，搞好每月例行对账。

2. 积极主动地搞好文案管理

对部门环境影响评价项目资料档案的系统化、规范化的分类管理是我的一项经常

5.5 实例4——设置段落对齐方式

本节视频教学时间：5 分钟

Word 2010的格式命令适用于整个段落，将光标置于段落的任一位置都可以选定段落。Word 2010提供的段落对齐方式主要有左对齐、居中、右对齐、两端对齐和分散对齐5种。下面以设置“月末总结报告”文档为例，介绍设置段落对齐的具体操作步骤。

1 单击【段落】按钮

用鼠标选中需要设置的文本，如“月末总结报告”，单击【开始】选项卡的【段落】组中的【段落】按钮 。

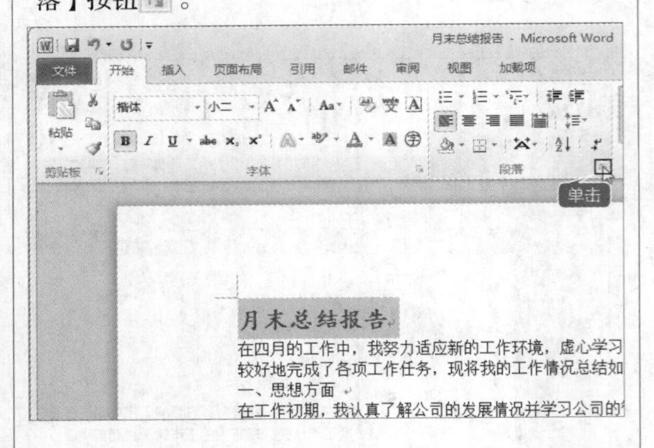

2 设置【段落】对话框

在弹出的【段落】对话框中设置【对齐方式】为【居中】对齐，单击【确定】按钮。

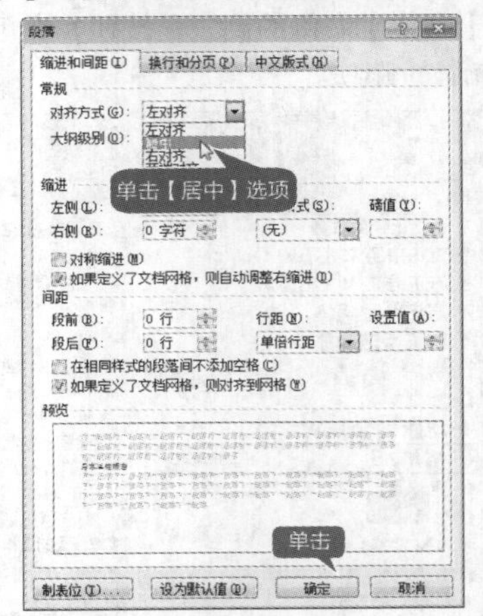

3 查看效果

查看效果。

月末总结报告

在四月的工作中，我努力适应新的工作环境，虚心学习，埋头工作，履行职责，较好地完成了各项工作任务，现将我的工作情况总结如下。

一、思想方面

在工作初期，我认真了解公司的发展情况并学习公司的管理规章制度，熟悉办公室文员日常工作事务，同时努力完善工作的方式、方法，提高自己的工作能力。

二、工作方面

端正工作态度，严守组织纪律。我始终以饱满的热情迎接每一天的工作，始终以100%的状态对待工作。

1. 耐心细致地做好工作财务

我认真核对部门上半年的财务账薄，理清财务关系，严格财务制度，做好每一笔账，确保了收支平衡。对于每一笔进出账，我都认真核对发票、账单，根据财务的分类规则，分门别类记录在案。按照财务制度，我细化当月收支情况，搞好每月例行对账。

2. 几级主动地搞好文案管理

对部门环境影响评价项目资料档案的系统化、规范化的分类管理是我的一项经常

工作经验小贴士

为了使文档更为美观，可以选中文本内容，在【段落】对话框中【缩进】区域的【特殊格式】下拉列表中选择【首行缩进】选项，默认【磅值】为【2字符】，单击【确定】按钮，效果如图所示。

月末总结报告

在四月的工作中，我努力适应新的工作环境，虚心学习，埋头工作，履行职责，较好地完成了各项工作任务，现将我的工作情况总结如下。

一、思想方面

在工作初期，我认真了解公司的发展情况并学习公司的管理规章制度，熟悉办公室文员日常工作事务，同时努力完善工作的方式、方法，提高自己的工作能力。

二、工作方面

端正工作态度，严守组织纪律。我始终以饱满的热情迎接每一天的工作，始终以100%的状态对待工作。

1. 耐心细致地做好工作财务

我认真核对部门上半年的财务账薄，理清财务关系，严格财务制度，做好每一笔账，确保了收支平衡。对于每一笔进出账，我都认真核对发票、账单，根据财务的分类规则，分门别类记录在案。按照财务制度，我细化当月收支情况，搞好每月例行对账。

2. 几级主动地搞好文案管理

对部门环境影响评价项目资料档案的系统化、规范化的分类管理是我的一项经常性工作，我采取平时维护和定期集中整理相结合的办法，将档案进行分类存

5.6 实例5——修改内容

本节视频教学时间：14分钟

修改内容是指：修改文本中的错误位置、删除及修改错误的文本、查找和替换内容等。

5.6.1 使用鼠标选取文本

要选择文本对象，最常用的方法就是通过鼠标选取，采用这种方法可以选择文档中的任意文字，这是最基本和最灵活的选取文本的方法。

1 选定文本开始位置

移动光标到准备选择的文本的开始位置。这里以选择第一段文字为例，将光标放置到第一段文字的开始位置。

月末总结报告
在四月的工作中，我努力适应新的工作环境，虚心学习，埋头工作，履行职责，较好地完成了各项工作任务，现将我的工作情况总结如下。
一、思想方面
在工作初期，我认真了解公司的发展情况并学习公司的管理规章制度，熟悉办公室文员日常工作事务，同时努力完善工作的方式、方法，提高自己的工作能力。
二、工作方面
端正工作态度，严守组织纪律。我始终以饱满的热情迎接每一天的工作，始终以100%的状态对待工作。
1. 耐心细致地做好工作财务
我认真核对部门上半年的财务账簿，理清财务关系，严格财务制度，做好每一笔账，确保了收支平衡。对于每一笔进出账，我都认真核对发票、账单，根据财务的分类规则，分门别类记录在案。按照财务制度，我细化当月收支情况，搞好每月例行对账。
2. 几级主动地搞好文案管理
对部门环境影响评价项目资料档案的系统化、规范化的分类管理是我的一项经常性工作，我采取平时维护和定期集中整理相结合的办法，将档案进行分类存档，我认真搞好录入和编排打印，并根据工作需要，制作表格文档。
几个月来，我基本上保证了办公室日常工作的有序运转，同时几级主动地完

2 拖曳鼠标选定文本

单击鼠标并按住鼠标左键，将光标拖曳到第一段文字的最后位置后，释放鼠标左键即可选中文本。

月末总结报告
在四月的工作中，我努力适应新的工作环境，虚心学习，埋头工作，履行职责，较好地完成了各项工作任务，现将我的工作情况总结如下。
一、思想方面
在工作初期，我认真了解公司的发展情况并学习公司的管理规章制度，熟悉办公室文员日常工作事务，同时努力完善工作的方式、方法，提高自己的工作能力。
二、工作方面
端正工作态度，严守组织纪律。我始终以饱满的热情迎接每一天的工作，始终以100%的状态对待工作。
1. 耐心细致地做好工作财务
我认真核对部门上半年的财务账簿，理清财务关系，严格财务制度，做好每一笔账，确保了收支平衡。对于每一笔进出账，我都认真核对发票、账单，根据财务的分类规则，分门别类记录在案。按照财务制度，我细化当月收支情况，搞好每月例行对账。
2. 几级主动地搞好文案管理
对部门环境影响评价项目资料档案的系统化、规范化的分类管理是我的一项经常性工作，我采取平时维护和定期集中整理相结合的办法，将档案进行分类存档，我认真搞好录入和编排打印，并根据工作需要，制作表格文档。
几个月来，我基本上保证了办公室日常工作的有序运转，同时几级主动地完

工作经验小贴士

将光标固定至某个词语的前、中或者后面，双击鼠标，即可选定该词语。

工作经验小贴士

鼠标移至文本的左侧，显示为♈时，3击鼠标左键即可选中全部文本。

5.6.2 移动文本的位置

要移动文本的位置，最常用的方法就是通过鼠标选取、拖动，下面就具体讲述一下怎样移动文本的位置。

1 选择要移动的文本

如图所示，选取文本内容“财务”，并在选取的“财务”上单击左键不放。

月末总结报告
在四月的工作中，我努力适应新的工作环境，虚心学习，埋头工作，履行职责，较好地完成了各项工作任务，现将我的工作情况总结如下。
一、思想方面
在工作初期，我认真了解公司的发展情况并学习公司的管理规章制度，熟悉办公室文员日常工作事务，同时努力完善工作的方式、方法，提高自己的工作能力。
二、工作方面
端正工作态度，严守组织纪律。我始终以饱满的热情迎接每一天的工作，始终以100%的状态对待工作。
1. 耐心细致地做好工作财务
我认真核对部门上半年的财务账簿，理清财务关系，严格财务制度，做好每一笔账，确保了收支平衡。对于每一笔进出账，我都认真核对发票、账单，根据财务的分类规则，分门别类记录在案。按照财务制度，我细化当月收支情况，搞好每月例行对账。
2. 几级主动地搞好文案管理
对部门环境影响评价项目资料档案的系统化、规范化的分类管理是我的一项

2 拖曳选定的文本

拖曳至文本“工作”之前，然后松开鼠标，文本移动完成，如下图所示。

月末总结报告
在四月的工作中，我努力适应新的工作环境，虚心学习，埋头工作，履行职责，较好地完成了各项工作任务，现将我的工作情况总结如下。
一、思想方面
在工作初期，我认真了解公司的发展情况并学习公司的管理规章制度，熟悉办公室文员日常工作事务，同时努力完善工作的方式、方法，提高自己的工作能力。
二、工作方面
端正工作态度，严守组织纪律。我始终以饱满的热情迎接每一天的工作，始终以100%的状态对待工作。
1. 耐心细致地做好财务工作
我认真核对部门上半年的 (Ctrl) 簿，理清财务关系，严格财务制度，做好每一笔账，确保了收支平衡。对于每一笔进出账，我都认真核对发票、账单，根据财务的分类规则，分门别类记录在案。按照财务制度，我细化当月收支情况，搞好每月例行对账。
2. 几级主动地搞好文案管理
对部门环境影响评价项目资料档案的系统化、规范化的分类管理是我的一项

移动后的文本

5.6.3 删除与修改错误的文本

删除和修改错误的文本，最常用的方法是通过鼠标和键盘的配合完成的。

1. 删除文本内容

首先选取需要删除的文本内容，然后单击键盘中的【Backspace】键即可将选取的文本内容删除。

2. 修改错误的文本

输入了错误文本，可以将其先删除，然后再输入正确文本，也可以直接修改错误文本。

1 选定要修改的文本

按住鼠标左键选中“四月”一词，如下图所示。

月末总结报告

在四月的工作中，我努力适应新的工作环境，虚心学习，埋头工作，履行职责，较好地完成了各项工作任务，现将我的工作情况总结如下。

一、思想方面

在工作初期，我认真了解公司的发展情况并学习公司的管理规章制度，熟悉办公室文员日常工作事务，同时努力完善工作的方式、方法，提高自己的工作能力。

二、工作方面

端正工作态度，严守组织纪律。我始终以饱满的热情迎接每一天的工作，始终以100%的状态对待工作。

1. 耐心细致地做好财务工作

我认真核对部门上半年的财务账簿，理清财务关系，严格财务制度，做好每一笔账，确保了收支平衡。对于每一笔进出账，我都认真核对发票、账单，根据财务的分类规则，分门别类记录在案。按照财务制度，我细化当月收支情况，搞好每月例行对账。

2. 几级主动地搞好文案管理

对部门环境影响评价项目资料档案的系统化、规范化的分类管理是我的一项

2 输入正确的文本

在键盘中输入“四个月”一词，按空格键即可完成修改。

月末总结报告

在四个月的工作中，我努力适应新的工作环境，虚心学习，埋头工作，履行职责，较好地完成了各项工作任务，现将我的工作情况总结如下。

一、思想方面

在工作初期，我认真了解公司的发展情况并学习公司的管理规章制度，熟悉办公室文员日常工作事务，同时努力完善工作的方式、方法，提高自己的工作能力。

二、工作方面

端正工作态度，严守组织纪律。我始终以饱满的热情迎接每一天的工作，始终以100%的状态对待工作。

1. 耐心细致地做好财务工作

我认真核对部门上半年的财务账簿，理清财务关系，严格财务制度，做好每一笔账，确保了收支平衡。对于每一笔进出账，我都认真核对发票、账单，根据财务的分类规则，分门别类记录在案。按照财务制度，我细化当月收支情况，搞好每月例行对账。

2. 几级主动地搞好文案管理

对部门环境影响评价项目资料档案的系统化、规范化的分类管理是我的一项

5.6.4 查找与替换文本

查找功能可以帮助用户定位到目标位置，以便快速找到想要的信息。替换可以帮助用户快速替换所需要的文本。

1. 查找文本

查找分为查找和高级查找，下面就来讲解两种查找方式的区别。

(1) 查找

使用【查找】命令可以快速查找到需要的文本或其他内容。

1 单击【编辑】按钮

单击【开始】选项卡中的【编辑】按钮，在弹出的列表中单击【查找】按钮 查找 右侧的倒三角按钮。

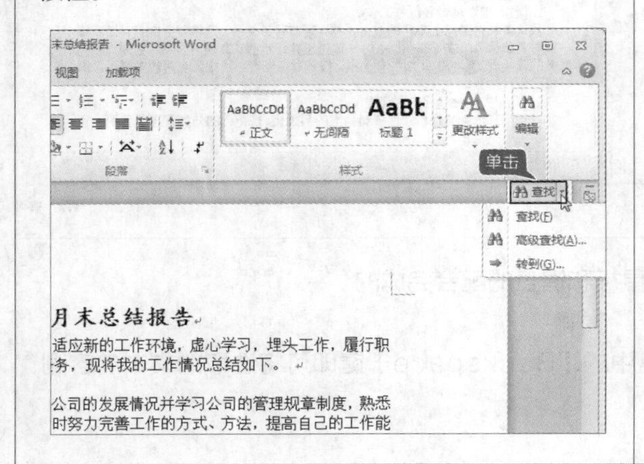

2 弹出【导航】任务窗格

在弹出的下拉菜单中选择【查找】命令，在文档的左侧弹出【导航】任务窗格。

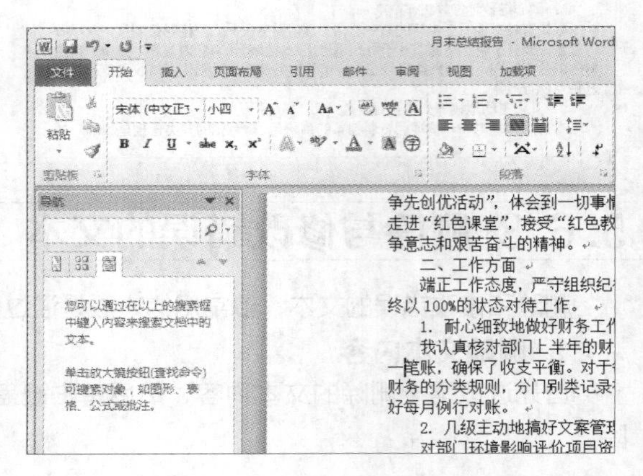

3 输入查找的内容

在【导航】任务窗格下方的文本框中输入要查找的内容，这里输入“几级”。此时在文本框的下方提示“5个匹配项”，并且在文档中查找到的内容都会被涂成黄色。

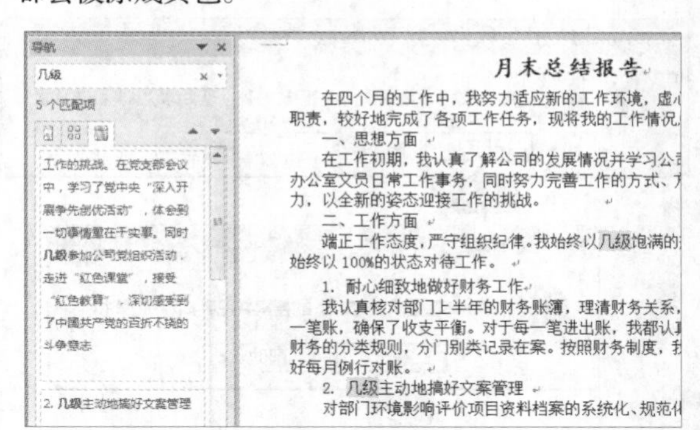

4 定位查找位置

单击任务窗格中的【下一处】按钮，定位第一个匹配项。这样再次单击【下一处】按钮就可快速查找到下一条符合的匹配项。

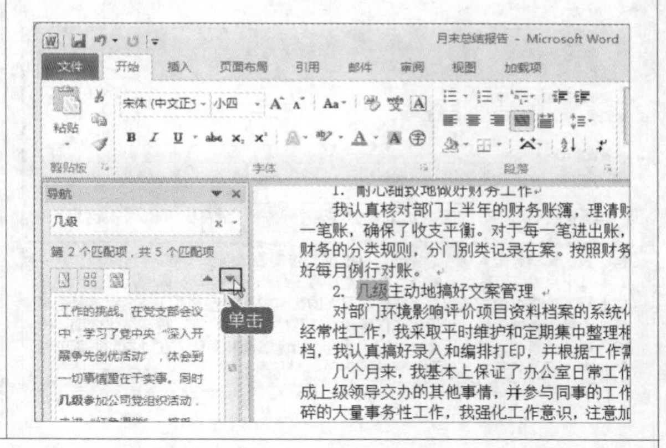

⑵ 高级查找

使用【高级查找】命令可以打开【查找和替换】对话框，使用该对话框也可以快速查找内容。

1 选择【高级查找】命令

单击【开始】选项卡中的【编辑】按钮，在弹出的列表中单击【查找】按钮右侧的倒三角按钮，在弹出的下拉菜单中选择【高级查找】命令。

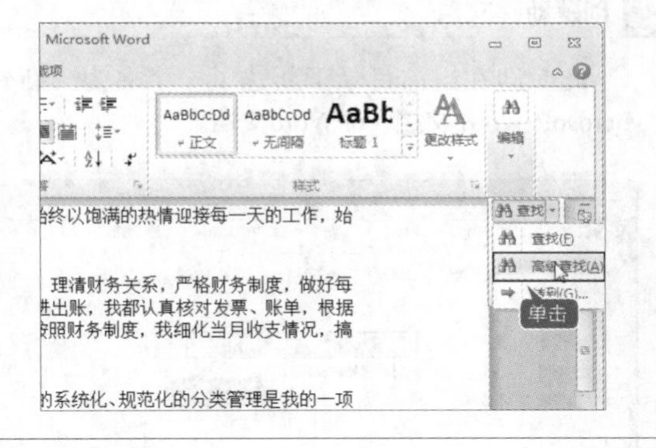

2 设置查找命令

弹出【查找和替换】对话框，在【查找内容】文本框中输入需要查找的文本内容，单击【查找下一处】按钮，Word将会定位到查找文本的位置并将查找到的文本背景用淡蓝色显示。

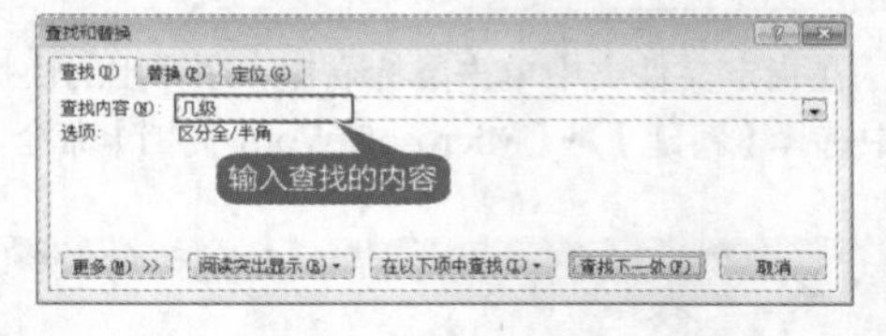

工作经验小贴士

按【Esc】键或单击【取消】按钮，可以取消正在进行的查找，并关闭【查找和替换】对话框。

2. 替换文本

替换功能可以帮助用户方便快捷地更改查找到的文本或批量修改相同的内容。

1 设置替换命令

在弹出的【查找和替换】对话框中，选择【替换】选项卡。

2 输入查找和替换的文本

在【查找内容】文本框中输入“几级”，在【替换为】文本框中输入“积极”。

3 单击【替换】按钮

单击【查找下一处】按钮，定位到第一个满足查找条件的文本位置，并以淡蓝色背景显示，单击【替换】按钮即可对其进行替换。

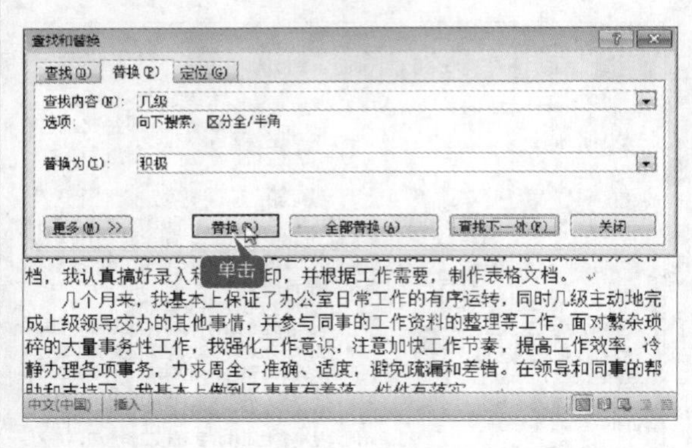

4 全部替换

单击【全部替换】按钮，Word就会将其全部替换，并弹出对话框显示完成替换的数量。单击【是】按钮，再次弹出对话框，单击【确定】按钮即可。

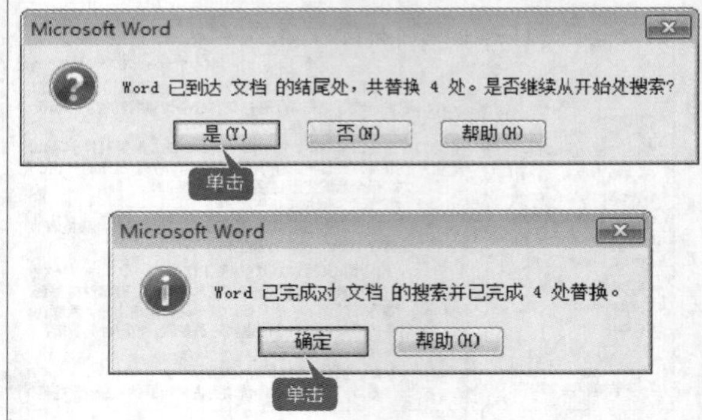

高手私房菜

技巧1：快速在指定位置新建一个空Word文档

有时候用户可能需要在指定位置创建一个文档，下面将对快速创建文档的技巧加以说明。

1 单击【Microsoft Word 文档】命令

在指定文件夹中单击鼠标右键，在弹出的快捷菜单中选择【新建】➤【Microsoft Word 文档】命令。

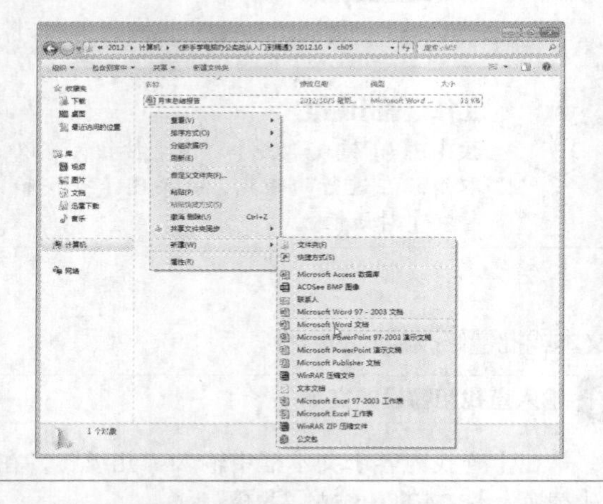

2 创建新建文档

此时即在当前目录下新建了一个名为“新建 Microsoft Word 文档”的Word文档。

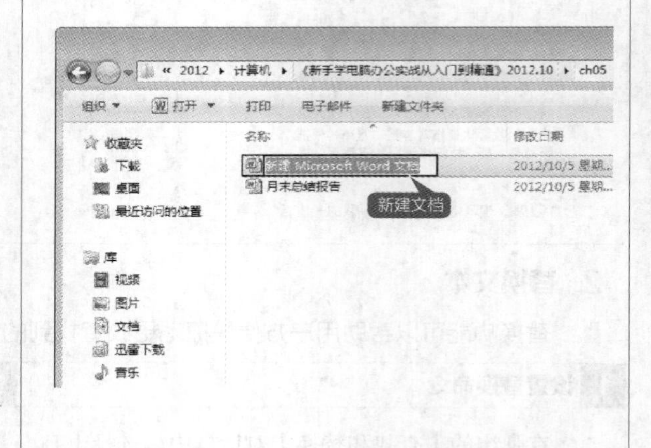

技巧2：使用快捷键复制、剪切或粘贴文本

(1) 选定需要复制、剪切或粘贴的文本。

(2) 使用【Ctrl+C】组合键可完成文本的复制，使用【Ctrl+X】组合键可剪切文本，使用【Ctrl+V】组合键可粘贴文本。

第 6 章

用 Word 制作办公室装修协议

本章视频教学时间：46 分钟

合理的版式不仅能够使文档看起来更加工整、更加美观，还可以提高文档的可读性，使阅读者能快速地获取需要的信息。

【学习目标】

通过本章的学习，可以掌握设置字体样式、段落样式、添加项目符号和编号以及添加页眉页脚的方法。

【本章涉及知识点】

- 设置字体样式
- 设置段落样式
- 添加项目符号和编号
- 添加页眉页脚

6.1 实例1——新建“办公室装修协议”文档

本节视频教学时间：3 分钟

公司准备装修办公室时，可以先制作一份简单的办公室装修协议，这样可以防止不法装修商在装修过程中使用劣质装修材料，危害员工的健康。用户可以根据装修需求来撰写协议内容。

在制作办公室装修协议之前，先新建一个办公室装修协议文档。

1 新建文档

打开“Microsoft Word 2010”软件，系统将自动生成一个新的空白文档。

2 保存为“办公室装修协议.docx”

新建文档之后，将其保存为“办公室装修协议.docx”，如下图所示。

6.2 实例2——输入办公室装修协议内容

本节视频教学时间：2分钟

新建办公室装修协议文档后，就可以输入办公室装修协议的具体内容了。

1 输入装修协议的内容

打开随书光盘中的“素材\ch06\办公室装修协议.txt”文档，按【Ctrl+V】组合键复制内容，然后粘贴到“办公室装修协议.docx”文档中，如下图所示。

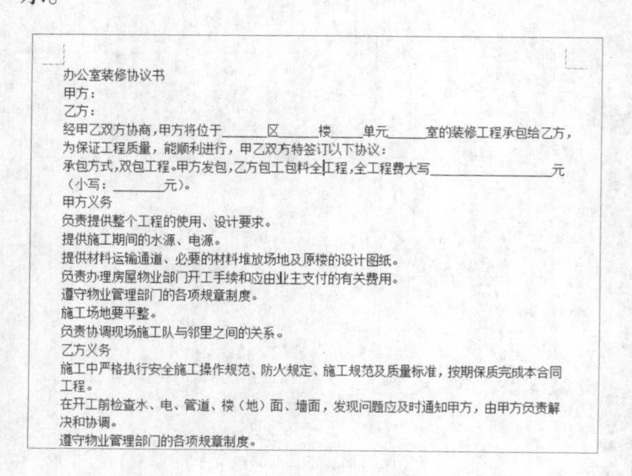

办公室装修协议书
甲方：
乙方：
经甲乙双方协商，甲方将位于______区______楼______单元______室的装修工程承包给乙方，为保证工程质量，能顺利进行，甲乙双方特签订以下协议：
承包方式，双包工程。甲方发包，乙方包工包料全工程，全工程费大写______________元（小写：________元）。
甲方义务
负责提供整个工程的使用、设计要求。
提供施工期间的水源、电源。
提供材料运输通道、必要的材料堆放场地及原楼的设计图纸。
负责办理房屋物业部门开工手续和应由业主支付的有关费用。
遵守物业管理部门的各项规章制度。
施工场地要平整。
负责协调现场施工队与邻里之间的关系。
乙方义务
施工中严格执行安全施工操作规范、防火规定、施工规范及质量标准，按期保质完成本合同工程。
在开工前检查水、电、管道、楼（地）面、墙面，发现问题应及时通知甲方，由甲方负责解决和协调。
遵守物业管理部门的各项规章制度。

2 保存文档

单击【文件】➤【保存】菜单命令，保存制作的办公室装修协议文档。

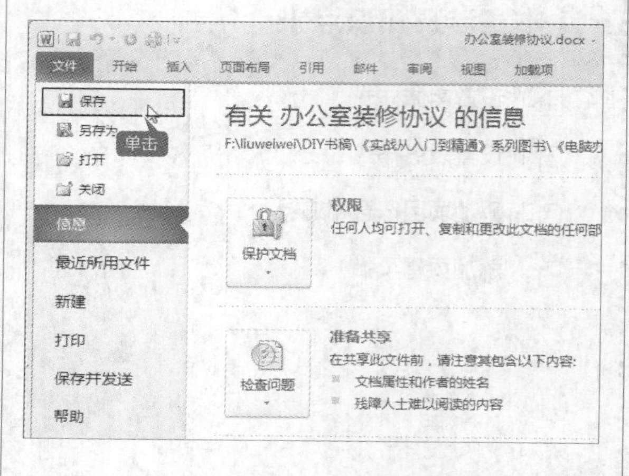

6.3 实例3——设置办公室装修协议文档的字体样式

本节视频教学时间：8分钟

字体格式的设置最基本的就是对文档的字体、字号、字符间距以及字符缩放等的设置。下面介绍如何使用【字体】对话框设置文本的字体样式。

6.3.1 设置字体和字号

首先来设置办公室装修协议的字体和字号。

1 选择文本，打开【字体】对话框

选择“办公室装修协议书”文本，单击【开始】选项卡【字体】选项组右下角的【字体】按钮，在弹出的【字体】对话框中选择【字体】选项卡。

2 设置字体和字号

在【中文字体】下拉列表框中选择【方正正中黑简体】选项，在【西文字体】下拉列表框中选择【Times New Roman】选项，在【字形】列表框中选择【常规】选项，在【字号】列表框中选择【二号】选项，单击【确定】按钮即可。

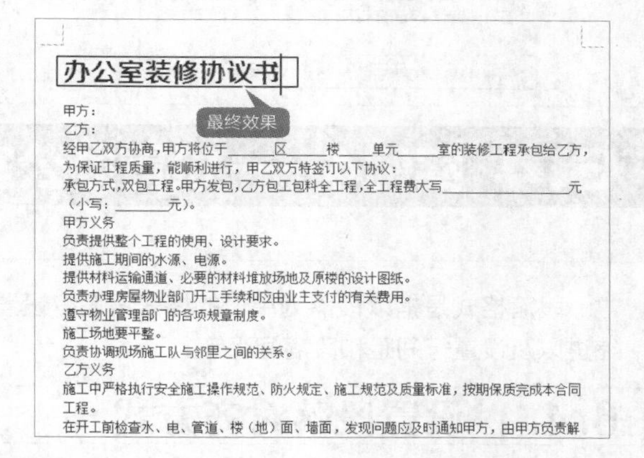

办公室装修协议书

甲方：
乙方：
经甲乙双方协商，甲方将位于______区______楼______单元______室的装修工程承包给乙方，为保证工程质量，能顺利进行，甲乙双方特签订以下协议：
承包方式，双包工程。甲方发包，乙方包工包料全工程，全工程费大写______元（小写：______元）。
甲方义务
负责提供整个工程的使用、设计要求。
提供施工期间的水源、电源。
提供材料运输通道、必要的材料堆放场地及原楼的设计图纸。
负责办理房屋物业部门开工手续和应由业主支付的有关费用。
遵守物业管理部门的各项规章制度。
施工场地要平整。
负责协调现场施工队与邻里之间的关系。
乙方义务
施工中严格执行安全施工操作规范、防火规定、施工规范及质量标准，按期保质完成本合同工程。
在开工前检查水、电、管道、楼（地）面、墙面，发现问题应及时通知甲方，由甲方负责解

3 设置小标题文本格式

分别选择“甲方义务”、“乙方义务”、“装修细则”、“付款方式”、“工程变更”以及“工期延误”等文本，参照步骤1~2，设置其【字体】为“隶书”，【字形】为“常规”，【字号】为“三号”，设置效果如图所示。

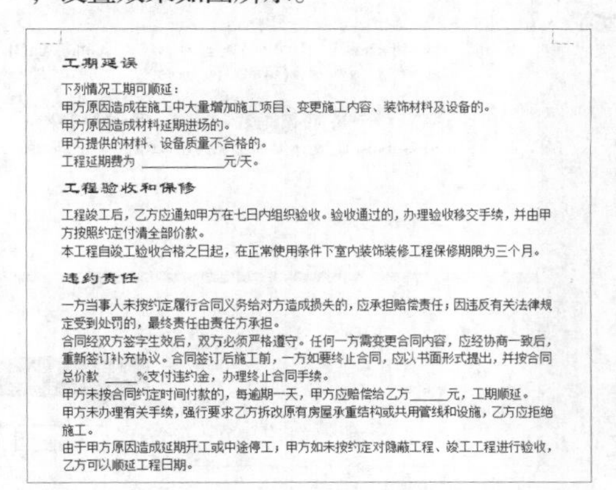

工期延误

下列情况工期可顺延：
甲方原因造成在施工中大量增加施工项目、变更施工内容、装饰材料及设备的。
甲方原因造成材料延期进场的。
甲方提供的材料、设备质量不合格的。
工程延期费为 ______元/天。

工程验收和保修

工程竣工后，乙方应通知甲方在七日内组织验收。验收通过的，办理验收移交手续，并由甲方按照约定付清全部价款。
本工程自竣工验收合格之日起，在正常使用条件下室内装饰装修工程保修期限为三个月。

违约责任

一方当事人未按约定履行合同义务给对方造成损失的，应承担赔偿责任；因违反有关法律规定受到处罚的，最终责任由责任方承担。
合同经双方签字生效后，双方必须严格遵守。任何一方需变更合同内容，应经协商一致后，重新签订补充协议。合同签订后施工前，一方如要终止合同，应以书面形式提出，并按合同总价款 ____%支付违约金，办理终止合同手续。
甲方未按合同约定时间付款的，每逾期一天，甲方应赔偿给乙方______元，工期顺延。
甲方未办理有关手续，强行要求乙方拆改原有房屋承重结构或共用管线和设施，乙方应拒绝施工。
由于甲方原因造成延期开工或中途停工；甲方如未按约定对隐蔽工程、竣工工程进行验收，乙方可以顺延工程日期。

4 设置其他文本格式

选中其他文本，设置其【字体】为“宋体”，【字号】为“小四”，单击【确定】按钮，即可看到设置文本字体和字号后的效果。

办公室装修协议书

甲方：
乙方：
经甲乙双方协商，甲方将位于______区______楼______单元______室的装修工程承包给乙方，为保证工程质量，能顺利进行，甲乙双方特签订以下协议：
承包方式，双包工程。甲方发包，乙方包工包料全工程，全工程费大写元（小写：______元）。

甲方义务

负责提供整个工程的使用、设计要求。
提供施工期间的水源、电源。
提供材料运输通道、必要的材料堆放场地及原楼的设计图纸。
负责办理房屋物业部门开工手续和应由业主支付的有关费用。
遵守物业管理部门的各项规章制度。
施工场地要平整。
负责协调现场施工队与邻里之间的关系。

乙方义务

施工中严格执行安全施工操作规范、防火规定、施工规范及质量标准，按期保质完成本合同工程。
在开工前检查水、电、管道、楼（地）面、墙面，发现问题应及时通知甲方，由甲方负责解决和协调。
遵守物业管理部门的各项规章制度。

6.3.2 设置字符间距、字符缩放和位置

在【字体】对话框中可以对字符的间距、字符缩放比例以及字符位置等进行调整。

1 选择文本，设置字符缩放

选择“办公室装修协议书”文本，单击【开始】选项卡【字体】组右下角的【字体】按钮，在弹出的【字体】对话框中，选择【高级】选项卡，进行下图所示设置。

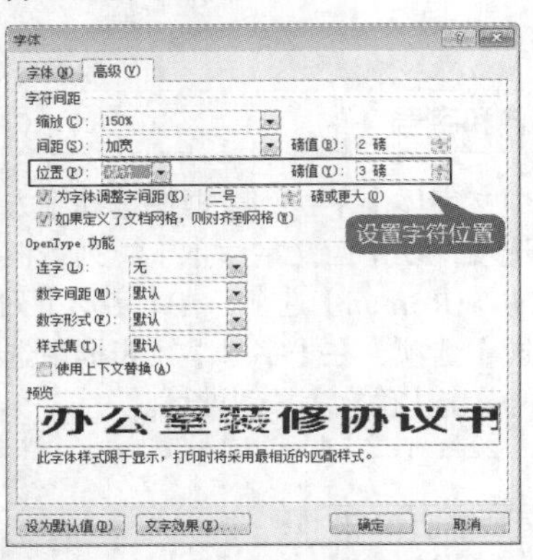

2 查看效果

在【预览】区域可以查看预览效果，单击【确定】按钮，返回至Word文档，即可查看最终效果。

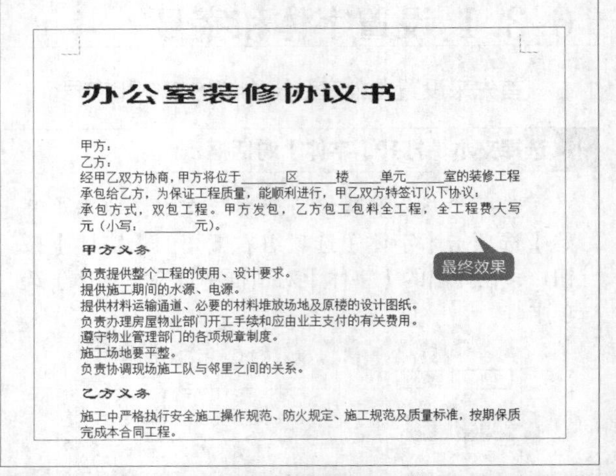

6.4 实例4——设置办公室装修协议段落样式

本节视频教学时间：9分钟

段落格式是指以段落为单位的格式设置。设置段落格式主要是指设置段落的对齐方式、设置段落缩进以及设置行间距和段落间距等。

6.4.1 设置段落对齐方式

整齐的排版效果可以使文本更为美观，对齐方式就是段落中文本的排列方式。

1 设置标题的对齐方式

将鼠标光标放置在标题文本的任意位置，单击【开始】选项卡下【段落】选项组中的【居中】按钮，即可将标题文本居中显示。

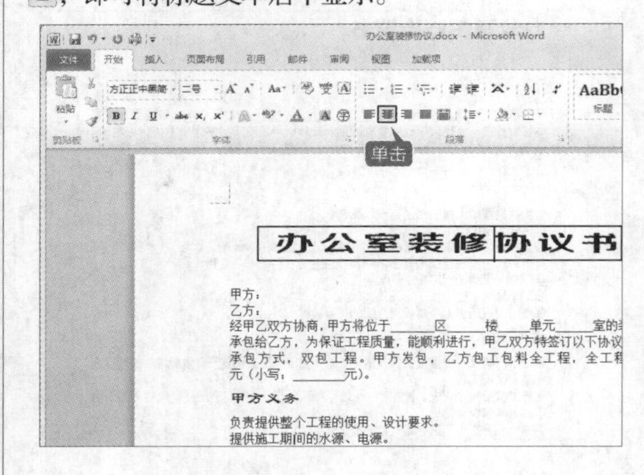

2 设置段落对齐方式

将鼠标光标放置在文档的最后一段的任意位置处，单击【开始】选项卡下【段落】选项组中的【文本右对齐】按钮，即可将最后一段文本右对齐。

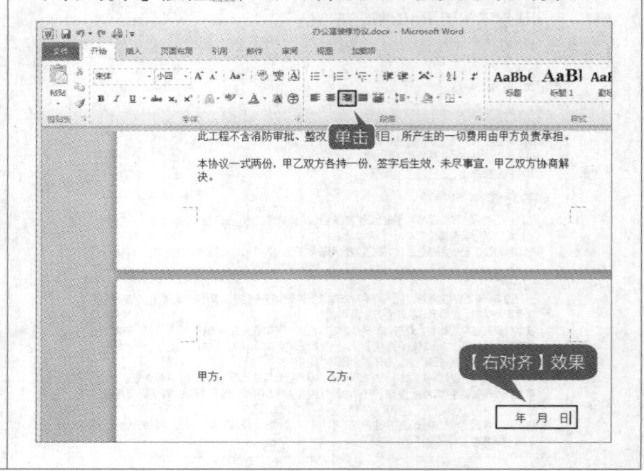

6.4.2 设置段落缩进

缩进是指段落到左右页边的距离。根据中文的书写形式，通常情况下，正文中的每个段落都会首行缩进两个字符。

1 设置首行缩进

选择“甲方义务”下的所有段落，单击【开始】选项卡下【段落】选项组右下角的【段落】按钮，弹出【段落】对话框。单击【缩进】选项组中【特殊格式】后的下拉按钮，在弹出的下拉列表中选择【首行缩进】选项，设置【磅值】为“2字符”。设置完成后单击【确定】按钮。

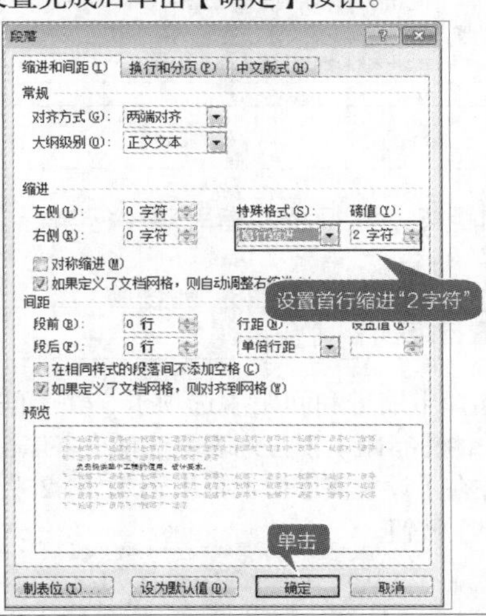

2 查看效果并设置其他段落

返回至Word文档中，即可看到设置段落缩进后的效果，然后为其他的段落设置段落缩进。

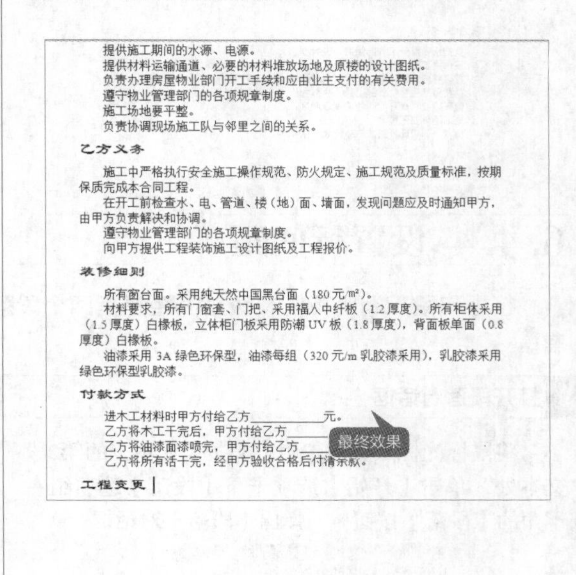
提供施工期间的水源、电源。
提供材料运输通道、必要的材料堆放场地及原楼的设计图纸。
负责办理房屋物业部门开工手续和应由业主支付的有关费用。
遵守物业管理部门的各项规章制度。
施工场地要平整。
负责协调现场施工队与邻里之间的关系。

乙方义务

施工中严格执行安全施工操作规范、防火规定、施工规范及质量标准，按期保质完成本合同工程。
在开工前检查水、电、管道、楼（地）面、墙面，发现问题应及时通知甲方，由甲方负责解决和协调。
遵守物业管理部门的各项规章制度。
向甲方提供工程装饰施工设计图纸及工程报价。

装修细则

所有窗台面。采用纯天然中国黑台面（180元/m²）。
材料要求，所有门窗套、门把、采用福人中纤板（12厚度）。所有柜体采用（15厚度）白橡板，立体柜门板采用防潮UV板（18厚度），背面板单面（0.8厚度）白橡板。
油漆采用3A绿色环保型，油漆每组（320元/m乳胶漆采用），乳胶漆采用绿色环保型乳胶漆。

付款方式

进木工材料时甲方付给乙方________元。
乙方将木工干完后，甲方付给乙方________
乙方将油漆面漆喷完，甲方付给乙方________
乙方将所有活干完，经甲方验收合格后付清余款。

工程变更

6.4.3 设置段落间距

段落间距是指两个段落之间的距离。

1 打开段落对话框

将鼠标光标放置在第一段文本任意位置，单击【开始】选项卡下【段落】选项组右下角的【段落】按钮，弹出【段落】对话框。

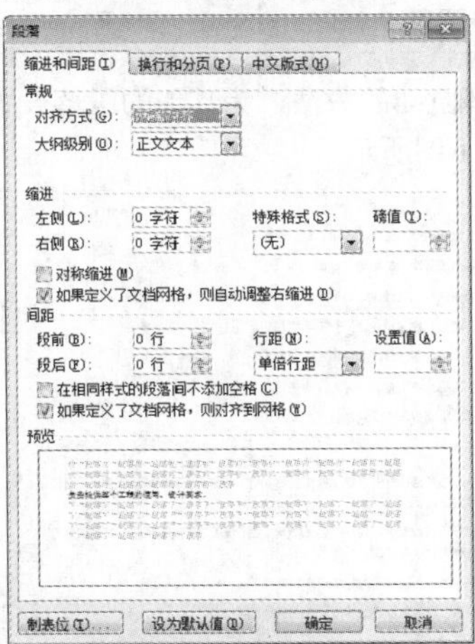

2 设置段落间距

选择【缩进和间距】选项卡，在【间距】选项组中可以单击【段前】和【段后】微调框来调整段落间距，这里设置【段前】为“1行”，设置【段后】为“自动”。单击【确定】按钮。

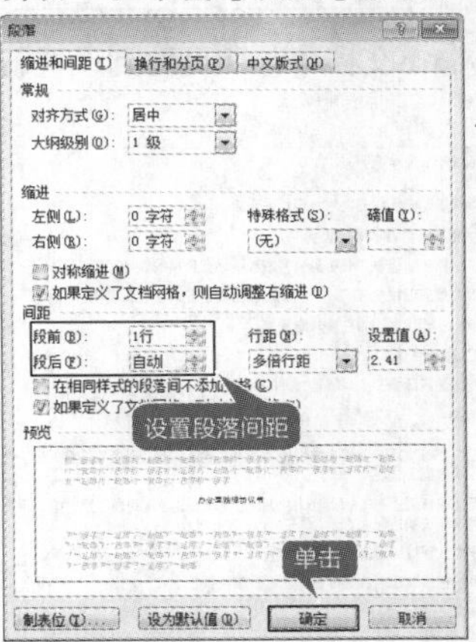

3 查看效果

返回至Word文档中，即可看到设置段落间距后的效果。

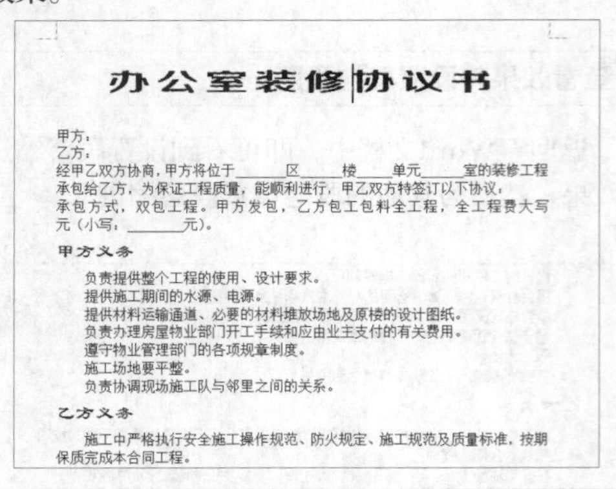
办公室装修协议书

甲方：
乙方：
经甲乙双方协商，甲方将位于______区______楼______单元______室的装修工程承包给乙方，为保证工程质量，能顺利进行，甲乙双方特签订以下协议。
承包方式，双包工程。甲方发包，乙方包工包料全工程，全工程费大写元（小写：______元）。

甲方义务

负责提供整个工程的使用、设计要求。
提供施工期间的水源、电源。
提供材料运输通道、必要的材料堆放场地及原楼的设计图纸。
负责办理房屋物业部门开工手续和应由业主支付的有关费用。
遵守物业管理部门的各项规章制度。
施工场地要平整。
负责协调现场施工队与邻里之间的关系。

乙方义务

施工中严格执行安全施工操作规范、防火规定、施工规范及质量标准，按期保质完成本合同工程。

4 设置其他段落

按照以上步骤为其他的段落设置段间距，最终效果如下图所示。

负责提供整个工程的使用、设计要求。
提供施工期间的水源、电源。
提供材料运输通道、必要的材料堆放场地及原楼的设计图纸。
负责办理房屋物业部门开工手续和应由业主支付的有关费用。
遵守物业管理部门的各项规章制度。
施工场地要平整。
负责协调现场施工队与邻里之间的关系。

乙方义务

施工中严格执行安全施工操作规范、防火规定、施工规范及质量标准，按期保质完成本合同工程。
在开工前检查水、电、管道、楼（地）面、墙面，发现问题应及时通知甲方，由甲方负责解决和协调。
遵守物业管理部门的各项规章制度。
向甲方提供工程装饰施工设计图纸及工程报价。

装修细则

所有窗台面。采用纯天然中国黑台面（180元/m²）。

6.4.4 设置行间距

行距和段落间距不同，段落间距是指两个段落之间的距离，而行距是指段落中行与行之间的距离。

1 打开段落对话框

将鼠标光标放置在“甲方义务”文本下的第2段文本处，单击【开始】选项卡下【段落】选项组右下角的【段落】按钮，弹出【段落】对话框。

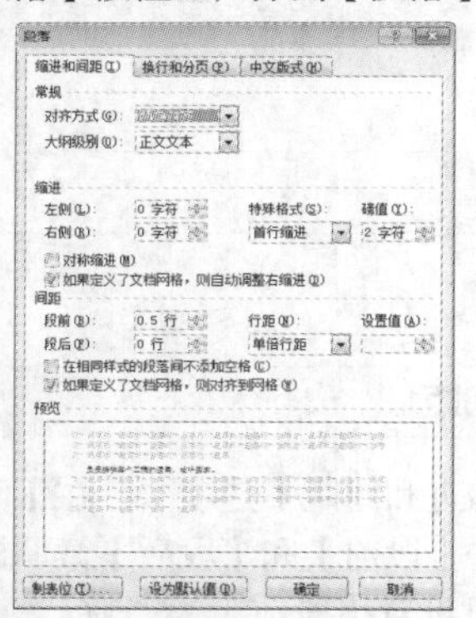

2 设置行距

选择【缩进和间距】选项卡，在【间距】选项组中的【行距】下拉列表中选择【多倍行距】选项，并在【设置值】微调框中输入“1.25”。单击【确定】按钮。

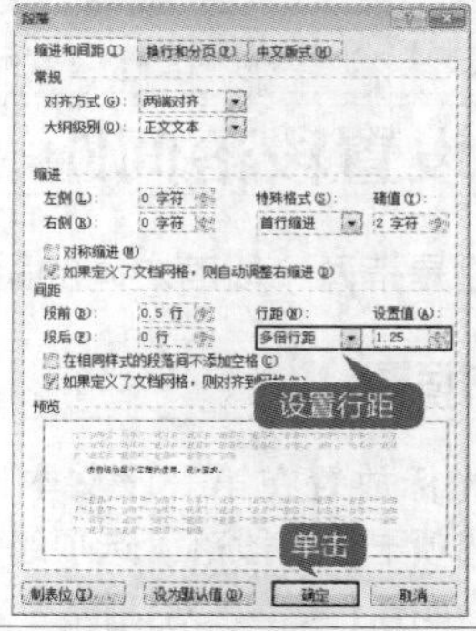

3 查看效果

返回至Word文档中，即可看到设置行距后的效果。

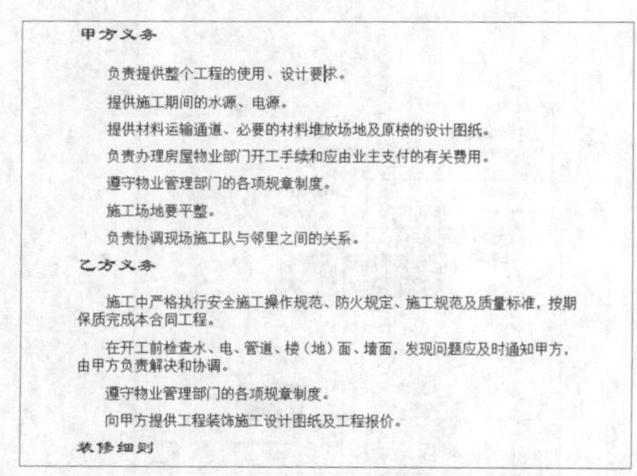
甲方义务

负责提供整个工程的使用、设计要求。
提供施工期间的水源、电源。
提供材料运输通道、必要的材料堆放场地及原楼的设计图纸。
负责办理房屋物业部门开工手续和应由业主支付的有关费用。
遵守物业管理部门的各项规章制度。
施工场地要平整。
负责协调现场施工队与邻里之间的关系。

乙方义务

施工中严格执行安全施工操作规范、防火规定、施工规范及质量标准，按期保质完成本合同工程。
在开工前检查水、电、管道、楼（地）面、墙面，发现问题应及时通知甲方，由甲方负责解决和协调。
遵守物业管理部门的各项规章制度。
向甲方提供工程装饰施工设计图纸及工程报价。

装修细则

4 设置其他段落

参照步骤1~3的方法，为其他的段落设置行距，最终效果如下图所示。

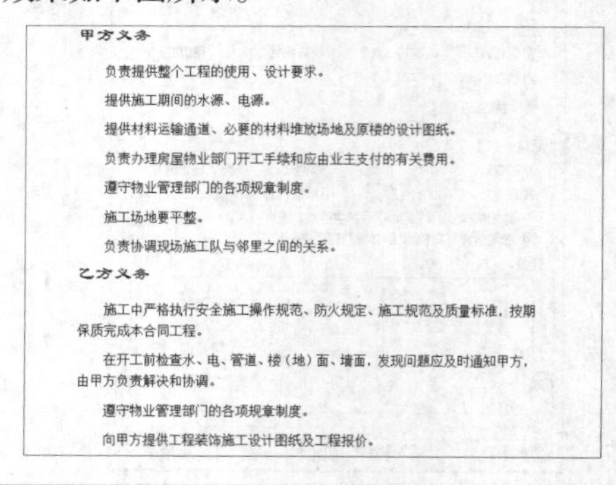
甲方义务

负责提供整个工程的使用、设计要求。
提供施工期间的水源、电源。
提供材料运输通道、必要的材料堆放场地及原楼的设计图纸。
负责办理房屋物业部门开工手续和应由业主支付的有关费用。
遵守物业管理部门的各项规章制度。
施工场地要平整。
负责协调现场施工队与邻里之间的关系。

乙方义务

施工中严格执行安全施工操作规范、防火规定、施工规范及质量标准，按期保质完成本合同工程。
在开工前检查水、电、管道、楼（地）面、墙面，发现问题应及时通知甲方，由甲方负责解决和协调。
遵守物业管理部门的各项规章制度。
向甲方提供工程装饰施工设计图纸及工程报价。

6.5 实例5——添加项目符号和编号

本节视频教学时间：8 分钟

在进行文档编辑的过程中，经常会使用项目符号和编号，以使编辑的内容更加条理化。Word 2010中提供有丰富的项目符号和编号。

6.5.1 添加项目符号

项目符号的应用对象是段落，也就是说项目符号只添加在段落的第一行的最左侧。

1. 使用项目符号库

在Word 2010中单击【项目符号】下拉列表项目符号库中的符号，可将其快速应用至所选段落。

1 选择要添加项目符号的段落

选择“甲方义务”下的段落文本，单击【开始】选项卡下【段落】选项组中的【项目符号】按钮☰·右侧的倒三角箭头，弹出【项目符号】下拉列表。

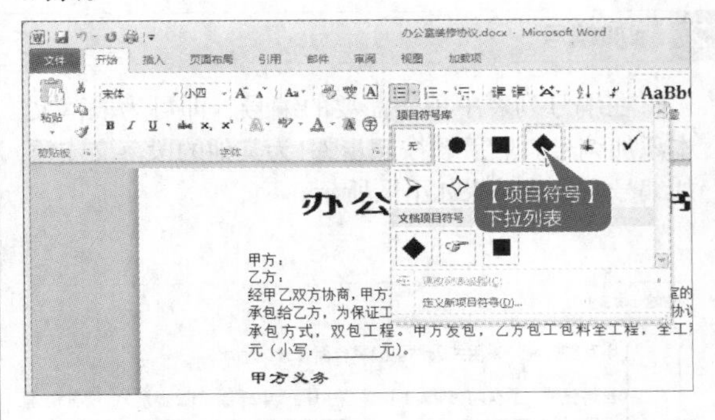

2 查看效果

单击“菱形”符号，即可在选中的段落前添加“菱形”符号，如下图所示。

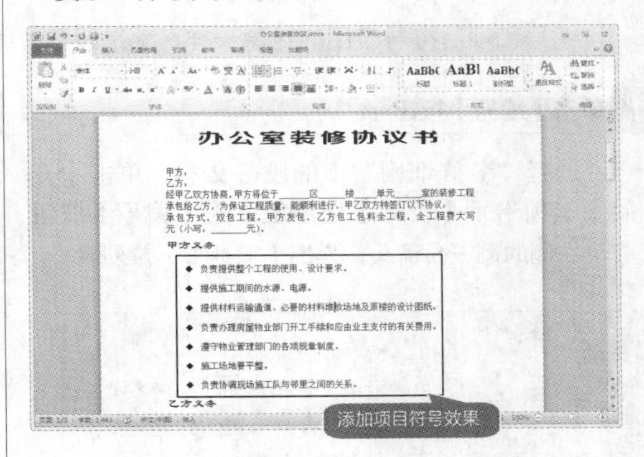

2. 添加自定义项目符号

当【项目符号】下拉菜单中没有满意的项目符号时，还可以添加自定义项目符号。

1 选择【定义新项目符号】选项

选择“乙方义务”下的所有段落，单击【开始】选项卡下【段落】选项组中的【项目符号】按钮☰·右侧的倒三角箭头，在弹出的下拉列表中选择【定义新项目符号】选项。

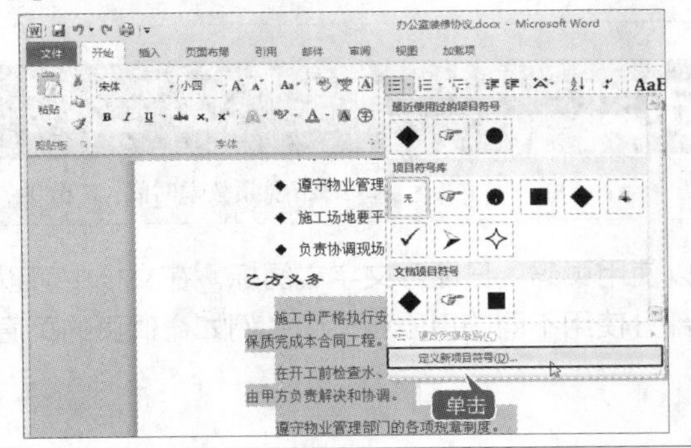

2 打开【定义新项目符号】对话框

弹出【定义新项目符号】对话框，单击【项目符号字符】区域的【符号】按钮。

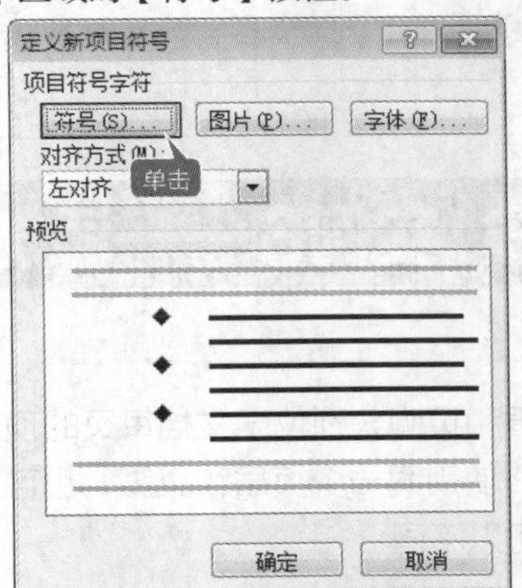

3 选择符号

弹出【符号】对话框，根据需要选择符号，这里选择☞符号，然后单击【确定】按钮。

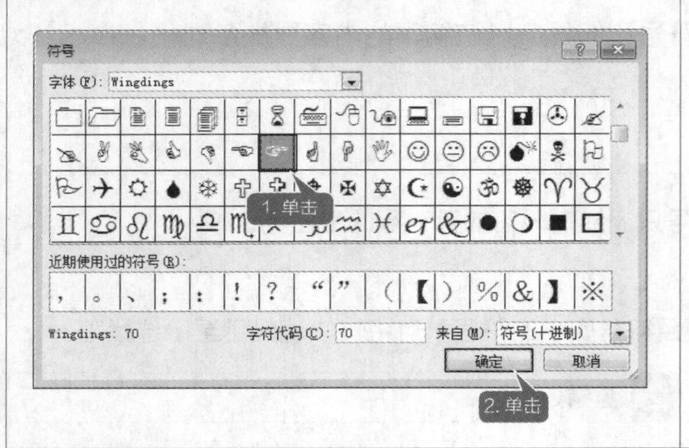

4 查看插入符号效果

返回到【定义新项目符号】对话框，再次单击【确定】按钮，即可在文档中插入选择的符号。

6.5.2 添加编号

编号和项目符号应用的对象一样，都是段落。编号也同样只添加在段落的第一行的左侧。

1 单击【编号】按钮

选择“装修细则”下的段落文本，单击【开始】选项卡下【段落】选项组中的【编号】按钮 右侧的倒三角箭头，弹出【编号】下拉列表。

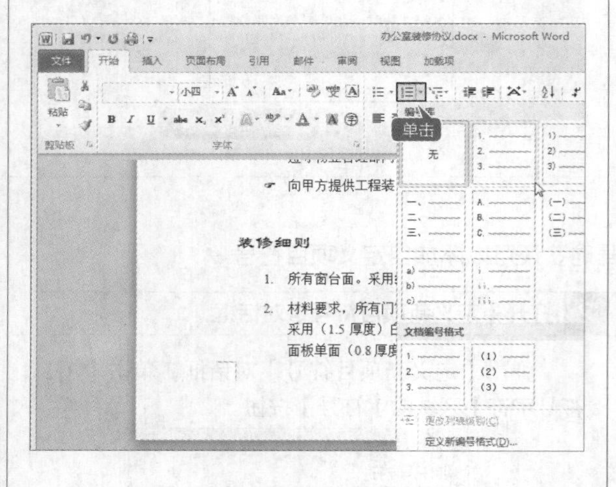

2 添加编号

在编号列表中单击需要的编号，即可为段落文本添加编号。然后，按照步骤1为其他的段落文本添加编号。最终效果如下图所示。

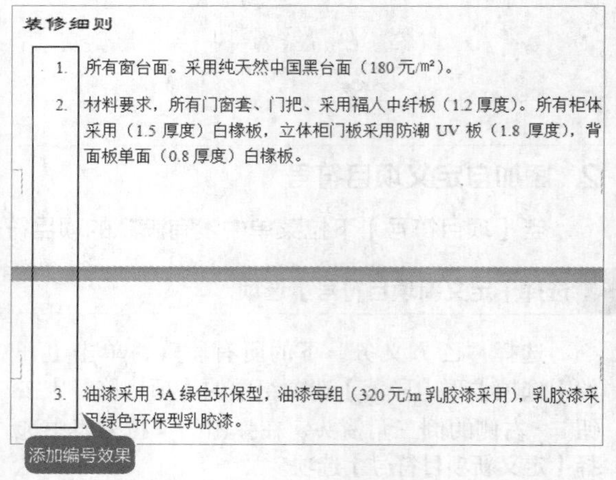

6.6 实例6——添加页眉和页脚

本节视频教学时间：7 分钟

页眉和页脚分别位于文档每页的顶部和底部，可以使用页码、日期等文字或图标。在文档中可以自始至终使用同一个页眉和页脚，也可在文档的不同部分使用不同的页眉和页脚，例如奇偶页的页眉和页脚可以不同。

6.6.1 插入页眉和页脚

要创建页眉和页脚，只需在某一个页眉或页脚中输入要放置在页眉或页脚的内容即可，Word会把它们自动添加到每一页上。

1 选择页眉类型

在“办公室装修协议书”文档中，单击【插入】选项卡下【页眉和页脚】选项组中的【页眉】按钮，在弹出的下拉列表中选择内置的页眉【边线型】，即可将选择的页眉类型应用到文档中。

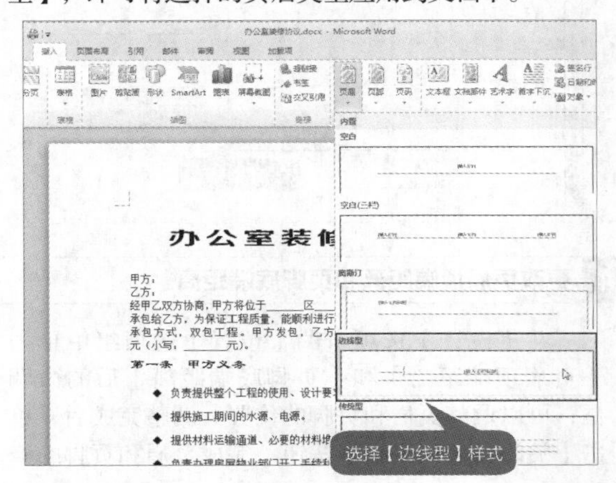

2 选择页脚类型

插入页眉后，将鼠标光标定位到页脚处，然后单击【页脚】按钮，在弹出的下拉列表中选择【边线型】选项，即可将选择的页脚类型应用到文档中。

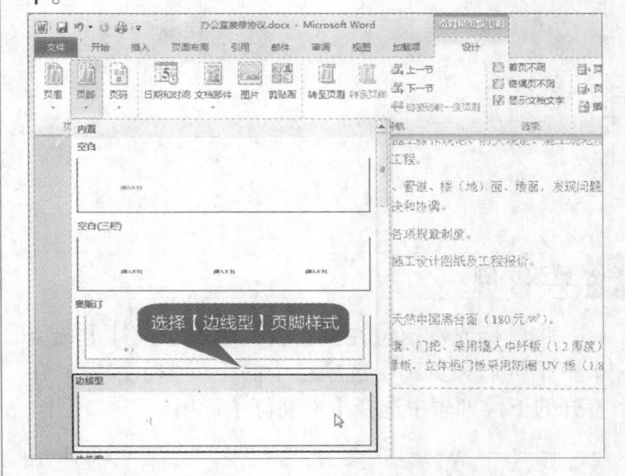

3 弹出【日期和时间】对话框

在【设计】选项卡下，单击【插入】选项组中的【日期和时间】按钮，弹出【日期和时间】对话框。在【可用格式】列表框中选择需要的日期格式，然后单击【确定】按钮。

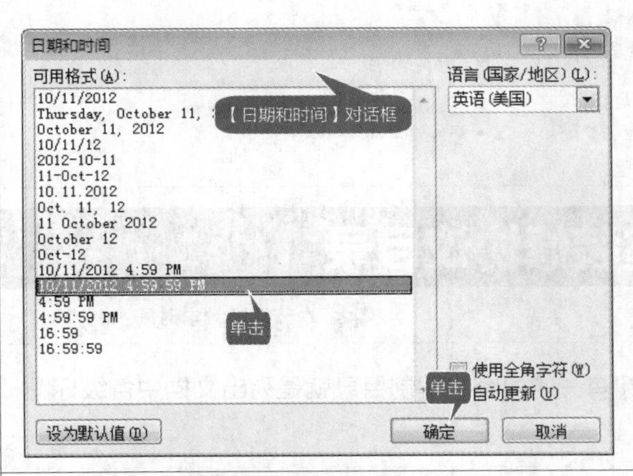

4 查看插入页脚效果

单击【关闭】选项组中的【关闭页眉和页脚】按钮，即可完成页脚的插入，如下图所示。

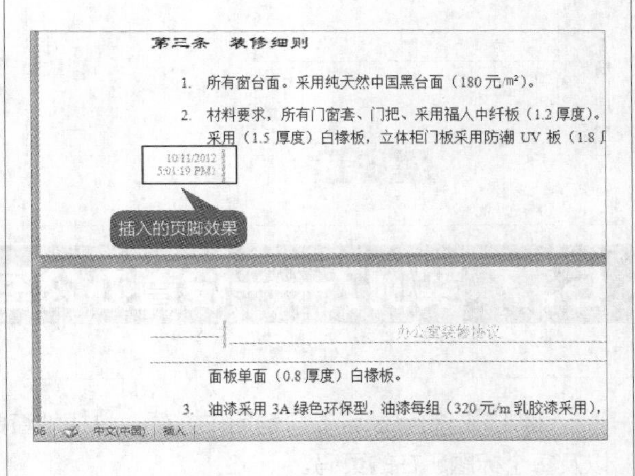

6.6.2 修改页眉和页脚

插入页眉和页脚之后，如果用户对最终效果不满意，还可以修改插入的页眉和页脚。

1 双击插入的页眉

在文档中页眉的位置处双击，将会使插入的页眉处于可编辑的状态，并打开【页眉和页脚工具】➤【设计】选项卡。

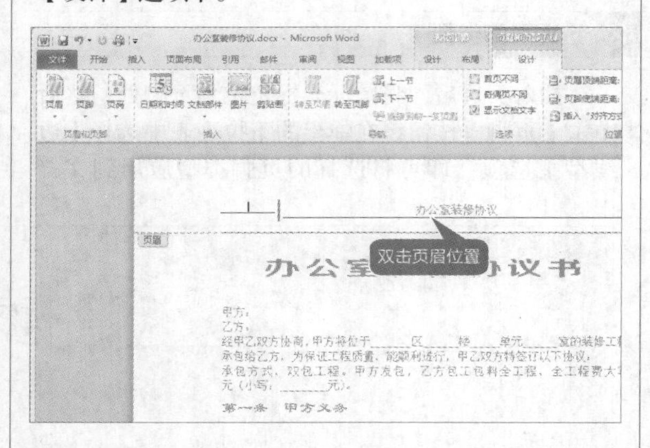

2 修改页眉

单击【设计】选项卡下【页眉和页脚】选项组中的【页眉】按钮，在打开的下拉列表中选择【奥斯汀】选项。

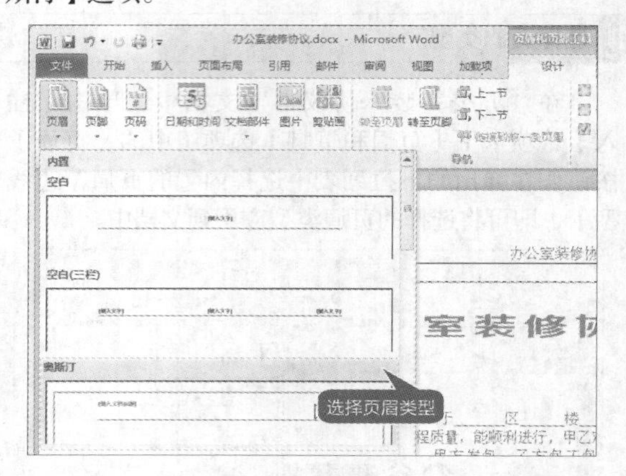

3 更改页脚

将鼠标光标定位在页脚处，单击【设计】选项卡下【页眉和页脚】选项组中的【页脚】按钮，在打开的下拉列表中选择【奥斯汀】选项。

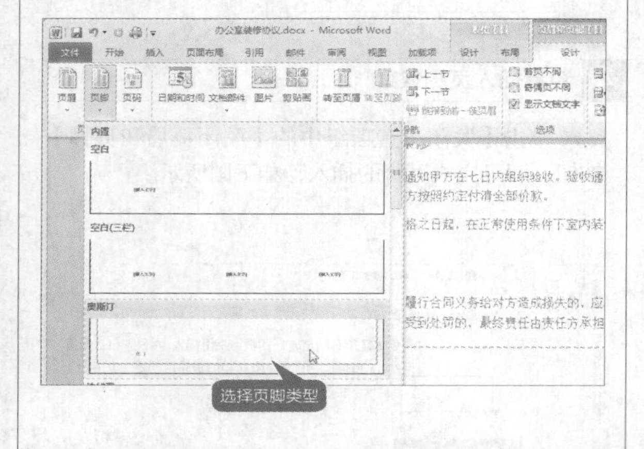

4 更改页眉顶端距离和页脚底端距离

在【设计】选项卡的【位置】选项组中单击【页眉顶端距离】和【页脚底端距离】后的微调框，可以调整页眉和页脚的位置。调整完成后，单击【关闭页眉和页脚】按钮，完成页眉和页脚的修改。

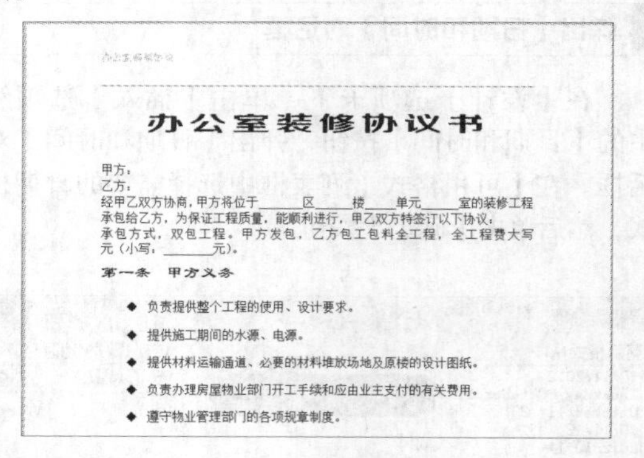
办公室装修协议

办公室装修协议书

甲方：
乙方：
经甲乙双方协商，甲方将位于______区____楼____单元______室的装修工程承包给乙方，为保证工程质量，能顺利进行，甲乙双方特签订以下协议。
承包方式，双包工程，甲方发包，乙方包工包料全工程，全工程费大写元（小写，______元）。

第一条 甲方义务

◆ 负责提供整个工程的使用、设计要求。
◆ 提供施工期间的水源、电源。
◆ 提供材料运输通道、必要的材料堆放场地及原楼的设计图纸。
◆ 负责办理房屋物业部门开工手续和应由业主支付的有关费用。
◆ 遵守物业管理部门的各项规章制度。

6.7 实例7——设置办公室装修协议目录

本节视频教学时间：9分钟

编制文档的目录可以帮助用户方便、快捷地查阅有关的内容。编制目录就是列出文档中各级标题以及每个标题所在的页码。

6.7.1 提取目录

提取“办公室装修协议书”文档的目录，可以列出文档中各级标题以及每个标题所在的页码。

1 定义标题级别

提取目录之前需要为标题定义级别。首先将鼠标光标定位在需要定义级别的段落处，单击【引用】选项卡下【目录】选项组中的【添加文字】按钮，在弹出的列表中选择文档的级别为“1级”。

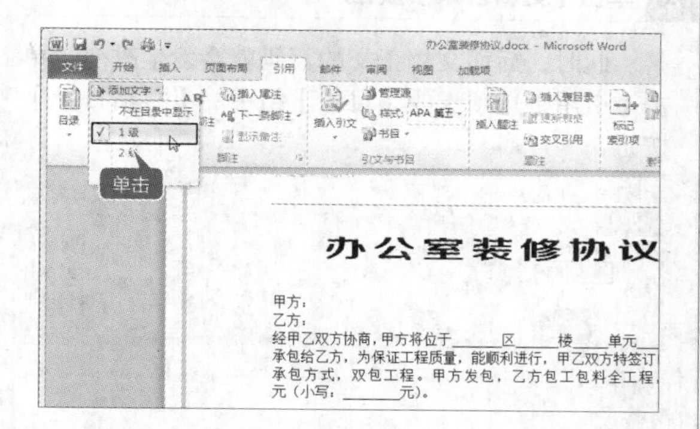

2 定义2级目录

将鼠标光标定位在需要定义为2级的段落处，单击【引用】选项卡下【目录】选项组中的【添加文字】按钮，在弹出的列表中选择“2级”选项。

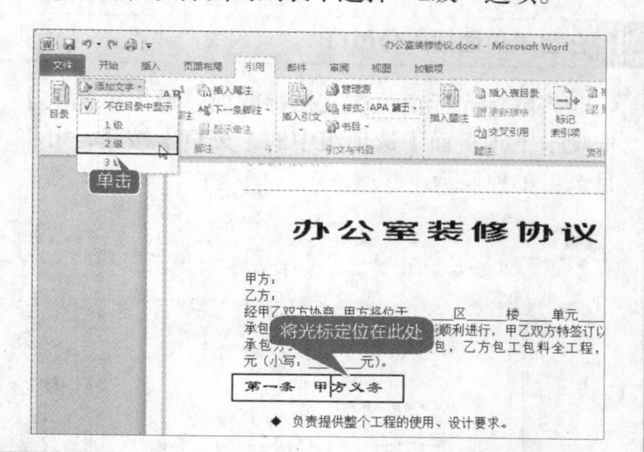

3 选择【插入目录】选项

将鼠标光标放置到要建立目录的地方，通常是文档的最前面或者最后面，单击【引用】选项卡的【目录】组中的【目录】按钮，在弹出的下拉列表中选择【插入目录】选项。

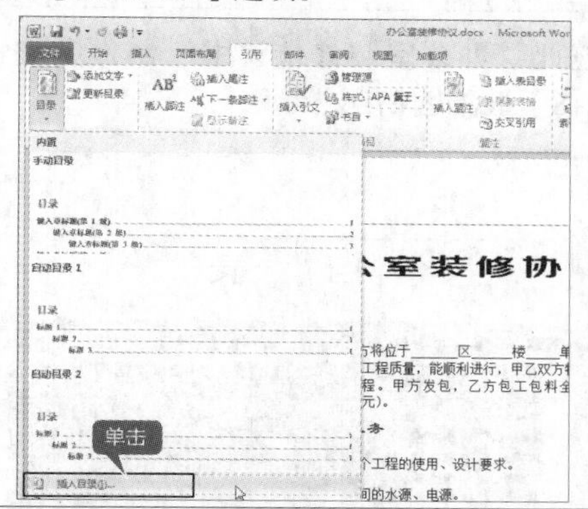

4 设置【插入目录】对话框

在弹出的【目录】对话框中的【目录】下拉列表框中选择一种目录格式，在【显示级别】微调框中输入级别为“2”，单击选中【显示页码】和【页码右对齐】复选框。单击【确定】按钮。

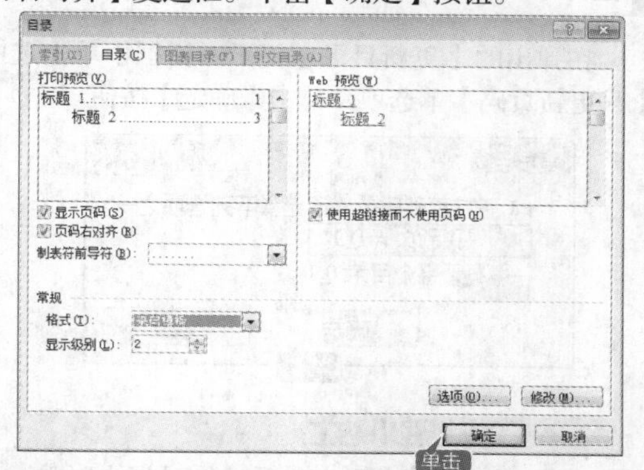

5 插入目录

此时就会在指定的位置自动建立目录。

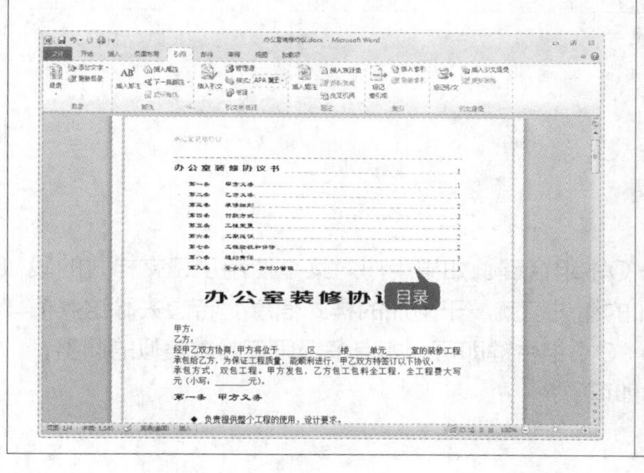

6 输入并设置“目录”文本

在目录前添加“目录”文本，设置其格式如下图所示。至此，目录提取完成。

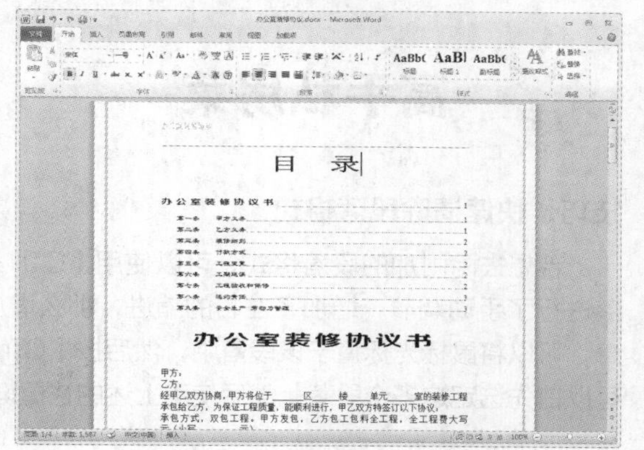

6.7.2 更新目录

如果用户在提取目录后，对文档进行了较大的改变，或者设置目录所在页为单独的一页，此后页码会发生改变，因此，需要对目录进行更新。

1 在目录页面插入分页符

将鼠标光标定位在文档标题前，单击【插入】选项卡下【页面】选项组中的【分页】按钮，可将目录页单独显示。

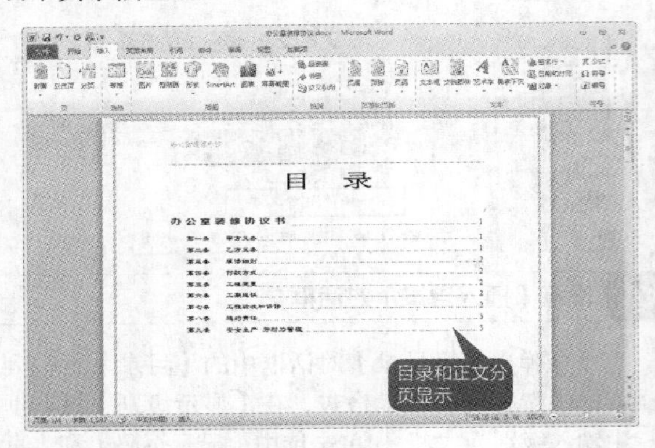

2 单击【更新目录】按钮

此时，后面文档正文的页码就会发生改变，单击【引用】选项卡的【目录】组中的【更新目录】按钮。

3 选择【只更新页码】选项

在弹出的【更新目录】提示对话框中单击选中【只更新页码】单选项，单击【确定】按钮。

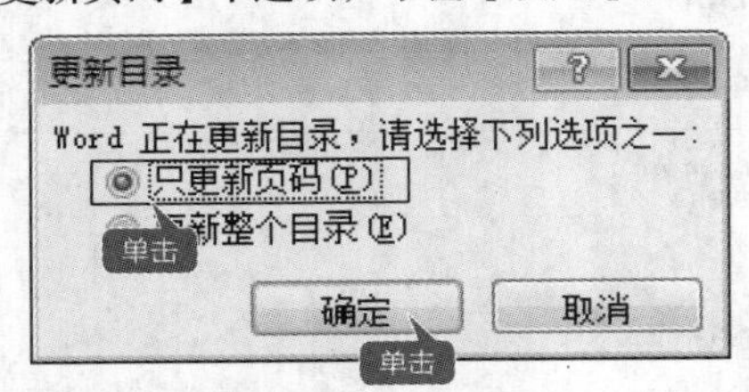

工作经验小贴士

在修改文档时如果只是页码发生改变，可单击选中【只更新页码】单选项，如果标题发生了变化，则就需要选中【更新整个目录】单选项。

4 完成目录更新

至此“办公室装修协议书”制作完成，按【Ctrl+S】组合键保存文档。

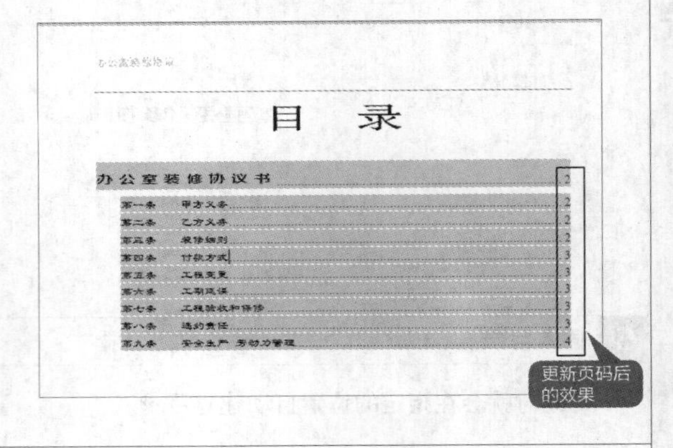

高手私房菜

技巧：快速清除段落格式

若想去除附加的段落格式，可以使用【Ctrl+Q】组合键。如果用户对某个使用了正文样式的段落进行了手动调节，增加了左右的缩进，那么增加的缩进值就属于附加的样式信息。若想去除这类信息，可以将鼠标光标置于该段落中，然后按【Ctrl+Q】组合键即可。如有多个段落需做类似的调整，可以首先选定这多个段落，然后使用上述的快捷键即可。

第 7 章

用 Word 制作公司宣传彩页

本章视频教学时间：1 小时 11 分钟

为文档添加图片和艺术字，制作图文并茂的文档，可以产生意想不到的美化效果。

【学习目标】

- 通过本章的学习，可以初步了解设置页面版式、插入艺术字、插入图片和剪贴画的方法。

【本章涉及知识点】

- 掌握设置页面版式的方法
- 掌握插入艺术字的方法
- 掌握设置页面颜色的方法
- 掌握插入图片和剪贴画的方法

7.1 实例1——设置公司宣传页页面版式

本节视频教学时间：12分钟

页面设置包括设置纸张大小、页边距、文档网格和版面等，这些设置是打印文档之前必须要做的准备工作。用户可以使用默认的页面设置，也可以根据需要重新设置或随时修改这些选项。页面设置既可以在输入文档之前进行，也可以在输入的过程中或输入文档之后进行。

7.1.1 设置页边距

设置页边距，包括调整上、下、左、右边距以及装订线的位置，使用下面这种方法设置页边距十分精确。

1 新建文档

打开 Word 2010 软件，即可新建一个 Word 文档。

2 另存文档

选择【文件】➤【保存】菜单命令，在弹出的【另存为】对话框中输入“公司宣传页面.docx”，单击【保存】按钮即可。

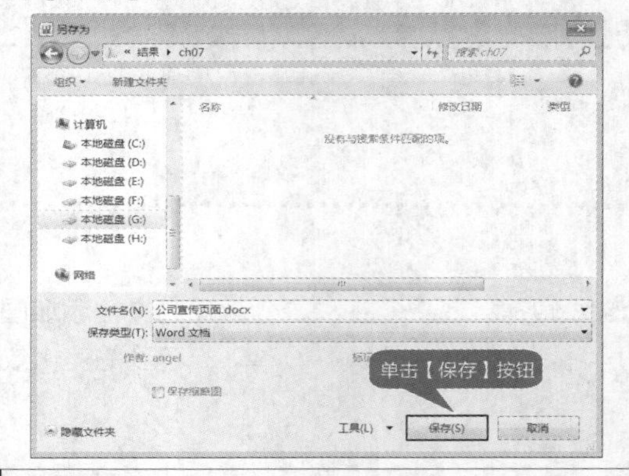

3 选择【自定义页边距】选项

单击【页面布局】选项卡下【页面设置】组中的【页边距】按钮，在弹出的下拉列表中选择【自定义边距】选项。

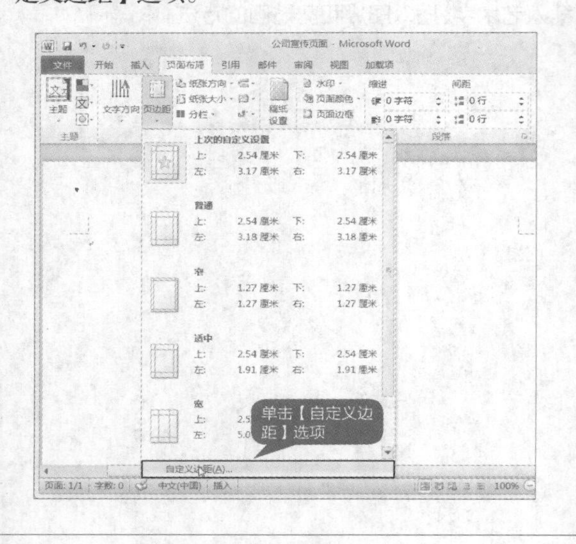

4 设置页边距

弹出【页面设置】对话框，在【页边距】选项卡下【页边距】区域内，设置上边距为“1.9 厘米”，下边距为“1.9 厘米”，左边距为“3.17 厘米”，右边距为“3.17 厘米”，单击【确定】按钮即可。

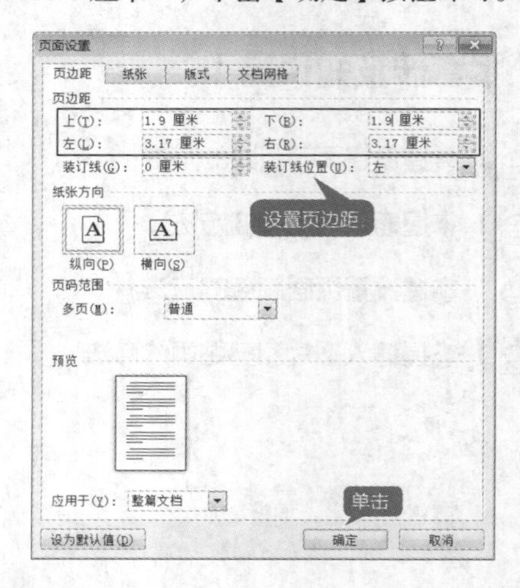

7.1.2 设置纸张

默认情况下，Word创建的文档是纵向排列的，用户可以根据需要调整纸张的大小和方向。

1 选择纸张方向

单击【页面布局】选项卡【页面设置】组中的【纸张方向】按钮，在【纸张方向】下拉列表中单击【纵向】选项。

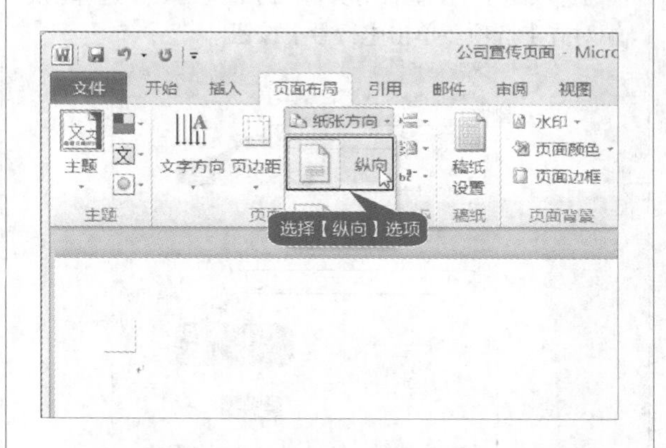

2 快速设置纸张大小

单击【页面布局】选项卡【页面设置】组中的【纸张大小】按钮，在【纸张大小】下拉列表中选择系统自带的一些标准的纸张尺寸。

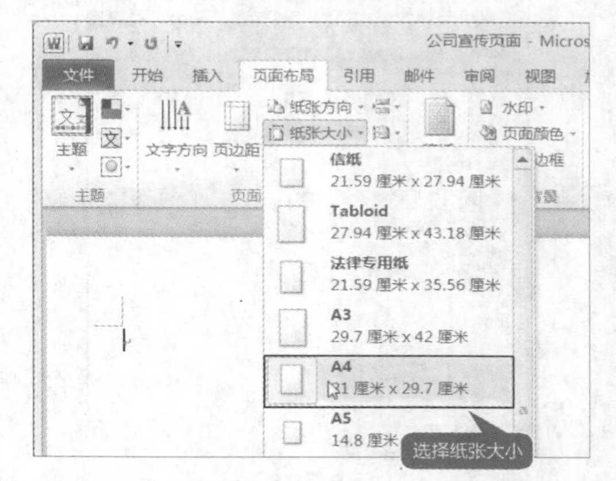

工作经验小贴士

单击【纵向】按钮，Word可将文本行排版为平行于纸张短边的形式；单击【横向】按钮，Word可将文本行排版为平行于纸张长边的形式。一般系统默认为纵向排列。也可以单击【页边距】选项中的【自定义页边距】按钮，在【方向】选项组中单击【纵向】或【横向】两个按钮来设置纸张打印的方向。

3 自定义设置页面大小

在【纸张大小】下拉列表中单击【其他页面大小】选项，弹出【页面设置】对话框，在【纸张】选项卡下【纸张大小】下拉列表中选择【自定义大小】选项，并设置【宽度】为“19.7厘米”，设置高度为“25厘米”。单击【确定】按钮。

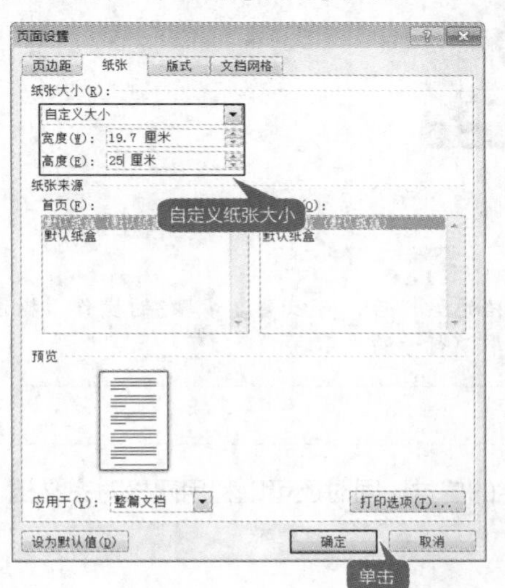

4 设置完成

完成纸张大小的设置。

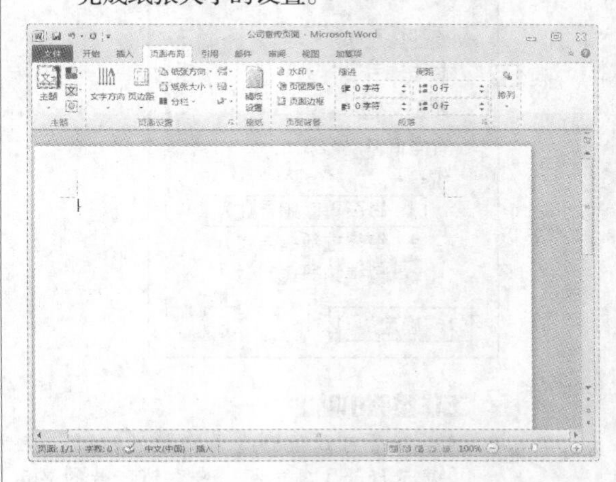

工作经验小贴士

如果用户当前使用的纸张为特殊规格或者调整了纸张的宽度和高度，建议用户选择系统提供的相应的标准纸张尺寸，这样有利于和打印机配套。

7.1.3 设置版式

版式即版面格式，具体指的是开本、版心和周围空白的尺寸等项的排法。

1 打开【页面设置】对话框

单击【页面布局】选项卡中【页面设置】组右下角的【页面设置】按钮，弹出【页面设置】对话框。

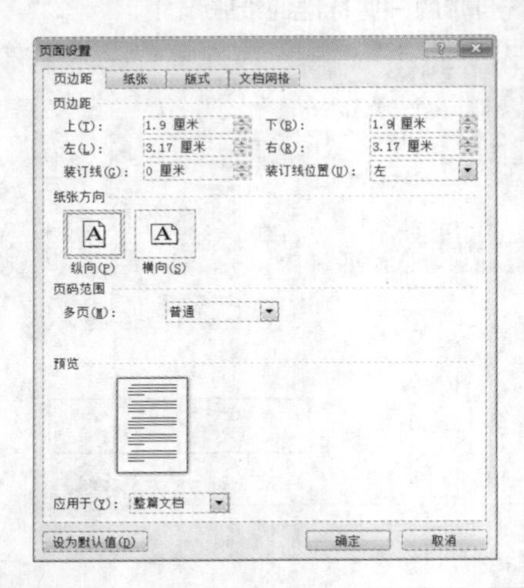

2 设置版式

选择【版式】选项卡，在【节】区域中的【节的起始位置】下拉列表中选择【新建页】选项，在【页面】选项组中的【垂直对齐方式】下拉列表中选择【顶端对齐】选项。单击【行号】按钮。

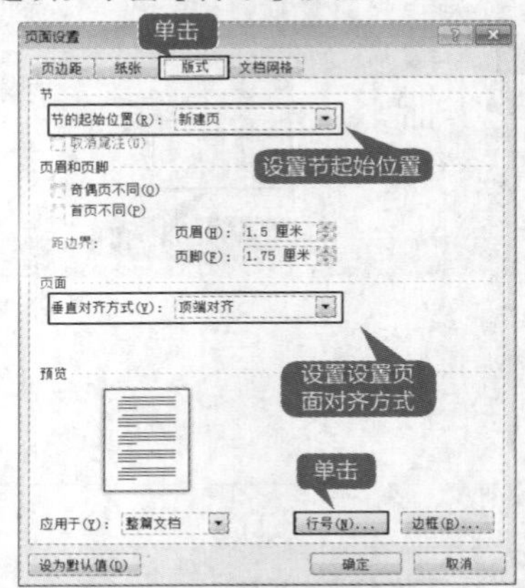

3 设置行号

在弹出的【行号】对话框中单击选中【添加行号】复选框，设置【起始编号】为“1”、【距正文】为“自动”、【行号间隔】为“1”，单击选中【每页重新编号】单选项。单击【确定】按钮。

4 设置完成

返回【页面设置】对话框，单击【确定】按钮即可完成对文档版式的设置。

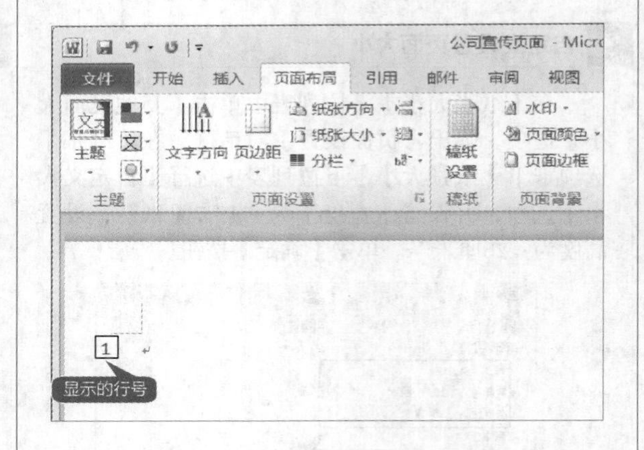

工作经验小贴士

显示行号可以便于查看文档的行数，在完成文档的编辑后，可以重复步骤3的操作，撤消选中【显示行号】复选框，来取消行号的显示。这里取消行号的显示。

7.1.4 设置文档网格

在页面上设置网格，可以给用户一种在方格纸上写字的感觉，同时还可以利用网格对齐文档。

1 设置网格

单击【页面布局】选项卡中【页面设置】组右下角的【页面设置】按钮，弹出【页面设置】对话框，选择【文档网格】选项卡，单击【绘图网格】按钮，弹出【绘图网格】对话框，在【显示网格】区域单击选中【在屏幕上显示网格线】复选框，然后单击选中【垂直间隔】复选框，并设置垂直间隔为"2"。单击【确定】按钮。

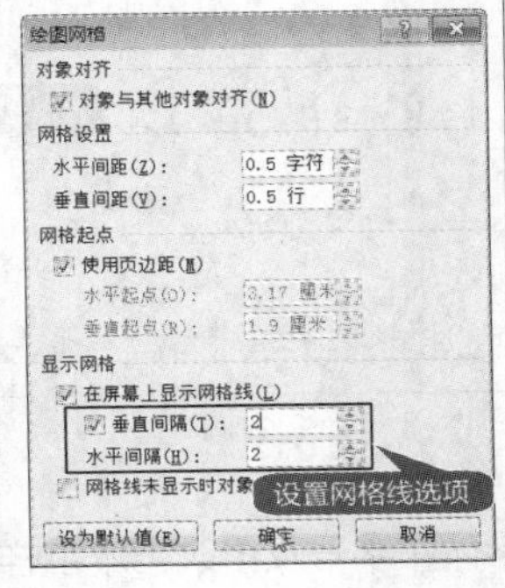

2 查看效果

返回【页面设置】对话框，然后单击【确定】按钮即可完成对文档网格的设置。

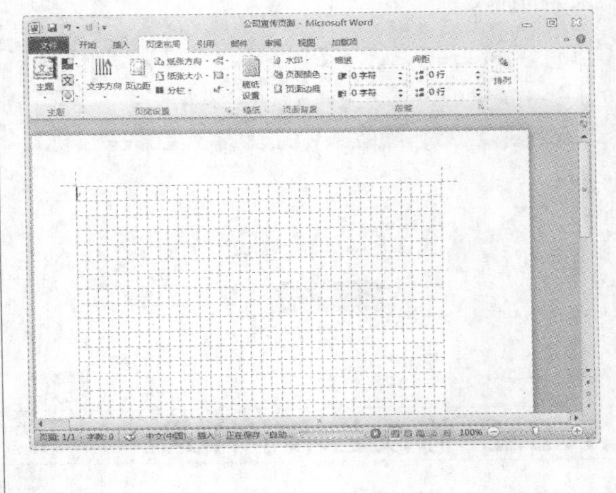

工作经验小贴士

为了操作的方便，重复步骤1的操作，撤消选中【在屏幕上显示网格线】复选框，并单击【确定】按钮，返回至【页面设置】对话框，再次单击【确定】按钮即可取消文档网格的显示。

7.2 实例2——使用艺术字美化宣传彩页

 本节视频教学时间：9分钟

利用Word 2010提供的艺术字功能来美化公司宣传彩页，可以制作出精美绝伦的艺术字，来丰富宣传页的内容。这项操作也十分简单。

7.2.1 插入艺术字

艺术字的样式可以采用各种颜色和各种字体，用户也可以为艺术字添加阴影，倾斜、旋转和延伸效果，还可以将其变成特殊的形状。

1 选择艺术字样式

单击【插入】选项卡【文本】组中的【艺术字】按钮，在弹出的下拉列表中选择一种艺术字样式。

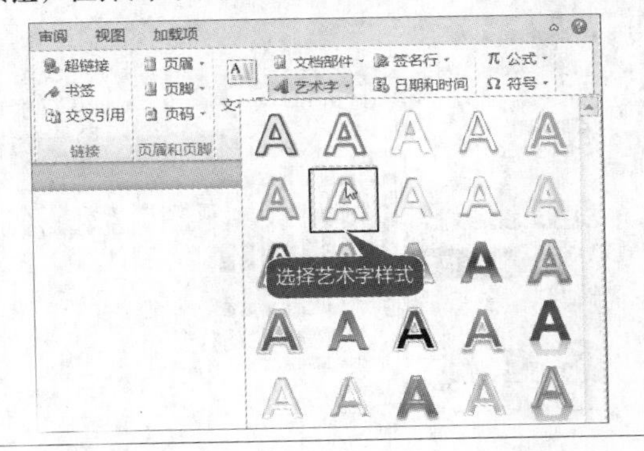

2 插入文本框

在文档中将会出现一个带有"请在此放置您的文字"字样的文本框。

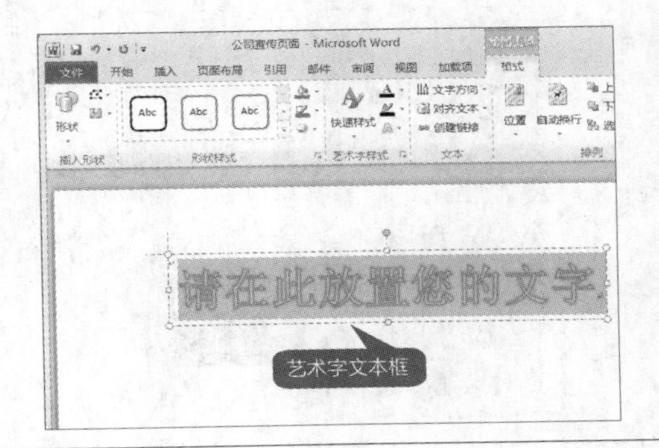

3 完成艺术字的插入

在文本框中删除其他内容，并输入公司名称“龙马电器销售公司”，在任意位置处单击即可完成艺术字的插入。

4 更改文本框的位置和大小

将鼠标光标定位在文本框的边框上，当光标变为✣形状时，拖曳光标，即可改变文本框的位置。将光标定位在文本框的四个角的任意一角上，当光标变为↖形状时，拖曳光标，即可改变文本框的大小。

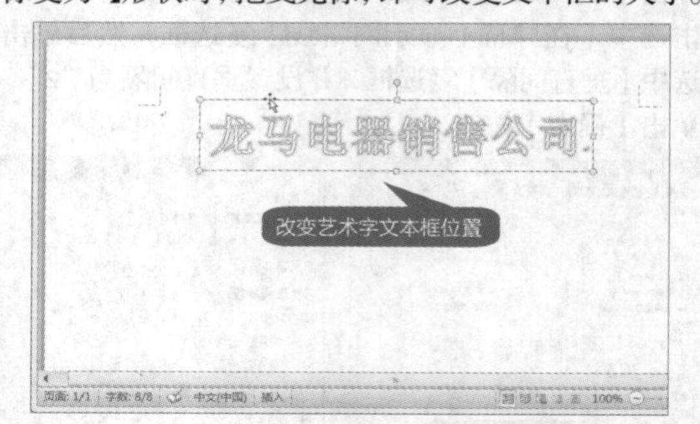

7.2.2 修改艺术字样式

在文档中插入艺术字后，还可以设置艺术字的字体和字号及修改艺术字样式。

1 设置字体

选择需要设置字体的艺术字，在【开始】选项卡中，单击【字体】选项组中的【字体】按钮，在其下拉列表中选择“方正舒体”选项。

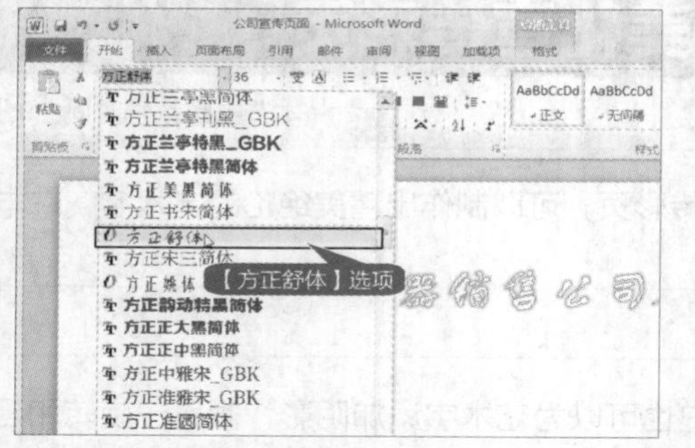

2 设置字号

选择需要设置字体的艺术字，在【开始】选项卡下的【字体】选项组中单击【字号】按钮，在其下拉列表中选择“36”。

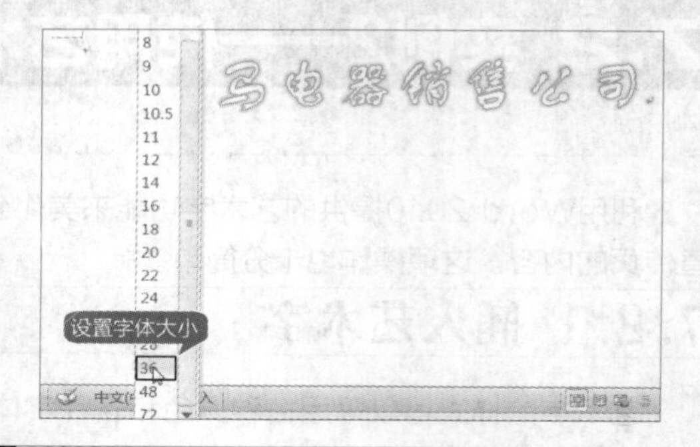

3 重新设置艺术字样式

选择艺术字，在【格式】选项卡中，单击【艺术字样式】选项组中的【快速样式】按钮，在弹出的下拉列表中选择需要的样式即可。

4 设置文本填充

选择艺术字，单击【艺术字样式】选项组中的【文本填充】按钮A·的下拉按钮，在下拉列表中单击“红色”。

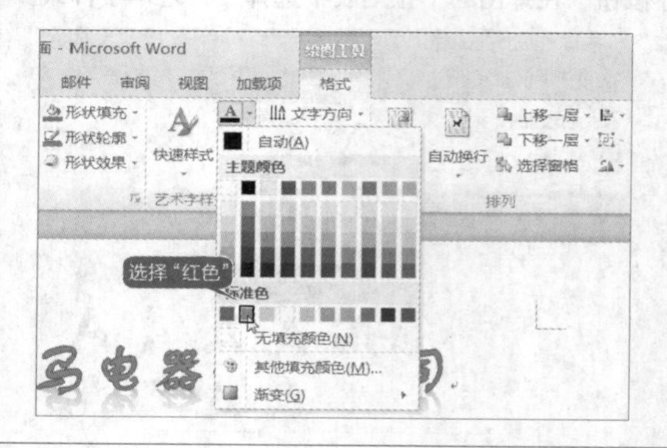

5 设置文本轮廓

单击【艺术字样式】选项组中的【文本轮廓】按钮，在弹出的下拉列表中选择需要的样式即可（这里选择“黄色”）。

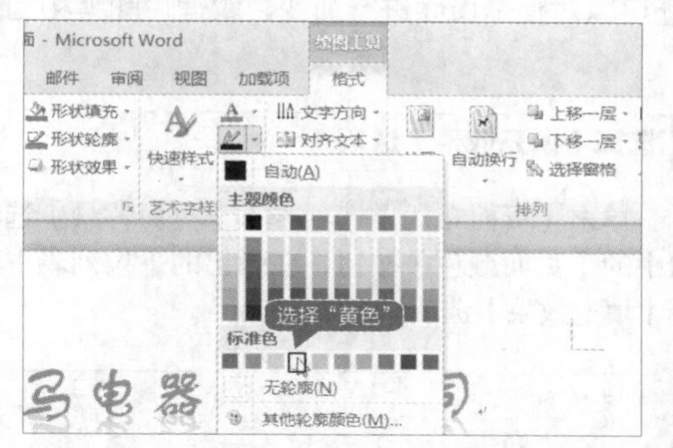

6 设置文字效果

单击【艺术字样式】选项组中的【文字效果】按钮的下拉按钮，可以自定义文字效果。下图为选择【转换】➤【停止】的效果。

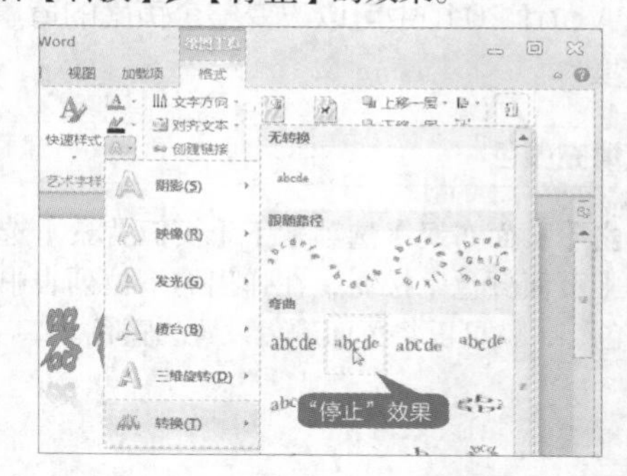

在【绘图工具】➤【格式】选项卡下的【形状样式】选项组和在【艺术字样式】选项组中都可以设置艺术字的形状样式。

1 选择形状样式

选择艺术字，在【格式】选项卡中，单击【形状样式】选项组中的【其它】按钮，在弹出的下拉列表中选择需要的样式即可。

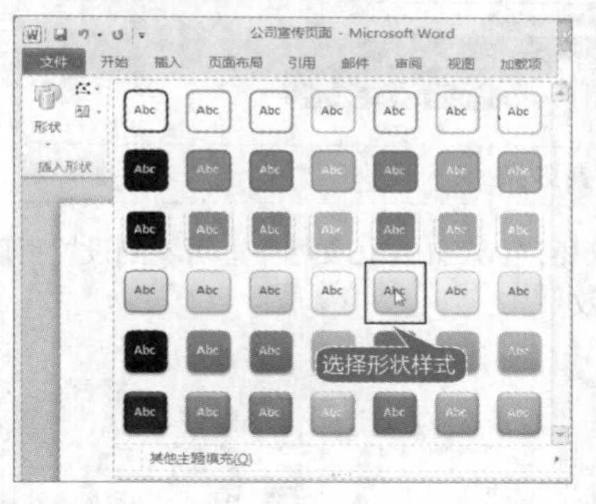

2 设置形状填充

选择艺术字，单击【形状样式】选项组中的【形状填充】按钮右侧的下拉按钮，在下拉列表中选择【纹理】➤【水滴】选项。

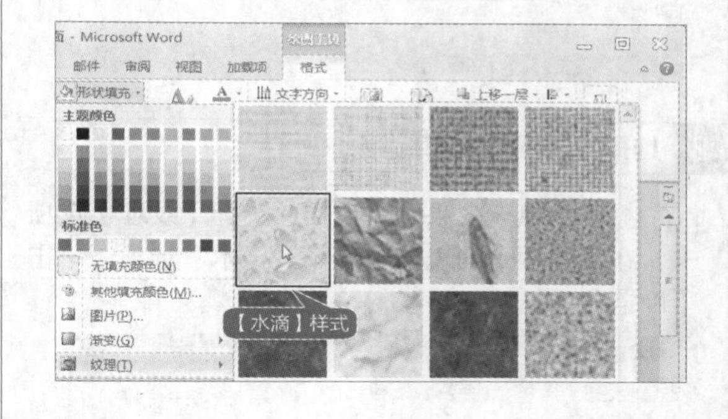

3 设置形状轮廓

单击【形状样式】选项组中的【形状轮廓】按钮，在弹出的下拉列表中选择“无轮廓”选项。

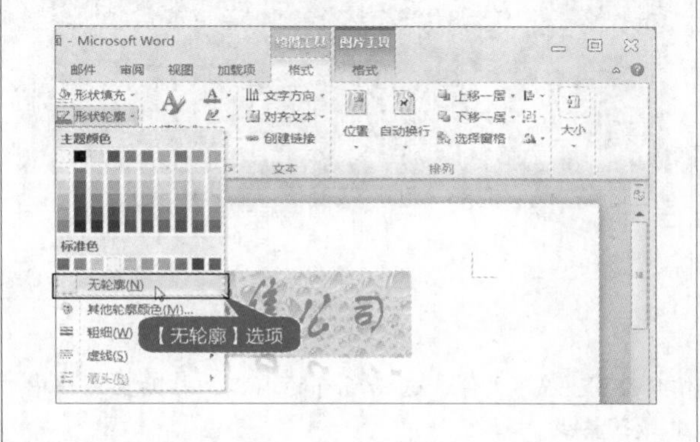

4 设置形状效果

单击【形状样式】选项组中的【形状效果】按钮的下拉按钮，选择【棱台】➤【角度】选项。

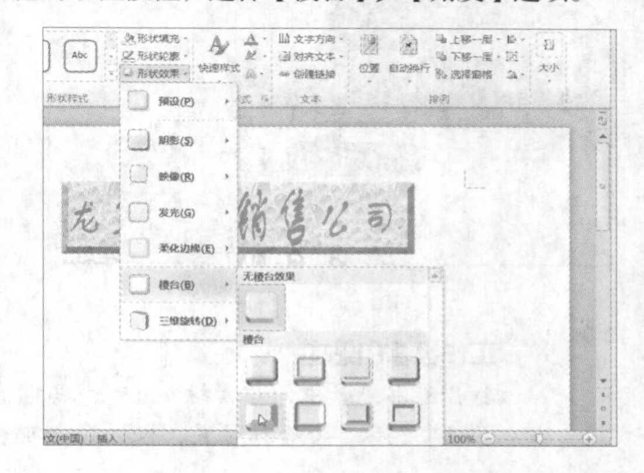

7.3 实例3——设置宣传页页面颜色

本节视频教学时间：5 分钟

在Word 2010中可以改变整个页面的背景颜色，还可以对整个页面进行渐变、纹理、图案和图片填充等操作。

1 快速填充颜色

单击【页面布局】选项卡下【页面背景】选项组中的【页面颜色】按钮，在弹出的下拉列表中选择“黄色”，就可以将页面颜色设置为黄色。

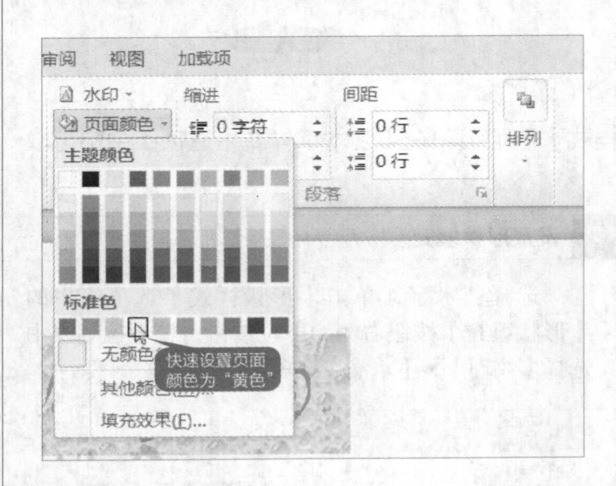

2 选择【填充效果】选项

单击【页面布局】选项卡下【页面背景】选项组中的【页面颜色】按钮，在弹出的下拉列表中选择【填充效果】选项。

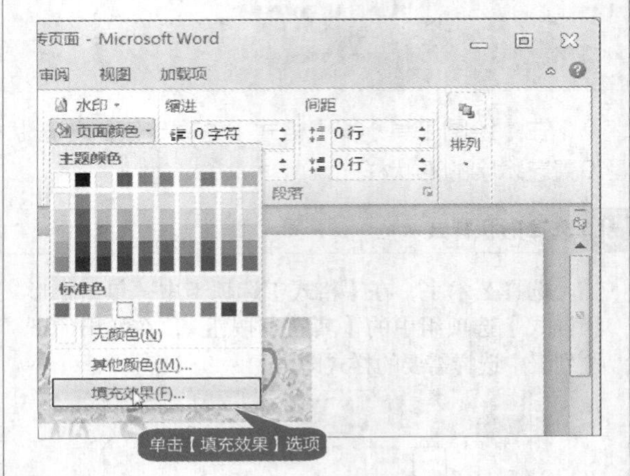

3 选择【纹理】填充

打开【填充效果】对话框，选择【纹理】选项卡，在【纹理】列表框中选择“栎木”选项。单击【确定】按钮。

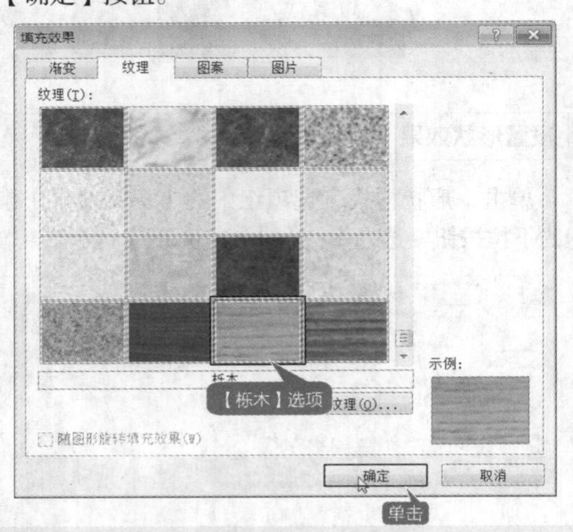

4 查看效果

返回至Word 2010文档中即可看到设置页面颜色后的效果。

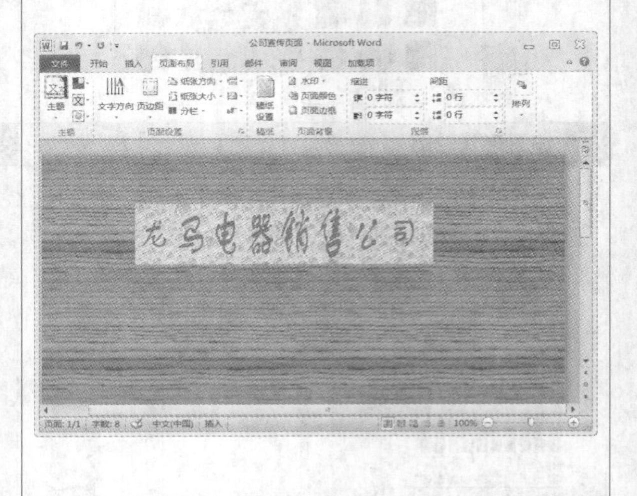

工作经验小贴士

打开随书光盘中的“素材\ch07\龙马电器销售公司.txt”文件，选择所有的内容，粘贴至文档中并调整艺术字至合适位置，根据第6章设置其段落格式。

7.4 实例4——创建公司产品销量表格

本节视频教学时间：13分钟

在制作文档的过程中，经常会进行数据的记录、计算与分析，此时，表格是最理想的选择，因为表格可以使文本结构化，使数据清晰化。

7.4.1 创建快速表格

用户可以利用Word 2010提供的内置表格模型来快速创建表格，但其提供的表格类型有限，只适用于建立特定格式的表格。

单击【插入】选项卡下【表格】组中的【表格】按钮，在弹出的下拉列表中选择【快速表格】选项，在弹出的子菜单中选择理想的表格类型即可将表格插入文档中，将模板中的数据替换为自己的数据即可。

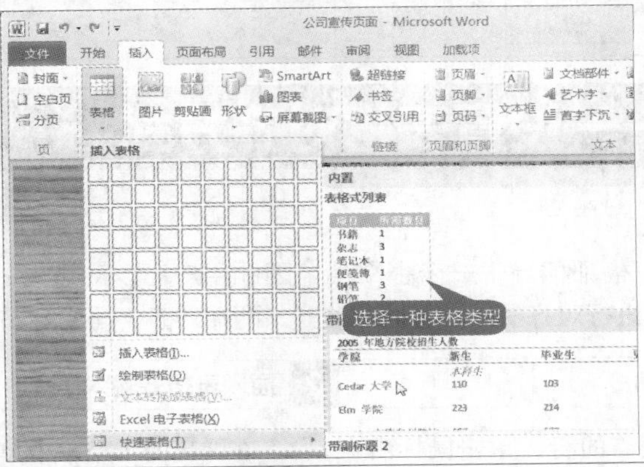

7.4.2 使用表格菜单创建表格

使用表格菜单适合创建规则的、行数和列数较少的表格，表格最多可以有 8 行 10 列。首先，将鼠标光标定位至需要插入表格的地方，单击【插入】选项卡下【表格】组中的【表格】按钮，在【插入表格】区域内，选择要插入表格的列数和行数，选中的单元格将以橙色显示，并在名称区域显示【“列数”×“行数”表格】，单击左键即可将表格插入文档中。

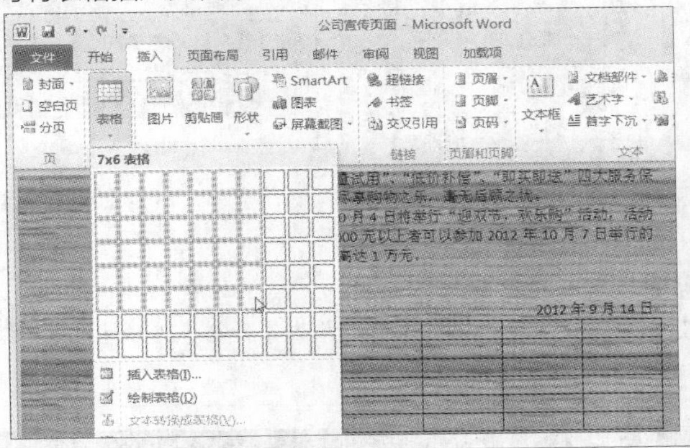

7.4.3 使用【插入表格】对话框创建表格

使用表格菜单创建表格固然方便，可是由于菜单所提供的单元格数量有限，用户只能创建有限行数和列数的表格，而使用【插入表格】对话框则可以不受菜单的限制，并且可以对表格的宽度进行调整。

1 设置表格大小

将鼠标光标定位在时间后面，单击【插入】选项卡的【表格】组中的【表格】按钮，在弹出的下拉列表中选择【插入表格】选项，弹出【插入表格】对话框，设置列数为“6”，行数为“4”，并将表格的固定列宽调整为“自动”。单击【确定】按钮。

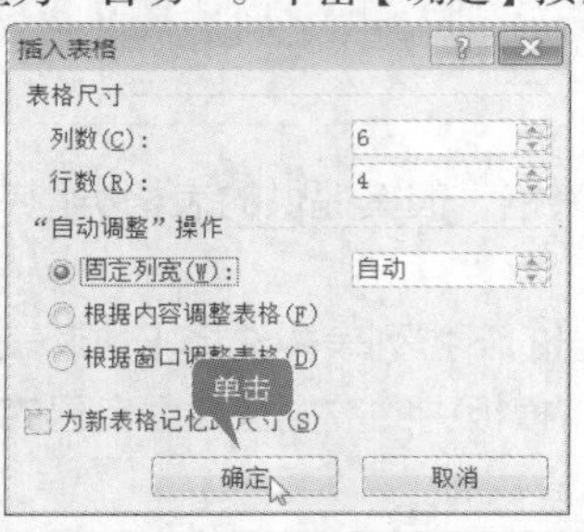

2 插入表格并输入信息

将表格插入文档中并输入如下信息。

期间所有商品 7 折销售，凡购物 1000 元以上者可以参加 2012 年 10 月 7 日举行的现金抽奖活动，张张有奖，奖金最高达 1 万元。
在活动期间进店即有礼相送。

2012 年 9 月 14 日

2012 年八月份销售产量					
产品	冰箱	彩电	洗衣机	空调	整体橱柜
数量	23	36	33	62	27
计划 9 月份完成目标					

7.5 实例5——设置表格对齐方式

本节视频教学时间：3分钟

由于表格中的每个单元格都相当于一个小文档，因此用户可以对选定的单个单元格、多个单元格、块或行以及列中的文本进行对齐操作，包括左对齐、两端对齐、居中、右对齐和分散对齐等。

1 选择【单元格对齐方式】命令

选定需要对齐操作的表格的行，单击鼠标右键，在弹出的快捷菜单中选择【单元格对齐方式】命令。

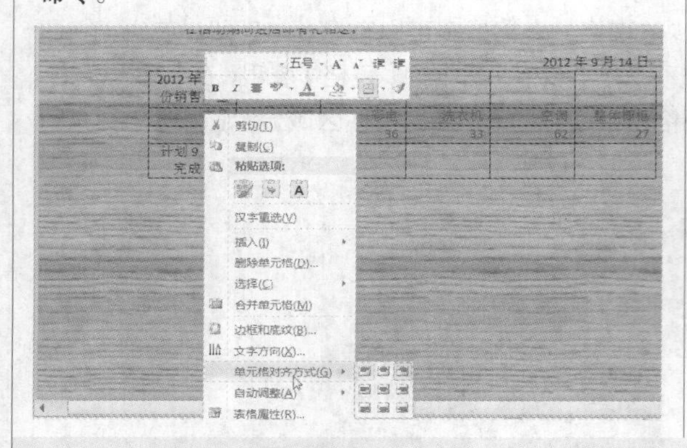

2 插入表格并输入信息

在弹出的子菜单中单击【水平居中】按钮即可设置对齐方式，如图所示。

2012 年 9 月 14 日

2012 年八月份销售产量					
产品	冰箱	彩电	洗衣机	空调	整体橱柜
数量	23	36	33	62	27
计划 9 月份完成目标					

工作经验小贴士

在进行表格对齐方式设置时，还可以通过单击【开始】选项卡的【段落】组中的各种对齐按钮来进行设置。

7.6 实例6——编辑表格

本节视频教学时间：9 分钟

表格是由若干个单元格组成的，对单元格进行插入、删除、合并及拆分等操作就是对表格进行设置。

7.6.1 插入行或者列

用户使用表格时，经常会出现行数或列数不够用或者多余的情况，Word 2010提供了多种方法可以完成对表格行和列的添加或删除。

1 选择【在右侧插入列】选项

在表格中选中最后一列，单击鼠标右键，选择【插入】➤【在右侧插入列】选项。

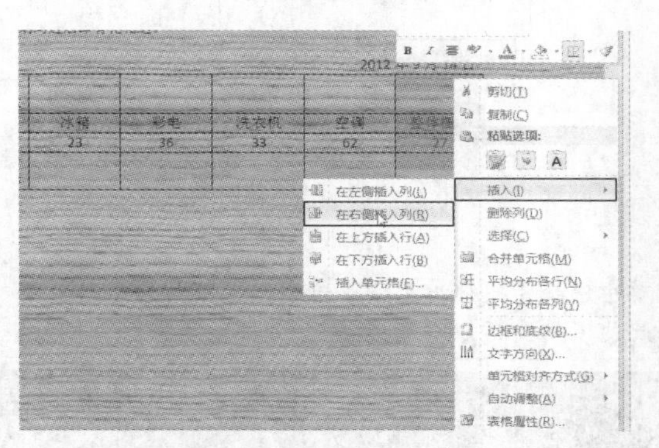

2 查看效果

插入列至选中列右侧，在表格中输入内容，如图所示。

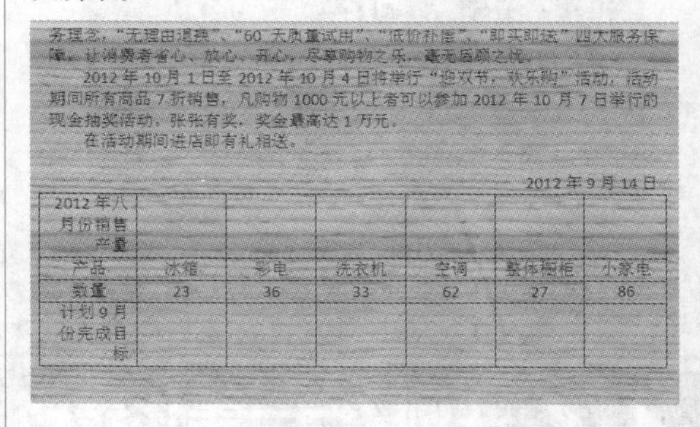
务理念，"无理由退换"、"60 天质量试用"、"低价扑厝"、"即买即送"四大服务保障，让消费者省心、放心、开心，尽享购物之乐，毫无后顾之忧。

2012 年 10 月 1 日至 2012 年 10 月 4 日将举行"迎双节，欢乐购"活动，活动期间所有商品 7 折销售，凡购物 1000 元以上者可以参加 2012 年 10 月 7 日举行的现金抽奖活动，张张有奖，奖金最高达 1 万元。

在活动期间进店即有礼相送。

2012 年 9 月 14 日

2012 年八月份销售产量						
产品	冰箱	彩电	洗衣机	空调	整体橱柜	小家电
数量	23	36	33	62	27	86
计划 9 月份完成目标						

工作经验小贴士

插入行的方法和插入列的方法类似，这里不做详细介绍。选中行或列后，在【表格工具】的【布局】选项卡下【行和列】组中单击相应的按钮也可插入行或列。

7.6.2 合并单元格

有时将表格的某一行或某一列中的多个单元格合并为一个单元格，可以使单元格看起来更加美观。

1 单击【合并单元格】按钮

在表格中选中要合并的单元格，单击【布局】选项卡的【合并】组中的【合并单元格】按钮。

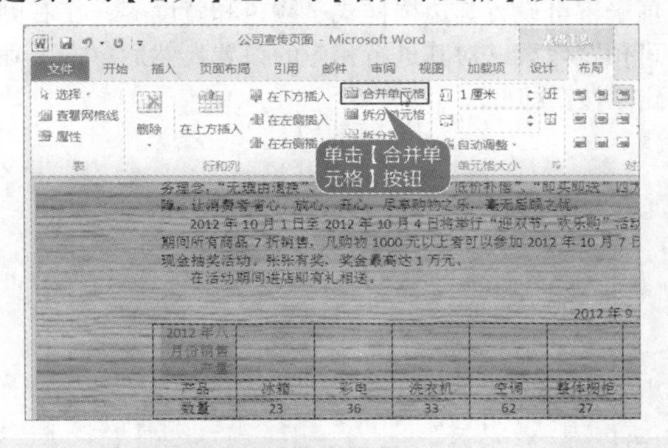

2 合并单元格效果

合并单元格之后，设置其对齐方式为【水平居中】，效果如图所示。

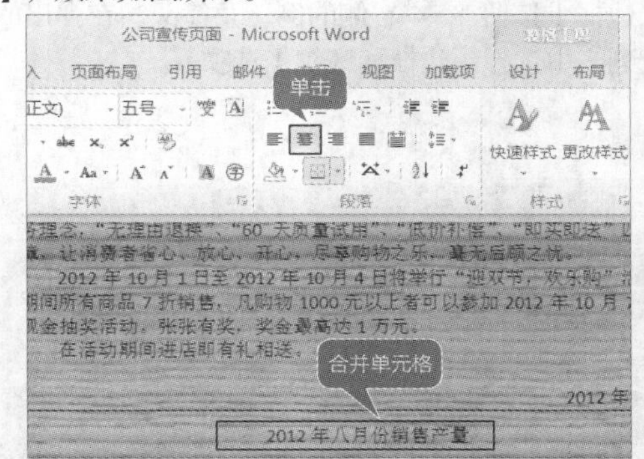

工作经验小贴士

用户还可以通过右键快捷菜单命令进行单元格的合并，具体的操作步骤是右键单击选中的单元格，然后在弹出的快捷菜单中选择【合并单元格】命令即可。

7.6.3 拆分单元格

拆分单元格就是将选中的单元格拆分成等宽的多个小单元格。

1 单击【拆分单元格】按钮

将鼠标光标固定在要拆分的单元格中，单击【布局】选项卡【合并】组中的【拆分单元格】按钮。

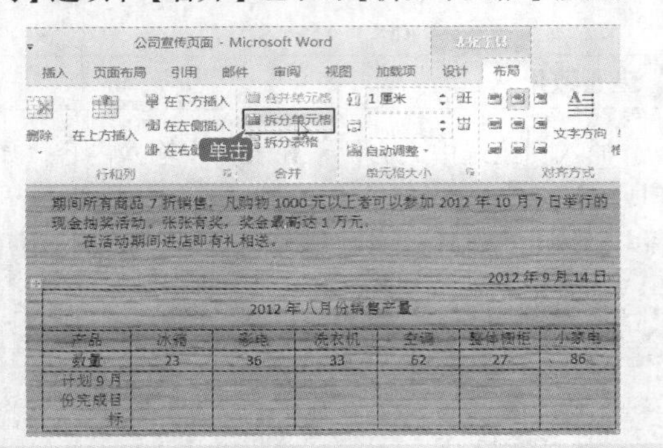

2 弹出【拆分单元格】对话框

弹出【拆分单元格】对话框，输入需要拆分为的行、列数，单击【确定】按钮即可。

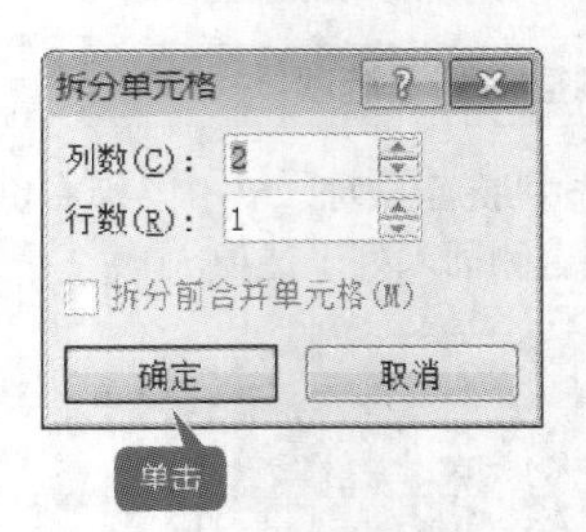

工作经验小贴士

右键单击选中的单元格，然后在弹出的快捷菜单中选择【拆分单元格】命令，也可打开【拆分单元格】对话框。这里只介绍拆分单元格方法，此处不需要拆分单元格。

7.7 实例7——美化表格

本节视频教学时间：7 分钟

在Wrod 2010中制作完表格后，可对表格的边框、底纹及表格内的文本进行美化设置，使表格看起来更加美观。

7.7.1 设置表格边框

边框只是一条直线，给人的感觉会有一些单调，用户还可以设置其他的边框形状，给表格增添新鲜感。

1 选择【边框和底纹】选项

选中整个表格，然后单击【设计】选项卡下【边框】按钮 右侧的倒三角箭头，在弹出的下拉列表中选择【边框和底纹】选项。

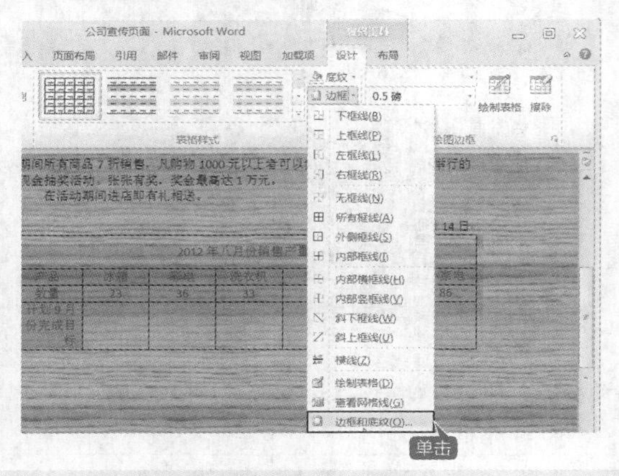

2 弹出【边框和底纹】对话框

弹出【边框和底纹】对话框，在【边框】选项卡下可设置其边框样式、颜色和宽度等，在右侧可预览效果。对其进行相应的设置，然后单击【确定】按钮即可。

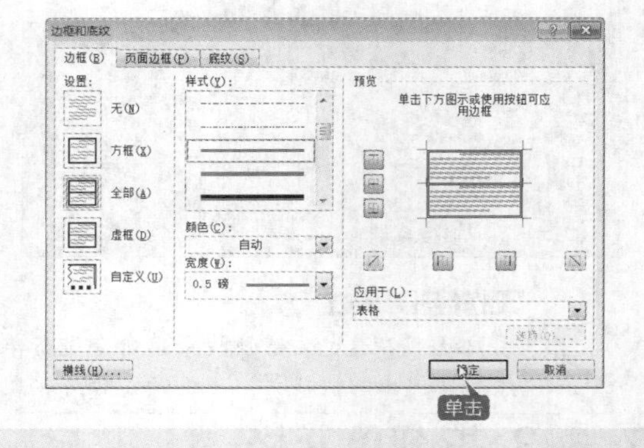

工作经验小贴士

在【边框和底纹】对话框的【边框】选项卡下分别单击、、、和5个按钮可以设置其上边框、下边框、左边框、右边框和内边框。

7.7.2 设置表格底纹

边框设置完成，再为表格添加一些底纹，更能使表格层次分明。

1 选择底纹颜色

选中第1行单元格，然后单击【设计】选项卡下【底纹】按钮 右侧的倒三角箭头，在弹出的下拉列表中选择一种颜色并单击。

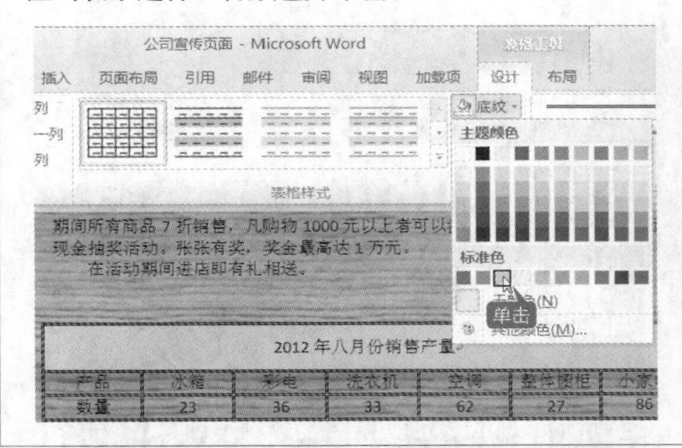

2 查看效果

设置完成，效果如图所示。

产品	冰箱	彩电	洗衣机	空调	整体橱柜	小家电
数量	23	36	33	62	27	86
计划 9 月份完成目标						

7.8 实例8——插入与设置图片和剪贴画

本节视频教学时间：13分钟

在文档中插入一些图片可以使文档更加生动形象，插入的图片可以是剪贴画、照片或图画。Word 2010不仅可以接受以多种格式保存的图片，而且提供了对图片进行处理的工具。

7.8.1 插入与设置图片

在Word 2010文档中可以插入保存在计算机硬盘中或者保存在网络其他节点中的图片。

1. 插入图片

在Word 2010中插入图片的具体操作如下。

1 选择图片

将鼠标光标定位在表格的下方，单击【插入】选项卡下【插图】组中的【图片】按钮 ，弹出【插入图片】对话框，在左侧选择图片存放的位置，然后在右侧选择一张图片。单击【插入】按钮。

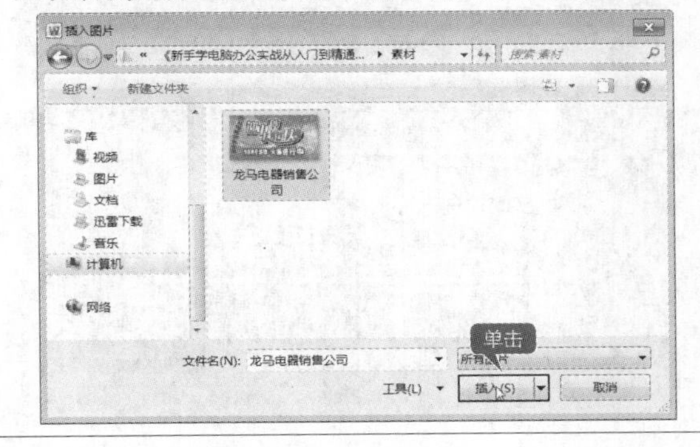

2 完成图片插入

图片被插入到文档中。

2. 编辑图片

Word 2010有对插入的图片进行编辑的功能，可以很方便地对图片进行简单的编辑。

1 快速设置图片样式

单击【图片样式】下【格式】选项卡下【图片样式】选项组中的【快速样式】按钮，在下拉列表中选择"松散透视，白色"。

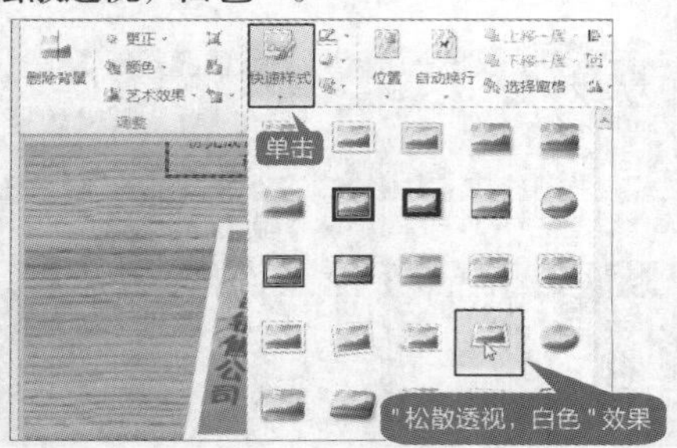

工作经验小贴士

文档最大化时可直接选择样式，单击【其他】按钮，可弹出样式下拉列表。

2 设置图片边框

单击【图片样式】选项组中的【图片边框】按钮右侧的倒三角箭头，在下拉列表中选择"黄色"。

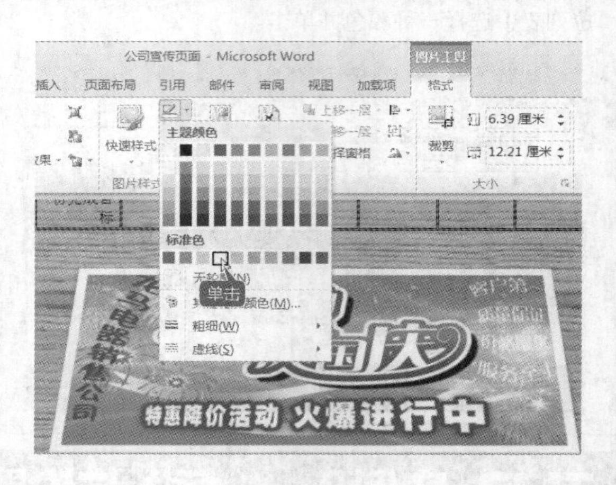

3 设置图片效果

单击【图片样式】选项组中的【图片效果】按钮，在下拉列表中选择【映像】➤【紧密映像，4pt 偏移量】选项。

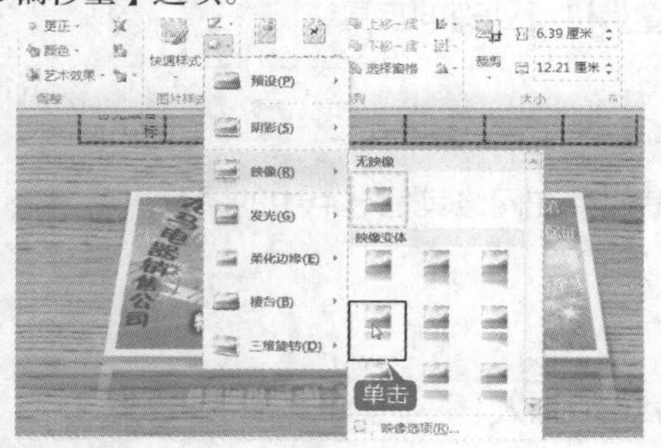

4 设置图片颜色

单击【格式】选项卡下【调整】选项组中【颜色】下拉按钮，在弹出的下拉列表中选择一种颜色样式。

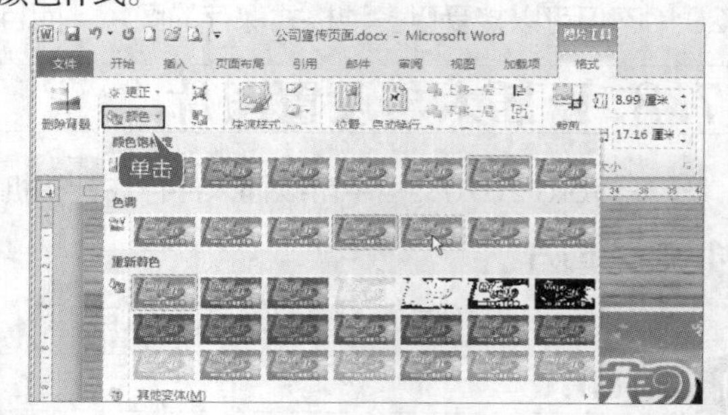

5 设置图片大小

将鼠标移至图片的一角，当鼠标变为时，按左键拖动更改图片至合适大小。

6 查看效果

最终效果如图所示。

7.8.2 插入与设置剪贴画

Word 2010 中文版提供了许多剪贴画，用户可以很方便地在文档中插入这些剪贴画。

1 搜索剪贴画

将鼠标光标定位在文档内容首行之前，单击【插入】选项卡下【插图】选项组中的【剪贴画】按钮，弹出【剪贴画】窗格，在【搜索】文本框中输入“家电”，然后单击【搜索】按钮。

2 插入剪贴画

单击要插入的剪贴画，即可将其插入到文档中。

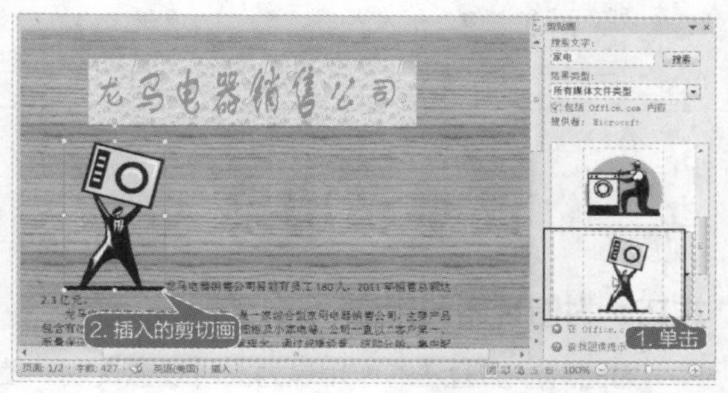

3 设置剪贴画位置

单击【图片工具】➤【格式】选项卡下【排列】选项组中的【位置】按钮的下拉按钮，在弹出的下拉列表中选择“顶端居左，四周型文字环绕”选项。

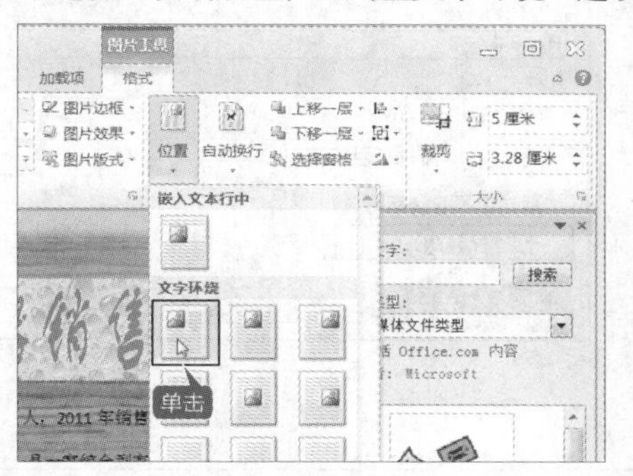

4 移动剪贴画

将鼠标光标定位至新插入的剪贴画上，按住鼠标左键，拖曳剪贴画至合适的位置，松开鼠标，即可改变其位置。

5 设置剪贴画格式

根据 7.8.1 设置图片格式的方法设置剪贴画格式，如图所示。

6 查看最终效果

单击【视图】选项卡下【文档视图】选项组中的【阅读版式视图】按钮，查看效果。

7.8.3 保存文档

至此，“公司宣传页面”制作完成，单击【保存】按钮 或者按【Ctrl+S】组合键即可保存，单击【关闭】按钮 即可。

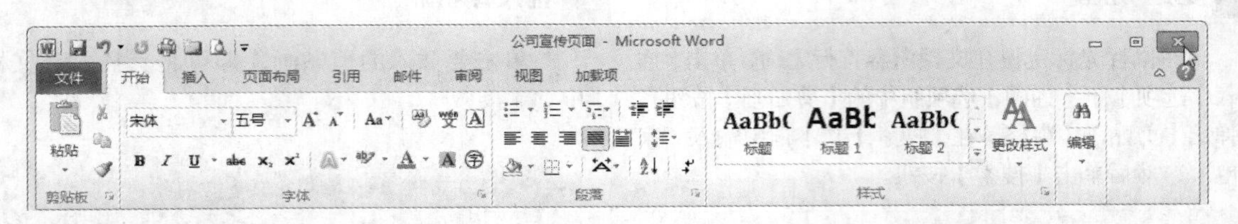

高手私房菜

技巧：为图片添加题注

为图片添加题注的作用是为图片设置说明，使读者便于理解图片的内容。

1 选择【插入题注】命令

打开随书光盘中的“素材\ch07\高手”文件，在需要插入题注的图片上单击鼠标右键，在弹出的快捷菜单中选择【插入题注】命令。

2 新建标签

弹出【题注】对话框，单击【新建标签】按钮。

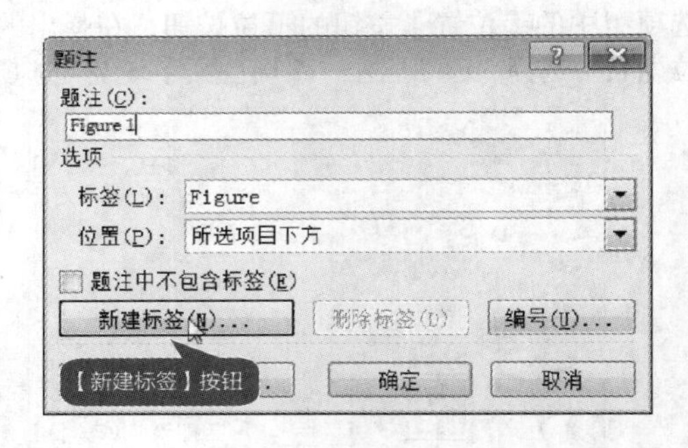

3 设置名称

在弹出的【新建标签】对话框中输入图片的标签名称“绚丽的春色”。单击【确定】按钮。

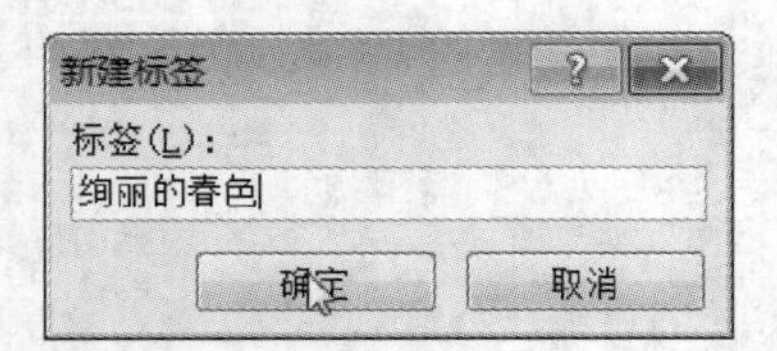

4 完成添加

返回【题注】对话框，再次单击【确定】按钮即可为图片添加题注。

第 8 章

用 Word 检查、审阅与打印岗位职责书

本章视频教学时间：47 分钟

岗位职责书是办公中常用到的工作文档。用户通过Word 2010可以实现对岗位职责书文档的编辑、排版、批注和修订等功能。

【学习目标】

- 通过本章的学习，可以更深一步地了解 Word 2010 软件，并学会制作简单的工作文档。

【本章涉及知识点】

- 检查拼写与校对语法
- 使用批注
- 使用修订
- 打印文档

8.1 实例1——创建岗位职责书

本节视频教学时间：5分钟

岗位职责书是办公中常用到的文档。一份好的岗位职责书，不仅看起来要美观，而且要拥有正确的文本格式和措辞。接下来介绍如何创建岗位职责书。

1 新建空白文档

启动Word 2010软件，即可新建一个空白文档，打开随书光盘中的“素材\ch08\岗位职责书.txt”文档，将其内容粘贴到“文档1.doc”文档中，如下图所示。

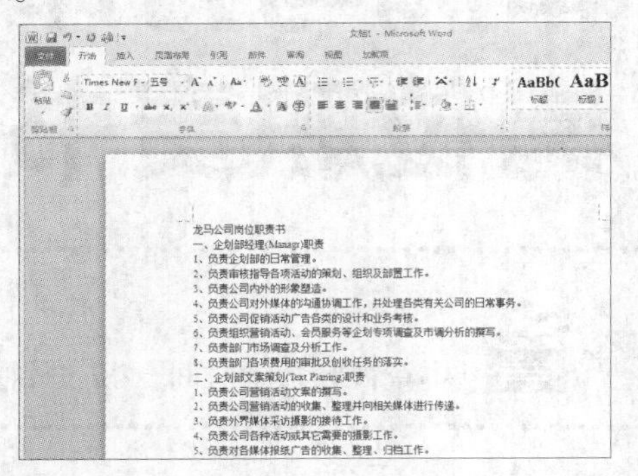

2 设置文本格式

选中文档中的标题文本，在【开始】选项卡下【字体】选项组中，设置其字体为“楷体”，字号为“小三”。然后，单击【段落】选项组中的【居中】按钮，将标题居中显示。

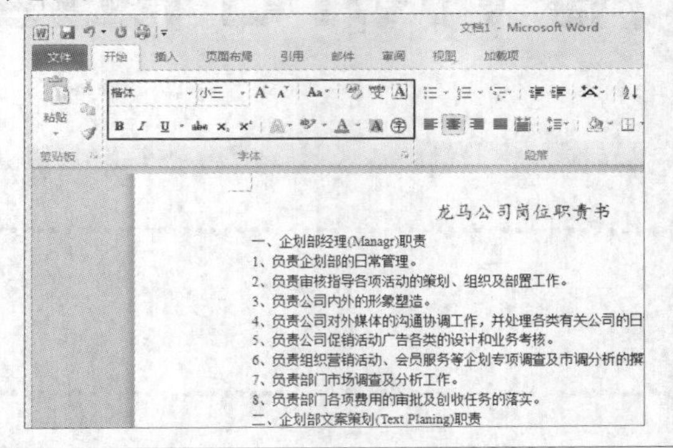

3 设置正文字体样式

选中正文部分，设置其字体为“楷体”，字号为“小四”，并设置段前距和段后距，最终效果如下图所示。

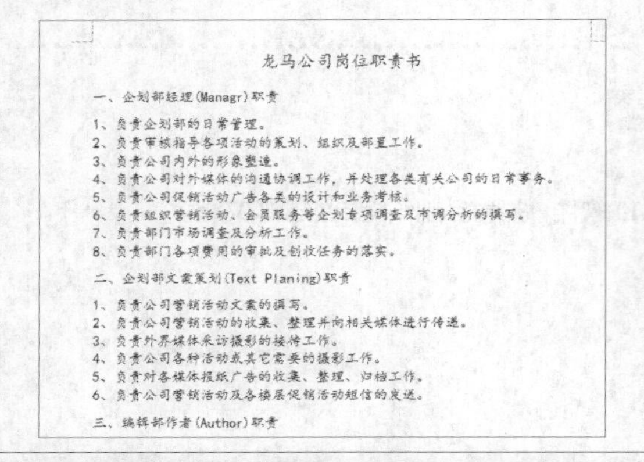

4 保存文档

单击【文件】选项卡，在弹出的下拉列表中选择【保存】菜单命令，在弹出的【另存为】对话框中选择保存位置，并输入文件名，单击【保存】按钮即可。

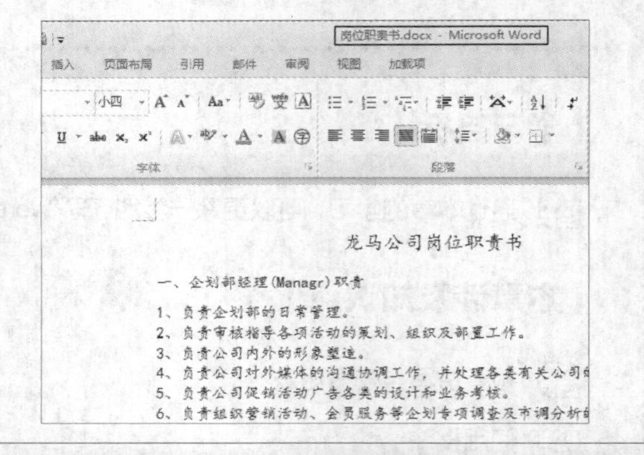

8.2 实例2——检查拼写与校对语法

本节视频教学时间：7分钟

Word 2010中文版提供了很强的拼写和语法检查功能。使用这些功能，用户可以减少文档中的单词拼写错误以及中文语法错误。

8.2.1 设置自动拼写与语法检查

在输入文本时，如果用户无意中输入了错误的或者不可识别的单词和语法，Word 2010就会在错误的部分下用红色或绿色的波浪线进行标记。

在文档中设置自动拼写与语法检查的步骤如下。

1 单击【文件】选项卡

单击【文件】选项卡，然后单击左侧列表中的【选项】选项。

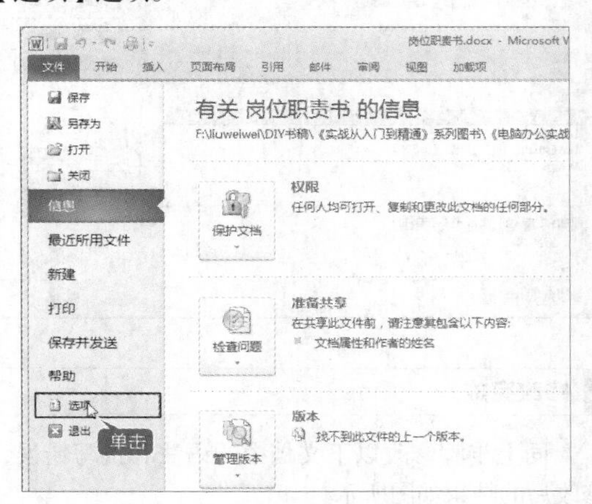

2 弹出【Word 选项】对话框

弹出【Word 选项】对话框。

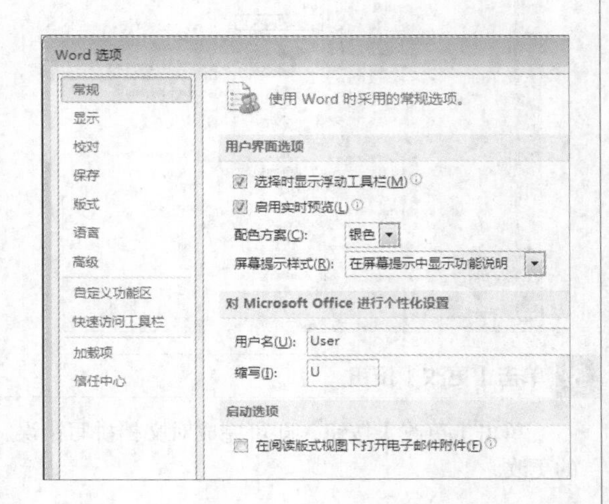

3 设置【Word选项】对话框

在【Word 选项】对话框的左侧列表中单击【校对】标签，然后在【在Word中更正拼写和语法时】中复选【键入时检查拼写】项、【使用上下文拼写检查】项、【键入时标记语法错误】项和【随拼写检查语法】项。单击【确定】按钮。

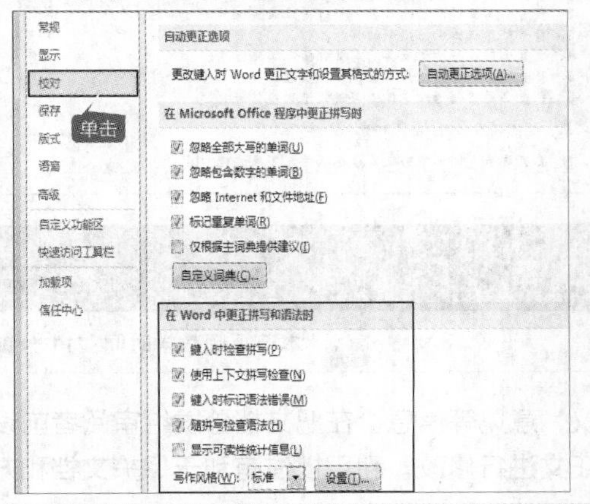

4 弹出【Word 选项】对话框

在文档中就可以看到起标示作用的波浪线。

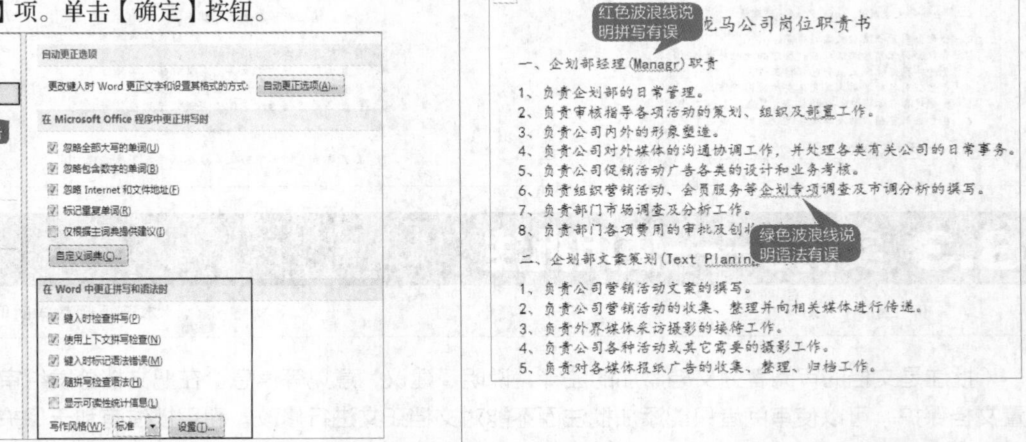

工作经验小贴士

在【Word 选项】对话框中，在【例外项】下拉列表中可以选择要隐藏拼写错误和语法错误的文档，在其下方单击选中【只隐藏此文档中的拼写错误】和【隐藏此文档中的语法错误】两个复选框，那么在对文档进行拼写和语法检查后，标示拼写和语法错误的波浪线就不会显示。

8.2.2 修改错误的拼写和语法

在文档中修改错误的拼写与语法的具体步骤如下。

1 选择【拼写检查】选项

单击文档下方的按钮，即可自动选择第一个包含错误的拼写，在弹出的快捷菜单中选择【拼写检查】选项。

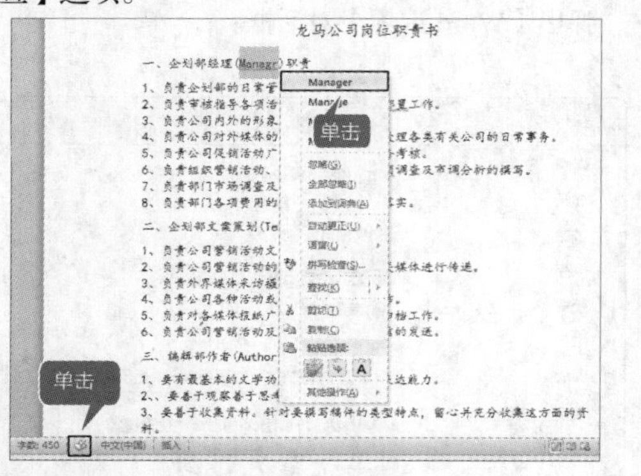

2 单击正确选项

在弹出的【拼写：英语（美国）】对话框中单击【建议】下的【manager】选项。

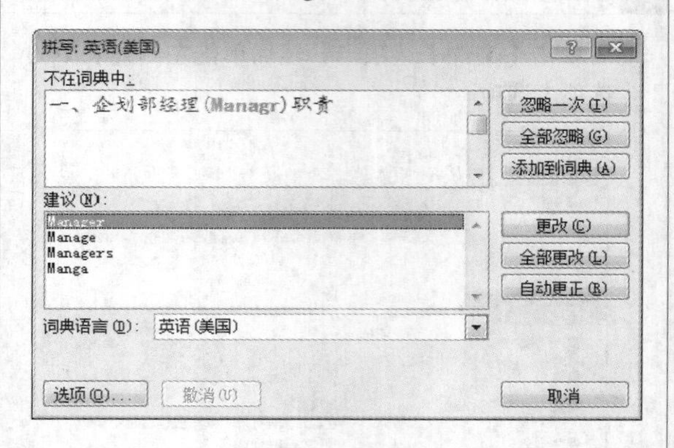

3 单击【更改】按钮

单击【更改】按钮，即可完成对文档拼写错误的更改。

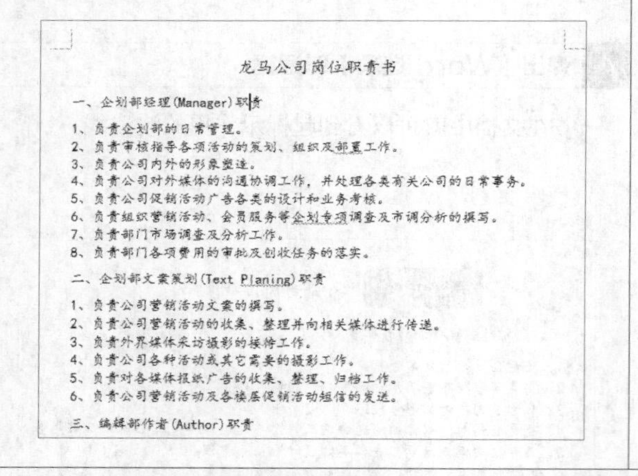

龙马公司岗位职责书

一、企划部经理(Manager)职责

1、负责企划部的日常管理。
2、负责审核指导各项活动的策划、组织及部署工作。
3、负责公司内外的形象塑造。
4、负责公司对外媒体的沟通协调工作，并处理各类有关公司的日常事务。
5、负责公司促销活动广告各类的设计和业务考核。
6、负责组织营销活动、会员服务等企划专项调查及市调分析的撰写。
7、负责部门市场调查及分析工作。
8、负责部门各项费用的审批及创收任务的落实。

二、企划部文案策划(Text Planing)职责

1、负责公司营销活动文案的撰写。
2、负责公司营销活动的收集、整理并向相关媒体进行传送。
3、负责外界媒体采访摄影的接待工作。
4、负责公司各种活动或其它需要的摄影工作。
5、负责对各媒体报纸广告的收集、整理、归档工作。
6、负责公司营销活动及各楼层促销活动短信的发送。

三、编辑部作者(Author)职责

4 修改完成

同上步骤修改以下文档中的语法和拼写错误，修改后的结果如图所示。

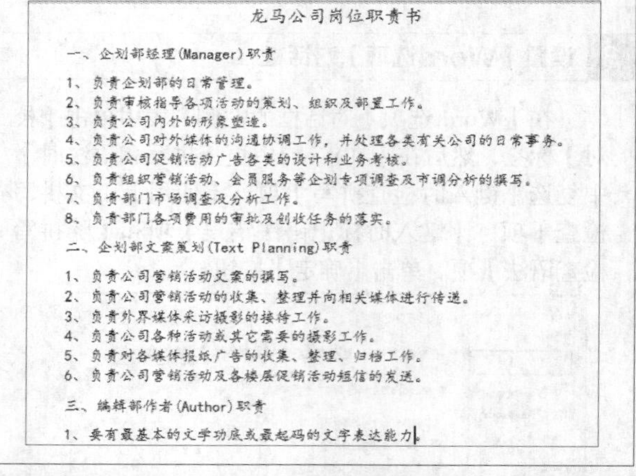

龙马公司岗位职责书

一、企划部经理(Manager)职责

1、负责企划部的日常管理。
2、负责审核指导各项活动的策划、组织及部署工作。
3、负责公司内外的形象塑造。
4、负责公司对外媒体的沟通协调工作，并处理各类有关公司的日常事务。
5、负责公司促销活动广告各类的设计和业务考核。
6、负责组织营销活动、会员服务等企划专项调查及市调分析的撰写。
7、负责部门市场调查及分析工作。
8、负责部门各项费用的审批及创收任务的落实。

二、企划部文案策划(Text Planning)职责

1、负责公司营销活动文案的撰写。
2、负责公司营销活动的收集、整理并向相关媒体进行传送。
3、负责外界媒体采访摄影的接待工作。
4、负责公司各种活动或其它需要的摄影工作。
5、负责对各媒体报纸广告的收集、整理、归档工作。
6、负责公司营销活动及各楼层促销活动短信的发送。

三、编辑部作者(Author)职责

1、要有最基本的文学功底或最起码的文字表达能力。

8.3 实例3——使用批注

本节视频教学时间：11 分钟

批注是文档的审阅者为文档添加的注释、说明、建议、意见等信息。在把文档分发给审阅者前设置文档保护，可以使审阅者只能添加批注而不能对文档正文进行修改。利用批注有利于保护文档和方便工作组的成员之间的交流。

8.3.1 添加批注

批注是对文档的特殊说明，添加批注的对象可以是文本、表格或图片等文档内的所有内容。

1 选中需要添加的文字

在“岗位职责书.docx"文档中，选中需要添加批注的文字选项。

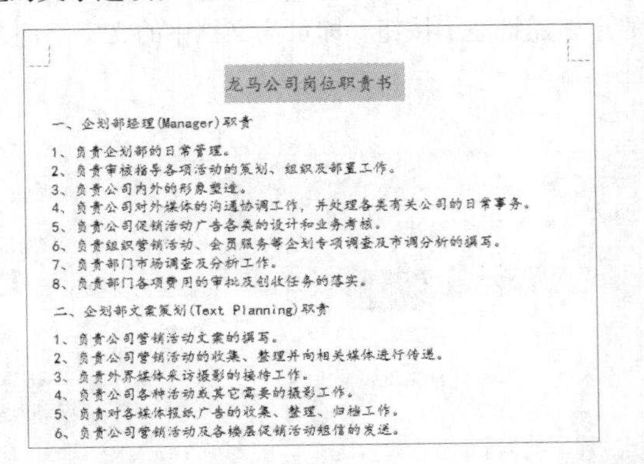

2 单击【新建批注】按钮

单击【审阅】选项卡下【批注】选项组中的【新建批注】按钮。

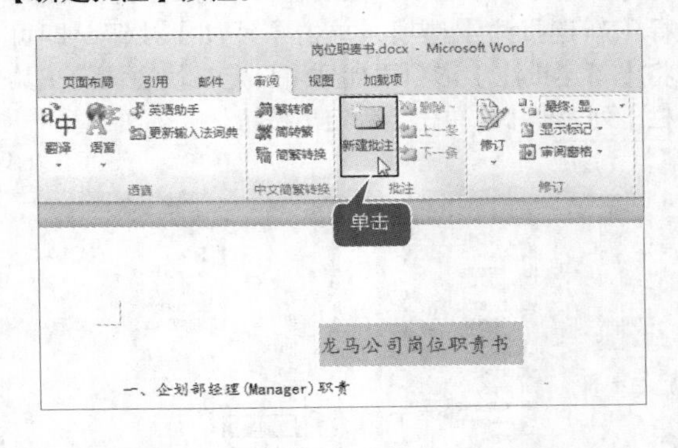

3 选中的文字将被填充颜色

此时，选中的文字将被填充颜色，并且会被一对括号括起来，旁边为批注框。

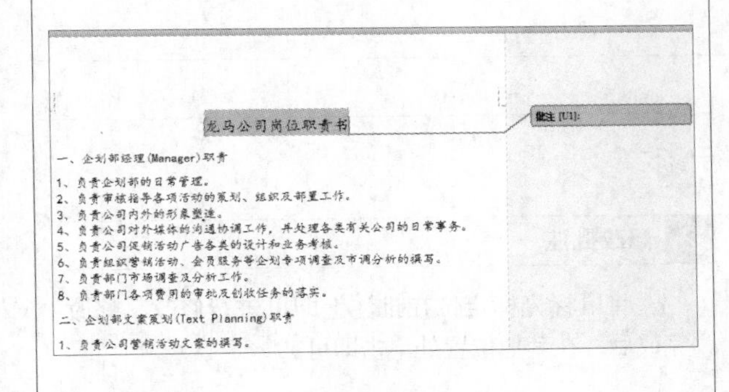

4 输入批注的内容

在红色的框中的“批注：”的后面写上批注内容：“各部门的职责内容要全面”，然后在文档的任意位置单击，即可完成批注。

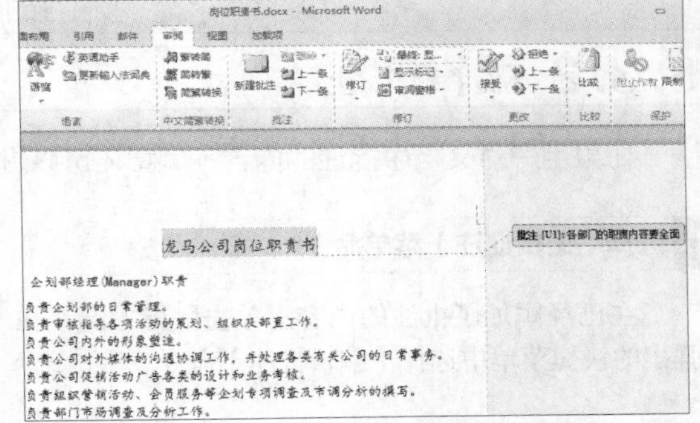

用户还可以通过【自定义快速访问工具栏】上的按钮来快速添加批注。

1 单击【选项】按钮

首先需要将【新建批注】按钮添加到快速访问工具栏中。单击【文件】选项卡，在左侧的列表中选择【选项】选项。

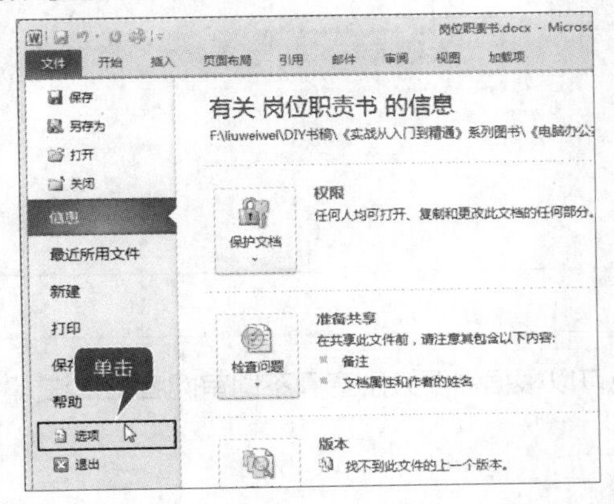

2 单击【快速访问工具栏】选项

在弹出的【Word选项】对话框中单击【快速访问工具栏】选项。

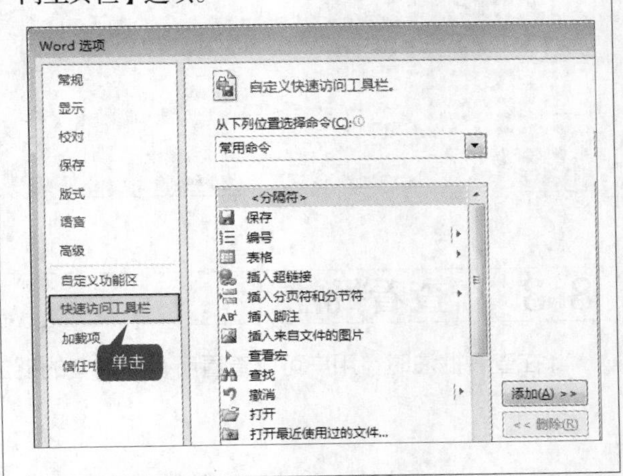

3 选择【新建批注】选项

在【从下列位置选择命令】下拉列表框中选择【常用命令】选项，然后在其下方的列表框中选择【新建批注】选项，单击【添加】按钮，即可将【新建批注】选项添加到【自定义快速访问工具栏】列表框中。单击【确定】按钮。

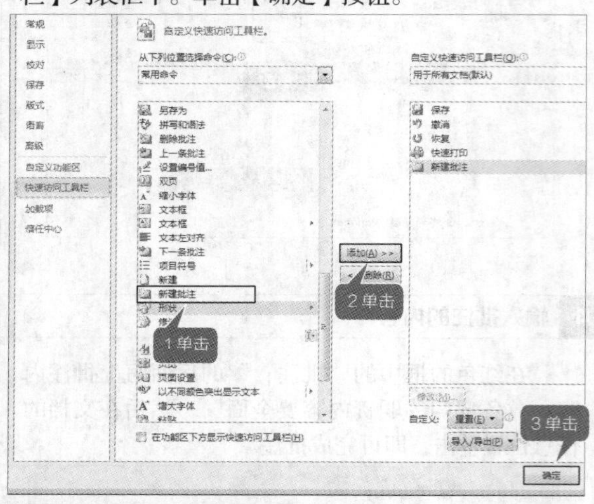

4 添加批注

返回到当前页面当中，在文档中选中要添加批注的文字，然后单击【自定义快速访问工具栏】中的【新建批注】按钮，即可为文档中的文字添加批注。

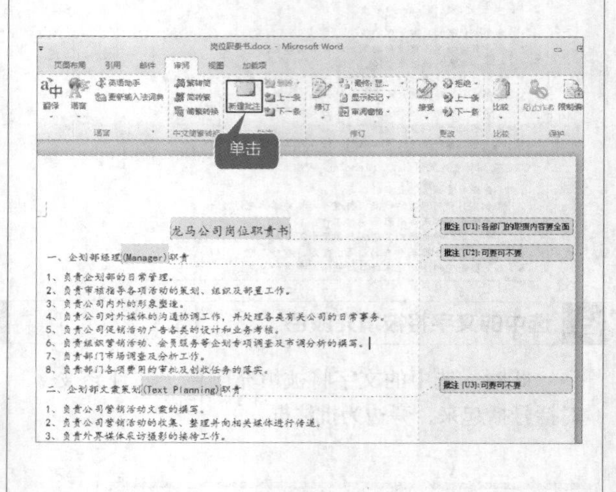

8.3.2 编辑批注

如果用户对文档中批注的内容不满意还可以进行修改。

1 选择【编辑批注】菜单命令

在已经添加了批注的内容上单击鼠标右键，在弹出的快捷菜单中选择【编辑批注】命令。

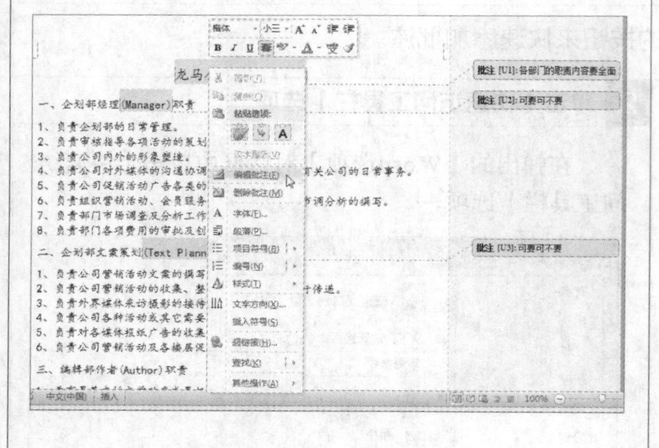

2 修改批注

将鼠标光标定位在批注上即可进行修改，修改完成后，在其他位置处单击即可。

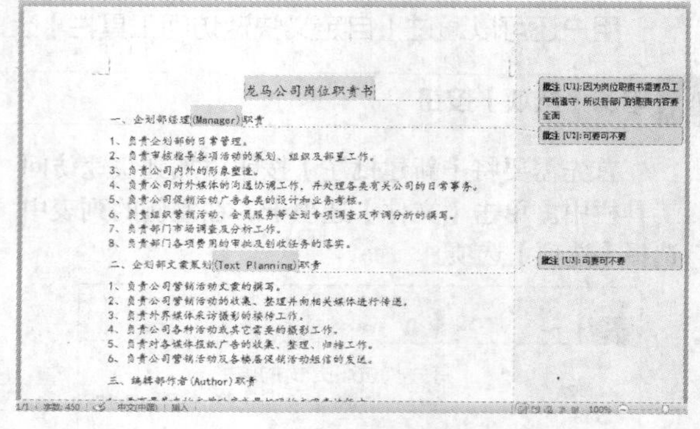

8.3.3 查看批注

在查看批注时，用户可以查看所有审阅者的批注，也可以根据需要分别查看不同审阅者的批注。

1 多个审阅者在文档中添加批注的效果

当有多个审阅者在“岗位职责书.docx”文档中添加批注后，效果如下图所示。

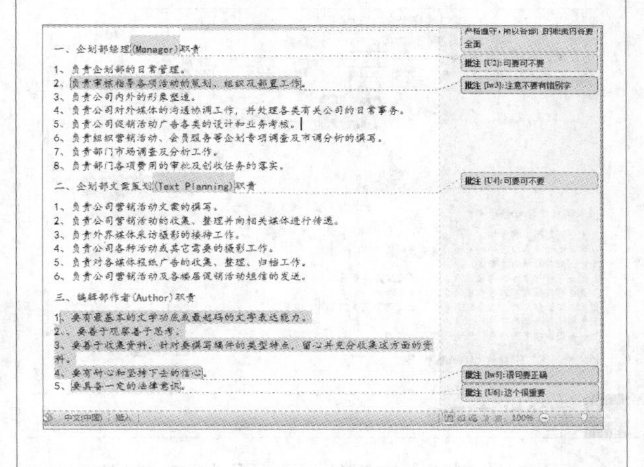

2 选择【审阅者】命令

单击【审阅】选项卡下【修订】选项组中的【显示标记】按钮右侧的倒三角箭头，在弹出的列表中选择【审阅者】选项，此时可以看到在【审阅者】命令的子级菜单中勾选了所有审阅者。

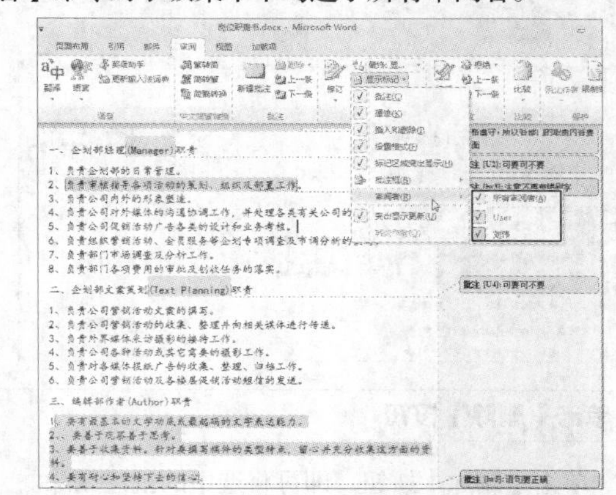

3 选择审阅者

在【审阅者】命令子级菜单中，撤消选中“刘伟”前的复选框，只单击选中“user”前的复选框。

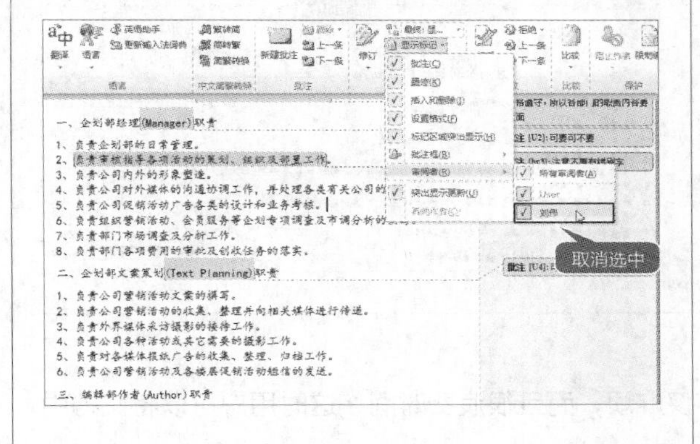

4 隐藏暂不查看的批注

此时可以看到文档中只有审阅者“user”的批注，而所有“lw”的批注被隐藏了。用户也可以按照该方法查看其他审阅者的批注。

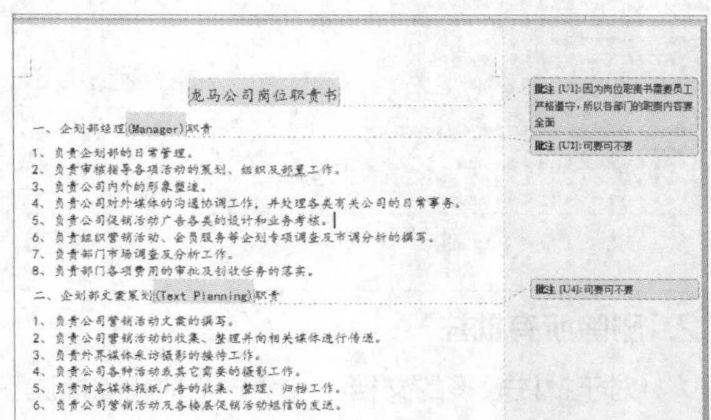

工作经验小贴士

由于用户在设置时，将“用户名”设置为“刘伟”，缩写设置为“lw”，所以在撤消选中“刘伟”前的复选框时，隐藏的是所有“lw”的批注。单击【修订】组中【修订】按钮下方的倒三角箭头，在弹出的列表中选择【更改用户名】命令，即可在打开的【Word 选项】对话框中更改用户名及缩写。

用户名(U): 刘伟

缩写(I): lw

8.3.4 删除批注

如果用户想让文档的读者看到的不是充满了批注的文档，那么就需要删除文档中的批注。

1. 删除单个批注

如果文档中有多个批注，而只有一个批注不需要，用户可以直接将其删除。

1 单击【审阅】选项卡

在“岗位职责书.docx”文档中选择【审阅】选项卡。

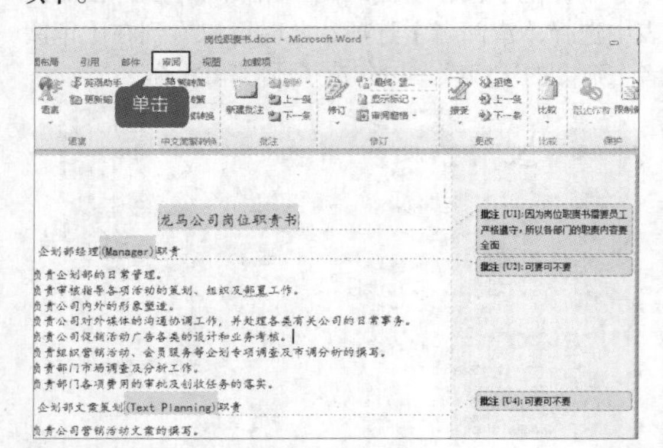

2 选择一个需要删除的批注

选择一个需要删除的批注，此时【批注】选项组的【删除】按钮处于可用状态。

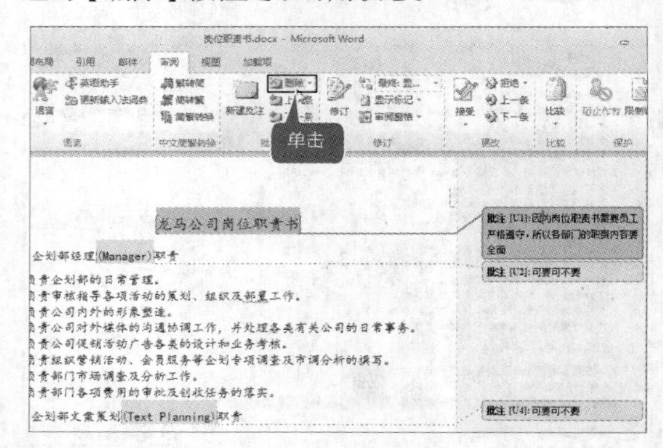

3 单击【删除】按钮

单击【删除】按钮，即可将选中的批注删除。

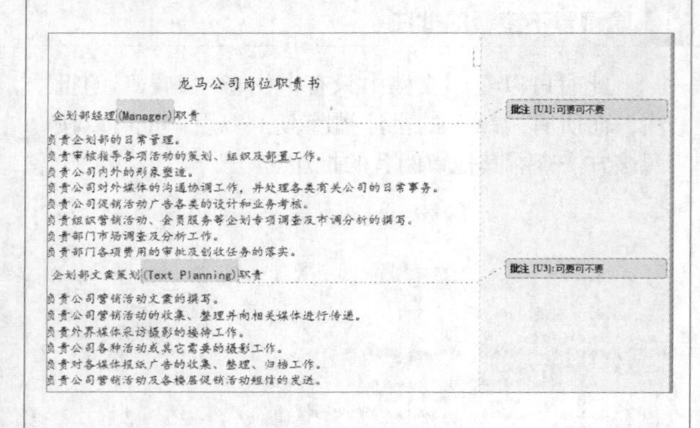

4 删除批注完成

此时【删除】按钮处于不可用状态。批注删除后的效果如图所示。

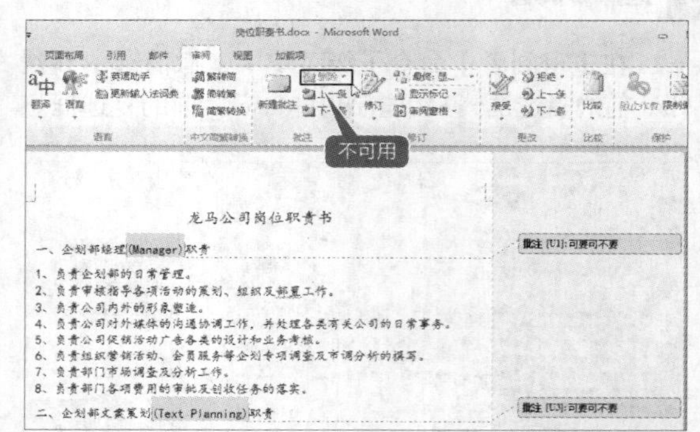

2. 删除所有批注

对于批注较多的文档，一个一个地删除批注不仅麻烦，而且很浪费时间，这时用户可以将文档中的批注一次性删除。

1 选择一个批注

显示“岗位职责书.docx”文档中所有的批注，然后选中其中一个批注。

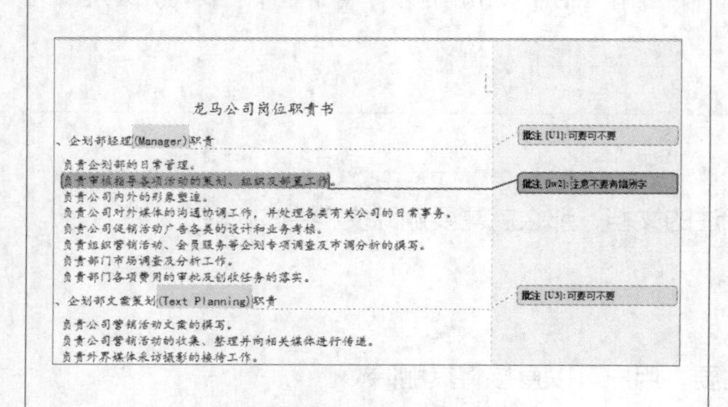

2 单击【删除】按钮

单击【审阅】选项卡下【批注】选项组中的【删除】按钮右侧的倒三角箭头。

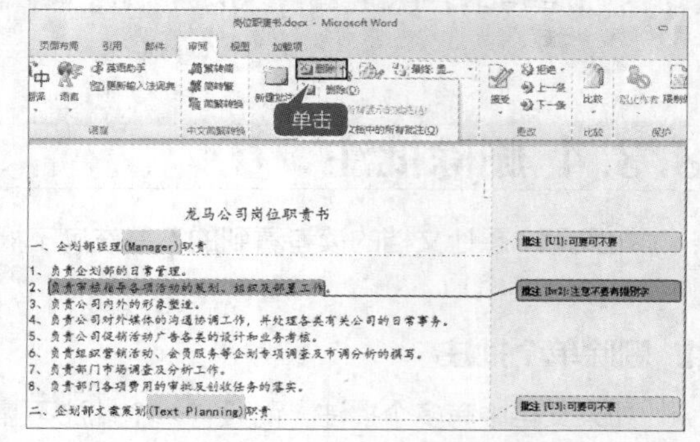

3 选择【删除文档中的所有批注】选项

在弹出的列表中选择【删除文档中的所有批注】选项。

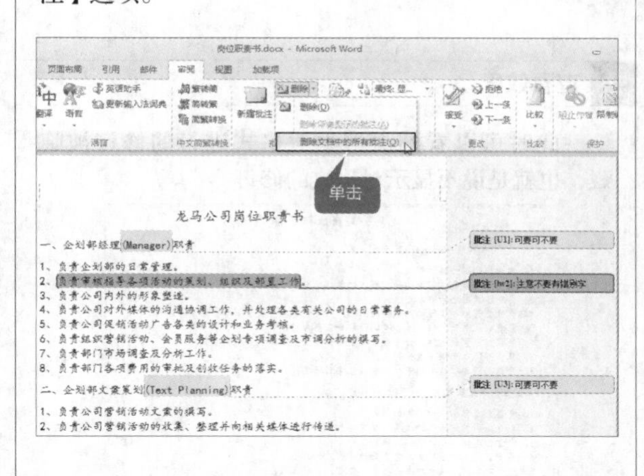

4 完成批注的删除

此时可以看到文档中的所有批注已经全部删除了，如下图所示。

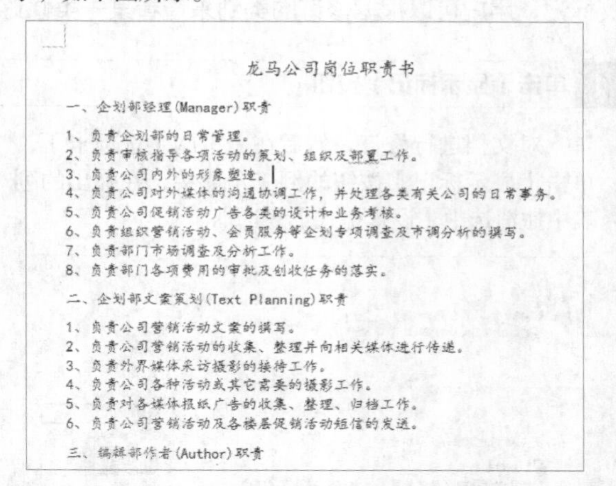

8.4 实例4——使用修订

本节视频教学时间：9 分钟

修订能够让文档作者跟踪多位审阅者对文档所做的修改，这样作者可以一个一个地复审这些修改并用约定的原则来接受或者拒绝审阅者所做的修订。

8.4.1 修订岗位职责书

修订是显示文档中所做的诸如删除、插入或者其他编辑更改的标记。启用修订功能，作者或审阅者的每一次插入、删除或是格式更改都会被标记出来。

1 单击【修订】按钮

在“岗位职责书.docx”文档中选择【审阅】选项卡，单击【修订】选项组中的【修订】按钮，可使文档处于修订状态。

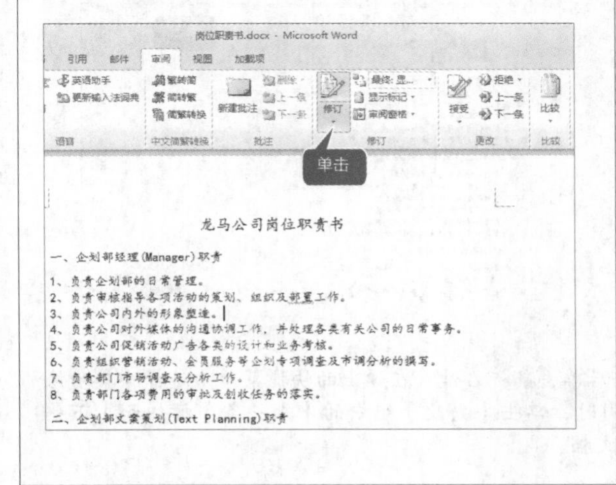

2 查看效果

在修订状态中，所有对本文档的操作都将被记录下来，如下图所示。

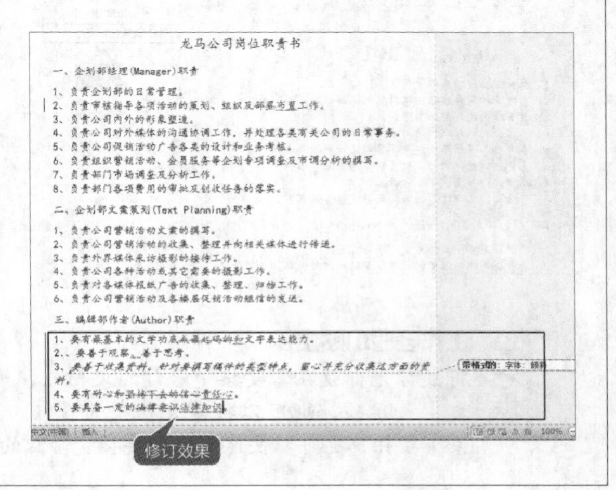

8.4.2 分类查看修订

在文档中进行修订后，文档中会包含批注、插入的内容、删除的内容、墨迹、设置的格式等修订标记，用户可以根据修订的类别来查看某一类修订。

1 单击【显示标记】按钮

对文档进行修订，然后在【审阅】选项卡下，单击【显示标记】按钮的倒三角箭头，在弹出的列表中撤消选中【设置格式】复选框。

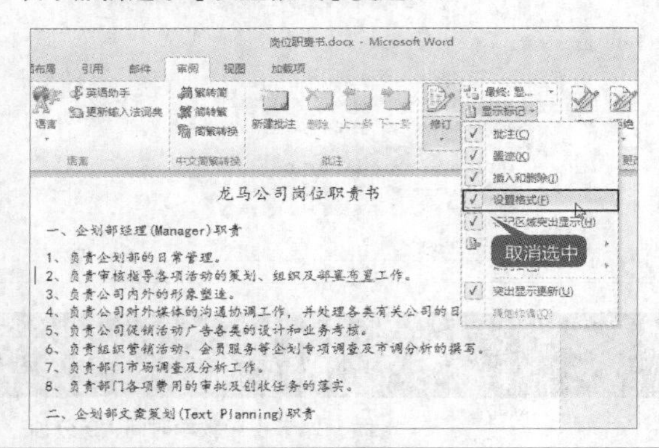

2 查看效果

此时可以看到文档中对格式进行的修订被隐藏，也就是说不显示对格式的修订。

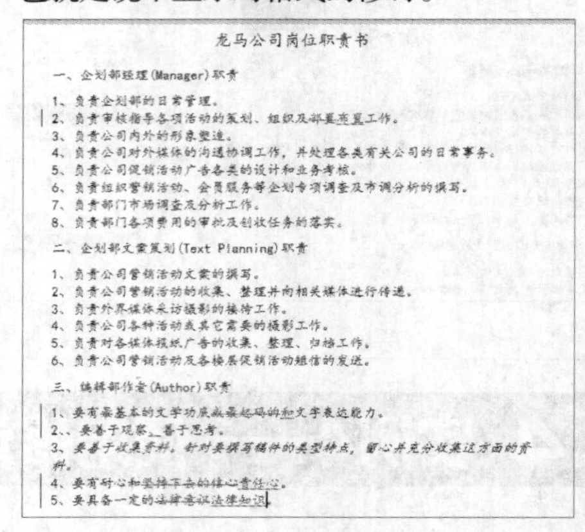

8.4.3 接受修订

在文档进行了修订后，如果有些修订的内容是正确的，用户就可以接受修订。

1. 接受单个修订

接受单个或部分修订的具体操作步骤如下。

1 显示所有修订

在【审阅】选项卡下，再次单击选中【设置格式】复选框，显示所有的修订。

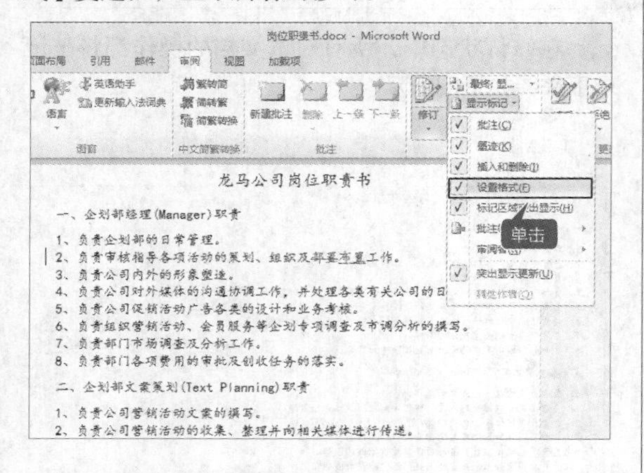

2 单击【接受】按钮

选中需要接受修订的内容，然后单击【更改】组中的【接受】按钮，即可接受文档中的修订。此时系统将选中下一条修订。

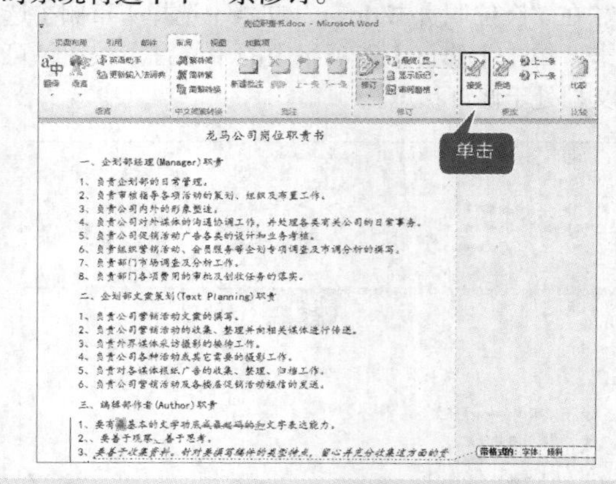

工作经验小贴士

将鼠标光标放在需要接受修订的文档处，然后单击鼠标右键，在弹出的快捷菜单中选择【接受修订】菜单项，也可以接受文档中的修订。同时，单击【更改】组中的【上一条】按钮和【下一条】按钮，也可以快速地找到要接受修订的文档。

2. 接受所有修订

如果在文档中包含有很多修订，一个一个地接受将会是很麻烦又很浪费时间的事情，下面介绍如何将文档中的修订一次接受。

1 选择【接受对文档的所有修订】命令

单击【更改】选项组中的【接受】按钮下方的倒三角箭头，在弹出的列表中选择【接受对文档的所有修订】选项。

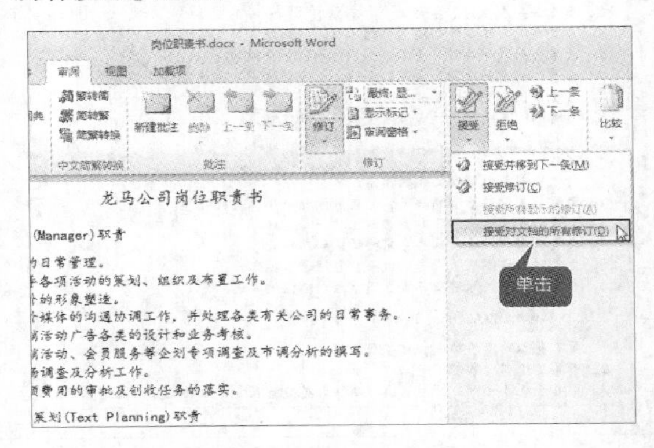

2 查看效果

此时即可接受文档中修订过的内容，如图所示为接受所有修订后的效果。

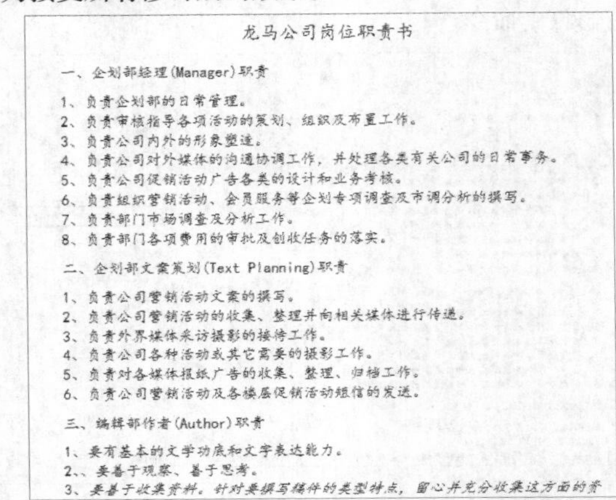

8.4.4 拒绝修订

对于文档中不正确的修订，用户就需要拒绝。

1. 拒绝单个修订

拒绝单个或部分修订的具体操作步骤如下。

1 定位光标

在“岗位职责书.docx”文档中，将鼠标光标放在需要拒绝修订的内容处。

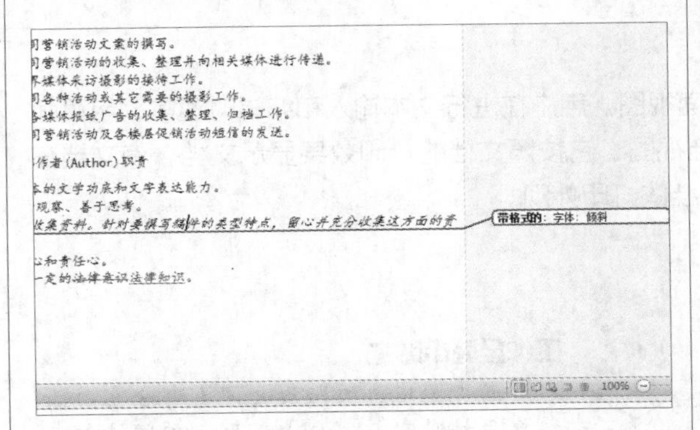

2 单击【拒绝】按钮

选择【审阅】选项卡，单击【更改】选项组中的【拒绝】按钮，即可删除文档中的修订，此时系统将选中下一条修订。

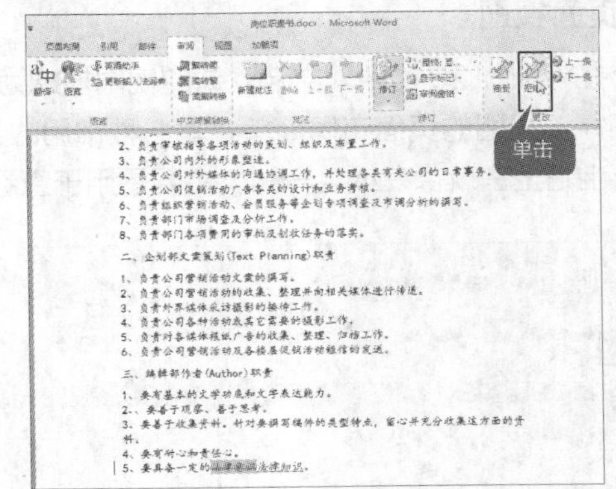

工作经验小贴士

将鼠标光标放在需要接受修订的内容处，然后单击鼠标右键，在弹出的快捷菜单中选择【拒绝修订】命令，也可删除文档中的修订。

2. 拒绝所有修订

如果在文档中包含有很多修订，一个一个地拒绝将会是很麻烦的事情。在Word 2010中，用户可以一次性拒绝所有的修订。

1 选择【拒绝对文档的所有修订】命令

单击【更改】选项组中【拒绝】按钮右侧的倒三角箭头，在弹出的列表中选择【拒绝对文档的所有修订】命令。

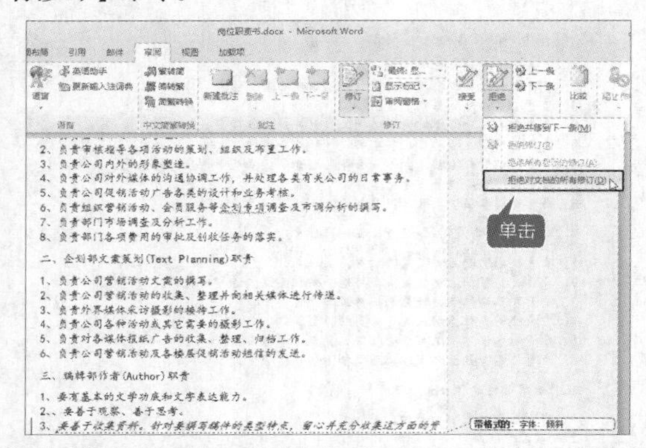

2 查看效果

此时即可拒绝文档中修订过的内容，最终效果如下图所示。

2、负责审核指导各项活动的策划、组织及布置工作。
3、负责公司内外的形象塑造。
4、负责公司对外媒体的沟通协调工作，并处理各类有关公司的日常事务。
5、负责公司促销活动广告各类的设计和业务考核。
6、负责组织营销活动、会员服务等企划专项调查及市调分析的撰写。
7、负责部门市场调查及分析工作。
8、负责部门各项费用的审批及创收任务的落实。

二、企划部文案策划(Text Planning)职责

1、负责公司营销活动文案的撰写。
2、负责公司营销活动的收集、整理并向相关媒体进行传递。
3、负责外界媒体采访摄影的接待工作。
4、负责公司各种活动或其它需要的摄影工作。
5、负责对各媒体报纸广告的收集、整理、归档工作。
6、负责公司营销活动及各楼层促销活动短信的发送。

三、编辑部作者(Author)职责

1、要有基本的文学功底和文字表达能力。
2、要善于观察、善于思考。
3、要善于收集资料。针对要撰写稿件的类型特点，留心并充分收集这方面的资

8.5 实例5——在不同视图下查看岗位职责书文档

本节视频教学时间：10 分钟

在编辑文档的过程中，用户常常需要因不同的编辑目的而突出文档中的某一部分内容，以便能更有效地编辑文档。在Word 2010中，选择【视图】选项卡，在【文档视图】组中包含有页面视图、阅读版式视图、Web版式视图、大纲视图以及草稿视图等，单击相应的按钮，即可切换为相应的视图模式。

页面视图 阅读版式视图 Web 版式视图 大纲视图 草稿
文档视图

1. 页面视图

在Word 2010中，文档默认的视图模式为页面视图。用户在进行文本输入和编辑时通常采用页面视图，该视图的页面布局简单，是一种常用的文档视图。它按照文档的打印效果显示文档，使文档在屏幕上看上去就像在纸上一样，主要是用于查看文档的打印外观。

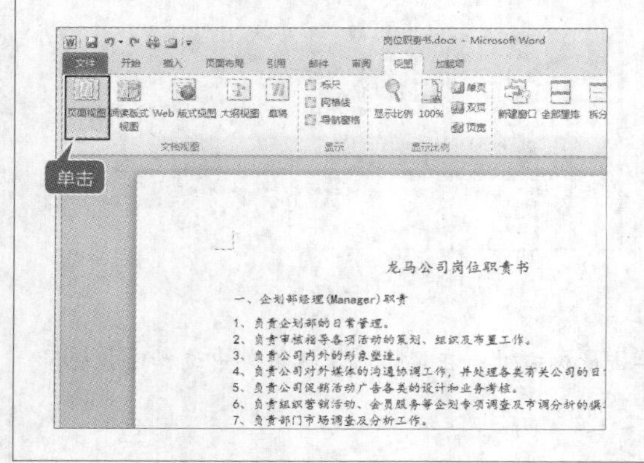

工作经验小贴士

在页面视图中，页与页之间有部分空白，编辑文档时容易区分上下页，但阅读起来却不是很方便。用户可以移动鼠标指针到上下页面之间的空白处，鼠标指针会变为形状，双击即可将上下页面间的空白部分隐藏，再次双击即可显示出空白部分。

2. 阅读版式视图

在【视图】选项卡下，单击【文档视图】选项组中的【阅读版式视图】按钮，即可切换到阅读版式视图。阅读版式视图主要用于以阅读版式视图方式查看文档。它最大的优点是利用最大的空间来阅读或批注文档。

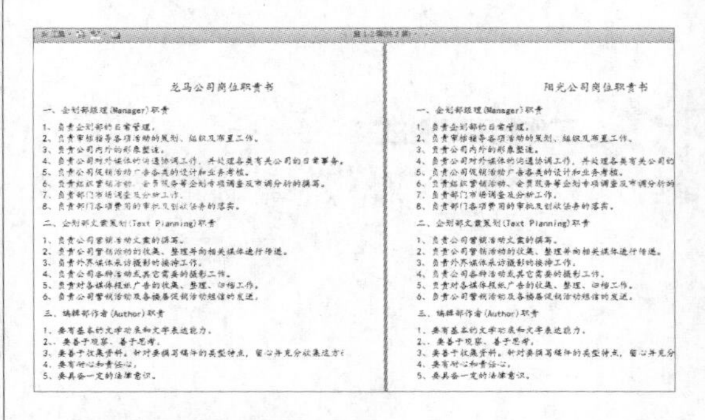

工作经验小贴士

单击阅读版式视图工具栏中的【关闭】按钮，即可关闭阅读版式视图方式，返回文档之前所处的视图方式。该操作也可以按【Esc】键实现。

3. Web版式视图

在【视图】选项卡下，单击【文档视图】选项组中的【Web版式视图】按钮，即可切换到Web版式视图。当选择显示Web版式视图时，编辑窗口将显示得更大，并自动换行以适应窗口。此外，用户还可以在Web版式视图下设置文档背景以及浏览和制作网页等。

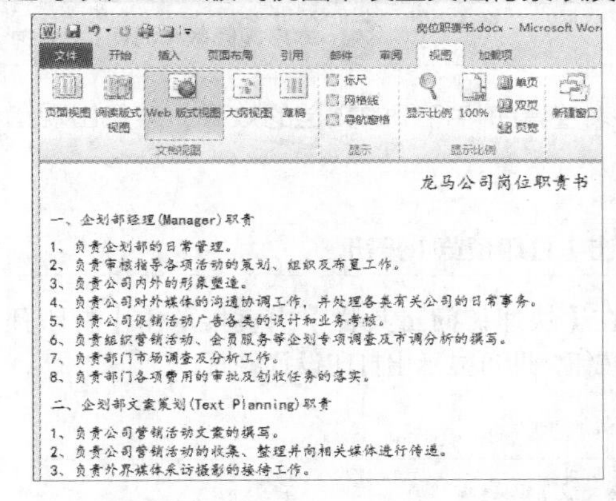

工作经验小贴士

在各项视图之间转换时，【Web版式视图】视图定位在【开始】选项卡下。如在大纲视图下查看文档后，再次返回Web版式视图，【Web版式视图】视图定位在【开始】选项卡下。

4. 大纲视图

在【视图】选项卡下，单击【文档视图】选项组中的【大纲视图】按钮，即可切换到大纲视图。大纲视图是显示文档结构和大纲工具的视图，它将所有的标题分级显示出来，层次分明，特别适合较多层次的文档，如报告文体和章节排版等。在大纲视图方式下，用户可以方便地移动和重组长文档。

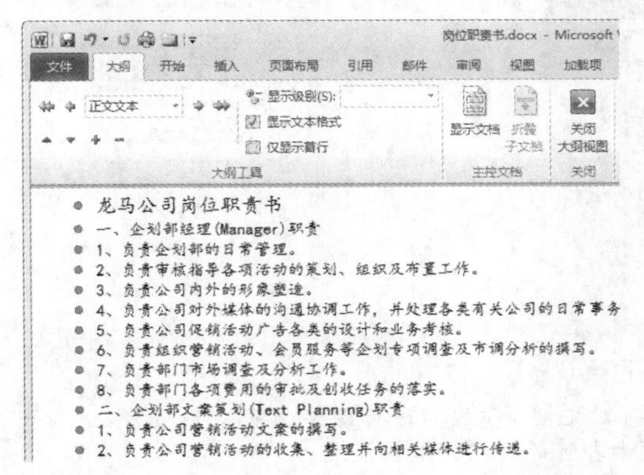

工作经验小贴士

将插入点移动到要调节级别的标题行上，然后单击【降级】按钮，所选标题的级别就会降低一级。用户也可以单击【降级为正文】按钮将标题直接变为正文文本。同样，单击【升级】按钮和【提升至标题1】按钮则可将标题的级别升高。

5. 草稿

在【视图】选项卡下，单击【文档视图】选项组中的【草稿】按钮，即可切换到草稿视图。草稿视图主要用于查看草稿形式的文档，便于快速编辑文本。在草稿视图中不会显示页眉、页脚等文档元素。

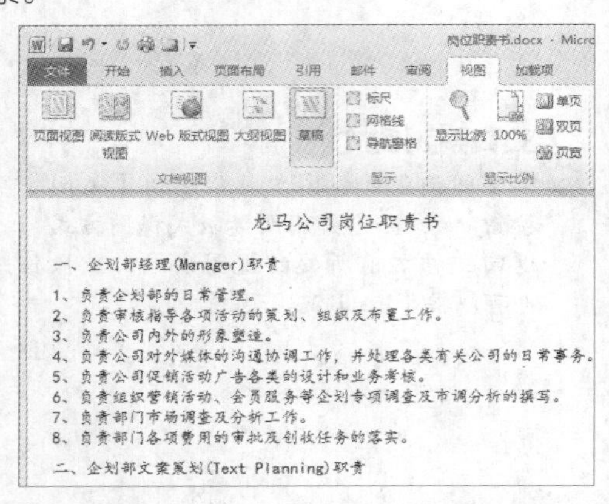

工作经验小贴士

当转换为草稿视图时，上下页面的空白处转换为虚线。

8.6 实例6——预览打印效果

本节视频教学时间：3分钟

用户在进行文档打印之前，最好先使用打印预览功能来查看即将打印的文档的效果，避免出现错误，造成纸张的浪费。

1 将【打印预览和打印】按钮添加至快速访问工具栏

单击【快速访问工具栏】右侧的箭头，在弹出的【自定义快速访问工具栏】下拉菜单中选择【打印预览和打印】菜单选项，可将【打印预览和打印】按钮添加至快速访问工具栏。

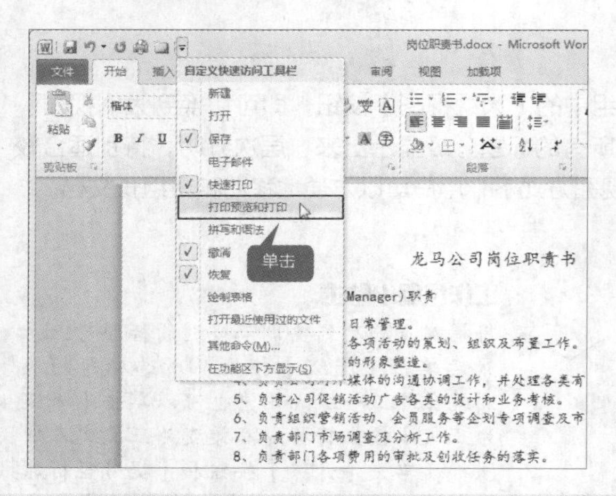

2 单击【打印预览】按钮

在【快速访问工具栏】中直接单击【打印预览】按钮，即可显示出打印设置界面。

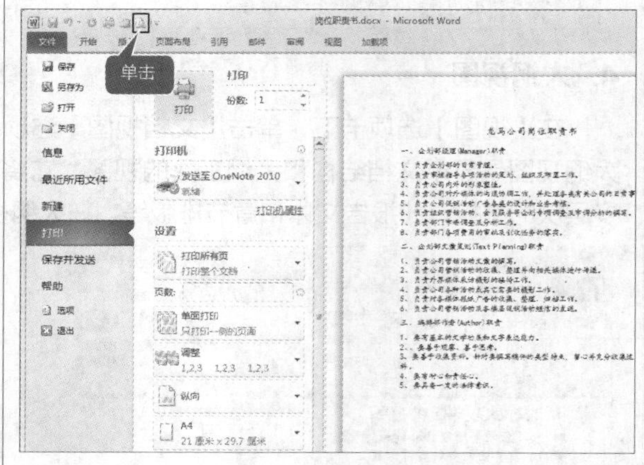

工作经验小贴士

根据需要单击【缩小】按钮或放大按钮，可对文档预览窗口进行调整查看。当用户需要关闭打印预览时，只需单击其他选项卡即可返回文档编辑模式。

8.7 实例7——打印文档

本节视频教学时间：2 分钟

当用户在打印预览中对所打印文档的效果感到满意时，就可以对文档进行打印。其方法很简单，只要单击【快速访问工具栏】中的【快速打印】按钮即可。

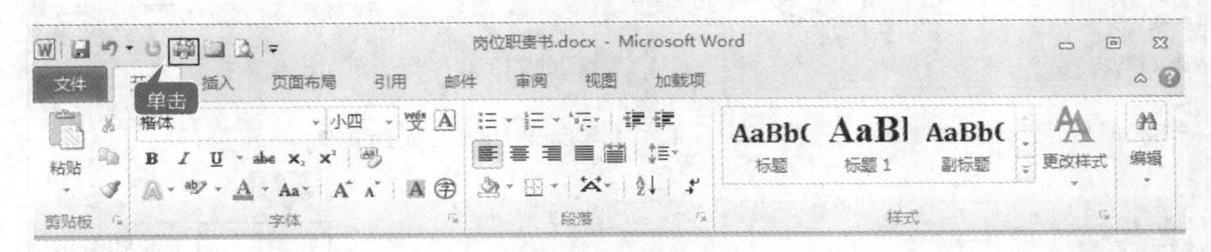

工作经验小贴士

如果【快速访问工具栏】中没有【快速打印】按钮，可以单击【快速访问工具栏】右侧的箭头，在弹出的【自定义快速访问工具栏】下拉菜单中选择【快速打印】菜单选项，即可将【快速打印】按钮添加至快速访问工具栏。

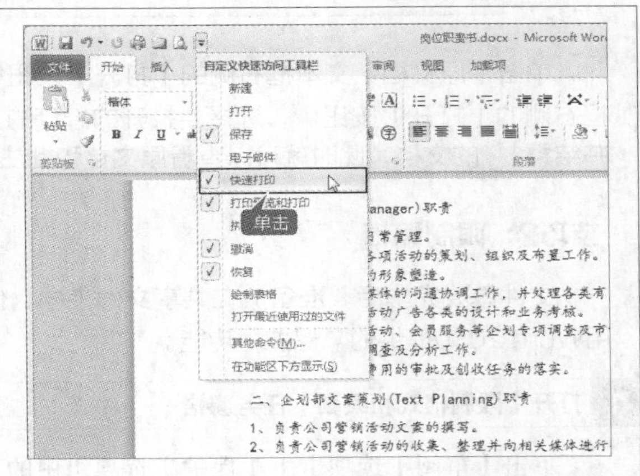

举一反三

岗位职责书是办公应用中比较常用的一种文件，主要包括文件的标题和文本内容两部分。岗位职责书的制作主要运用了Word 2010的检查拼写、校对语法、批注和修订等功能，充分运用这些功能可以制作出更好的文档。还有很多和岗位职责书类似的文件，如企业商务网站规划、业务考核系统说明、知识手册等。

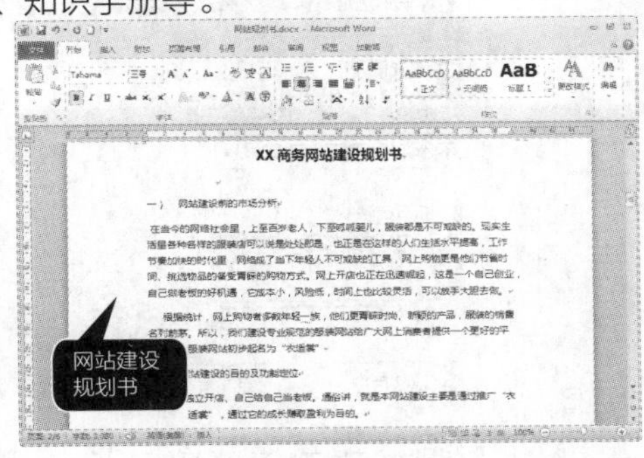

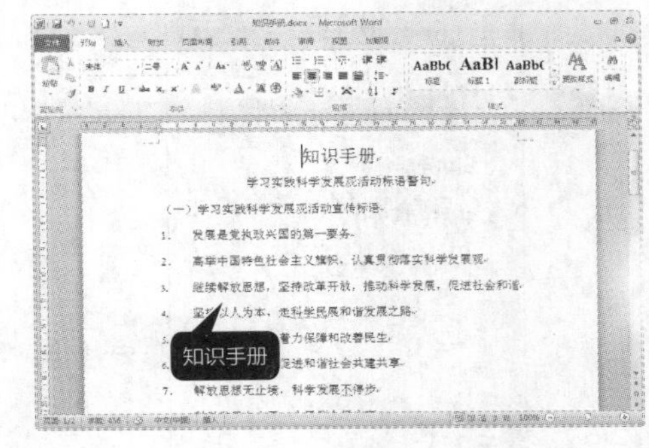

高手私房菜

在修订文档的过程中，运用技巧无疑会提高工作速度。我们在操作过程中也会发现技巧，应记录下技巧以方便以后使用。下面就来介绍审阅文档的技巧。

技巧1：合并批注后的文档

将批注后的多个文档合并为一个文档的具体操作步骤如下。

单击【审阅】选项卡下【比较】选项组中的【比较】按钮，在弹出的下拉列表中选择【合并】选项，弹出【合并文档】对话框。

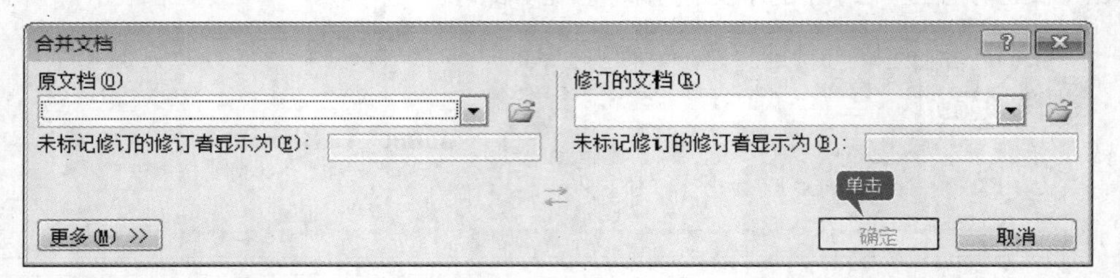

单击【原文档】文本框右侧的【打开】按钮，选择要打开的原文档。单击【修订的文档】文本框右侧的【打开】按钮，选择要打开的修订的文档，然后单击【确定】按钮，将会打开名称为“合并结果1”的文档，此时就可以查看原文档和批注后文档的区别了。

技巧2：限制编辑

文件修改完毕后，准备放在共享文件夹中，但是又担心被别人恶意修改，怎么办呢？此时可以使用Word 2010提供的“保护”功能。

1 打开【限制格式和编辑】任务窗格

单击【审阅】选项卡下【保护】选项组中的【限制编辑】按钮，弹出【限制格式和编辑】任务窗格。

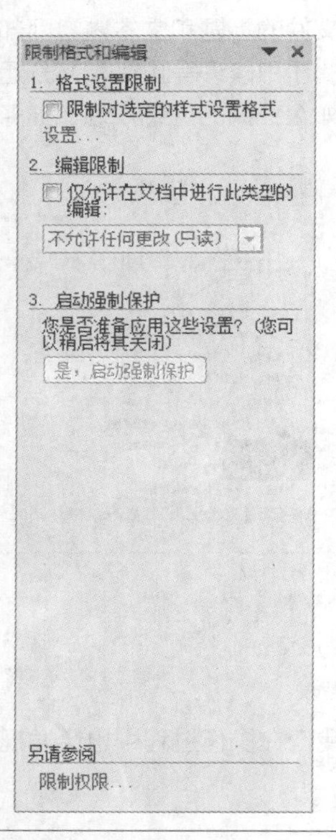

2 设置【限制格式和编辑】任务窗格

单击选中【限制对选定的样式设置格式】和【仅允许在文档中进行此类型的编辑】复选框，在【编辑限制】选项组中的下拉列表框中选择【不允许任何更改（只读）】选项，这样就能够防止其他人的恶意修改了。

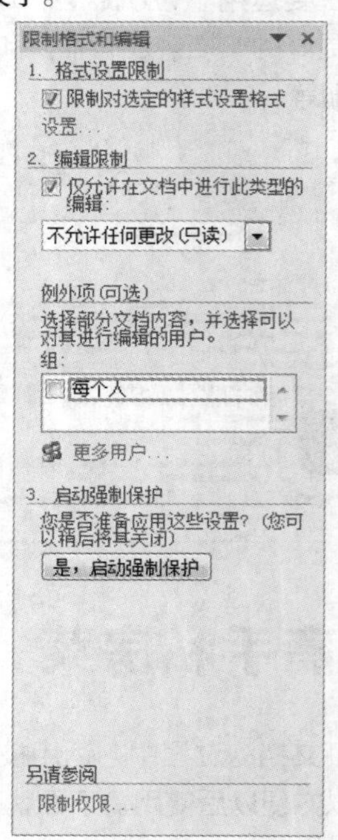

第 9 章

用 Excel 制作产品记录清单

本章视频教学时间：1 小时 4 分钟

Excel 2010是Office 2010办公系列软件的一个重要组成部分，主要用于电子表格的处理。用户通过它可以高效地完成各种表格和图的设计，进行复杂的数据计算和分析，大大提高了数据处理的效率。

【学习目标】

- 通过本章的学习，可以初步了解 Excel 2010 软件，并学会制作简单的工作表。

【本章涉及知识点】

- 了解 Excel 2010 的工作界面
- 设置工作薄
- 调整单元格大小
- 快速填充表格数据

9.1 认识Excel 2010的工作界面

本节视频教学时间：15 分钟

新建工作簿之后，即可打开Excel 2010的工作界面，它主要由标题栏、【文件】选项卡、功能区、编辑栏、工作区和状态栏等几部分组成。

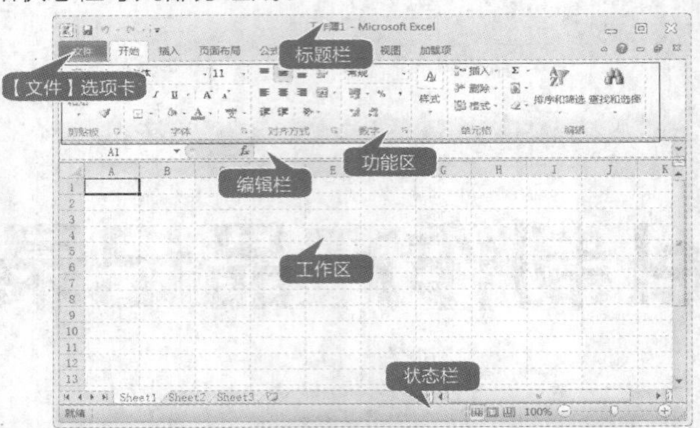

1. 标题栏

在标题栏的左侧显示的是【快速访问工具栏】，在标题栏中间显示当前编辑表格的文件名称。默认情况下，第一次启动Excel，显示的文件名为“工作簿1”。

2.【文件】选项卡

Excel 2010操作界面中的【文件】选项卡取代了Excel 2007中的Office按钮或者Excel 2003中的【文件】菜单。单击【文件】选项卡，弹出基本操作命令，包括保存、另存为、打开、关闭、打印、选项以及其他的命令。

3. 功能区

Excel 2010的功能区由各种选项卡和包含在选项卡中的各种命令按钮组成，利用它用户可以轻松地找到以前隐藏在复杂菜单和工具栏中的命令和功能。

4. 编辑栏

编辑栏位于功能区的下方，工作区的上方，用于显示和编辑当前活动单元格的名称、数据或公式。

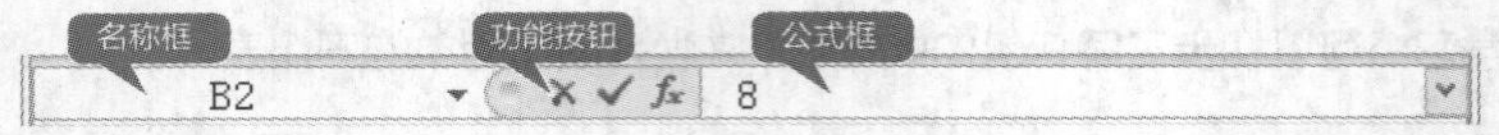

“名称框”用于显示当前单元格的地址和名称。当选择单元格或区域时，名称框中将出现相应的地址名称。使用名称框可以快速转到目标单元格中。

“公式框”主要用于向活动单元格中输入、修改数据或公式。当向单元格中输入数据或公式时，在名称框和公式框之间会出现两个按钮，单击【确定】按钮，可以确定输入或修改该单元格的内容，同时退出编辑状态，单击【取消】按钮，则可取消对该单元格的编辑。

5. 工作区

工作区是在Excel 2010操作界面上用于输入数据的区域，由单元格组成，用于输入和编辑不同的数据类型。

6. 状态栏

状态栏用于显示当前数据的编辑状态、选定数据统计区、变更页面显示方式和调整页面显示比例等。

9.2 实例1——设置工作薄

本节视频教学时间：10 分钟

默认状态下创建新的工作簿包含3个工作表。在“工作簿1”中可以看到创建工作表默认名称为“Sheet1 ”、“Sheet2”、“Sheet3”。用户可以根据表格需要添加、删除、移动、复制以及更改工作表的名称等。

9.2.1 更改工作表的名称

用户可以将新建的“工作薄1”中的“Sheet1”工作表名称修改为“产品记录清单”，可以更方便地管理工作表。

1 双击要重命名的工作表标签

启动Excel后，它会自动创建一个名称为“工作薄1”的工作薄，再双击要重命名的工作表的标签Sheet1，进入可编辑状态。

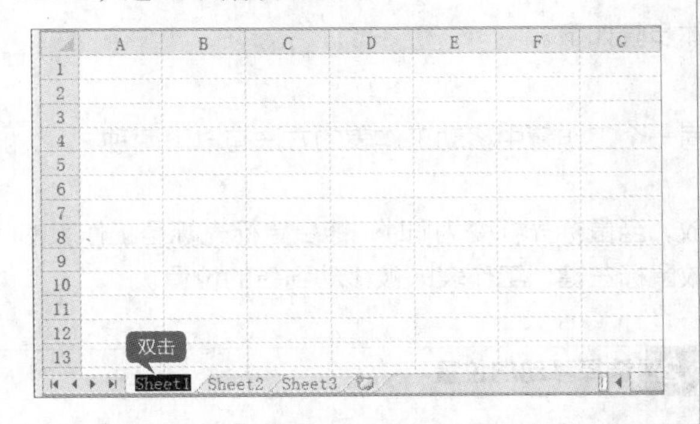

2 完成重命名

输入新的标签名，单击【Enter】键即可完成对该工作表标签进行的重命名操作。

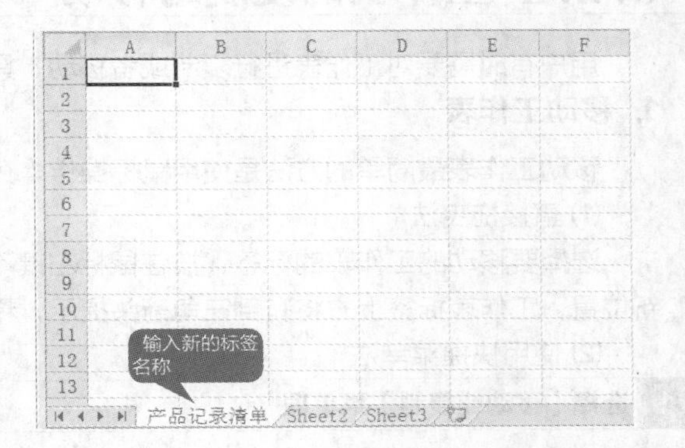

9.2.2 创建新的工作表

如果编辑Excel表格时需要使用更多的工作表，则可插入新的工作表。

1 选择【插入工作表】菜单项

选中工作表Sheet3，单击【开始】选项卡下【单元格】选项组中【插入】按钮 插入 右侧的倒三角箭头，在弹出的下拉菜单中选择【插入工作表】菜单项。

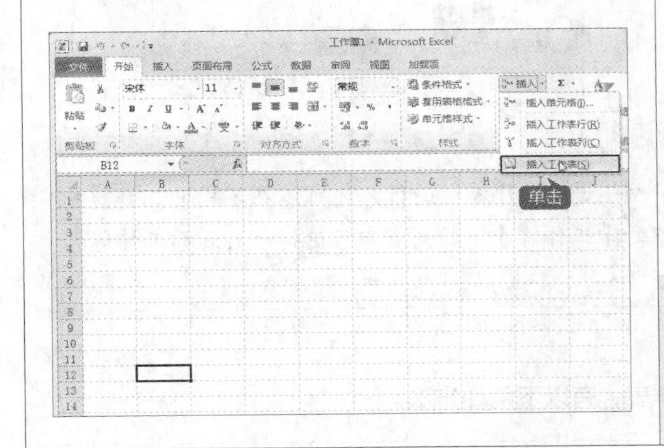

2 插入新工作表

如图所示，插入新工作表Sheet4。

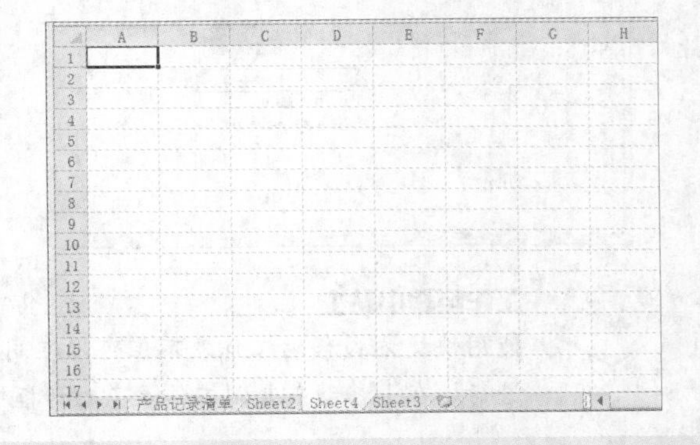

工作经验小贴士

在每一个Excel表格中最多可以插入255个工作表，但在实际操作中插入的工作表数要受所使用的计算机内存的限制。

9.2.3 选择单个或多个工作表

工作簿中的工作表的默认名称是Sheet1、Sheet2、Sheet3。默认状态下，当前工作表为Sheet1。

1. 用鼠标光标选定Excel中的工作表

用鼠标光标选定Excel工作表是最常用、最快速的方法，只需在Excel表格最下方的工作表标签上单击即可。

2. 选定连续的Excel工作表

在Excel表格下方的第1个工作表标签上单击，选定Sheet1工作表，按【Shift】键，然后选定最后一个表格的标签，即可选定连续的Excel表格。

3. 选择不连续的工作表

要选定不连续的Excel表格，按住【Ctrl】键的同时选择相应的Excel表格即可。

9.2.4 工作表的复制与移动

用户有时需要对工作表进行复制或者移动，具体步骤如下。

1. 移动工作表

移动工作表最简单的方法是使用鼠标操作，在同一个工作簿中移动工作表的方法有以下两种。

(1) 直接拖曳法

选择要移动的工作表的标签，按住鼠标左键不放，当鼠标光标变为时，拖曳鼠标光标至工作表的新位置，工作表标签上方将有倒三角箭头提示，释放鼠标左键，工作表即被移动到新的位置。

(2) 使用快捷菜单法

1 选择【移动或复制】菜单项

在Sheet4标签上右击，在弹出的快捷菜单中选择【移动或复制】菜单项，弹出【移动或复制工作表】对话框。

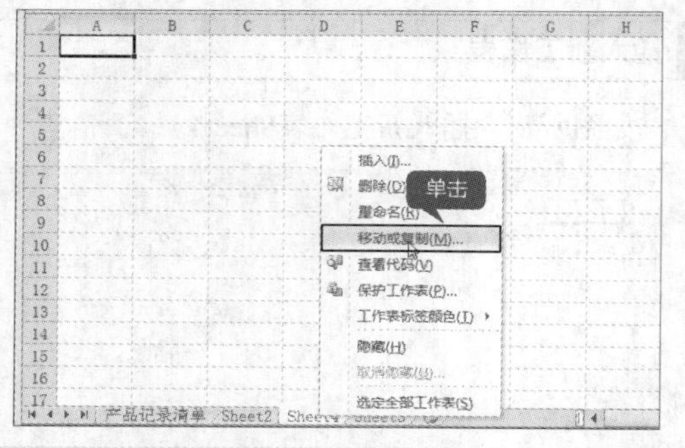

2 选择移动的位置

在【将选定工作表移至工作簿】下拉列表中选择要移动的目标位置，在【下列选定工作表之前】列表框中选择要插入的位置，单击【确定】按钮，即可将当前工作表移动到指定的位置。

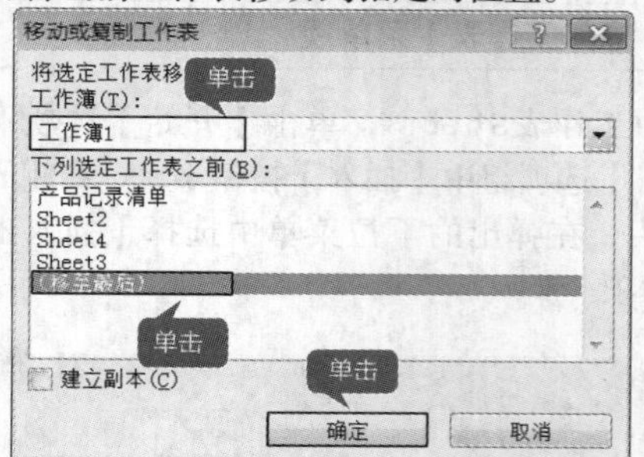

工作经验小贴士

使用快捷方式移动工作表不但可以在同一个Excel工作簿中进行，还可以在不同的工作簿中进行。在【移动或复制工作表】对话框中的【工作簿】下拉列表中可选择一打开的工作薄。

2. 复制工作表

用户可以在一个或多个Excel工作簿中复制工作表，有以下两种方法。

1 用鼠标复制

按住【Ctrl】键的同时单击工作表Sheet4，当鼠标光标变为时，拖曳鼠标光标至新位置，黑色倒三角会随鼠标光标移动，释放鼠标左键，新工作表命名为“Sheet4（2）”。

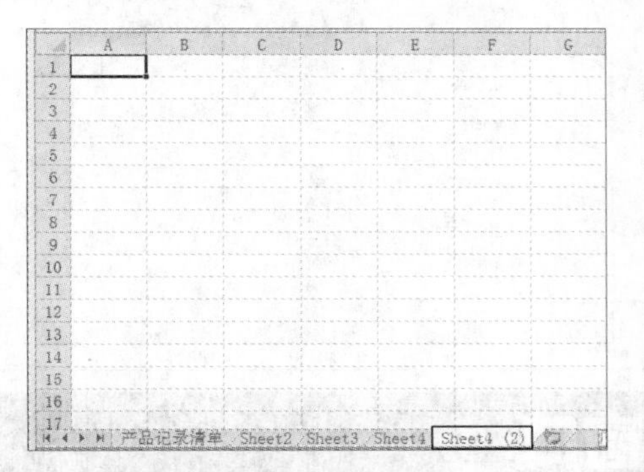

2 使用快捷菜单复制

在工作表标签上右击，在弹出的快捷菜单中选择【移动或复制】选项，弹出【移动或复制工作表】对话框，选择要复制的工作表，然后单击选中【建立副本】复选框，最后选择插入的位置，单击【确定】按钮即可。

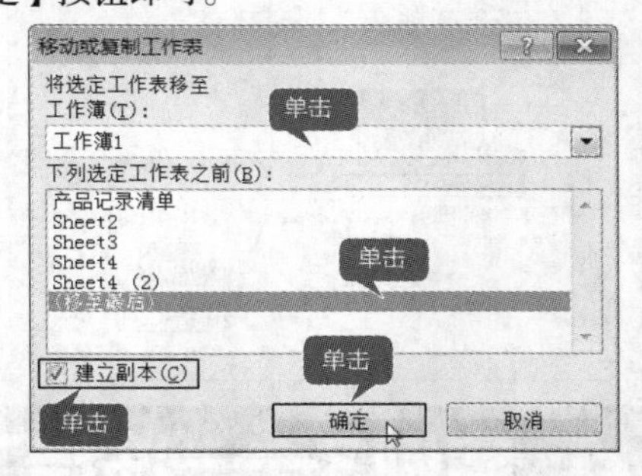

9.2.5 删除工作表

为了便于对Excel表格进行管理，可以删除无用的Excel表格，以节省存储空间。

1 选择【删除工作表】菜单项

选择要删除的工作表，单击【开始】选项卡【单元格】选项组中的【删除】按钮右侧的倒三角箭头，在弹出的下拉菜单中选择【删除工作表】菜单项。

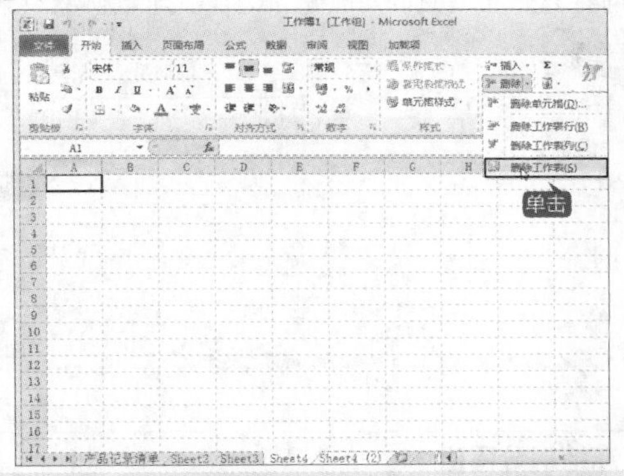

2 删除完成

工作表删除完成，如图所示。

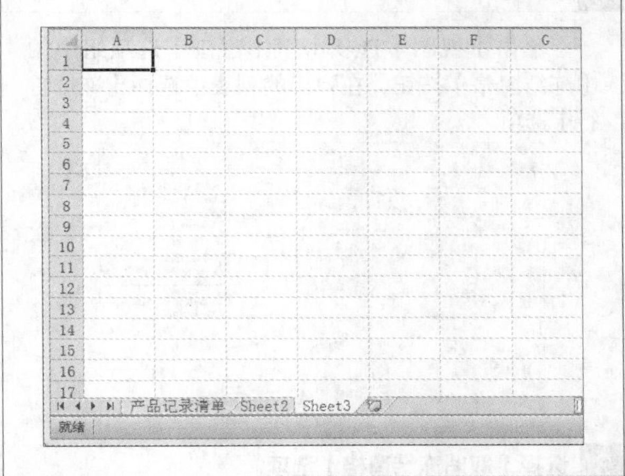

工作经验小贴士

在要删除的工作表的标签上右击，在弹出的快捷菜单中选择【删除】菜单项，也可以将工作表删除，此方法将永久删除工作表，该命令的效果不能被撤消。

9.3 实例2——输入产品记录清单内容

本节视频教学时间：3 分钟

制作产品记录清单，首先要新建一个工作薄，在工作薄中输入和产品相关的一些信息，然后根据行列的宽和高调整表格。

1 为工作薄命名

单击【保存】按钮，弹出【另存为】对话框，在左侧选择保存路径，在【文件名】文本框中输入“产品记录清单”，单击【保存】按钮。

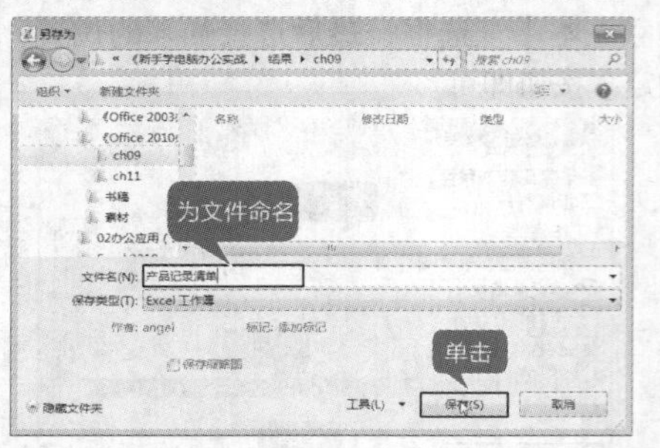

2 输入内容

在工作表“产品记录清单”中输入如下信息。单击或双击相应的单元格输入信息，输入完成按【Enter】键即可，如图所示。

9.4 实例3——冻结工作表窗口

本节视频教学时间：4 分钟

如果工作表中的数据过多，而当前屏幕中只能显示一部分数据，若要浏览其他区域的数据，除了使用普通视图中的滚动条，还可以使用以下方式查看。

“冻结查看”是指将指定区域的冻结、固定，滚动条只对其他区域的数据起作用。

1 选择【冻结首行】选项

单击【视图】选项卡下【窗口】选项组中的【冻结窗格】按钮，在弹出的列表中选择【冻结首行】选项。

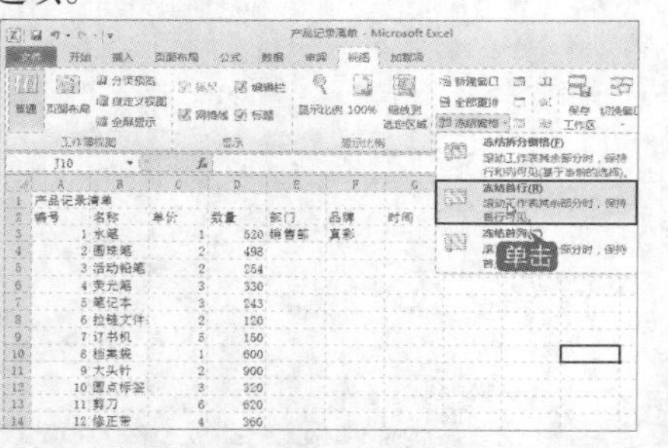

2 首行冻结

在首行下方会显示一条黑线，当拖动右侧的滚条时，首行将一直固定在最上方。

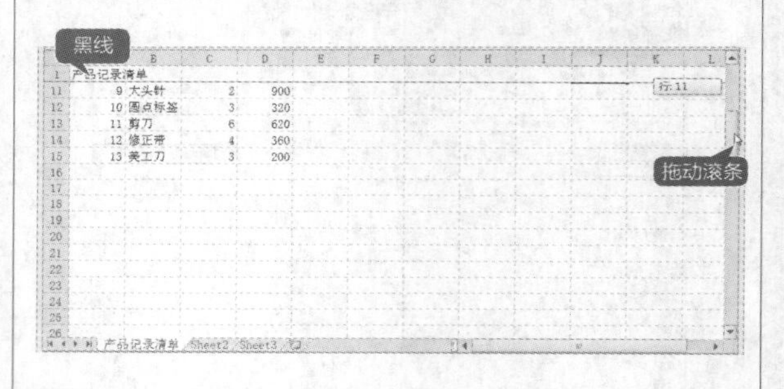

3 选择【取消冻结窗格】选项

在【冻结窗格】下拉列表中选择【取消冻结窗格】选项，即可恢复到普通状态。。

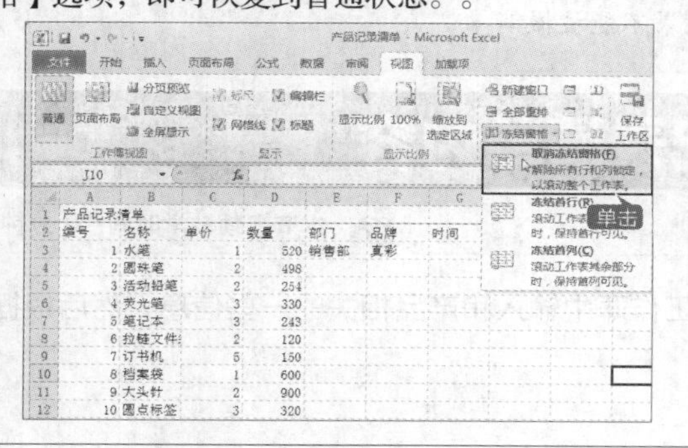

4 冻结拆分窗格

选中单元格B3，在【冻结窗格】下拉列表中选择【冻结拆分窗格】选项，即可冻结B3单元格上面的行和左侧的列。

	A	B	C	D	E	F
1		产品记录清单				
2	编号	名称	单价	数量	部门	品牌
6	4	荧光笔	3	330		
7	5	笔记本	3	243		
8	6	拉链文件袋	2	120		
9	7	订书机	5	150		
10	8	档案袋	1	600		
11	9	大头针	2	900		
12	10	圆点标签	3	320		
13	11	剪刀	6	620		
14	12	修正带	4	360		
15	13	美工刀	3	200		

产品记录清单 Sheet2 Sheet3

工作经验小贴士

冻结首列方法和冻结首行方法类似，【取消冻结窗格】选项只有在工作表中有窗格冻结的情况下才会出现，冻结首列后取消冻结窗格的方法与冻结首行后取消冻结窗格的方法相同。为了工作薄的制作，此处取消冻结拆分窗格。

9.5 实例4——快速填充表格数据

本节视频教学时间：6 分钟

为了提高向工作表中输入数据的效率，降低输入错误率，Excel提供有快速输入数据的功能。

9.5.1 使用填充柄填充表格数据

填充柄是位于当前活动单元格右下角的黑色方块，用鼠标拖动或者双击它可进行填充操作，该功能适用于填充相同数据或者序列数据信息。

1 选择填充数据内容

单击F3单元格，将鼠标光标移动到F3单元格的右下角，此时可以看到鼠标光标变成+形状。

	A	B	C	D	E	F	G
1	产品记录清单						
2	编号	名称	单价	数量	部门	品牌	时间
3	1	水笔	1	520	销售部	真彩	
4	2	圆珠笔	2	498			
5	3	活动铅笔	2	254			
6	4	荧光笔	3	330			
7	5	笔记本	3	243			
8	6	拉链文件:	2	120			
9	7	订书机	5	150			
10	8	档案袋	1	600			
11	9	大头针	2	900			
12	10	圆点标签	3	320			
13	11	剪刀	6	620			
14	12	修正带	4	360			

2 填充数据

向下拖曳鼠标光标至需要填充的单元格后，松开鼠标完成数据填充。

	A	B	C	D	E	F	G
1	产品记录清单						
2	编号	名称	单价	数量	部门	品牌	时间
3	1	水笔	1	520	销售部	真彩	
4	2	圆珠笔	2	498		真彩	
5	3	活动铅笔	2	254		真彩	
6	4	荧光笔	3	330		真彩	
7	5	笔记本	3	243		真彩	
8	6	拉链文件:	2	120		真彩	
9	7	订书机	5	150		真彩	
10	8	档案袋	1	600		真彩	
11	9	大头针	2	900		真彩	
12	10	圆点标签	3	320		真彩	
13	11	剪刀	6	620		真彩	
14	12	修正带	4	360		真彩	
15	13	美工刀	3	200		真彩	
16							

9.5.2 使用填充命令填充表格数据

使用填充命令填充“部门”列内容的具体操作步骤如下。

1 选择填充数据区域

拖曳鼠标选择E3:E15单元格区域，单击【开始】选项卡下【编辑】组中的【填充】按钮，在弹出的下拉菜单中选择【向下】选项。

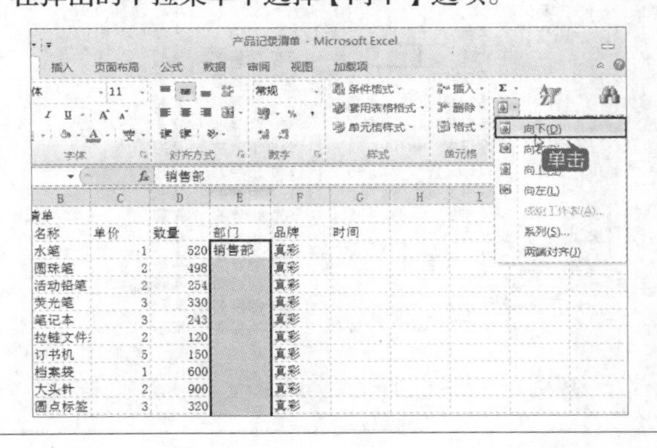

2 查看效果

查看填充效果。

	A	B	C	D	E	F	G
1	产品记录清单						
2	编号	名称	单价	数量	部门	品牌	时间
3	1	水笔	1	520	销售部	真彩	
4	2	圆珠笔	2	498	销售部	真彩	
5	3	活动铅笔	2	254	销售部	真彩	
6	4	荧光笔	3	330	销售部	真彩	
7	5	笔记本	3	243	销售部	真彩	
8	6	拉链文件:	2	120	销售部	真彩	
9	7	订书机	5	150	销售部	真彩	
10	8	档案袋	1	600	销售部	真彩	
11	9	大头针	2	900	销售部	真彩	
12	10	圆点标签	3	320	销售部	真彩	
13	11	剪刀	6	620	销售部	真彩	
14	12	修正带	4	360	销售部	真彩	
15	13	美工刀	3	200	销售部	真彩	
16							
17							

产品记录清单 / Sheet2 / Sheet3

9.5.3 使用数值序列填充表格数据

Excel有默认的自动填充数值序列的功能，数值类型包括等差、等比数据。在使用填充柄填充这些数据时，相邻单元格的数据将按序列递增或递减的方式填充，如图所示。

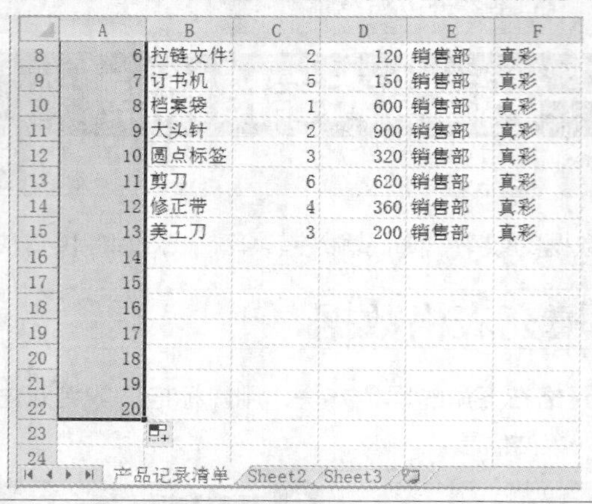

9.6 实例5——单元格的操作

本节视频教学时间：6 分钟

在Excel工作表中，对单元格的操作包括插入、删除等。

9.6.1 插入单元格

在Excel工作表中，可以在活动单元格的上方或者左侧插入空白单元格，同时将一列中的单元格下移或者将同一行中的单元格右移。

1 选择【插入单元格】选项

选择要插入单元格的位置，单击【开始】选项卡下的【单元格】选项组中的【插入】按钮右侧的倒三角箭头，在弹出的下拉菜单中选择【插入单元格】选项。

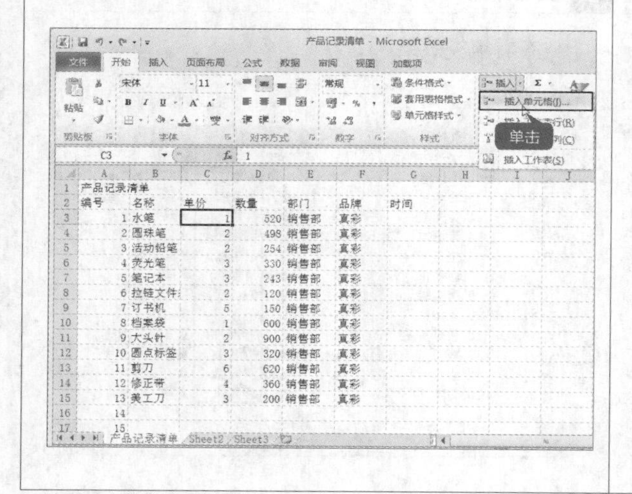

2 完成单元格插入

在弹出的【插入】对话框中单击选中【活动单元格下移】单选项，单击【确定】按钮，即可完成单元格插入。

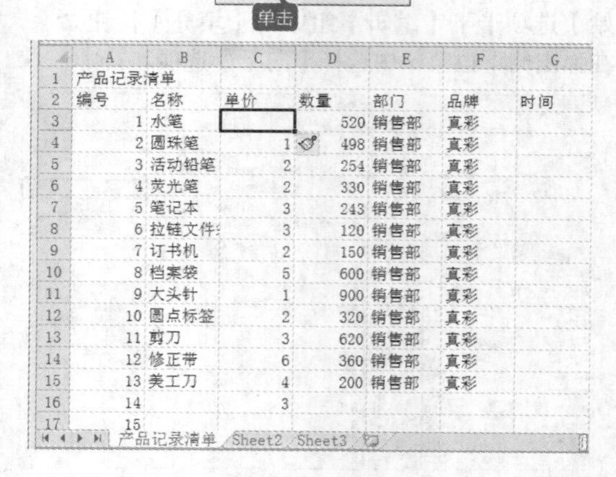

9.6.2 删除单元格

在Excel中可以将不需要的单元格删除。

1 执行删除单元格命令

选择要删除的单元格，单击【开始】选项卡下的【单元格】选项组中的【删除】按钮，在弹出的下拉菜单中选择【删除单元格】选项。

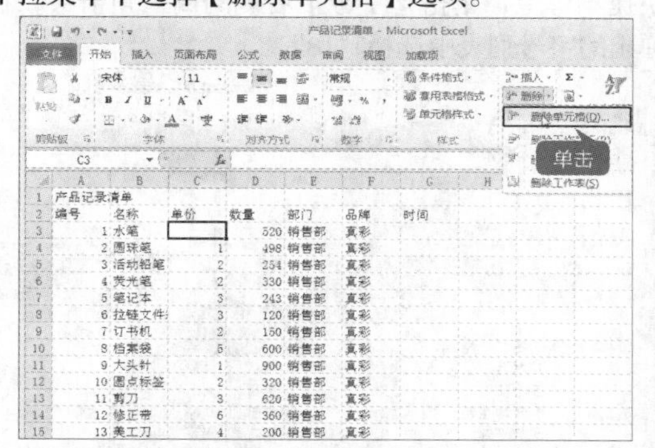

2 完成单元格删除

弹出【删除】对话框，单击选中【下方单元格上移】单选项，单击【确定】按钮完成单元格删除。

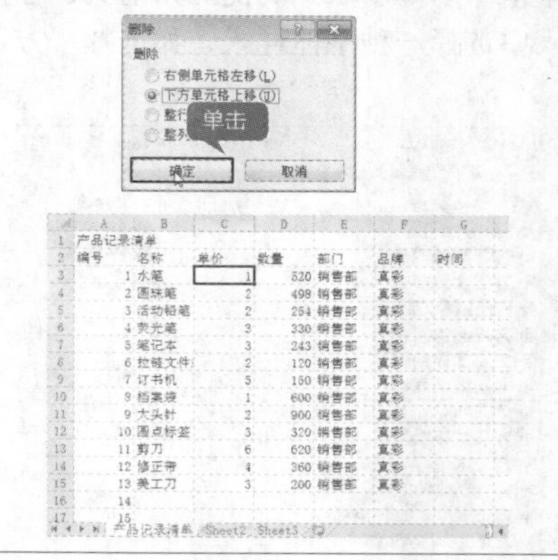

9.6.3 合并单元格

合并单元格是指在Excel工作表中，将两个或多个选定的相邻单元格合并成一个单元格，方法有以下两种。

1 选择合并的区域

选中单元格区域A1:G1，单击【开始】选项卡下【对齐方式】组中的【合并后居中】按钮。

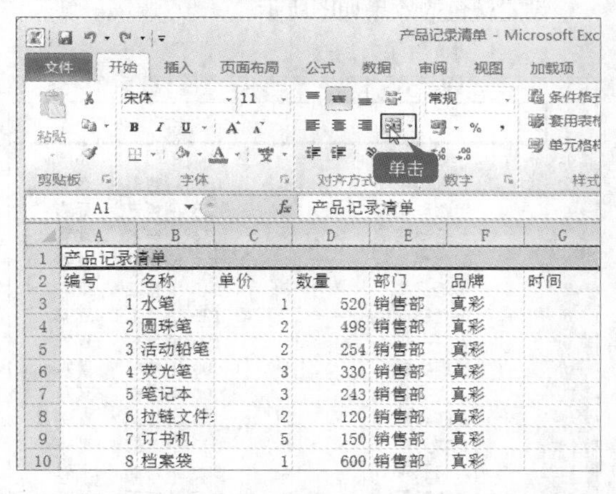

2 查看效果

效果如图所示。

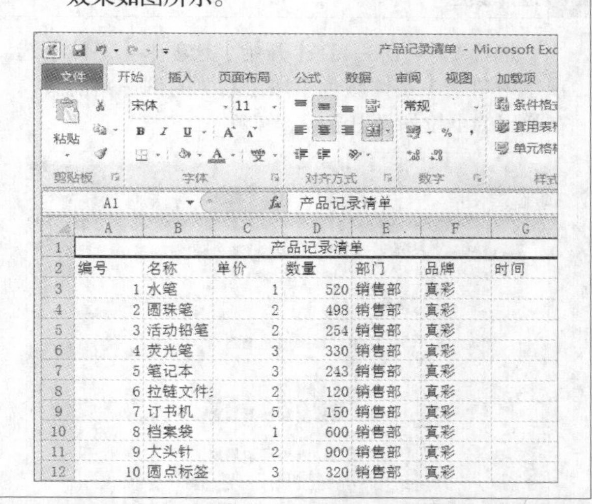

9.7 实例6——设置工作表内容格式

本节视频教学时间：8 分钟

为工作表内容设置格式，可以使工作表看上去更加美观。

9.7.1 设置字体和字号

设置字体格式可以在选项卡下设置，也可以选中文本，在快捷菜单中设置，方法如下。

1 设置标题字体

选择A1单元格，在【开始】选项卡【字体】选项组中单击【字体】右侧的倒三角箭头，在弹出的下拉列表中选择一种字体样式，如选择“方正楷体简体”。

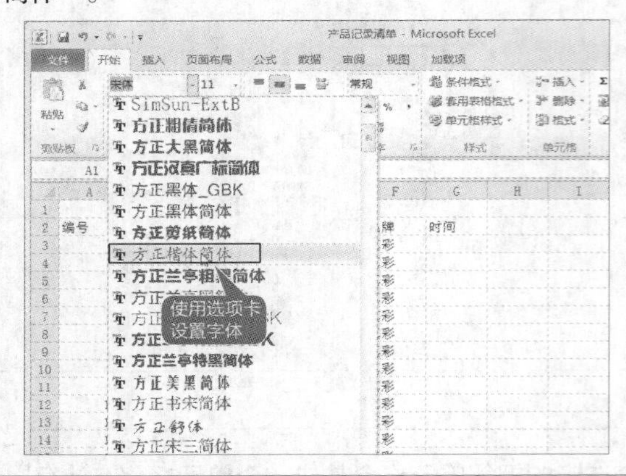

2 设置表头字号

选择A1单元格中的“产品记录清单”文本内容，此时弹出透明的快捷菜单，将鼠标光标移动至快捷菜单上，单击【字号】右侧的倒三角箭头，在弹出的字号列表中选择“18”。

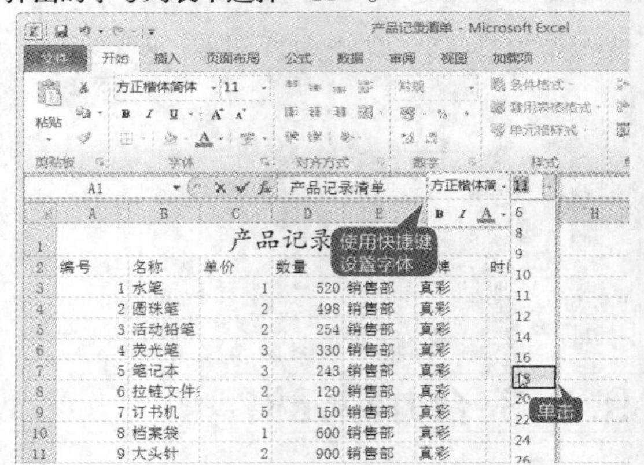

9.7.2 设置字体颜色

用户不仅可以为文本设置字体，也可以为其设置字体颜色，方法如下。

1 选择颜色

选择A1单元格，在【开始】选项卡【字体】选项组中单击【字体颜色】按钮右侧的倒三角箭头，在弹出的下拉列表中选择“红色”。

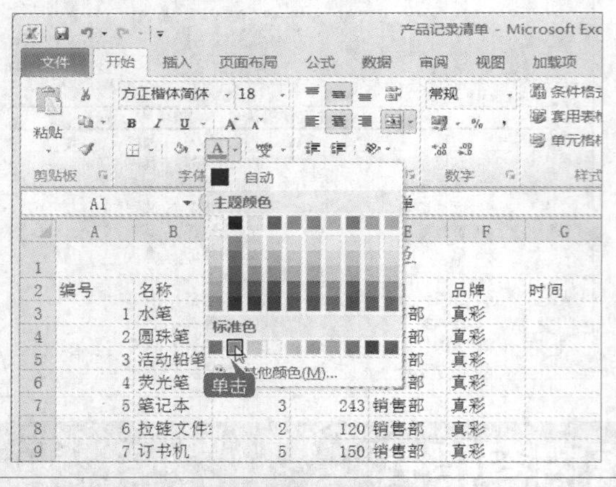

2 查看效果

设置颜色的效果如图所示。

	A	B	C	D	E	F
1	产品记录清单					
2	编号	名称	单价	数量	部门	品牌
3	1	水笔	1	520	销售部	真彩
4	2	圆珠笔	2	498	销售部	真彩
5	3	活动铅笔	2	254	销售部	真彩
6	4	荧光笔	3	330	销售部	真彩
7	5	笔记本	3	243	销售部	真彩
8	6	拉链文件	2	120	销售部	真彩
9	7	订书机	5	150	销售部	真彩
10	8	档案袋	1	600	销售部	真彩
11	9	大头针	2	900	销售部	真彩
12	10	圆点标签	3	320	销售部	真彩
13	11	剪刀	6	620	销售部	真彩
14	12	修正带	4	360	销售部	真彩
15	13	美工刀	3	200	销售部	真彩

9.7.3 设置边框和底纹

用户可以为产品记录清单添加边框线，让报表更完整。

选中单元格区域A1:G15，单击【开始】选项卡【字体】选项组中的【边框】按钮右侧的倒三角箭头，在弹出的下拉列表中选择【所有边框】菜单命令即可添加边框线。

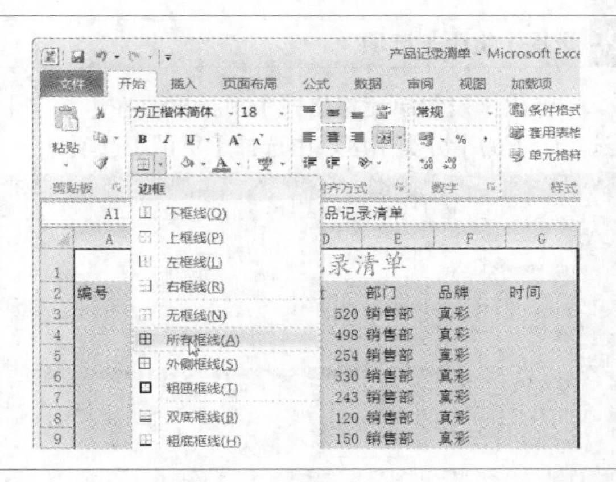

	A	B	C	D	E	F	G
1	产品记录清单						
2	编号	名称	单价	数量	部门	品牌	时间
3	1	水笔	1	520	销售部	真彩	
4	2	圆珠笔	2	498	销售部	真彩	
5	3	活动铅笔	2	254	销售部	真彩	
6	4	荧光笔	3	330	销售部	真彩	
7	5	笔记本	3	243	销售部	真彩	
8	6	拉链文件	2	120	销售部	真彩	
9	7	订书机	5	150	销售部	真彩	
10	8	档案袋	1	600	销售部	真彩	
11	9	大头针	2	900	销售部	真彩	
12	10	圆点标签	3	320	销售部	真彩	
13	11	剪刀	6	620	销售部	真彩	
14	12	修正带	4			真彩	
15	13	美工刀	3			真彩	
16	14						

添加边框后

设置边框之后，还可以设置底纹颜色，具体步骤如下。

1 选择【设置单元格】选项

选中单元格区域A1:G15，单击鼠标右键，在弹出的快捷菜单中选择【设置单元格】选项。

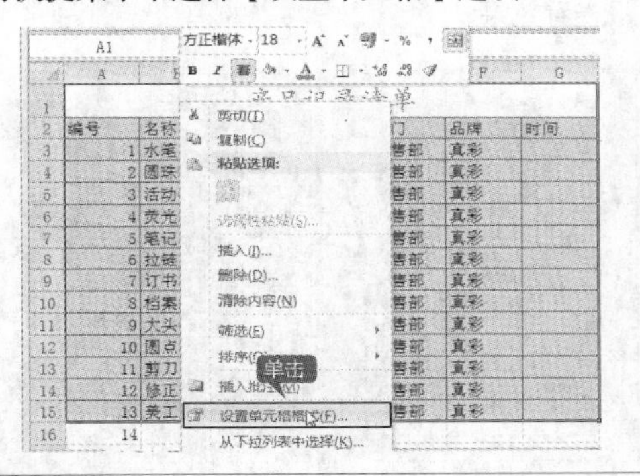

2 弹出【设置单元格格式】对话框

弹出【设置单元格格式】对话框。

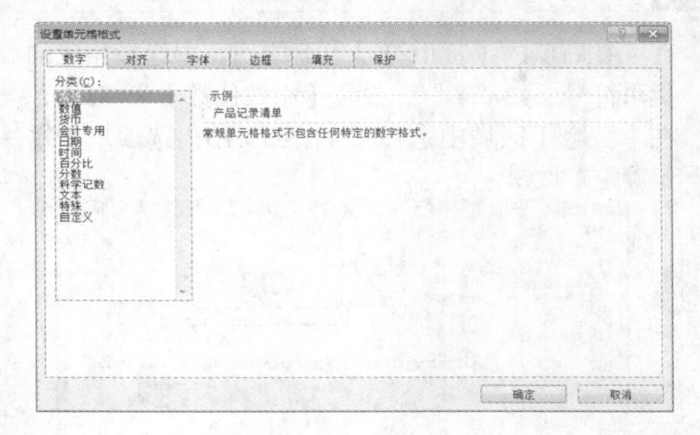

3 设置为蓝色

选择【填充】选项卡，在【填充】选项卡下【背景色】区域内选择一种颜色，如“蓝色”。单击【确定】按钮。

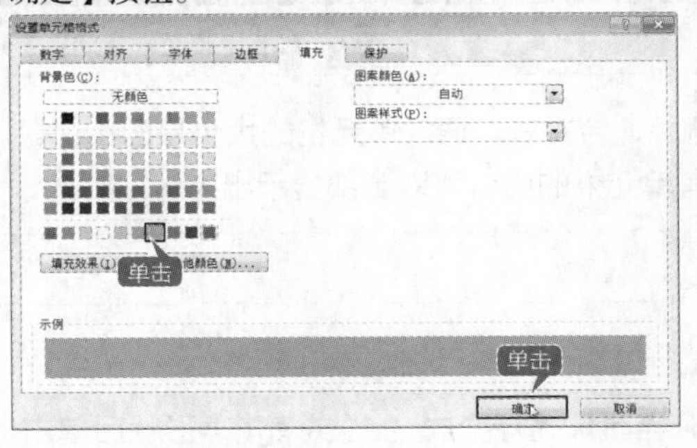

4 查看效果

查看效果。

	A	B	C	D	E	F	G
1	产品记录清单						
2	编号	名称	单价	数量	部门	品牌	时间
3	1	水笔	1	520	销售部	真彩	
4	2	圆珠笔	2	498	销售部	真彩	
5	3	活动铅笔	2	254	销售部	真彩	
6	4	荧光笔	3	330	销售部	真彩	
7	5	笔记本	3	243	销售部	真彩	
8	6	拉链文件	2	120	销售部	真彩	
9	7	订书机	5	150	销售部	真彩	
10	8	档案袋	1	600	销售部	真彩	
11	9	大头针	2	900	销售部	真彩	
12	10	圆点标签	3	320	销售部	真彩	
13	11	剪刀	6	620	销售部	真彩	
14	12	修正带	4	360	销售部	真彩	
15	13	美工刀	3	200	销售部	真彩	
16	14						

9.7.4 设置数字格式

在Excel 2010中，用数字表示的内容有很多种，例如小数和货币等。在单元格中设置数字格式，包括改变数值的小数位数和为数值添加货币符号等。如图所示是为产品记录清单中的单价列添加特殊符号的步骤。

1 选择【设置单元格格式】选项

选中单元格区域C3:C15，单击【开始】选项卡下【单元格】组中的【格式】按钮，在弹出的下拉列表中选择【设置单元格格式】选项。

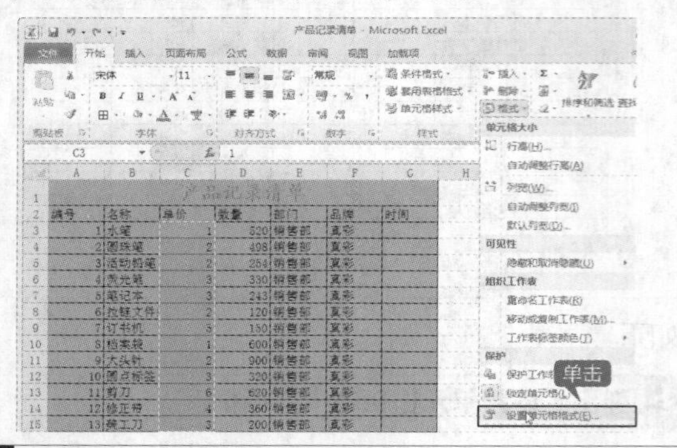

2 选择【货币】选项

弹出【设置单元格格式】对话框，在【数字】选项卡下的【分类】区域中选择【货币】选项。

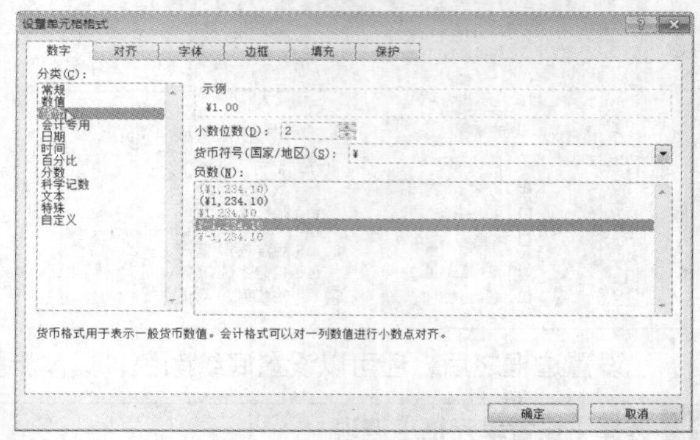

3 对【货币】选项进行设置

在右侧的【货币符号】下拉列表中选择相应的货币符号，如“¥”，设置【小数位数】为“1”，在【负数】区域中选择“¥1,234.10”选项。单击【确定】按钮。

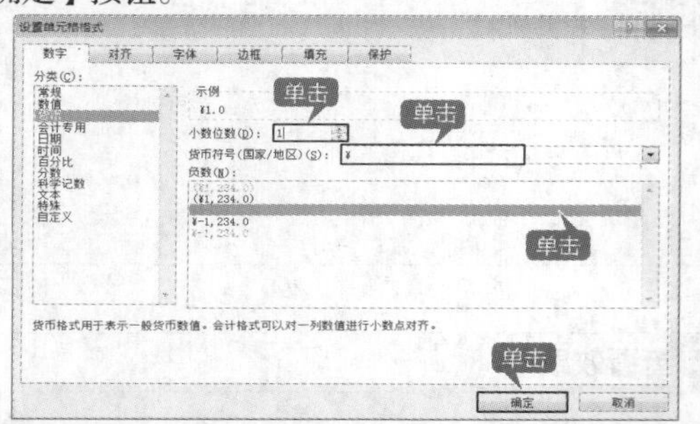

4 查看效果

查看效果。

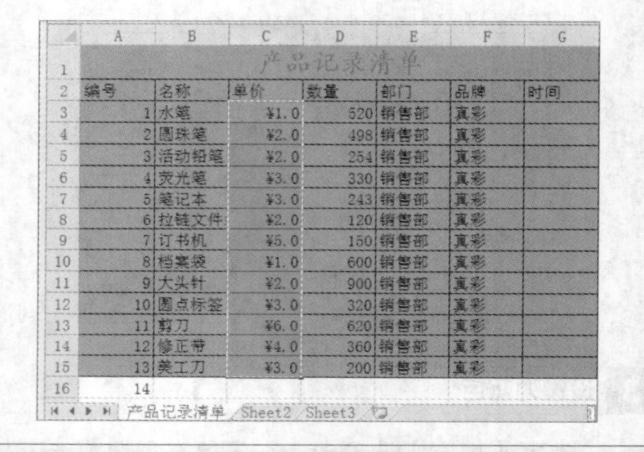

产品记录清单						
编号	名称	单价	数量	部门	品牌	时间
1	水笔	¥1.0	520	销售部	真彩	
2	圆珠笔	¥2.0	498	销售部	真彩	
3	活动铅笔	¥2.0	254	销售部	真彩	
4	荧光笔	¥3.0	330	销售部	真彩	
5	笔记本	¥3.0	243	销售部	真彩	
6	拉链文件	¥2.0	120	销售部	真彩	
7	订书机	¥5.0	150	销售部	真彩	
8	档案袋	¥1.0	600	销售部	真彩	
9	大头针	¥2.0	900	销售部	真彩	
10	圆点标签	¥3.0	320	销售部	真彩	
11	剪刀	¥6.0	620	销售部	真彩	
12	修正带	¥4.0	360	销售部	真彩	
13	美工刀	¥3.0	200	销售部	真彩	
14						

9.8 实例7——行和列的操作

本节视频教学时间：9 分钟

在Excel工作表中，对单元格的操作包括插入、删除、合并等。通常单元格的大小是Excel默认设置的，用户可以根据需要对单元格进行调整，以使所有单元格的内容可以全部显示出来。

9.8.1 选择行和列

要对整行或整列的单元格进行操作，必须先选定整行或整列的单元格。

将鼠标光标移动到要选择的行号（或者列号）上，当鼠标光标变成 ➡（或者⬇）形状后单击，该行（或列）即被选定。

工作经验小贴士

选择多行（或多列）：将鼠标光标移动到起始行（列）号上，鼠标指针变成 ➡（⬇）形状后按下鼠标左键不放，向下（右）或向上（左）拖曳至终止行，然后松开鼠标左键即可。

9.8.2 插入行和列

在“产品记录清单”工作簿中可以插入一列或一行内容，具体操作如下。

1 选择【插入】命令

如果想在D列前添加一列内容，首先需要选中D列，然后鼠标右键单击D列，在弹出的快捷菜单中选择【插入】命令。

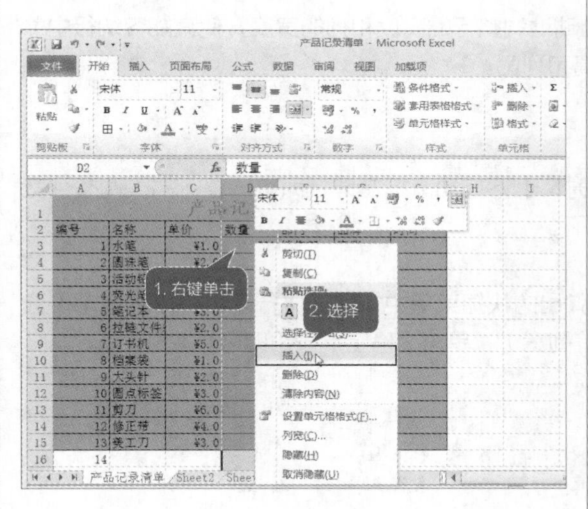

2 查看效果

插入成功，并查看效果。

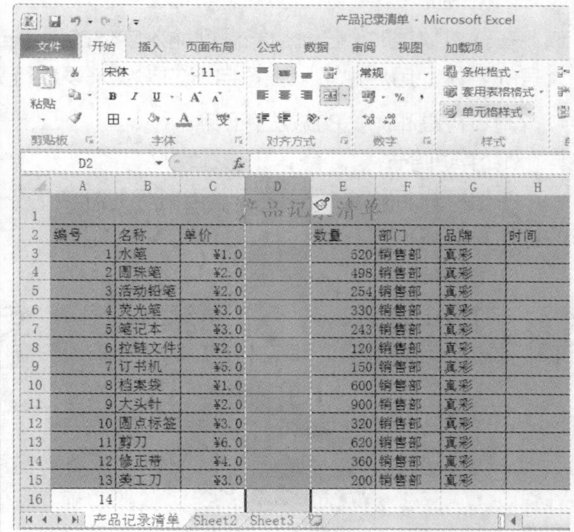

工作经验小贴士

选择列后，单击【开始】选项卡【单元格】选项组中的【插入】右侧的倒三角按钮，在弹出的下拉列表中选择【插入单元格】或【插入工作表列】命令也可以在选择的列前插入列。

插入行的方法和插入列的方法类似，这里不再介绍。

9.8.3 删除行和列

工作表中如果不需要某一个数据行或列，可以将其删除。

1 选择不相邻的两列

选中空白列，然后按【Ctrl】键，再选中H列，单击【开始】选项卡下【单元格】选项组中【删除】按钮 删除 ，即可删除。

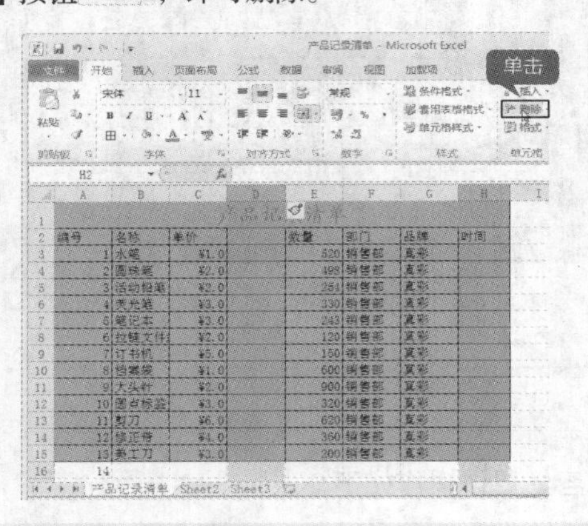

2 查看效果

删除成功，并查看效果。

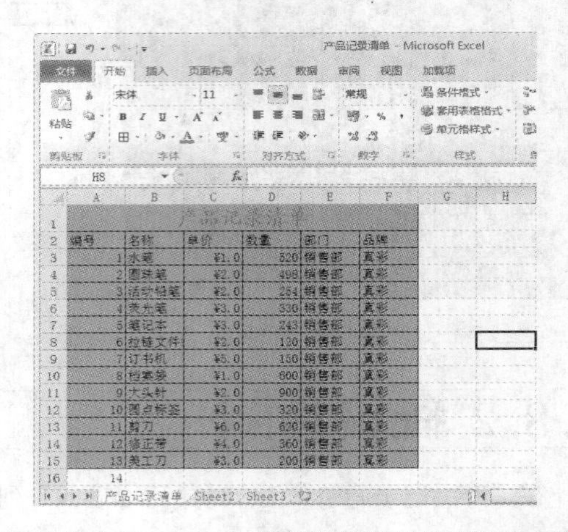

工作经验小贴士

选择列后，鼠标右键单击该列，在弹出的快捷菜单中选择【删除】命令即可删除该列。删除行的方法和删除列的方法类似，这里不再介绍。

9.8.4 调整行高和列宽

在输入数据时，Excel能根据输入字体的大小自动地调整行的高度和列的宽度，使其能容纳行中最大号的字体。用户也可以根据自己的需要来设置行高和列宽。

调节行高和列宽的方法有两种。

(1) 手动调节

将鼠标光标移至行号之间，当鼠标光标变为✛时，上下拖动鼠标左键，即可调整行高。调整列宽的方法与之类似。

(2) 精确调节

右键单击选中的行（列）的行号（列号），在弹出的快捷菜单中，选择【行高】（【列宽】）选项，弹出【行高】（【列宽】）对话框，输入行高（列宽），单击【确定】按钮即可。

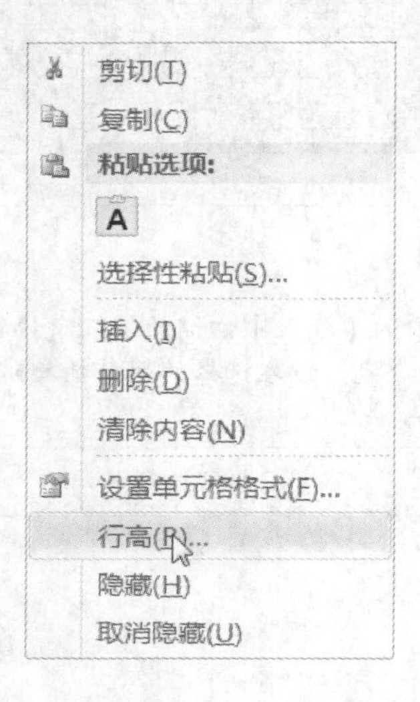

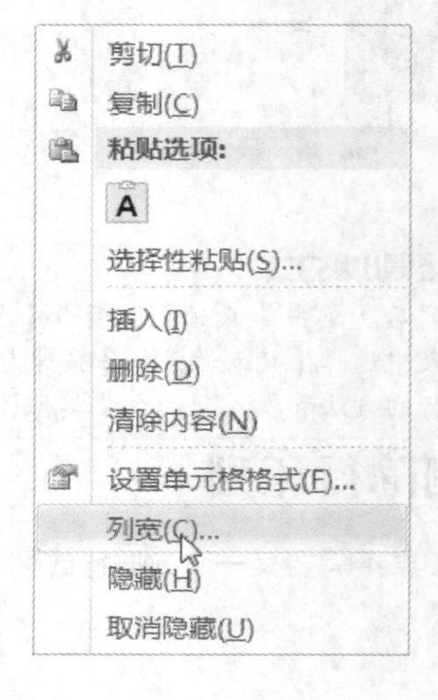

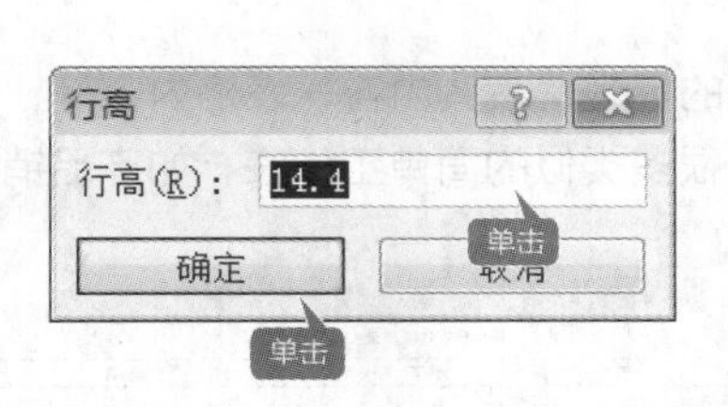

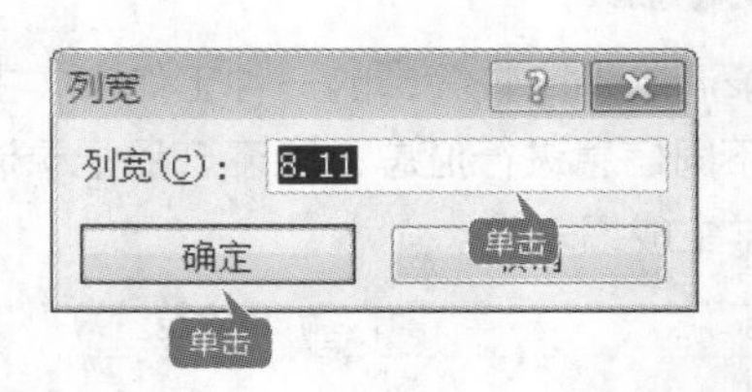

9.9 实例8——设置字体对齐方式

本节视频教学时间：3 分钟

对齐方式是指单元格中的数据显示在单元格中上、下、左、右的相对位置。Excel 2010允许为单元格数据设置的对齐方式有左对齐、右对齐和合并居中对齐。默认情况下，单元格的文本是左对齐，数字是右对齐。

1 单击【居中】按钮

选中单元格区域A2:F15，单击【开始】选项卡下【对齐方式】组中的【居中】按钮 。

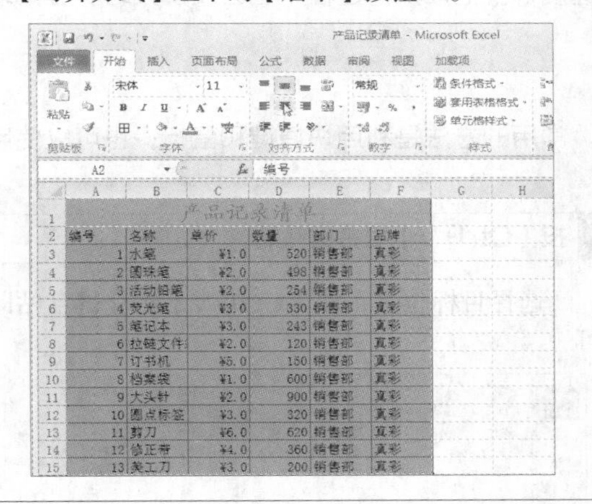

2 查看效果

将单元格A2:F15设置完成，并查看效果。

选中需要设置对齐方式的单元格或单元格区域，单击【开始】选项卡下【对齐方式】选项组右下角的【设置单元格格式：对齐方式】按钮，弹出【设置单元格格式】对话框，在【对齐】选项卡下可对其进行设置。

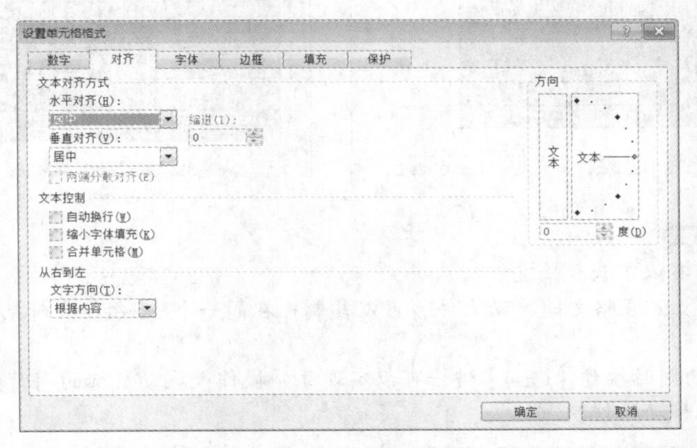

举一反三

产品记录清单是比较简单的一种工作表，主要包括表的标题、表头内容、表格内容等，并且可以把表头下的不同信息进行汇总。除了产品记录清单，还有很多类似的简单工作表，如产品销量表、销售汇总表、学生成绩表等。

D3 =河南销量!B2

	A	B	C	D
1	销售汇总表			
2		北京销量	上海销量	河南销量
3	电视机	5126	6521	5784
4	显示器	8648	7565	4596
5	笔记本电脑	4872	5684	3687
6	空调	6812	7852	4875
7	电冰箱	5326	6254	5905
8	抽油烟机	7621	5987	3548
9	跑步机	3552	4587	4869

部分村农作物产量（公斤/公顷）

单位	小麦	玉米	谷子	水稻	大豆	番薯	合计
花园村	7232	3788	7650	2679	1654	4909	27912
黄河村	6687	5122	7130	3388	1359	0	
解放村	3685	3978	5896	2659	1325	7280	
丰产村	6585	0	7835	3614	2039	2605	
奋斗村	5985	5697	6763	3133	1780	0	
丰收村	3723	2596	8563	1325	9330	2300	
胜利村	5250	0	6327	2569	2372	1580	
青春村	6736	5775	6986	2646	1179	6028	
向阳村	5158	4131	7996	2863	5790	2690	
红旗村	4290	6150	6205	1158	6420	1874	

高手私房菜

在修订文档的过程中，运用技巧无疑会提高工作速度。我们在操作过程中也会发现技巧，应记录下技巧以方便以后使用。

技巧：移动与复制单元格的技巧

复制（移动）单元格或单元格区域的方法有多种，常用的方法是利用快捷键和鼠标，也可以使用组合键移动与复制单元格。

1 按【Ctrl+X】组合键剪切

选中要移动的单元格，按【Ctrl+X】组合键可以剪切；若要复制单元格，可以按【Ctrl+C】组合键。

产品记录清单

编号	名称	单价	数量	部门	品牌
1	水笔	¥1.0	520	销售部	真彩
2	圆珠笔	¥2.0	498	销售部	真彩
3	活动铅笔	¥2.0	254	销售部	真彩
4	荧光笔	¥3.0	330	销售部	真彩
5	笔记本	¥3.0	243	销售部	真彩
6	拉链文件袋	¥2.0	120	销售部	真彩
7	订书机	¥5.0	150	销售部	真彩
8	档案袋	¥1.0	600	销售部	真彩
9	大头针	¥2.0	900	销售部	真彩
10	圆点标签	¥3.0	320	销售部	真彩
11	剪刀	¥6.0	620	销售部	真彩
12	修正带	¥4.0	360	销售部	真彩
13	美工刀	¥3.0	200	销售部	真彩

产品记录清单 Sheet2 Sheet3

2 按【Ctrl+V】组合键粘贴

选择目标位置，按【Ctrl+V】组合键粘贴即可。

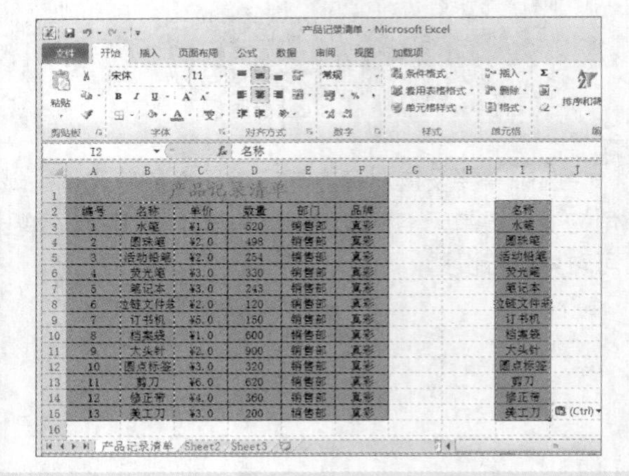

编号	名称	单价	数量	部门	品牌			名称
1	水笔	¥1.0	520	销售部	真彩			水笔
2	圆珠笔	¥2.0	498	销售部	真彩			圆珠笔
3	活动铅笔	¥2.0	254	销售部	真彩			活动铅笔
4	荧光笔	¥3.0	330	销售部	真彩			荧光笔
5	笔记本	¥3.0	243	销售部	真彩			笔记本
6	拉链文件袋	¥2.0	120	销售部	真彩			拉链文件袋
7	订书机	¥5.0	150	销售部	真彩			订书机
8	档案袋	¥1.0	600	销售部	真彩			档案袋
9	大头针	¥2.0	900	销售部	真彩			大头针
10	圆点标签	¥3.0	320	销售部	真彩			圆点标签
11	剪刀	¥6.0	620	销售部	真彩			剪刀
12	修正带	¥4.0	360	销售部	真彩			修正带
13	美工刀	¥3.0	200	销售部	真彩			美工刀

工作经验小贴士

使用鼠标拖动有以下两种情况。

(1) 在不同的Excel表格之间拖动文件，可以复制；在同一个Excel表格内拖动文件，可以移动。

(2) 拖动鼠标的同时按住【Ctrl】键，可以实现复制操作；拖动鼠标的同时按住【Shift】键，可以实现移动操作。

第 10 章

用 Excel 制作公司订单流程图

本章视频教学时间：53 分钟

在Excel 2010中使用插图、艺术字和SmartArt图形，可以使文档看起来更加美观。

【学习目标】

- 通过本章的学习，可以掌握插入艺术字、图片和 SmartArt 图形的方法。

【本章涉及知识点】

- 插入与设置艺术字
- 使用 SmartArt 图形
- 插入图片
- 设置图片

10.1 分析“公司订单处理流程图”

本节视频教学时间：3分钟

要制作订单处理流程图需要一些必备的要素。

(1) 架构订单处理的过程。

(2) 添加流程图标题。

(3) 绘制流程图。

(4) 添加流程图说明。

(5) 添加图片。

(6) 美化流程图。

制作订单处理流程图首先需要新建一个 Excel 工作薄，并将其另存。

1 启动Excel 2010

单击任务栏中的【开始】按钮，选择【所有程序】➤【Microsoft Office】➤【Microsoft Excel 2010】选项，即可启动Excel 2010。

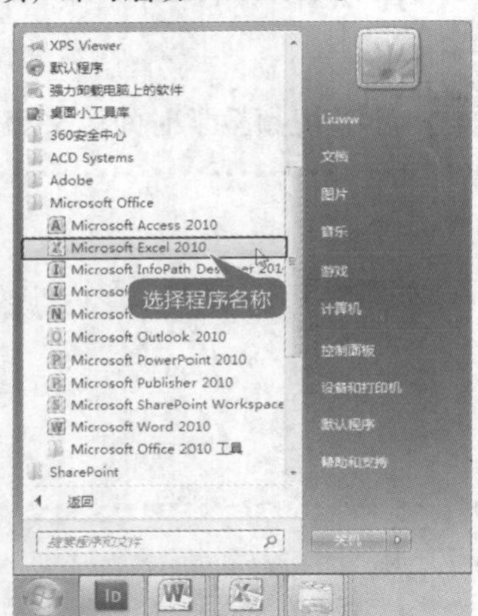

2 另存工作薄

选择【文件】选项卡，在【文件】选项卡下单击【另存为】按钮，在弹出的【另存为】对话框中选择文件要另存的位置，并在【文件名】文本框中输入“订单处理流程图”，单击【保存】按钮，即可新建一个名称为“订单处理流程图”的工作薄。

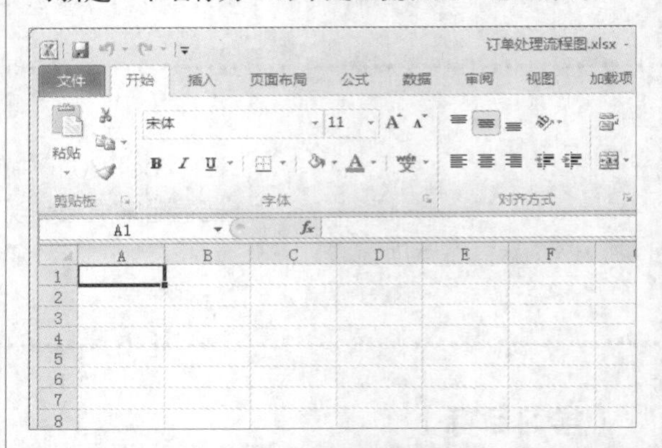

10.2 实例1——插入并设置系统提供的形状

本节视频教学时间：11分钟

利用Excel 2010系统提供的形状，可以绘制出各种形状。

10.2.1 插入形状

Excel 2010 中内置了 8 大类近 170 种图形，分别为线条、矩形、基本形状、箭头总汇、公式形状、流程图、星与旗帜和标注，用户可以根据需要从中选择适当的图形。

工作经验小贴士

Excel 2010支持的图形格式有：位图文件格式BMP、PNG、JPG和GIF；矢量图文件格式CGM、WMF、DRW和EPS等。

1 选择【形状】按钮

在【插入】选项卡中，单击【插图】选项组中的【形状】按钮，弹出如图所示的下拉列表。单击选择形状。

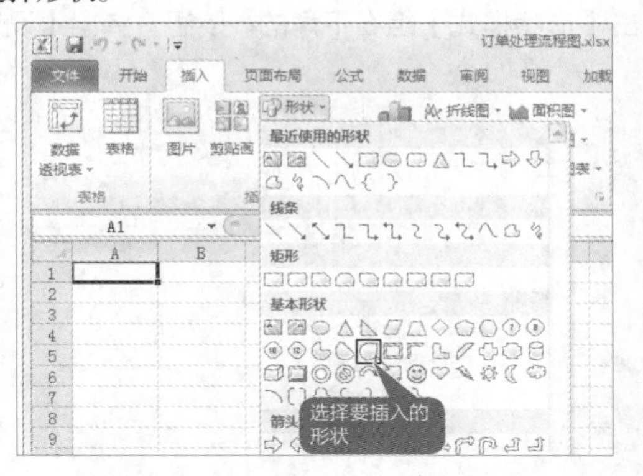

2 绘制形状

在工作表中单击并拖动鼠标光标即可绘制出相应图形。

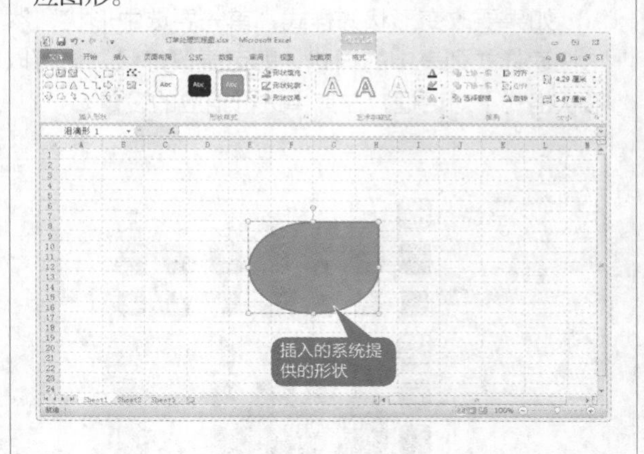

10.2.2 在形状中插入文字

许多形状有插入文字的功能，接下来介绍如何在绘制的形状中插入文字。

1 选择【编辑文字】选项

在插入的形状上单击鼠标右键，在弹出的快捷菜单中选择【编辑文字】选项，形状中会出现输入鼠标光标。

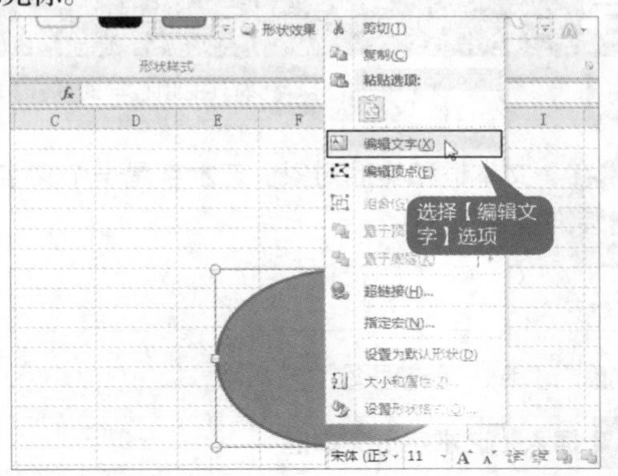

2 完成文字输入

在鼠标光标处输入文字即可，如下图所示。

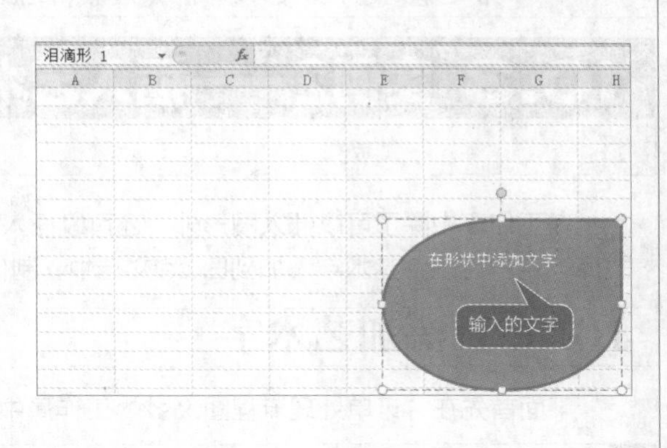

3 设置字体、字号

在【开始】选项卡下的【字体】选项组中可以设置插入文字的字体和字号。

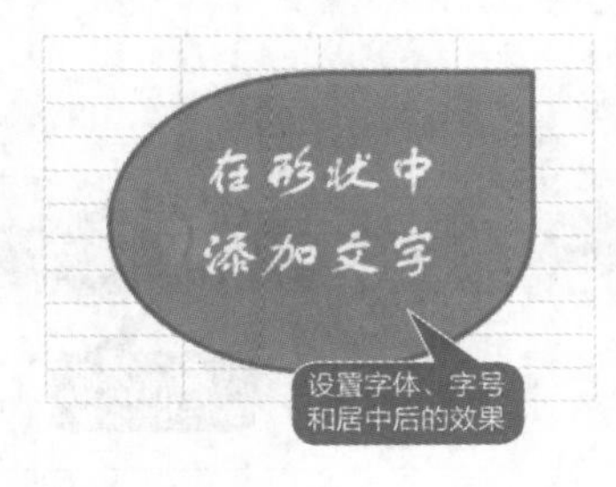

4 设置艺术字样式

在【格式】选项卡下的【艺术字样式】选项组中可以设置插入字体的艺术字样式，设置的最终效果如下图所示。

10.2.3 设置形状效果

插入形状后还可以设置其形状效果。

如果要改变形状的样式，首先要选中形状，然后在【格式】选项卡的【形状样式】选项组中，单击快速样式列表中的样式，即可更改形状，也可以单击【形状样式】组右下角的按钮，弹出【设置形状格式】对话框，在其中进行相应的设置。

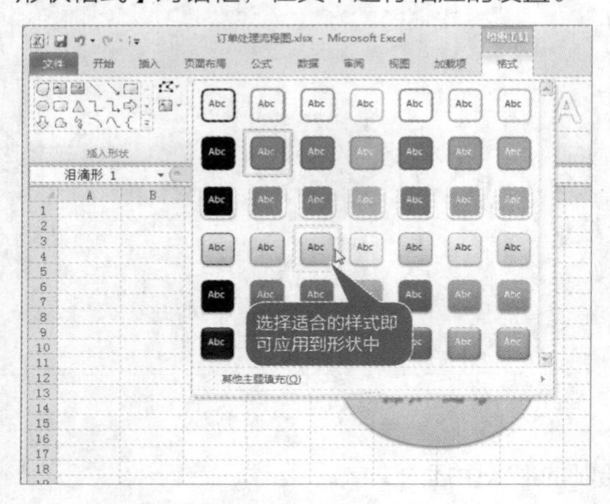

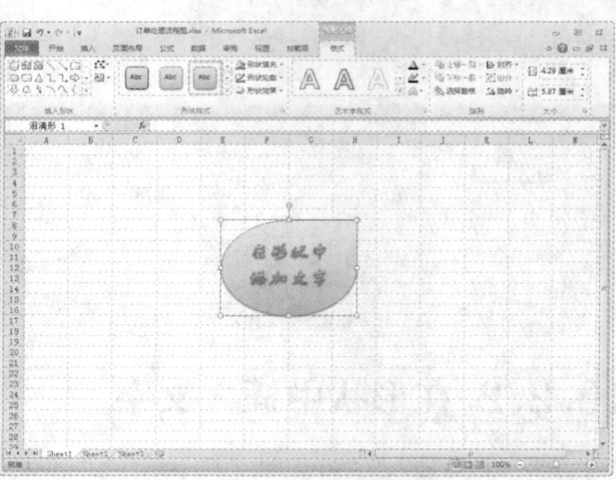

工作经验小贴士

下面在制作公司订单流程图的过程中，不使用系统提供的形状，因此，在正式制作公司订单流程图之前，选中插入的形状，然后按【Delete】键将其删除。

10.3 实例2——插入艺术字

本节视频教学时间：11分钟

在工作表中除了可以插入图形外，还可以插入艺术字、文本框和其他对象。艺术字是一个文字样式库，用户可以将艺术字添加到Excel文档中，制作出装饰性效果。

10.3.1 添加艺术字

下面首先在“订单处理流程图.xlsx”工作薄中添加“订单处理流程图”艺术字。

1 打开【艺术字】下拉列表

在Excel工作表的【插入】选项卡中，单击【文本】选项组中的【艺术字】按钮，弹出【艺术字】下拉列表，单击所需的艺术字样式。

2 插入【艺术字】文本框

即可在工作表中插入艺术字文本框。

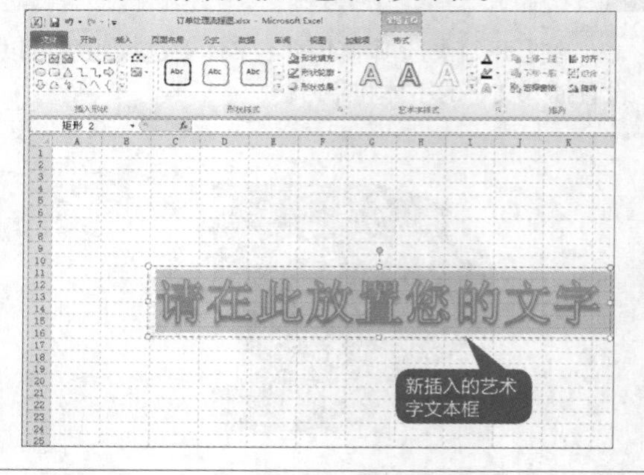

3 输入文字

将鼠标光标定位在工作表的艺术字文本框中，删除预定的文字，输入“订单处理流程图”。

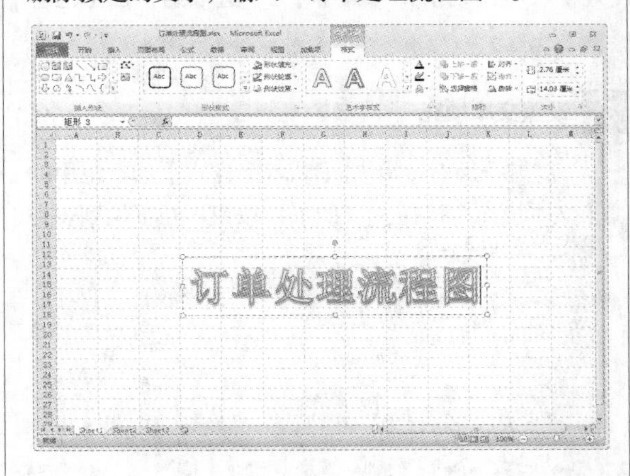

4 完成输入

单击文本框，当鼠标光标变为✥时，按住鼠标左键拖曳文本框至合适的位置处，松开鼠标左键，单击工作表中的任意位置，即可完成艺术字的输入和移动。

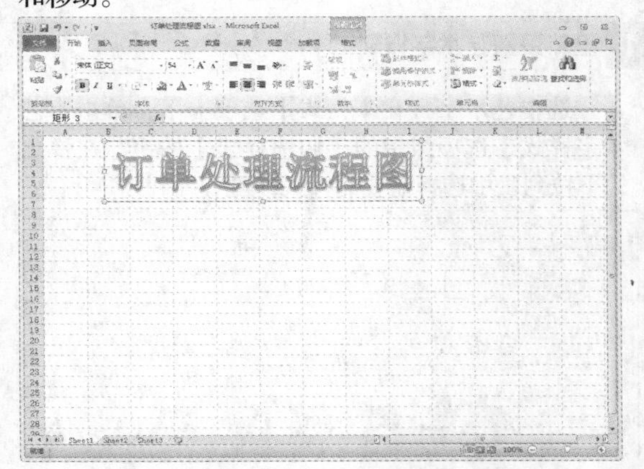

10.3.2 设置艺术字的格式

在工作表中插入艺术字后，用户还可以设置艺术字的字体、字号以及艺术字样式等格式。

工作经验小贴士

如果插入的艺术字有错误，只要在艺术字内部单击，即可进入字符编辑状态。按【Delete】键删除错误的字符，然后输入正确的字符即可。

1. 设置艺术字字体与字号

设置艺术字的字体、字号的方法与设置普通文本的字体、字号的方法一样。

1 设置字体

选中需要设置字体的艺术字，在【开始】选项卡中，单击【字体】选项组中的【字体】按钮，在其下拉列表中选择一种字体即可。

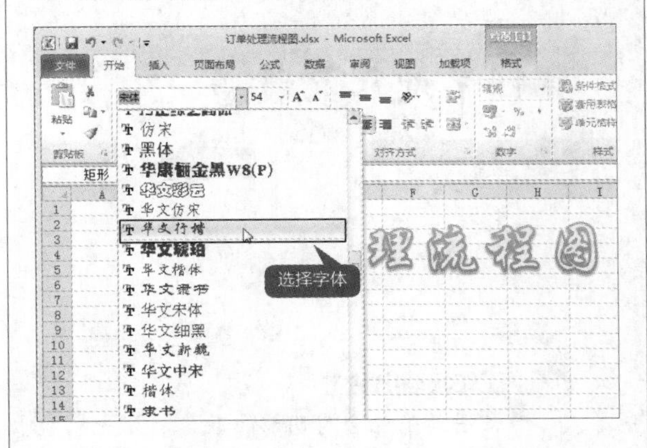

2 设置字号

在【开始】选项卡下的【字体】选项组中单击【字号】按钮，在其下拉列表中选择一种字号，即可改变艺术字的字号。

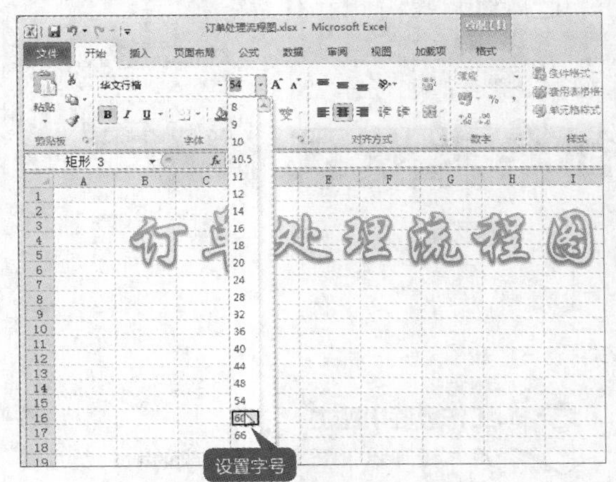

2. 设置艺术字样式

选中输入的艺术字，将会打开【绘图工具】➤【格式】选项卡，在【绘图工具】➤【格式】选项卡下包含有【插入形状】、【形状样式】、【艺术字样式】、【排列】和【大小】5个选项组，在【艺术字样式】选项组中可以设置艺术字的样式。

1 重新设置艺术字样式

选中艺术字，在【格式】选项卡下，单击【艺术字样式】选项组中的【快速样式】按钮，在弹出的下拉列表中选择需要的样式即可。

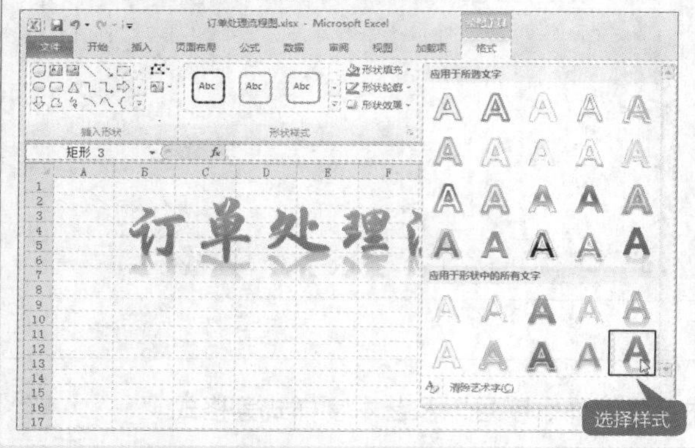

工作经验小贴士

在【快速样式】下拉列表中单击【清除艺术字】按钮，即可清除艺术字的所有样式，但会保留艺术字文本以及字体和字号的设置。

2 设置文本填充

选中艺术字，单击【艺术字样式】选项组中的【文本填充】按钮 的下拉按钮，在下拉列表中单击“紫色”。

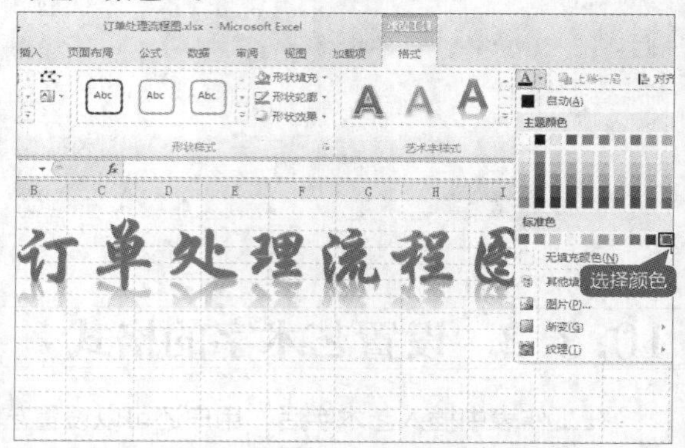

工作经验小贴士

除了使用纯色填充文本外，还可以在【渐变和纹理】下拉列表中选择要进行文本填充的渐变颜色和纹理，或者单击【图片】选项，选择图片进行填充。

3 设置文本轮廓

单击【艺术字样式】选项组中的【文本轮廓】按钮，在弹出的下拉列表中选择需要的样式即可（这里选择“黑色”）。

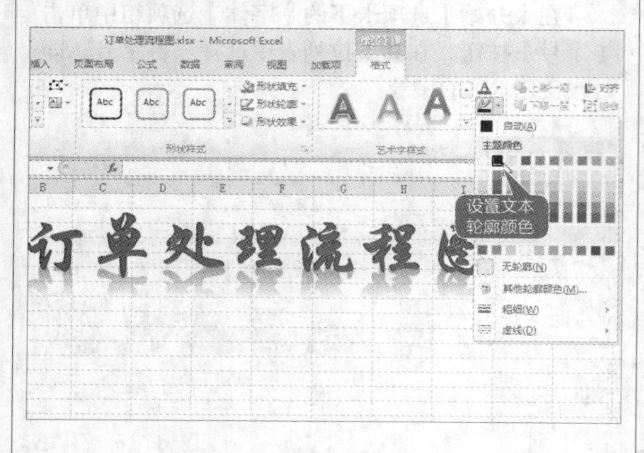

工作经验小贴士

用户还可以设置文本轮廓线的粗细及虚实线等，这里不再赘述。

4 设置文字效果

单击【艺术字样式】选项组中的【文字效果】按钮 的下拉按钮，可以自定义文字效果。下图为选择【转换】➤【双波形1】的效果。

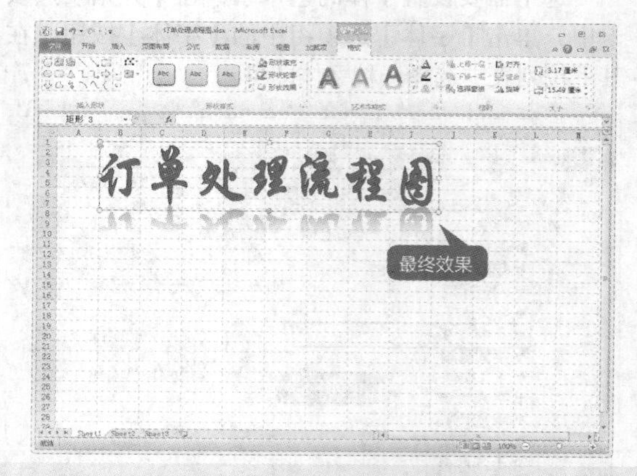

工作经验小贴士

文字效果包含有阴影、映像、发光、棱台、三维旋转和转换这6类，用户根据预览选择喜欢的文字效果即可。

3. 设置艺术字形状样式

在【绘图工具】➤【格式】选项卡下的【形状样式】选项组中可以设置艺术字的形状样式。

1 设置快速填充

选中艺术字，在【格式】选项卡中，单击【形状样式】选项组中的【其它】按钮，在弹出的下拉列表中选择如下图所示的样式。

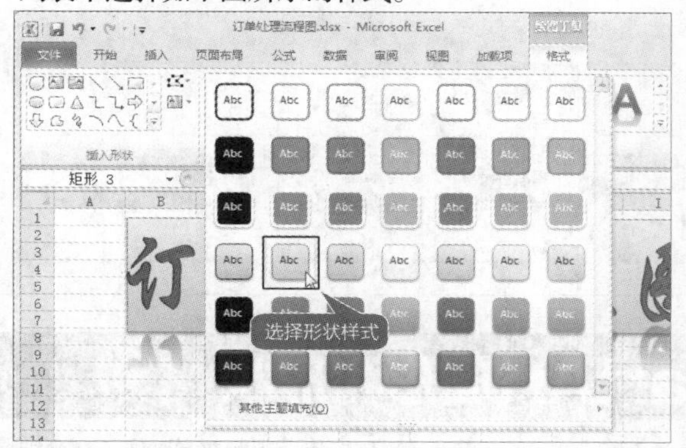

2 设置形状填充

选中艺术字，单击【形状样式】选项组中【形状填充】按钮的倒三角箭头，在下拉列表中选择【纹理】➤【软木塞】选项，填充效果如图所示。

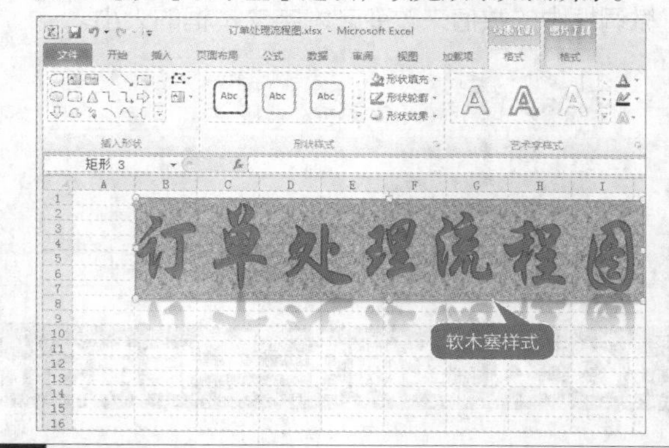

3 设置形状轮廓

单击【形状样式】选项组中的【形状轮廓】按钮 形状轮廓，在弹出的下拉列表中选择需要的样式即可（这里选择“紫色”）。

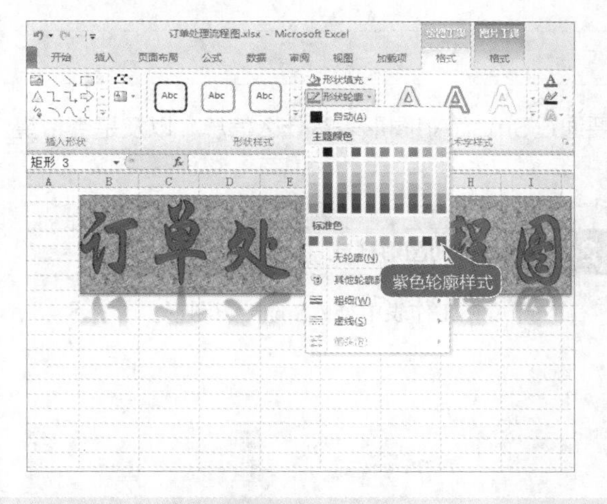

4 设置形状效果

单击【形状样式】选项组中的【形状效果】按钮 形状效果，选择【三维旋转】➤【适度宽松透视】选项，设置的形状效果如下图所示。

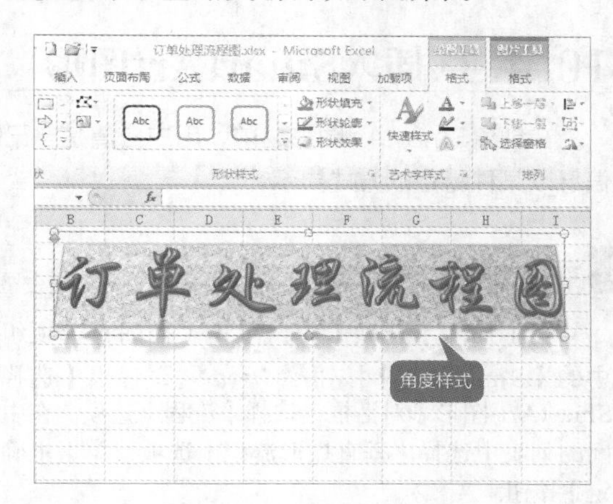

工作经验小贴士

设置艺术字样式和艺术字的形状样式的方法是大致相同的，但是它们却是两个不同的操作。设置艺术字样式可以对单个艺术字文本进行设置，而设置艺术字的形状样式是将艺术字文本框及内容作为一个整体进行设置。

4. 调整艺术字文本框大小

用户可以通过两种方式来设置艺术字文本框的大小。

(1) 拖动控制柄设置大小

选中艺术字，在艺术字文本框上会出现8个控制点，拖动4个角上的控制点，可以等比例缩放其大小；拖动4条边上的控制点，可以在横向或者纵向上拉伸或压缩艺术字文本框的大小。

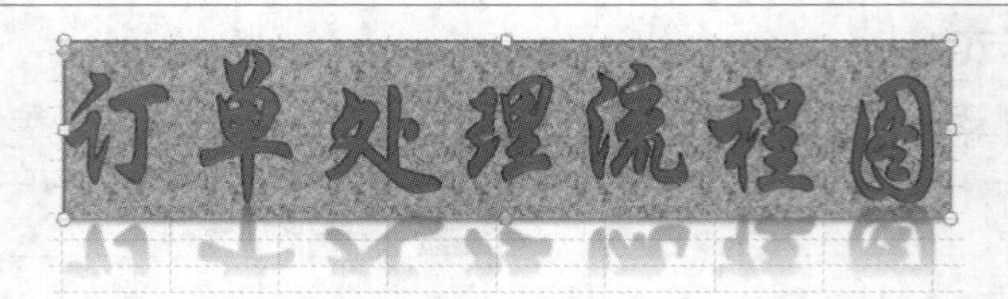

(2) 使用【大小】选项组设置

选中艺术字，在【格式】选项卡下的【大小】选项组中通过改变【形状高度】和【形状宽度】2个微调框中的数值来改变艺术字文本框的大小。

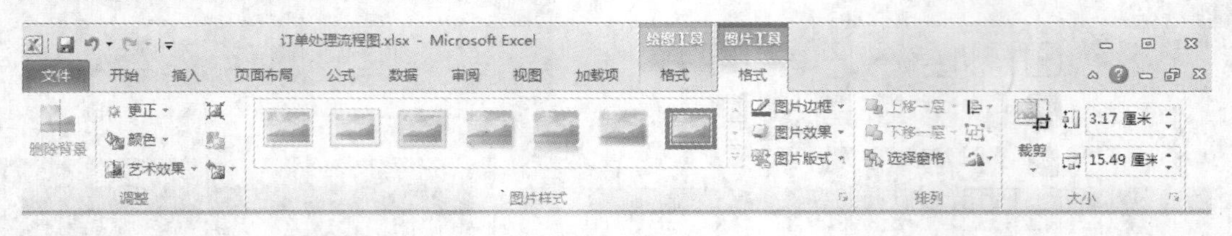

10.4 实例3——使用SmartArt图形和形状

本节视频教学时间：14分钟

SmartArt图形是数据信息的艺术表示形式，用户可以在多种不同的布局中创建SmartArt图形，它用于向文本和数据添加颜色、形状和强调效果等。在Excel 2010中提供有8大类100多种SmartArt图形布局形式，用起来非常方便。下面就来学习如何使用SmartArt图形创建订单处理流程图。

10.4.1 插入SmartArt图形

在创建SmartArt图形之前，用户应清楚自己需要通过SmartArt图形表达什么信息，以及是否希望信息以某种特定的方式显示。

1 选择要插入的流程图

在【插入】选项卡中，单击【插图】选项组中的【SmartArt】按钮 SmartArt，弹出【选择SmartArt 图形】对话框，选择【流程】选项。在中间的列表中选择【垂直蛇形流程】选项，单击【确定】按钮。

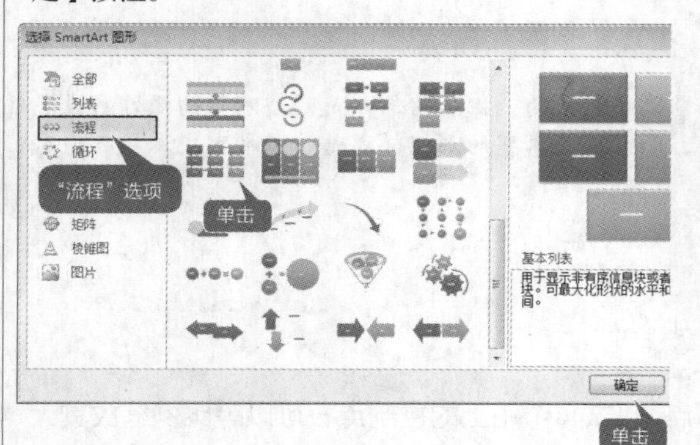

2 插入选择的图形样式

即可在工作表中插入SmartArt图形。

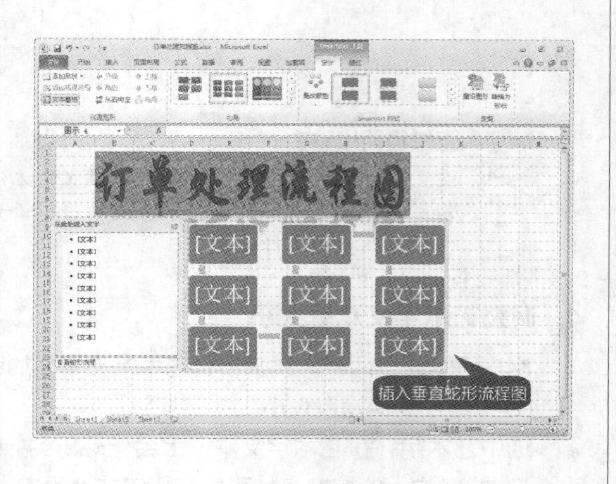

3 输入内容

左侧显示的是【文本】窗格，通过【文本】窗格，可以输入和编辑SmartArt图形中显示的文字。在【文本】窗格中添加和编辑内容时，SmartArt图形会自动更新。在左侧的【文本】窗格中输入如图所示的文字。

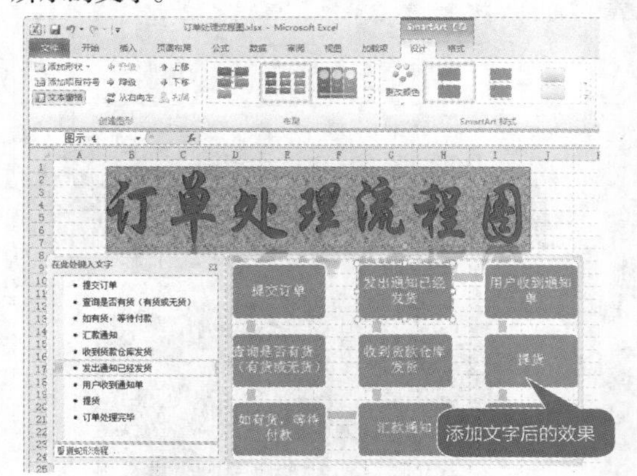

4 改变位置

将鼠标光标定位在SmartArt图形的边框上，当鼠标光标变为双向的十字箭头形状图时，按住鼠标左键，拖曳鼠标光标至合适的位置处，松开鼠标左键，即可改变SmartArt图形的位置。

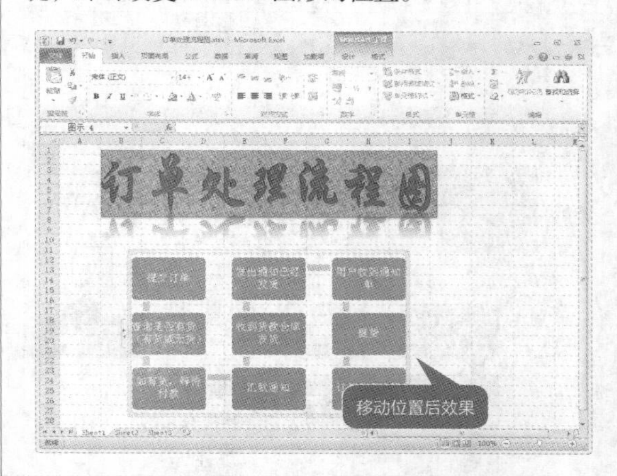

工作经验小贴士

添加文字完成之后，只需要在Excel表格的空白位置处单击，即可取消【文本】窗格的显示，完成文字的输入。需要修改文本时，只要单击SmartArt图形即可重新显示【文本】窗格。

工作经验小贴士

如果需要添加更多的步骤，选中需要添加的流程步骤，单击【设计】选项卡【创建图形】选项组中的【添加形状】下拉箭头，在弹出的下拉列表中进行选择即可。

10.4.2 设置SmartArt图形

创建SmartArt图形之后，用户可以根据需要对其进行设置。

1 设置SmartArt样式

选中创建的SmartArt图形，功能区中将增加SmartArt工具的【设计】和【格式】两个选项卡。在【设计】选项卡的【SmartArt 样式】选项组中，单击右侧的【其他】按钮，在弹出的下拉列表中选择【三维】组中的【优雅】类型样式。

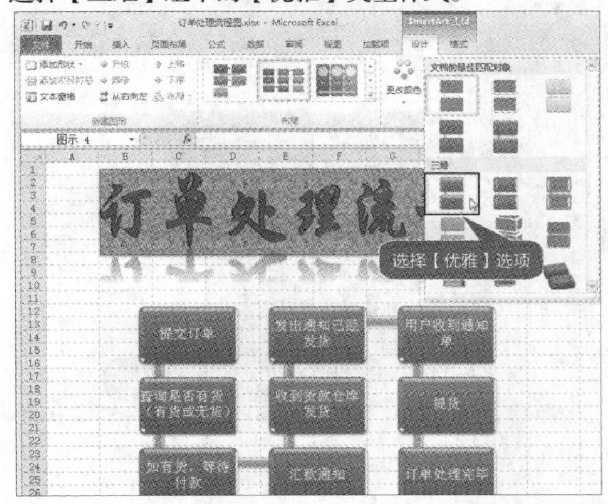

2 更改颜色

在【设计】选项卡的【SmartArt 样式】选项组中，单击【更改颜色】按钮，在弹出的颜色列表中选择【强调文字颜色2】选项组中的【透明渐变范围–强调文字颜色 2】选项，将SmartArt图形的颜色修改为如图所示的效果。

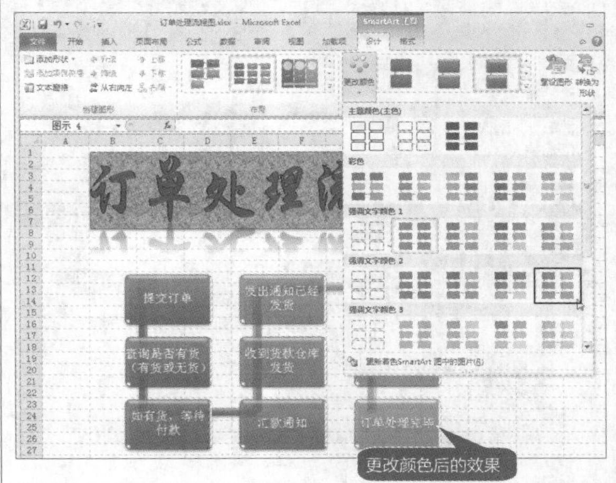

3 设置文字样式

选中SmartArt图形，在【SmartArt 工具】➤【格式】选项卡的【艺术字样式】选项组中，单击右侧的【其他】按钮，在弹出的下拉列表中选择一种艺术字样式，就可以改变图形中文字的样式。

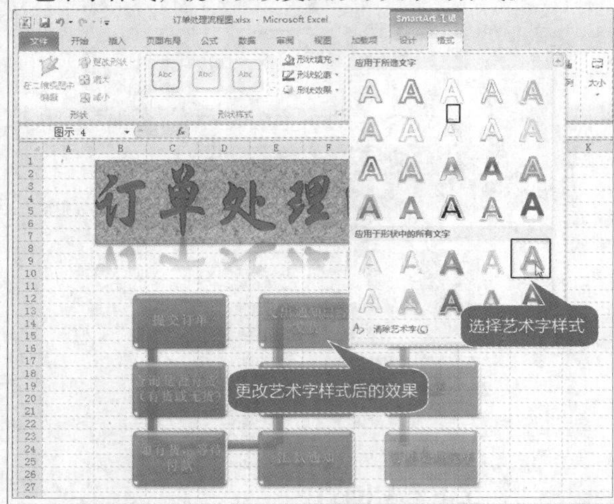

工作经验小贴士

除此之外，还可以设置文本填充、文本轮廓和文字效果。其设置方法与设置艺术字的方法相同，这里不再赘述。

4 设置形状样式

选择图形框，在【SmartArt 工具】➤【格式】选项卡的【形状样式】选项组中，单击【形状填充】按钮，在弹出的下拉列表中选择【纹理】下的【栎木】选项，改变图形样式。

工作经验小贴士

此外，用户还可以在【形状样式】选项组下设置图形的形状轮廓和形状效果。

10.4.3 更改SmartArt图形布局

用户可以通过改变SmartArt的布局来改变外观，以使图形更能体现出层次结构。

1 打开布局列表

单击【设计】选项卡【布局】选项组中的【其他】按钮，弹出布局列表，单击【基本蛇形流程】布局样式。

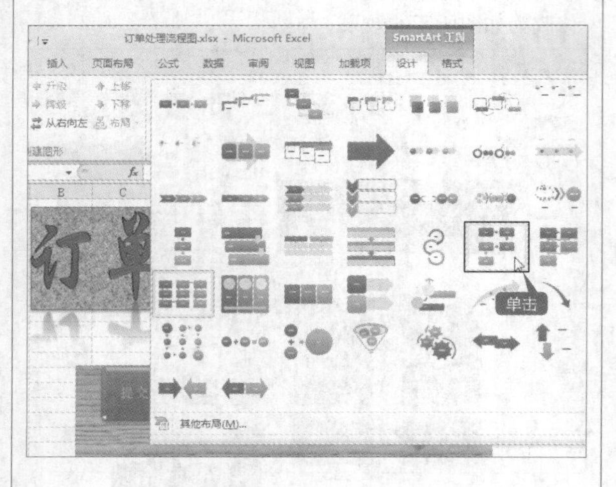

2 应用新布局

即可更改SmartArt图形的布局，新布局效果如下图所示。

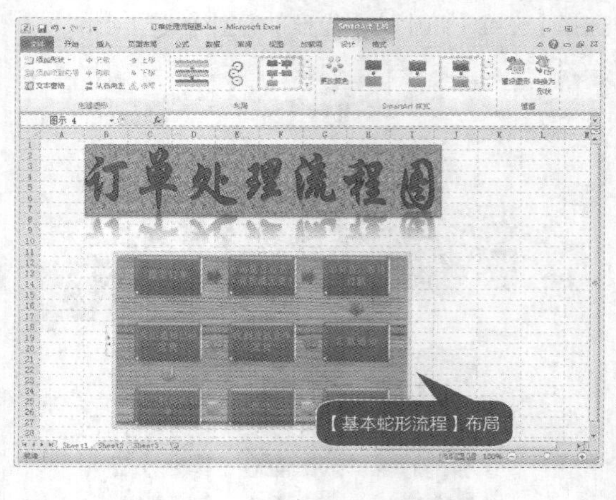

10.4.4 更改形状样式

在订单处理流程图中，可以将“提交订单”和“订单处理完毕”两个图形使用与其他图形不同的形状，以便进行区别。

1 选择形状

选中“提交订单”形状，单击【格式】选项卡下【形状】选项组中的【更改形状】按钮，在弹出的下拉列表中选择【椭圆】选项。

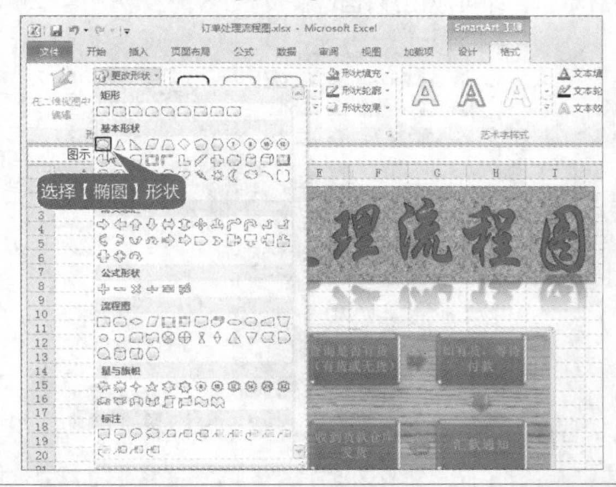

2 完成设置

即可将“提交订单”形状改变为椭圆。使用同样的方法将“订单处理完毕”形状也更改为“椭圆”形状。最终效果如下图所示。

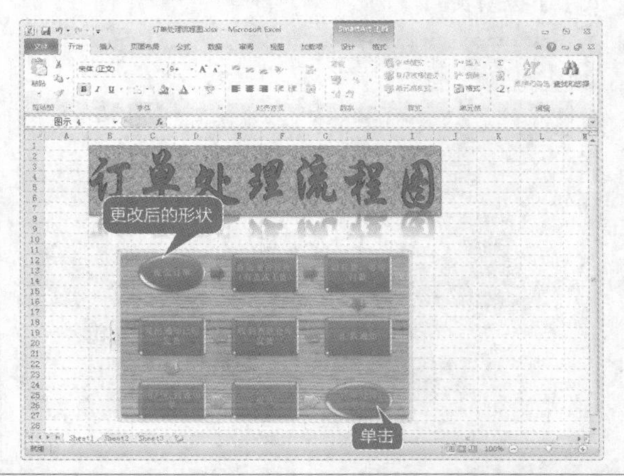

10.5 实例4——使用图片

本节视频教学时间：14分钟

制作好公司订单处理流程图之后，需要在制作的流程图中插入网购公司标志，然后对图片进行简单的设置，使其与整体订单流程图相呼应。

10.5.1 插入图片

首先来看一下如何在订单处理流程图文件中插入公司标志图片。

1 选择图片

将鼠标光标定位在需要插入图片的位置，在【插入】选项卡中，单击【插图】选项组中的【图片】按钮，弹出【插入图片】对话框，在【查找范围】列表框中选择图片的存放位置，选择要插入的图片，然后单击【插入】按钮。

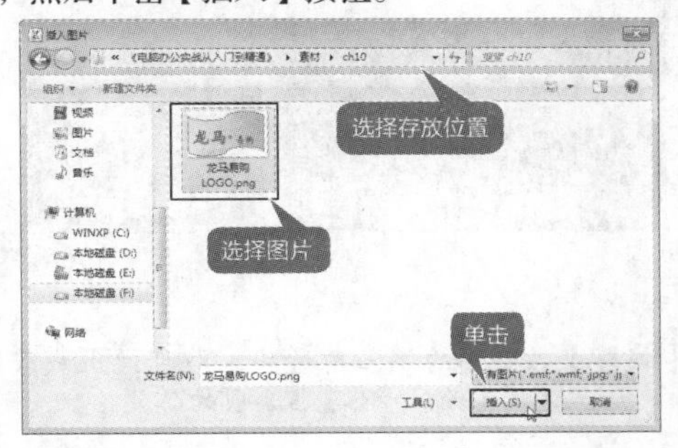

2 插入图片并调整图片的位置

即可在Excel工作表中插入图片，在功能区会出现【图片工具】➤【格式】选项卡，拖曳图片，改变图片的位置，完成图片的插入。

10.5.2 快速应用图片样式

为了采用一种快捷的方式美化图片，可以使用【图片样式】选项组中的28种预设样式，这些预设样式包括旋转、阴影、边框和形状的多种组合等。

1 打开【快速样式】下拉列表

选中插入的图片，在【格式】选项卡中，单击【图片样式】选项组中的按钮，弹出【快速样式】下拉列表。

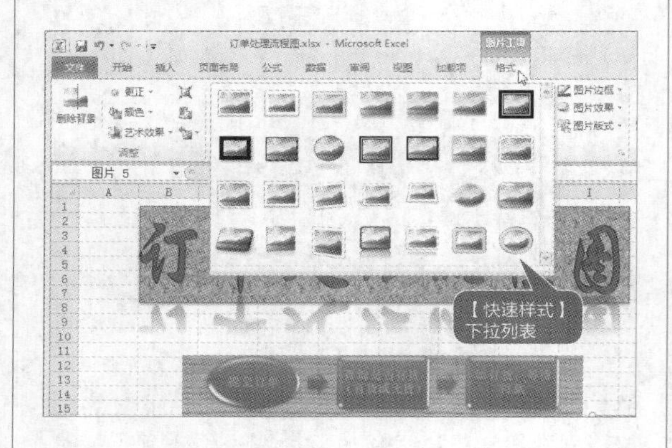

2 选择样式

鼠标光标在28种内置样式上经过，可以看到图片样式会随之发生改变，确定一种合适的样式，然后单击，即可应用该样式。

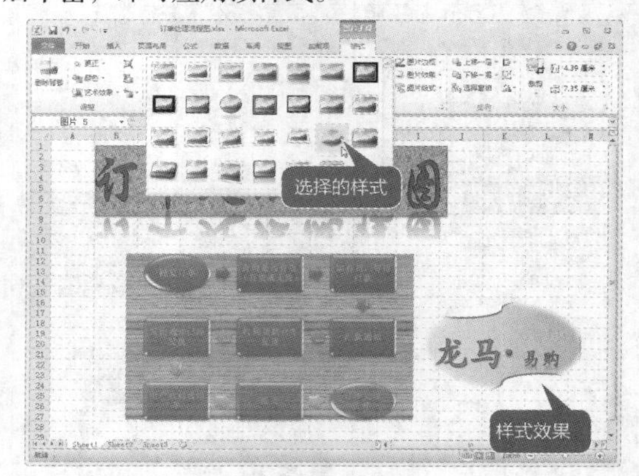

10.5.3 调整图片大小和裁剪图片

用户可以调整图片的大小，使其与整体更协调。

1 使用选项卡精确调整图片大小

选中插入的图片，在【格式】选项卡【大小】选项组中的【高度】或【宽度】微调按钮框中输入或选择需要的高度或者宽度，即可改变图片的大小。这里设置其【高度】值为"4.06厘米"，其【形状宽度】值会随之改变。

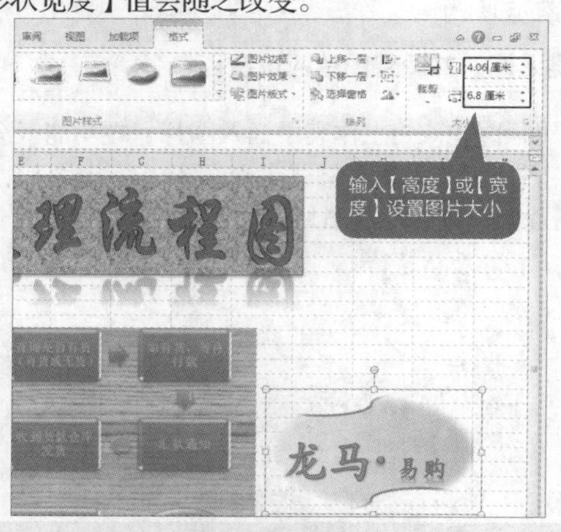

2 使用选项卡裁剪图片

选中插入的图片，在【格式】选项卡中，单击【大小】选项组中的【裁剪】按钮，随即在图片的周围会出现8个裁剪控制柄，拖动这8个裁剪控制柄，即可进行图片的裁剪操作。图片裁剪完毕，再次单击【裁剪】按钮，即可退出裁剪模式。

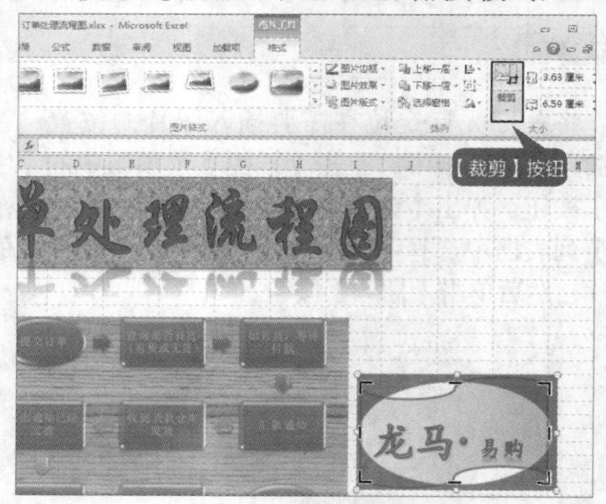

工作经验小贴士

在【格式】选项卡中，单击【大小】选项组中【裁剪】按钮的倒三角箭头，即可弹出裁剪选项的下拉菜单，用户可以根据需要选择不同的选项。这里不再详细介绍其他选项的作用。

10.5.4 压缩图片文件

向工作表中导入图片时，文件的大小会显著增加，为了减小工作表的大小，可以压缩图片文件。

1 打开【压缩图片】对话框

选中插入的图片，在【格式】选项卡中，单击【调整】选项组中的【压缩图片】按钮，弹出【压缩图片】对话框。

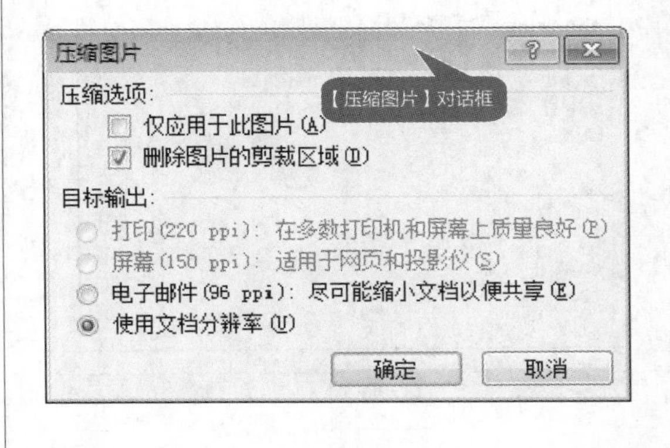

2 设置选项

选中【仅应用于此图片】复选框，不会对其他图片进行压缩操作。单击选中【删除图片的裁剪区域】复选框，即使【重设图片】也不能还原。在【目标输出】栏中有4个单选项，用户可以根据需要进行设置。单击【确定】按钮。

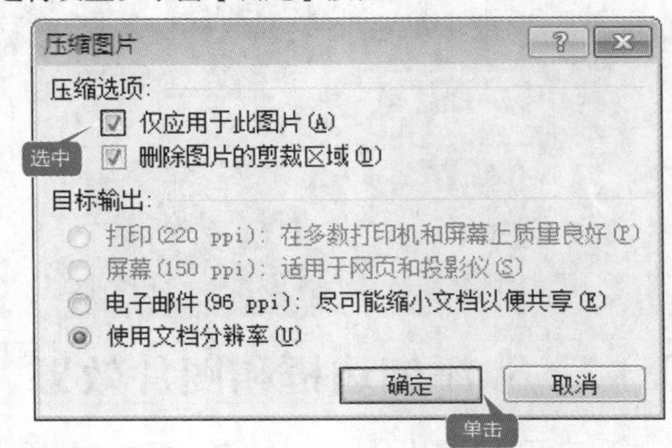

10.5.5 调整图片的显示

用户可以通过【格式】选项卡【调整】选项组中的按钮来设置图片的显示效果。

1 调整亮度和对比度

选中插入的图片，单击【格式】选项卡下【调整】选项组中的【更正】按钮，用户可以根据弹出的列表中提供的预览样式，设置图片的锐化度、柔和度、亮度和对比度等。

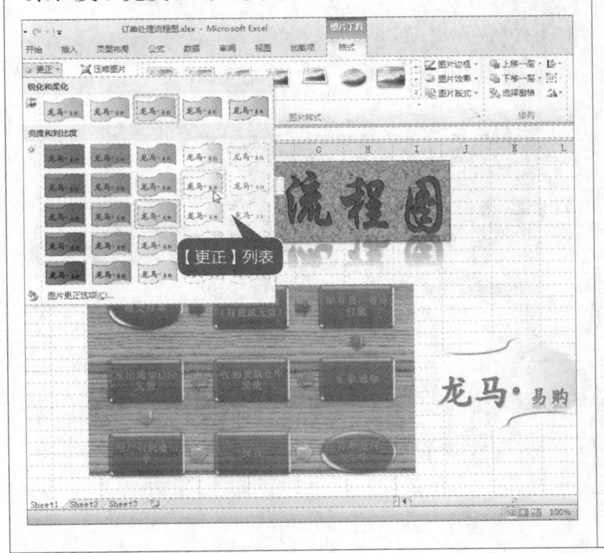

2 调整色调

选中插入的图片，单击【格式】选项卡【调整】选项组中的【颜色】按钮，用户可以根据弹出的列表中提供的预览样式，设置图片的颜色饱和度、色调以及为图片重新着色。

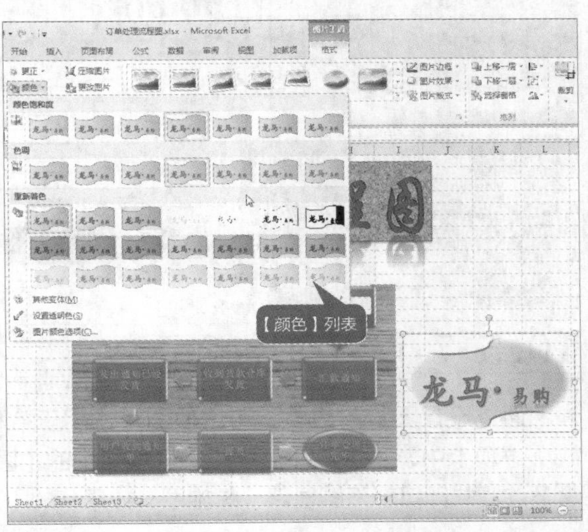

3 设置图片的艺术效果

选中插入的图片，单击【格式】选项卡【调整】选项组中的【艺术效果】按钮，用户可以根据弹出的列表中提供的预览样式，对图片应用艺术效果。

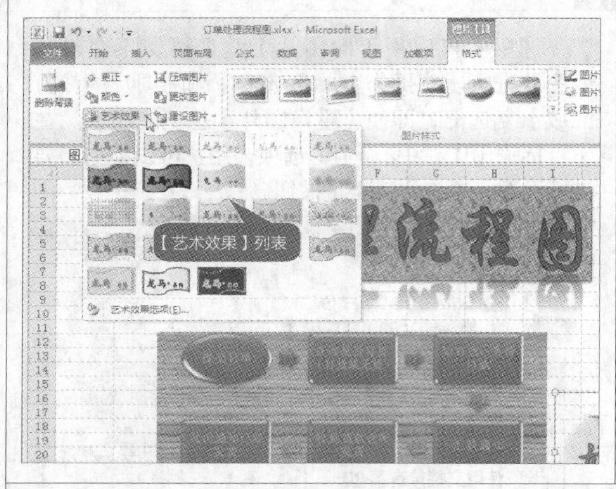

4 使用对话框设置

单击【格式】选项卡【图片样式】选项组右下角的按钮，弹出【设置图片格式】对话框，选择左侧相应的列表项，在右侧的窗口中即可进行更详细的设置。

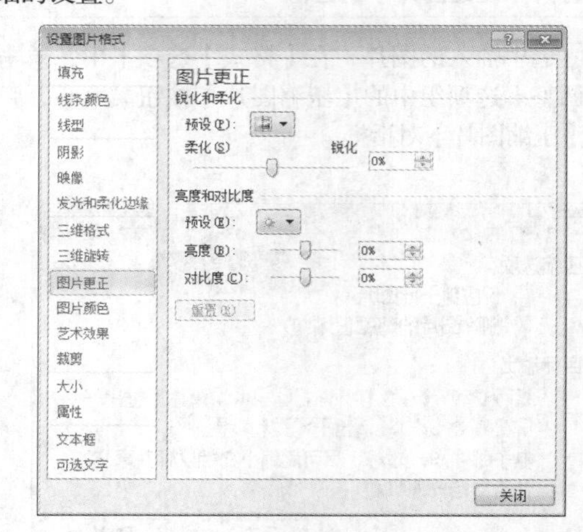

10.5.6 添加边框和图片效果

用户可以通过【图片样式】选项组中的按钮，为图片添加边框和效果。

1 添加边框

在【格式】选项卡中，单击【图片样式】选项组中的【图片边框】按钮，可以在图像的四周增加一个边框，并且可以设置边框的颜色、粗细和虚线效果。如图所示，设置边框的粗细为“6磅”。

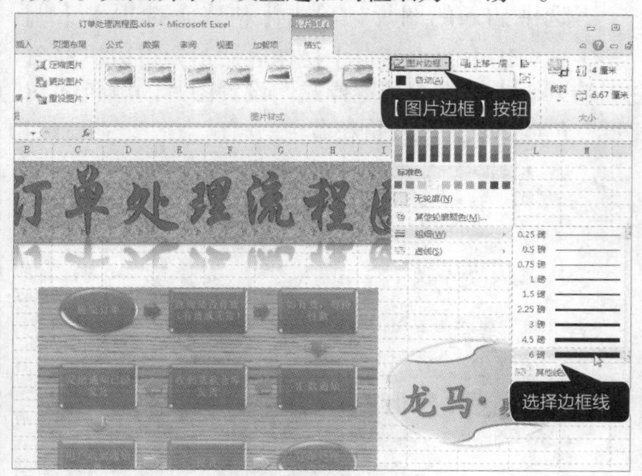

2 添加图片效果

如果想为图片添加更多的效果，可以单击【图片样式】选项组中的【图片效果】按钮，在弹出的下拉菜单中选择相应的菜单项。

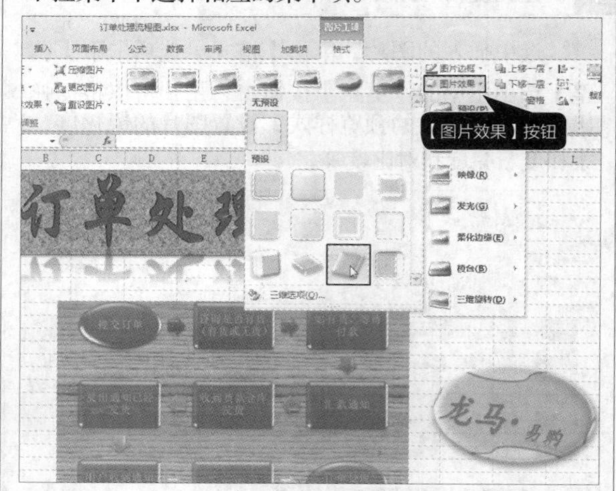

10.5.7 设置图片版式

通过设置图片的版式，可以使图片应用于各种组织图或说明文档中。选择插入的图片，在【格式】选项卡中，单击【图片样式】选项组中的【图片版式】按钮，然后从弹出的列表中选择合适的版式即可。下图显示“螺旋图”效果。

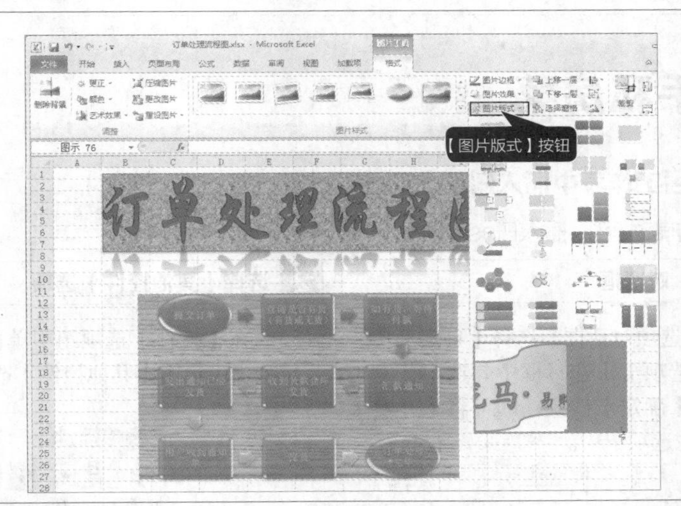

10.5.8 设置背景图片

制作完成流程图之后，用户还可以为流程图文件添加背景图片，并对制作好的订单处理流程图进行保存。

1 打开【工作表背景】对话框

单击【页面布局】选项卡下【页面设置】选项组中的【背景】按钮，打开【工作表背景】对话框。选择要插入的图片，单击【插入】按钮。

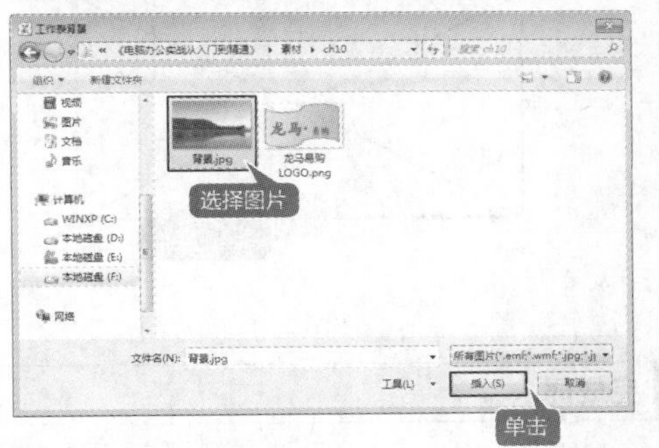

2 插入背景图片

此时即可将其插入Excel工作表，并将其设置为背景。

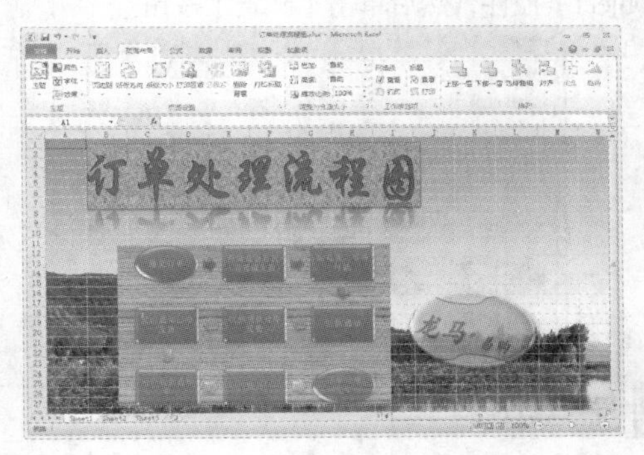

3 使用【快速访问工具栏】保存

在【页面布局】选项卡下【工作表选项】选项组中撤消选中网格线下的【查看】复选框，单击【快速访问工具栏】中的【保存】按钮。

4 文件另存

如果需要将文件保存在其他的磁盘中，可选择【文件】选项卡，单击【另存为】按钮，来另存文档。

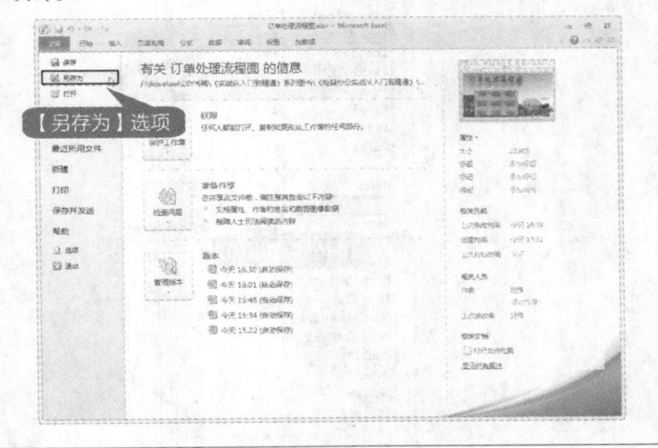

高手私房菜

技巧：在Excel工作表中插入Flash动画

在Excel工作表中可以插入Flash动画。

1 添加【开发工具】对话框

打开【Excel】选项对话框，选择【自定义功能区】选项，在【主选项卡】选择框中勾选【开发工具】复选框，单击【确定】按钮，即可将【开发工具】选项卡添加到主选项卡中。

2 选择【其他控件】选项

在【控件】选项组中单击【插入】按钮，在下拉列表中单击【其他控件】选项。

3 选择【Shockwave Flash Object】

在弹出的对话框中选择【Shockwave Flash Object】控件，然后单击【确定】按钮。

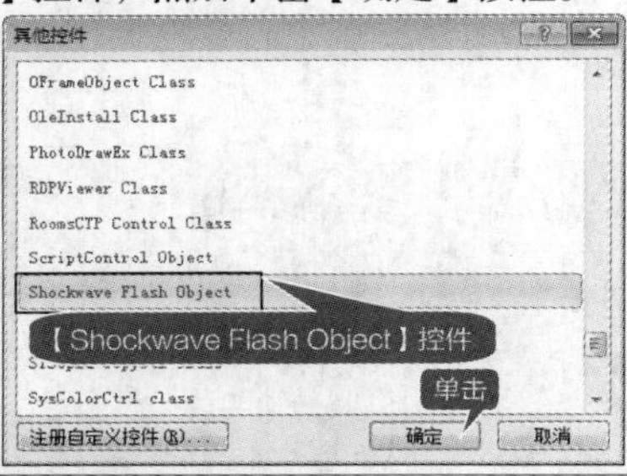

4 拖出控件

在工作表中单击并拖出Flash控件。

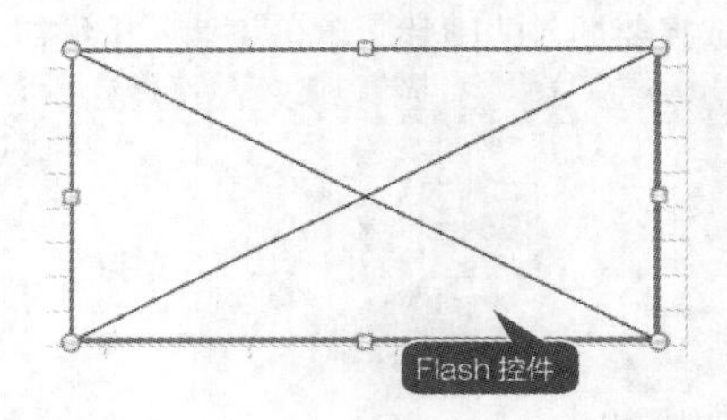

5 设置属性

在Flash控件上单击鼠标右键，在弹出的快捷菜单中选择【属性】菜单项，打开【属性】对话框，从中设置【Movie】属性为Flash文件的路径和文件名，【EmbedMovie】属性为“True”。

Base	
BGColor	
DeviceFont	False
EmbedMovie	True
Enabled	True
Height	113.25
left	258
Locked	True
Loop	True
Menu	True
Movie	clock.swf
MovieData	
PrintObject	True
Profile	False
ProfileAddres	
ProfilePort	0
Quality	1
Quality2	High
SAlign	
Scale	ShowAll

6 完成插入

单击【控件】选项组中的【设计模式】按钮，退出设计模式，完成Flash文件的插入。

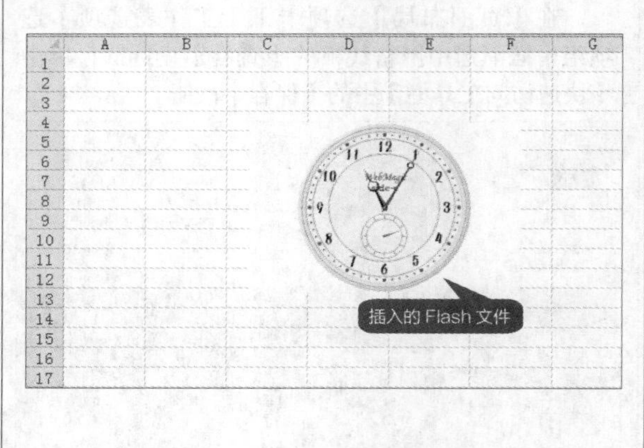

第 11 章

用 Excel 制作年销售额对比图

本章视频教学时间：42 分钟

作为一种比较形象、直观的表达方式，图表可以表示各种数据的数量多少，数量增减变化的情况以及部分数量同总数量之间的关系等，使读者易于理解、印象深刻，且更容易发现隐藏在背后的数据变化的趋势和规律。

【学习目标】

- 通过本章的学习，可以进一步了解图表的应用，并运用到工作中。

【本章涉及知识点】

- 了解图表及其特点
- 创建图表
- 设置图表格式
- 设计图表类型

11.1 分析“年销售额对比图”

本节视频教学时间：3分钟

年度销售额对比图是由数据和图表组成的，数据是创建图表的基础，图表可以很清晰地表达出销售量的差距。年度销售额对比图用来显示每年数据的变化，如果简单地在Excel工作表中输入数据，虽然也可以查看数据变化，但不足以直观显现。所以可以在年收入对比图中插入图表，让年收入变化显示得更明显。

11.2 图表及其特点

本节视频教学时间：3分钟

图表可以非常直观地反映出工作表中数据之间的关系，可以让用户方便地对比与分析数据。使用图表可以使工作表的结果更加清晰、直观和易懂，为用户使用数据提供了便利。

使用图表有以下几个优点。

1. 直观形象

在如图所示的图表中，可以非常直观地显示两分店同一年的销售情况。

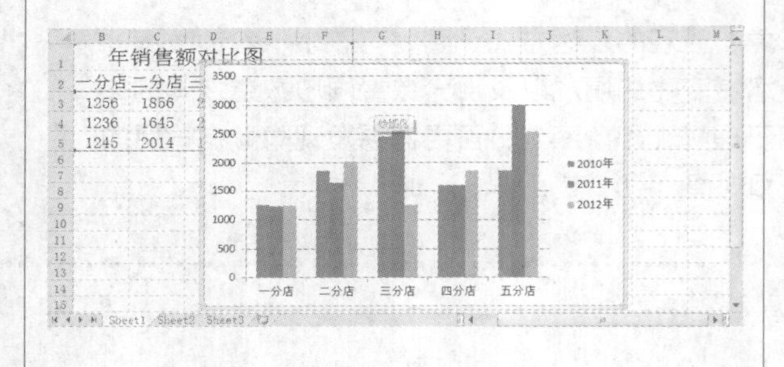

2. 种类丰富

Excel 2010提供有11种内部的图表类型，每一种图表类型又有多种子类型，还可以自定义图表。用户可以根据实际情况，选择原有的图表类型或者自定义图表。

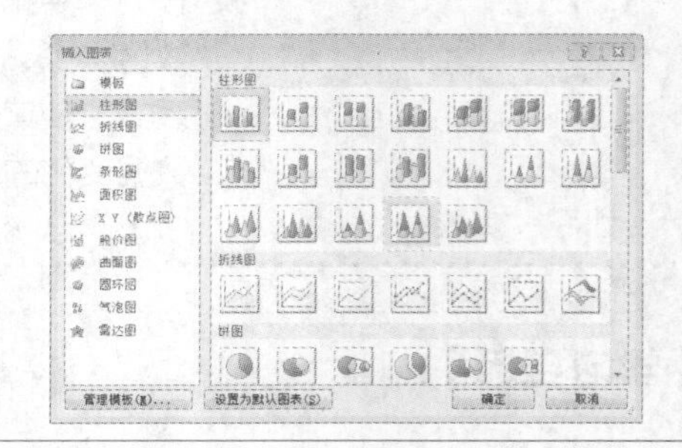

3. 双向联动

在图表上可以增加数据源，使图表和表格双向结合，更直观地表达丰富的含义。

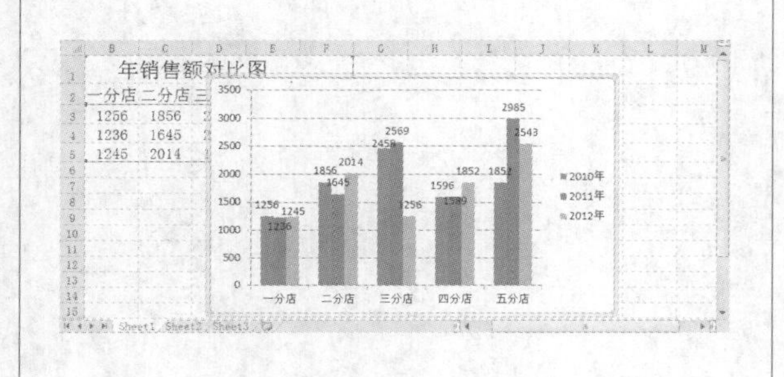

4. 二维坐标

一般情况下，图表上有两个用于对数据进行分类和度量的坐标轴，即分类（x）轴和数值（y）轴。在*x*、*y*轴上可以添加标题，以更明确图表所表示的含义。

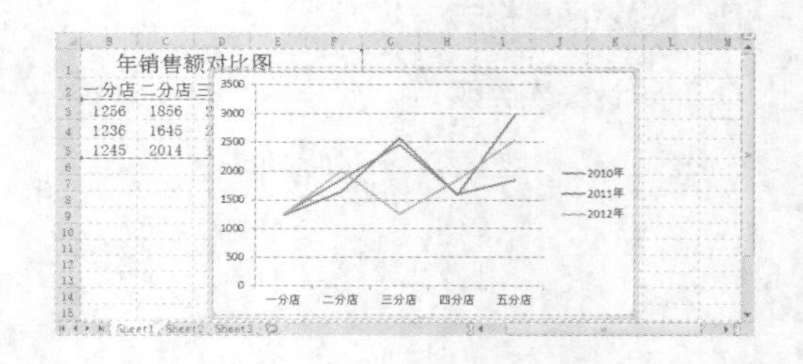

11.3 实例1——输入数据内容

本节视频教学时间：5分钟

使用Excel 2010新建工作簿以后，就可以在空白工作簿中输入所需要的内容。

1 从【开始】菜单启动

单击任务栏中的【开始】按钮，在弹出的【开始】菜单中选择【所有程序】➤【Microsoft Office】➤【Microsoft Excel 2010】选项启动Excel 2010。

2 创建新的工作簿

将会自动创建一个名称为“工作簿1”的工作簿。

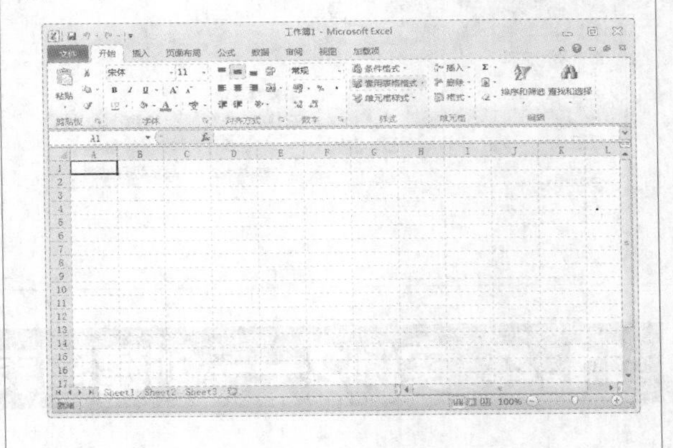

3 输入标题

在“工作簿1”中，单击A1单元格，输入标题“年销售额对比图”。

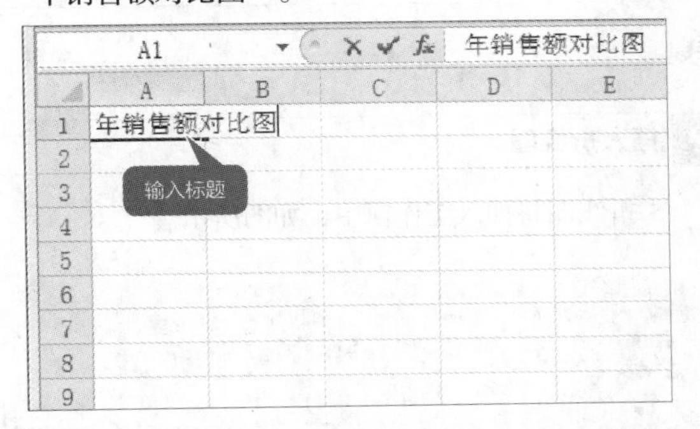

4 设置标题格式

用鼠标选中A1:F1，在【开始】选项卡中选择对齐方式中的合并居中按钮，并设置字号为“19”，如图所示。

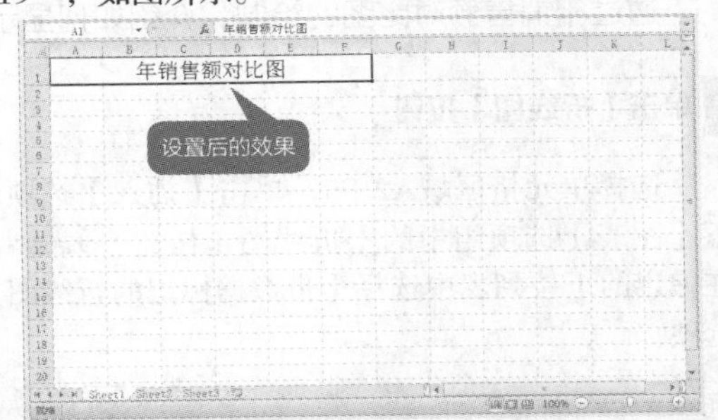

5 输入内容

依次在A2:F5中输入以下如图内容。

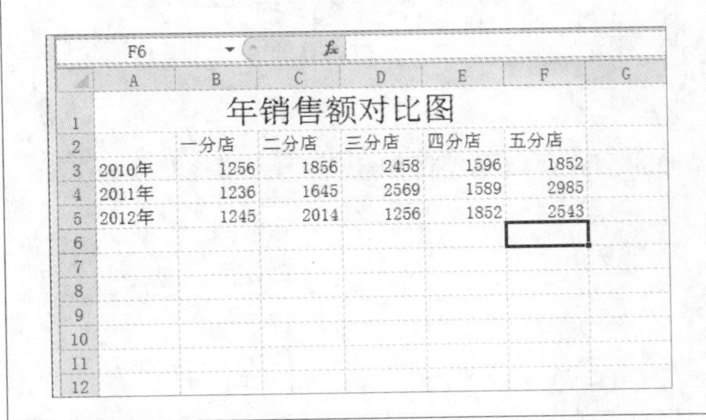

6 设置内容格式

B2:F5的表头内容字号设置为15，A3:F5单元格中内容字号设置为14，并将其全部居中对齐，效果如图所示。

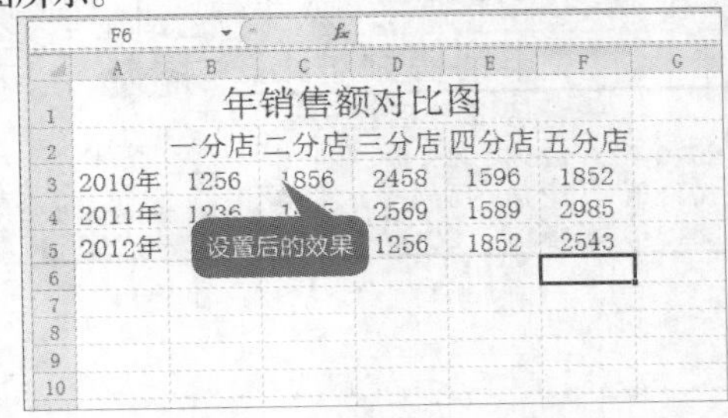

7 单击【保存】按钮

选择【文件】选项卡，在其下列表中选择【保存】选项。

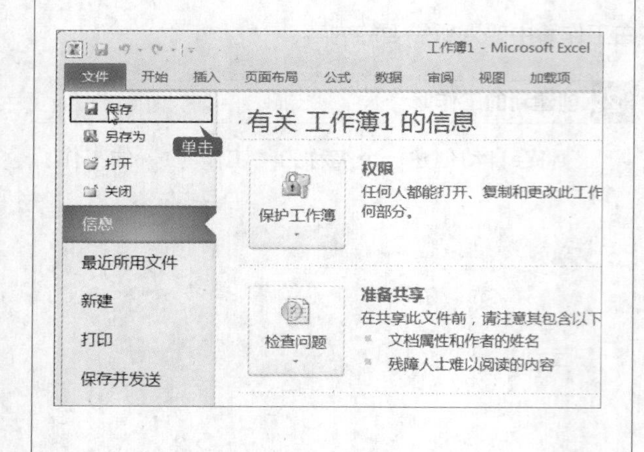

8 为文件命名并保存

弹出【另存为】对话框，在左侧选择保存路径，在【文件名】文本框中输入“年销售额对比图”，单击【保存】按钮，即可实现文件的保存。

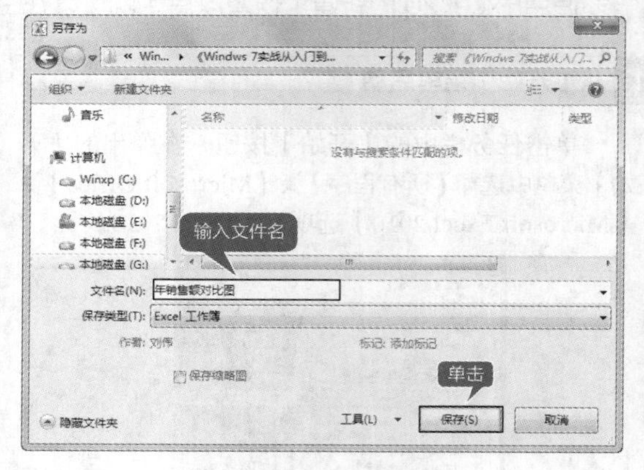

11.4 实例2——创建图表

本节视频教学时间：6分钟

在“年销售额对比图”中输入所需要的内容后，就可以绘制图表了。

11.4.1 设置图表选项

通过年销售额对比图的绘制，介绍如何显示数据表。

1 单击【折线图】按钮

选择单元格区域A2:F5，单击【插入】选项卡下【图表】选项组中的【折线图】按钮 折线图，在弹出的下拉列表中选择【带数据标记的折线图】选项。

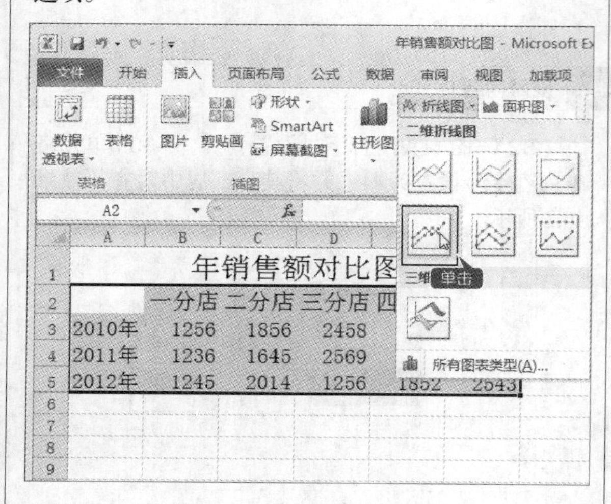

2 插入折线图

折线图将插入工作簿中，如图所示。

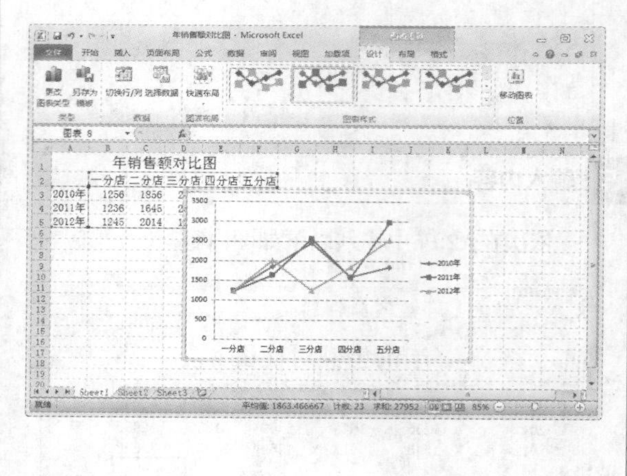

3 选择【主要网格线和次要网格线】选项

选中图表，单击【图表工具】栏中的【布局】选项卡下【坐标轴】选项组中的【网格线】按钮，在弹出的下拉菜单中选择【主要横网格线】中的【主要网格线和次要网格线】选项。

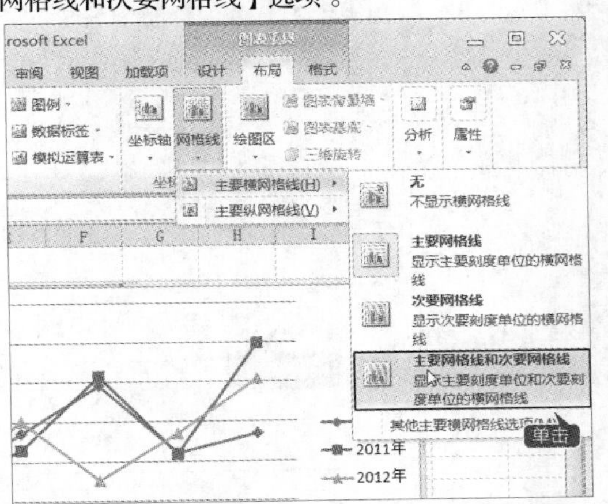

4 查看效果

即可在图表中显示横向的网格线。

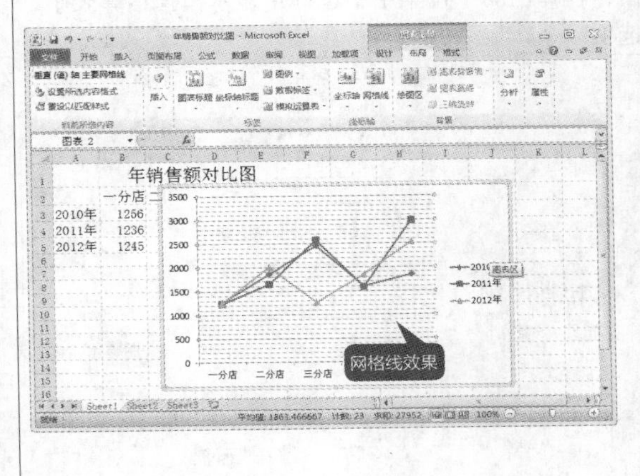

11.4.2 添加数据标签

通过年销售额对比图的绘制，介绍如何添加数据标签。

1 设置【数据标签】选项

选中图表，单击【图表工具】栏中【布局】选项卡下【标签】选项组中的【数据标签】按钮，在弹出的下拉菜单中选择【上方】菜单项。

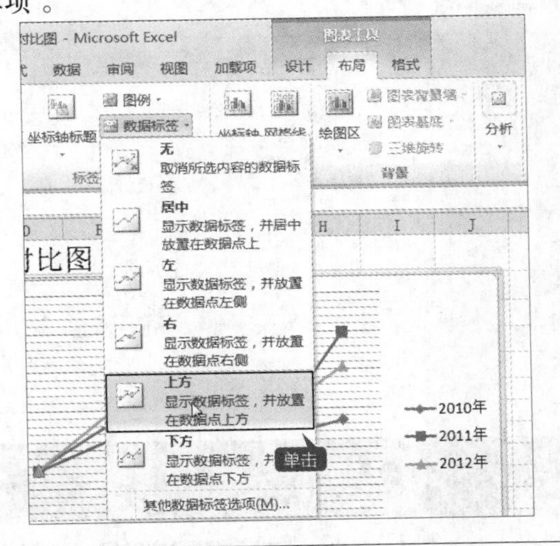

2 查看效果

即可在图表中显示数据标签。

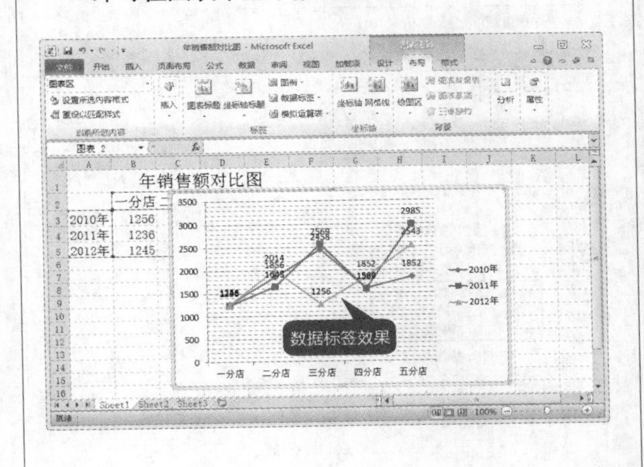

11.4.3 添加模拟运算表

通过年销售额对比图的绘制，介绍如何添加模拟运算表。

1 设置【模拟运算表】选项

单击【标签】选项组中的【模拟运算表】按钮，在弹出的下拉菜单中选择【显示模拟运算表】选项。

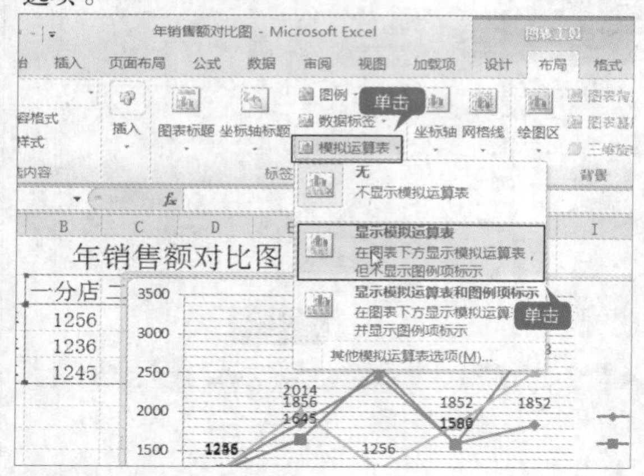

2 查看效果

即可在图表中显示模拟运算表。

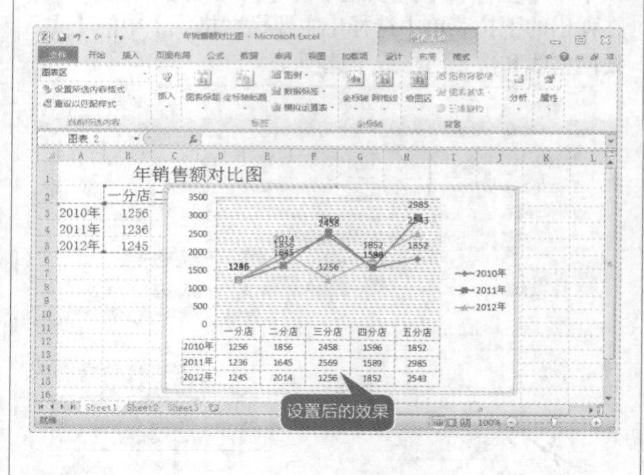

11.4.4 添加标题

通过年销售额对比图的绘制，介绍如何添加标题。

1 设置【图表标题】选项

单击【标签】选项组中的【图表标题】按钮，在弹出的下拉菜单中选择【图表上方】菜单项。

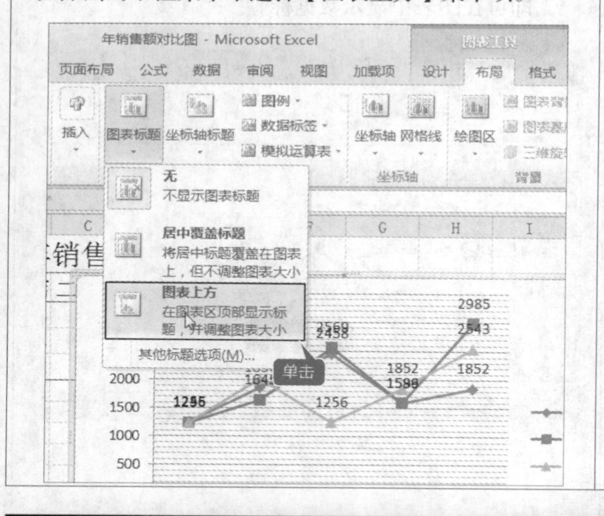

2 输入标题名称

即可在图表区域出现图表标题框，然后将标题命名为"年销售额对比图"即可。

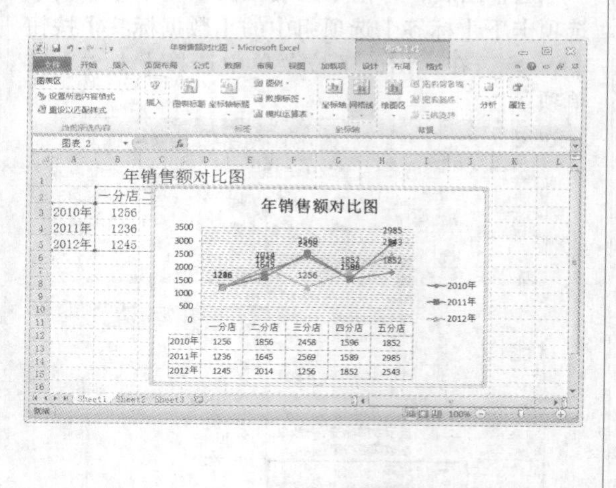

11.5 实例3——修改图表

本节视频教学时间：18分钟

如果用户对创建的图表不满意，在Excel 2010中还可以对图表进行相应的修改。

11.5.1 更改图表类型

如果创建图表时选择的图表类型不能直观地表达工作表中的数据，则可更改图表的类型。

1 选择【更改图表类型】选项

在【设计】选项卡中，单击【类型】选项组中的【更改图表类型】按钮，弹出【更改图表类型】对话框，在左侧选择【柱形图】选项，在右侧的【柱形图】区域选择【簇状柱形图】。单击【确定】按钮。

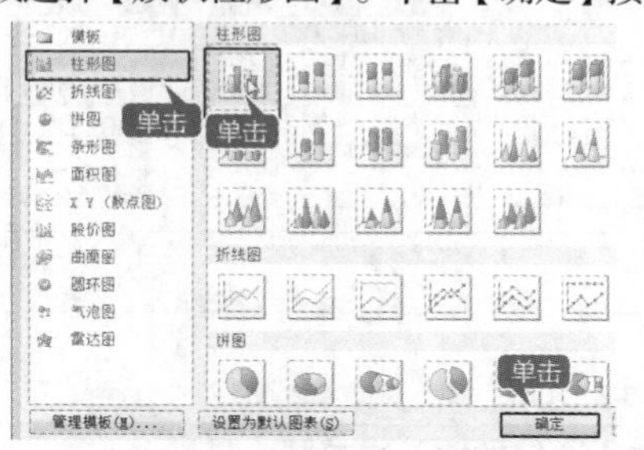

2 查看效果

此时即可将折线图表更改为柱形图表。

工作经验小贴士

在需要更改类型的图表上单击鼠标右键，在弹出的快捷菜单中选择【更改图表类型】菜单项，也可以在弹出的【更改图表类型】对话框中更改图表的类型。

11.5.2 移动和复制图表

用户可以通过移动图表，来改变图表的位置；还可以通过复制图表，将图表添加到其他工作表或其他文件中。

1. 移动图表

如果创建的嵌入式图表不符合工作表的布局要求，比如位置不合适，遮住了工作表的数据等，可以通过移动图表来解决。

1 在同一工作表中移动图表

将鼠标光标放在图表上，当鼠标光标变成形状时，按住鼠标左键拖曳到合适的位置，然后释放即可，如图所示。

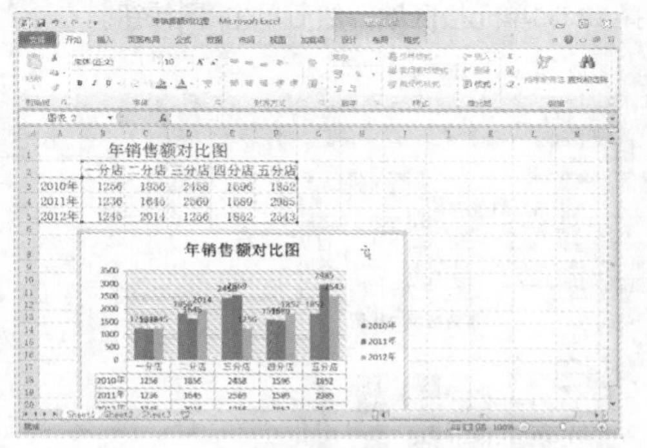

2 将图表移动到其他工作表

要把图表移动到另外的工作表中，选中图表，单击【设计】选项卡下【位置】选项组中的【移动图表】按钮，在弹出的【移动图表】对话框中进行相应的设置，然后单击【确定】按钮即可将其移动至其他工作表。

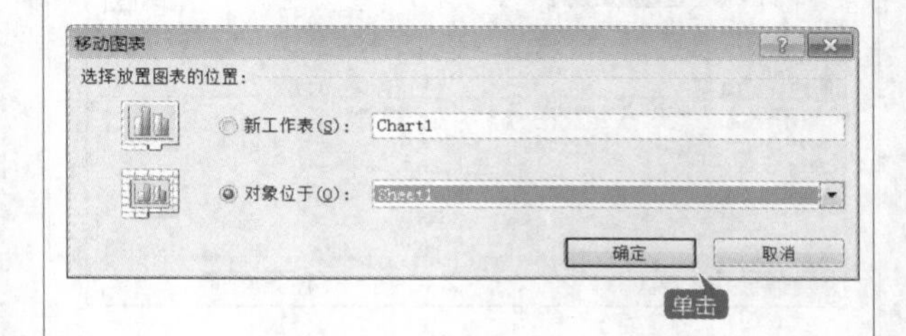

2. 复制图表

复制图表是将图表复制到另外的工作表中。

1 单击鼠标右键选择【复制】选项

在图表上单击鼠标右键，在弹出的快捷菜单中选择【复制】菜单项。

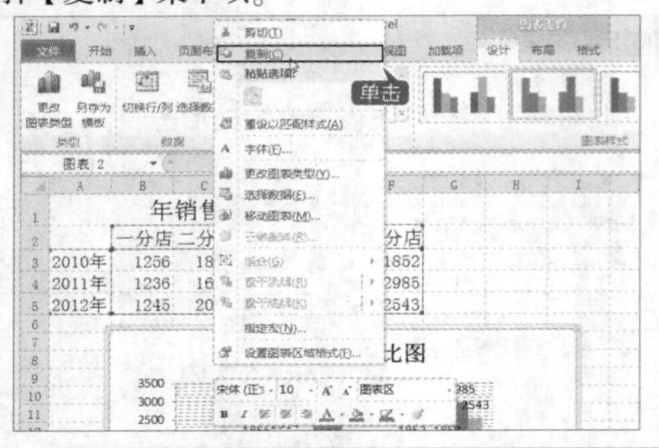

2 在快捷菜单中选择【粘贴】选项

在工作表“Sheet2”中单击鼠标右键，在弹出的快捷菜单中选择【粘贴选项】下的【使用目标主题】选项，即可将图表复制到工作表“Sheet2”中。

11.5.3 在图表中添加数据

在使用图表的过程中，用户可以对其中的数据进行修改。

1 在单元格区域G2:G5中输入内容

选择工作表“Sheet1”，在单元格区域G2:G5中输入如图所示的内容。

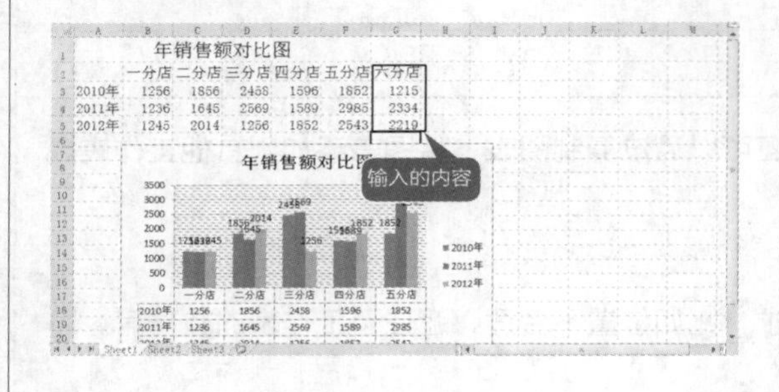

2 单击【选择数据】按钮

选中图表，单击【图表工具】中【设计】选项卡下【数据】选项组中的【选择数据】按钮。

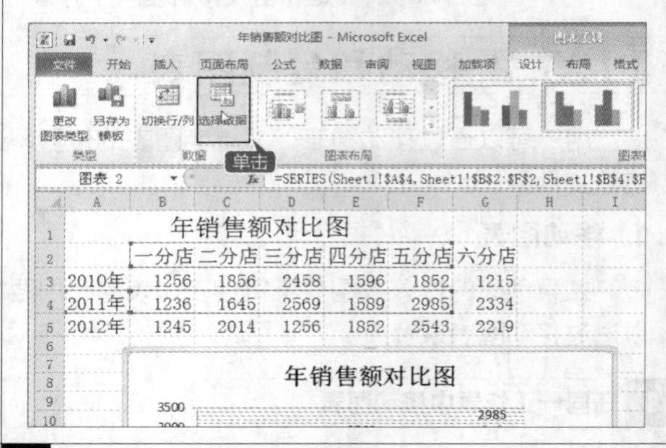

3 弹出【选择数据源】对话框

弹出【选择数据源】对话框。

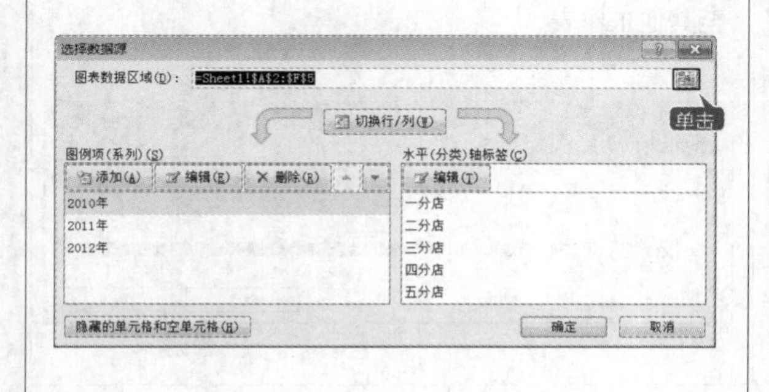

4 选择A2:G5单元格区域

单击【图表数据区域】文本框右侧的按钮，选择A2:G5单元格区域，然后单击按钮。

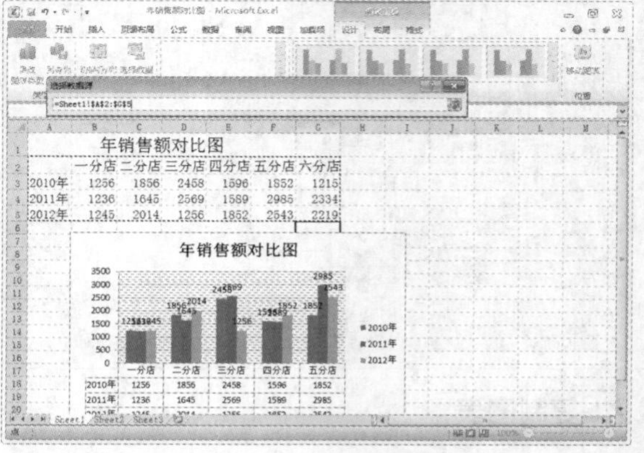

5 返回【选择数据源】对话框

返回【选择数据源】对话框，可以看到“六分店”已添加到【图例项】列表中了。单击【确定】按钮。

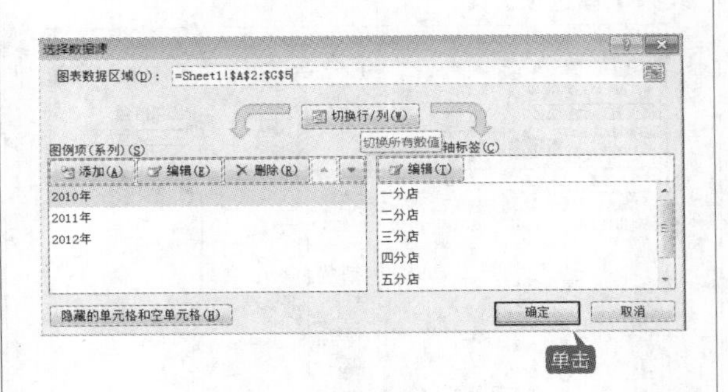

6 查看效果

名为“六分店”的数据系列就会添加到图表中。

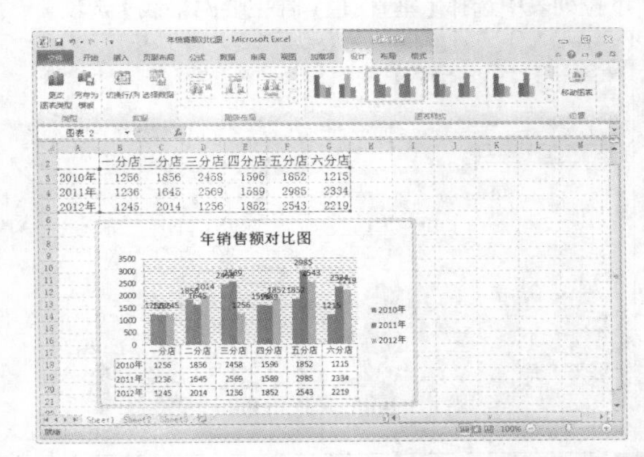

11.5.4 调整图表大小

用户可以根据不同的需求对已创建的图表进行调整。

1 用鼠标拖曳控制点

选中图表，图表周围会显示浅绿色边框，同时在边框上出现8个控制点。将鼠标光标移至图表一角，当鼠标光标变为↘形状时单击并拖曳控制点，可以调整图表的大小。

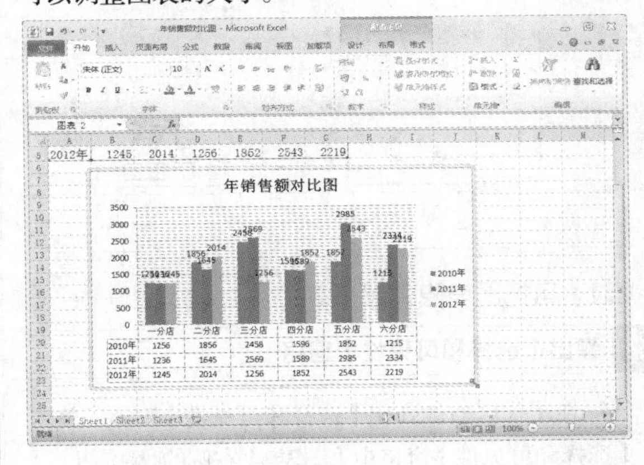

2 精确调整图表大小

如要精确地调整图表的大小，则在选中图表后，在【图表工具】中的【格式】选项卡下【大小】选项组中的【高度】和【宽度】微调框中输入图表的高度和宽度值，按【Enter】键确认即可。

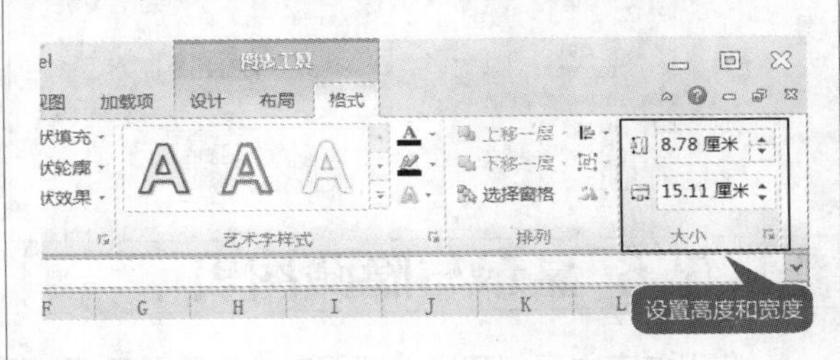

11.5.5 设置与隐藏网格线

如果用户对默认的网格线不满意，可以自定义网格线。

1 选择【垂直(值)轴 主要网格线】选项

选中图表，单击【布局】选项卡下【当前所选内容】组中【图表元素】右侧的倒三角箭头，在弹出的下拉列表中选择【垂直(值)轴 主要网格线】选项。

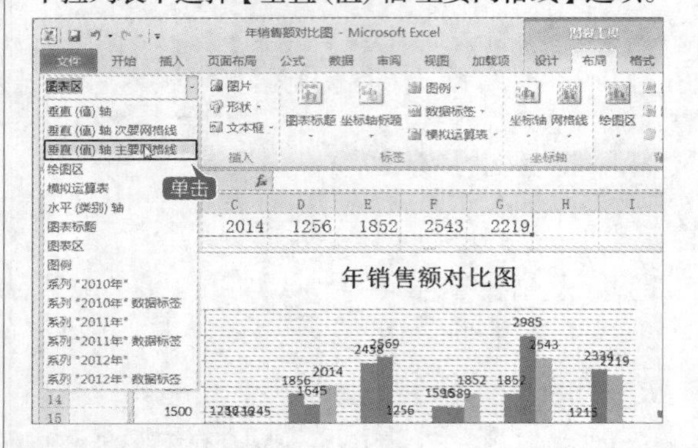

2 将【设置主要网格线格式】设置为无线条

然后单击【当前所选内容】选项组中的【设置所选内容格式】按钮，弹出【设置主要网格线格式】对话框，单击选中【线条颜色】选项中的【无线条】单选项。

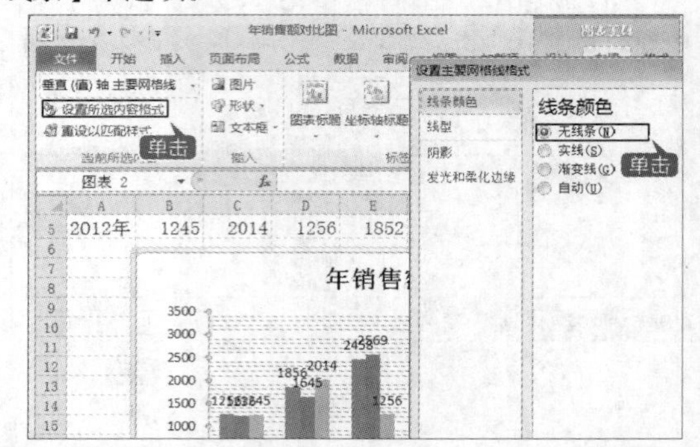

3 选择【垂直(值)轴 次要网格线】选项

再次单击【图表元素】右侧的倒三角箭头，在弹出的下拉列表中选择【垂直(值)轴 次要网格线】选项。

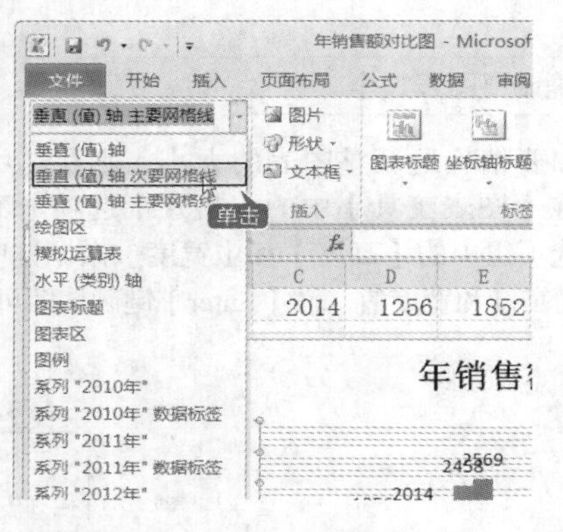

4 设置完成

弹出【垂直(值)轴 次要网格线】对话框，单击选中【线条颜色】选项中的【无线条】单选项，然后单击【关闭】按钮即可。

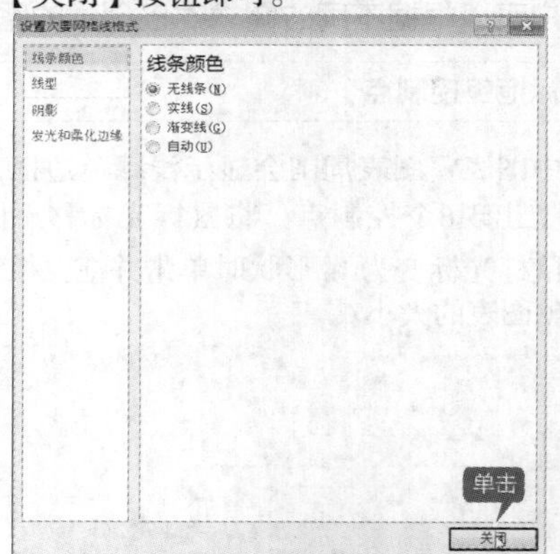

11.5.6 显示与隐藏图表

在工作表中已创建嵌入了图表，只需显示原始数据时，可把图表隐藏起来。

1 单击【选择窗格】按钮

选中图表，单击【图表工具】中【格式】选项卡下【排列】组中的【选择窗格】按钮。

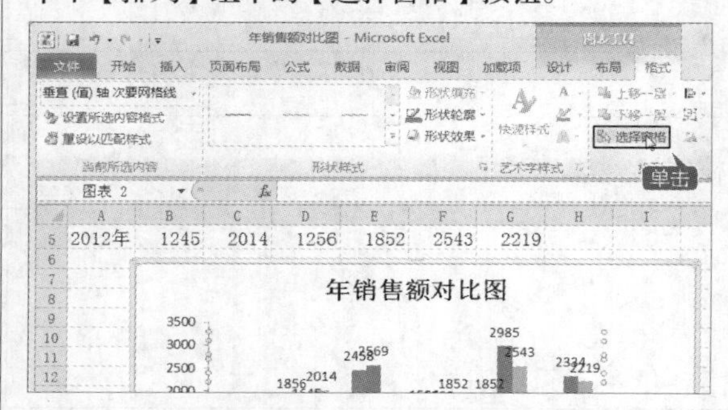

2 弹出【选择和可见性】窗格

在工作区右侧弹出【选择和可见性】窗格，单击【选择和可见性】窗格中【图表2】右侧的按钮。

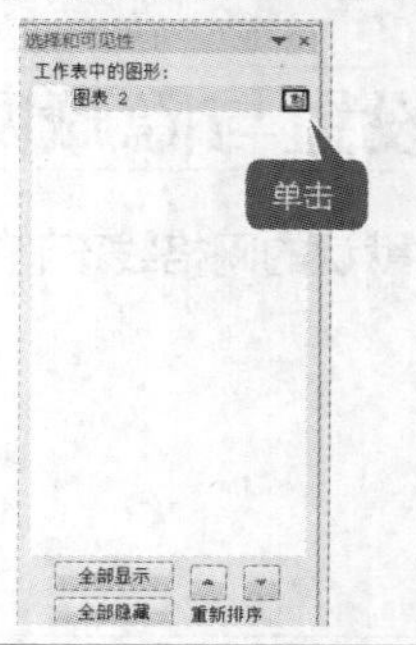

3 隐藏图表

如图所示，图表已被隐藏，按钮变为。

4 显示图表

单击按钮，图表就会再次显示出来。

11.5.7 图表的排列组合

如果在一个工作表中建立了两个图表，则可对它们进行排列与组合。

1 创建折线图

选中数据表，用同样的方法创建一个折线图，如下图所示。

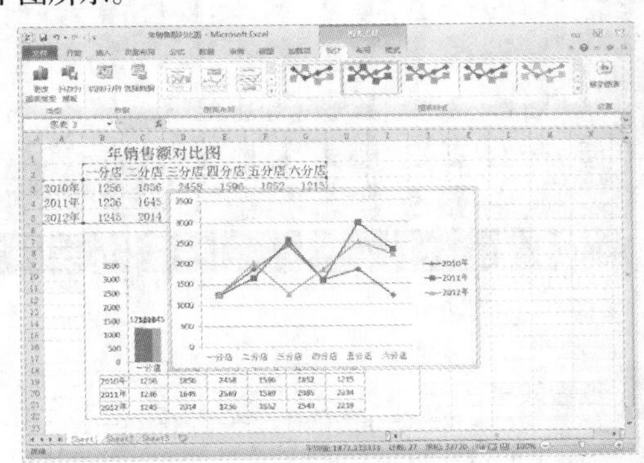

2 设置【选择窗格】按钮

如果这两个图表重叠，可以改变图表的排列位置。选中柱形图，在【格式】选项卡中，单击【排列】选项组中【上移一层】按钮右侧的倒三角箭头，在弹出的下拉菜单中选择【置于顶层】菜单项，即可把柱形图放到折线图表的上面。

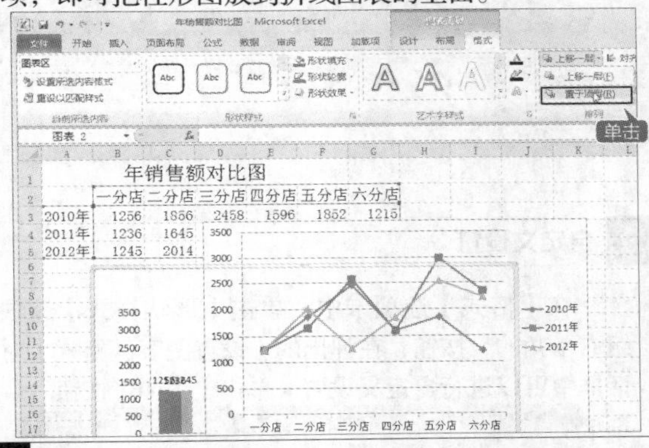

3 将两个图表底端对齐

分别设置图表位置和大小，同时选中这两个图表，单击【格式】选项卡下【排列】组中的【对齐】按钮，在弹出的下拉菜单中选择【底端对齐】菜单项，即可将这两个图表底端对齐。

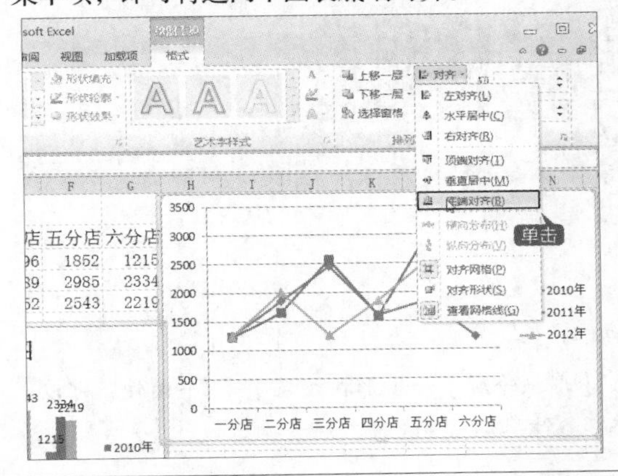

4 选择【组合】菜单项

单击【排列】选项组中的【组合】按钮，在弹出的下拉菜单中选择【组合】菜单项，即可将这两个图表组合成一个图形。

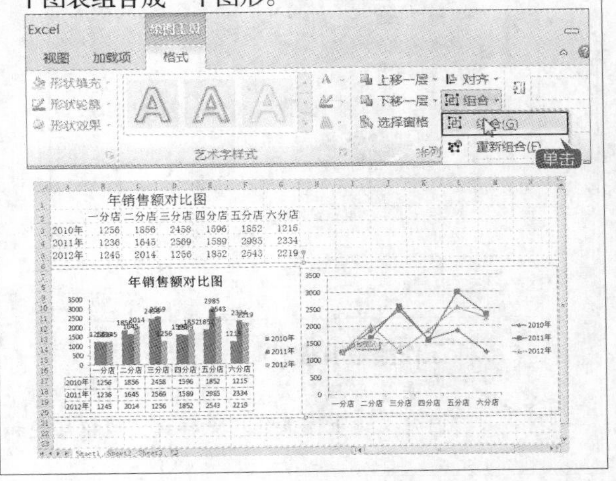

11.6 实例4——美化图表

本节视频教学时间：7分钟

为了使图表美观，可以设置图表的格式。Excel 2010提供有多种图表格式，直接套用即可快速地美化图表。

11.6.1 设置图表的格式

设置图表的格式是为了突出显示图表，对其外观进行美化。

1 选择【图表样式】选项

在【组合】下拉列表中取消组合，将折线图删除，然后选中柱形图图表，在【设计】选项卡下【图表样式】组中，单击右侧的【其他】按钮。

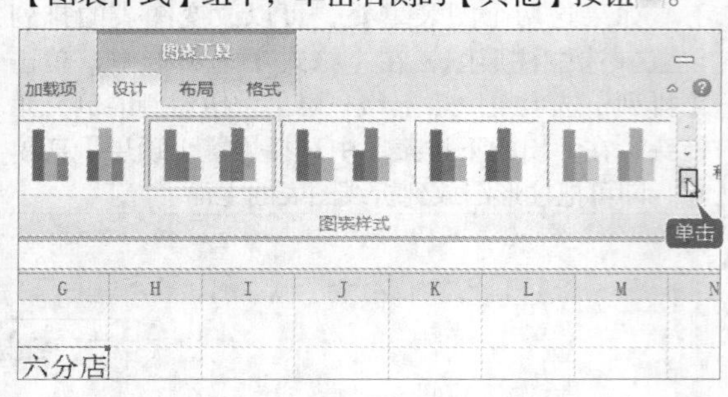

2 选择图表样式

在弹出的下拉列表中，选择其中任一样式即可。

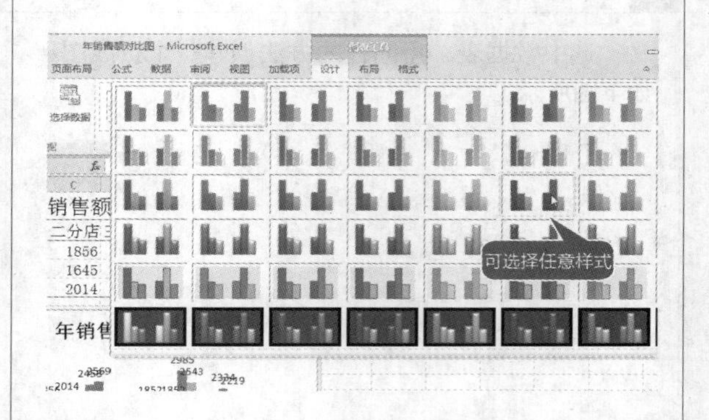

3 自定义设置

在【格式】选项卡中，单击【形状样式】选项组右下角的按钮，在弹出的【设置图表区格式】对话框中可以进行自定义设置。单击【关闭】按钮。

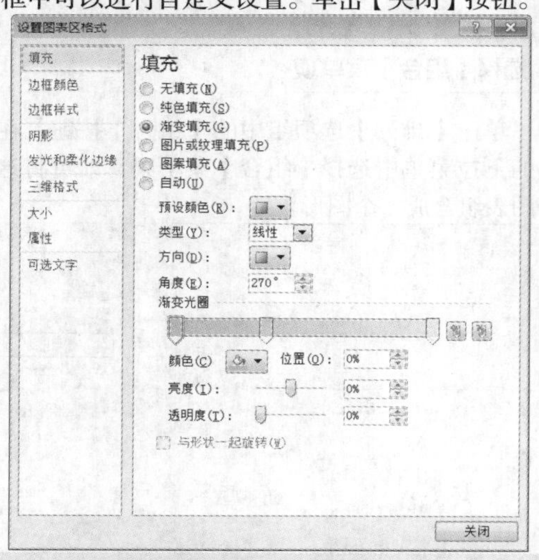

4 查看效果

图表即可变得更加漂亮。

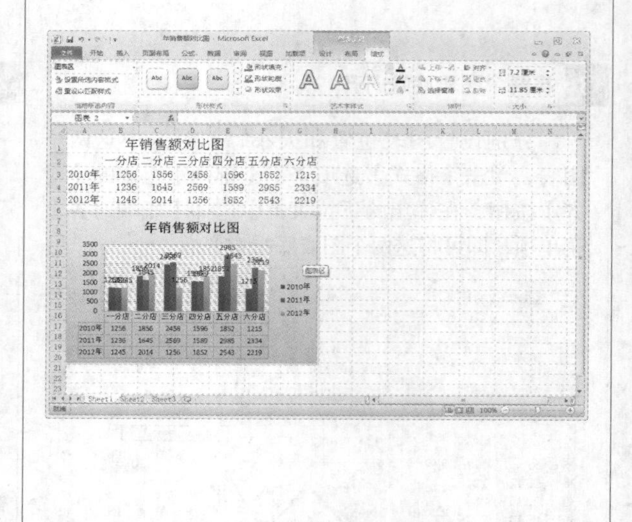

工作经验小贴士

单击【形状样式】选项组中的【形状填充】、【形状轮廓】和【形状效果】等3个按钮，可以自定义设置图表的填充样式、边框样式和特殊效果样式。

11.6.2 美化图表文字

对图表中的文字进行美化操作，设置其艺术字样式，不仅可以使图表看起来更加美观，而且还能够突出图表中的重点内容。

1 选择图表中的标题

选择图表中的标签文字，将其上下移动，使之不再重叠，然后选中标题（如图所示）。

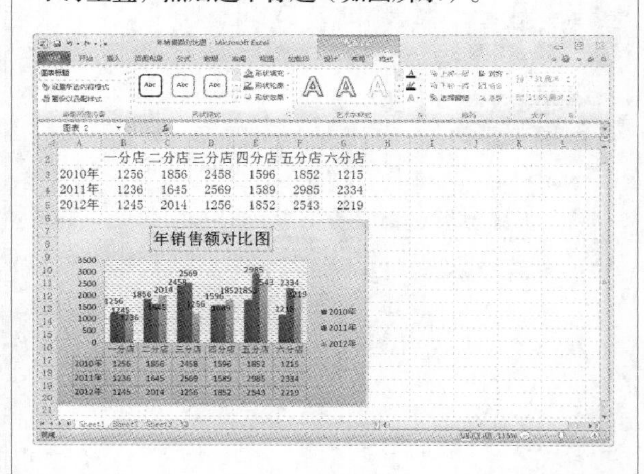

2 选择艺术字样式

单击【格式】选项卡下【艺术字样式】组中的【文字效果】按钮右侧的倒三角箭头，在弹出的下拉列表中选择【发光】➤【橙色，5pt发光，强调文字颜色6】选项，效果如图所示。

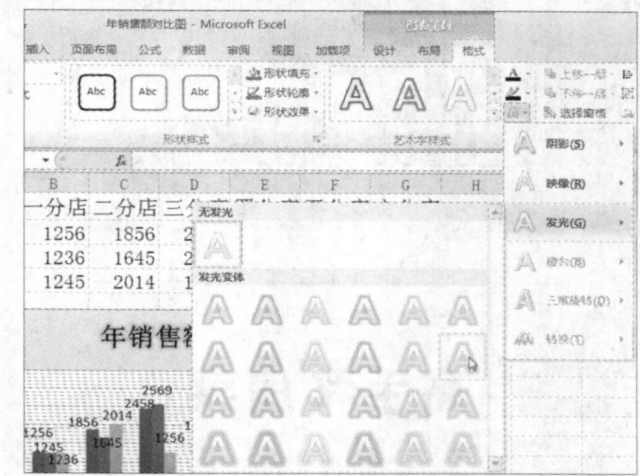

11.6.3 添加艺术字

艺术字是一个文字样式库，用户可以将艺术字添加到Excel文档中，制作出装饰性效果。

1 弹出【艺术字】下拉列表

单击【插入】选项卡下【文本】选项组中的【艺术字】按钮，在弹出的【艺术字】下拉列表中选择一种艺术字。

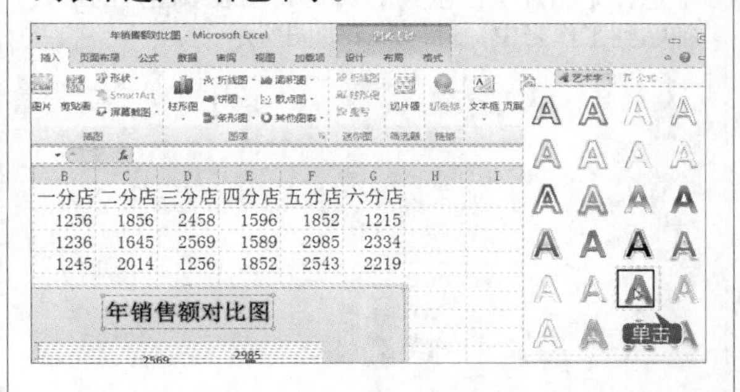

2 添加艺术字并查看效果

单击所选的艺术字样式之后，即可在工作表中插入艺术字文本框，输入文本内容，并调整艺术字和图表的位置，最终效果如下图所示。

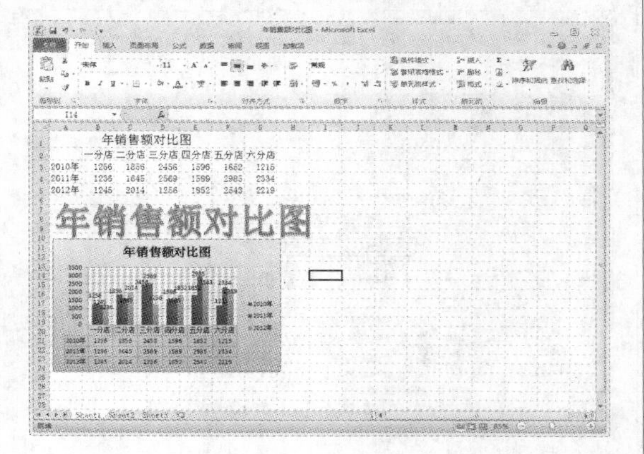

工作经验小贴士

如果插入的艺术字有错误，只要在艺术字内部单击，即可进入字符编辑状态，按【Delete】键删除错误的字符，然后输入正确的字符即可。

选中艺术字之后，可在【开始】选项卡下【字体】选项组中设置其字体格式。

举一反三

月收入对比表是一种常见的工作表，主要包括表的标题、表头和图表3部分。除了月收入对比表，还有很多类似的工作表图表，如汽车产量对比表、产品销售对比表、销售业绩对比表等。

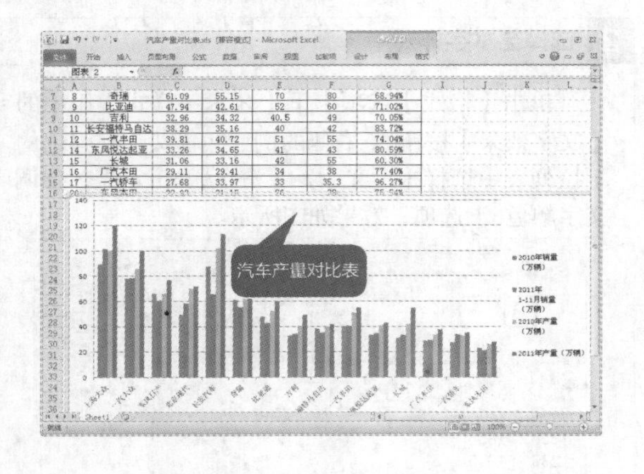

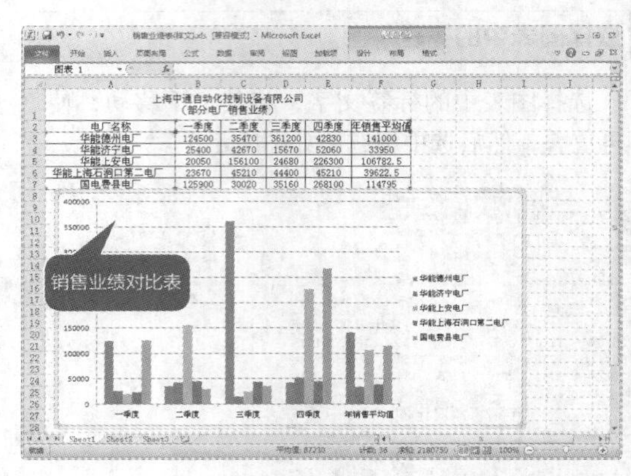

高手私房菜

技巧：将图表变为图片

将图表变为图片或图形，在某些情况下有一定的作用，比如在需要将其发布到网页上或者粘贴到PPT上时。

1 按【Ctrl+X】组合键剪切图表

选中图表，单击鼠标右键，选择【剪切】选项，也可按【Ctrl+X】组合键剪切图表。

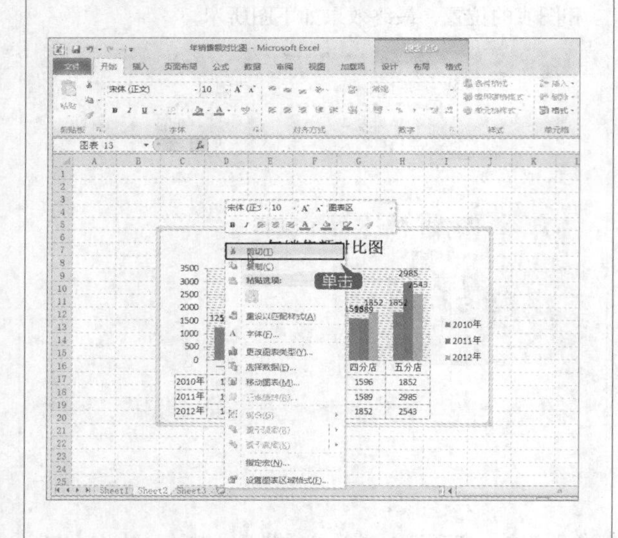

2 粘贴图表并查看效果

单击【开始】选项卡下【剪贴板】选项组中的【粘贴】按钮下方的倒三角箭头，在弹出的列表中选择【图片】按钮，即可将图表以图片的形式粘贴到工作表中，最终效果如图所示。

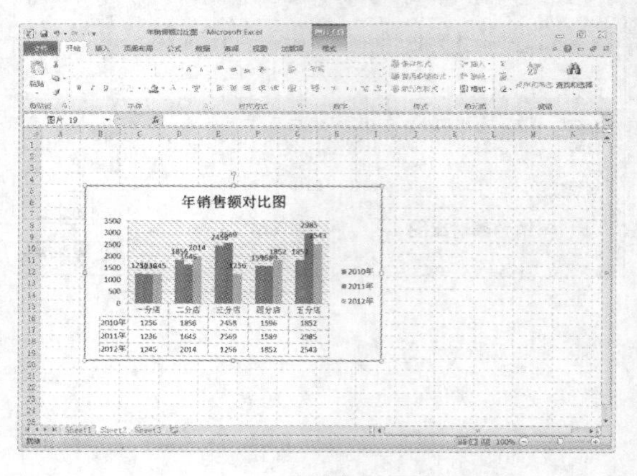

第12章

用 Excel 计算员工工资

本章视频教学时间：41 分钟

本章向读者讲解公式和函数的使用方法。通过对公式和各种函数类型的学习，读者可以熟练掌握其使用技巧和方法，并能够举一反三，灵活运用，使以后的工作更加快捷和高效。

【学习目标】

- 通过本章的学习，可以初步了解公式和函数的使用技巧和方法，并能够准确、快速地计算员工工资。

【本章涉及知识点】

- 了解单元格引用
- 了解公式及使用公式计算员工工资
- 了解函数及使用函数计算员工工资

12.1 实例1——单元格引用

 本节视频教学时间：13分钟

单元格的引用就是单元格的地址的引用，就是把单元格的数据和公式联系起来。

12.1.1 单元格引用与引用样式

单元格引用有不同的表示方法，既可以直接用相应的地址表示，也可以用单元格的名字表示。用地址来表示单元格引用有两种样式，一种是A1引用样式，一种是R1C1样式。

1. A1引用样式

A1引用样式是Excel的默认引用类型，这种类型的引用是用字母表示列（从A到XFD，共16 384列），用数字表示行（从1到1 048 576），引用的时候先写列字母，再写行数字，若要引用单元格，输入列标和行号即可。例如，单元格C10引用了C列和10行交叉处的单元格。

如果引用单元格区域，可以输入该区域左上角单元格的地址、比例号（:）和该区域右下角单元格的地址。例如打开随书光盘中的“素材\ch12\员工月度销售工资表.xlsx”文件，在单元格E13公式中引用了单元格区域E3:E10。

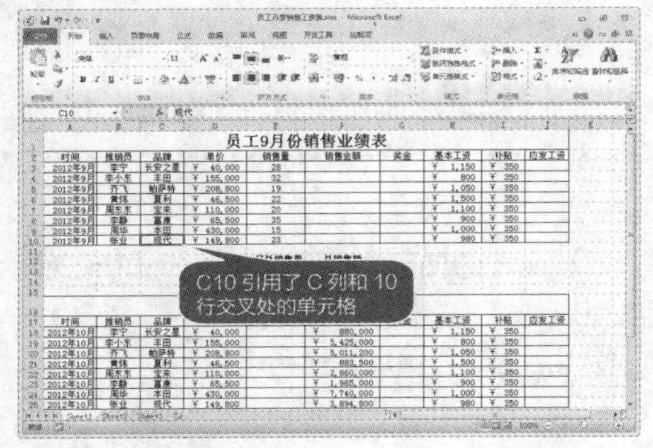

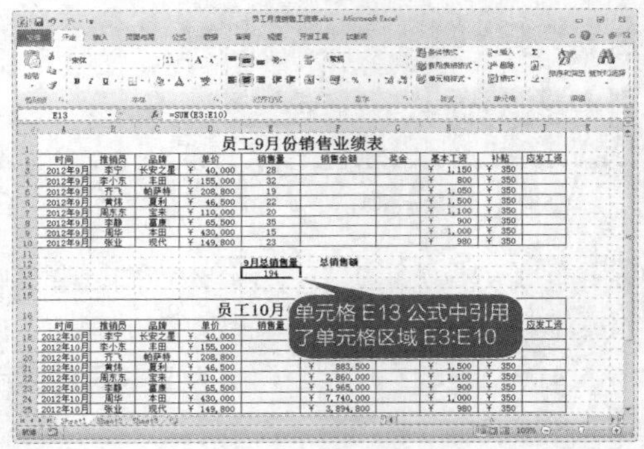

2. R1C1引用样式

在R1C1引用样式中，用R加行数字和C加列数字来表示单元格的位置。若表示相对引用，行数字和列数字都用中括号“[ ]”括起来；如果不加中括号，则表示绝对引用。单元格R28C6公式中引用的单元格区域表示为“R[-10]C:R[-3]C”。

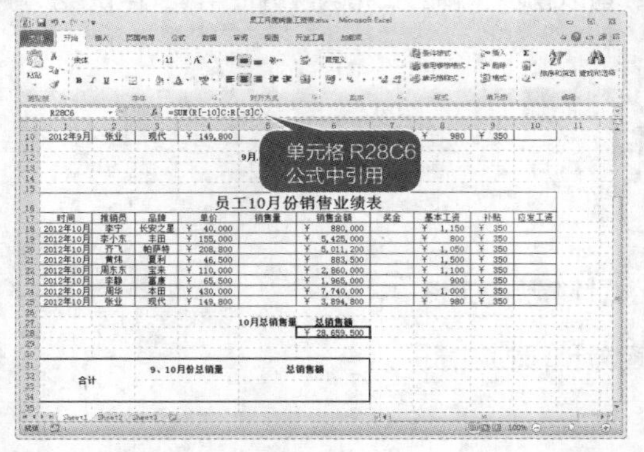

工作经验小贴士

R代表Row，是行的意思；C代表Column，是列的意思。R1C1引用样式与A1引用样式中的绝对引用等价。

启用R1C1引用样式的具体步骤如下。

1 选中【R1C1引用样式】复选框

打开随书光盘中的“素材\ch12\员工月度销售工资表”文件，选择【文件】➤【选项】菜单命令，在弹出的【Excel选项】对话框左侧列表中选择【公式】选项，在【使用公式】区域中单击选中【R1C1引用样式】复选框。单击【确定】按钮。

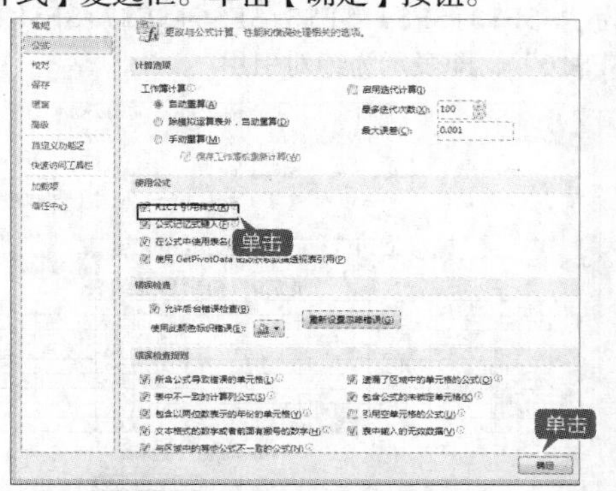

2 开启R1C1引用样式，并查看公式

此时即可启用R1C1引用样式，如图所示，单元格R13C6的公式表示为“=SUM(R[-10]C:R[-3]C)”。

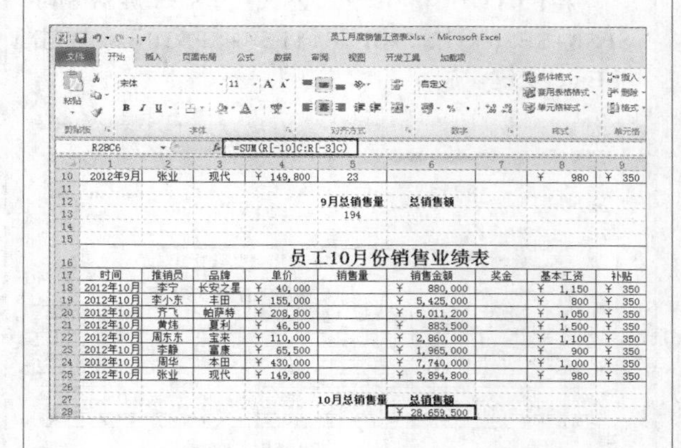

工作经验小贴士

在Excel工作表中，如果引用的是同一工作表中的数据，可以使用单元格地址引用；如果引用的是其他工作簿或工作表中的数据，可以使用名称来代表单元格、单元格区域、公式或值。

12.1.2 相对引用和绝对引用

正确地理解和恰当地使用相对引用和绝对引用这两种引用样式，对用户使用公式有极大的帮助。

1. 相对引用

相对引用是指单元格的引用会随公式所在单元格的位置的变更而改变。复制公式时，系统不是把原来的单元格地址原样照搬，而是根据公式原来的位置和复制的目标位置来推算出公式中单元格地址相对原来位置的变化。默认的情况下，公式使用的是相对引用。

1 输入公式

选择【开始】➤【选项】➤【公式】菜单命令，撤消选中【R1C1引用样式】复选框，然后选中F3单元格，输入公式“=D3*E3”，按【Enter】键确认。

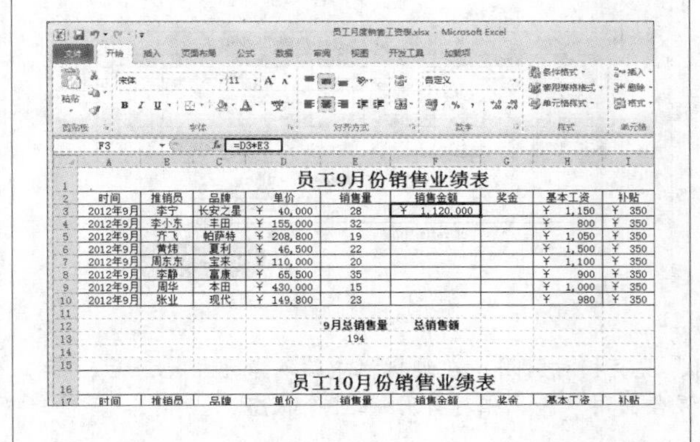

2 填充公式

移动鼠标光标到单元格F3的右下角，当指针变成“+”形状时向下拖曳鼠标光标至单元格F4，F4单元格的公式则会变为“=D4*E4”。按照同样的方法填充其他的单元格公式，填充效果如下图所示。

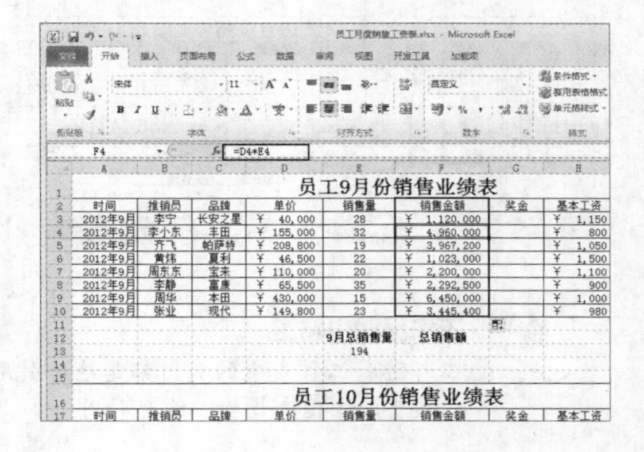

2. 绝对引用

绝对引用是指在复制公式时，无论如何改变公式的位置，其引用单元格的地址都不会改变。绝对引用的表示形式是在普通地址的前面加“$”，如C1单元格的绝对引用形式是$C$1。

1 在F13单元格输入公式

在F13单元格中输入公式“=$F$3+$F$4+$F$5+$F$6+$F$7+$F$8+$F$9+$F$10”。单击【Enter】键。

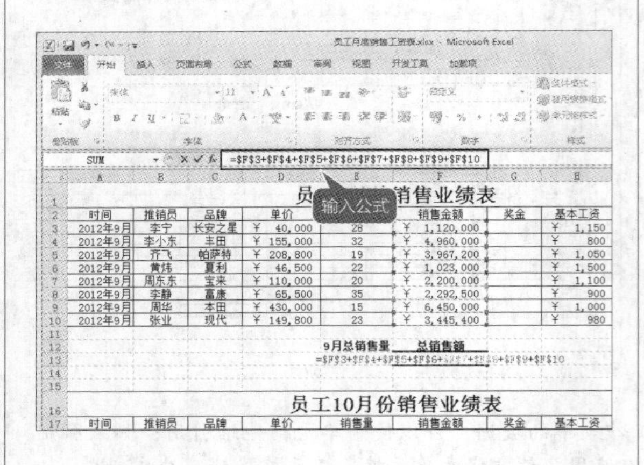

2 填充公式

移动鼠标光标到单元格F14的右下角，当指针变成“+”形状时向下拖至单元格F15，公式仍然为“=$F$3+$F$4+$F$5+$F$6+$F$7+$F$8+$F$9+$F$10”，即表示为绝对引用。

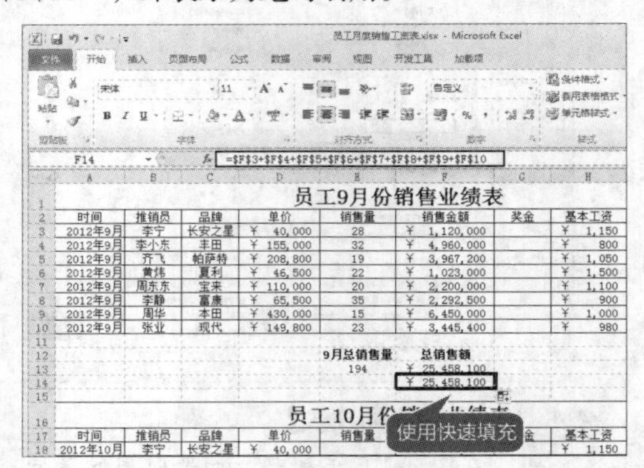

12.1.3 混合引用

除了相对引用和绝对引用，还有混合引用，也就是相对引用和绝对引用的共同引用。当需要固定行引用而改变列引用，或者固定列引用而改变行引用时，就要用到混合引用，即相对引用部分发生改变，绝对引用部分不变，例如$B5、B$5都是混合引用。

1 在F28单元格中输入公式

重新计算10月份的销售金额，在F28单元格中输入公式“=$F$18+F$19+F20+$F$21+$F$22+$F$23+$F$24+$F$25”。单击【Enter】键。

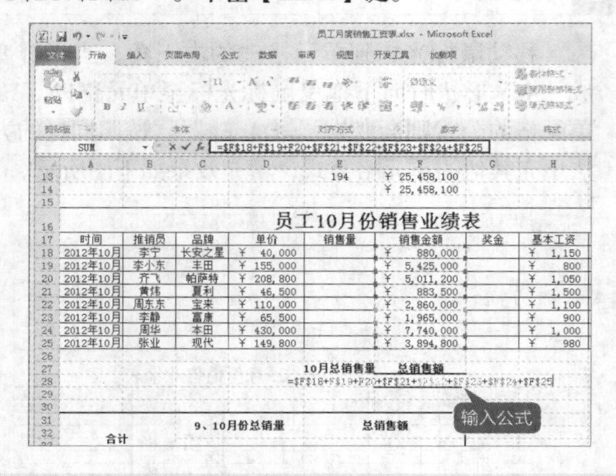

2 填充公式

移动鼠标光标到单元格F28的右下角，当指针变成“+”形状时向下拖至单元格F29，公式则变为“=$F$18+F$19+F21+$F$21+$F$22+$F$23+$F$24+$F$25”。

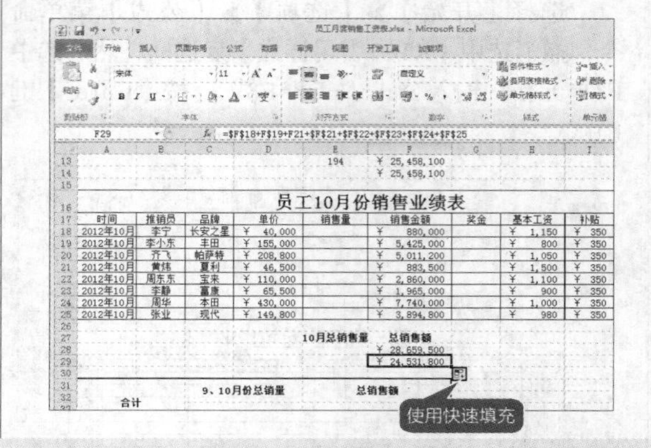

工作经验小贴士

工作簿和工作表中的引用都是绝对引用，没有相对引用；在编辑栏中输入单元格地址后，可以按【F4】键来切换“绝对引用”、“混合引用”和“相对引用”这3个状态。

12.2 实例2——使用公式计算员工月销售量

本节视频教学时间：17分钟

在Excel 2010中，应用公式可以帮助用户分析工作表中的数据，例如对数值进行加、减、乘、除等运算。

12.2.1 了解公式

在使用公式计算员工月销售量之前，我们首先来了解一下公式的概念和运算符。

1. 基本概念

公式就是一个等式，是由一组数据和运算符组成的序列。使用公式时必须以等号“=”开头，后面紧接数据和运算符。

2. 运算符

在Excel中，运算符分为4种类型，分别是算术运算符、比较运算符、文本运算符和引用运算符。下面介绍各种运算符的组成与功能。

(1) 算数运算符

算术运算符主要用于数学计算，其组成和含义大致为“+”（加）、“-”（减及负号）、“/”（除）、“*”（乘）、“%”（百分比）、“^”（乘幂）。

(2) 比较运算符

比较运算符主要用于数值比较，其组成和含义大致为“=”（等于）、“>”（大于）、“<”（小于）、“>=”（大于等于）、“<=”（小于等于）、“<>”（不等于）。

(3) 引用运算符

引用运算符主要用于合并单元格区域，其组成和含义大致为“:”（比例号，区域运算符，对两个引用之间包括这两个引用在内的所有单元格进行引用）、“,”（英文下的逗号，联合运算符，将多个引用合并为一个引用）、“ ”（空格，交叉运算符，产生同时属于两个引用的单元格区域的引用）。

(4) 文本运算符

文本运算符只有一个文本串联符“&”，用于将两个或者多个字符串连接起来。

12.2.2 公式的输入与编辑

公式是对工作表中的数值执行计算的等式，也可以进行一些比较运算，或者对文字进行连接。Excel公式以“=”开头，由常量、单元格引用、运算符和函数组成。

1. 输入公式

输入公式时，以等号“=”作为开头，以提示Excel单元格中含有公式而不是文本。在公式中可以包含各种算术运算符、常量、变量、函数、单元格地址等。

1 选中单元格

在“员工月度销售工资表”工作表中选中E18单元格。

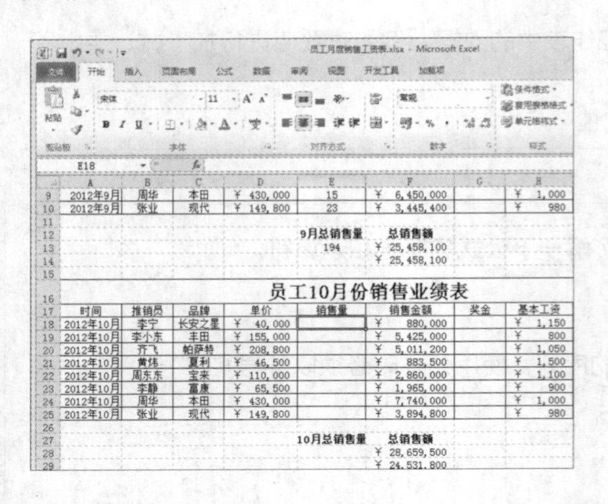

2 输入公式

在E18单元格中输入“=880000/40000”。

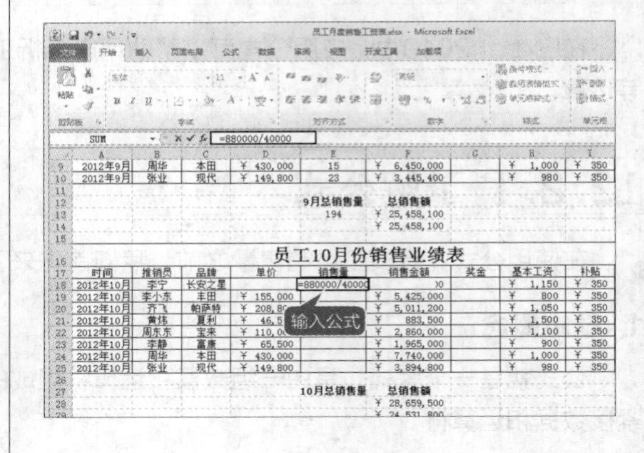

3 得出结果

单击编辑栏左边的【输入】按钮或直接按【Enter】键，即可在该单元格中得到销售量。

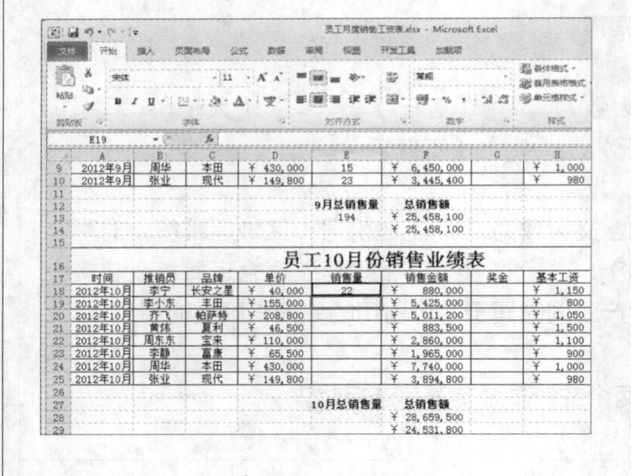

4 输入包含单元格引用的公式

此时，如果某人的销售量发生变化，总销售量不会随之改变，为了避免这种情况，可以输入包含单元格引用的公式，这里输入“=F18/D18”，然后【Enter】键。将鼠标光标移动到单元格E18的右下角，当指针变成“+”形状时向下拖曳鼠标光标至E25，计算出10月份所有员工的销售量。

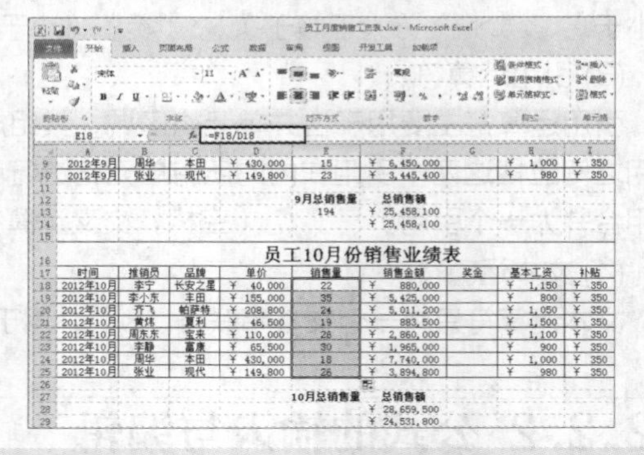

工作经验小贴士

以上情况必须在自动运算开启的情况下才能实现。开启自动运算的方法：选择【开始】➤【选项】➤【公式】菜单命令，在【计算选项】区域内单击选中【自动重算】复选框即可。

2. 编辑公式

单元格中的公式和其他数据一样可以进行编辑，要编辑公式中的内容，需要先转换到公式编辑模式下。如果发现公式输入有错误，也可以修改公式。下面以把正确公式改为错误公式为例，介绍编辑公式的方法。

1 计算总销量

在E28单元格中输入计算10月份总销量的公式“=SUM(E18:E24)”，得出总销售量，如下图所示。

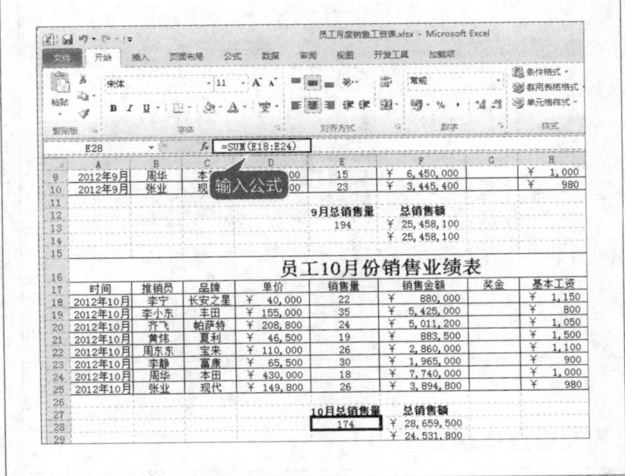

2 编辑公式

从上步中可知计算总销量的结果错误，可重新编辑公式，双击E28单元格，然后将公式中的“E24”改为“E25”，然后按【Enter】键确认，即可完成公式的修改。

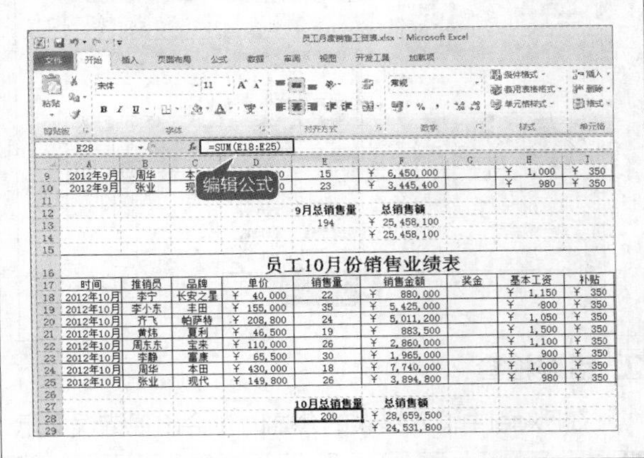

12.2.3 公式的审核

利用Excel提供的审核功能，可以很方便地检查工作表中涉及公式的单元格之间的关系。

1. 追踪单元格

当公式使用引用单元格或从属单元格时，检查公式的准确性或查找错误的根源会很困难。为此，Excel提供有帮助检查公式的功能。用户可以使用【追踪引用单元格】和【追踪从属单元格】命令，以追踪箭头显示或追踪单元格之间的关系。下面举例说明使用【追踪引用单元格】和【追踪从属单元格】命令的方法。

1 输入公式

首先选中C33单元格，然后输入公式“=SUM(E13,E28)”，按【Enter】键确认。

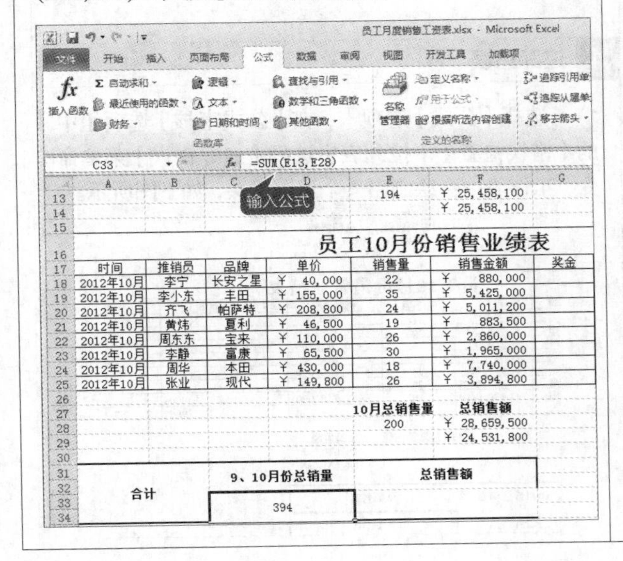

2 单击【追踪引用单元格】按钮

选中C33单元格，然后单击【公式】选项卡【公式审核】选项组中的【追踪引用单元格】按钮 追踪引用单元格，则会出现如图效果。

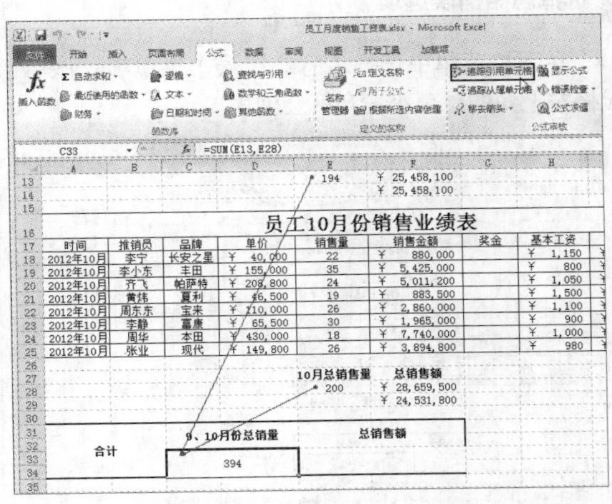

3 选中E28单元格

选中E28单元格，如下图所示。

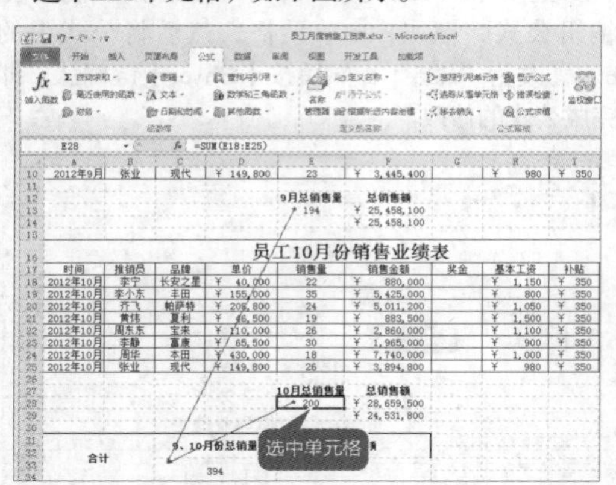

4 单击【追踪从属单元格】按钮

然后单击【公式】选项卡【公式审核】选项组中的【追踪从属单元格】按钮 追踪从属单元格，则会出现如图效果。

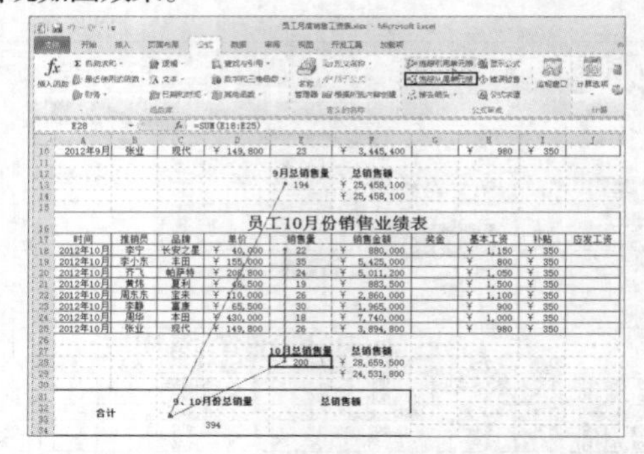

2. 错误检查

在Excel中输入错误的公式时，会出现错误显示，需要检查错误。

1 输入错误公式

在【公式】选项卡的【公式审核】选项组中单击【移去箭头】按钮 移去箭头 移去箭头，然后选中E33单元格，然后输入错误公式“=F13+F28/0”，按【Enter】键确认。

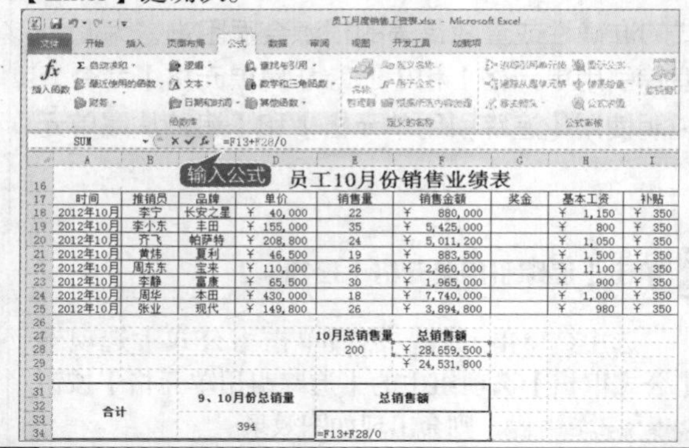

2 查看错误原因

在E33单元格的左上角会出现一个绿色的小三角，选中E33单元格，左侧出现图标，指向该图标时，变成图标，单击倒三角，打开下拉菜单，菜单提示该错误是因为被零除引起的。

员工10月份销售业绩

	时间	推销员	品牌	单价	销售量	销售金额
17	时间	推销员	品牌	单价	销售量	销售金额
18	2012年10月	李宁	长安之星	￥ 40,000	22	￥ 880,000
19	2012年10月	李小东	丰田	￥ 155,000	35	￥ 5,425,000
20	2012年10月	齐飞	帕萨特	￥ 208,800	24	￥ 5,011,200
21	2012年10月	黄炜	夏利	￥ 46,500	19	￥ 883,500
22	2012年10月	周东东	宝来	￥ 110,000	26	￥ 2,860,000
23	2012年10月	李静	富康	￥ 65,500	30	￥ 1,965,000
24	2012年10月	周华	本田	￥ 430,		7,740,000
25	2012年10月	张业	现代	￥ 149,		3,894,800

"被零除"错误
关于此错误的帮助(H)
显示计算步骤(C)...
忽略错误(I)
在编辑栏中编辑(F)
错误检查选项(O)...

销售额 3,659,500 4,531,800
9、10月份总销量
合计 394 #DIV/0!

3 选择忽略错误选项

在下拉菜单中选择【忽略错误】菜单项，该单元格左上角的绿色小三角就会消失。

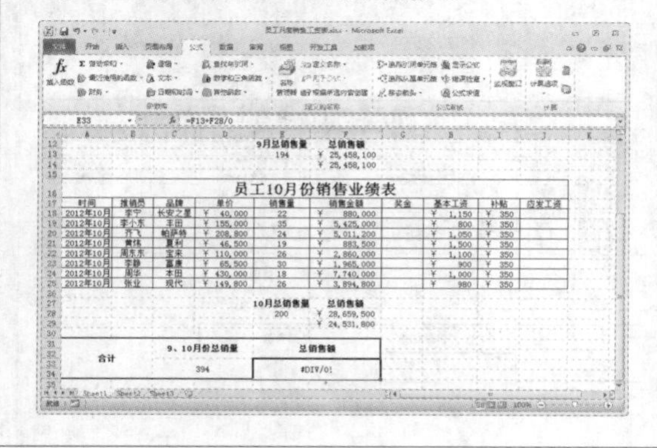

4 追踪错误

选择【公式】选项卡，在【公式审核】选项组中的【错误检查】下拉列表中选择【追踪错误】菜单命令，工作表中会绘制出一个追踪箭头，如下图所示。

9月总销售量 194　总销售额 ￥25,458,100　￥25,458,100

员工10月份销售业绩表

牌	单价	销售量	销售金额	奖金	基本工资	补贴
之星	￥ 40,000	22	￥ 880,000		￥ 1,150	￥ 350
田	￥ 155,000	35	￥ 5,425,000		￥ 800	￥ 350
萨特	￥ 208,800	24	￥ 5,011,200		￥ 1,050	￥ 350
利	￥ 46,500	19	￥ 883,500		￥ 1,500	￥ 350
来	￥ 110,000	26	￥ 2,860,000		￥ 1,100	￥ 350
康	￥ 65,500	30	￥ 1,965,000		￥ 900	￥ 350
田	￥ 430,000	18	￥ 7,740,000		￥ 1,000	￥ 350
代	￥ 149,800	26	￥ 3,894,800		￥ 980	￥ 350

10月总销售量 200　总销售额 ￥28,659,500　￥24,531,800

、10月份总销量 394　总销售额 #DIV/0!

5 修改公式

双击E33单元格，进入其编辑模式，修改其公式为“=F13+F28”。

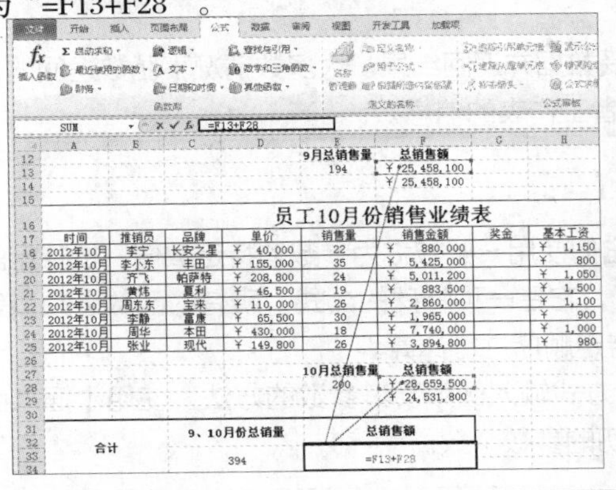

6 得到正确销售额

按【Enter】键确认，查看总销售额，效果如下图所示。

E33 =F13+F28

9月总销售量	总销售额
194	￥ 25,458,100
	￥ 25,458,100

员工10月份销售业绩表

时间	推销员	品牌	单价	销售量	销售金额	奖金	基本工资	补贴
2012年10月	李宁	长安之星	￥ 40,000	22	￥ 880,000		￥ 1,150	￥ 350
2012年10月	李小东	丰田	￥ 155,000	35	￥ 5,425,000		￥ 800	￥ 350
2012年10月	齐飞	帕萨特	￥ 208,800	24	￥ 5,011,200		￥ 1,050	￥ 350
2012年10月	黄炜	夏利	￥ 46,500	19	￥ 883,500		￥ 1,500	￥ 350
2012年10月	周东东	宝来	￥ 110,000	26	￥ 2,860,000		￥ 1,100	￥ 350
2012年10月	李静	富康	￥ 65,500	30	￥ 1,965,000		￥ 900	￥ 350
2012年10月	周华	本田	￥ 430,000	18	￥ 7,740,000		￥ 1,000	￥ 350
2012年10月	张业	现代	￥ 149,800	26	￥ 3,894,800		￥ 980	￥ 350

10月总销售量	总销售额
200	￥ 28,659,500
	￥ 24,531,800

	9、10月份总销量	总销售额
合计	394	￥ 54,117,600

Sheet1 Sheet2 Sheet3

3. 监视窗口

在大型工作表中，某些单元格在工作表上可能不可见，需要反复滚动或定位到工作表的不同部分，这样检查、审核或确认公式计算及其结果就很不方便，为此可以在【监视窗口】对话框中监视这些单元格及其公式。

1 弹出【监视窗口】对话框

在【公式】选项卡的【公式审核】选项组中单击【监视窗口】按钮，弹出【监视窗口】对话框，单击【添加监视】按钮 添加监视...。

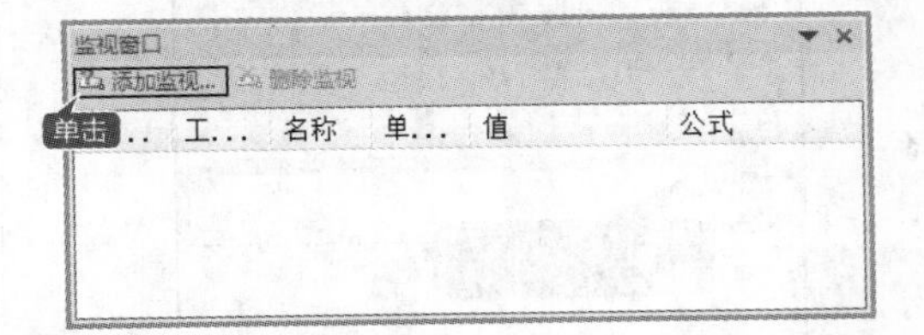

2 设置【添加监视点】对话框

弹出【添加监视点】对话框，从中输入要监视的单元格名称。单击【添加】按钮。

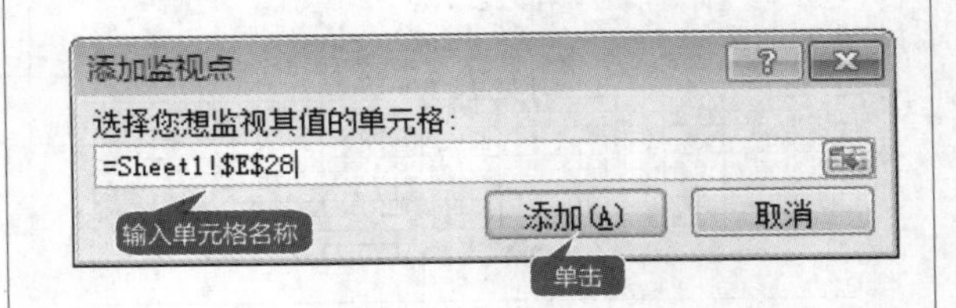

3 添加监视点

完成添加监视单元格的操作。

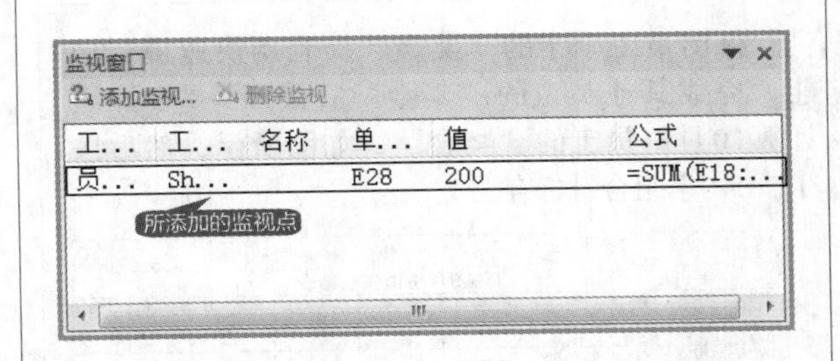

工作经验小贴士

在【监视窗口】对话框中单击选中要删除监视的单元格，然后单击【删除监视】按钮 删除监视，可以删除监视单元格。

4 固定【监视窗口】

双击【监视窗口】的标题栏，可以将【监视窗口】对话框固定到表格窗口上部。

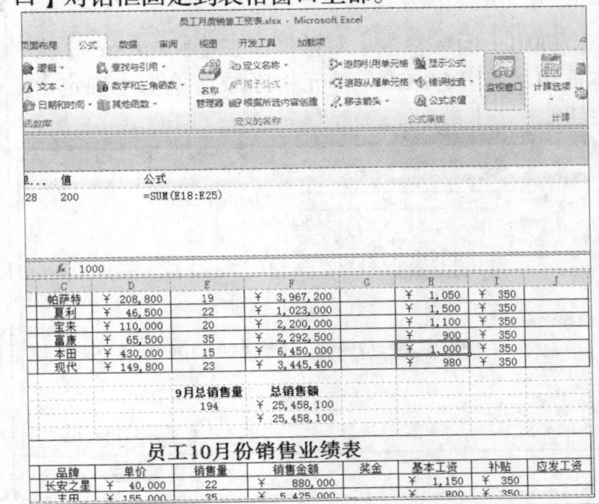

12.3 实例3——使用函数计算员工奖金

 本节视频教学时间：5分钟

Excel函数是一些已经定义好的公式，通过参数接受数据并返回结果。大多数情况下函数返回的是计算的结果，也可以返回文本、引用、逻辑值、数组或者工作表的信息。

12.3.1 了解函数

Excel中所提到的函数其实是一些预定义的公式，它们使用一些被称为参数的特定数值，按特定的顺序或结构进行计算。每个函数描述都包括一个语法行，它是一种特殊的公式。所有的函数必须以等号“=”开始，它是预定义的内置公式，必须按语法的特定顺序进行计算。

【插入函数】对话框为用户提供了一个使用半自动方式输入函数及其参数的方法。使用【插入函数】对话框可以保证正确的函数拼写以及顺序正确的确切的参数个数。

12.3.2 使用函数进行计算

在“员工月度销售工资表”工作表中，利用函数对员工奖金进行计算。

1 插入列

在“员工月度销售工资表”工作表中，关闭【监视窗口】，然后在G列前插入一列，并输入如图所示的内容。

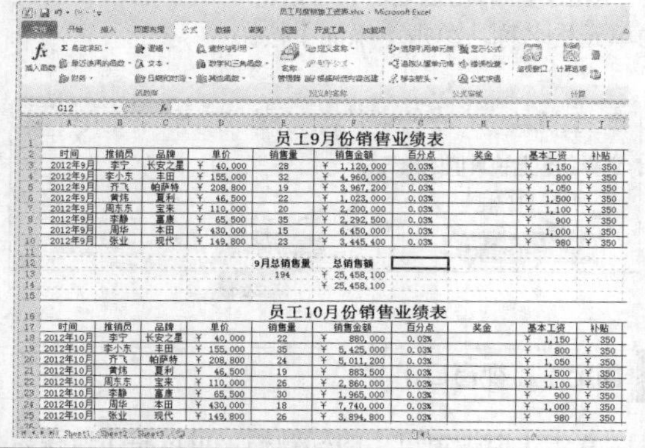

2 选择【SUM】函数

单击【公式】选项卡下的【插入函数】按钮，弹出【插入函数】对话框，在【或选择类别】下拉列表中选择【数学与三角函数】选项，然后在【选择函数】中选择【PRODUCT】选项，单击【确定】按钮。

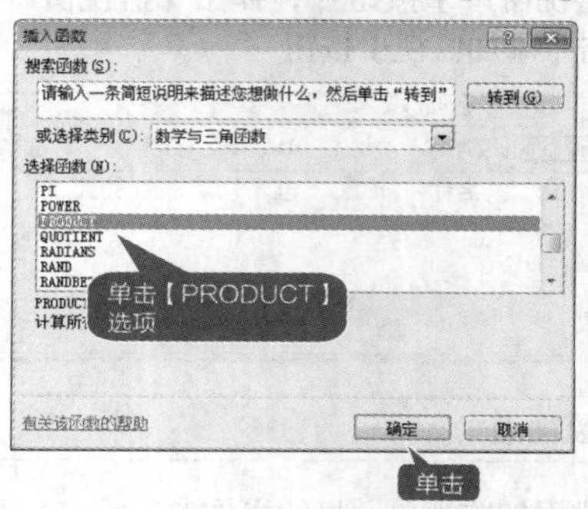

3 设置【函数参数】对话框

弹出【函数参数】对话框。在【Number1】文本框中输入“F3:G3”单元格区域，单击【确定】按钮。

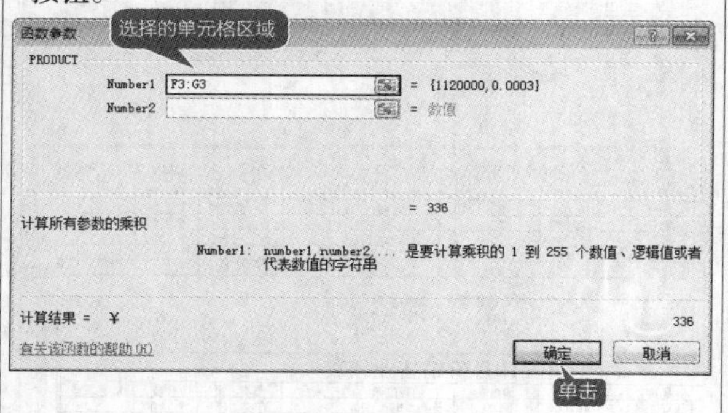

4 完成其他员工的“奖金”

得出员工李宁的“奖金”，利用快速填充功能，完成其他员工的“奖金”。按照1~3步操作计算10月份员工的“奖金”，如图所示，然后按【Ctrl+S】组合键保存。

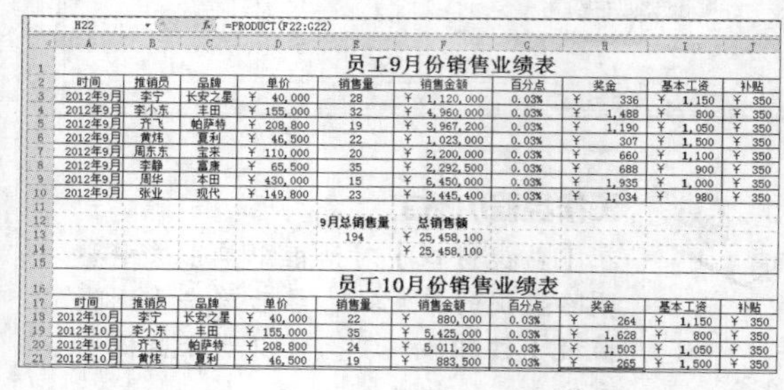

12.4 实例4——计算员工应发工资

本节视频教学时间：4分钟

前面已经使用公式和函数计算出了员工的销量和奖金，接下来使用函数来计算员工的应发工资。

1 选中K3单元格

在“员工月度销售工资表”工作表中，选中K3单元格。

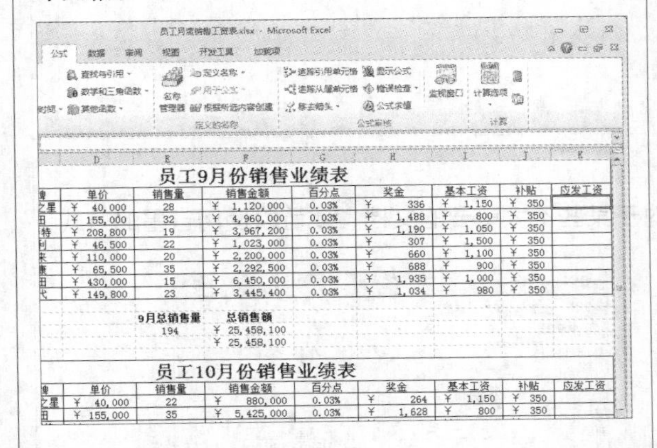

2 选择【SUM】函数

单击【公式】选项卡下的【插入函数】按钮 fx，弹出【插入函数】对话框，在【或选择类别】下拉列表中选择【数学与三角函数】选项，然后在【选择函数】中选择函数【SUM】选项，单击【确定】按钮。

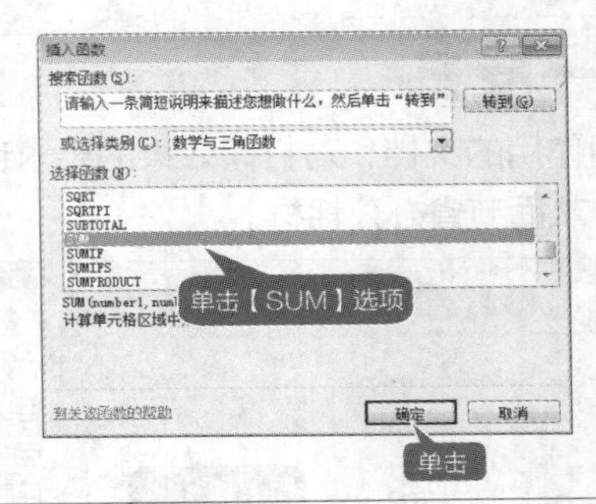

3 设置【函数参数】对话框

弹出【函数参数】对话框。在【Number1】文本框中输入“H3:J3”单元格区域，单击【确定】按钮。

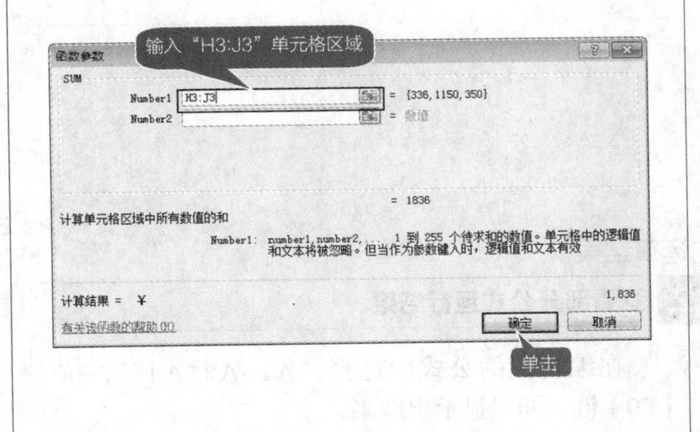

4 完成其他员工的【应发工资】

得出员工李宁的“应发工资”，利用快速填充功能，完成其他员工的“应发工资”。按照1~3步操作计算10月份员工的“应发工资”，如图所示，然后按【Ctrl+S】组合键保存。

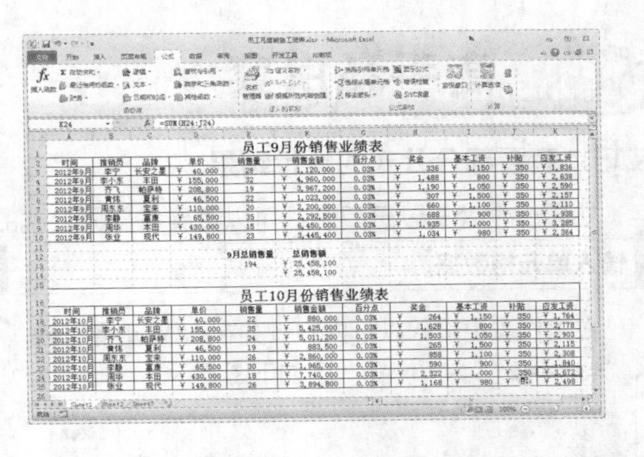

12.5 实例5——使用打印机打印工作表

本节视频教学时间：2分钟

打印功能是指将编辑好的文本通过打印机打印出来。通过打印预览的所见即所得功能，用户可看到打印的实际效果。如果用户对打印的效果不满意，还可以返回对打印页面再次进行编辑和修改。

1 【打印】选项

单击【文件】选项卡，在弹出的列表中选择【打印】选项，设置打印的份数为“4份”，选择连接的打印机，然后单击【打印】按钮。

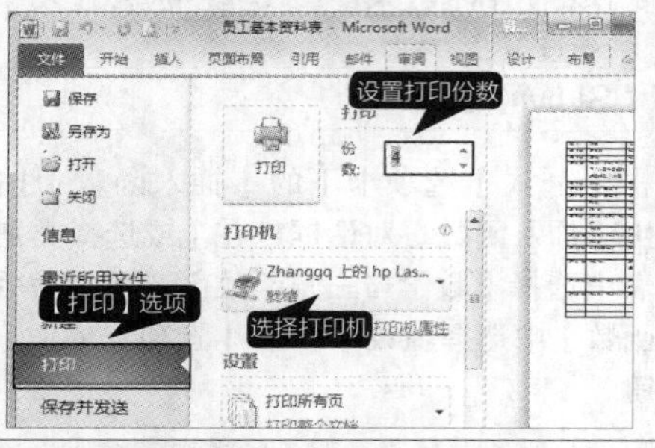

2 弹出【打印】提示框

弹出【打印】提示框。

举一反三

不同作用的文档，对打印效果的要求也不同。对于某些不太重要的文档，就可以使用省墨的方式来打印，从而节省办公耗材。

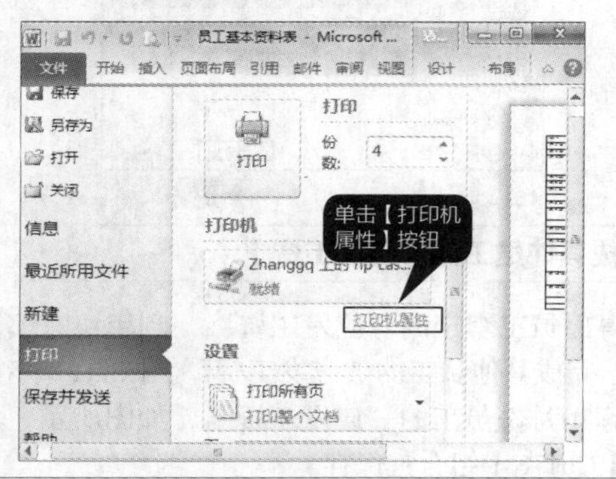

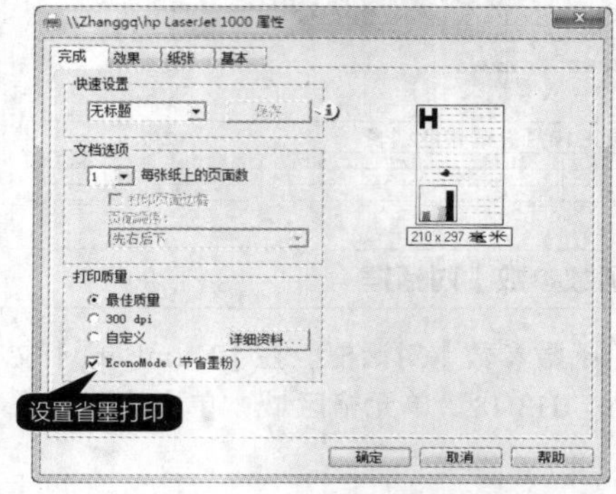

高手私房菜

技巧：查看部分公式的运行结果

如果一个公式过于复杂，可以查看各部分公式的运算结果。

1 输入单元格数据

在工作表中输入以下内容，并在A8单元格中输入“=A1+A2*A4-A3+A5”，如下图所示。

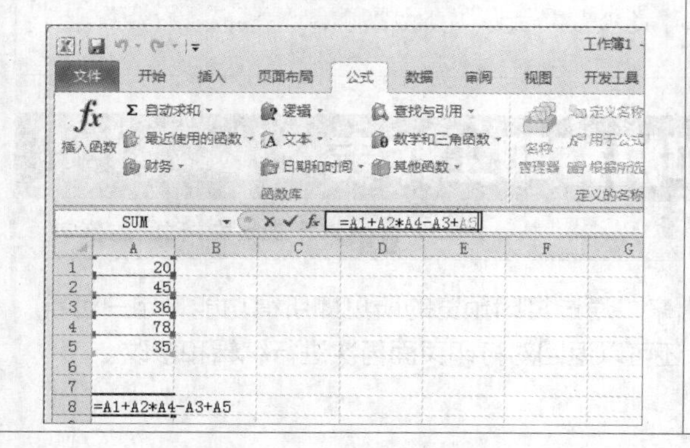

2 查看部分公式运行结果

在编辑栏的公式中选择“A1+A2*A4”，按【F9】键，即可显示出结果。

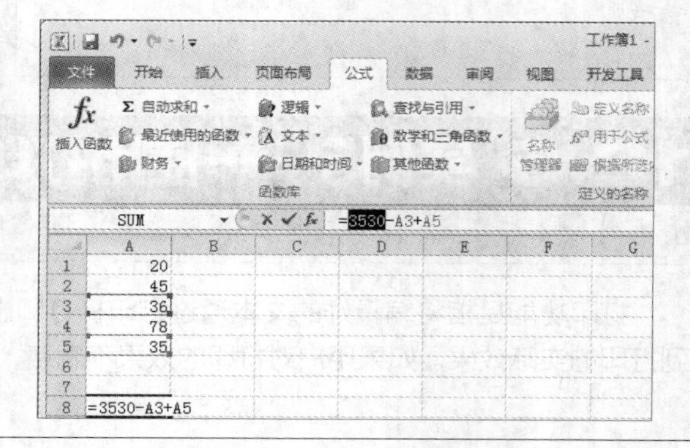

第13章

用Excel设计产品销售透视表与透视图

本章视频教学时间：25分钟

数据透视表是一种可以深入分析数值数据，快速汇总大量数据的交互式报表。

【学习目标】

通过本章的学习，可以初步了解如何创建数据透视表及数据透视图，并学会制作简单的年度产品销售额数据透视表及数据透视图。

【本章涉及知识点】

- 掌握创建数据透视表的方法
- 了解数据透视表的其他应用
- 掌握创建数据透视图的方法
- 了解数据透视图的其他应用

13.1 实例1——设计产品销售额透视表

本节视频教学时间：14分钟

数据透视表是一种可以深入分析数值数据，快速汇总大量数据的交互式报表。使用数据透视表，用户可以深入分析数值数据，并且可以回答一些预料不到的数据问题。

13.1.1 创建销售业绩透视表

数据透视表实际上是从数据库中生成的动态总结报告，其最大的特点就是具有交互性。创建透视表后，用户可以任意重新排列数据信息，并且可以根据需要对数据进行分组。

1 打开素材

打开随书光盘中的“素材\ch13\销售业绩表.xlsx”文件，这个文档中包含了一些数据，如图所示。

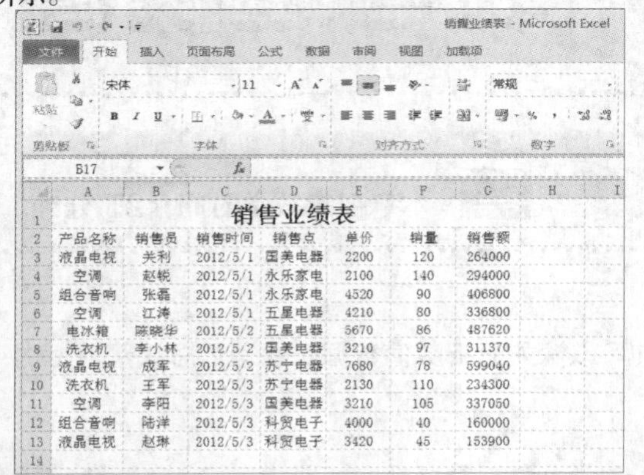

2 选择【数据透视表】选项

在【插入】选项卡的【表格】选项组中单击【数据透视表】按钮，在弹出的下拉列表中选择【数据透视表】选项。

3 设置【创建数据透视表】对话框

弹出【创建数据透视表】对话框，单击选中【请选择要分析的数据】选项组中的【选择一个表或区域】单选项，单击【表/区域】文本框右侧的按钮，用鼠标拖曳选择A2:G13单元格区域后，单击按钮，然后在【选择放置数据透视表的位置】选项组中单击选中【现有工作表】单选项设置放置位置。单击【确定】按钮。

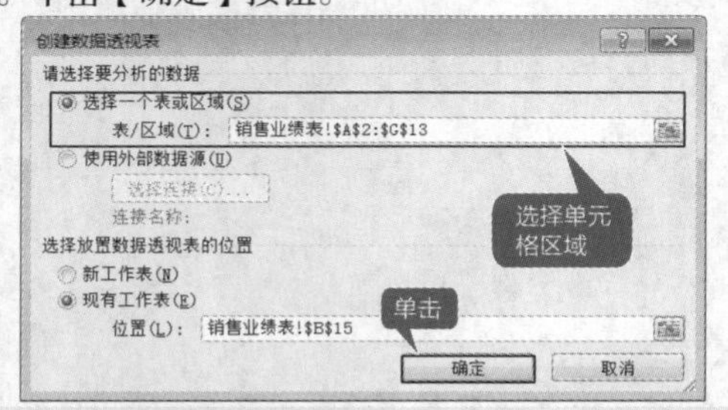

4 出现【数据透视表字段列表】窗格

弹出数据透视表的编辑界面。工作表中会出现数据透视表，在其右侧出现的是【数据透视表字段列表】窗格。

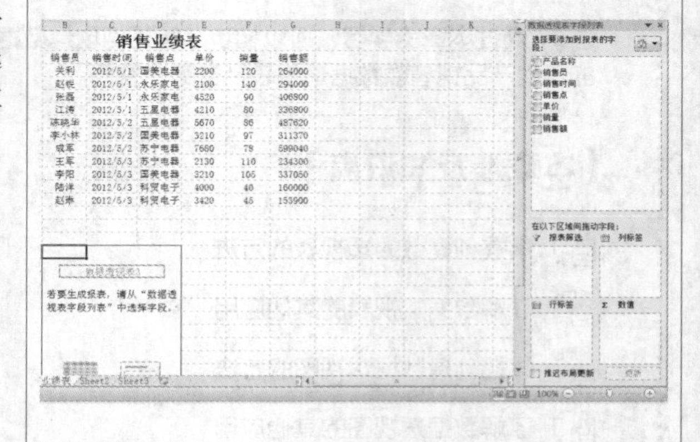

工作经验小贴士

数据源也可以选择外部数据，放置位置也可以选择新工作表。

插入数据透视表之前，单元格定位也很重要，所定位的单元格与工作簿中的数据要有一定的距离，如步骤2中单元格定位在B17。

5 拖曳字段到所需的区域

在【数据透视表字段列表】窗格中，单击拖曳“产品名称”字段至【列标签】列表框中，即可将“产品名称”字段添加到【列标签】列表框中，效果如下图所示。

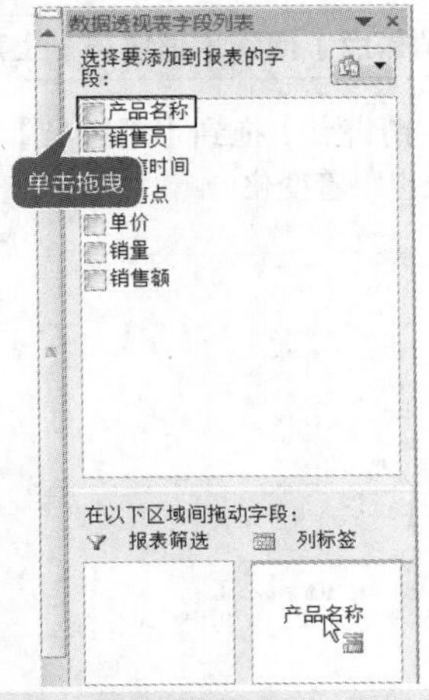

工作经验小贴士

在【数据透视表字段列表】窗格中，可以根据需要用鼠标直接拖曳各个字段至所需的区域。

6 将其他字段拖曳至合适的区域

按照上一步操作，将“销售员”字段添加到【行标签】列表框中，将“销售时间”字段添加到【报表筛选】列表框中，将“销售点”字段添加到【列标签】列表框中，将“销售额”字段添加到【数值】列表框中，效果如下图所示。

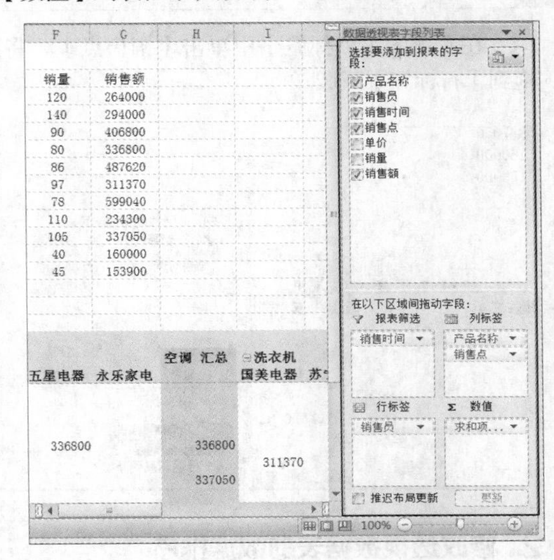

7 选择【另存为】选项

选择【文件】➤【另存为】菜单命令。

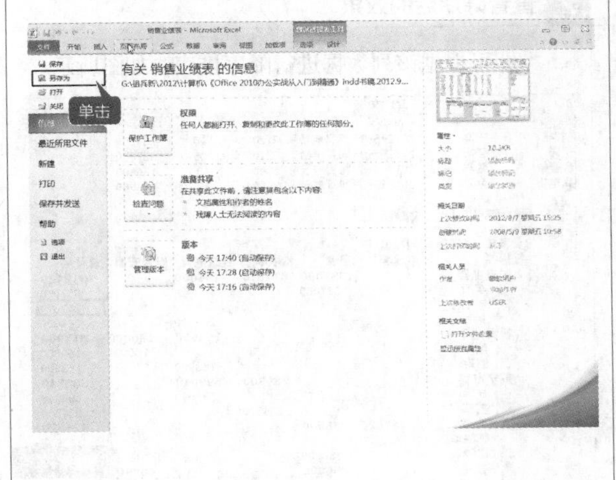

8 保存为“销售业绩透视表”

弹出【另存为】对话框，在对话框左侧选择保存路径，在【文件名】文本框中输入“销售业绩透视表”，然后单击【保存】按钮即可。

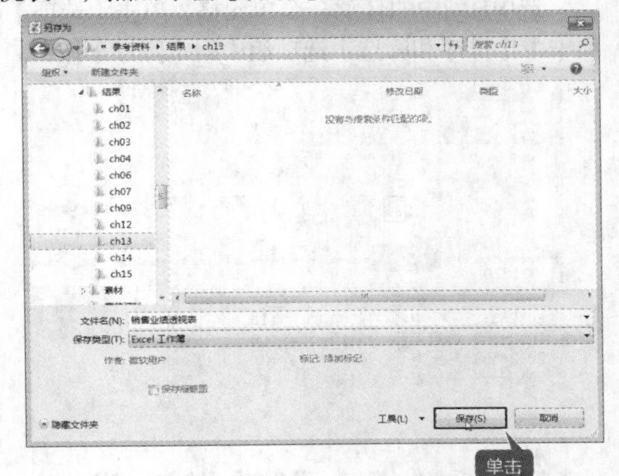

13.1.2 编辑透视表

创建数据透视表以后，用户就可以对它进行编辑了。对数据透视表的编辑包括修改其布局、添加或删除字段、格式化表中的数据，以及复制和删除透视表等。

1. 修改数据透视表

数据透视表是显示数据信息的视图，用户不能直接修改数据透视表所显示的数据项，但表中的字段名是可以修改的，还可以修改数据透视表的布局，从而重组数据透视表。

1 将【销售点】拖到【行标签】区域

在右侧的【列标签】中单击【销售点】，将其拖到【行标签】区域。

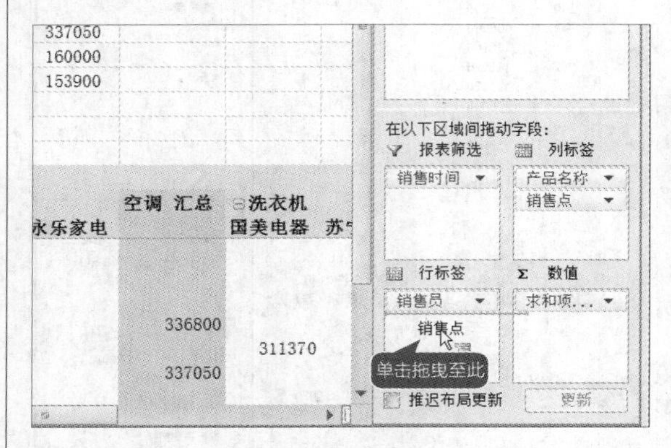

2 将【销售点】拖到【销售员】上方

将【销售点】拖到【销售员】上方，此时左侧的透视表也跟着变化。

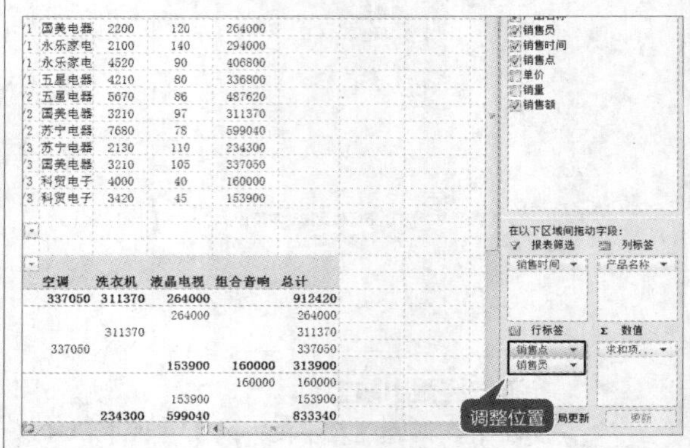

2. 修改透视数据表的数据排序

排序是数据表中的基本操作，用户总是希望数据能够按照一定的顺序排列。数据透视表的排序不同于普通工作表表格的排序。

1 修改数据排序

选中H列中的任意一个单元格，单击【选项】选项卡中【排序和筛选】选项组中的【降序】按钮。

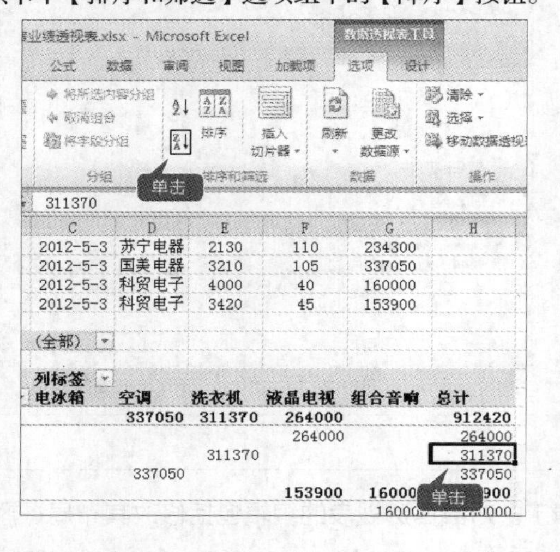

2 查看降序后的效果

即可根据该列数据进行降序排序，如图所示。

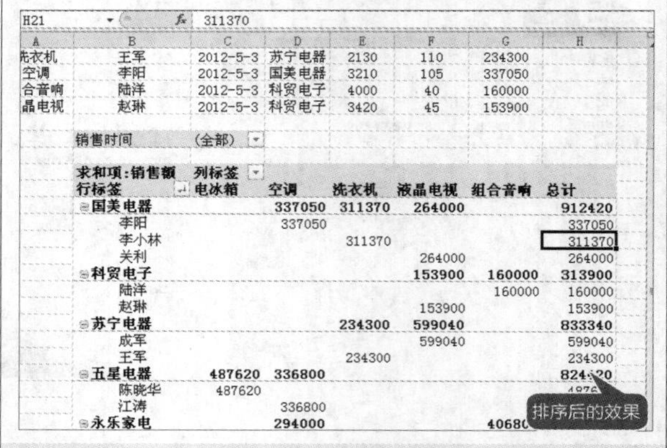

工作经验小贴士

如果用户修改了数据源中的数据，透视表更新后将按照排序方式自动重新排序。

3. 改变数据透视表的汇总方式

Excel数据透视表默认的汇总方式是求和，用户可以根据需要改变数据透视表中数据项的汇总方式。

1 调出【值字段设置】对话框

单击右侧【Σ数值】列表中的【求和项：销售额】，选择【值字段设置】选项。弹出【值字段设置】对话框，从中可以设置值汇总的方式。

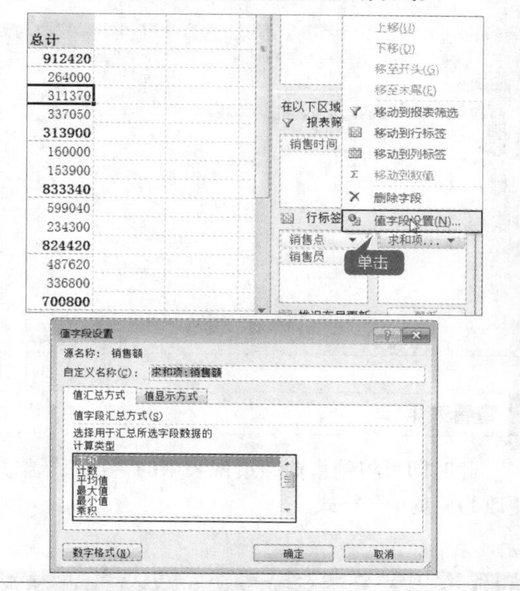

2 将值汇总方式修改为平均值

单击【选择用于汇总所选数据字段的计算类型】选项中的【平均值】选项，单击【确定】按钮，即可更改。

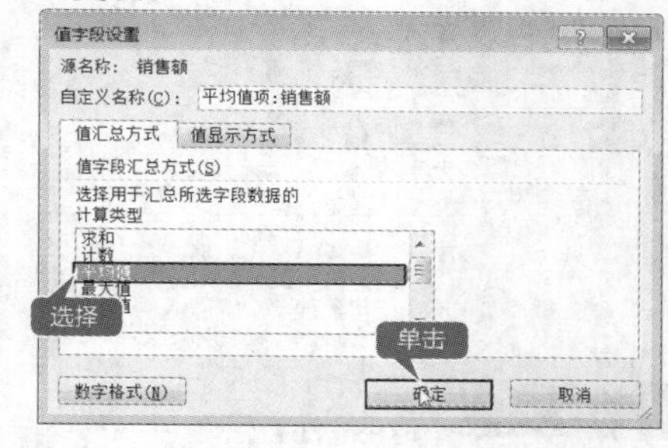

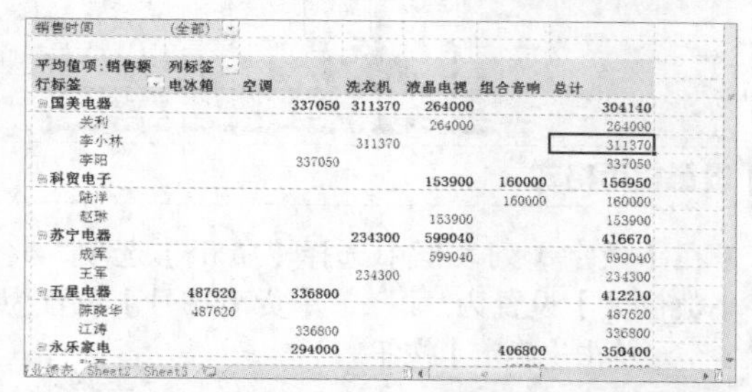

4. 添加或者删除字段

用户可以根据需要随时给透视表添加或者删除字段。

1 删除字段

在右侧【选择要添加到报表的字段】列表框中，撤选【销售点】字段，即可将其从数据透视表中删除。

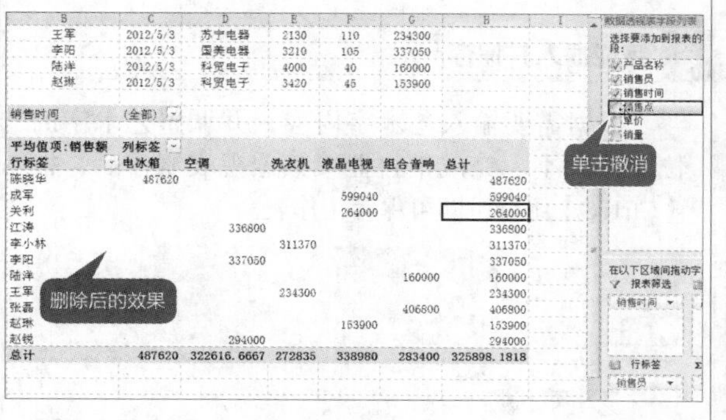

2 添加字段

在右侧【选择要添加到报表的字段】列表框中，选中要添加的字段的复选框，即可将其添加到数据透视表中。

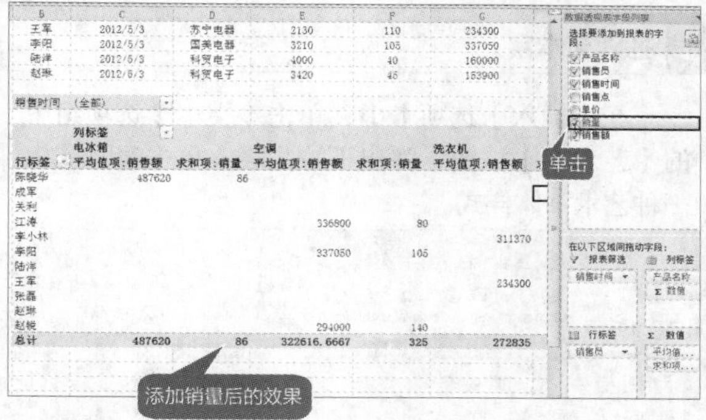

工作经验小贴士

在【行标签】的字段名称上单击，并将其拖到窗口外面，也可以删除此字段。

13.1.3 美化透视表

创建数据透视表并编辑好以后，可以对它进行美化，使其看起来更加美观，接着13.1.1节操作美化销售业绩透视表的具体步骤如下。

1 设置数据透视表样式

选中数据透视表，单击【数据透视表工具】中【设计】选项卡下【数据透视表样式】组中的【其他】按钮，在弹出的下拉列表中选择任一样式，即可更改数据透视表样式。

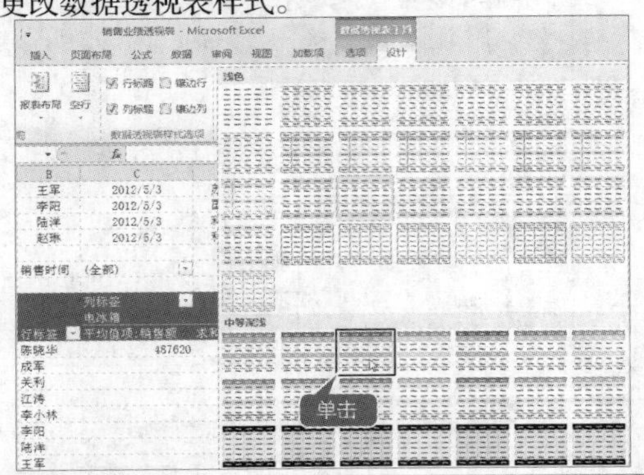

2 调出【设置单元格格式】对话框

选中数据透视表中的“销售额”，右键单击，弹出快捷菜单，单击【设置单元格格式】选项，即可调出【设置单元格格式】对话框。

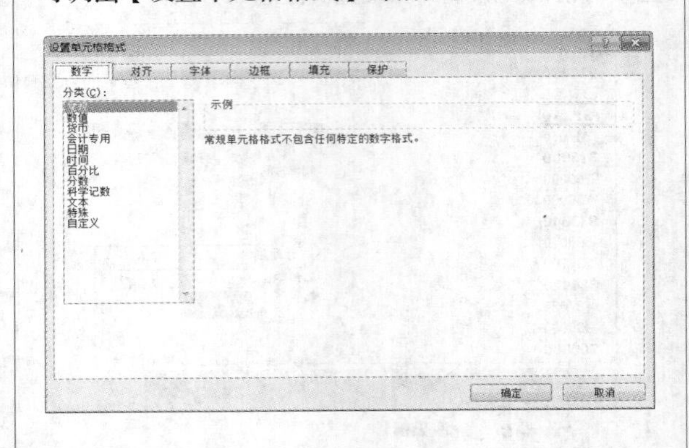

3 设置货币格式

在【数字】列表框中选择【货币】选项，将【小数位数】设置为“0”，【货币符号】设置为“¥”。单击【确定】按钮。

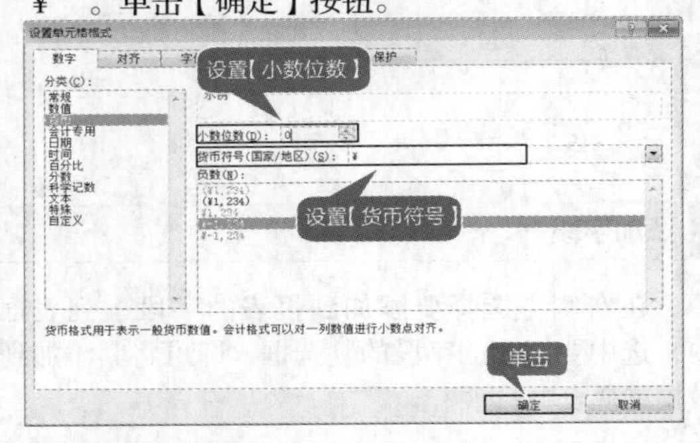

4 查看效果

此时即可将销售业绩透视表中的“数值”格式更改为“货币”格式。

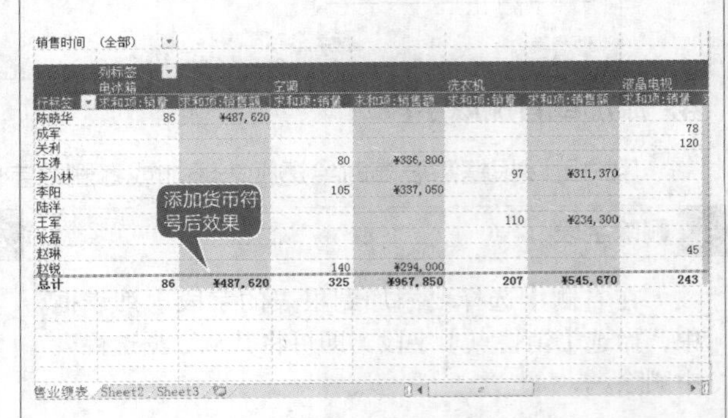

5 插入艺术字

在【插入】选项卡中，单击【文本】选项组中的【艺术字】按钮，弹出下拉列表，单击选择其中一种艺术字体样式。

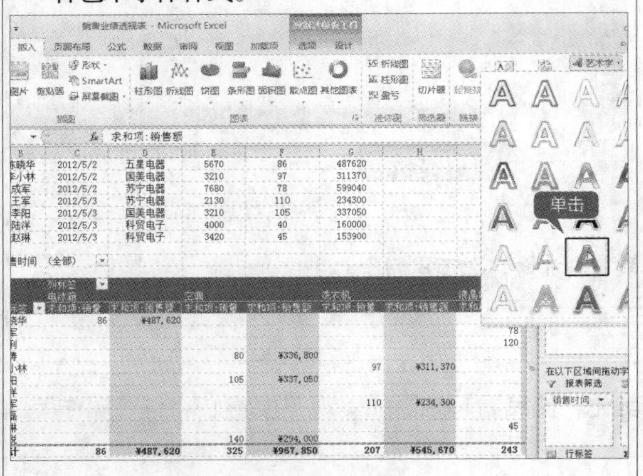

6 完成插入并保存

根据需要输入艺术字内容，并调整艺术字的位置及大小。完成销售业绩额透视表制作后，按【Ctrl+S】组合键即可保存工作表。

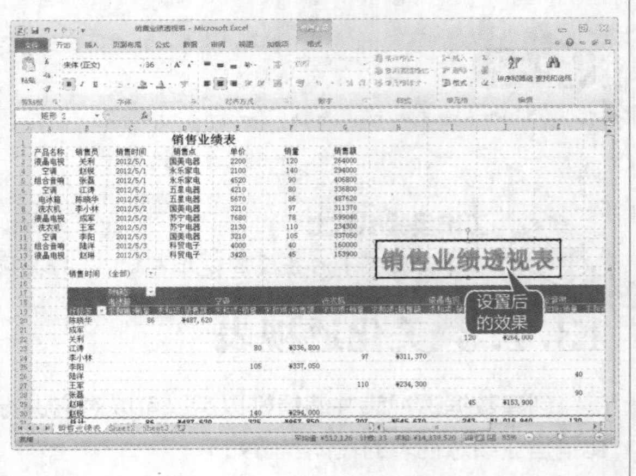

13.2 实例2——设计产品销售额透视图

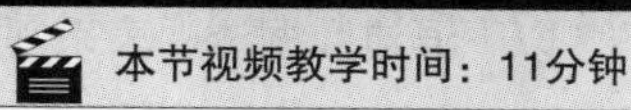

与数据透视表一样，数据透视图报表也是交互式的。创建数据透视图报表时，数据透视图报表筛选将显示在图表区中，以便排序和筛选数据透视图报表的基本数据。当改变相关联的数据透视表中的字段布局或数据时，数据透视图报表也会随之变化。

13.2.1 创建数据透视图

创建数据透视图的方法有两种，一种是直接通过数据表中的数据创建数据透视图，另一种是通过已有的数据透视表创建数据透视图。

1. 通过数据区域创建数据透视图

下面通过数据区域来创建数据透视图。

1 选择【数据透视图】选项

选择工作表“Sheet2”，然后单击【插入】选项卡下【表格】组中的【数据透视表】，在弹出的下拉列表中选择【数据透视图】选项。

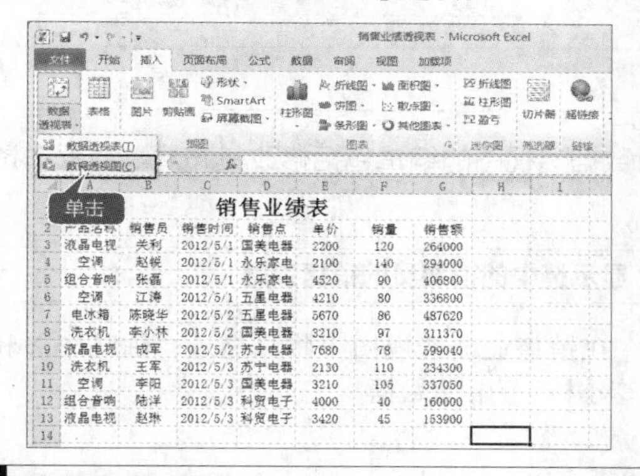

2 设置【创建数据透视表及数据透视图】对话框

弹出【创建数据透视表及数据透视图】对话框，单击选中【选择一个表或区域】单选项，单击【表/区域】文本框右侧的按钮，用鼠标拖曳选择A2:G13单元格区域来设置数据源，然后单击按钮返回【创建数据透视表及数据透视图】对话框，单击【确定】按钮。

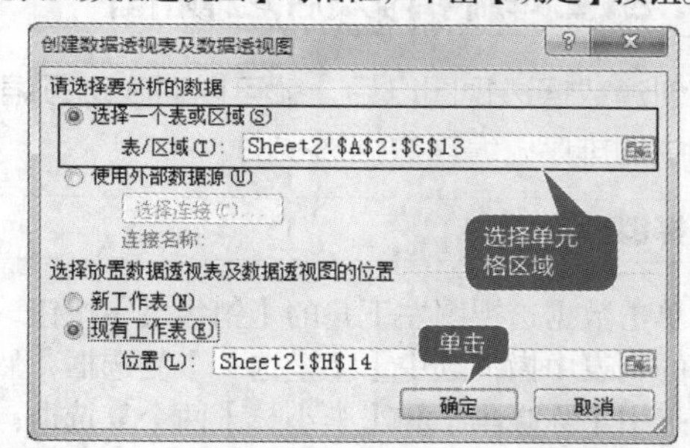

3 创建数据透视图

弹出数据透视表的编辑界面，工作表中会出现图表1和数据透视表1，在其右侧出现的是【数据透视表字段列表】窗格。

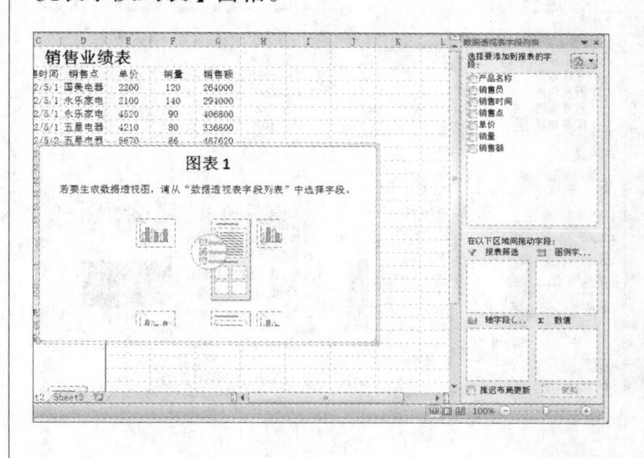

4 完成数据透视图的创建

在【数据透视表字段列表】中单击勾选要添加到视图的字段，即可完成数据透视图的创建，如下图所示。

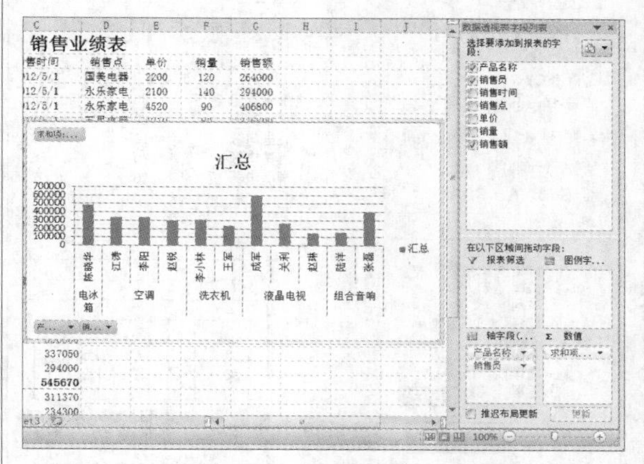

2. 通过数据透视表创建数据透视图

以下通过数据透视表来创建数据透视图。

1 弹出【插入图表】对话框

单击【销售业绩表】工作表，选中透视表，然后在【选项】选项卡下【工具】组中单击【数据透视图】按钮，弹出【插入图表】对话框。

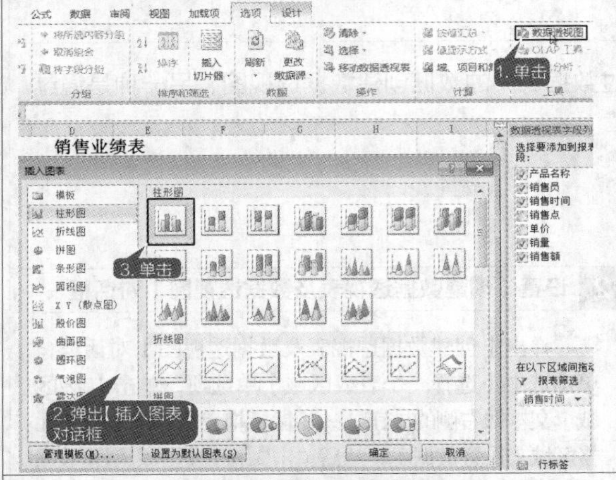

2 插入数据透视图

单击【三维簇状柱形图】选项，单击【确定】按钮即可在当前工作表中插入数据透视图。

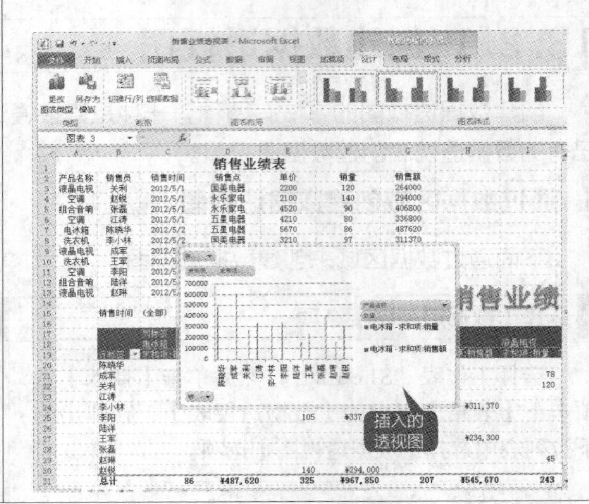

13.2.2 编辑数据透视图

创建数据透视图以后，就可以对它进行编辑了。对数据透视图的编辑包括修改其布局、数据在透视图中的排序，编辑数据透视图。

1 选择销售员

单击数据透视图左下角的【销售员】按钮，在弹出的列表中撤消选中【（全选）】复选框，然后单击选中【陈晓华】和【李小林】两个复选框。单击【确定】按钮。

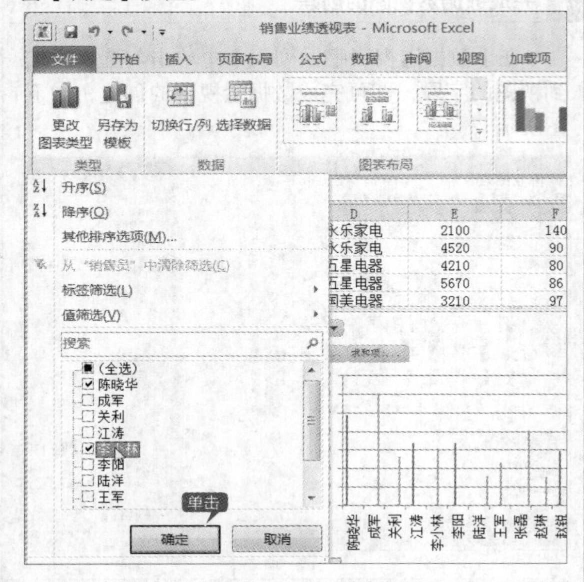

2 显示选中的销售员的销售数据

在销售业绩透视图中将只显示“陈晓华”和“李小林”的销售数据。

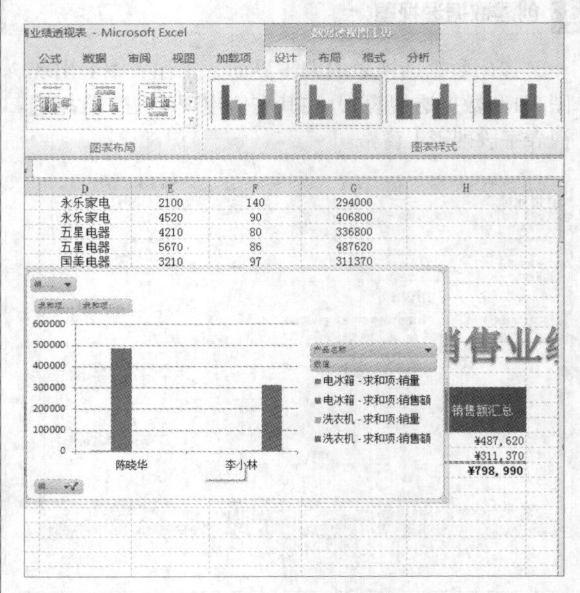

3 选择【更改图表类型】菜单项

在销售数据透视图空白处，单击鼠标右键，在弹出的快捷菜单中选择【更改图表类型】菜单项。

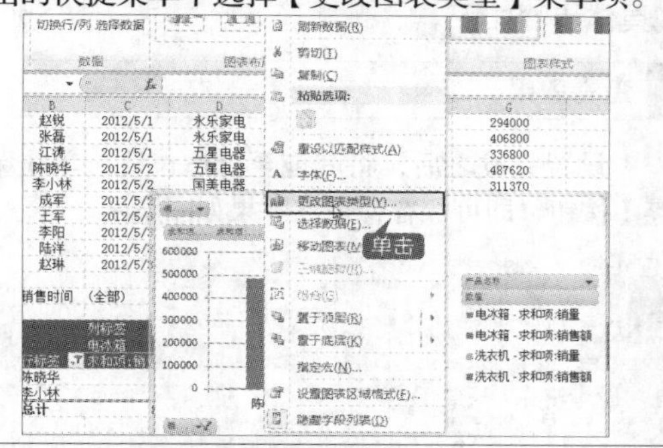

4 选择【堆积折线图】选项

弹出【更改图标类型】对话框，选择【折线图】类型中的【堆积折线图】选项。单击【确定】按钮。

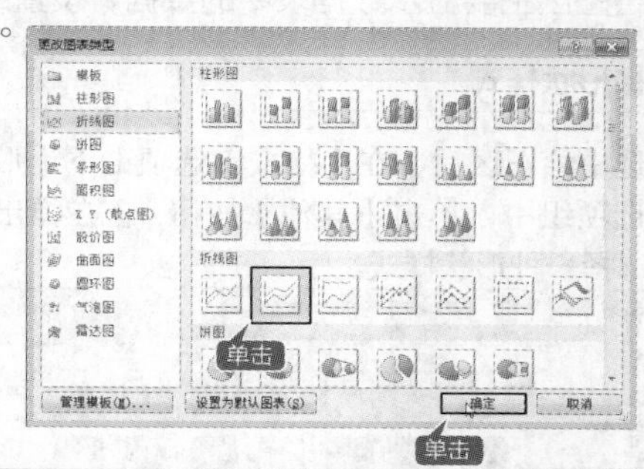

5 改为【堆积折线图】类型效果

即可将销售业绩透视图类型更改为【堆积折线图】类型。

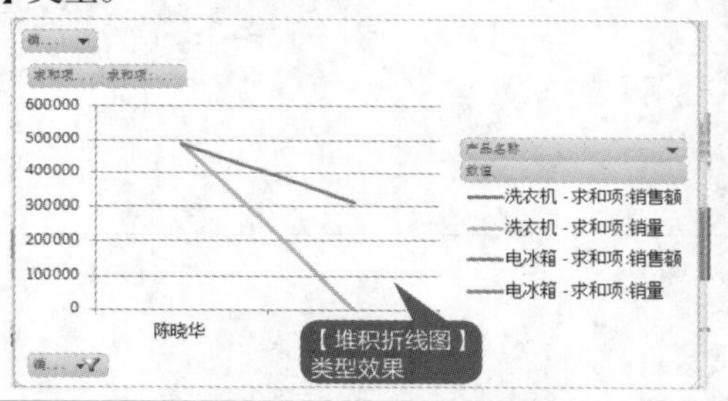

6 改为【堆积圆锥图】类型效果

在【更改图表类型】对话框中用户也可以根据需要将图表类型改为其他类型，如图所示的“堆积圆锥图”。

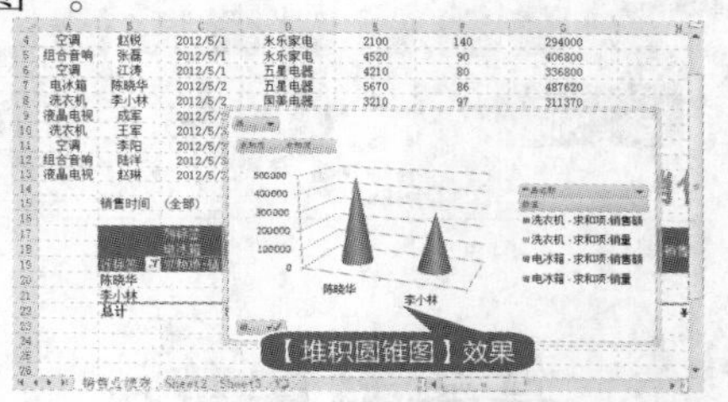

13.2.3 美化数据透视图

创建数据透视图并编辑好以后，可以对它进行美化，使其看起来更加美观。下面我们就设置图表区格式、设置图表区域两方面来讲解如何美化数据透视图。

1. 设置图表区格式

整个图表以及图表中的数据称为图表区，设置图表区格式具体步骤如下。

1 调出【设置图表区格式】对话框

在透视图空白处，单击鼠标右键，在弹出的快捷菜单中选择【设置图表区域格式】选项，即可弹出【设置图表区格式】对话框。在【填充】选项组中单击选中【渐变填充】单选项，如下图所示。单击【关闭】按钮。

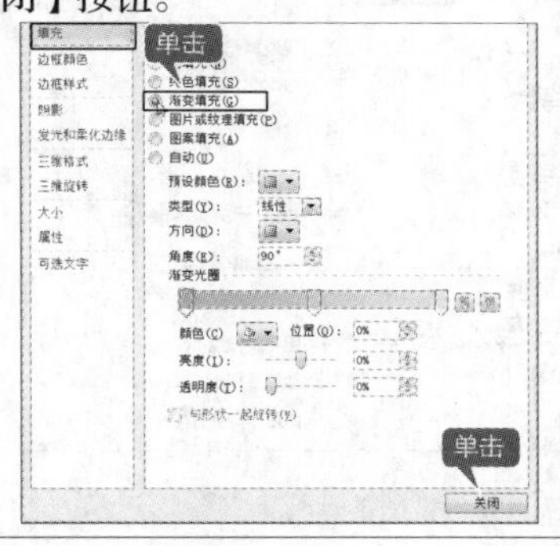

2 填充图表区

即可完成图表区格式的设置。

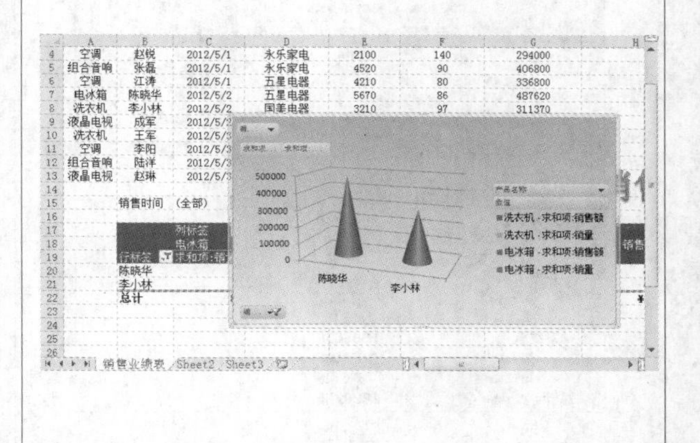

2. 设置绘图区格式

绘图区主要显示数据表中的数据，设置绘图区格式具体步骤如下。

1 选择形状样式

选中绘图区后，在【格式】选项卡下【形状样式】选项组中，单击【其他】按钮，在弹出的列表中选择一种形状样式。

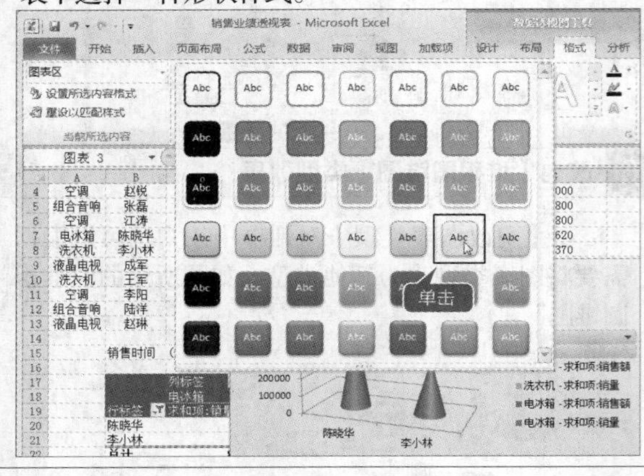

2 查看效果

设置完成之后，将其拖至合适位置，单击【保存】按钮即可保存，最终效果如图所示。

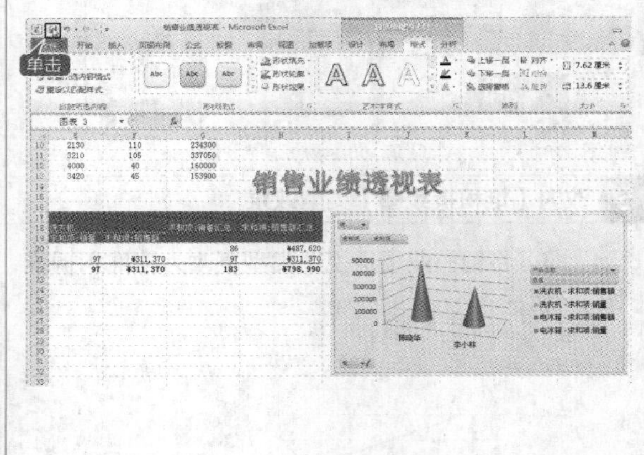

高手私房菜

技巧：刷新数据透视表

在修改数据源中的数据时，数据透视表不会自动地更新，用户必须进行更新数据操作才能刷新数据透视表。刷新数据透视表的方法如下。

1 单击【刷新】按钮

单击【选项】选项卡【数据】选项组中的【刷新】按钮，或在弹出的下拉列表中选择【刷新】或【全部刷新】选项。

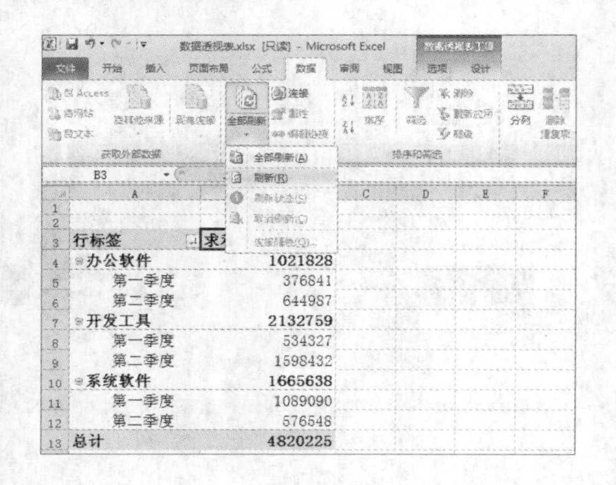

2 选择【刷新】菜单命令

在数据透视表数据区域中的任意一个单元格上单击鼠标右键，在弹出的快捷菜单中选择【刷新】菜单命令。

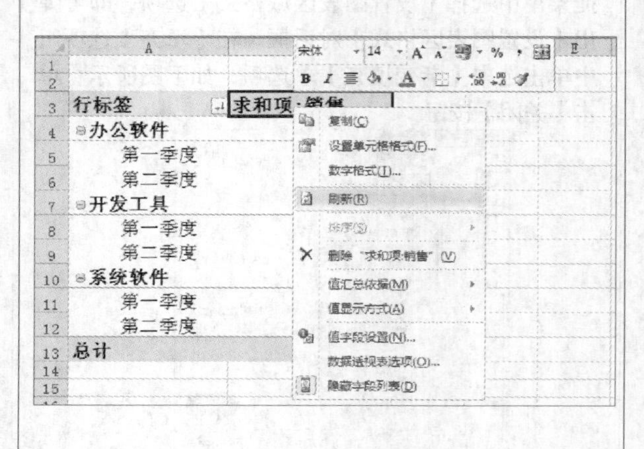

第 14 章

用 Excel 分析学生成绩表

本章视频教学时间：48 分钟

Excel有较强的数据分析功能，用户可以方便、快捷地完成专业的数据分析。

【学习目标】

- 通过本章的学习，可以掌握 Excel 2010 的数据分析功能，并能方便、快捷地分析工作表。

【本章涉及知识点】

- 数据的排序和筛选
- 使用条件格式
- 突出显示单元格效果
- 设置数据的有效性
- 数据的分类汇总
- 数据的合并计算

14.1 实例1——设置数据的有效性

本节视频教学时间：11分钟

在向工作表中输入数据时，为了防止输入错误的数据，可以为单元格设置有效的数据范围，限制用户只能输入指定范围内的数据，这样可以极大地减小数据处理操作的复杂性。

14.1.1 设置字符长度

学生的学号通常都由固定位数的数字组成，用户可以通过设置学号的有效性，实现如果多输入一位或少输入一位数字就会给出错误提示的效果，以避免出现错误。

1 单击【数据有效性】按钮

打开随书光盘中的“素材\ch14\学生成绩表.xlsx”工作簿。在“成绩表1”中选择B3:B30单元格区域，在【数据】选项卡中，单击【数据工具】选项组中的【数据有效性】按钮，在弹出的下拉列表中选择【数据有效性】选项，弹出【数据有效性】对话框。

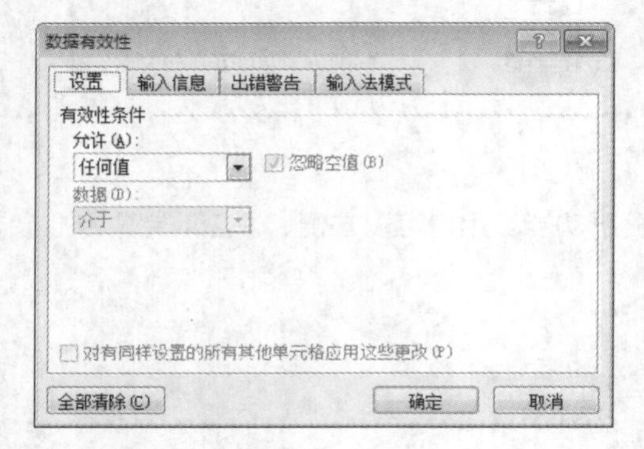

2 设置【数据有效性】对话框

选择【设置】选项卡，在【允许】下拉列表中选择【文本长度】选项，在【数据】下拉列表中选择【等于】选项，在【长度】文本框中输入“11”，然后单击【确定】按钮。

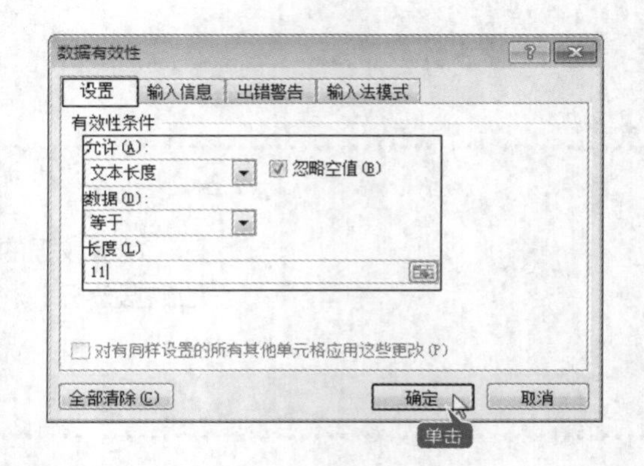

3 输入错误学号

返回工作表，在B3:B30单元格区域输入学号，如果输入小于11位或大于11位的学号，就会弹出出错信息提示框。这里在B30单元格中输入错误学号“201004102167”，然后按【Enter】键，弹出错误提示框。

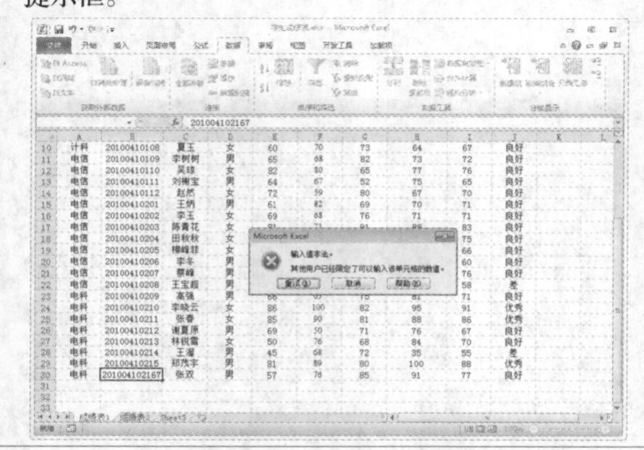

4 输入正确的学号

只有输入11位的学号时，才能正确地输入，而不会弹出出错信息提示框。

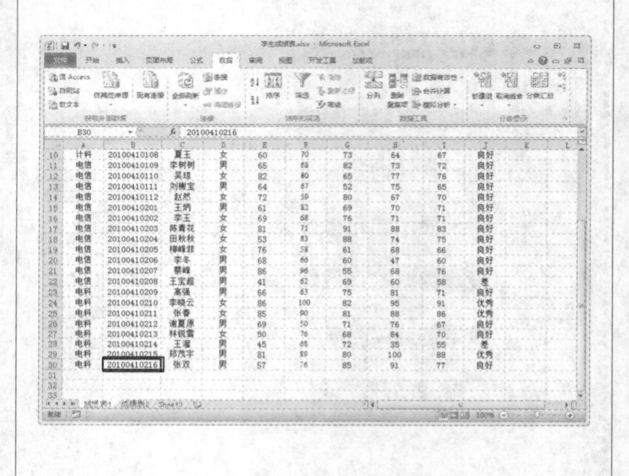

14.1.2 设置输入错误时的警告信息

如何才能使警告或提示的内容更具体呢？可以通过设置警告信息来实现。

1 选择单元格区域

接着第14.1.1节操作，选择B3:B30单元格区域。

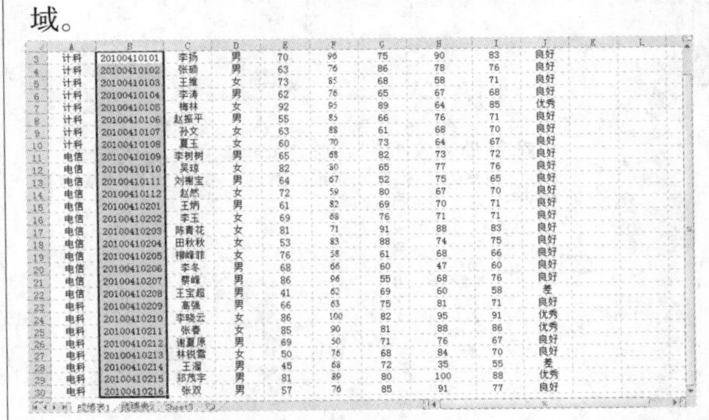

2 弹出【数据有效性】对话框

在【数据】选项卡中，单击【数据工具】选项组中的【数据有效性】按钮，在弹出的下拉列表中选择【数据有效性】选项，弹出【数据有效性】对话框，选择【出错警告】选项卡。

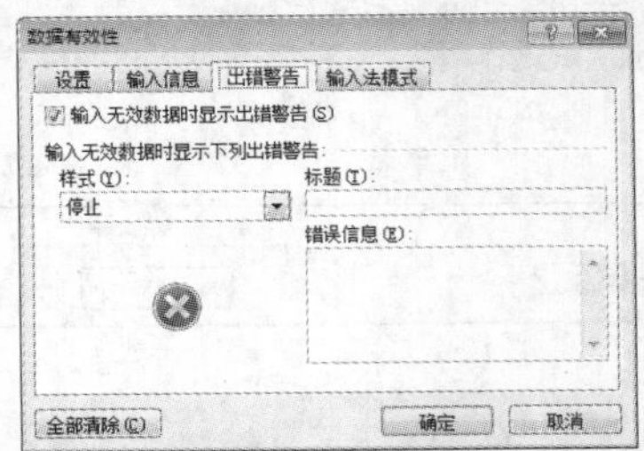

3 设置【数据有效性】对话框

在【样式】下拉列表中选择【警告】选项，在【标题】和【错误信息】文本框中输入如图所示的内容。单击【确定】按钮。

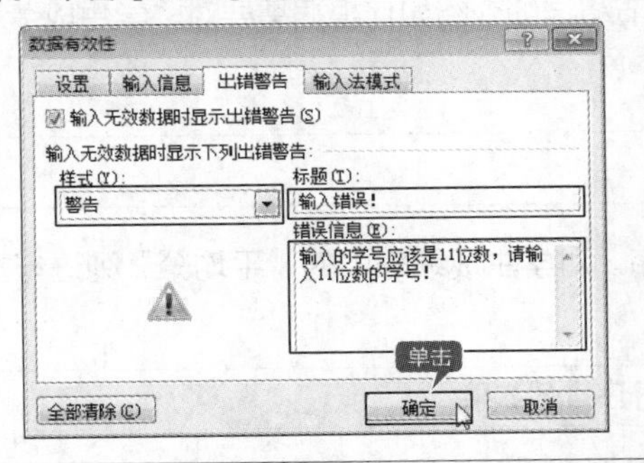

4 输入错误学号，弹出警告信息

将B16单元格的内容删除，重新输入其他的学号。如果输入不符合要求的数字时，就会提示如图所示的警告信息。

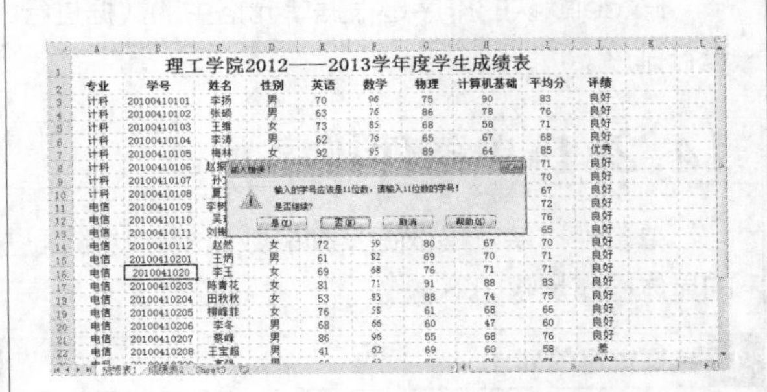

14.1.3 设置输入前的提示信息

用户输入数据前，如果能够提示输入什么样的数据才是符合要求的，那么出错率就会大大降低。比如在输入学号前，提示用户应输入11位数的学号。

1 选择单元格区域

在学生成绩表中选择B3:B30单元格区域。

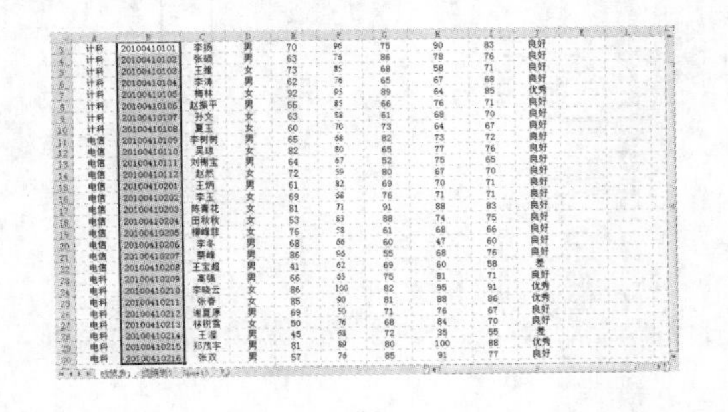

2 弹出【数据有效性】对话框

在【数据】选项卡中，单击【数据工具】选项组中的【数据有效性】按钮，在弹出的下拉列表中选择【数据有效性】选项，弹出【数据有效性】对话框，选择【输入信息】选项卡。

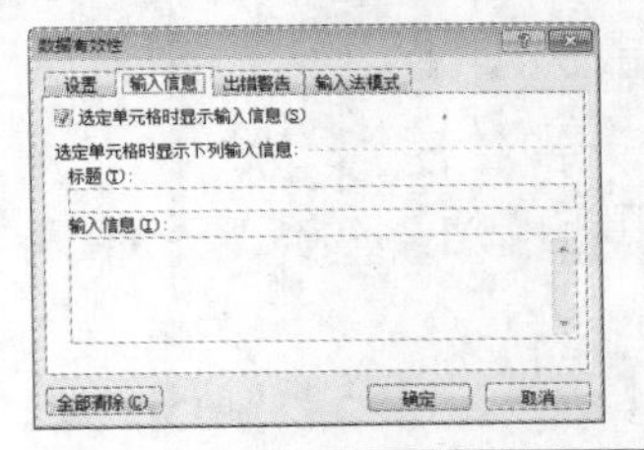

3 设置【数据有效性】对话框

在【标题】和【输入信息】文本框中，输入如图所示的内容。单击【确定】按钮，返回工作表。

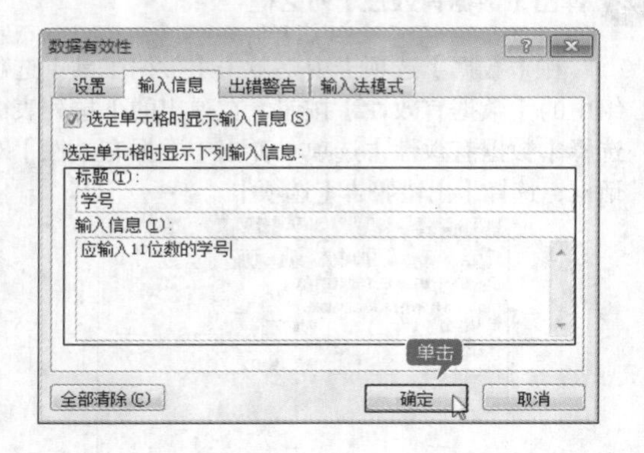

4 出现提示效果

当单击B3:B30单元格区域的任一单元格时，就会提示如图所示的信息。这里单击B7单元格，显示如下图所示的信息。

14.2 实例2——排序数据

本节视频教学时间：9分钟

Excel默认的排序是根据单元格中的数据进行的。本节将详细介绍如何根据需要对“学生成绩表”进行排序。

14.2.1 单条件排序

单条件排序就是依据某列的数据规则对数据进行排序。对学生成绩表中的“平均分”列进行排序的具体操作步骤如下。

1 选择排序的列

在学生成绩表工作簿中，选择“平均分”列中的任一单元格。

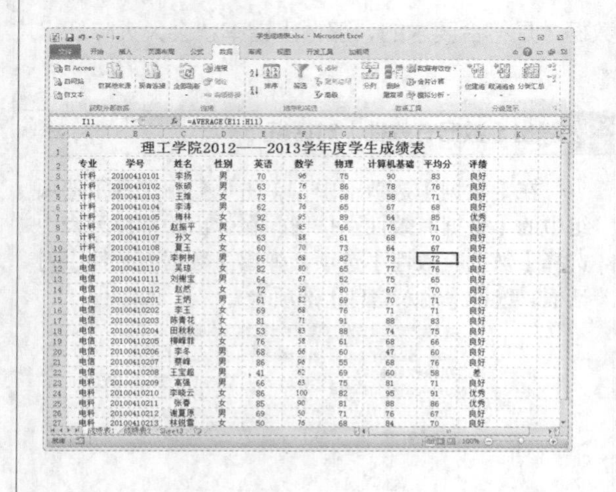

2 升序排列效果

切换到【数据】选项卡，单击【排序和筛选】选项组中的【升序】按钮（或【降序】按钮），即可快速地将平均分从低到高（或从高到低）进行排序。

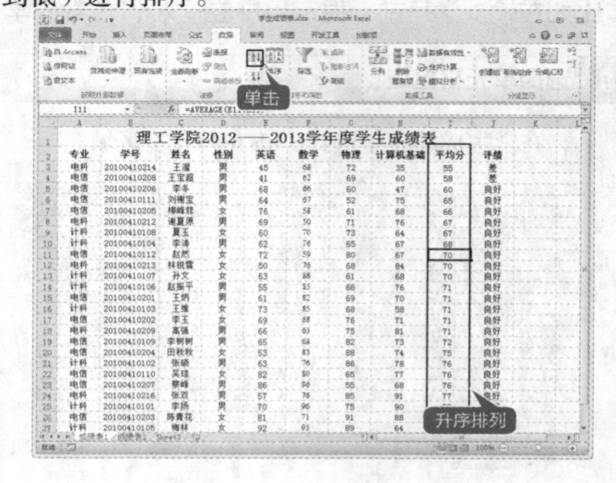

工作经验小贴士

选择要排序列的任意一个单元格，单击鼠标右键，在弹出的快捷菜单中选择【排序】➤【升序】菜单项或【排序】➤【降序】菜单项，也可以排序。默认情况下，排序时把第1行作为标题行，不参与排序。由于数据表中有多列数据，所以如果仅对一列或几列排序，则会打乱整个数据表中数据的对应关系，因此应谨慎使用此排序操作。

14.2.2 多条件排序

多条件排序就是依据多列的数据规则对数据表进行排序。下面介绍如何对学生成绩表中的“英语”、“数学”、“物理”和“平均分”等成绩从高分到低分排序。

1 选择单元格

选择数据区域内的任一单元格。

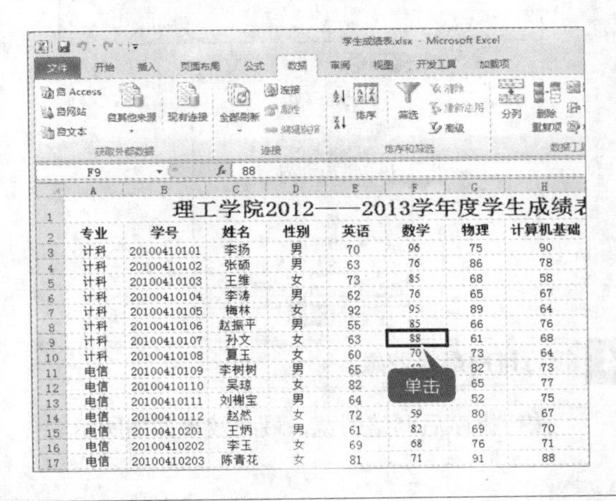

理工学院2012——2013学年度学生成绩表

专业	学号	姓名	性别	英语	数学	物理	计算机基础
计科	20100410101	李扬	男	70	96	75	90
计科	20100410102	张硕	男	63	76	86	78
计科	20100410103	王维	女	73	85	68	58
计科	20100410104	李涛	男	62	76	65	67
计科	20100410105	梅林	女	92	95	89	64
计科	20100410106	赵振平	男	55	85	66	76
计科	20100410107	孙文	女	63	88	61	68
计科	20100410108	夏玉	女	60	70	73	64
电信	20100410109	李树树	男	65	[illegible]	82	73
电信	20100410110	吴琼	女	82	[illegible]	65	77
电信	20100410111	刘榭宝	男	64	[illegible]	52	75
电信	20100410112	赵然	女	72	59	80	67
电信	20100410201	王炳	男	61	82	69	70
电信	20100410202	李玉	女	69	68	76	71
电信	20100410203	陈青花	女	81	71	91	88

2 单击【排序】按钮

在【数据】选项卡中，单击【排序和筛选】选项组中的【排序】按钮，弹出【排序】对话框。

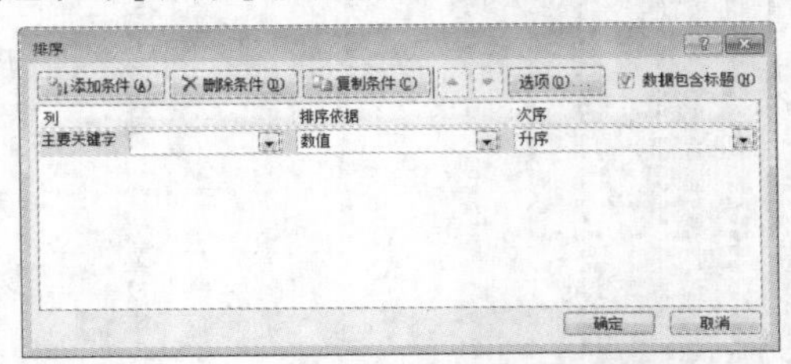

工作经验小贴士

在任意一个单元格上单击鼠标右键，在弹出的快捷菜单中选择【排序】➤【自定义排序】菜单项，也可以弹出【排序】对话框。

3 设置【排序】对话框

在【排序】对话框中的【主要关键字】下拉列表、【排序依据】下拉列表和【次序】下拉列表中，分别进行如图所示的设置。单击【添加条件】按钮，可以增加条件，根据需要对次要关键字设置。全部设置完成，单击【确定】按钮即可。

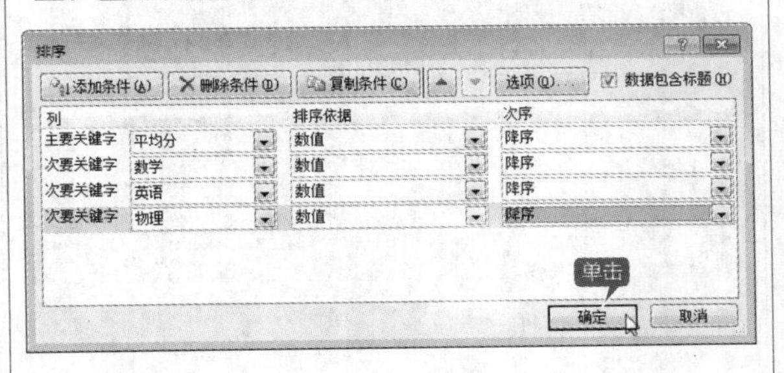

4 查看排序效果

排序效果如下图所示。

理工学院2012——2013学年度学生成绩表

专业	学号	姓名	性别	英语	数学	物理	计算机基础	平均分	评绩
电科	20100410210	李晓云	女	86	100	82	95	91	优秀
电科	20100410215	郑茂宇	男	81	89	80	100	88	优秀
电科	20100410211	张春	女	85	90	81	88	86	优秀
计科	20100410105	梅林	女	92	95	89	64	85	优秀
计科	20100410101	李扬	男	70	96	75	90	83	良好
电信	20100410203	陈青花	女	81	71	91	88	83	良好
电科		张双	男	57	76	85	91	77	良好
电信	20100410207	蔡峰	男	86	96	55	68	76	良好
电信	20100410110	吴琼	女	82	80	65	77	76	良好
计科	20100410102	张硕	男	63	76	86	78	76	良好
电信	20100410204	田秋秋	女	53	83	88	74	75	良好
电信	20100410109	李树树	男	65	68	82	73	72	良好
电科	20100410209	高强	男	66	63	75	81	71	良好
计科	20100410103	王维	女	73	85	68	58	71	良好
电信	20100410202	李玉	女	69	68	76	71	71	良好
计科	20100410106	赵振平	男	55	85	66	76	71	良好
电信	20100410201	王炳	男	61	82	69	70	71	良好
计科	20100410107	孙文	女	63	88	61	68	70	良好
电科	20100410213	林锐雪	女	50	76	68	84	70	良好
电信	20100410112	赵然	女	72	59	80	67	70	良好
计科	20100410104	李涛	男	62	76	65	67	68	良好
计科	20100410108	夏玉	女	60	70	73	64	67	良好
电科	20100410212	谢夏原	男	69	50	71	76	67	良好
电信	20100410205	柳峰菲	女	76	58	61	68	66	良好
电信	20100410111	刘榭宝	男	64	67	52	75	65	良好

工作经验小贴士

在Excel 2010中，多条件排序可以设置64个关键词。如果进行排序的数据没有标题行，或者让标题行也参与排序，可以在【排序】对话框中撤消选中【数据包含标题】复选框。

14.2.3 按行排序

在Excel 2010中，除了可以进行多条件排序外，还可以对行进行排序。对学生成绩表按行排序的具体操作步骤如下。

1 选择单元格并选择【排序】按钮

在学生成绩表中选择数据区域内的任一单元格，这里选择A2单元格。在【数据】选项卡中，单击【排序和筛选】选项组中的【排序】按钮。

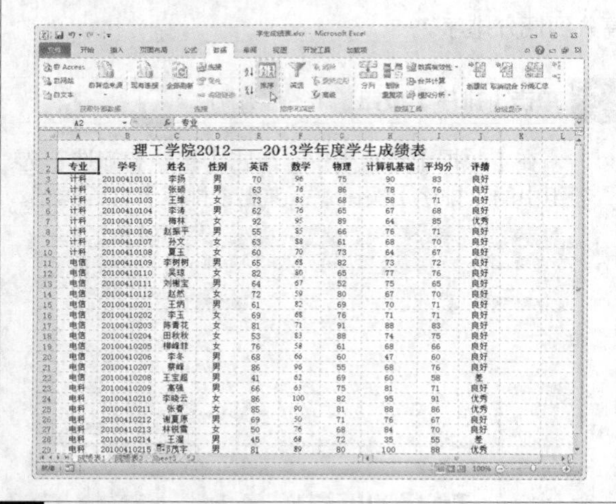

2 设置按行排序

弹出【排序】对话框。单击【选项】按钮，弹出【排序选项】对话框，单击选中【按行排序】单选项，单击【确定】按钮。

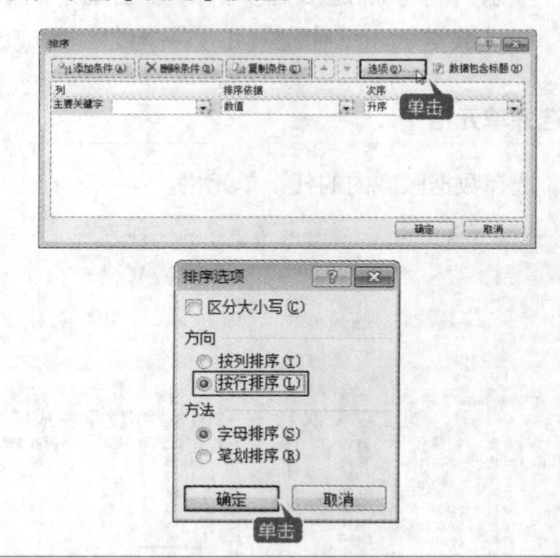

3 选择排序关键字

返回【排序】对话框，然后在【主要关键字】右侧的下拉列表中选择要排序的行（如“行2”），然后设置【排序依据】和【次序】，设置完成后单击【确定】按钮。

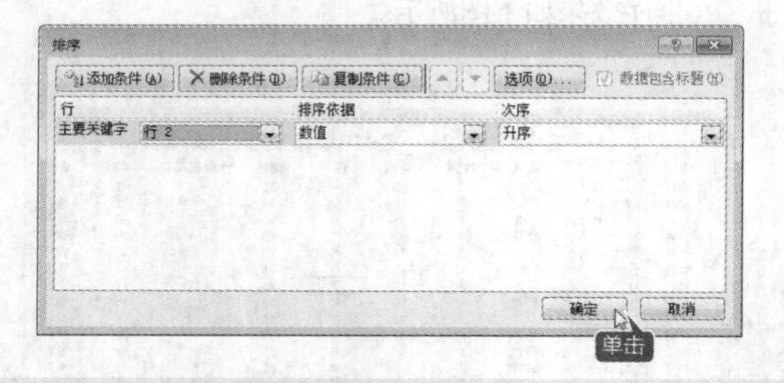

工作经验小贴士

按行排序时，在【排序】对话框中的【主要关键字】下拉列表中将显示工作表中输入数据的行号，用户不能选择没有数据的行进行排序。

4 按行排序最终效果

按行排序后调整列宽，最终效果如图所示。

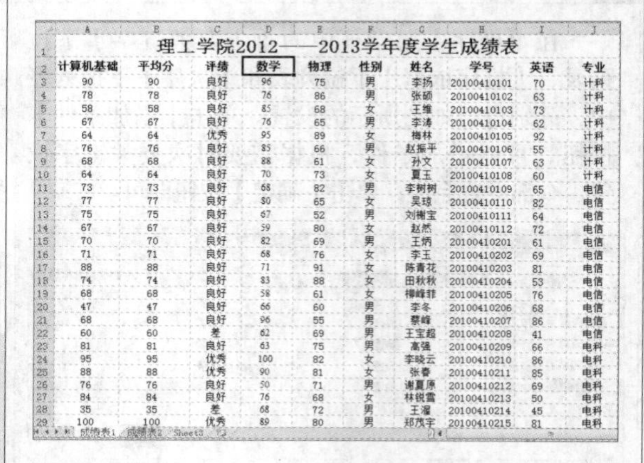

14.2.4 按列排序

按列排序是最常用的排序方法，用户可以根据某列数据对列表进行升序或者降序排列。下面介绍如何对学生成绩表中的“数学”列，按由高到低的顺序排序。

1 选择单元格并选择【排序】按钮

在学生成绩表工作表中选择数据区域内的任一单元格，然后，在【数据】选项卡中，单击【排序和筛选】选项组中的【排序】按钮。

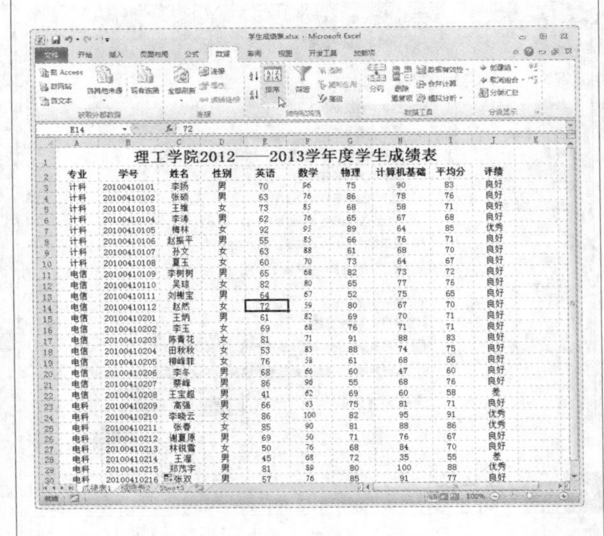

2 设置按列排序

弹出【排序】对话框，然后单击【选项】按钮，弹出【排序选项】对话框，单击选中【按列排序】单选项。单击【确定】按钮。

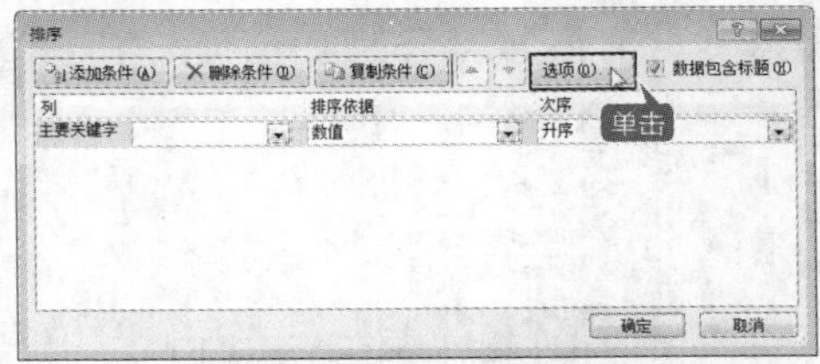

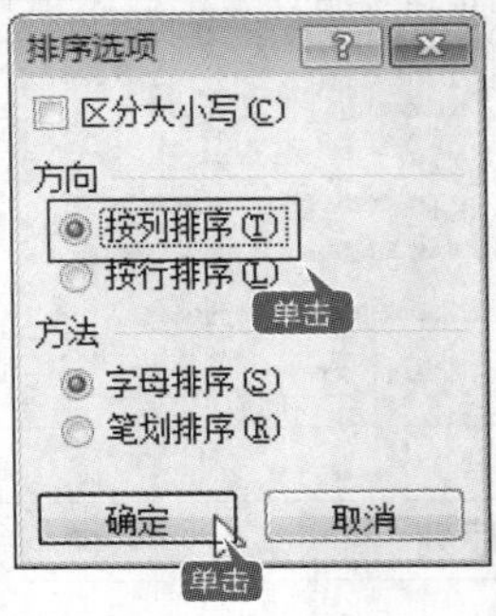

3 设置主要关键字

在“排序”对话框中，设置【主要关键字】为“数学”，【排序依据】为“数值”，【次序】为“降序”，设置完成之后单击【确定】按钮。

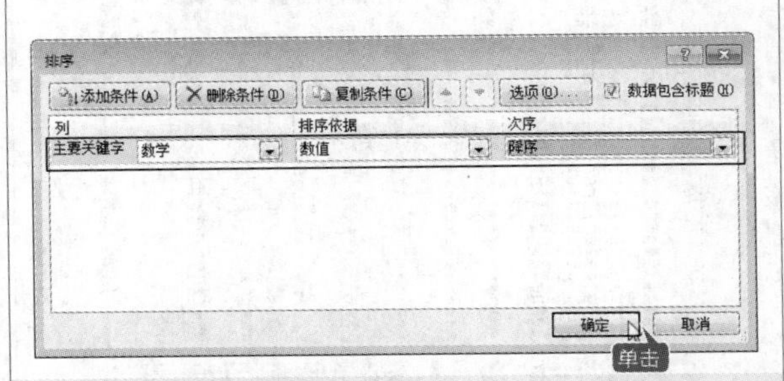

工作经验小贴士

按列排序时，要先选定该列的某个数据，再进行排序，不能选择该列中的空单元格。当列的值相同时，可以进行多列排序，方法同“多条件排序”。

4 查看按列排序结果

设置按列排序后，数学成绩降序排列，显示效果如下图所示。

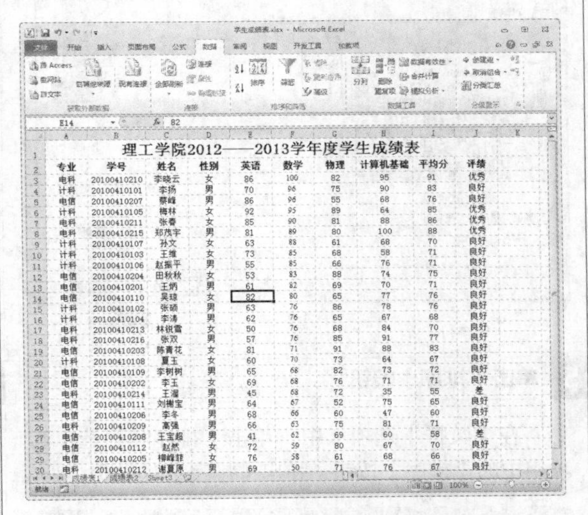

14.2.5 自定义排序

在Excel中，使用以上的排序方法仍然达不到要求时，可以使用自定义排序。在学生成绩表工作簿中使用自定义排序的具体操作步骤如下。

1 选择单元格区域并弹出【Excel选项】对话框

在学生成绩表工作簿中，选择需要自定义排序的单元格区域，然后选择【文件】选项卡，在弹出的列表中选择【选项】选项，弹出【Excel选项】对话框。

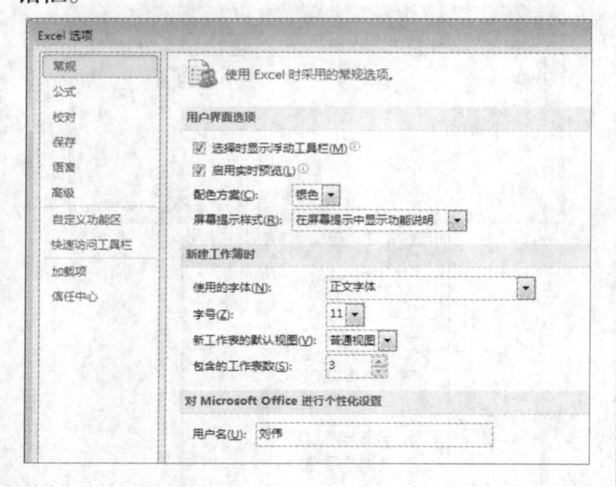

2 设置【Excel选项】对话框

在【Excel选项】对话框中的左侧列表中选择【高级】选项，在【常规】区域中，单击【编辑自定义列表】按钮。

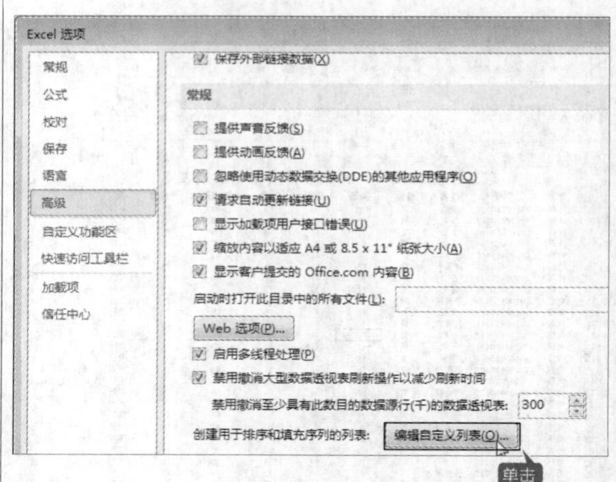

3 编辑自定义序列

弹出【自定义序列】对话框，在【输入序列】文本框中输入如图所示的序列，然后单击【添加】按钮。设置完成后单击【确定】按钮。

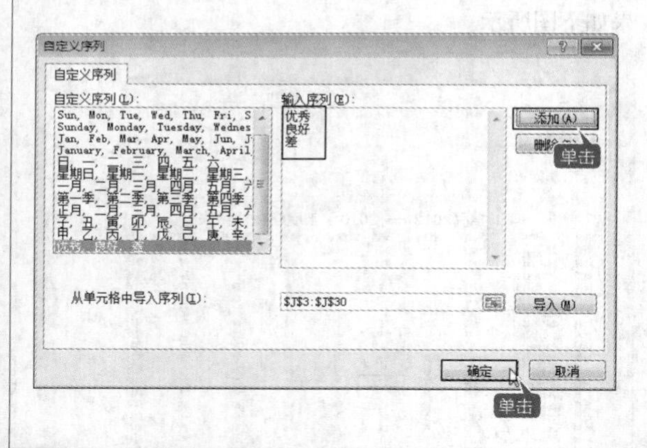

4 选择单元格

返回【Excel选项】对话框，单击【确定】按钮，接着选择数据区域内的任一单元格。

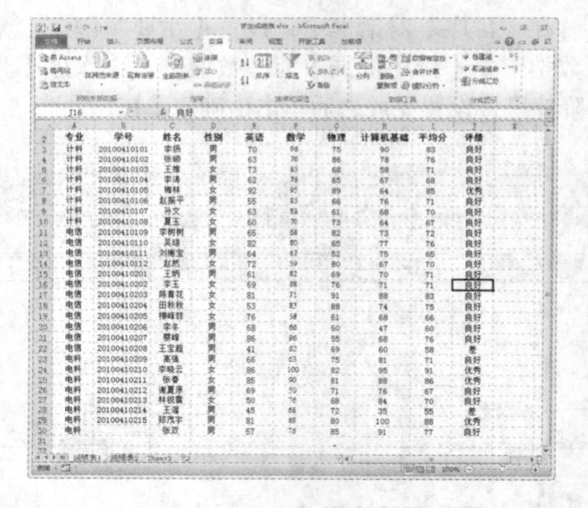

5 单击【排序】按钮

在【数据】选项卡中，单击【排序和筛选】选项组中的【排序】按钮，弹出【排序】对话框。

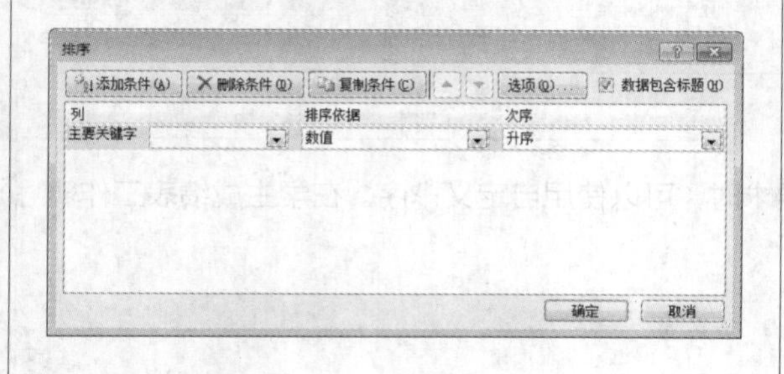

6 设置排序对话框

在【主要关键字】下拉列表中选择【评绩】选项，在【次序】下拉列表中选择【自定义序列】选项。

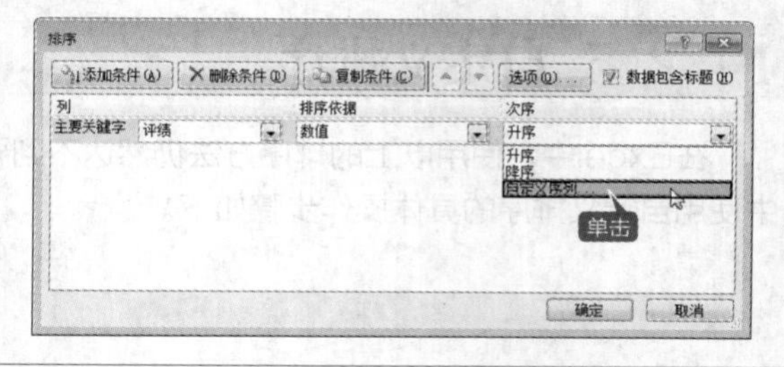

7 选择单元格区域

弹出【自定义序列】对话框，选择相应的序列，然后单击【确定】按钮，返回【排序】对话框。再次单击【确定】按钮，关闭【排序】对话框。

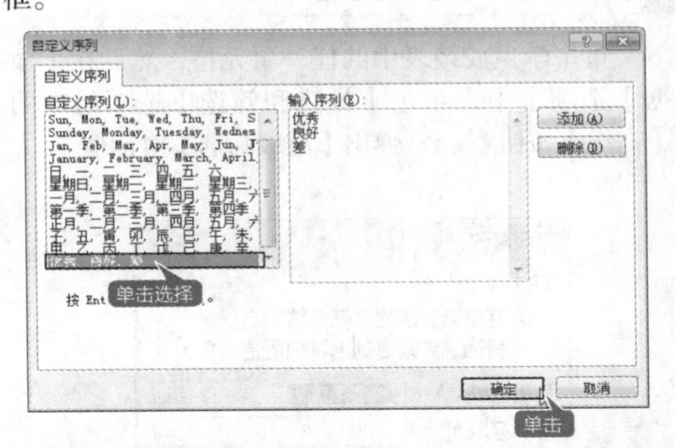

8 最终排序效果

“评绩”列显示按自定义的序列对数据进行排序，效果如图所示。

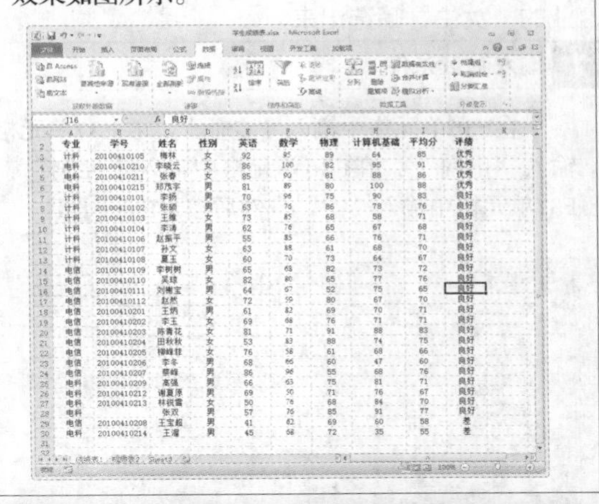

14.3 实例3——筛选数据

本节视频教学时间：9分钟

在数据清单中，如果需要查看一些特定数据，就要对数据清单进行筛选，即从数据清单中选出符合条件的数据，将其显示在工作表中，而将不符合条件的数据隐藏起来。Excel有自动筛选器和高级筛选器两种，用自动筛选器筛选数据是极其简便的方法，而高级筛选器则可规定很复杂的筛选条件。

14.3.1 自动筛选

自动筛选器有快速访问数据列表的管理功能，通过简单的操作，用户就能够筛选掉那些不想看到或者不想打印的数据。下面将成绩表中“平均分”为“70”分和“85”分的学生筛选出来。

1 设置筛选条件

选择数据区域内的任一单元格，单击【排序和筛选】选项组中的【筛选】按钮，进入【自动筛选】状态，单击【平均分】列右侧的下拉箭头，在弹出的下拉列表中撤消选中【全选】复选框，单击选中【70】和【85】复选框，单击【确定】按钮。

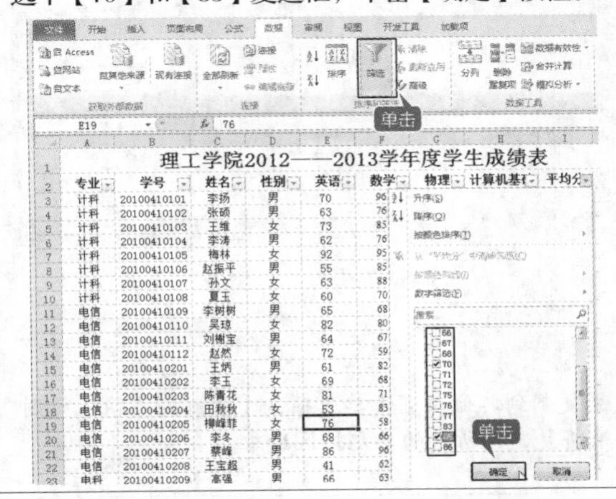

2 显示最终筛选效果

筛选后的结果如下图所示。

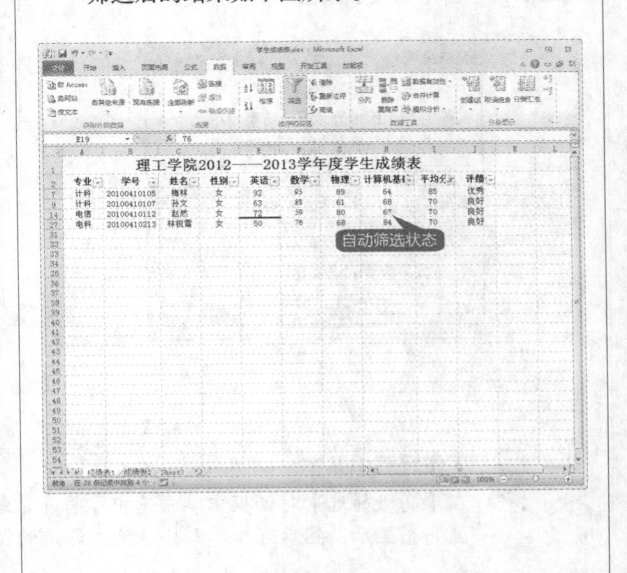

14.3.2 高级筛选

如果要对字段设置多个复杂的筛选条件，可以使用Excel提供的高级筛选功能。下面将“电科”专业的“女生”筛选出来。

1 输入筛选条件

在E36单元格中输入“专业”，在E37单元格中输入“电科”，在F36单元格中输入“性别”，在F37单元格中输入“女”，然后按【Enter】键。

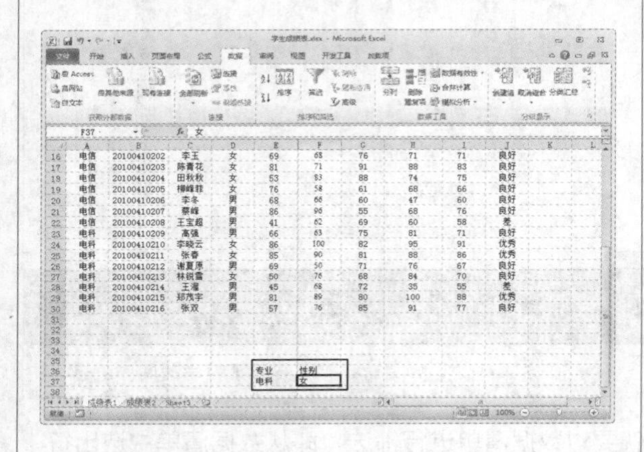

2 弹出【高级筛选】对话框

单击学生成绩表中的任一单元格，然后在【数据】选项卡中，单击【排序和筛选】选项组中的【高级】按钮，弹出【高级筛选】对话框。

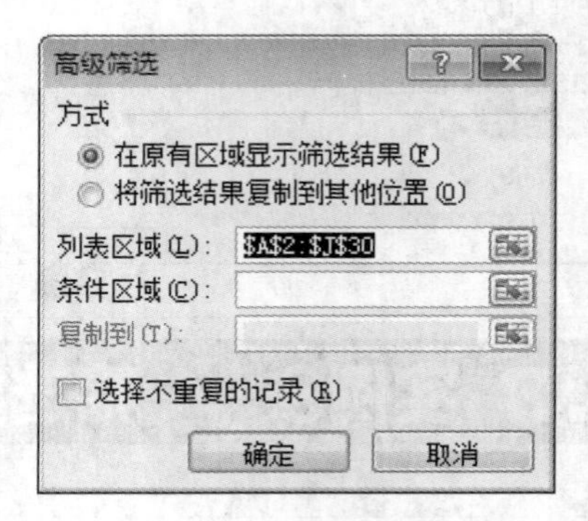

工作经验小贴士

在使用高级筛选功能之前，应先建立一个条件区域，条件区域用来指定筛选的数据必须满足的条件。在条件区域中要求包含作为筛选条件的字段名，字段名下面必须有两个空行，一行用来输入筛选条件，另一空行用来把条件区域和数据区域分开。

3 设置【高级筛选】对话框

分别单击【列表区域】和【条件区域】文本框右侧的按钮，设置列表区域和条件区域。设置完成之后，单击【确定】按钮。

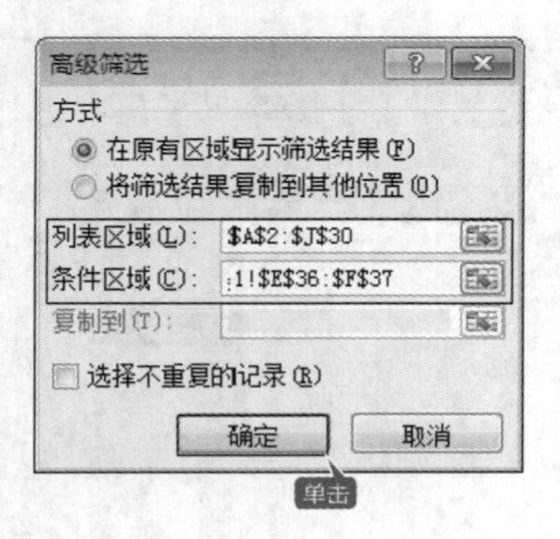

4 显示筛选结果

工作表显示筛选出的符合条件区域的数据。

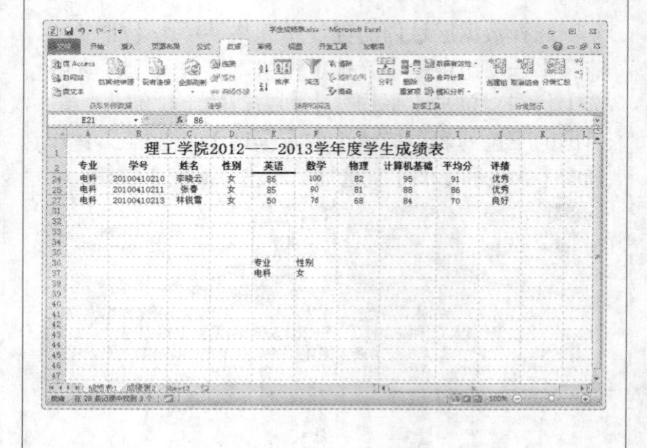

工作经验小贴士

在【高级筛选】对话框中单击选中【将筛选结果复制到其他位置】单选项，【复制到】输入框则呈高亮显示，然后选择单元格区域，筛选的结果将复制到所选的单元格区域中。

14.3.3 自定义筛选

自定义筛选可分为模糊筛选、范围筛选和通配符筛选3类。下面介绍如何使用自定义筛选，将学生成绩表中姓名为“王”的学生筛选出来。

1 进入筛选状态

在学生成绩表中选择数据区域内的任一单元格。在【数据】选项卡中，单击【排序和筛选】选项组中的【筛选】按钮，进入【自动筛选】状态。

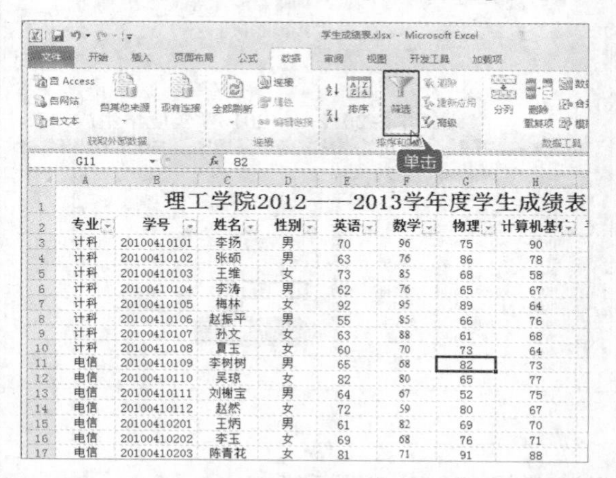

2 设置【文本筛选】

单击【姓名】列右侧的下拉箭头，在弹出的下拉列表中选择【文本筛选】➤【开头是】选项。

3 设置【自定义自动筛选方式】对话框

弹出【自定义自动筛选方式】对话框，在【显示行】区域设置【开头是】选项为“王”，如下图所示。单击【确定】按钮。

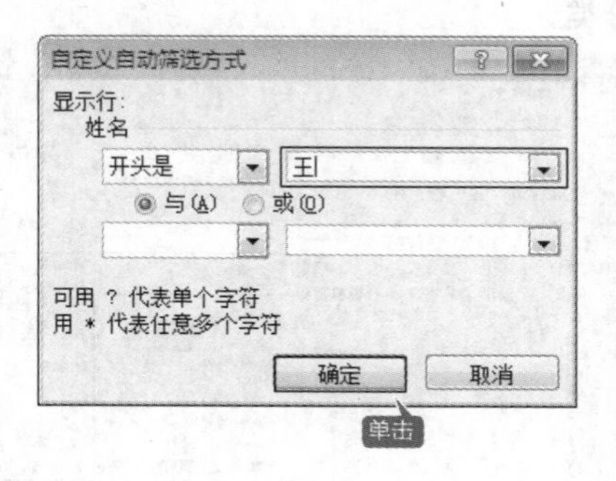

4 查看筛选效果

关闭【自定义自动筛选方式】对话框，显示筛选效果。

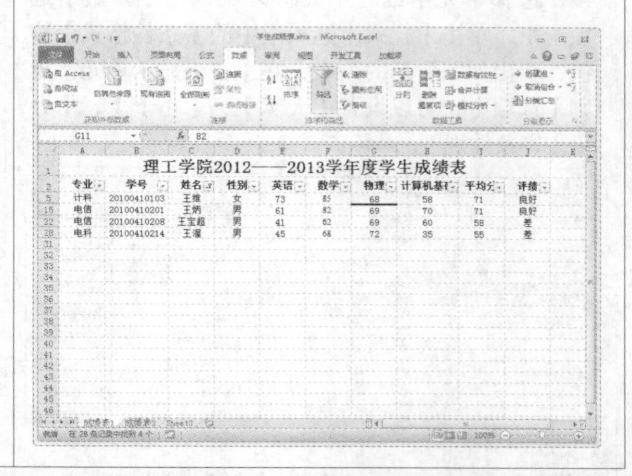

14.4 实例4——使用条件格式

本节视频教学时间：8分钟

在Excel中，使用条件格式可以方便、快捷地将符合要求的数据突出显示出来，使工作表中的数据一目了然。

14.4.1 条件格式综述

条件格式是指条件为真时，Excel自动应用于所选的单元格的格式，即在所选的单元格中符合条件的以一种格式显示，不符合条件的以另一种格式显示。

设定条件格式，可以让用户基于单元格内容有选择地和自动地应用单元格格式。例如通过设置，使区域内的所有小于60的数值有一个浅红色的背景色，当输入或者改变区域中的值时，如果数值小于60，背景就变化，否则就不应用任何格式。

14.4.2 设定条件格式

对一个单元格或者单元格区域应用条件格式，能够使数据信息表达得更清晰。

1 设置突出显示单元格规则

选择单元格或者单元格区域，在【开始】选项卡中，单击【样式】选项组中的【条件格式】按钮，弹出如图所示的列表，在【突出显示单元格规则】选项中，可以设置【大于】、【小于】、【介于】等条件规则。

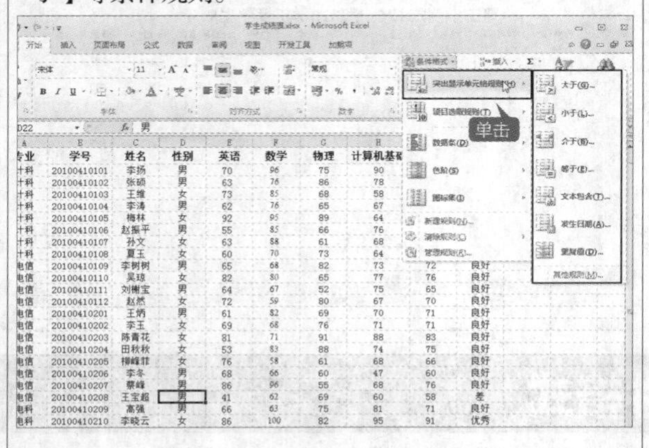

2 选择数据条

在【数据条】选项中，可以使用内置样式设置条件规则，设置后会在单元格中以各种颜色显示数据的分类。

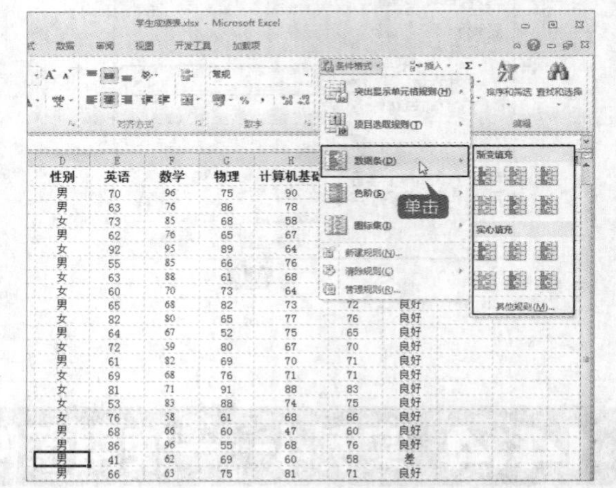

工作经验小贴士

单击【新建规则】选项，弹出【新建格式规则】对话框，从中可以根据自己的需要来设定条件规则。

14.4.3 管理和清除条件格式

设定条件格式后，可以对其进行管理和清除。

1. 管理条件格式

如果用户对设置的条件格式不是很满意，还可以管理条件格式。

1 选择【管理规则】选项

选择设置条件格式的区域，在【开始】选项卡中，单击【样式】选项组中的【条件格式】按钮，在弹出的列表中选择【管理规则】选项。

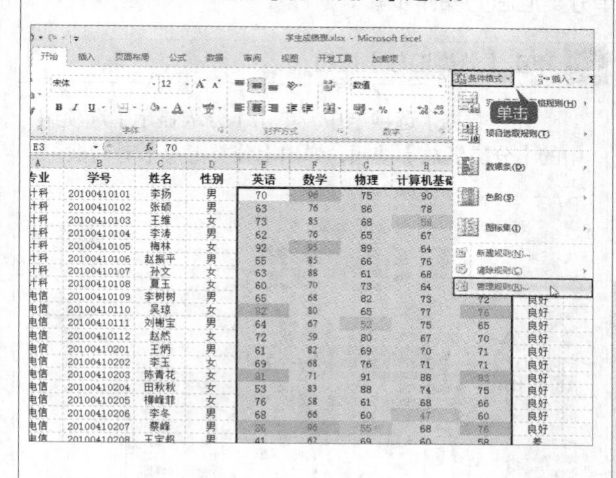

2 管理条件格式

弹出【条件格式规则管理器】对话框，在此列出了所选区域的条件格式，可以在此新建、编辑和删除设置的条件规则。

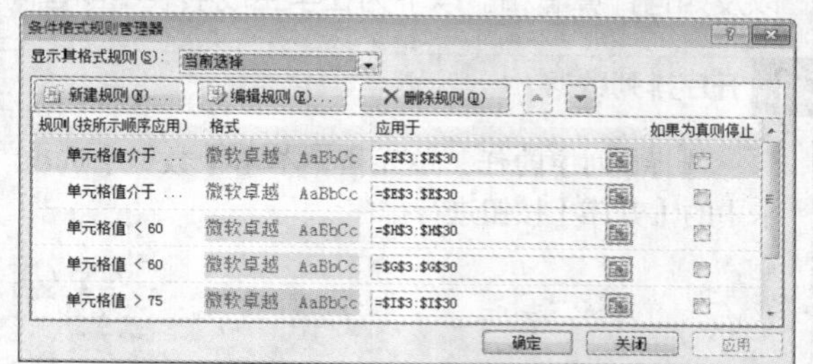

工作经验小贴士

在【条件格式规则管理器】对话框中单击【新建规则】按钮，弹出【新建格式规则】对话框，可设置新建的规则格式，单击【编辑规则】按钮，弹出【编辑格式规则】对话框，可编辑规则格式。

2. 清除条件格式

选择设置条件格式的区域后，除了在【条件格式规则管理器】对话框中删除规则外，还可以在【开始】选项卡中，单击【样式】选项组中的【条件格式】按钮，在弹出的列表中选择【清除规则】选项。在其子列表中选择【清除所选单元格的规则】选项，即可清除选择区域中的条件规则；选择【清除整个工作表的规则】选项，则可清除此工作表中所有设置的条件规则。

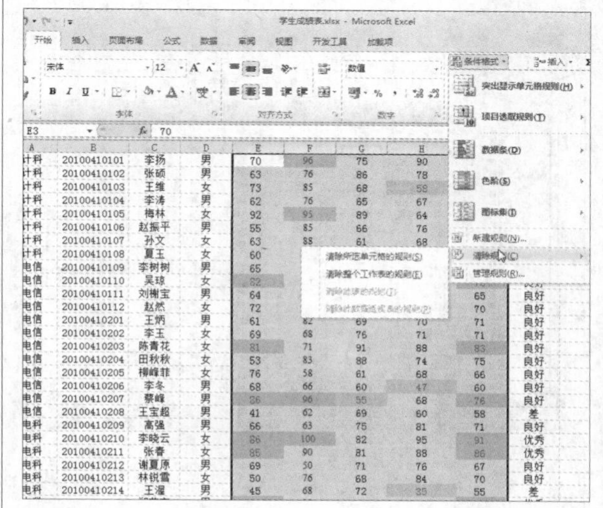

14.5 实例5——数据的分类汇总

本节视频教学时间：7分钟

分类汇总是对数据清单中的数据进行分类，在分类的基础上汇总。进行分类汇总时，用户不需要创建公式，系统会自动创建公式，对数据清单中的字段进行求和、求平均值和求最大值等函数运算。分类汇总的计算结果，将分级显示出来。

14.5.1 简单分类汇总

使用分类汇总的数据列表，每一列数据都要有列标题。Excel使用列标题来决定如何创建数据组，以及如何计算总和。以下为在学生成绩表中创建简单分类汇总的操作步骤。

1 升序排列数据

选择D列中的任一单元格，单击【数据】选项卡中的【升序】按钮进行排序。

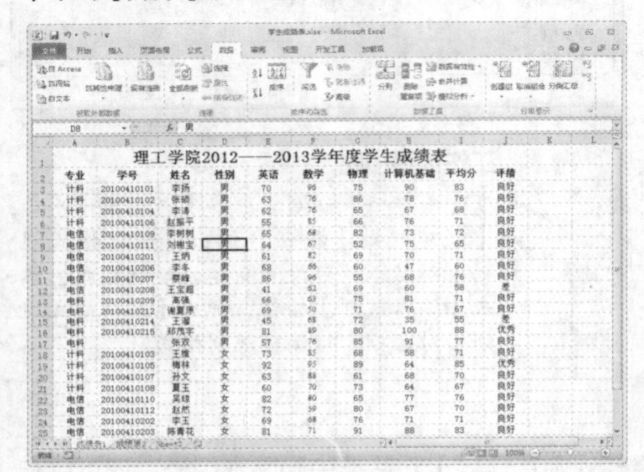

2 单击【分类汇总】按钮

在【数据】选项卡中，单击【分级显示】选项组中的【分类汇总】按钮，弹出【分类汇总】对话框。

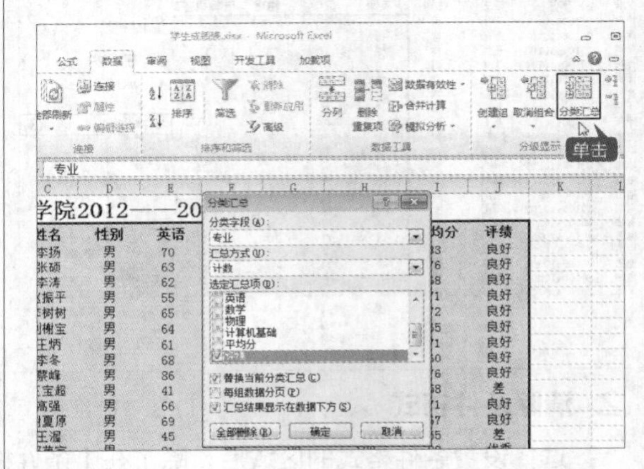

3 设置分类汇总

在【分类字段】下拉列表中选择【性别】选项，表示以“性别”字段进行分类汇总，然后在【汇总方式】下拉列表中选择【最大值】选项，在【选定汇总项】列表框中单击选中【平均分】复选框，并单击选中【汇总结果显示在数据下方】复选框。单击【确定】按钮。

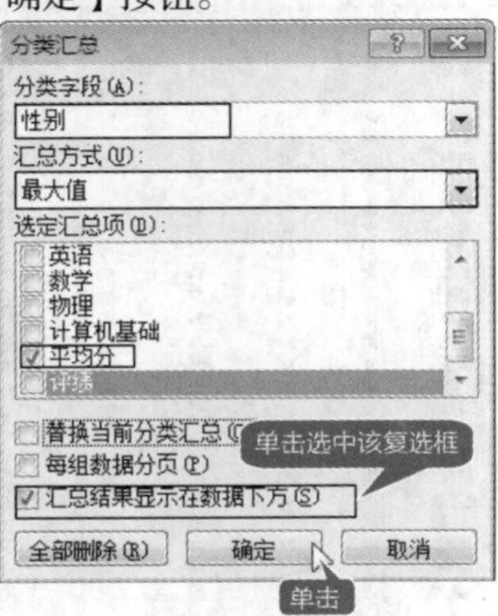

4 分类汇总效果

进行分类汇总的效果如图所示。

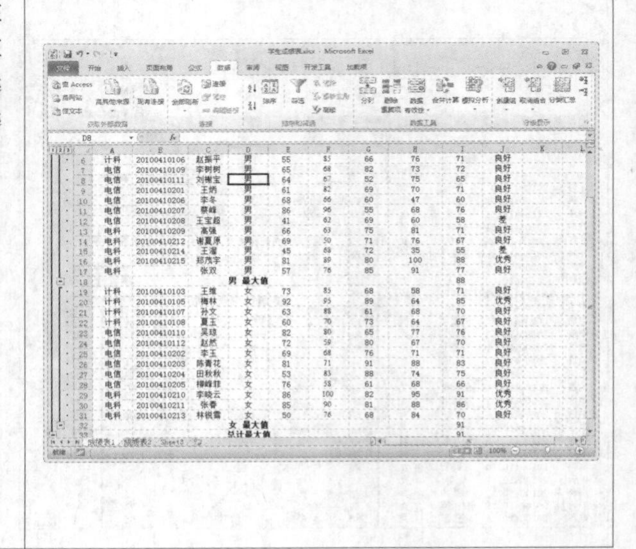

14.5.2 多重分类汇总

在Excel 2010中，可以根据两个或更多个分类项，对工作表中的数据进行分类汇总。下面对学生成绩表进行多重分类汇总。

工作经验小贴士

对数据进行分类汇总，先按分类项的优先级对相关字段排序，再按分类项的优先级多次进行分类汇总。在后面进行分类汇总时，需撤消选中【分类汇总】对话框中的【替换当前分类汇总】复选框。

1 设置排序

在学生成绩表中选择A3:G31数据区域，单击【数据】选项卡【排序和筛选】选项组中的【排序】按钮，弹出【排序】对话框，设置效果如下图所示。

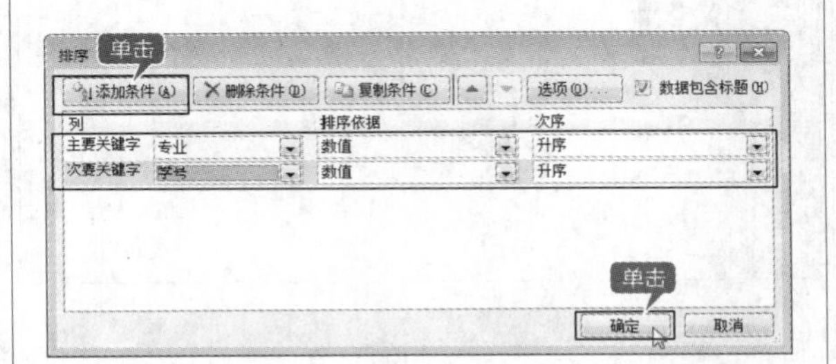

2 设置分类汇总

单击【分级显示】选项组中的【分类汇总】按钮，弹出【分类汇总】对话框。在【分类字段】下拉列表中选择【专业】选项，在【汇总方式】下拉列表中选择【最大值】选项，在【选定汇总项】列表框中单击选中【数学】复选框，并单击选中【汇总结果显示在数据下方】复选框，单击【确定】按钮。

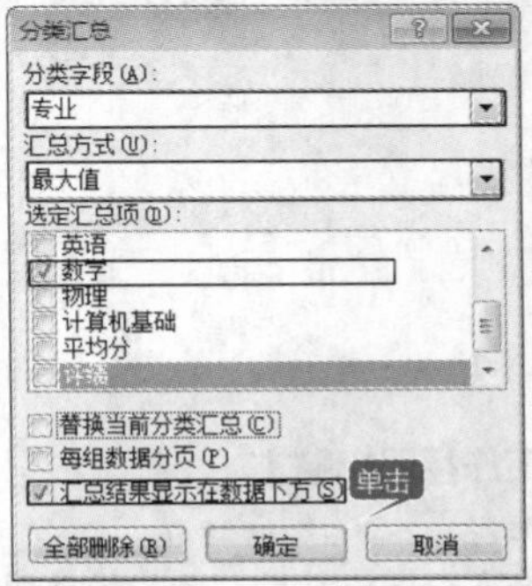

3 再次弹出【分类汇总】对话框

再次单击【分类汇总】按钮，弹出【分类汇总】对话框。在【分类字段】下拉列表中选择【性别】选项，在【汇总方式】下拉列表中选择【最大值】选项，在【选定汇总项】列表框中单击选中【平均分】复选框，并撤消选中【替换当前分类汇总】复选框。单击【确定】按钮。

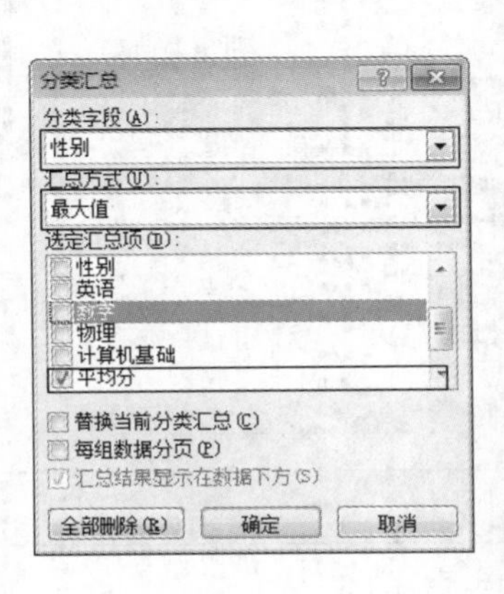

4 显示分类汇总效果

此时即可建立两重分类汇总。

14.5.3 分级显示数据

在建立的分类汇总工作表中，数据是分级显示的，并在左侧显示级别。如进行多重分类汇总后，在工作表的左侧列表中显示了4级分类。

1 显示一级数据

单击1按钮，则显示一级数据，即汇总项的最大值。

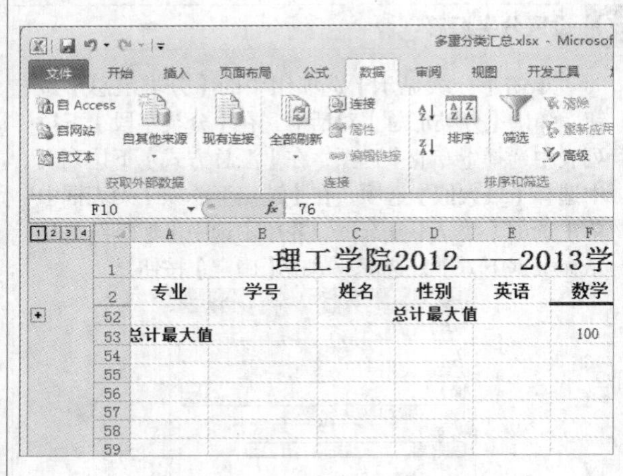

2 显示二级数据

单击2按钮，则显示一级和二级数据，即各专业数学成绩最大值和性别平均分最大值。

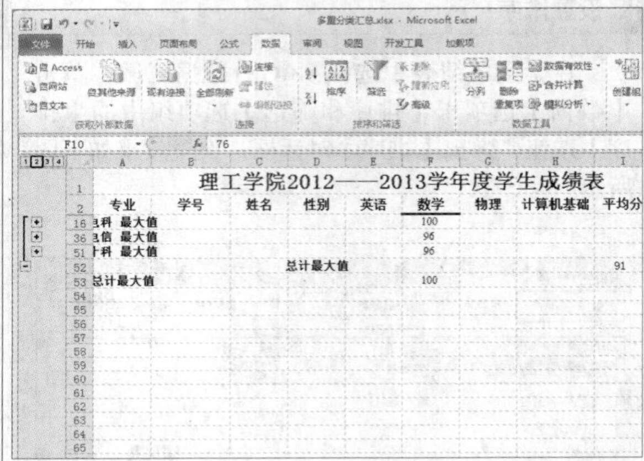

工作经验小贴士

单击+按钮或-按钮，则会显示或隐藏明细数据。
建立分类汇总后，如果修改明细数据，汇总数据则会自动更新。

3 显示三级数据

单击3按钮，则显示一、二、三级数据，即对总计、专业和性别汇总。

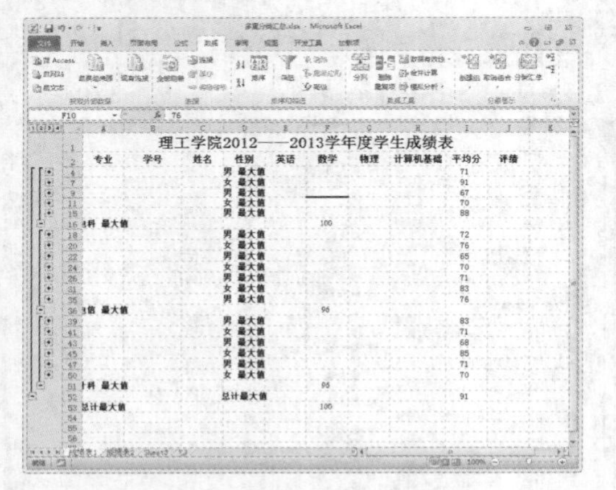

4 显示四级数据

单击4按钮，则显示所有汇总的详细信息。

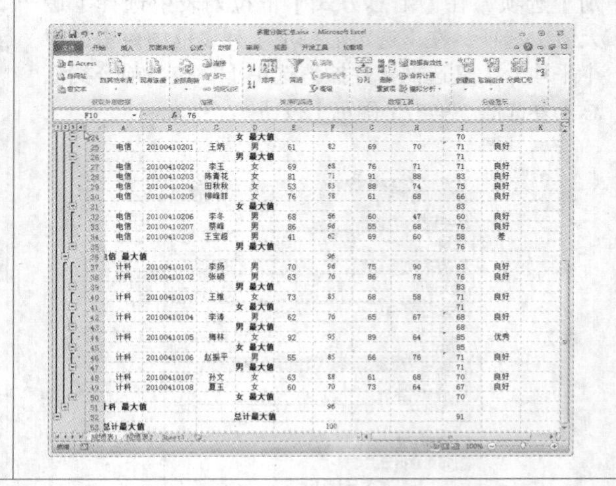

14.5.4 清除分类汇总

如果不再需要分类汇总，可以将其清除。

1 单击【分类汇总】按钮

接上面的操作，选择分类汇总后工作表数据区域内的任一单元格。在【数据】选项卡中，单击【分级显示】选项组中的【分类汇总】按钮，弹出【分类汇总】对话框。

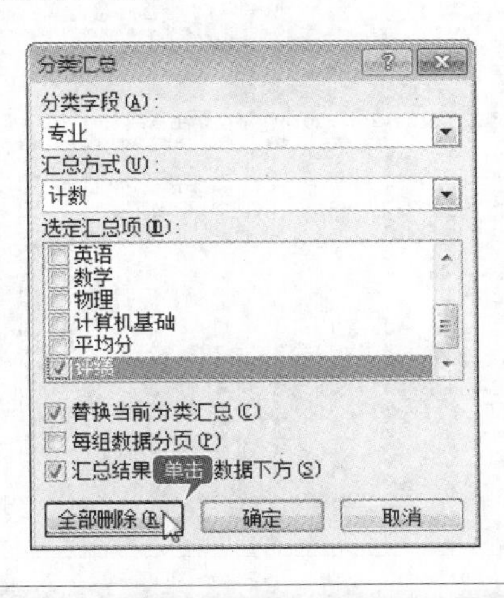

2 清除分类汇总效果

单击【全部删除】按钮，即可清除分类汇总。选择【文件】➤【保存】菜单命令即可将其保存。

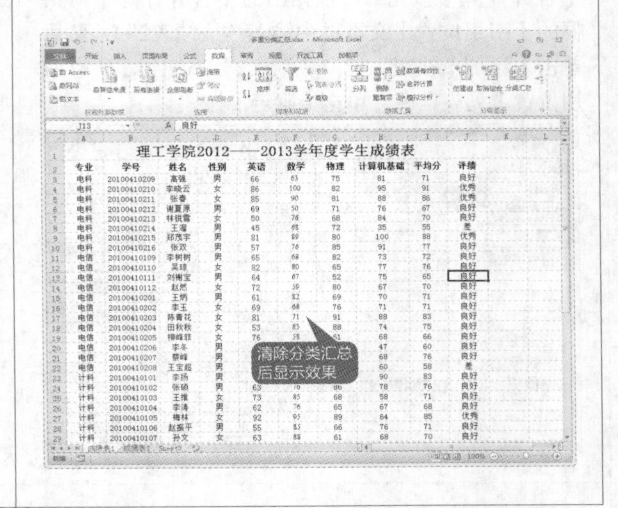

14.6 实例6——合并计算

本节视频教学时间：4分钟

在Excel 2010中，若要汇总多个工作表结果，可以将数据合并到一个主工作表中，以便能够对数据进行更新和汇总。下面介绍如何在学生成绩表中进行合并计算。

1 单击【定义名称】按钮

选择“工资表1”工作表的A1:J30单元格区域，在【公式】选项卡中，单击【定义的名称】选项组中的【定义名称】按钮，弹出【新建名称】对话框，然后在【名称】文本框中输入“成绩表1”，单击【确定】按钮。

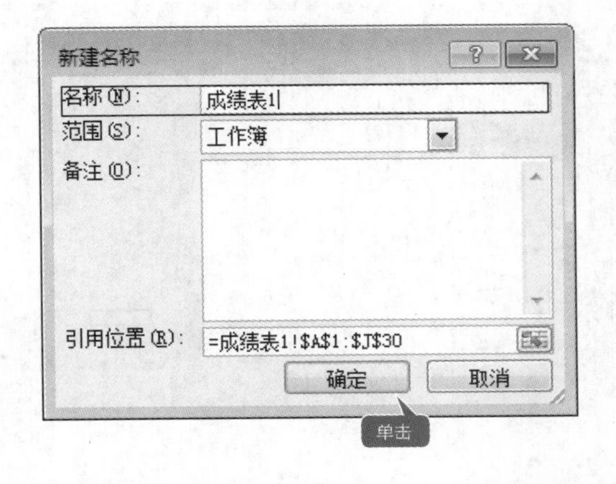

2 编辑【新建名称】对话框

选择“成绩表2”工作表的单元格区域E2:G30，在【公式】选项卡中，单击【定义的名称】选项组中的【定义名称】按钮，弹出【新建名称】对话框，在【名称】文本框中输入“成绩表2”，单击【确定】按钮。

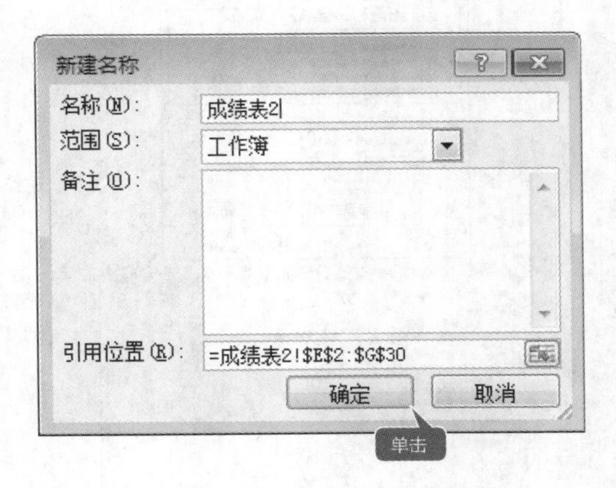

3 设置【合并计算】对话框

选择“成绩表1”工作表中的单元格K2，在【数据】选项卡中，单击【数据工具】选项组中的【合并计算】按钮，在弹出的【合并计算】对话框的【引用位置】文本框中输入“成绩表2”，然后单击【添加】按钮，把“成绩表2”添加到【所有引用位置】列表框中。单击【确定】按钮。

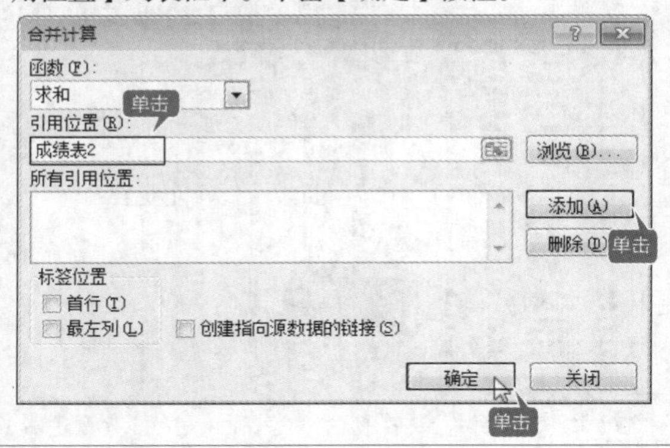

4 查看合并计算结果

即可将名称为“成绩表2”的区域合并到“成绩表1”区域中。

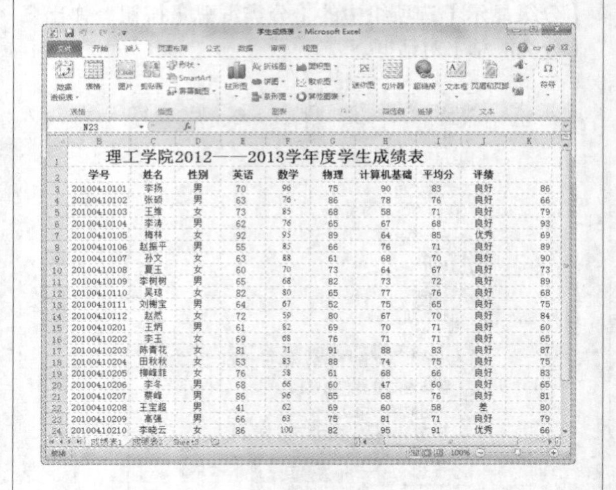

高手私房菜

技巧：突出显示日程表中的双休日

可以将日程表中的双休日突出显示出来。

1 设置【新建格式规则】对话框

选择工作表中的单元格区域，在【开始】选项卡中，单击【样式】选项组中的【条件格式】按钮，选择【新建规则】选项。弹出【新建格式规则】对话框。单击【格式】按钮，弹出【设置单元格格式】对话框，选择【填充】选项卡，从中设置填充颜色。单击【确定】按钮。

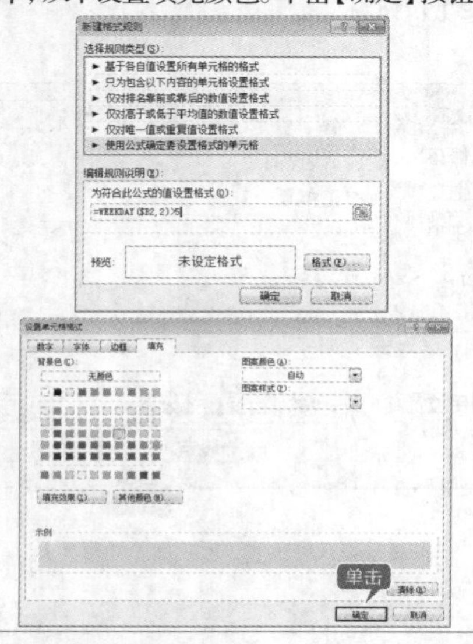

2 查看效果

返回【新建格式规则】对话框，再次单击【确定】按钮即可将双休日突出显示出来。

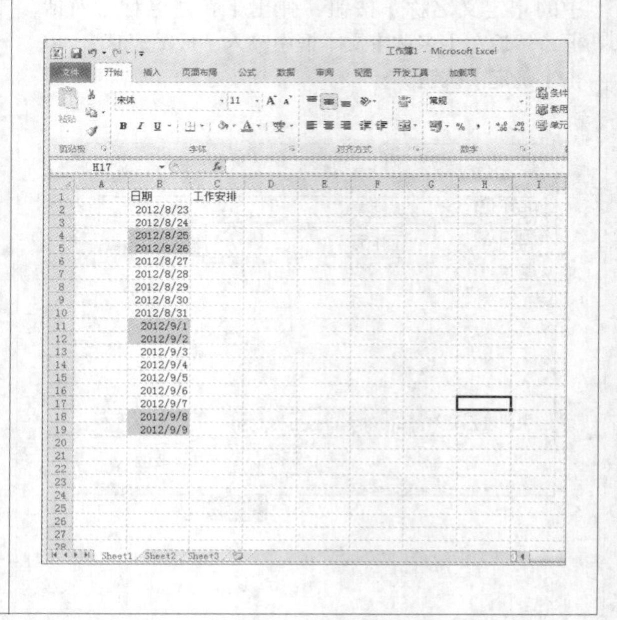

第 15 章

制作新员工培训幻灯片

本章视频教学时间：49 分钟

使用PowerPoint 2010，可以制作集文字、图形、图像、声音以及视频剪辑等多媒体元素于一体的演示文稿，把组织或个人所要表达的信息组织在一组图文并茂的画面中，来展示企业的产品或个人的学术成果。

【学习目标】

- 通过本章的学习，可以了解 PowerPoint 2010 的基本操作，并学会制作简单的演示文稿。

【本章涉及知识点】

- PowerPoint 2010 的工作界面
- 新建演示文稿并输入和编辑内容
- 设置字体和段落格式
- 添加新幻灯片
- 设置幻灯片主题、动画效果以及切换效果
- 让 PPT 自动演示

15.1 认识PowerPoint 2010的工作界面

本节视频教学时间：7分钟

PowerPoint 2010的工作界面由【文件】选项卡、快速访问工具栏、标题栏、功能选项卡和功能区、【帮助】按钮、【大纲/幻灯片】窗口、幻灯片编辑窗口、状态栏和视图栏组成，如图所示。

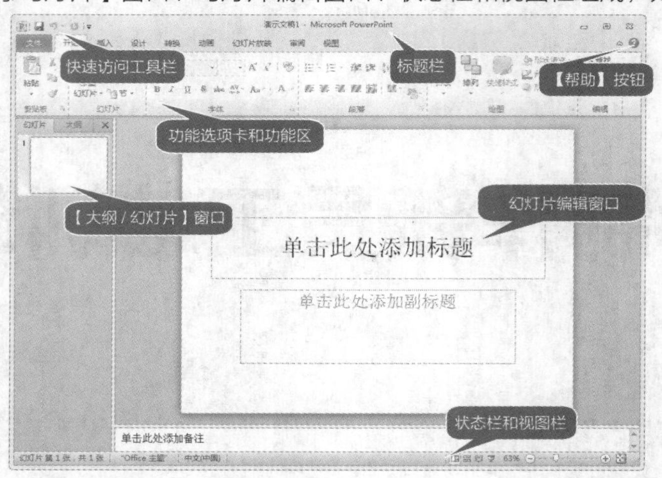

1. 快速访问工具栏

快速访问工具栏位于【文件】选项卡的上方，由最常用的工具按钮组成，如【保存】按钮、【撤消】按钮和【恢复】按钮等。

2. 标题栏

标题栏位于快速访问工具栏的右侧，主要显示正在使用的文档名称、程序名称及窗口控制按钮等。

3.【帮助】按钮

【帮助】按钮位于【功能选项卡】的右侧。单击【帮助】按钮，可打开一个相应的【PowerPoint 帮助】界面，从中可以查找所需要的帮助信息。

4. 功能选项卡和功能区

在PowerPoint 2010中，传统的菜单栏被功能选项卡取代，工具栏则被功能区取代。功能选项卡和功能区位于快速访问工具栏的下方，单击其中的一个功能选项卡，可打开相应的功能区。功能区由工具选项组组成，用来存放常用的命令按钮或列表框等。

5.【大纲/幻灯片】窗口

【大纲/幻灯片】窗口位于【幻灯片编辑】窗口的左侧，用于显示当前演示文稿的幻灯片数量及位置，包括【大纲】和【幻灯片】两个选项卡，单击选项卡的名称可以在不同的选项卡之间切换。

6. 幻灯片编辑窗口

幻灯片编辑窗口位于工作界面的中间，用于显示和编辑当前的幻灯片。

7. 状态栏和视图栏

状态栏和视图栏位于当前窗口的最下方，用于显示当前文档页、总页数、字数和输入法状态等。其中，视图栏包括视图按钮组、显示比例和调节页面显示比例的控制杆。单击视图按钮组的按钮，可以在各种视图之间进行切换。

15.2 实例1——新建演示文稿

 本节视频教学时间：2分钟

利用PowerPoint 2010可以轻松地创建演示文稿，其强大的功能为用户提供了方便。

1 单击【创建】按钮

单击【文件】选项卡，在弹出的列表中选择【新建】选项，在右侧选择【空白演示文稿】选项，然后单击【创建】按钮。

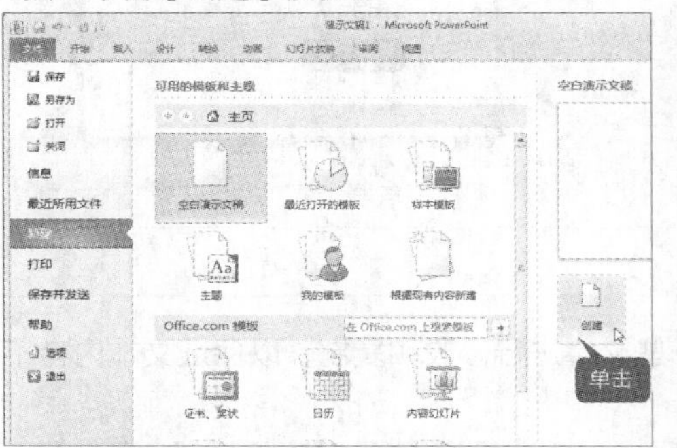

2 创建新演示文稿

系统会自动创建空白演示文稿。

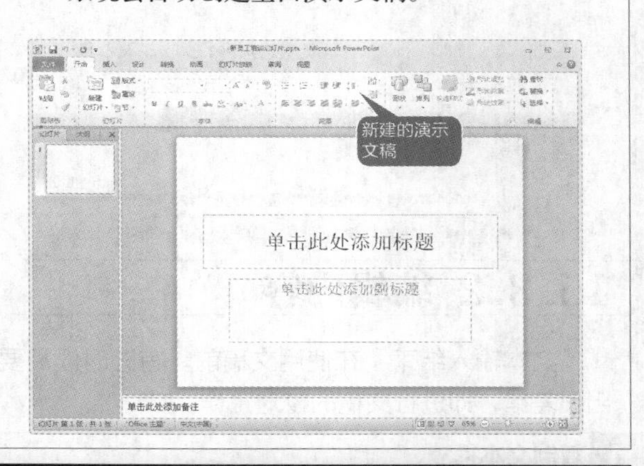

15.3 实例2——输入和编辑内容

 本节视频教学时间：5分钟

演示文稿的内容一定要简要，并且重点突出，因此在PowerPoint中，可以将文字以多种简便灵活的方式添加至幻灯片中。

15.3.1 输入内容

在普通视图中，幻灯片中会出现“单击此处添加标题”或“单击此处添加副标题”等提示文本框，这种文本框统称为“文本占位符”。

1 输入文本

在“文本占位符”上单击即可输入文本，这里输入“员工培训PPT”。输入的文本会自动替换“文本占位符”中的提示性文字。

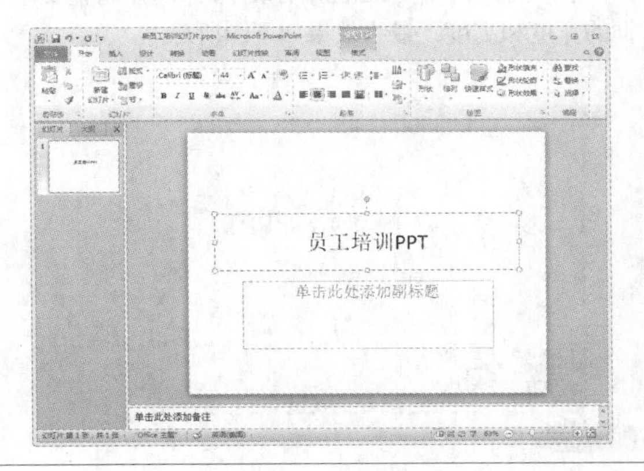

2 选择【横排文本框】选项

删除“单击此处添加副标题”等提示文本框，然后，单击【插入】选项卡下【文本】选项组中的【文本框】按钮，在弹出的下拉列表中选择【横排文本框】选项。

3 创建文本框

将鼠标移动到幻灯片中，当光标变为形状↓时，按住鼠标左键并拖动，即可创建一个文本框。

4 输入文本

单击文本框就可以直接输入文本，这里输入“主讲人：张经理”。

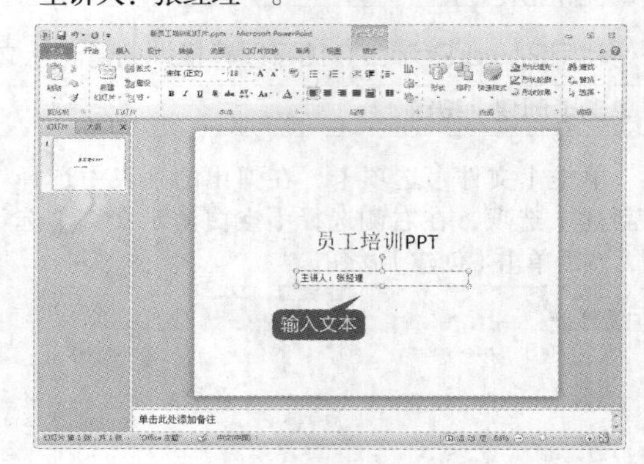

15.3.2 编辑内容

文本输入结束，在使用文稿前，有的时候需要对一些文字进行修改和复制，以保证文本内容不会出现差错，即进行文稿的校对工作。

1 复制文本框

选中绘制的文本框，单击【开始】选项卡【剪贴板】选项组中的【复制】按钮，或者按【Ctrl+C】组合键。

2 粘贴文本框

单击【开始】选项卡【剪贴板】选项组中的【粘贴】按钮，或者按【Ctrl+V】组合键，即可粘贴文本框。

3 移动文本框的位置

将光标放置在要移动的文本框上，单击拖曳鼠标，即可移动文本框。

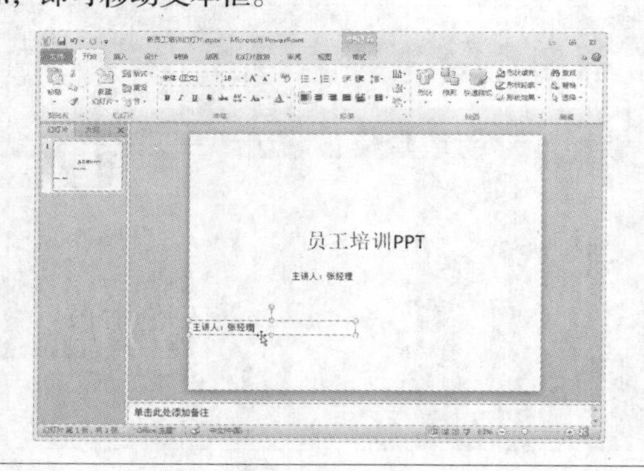

4 输入文本内容

在文本框中输入如图所示的内容，并调整文本框的宽度和高度，最终效果如下图所示。

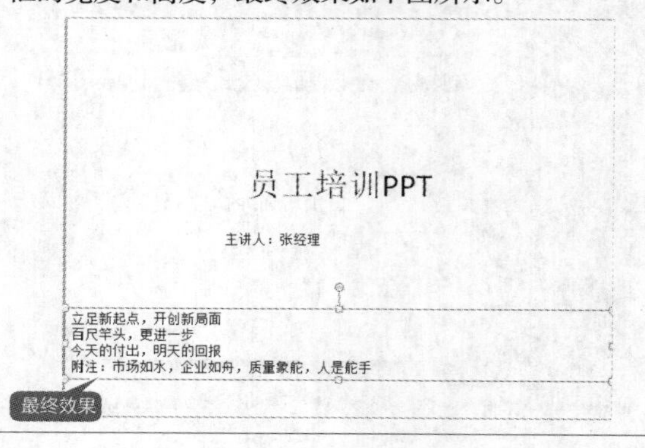

15.4 实例3——设置字体格式

本节视频教学时间：4分钟

选中要设置的文字后，可以在【开始】选项卡的【字体】选项组中设定文字的字体、大小、样式、颜色等。

1 设置字体和字号

选中“员工培训PPT”文本，然后单击【开始】选项卡下【字体】选项组中的【字体】按钮，在弹出的下拉列表中选择【隶书】选项。然后单击【字号】按钮，在弹出的下拉列表中选择【60】。

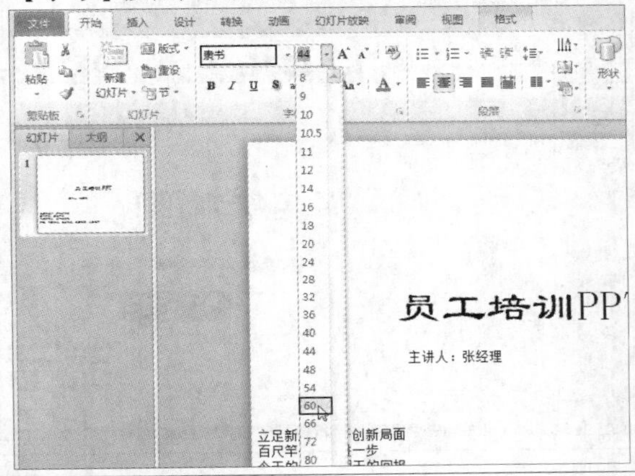

2 设置文本颜色和阴影

选中“员工培训PPT”文本，然后单击【开始】选项卡下【字体】选项组中的【字体颜色】按钮，在弹出的下拉列表中选择一种颜色，然后单击【文字阴影】按钮，为选中的文本添加阴影。

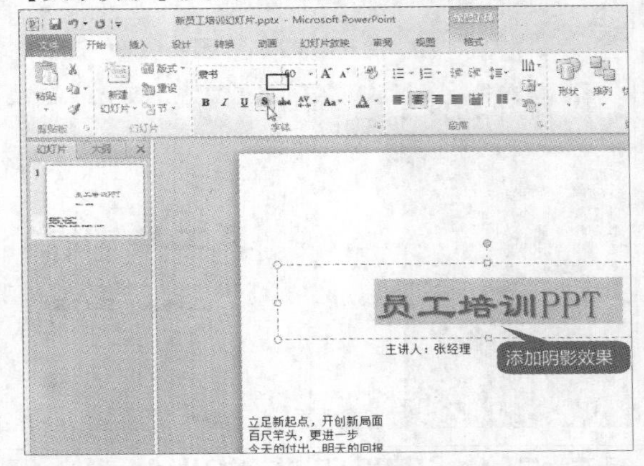

3 设置其他文本格式

设置其他文本的字体格式，效果如下图所示。

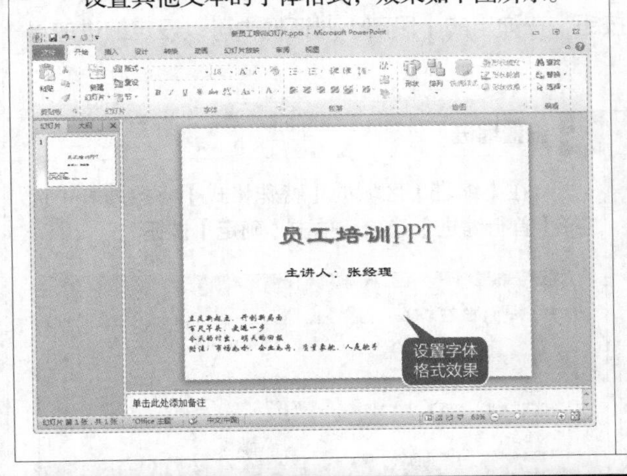

4 调整文本位置

调整文本的位置如下图所示。

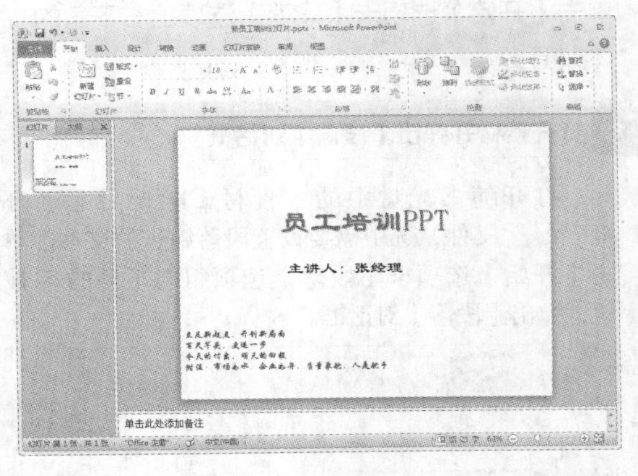

15.5 实例4——设置段落格式

本节视频教学时间：9分钟

设置段落格式，可以使版式更加美观。下面介绍如何设置段落格式。

15.5.1 设置段落的对齐方式

段落对齐方式包括左对齐、右对齐、居中对齐、两端对齐和分散对齐。将光标定位在某一段落中，单击【开始】选项卡【段落】选项组中的【对齐方式】按钮，即可更改段落的对齐方式。单击【段落】选项组右下角的 按钮，在打开的【段落】对话框中可以设置段落的对齐方式。

1 设置居中对齐

选中“主讲人：张经理”文本，单击【开始】选项卡【段落】选项组中的【居中】按钮，即可将选中的文本居中对齐。

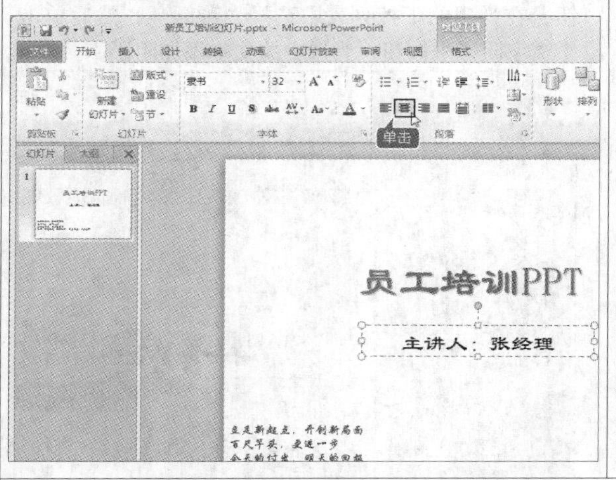

2 设置右对齐

选中需要设置右对齐的文本内容，然后单击【开始】选项卡【段落】选项组中的【右对齐】按钮，即可将选中的文本右对齐。

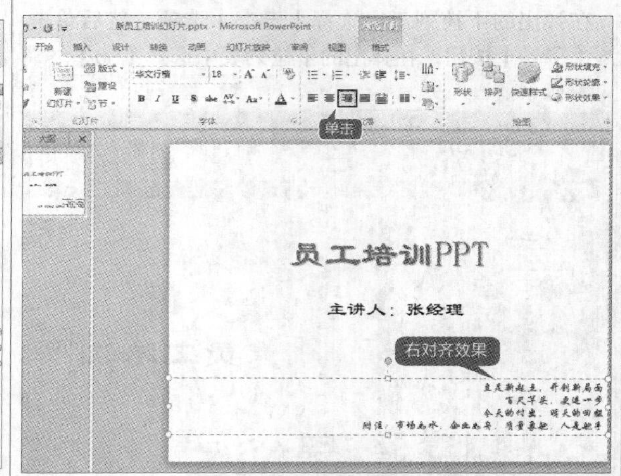

15.5.2 设置段落缩进方式

段落缩进指的是段落中的行相对于页面左边界或右边界的位置。将光标定位在要设置的段落中，单击【开始】选项卡【段落】选项组右下角的 按钮，在弹出的【段落】对话框中可以设定缩进的具体数值。

1 打开素材并弹出【段落】对话框

打开随书光盘中的“素材\ch15\熟悉新环境.pptx”文件，选中需要设置段落缩进的文本，单击【开始】选项卡【段落】选项组右下角的 按钮，弹出【段落】对话框。

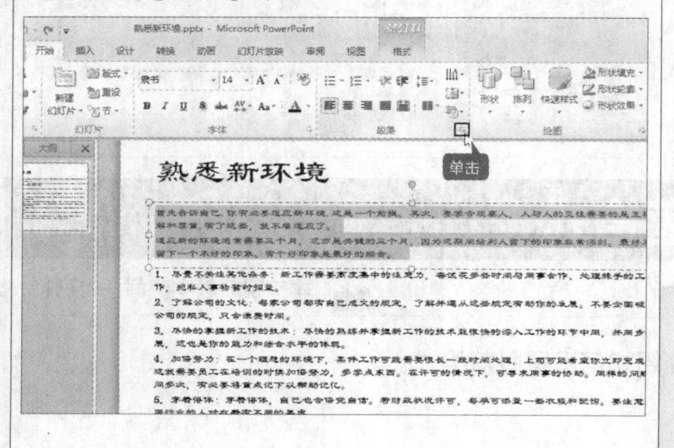

2 设置缩进

在【缩进】区域的【特殊格式】下拉列表中选择【首行缩进】选项。单击【确定】按钮。

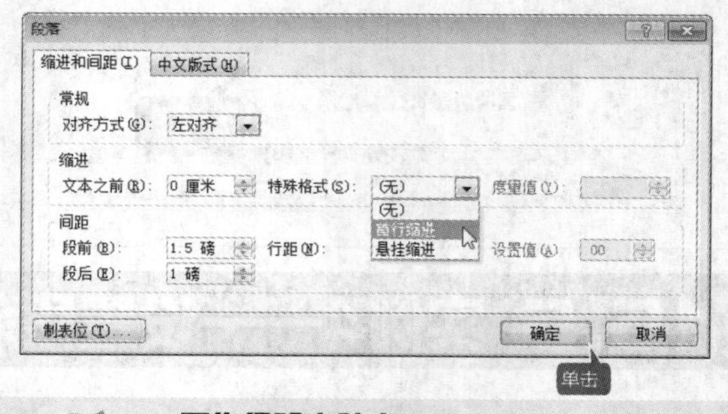

工作经验小贴士

悬挂缩进是指段落首行的左边界不变，其他各行的左边界相对于页面左边界向右缩进一段距离。

3 查看缩进效果

此时即可查看设置的缩进效果。

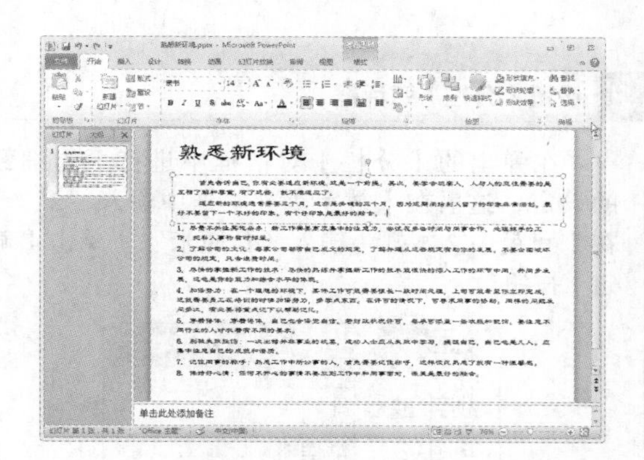

4 设置其他缩进

按照以上步骤，设置其他文本的缩进方式，最终效果如下图所示。

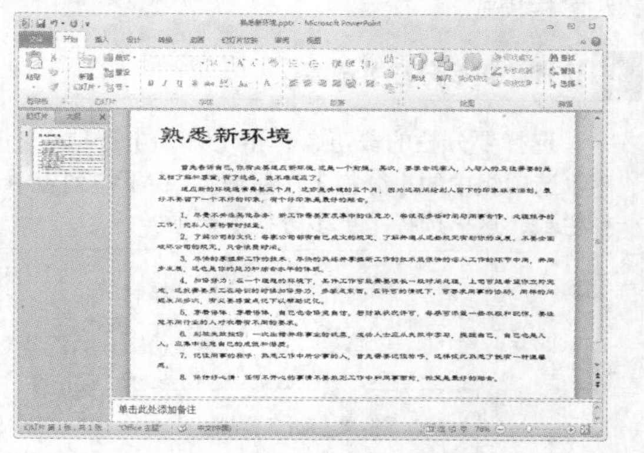

15.5.3 设置行距与段间距

段落行距包括段前距、段后距和行距。段前距和段后距指的是当前段与上一段或下一段之间的间距，行距指的是段内各行之间的距离。

1 设置段间距

选中要设置的段落，单击【开始】选项卡【段落】选项组右下角的 按钮，弹出【段落】对话框，在【间距】选项下的【段前】和【段后】微调框中输入具体的数值即可。设置完成后，单击【确定】按钮。

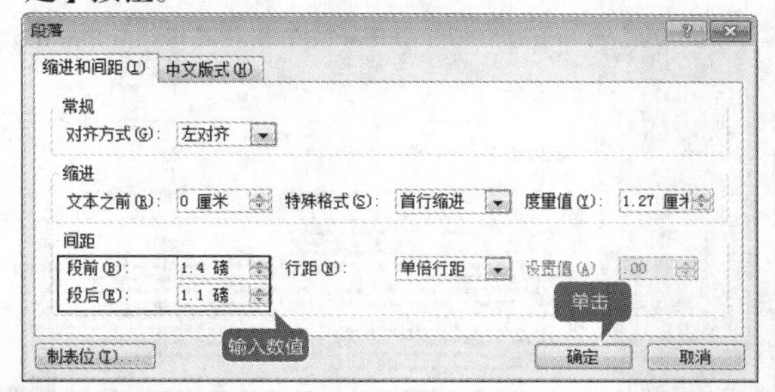

2 查看效果

此时即可查看设置效果。

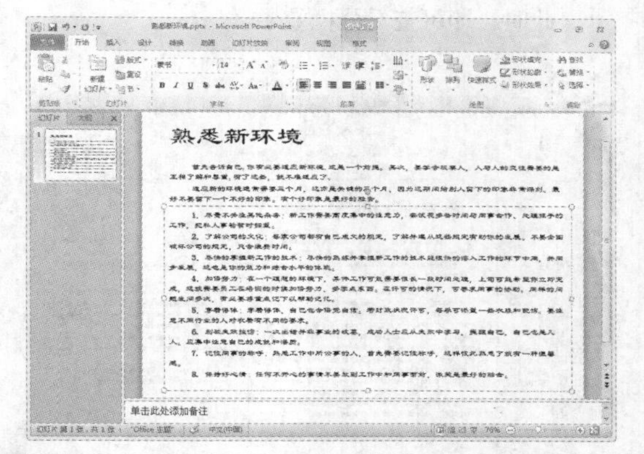

3 设置行距

选中要设置的一行或多行，单击【开始】选项卡【段落】选项组右下角的 按钮，在弹出的【段落】对话框的【间距】选项下的【行距】下拉列表中设置行距，这里选择“单倍行距”选项。单击【确定】按钮。

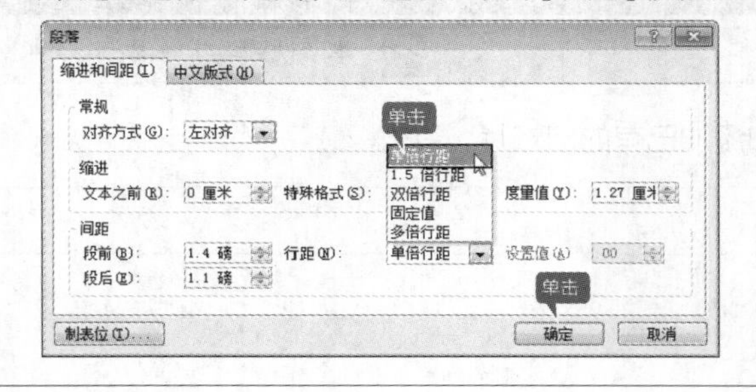

4 查看效果

此时即可查看设置效果。

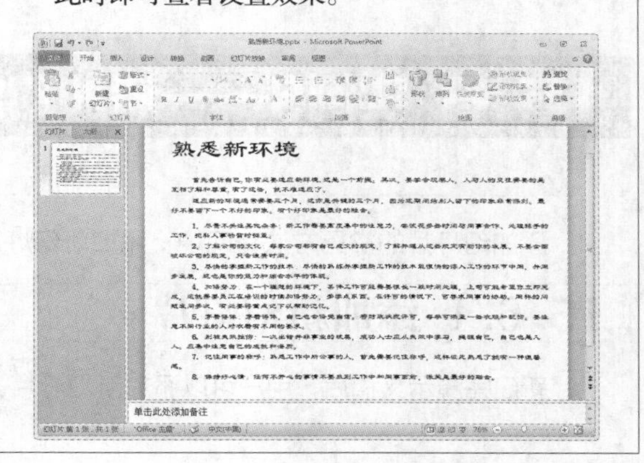

15.5.4 段落分栏

通常情况下，为了展现更美观的文本显示方式，需要对段落进行分栏，一般情况下有两栏、三栏和多栏模式。

1 选择【更多分栏】选项

选择要分栏的段落，单击【开始】选项卡【段落】选项组中的【分栏】按钮，在下拉列表中选择栏数，这里选择【更多分栏】选项。

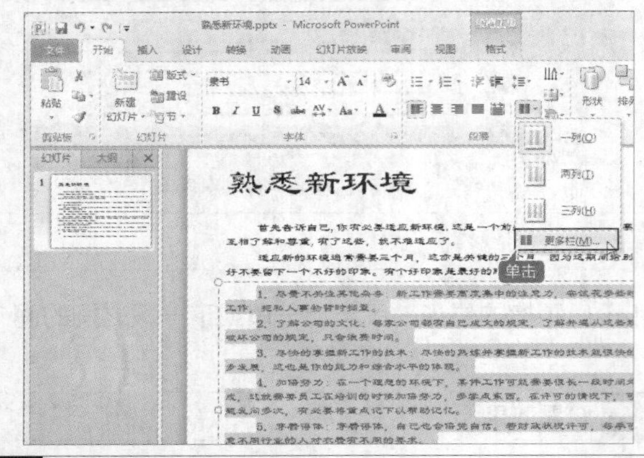

2 设置【分栏】对话框

在弹出的【分栏】对话框中进行更为细致的设定，这里在【数字】文本框中输入“2”，在【间距】文本框中输入“1 厘米”。单击【确定】按钮。

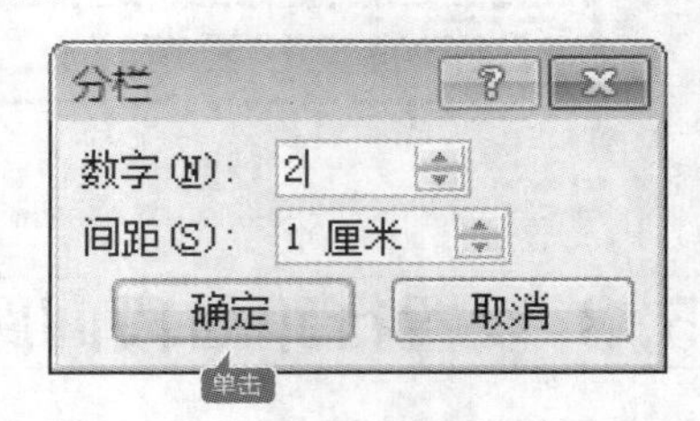

3 查看分栏效果

此时，即可查看分栏效果。

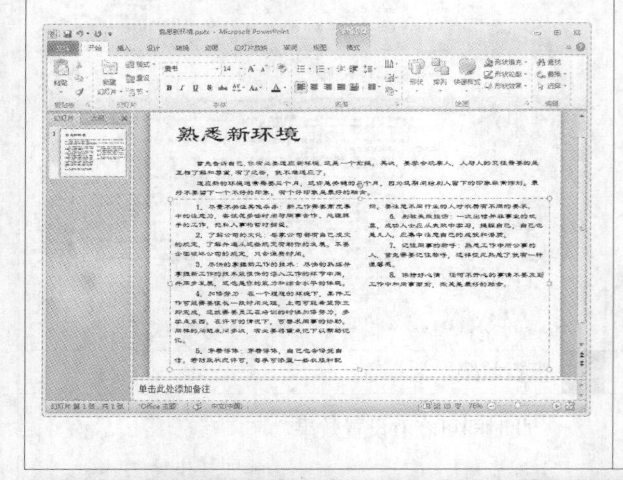

4 调整文本框的大小

将光标放置在文本框的控制点上，当光标变成双向箭头形状时，拖曳鼠标。调整完成之后，单击快速访问工具栏中的【保存】按钮进行保存。

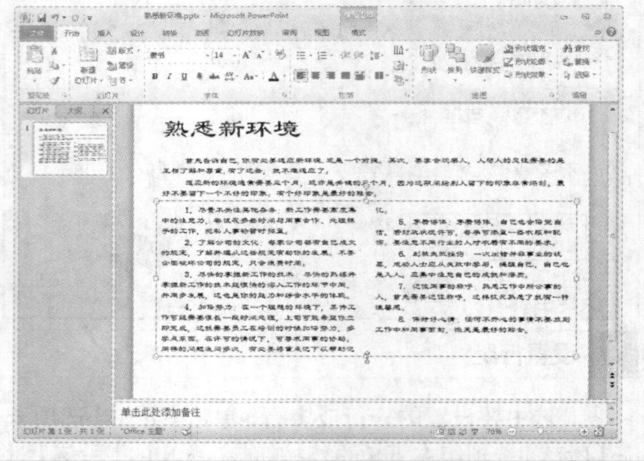

15.6 实例5——添加幻灯片

本节视频教学时间：4分钟

添加幻灯片的常见方法有两种：添加新幻灯片和添加已有的幻灯片。

15.6.1 添加新幻灯片

新建完演示文稿后，用户可以添加新幻灯片。

1 单击【新建幻灯片】按钮

单击【开始】选项卡【幻灯片】选项组中的【新建幻灯片】按钮，在弹出的列表中选择【标题和内容】选项。

2 新建幻灯片

新建的幻灯片即显示在左侧的【幻灯片】窗格中，如下图所示。

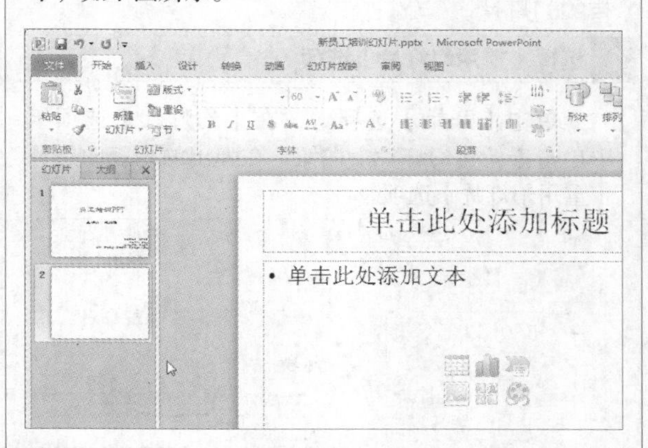

3 输入内容

在新建的幻灯片中输入如图所示的文本，并在【开始】选项卡下【字体】选项组中设置文本的字体格式。

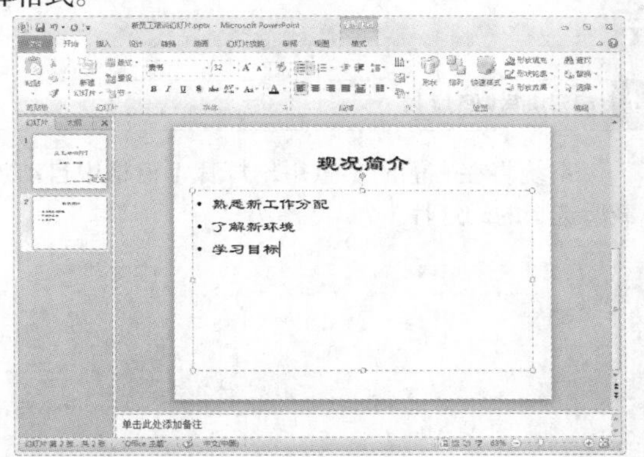

4 选择【新建幻灯片】菜单项

选中【幻灯片】窗格中的幻灯片，单击鼠标右键，在弹出的快捷菜单中选择【新建幻灯片】菜单项。

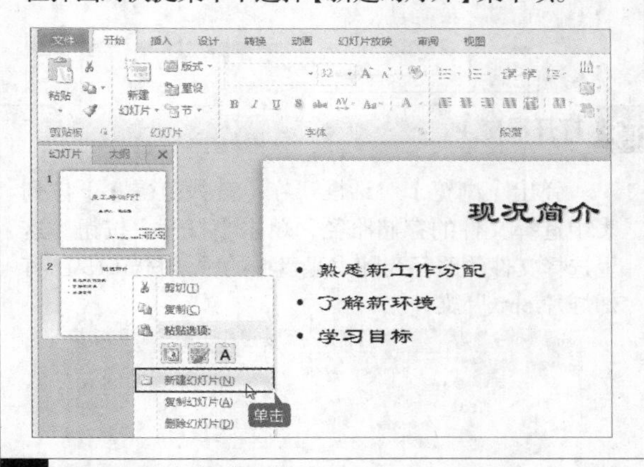

5 新建幻灯片

新建的幻灯片即显示在左侧的【幻灯片】窗格中。

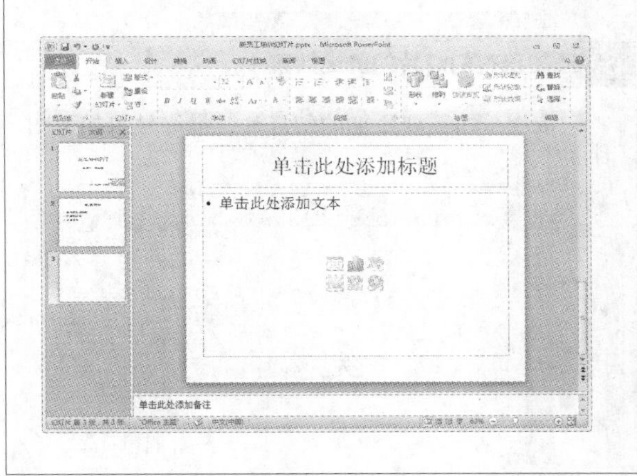

6 粘贴素材中的文本内容

删除幻灯片中的提示文本框，接着打开随书光盘中的“素材\ch15\熟悉新环境.pptx”文件，选中要复制的文本内容，按【Ctrl+C】组合键，在新建的幻灯片中按【Ctrl+V】组合键粘贴。

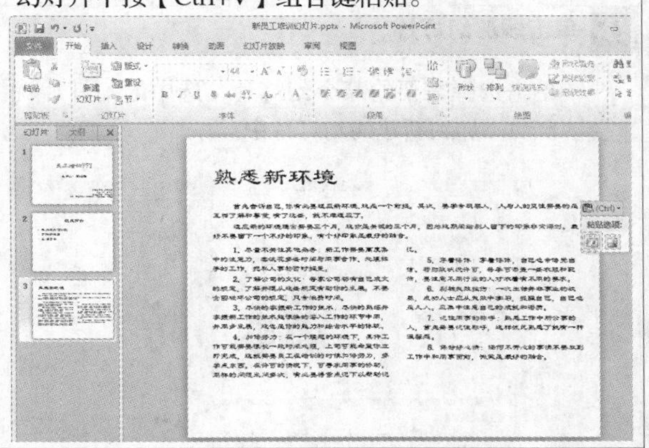

15.6.2 添加已有幻灯片

用户除了可以添加新幻灯片外，还可以利用PowerPoint 2010提供的“重用幻灯片”功能添加已有的幻灯片。

1 选择【重用幻灯片】选项

单击【开始】选项卡，在【幻灯片】选项组中单击【新建幻灯片】按钮，在弹出的列表中选择【重用幻灯片】选项。

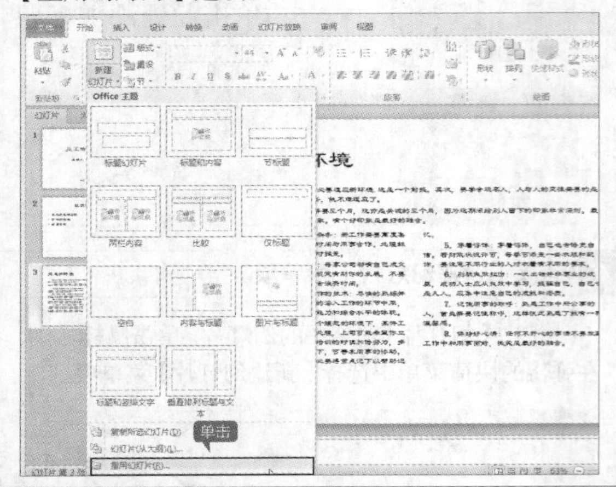

2 选择【浏览文件】菜单项

在编辑窗口的右侧会弹出【重用幻灯片】窗格，单击【浏览】按钮，在弹出的菜单中选择【浏览文件】菜单项。

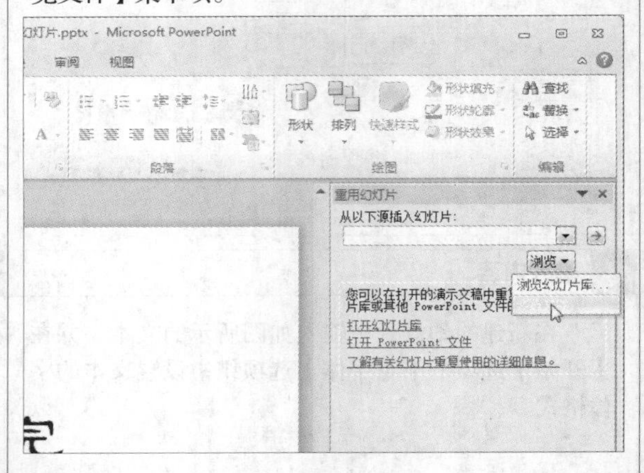

3 打开素材

弹出【浏览】对话框。在【查找范围】下拉列表中选择文件的存储路径，单击【打开】按钮。这里选择文件的路径为随书光盘中的“素材\ch15\已有幻灯片.pptx”文件。

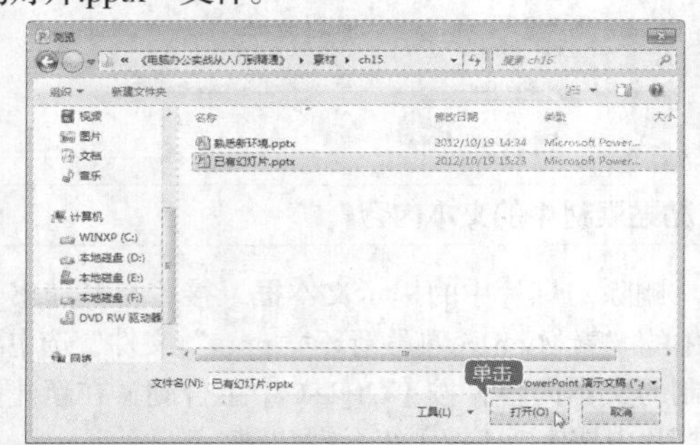

4 自动加载幻灯片

系统将在右侧的【重用幻灯片】窗格中自动加载所选择的幻灯片。

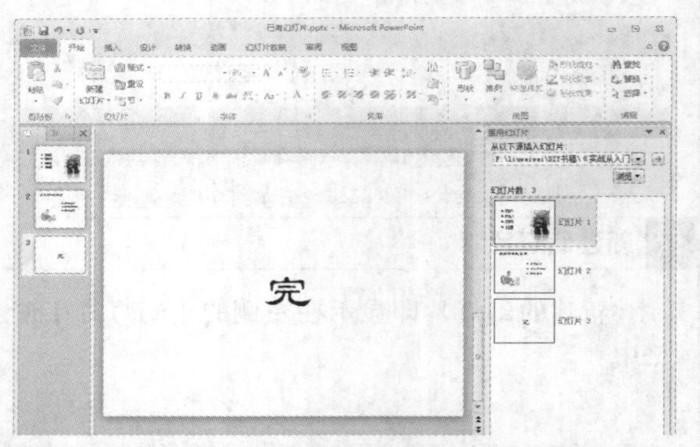

5 单击添加幻灯片

单击选择需要的某个幻灯片，选中的幻灯片就会被自动添加到新建的幻灯片中。

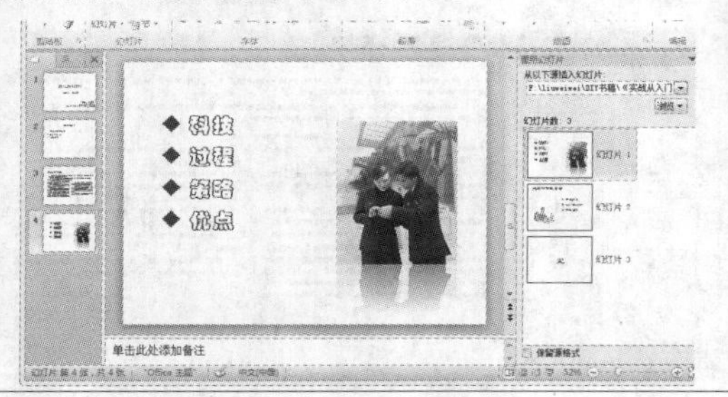

6 添加已有幻灯片的最终效果

依次单击需要添加的幻灯片，最终效果如下图所示。

15.7 实例6——设置幻灯片主题

本节视频教学时间：2分钟

为了使当前演示文稿整体搭配比较合理，用户可以为当前的幻灯片添加主题并进行设置。

1 选择主题样式

选择幻灯片后，单击【设计】选项卡【主题】组中的【其他】按钮，在弹出的下拉列表中选择需要的主题样式。

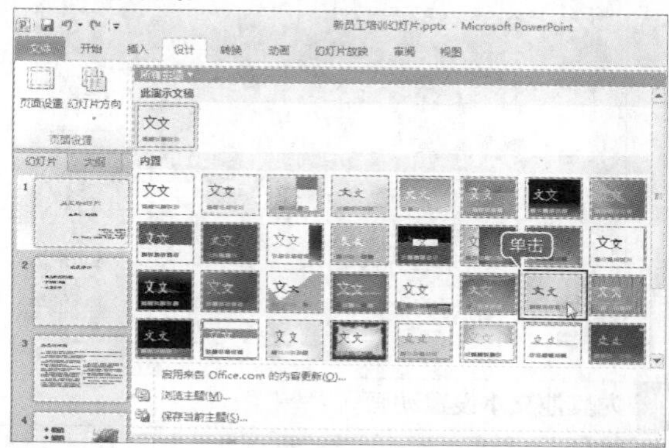

2 应用主题样式

单击选择的主题样式即可直接应用到幻灯片上，效果如下图所示。

3 设置主题颜色

选择幻灯片后，单击【设计】选项卡【主题】组中的【颜色】按钮，在弹出的下拉列表中选择一种主题颜色。

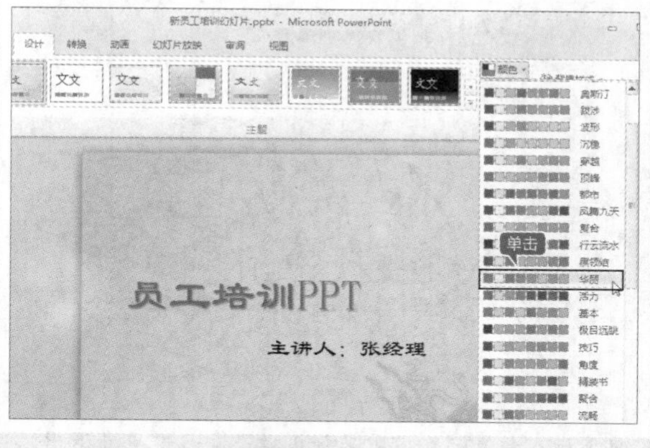

4 应用选择的颜色

单击选择的主题颜色即可直接应用到幻灯片上，效果如下图所示。

工作经验小贴士

如果PowerPoint中自带的主题样式都不符合当前幻灯片的要求，用户可以自行搭配颜色以满足需要。每种颜色的搭配都会产生一种视觉效果，这里不再赘述。

15.8 实例7——设置幻灯片动画效果

本节视频教学时间：5分钟

使用动画可以让观众将注意力集中在幻灯片中的要点和控制信息流上。用户可以将动画效果应用于个别幻灯片上的文本或对象、幻灯片母版上的文本或对象或者自定义幻灯片版式上的占位符中。

1 创建【分裂】动画效果

选择幻灯片中要创建进入动画效果的文字，单击【动画】选项卡【动画】组中的【其他】按钮，在弹出的下拉列表中的【进入】区域中选择【劈裂】选项，创建此进入动画效果。

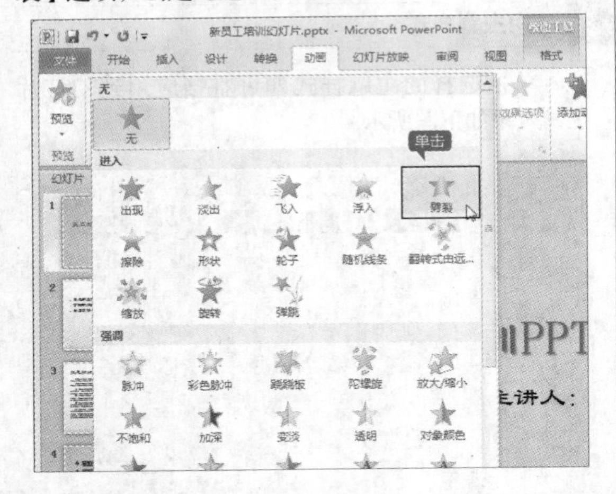

2 创建【飞入】动画效果

选择幻灯片中要创建进入动画效果的文字，单击【动画】选项卡【动画】组中的【其他】按钮，在弹出的下拉列表中的【进入】区域中选择【飞入】选项，创建此进入动画效果。

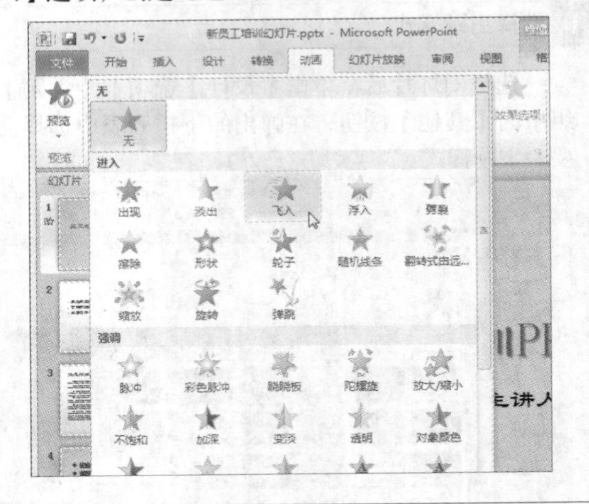

3 创建强调动画效果

选择幻灯片中要创建强调动画效果的文字，单击【动画】选项卡【动画】组中的【其他】按钮，在弹出的下拉列表中的【强调】区域中选择【放大/缩小】选项，创建此强调动画效果。

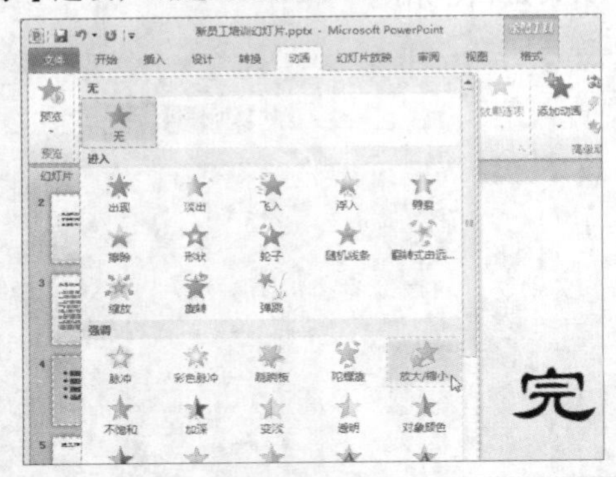

4 为其他文本设置动画

根据需要，在动画选项组中为其他的文本设置动画，最终效果如下图所示。

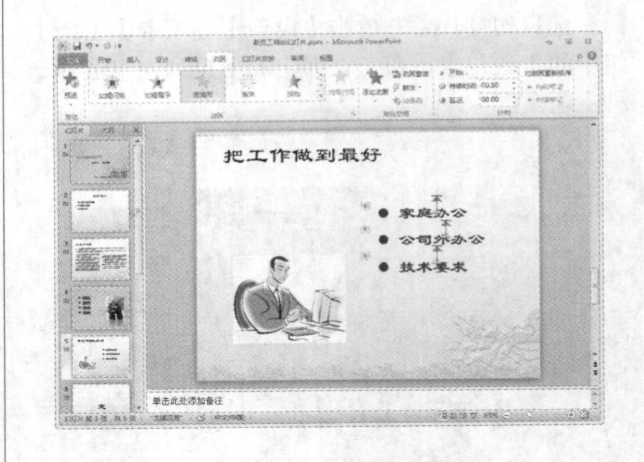

工作经验小贴士

用户还可以根据需要，在下拉列表中选择“更多进入效果”、“更多强调效果”、“更多退出效果”和“其他动作路径”选项设置动画效果，这里不再赘述。

15.9 实例8——设置幻灯片切换效果

 本节视频教学时间：3分钟

切换效果是指由一张幻灯片移动到另一张幻灯片时屏幕显示的变化。用户可以选择不同的切换方案及切换的速度。

1 为第1张幻灯片添加【百叶窗】切换效果

选择要设置切换效果的幻灯片，单击【转换】选项卡下【转换到此幻灯片】选项组的【其他】按钮，在弹出的下拉列表中选择【百叶窗】切换效果，如下图所示。

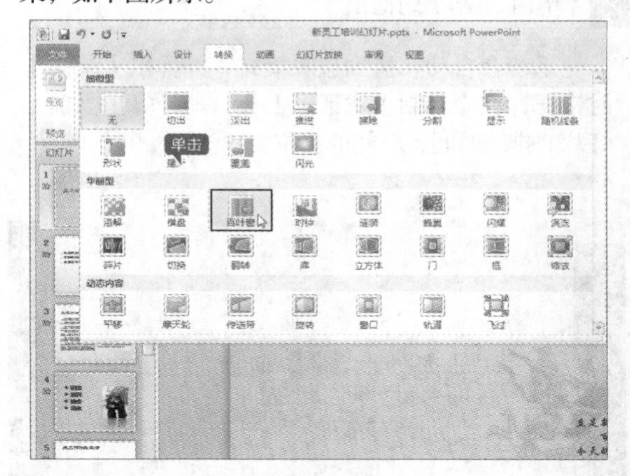

2 为第2张幻灯片添加声音

选择第2张幻灯片，为其添加【溶解】切换效果，然后，选择【转换】选项卡中的【计时】选项组，在【声音】下拉列表中选择【风铃】选项，放映时就会自动应用到当前幻灯片中。

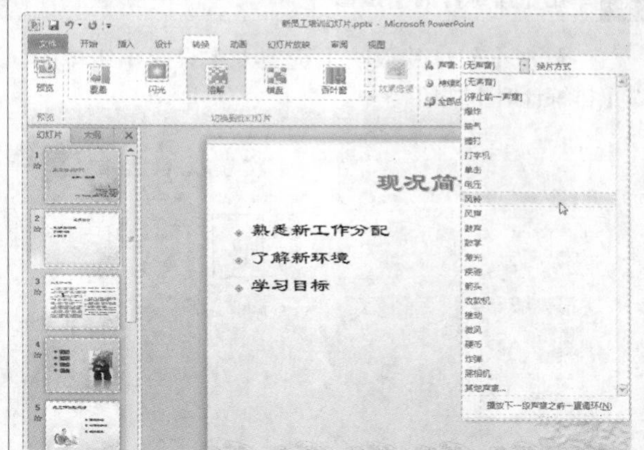

3 为第3张幻灯片添加切换效果

为第3张幻灯片添加【摩天轮】效果，然后在【转换】选项卡下【计时】选项组中的【持续时间】文本框中输入持续时间，放映时就会自动应用到当前幻灯片中。

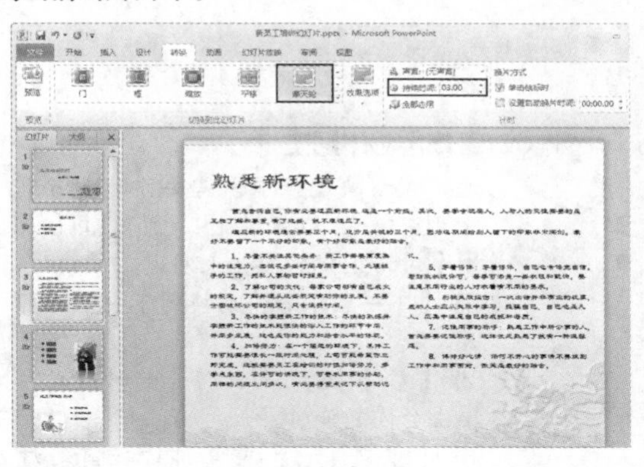

4 为其他幻灯片添加切换效果

根据需要，为其他的幻灯片添加切换效果，最终效果如下图所示。

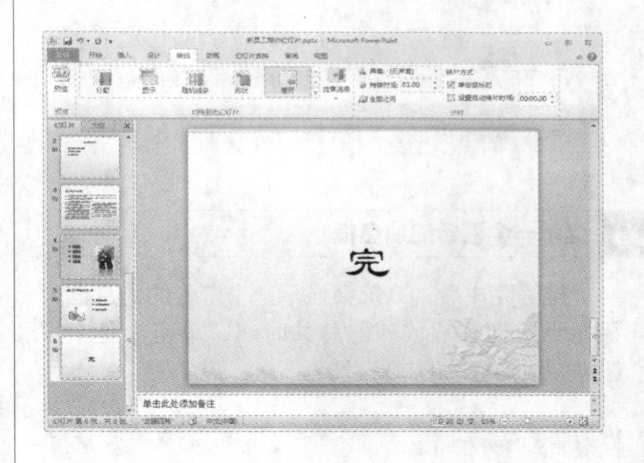

工作经验小贴士

用户在播放幻灯片时，可以根据需要设置换片的方式，例如自动换片或单击鼠标换片等，这里不再赘述。

15.10 实例9——让PPT自动演示

本节视频教学时间：6分钟

在公众场合进行PPT的演示之前需要掌握好PPT演示的时间，以便符合整个展示或演讲的需要。

15.10.1 排练计时

作为演示文稿的制作者，在公共场合演示时需要掌握好演示的时间，为此需要测定幻灯片放映时的停留时间。

1 单击【排练计时】按钮

单击【幻灯片放映】选项卡【设置】组中的【排练计时】按钮。

2 弹出【录制】对话框

系统会自动切换到放映模式，并弹出【录制】对话框，在【录制】对话框上会自动计算出当前幻灯片的排练时间，时间的单位为秒。

3 显示一个警告的消息框

排练完成后，系统会显示一个警告的消息框，显示当前幻灯片放映的总共时间，单击【是】按钮，完成幻灯片的排练计时。

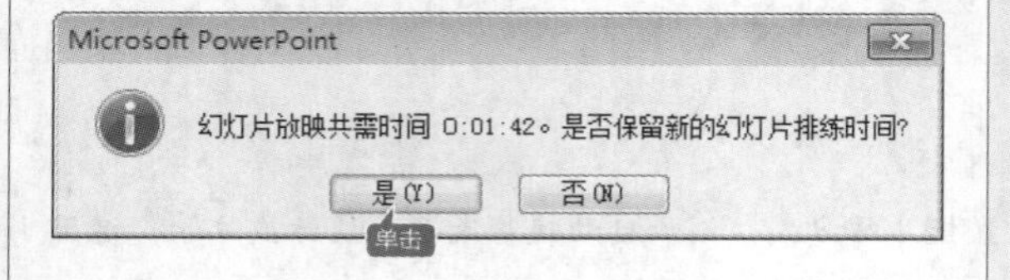

工作经验小贴士

通常在放映过程中，需要临时查看或跳到某一张幻灯片时，可通过【录制】对话框中的按钮来实现。

(1)【下一项】：切换到下一张幻灯片。

(2)【暂停】：暂时停止计时后再次单击会恢复计时。

(3)【重复】：重复排练当前幻灯片。

15.10.2 录制幻灯片演示

录制幻灯片演示是PowerPoint 2010一项新增功能，该功能可以记录PPT幻灯片的放映时间，同时，允许用户使用鼠标或激光笔为幻灯片添加注释，也就是制作者对PowerPoint 2010的一切相关的注释都可以使用录制幻灯片演示功能记录下来，从而使得PowerPoint 2010的幻灯片的互动性大大提高。

1 选择【从头开始录制】选项

单击【幻灯片放映】选项卡下【设置】选项组中的【录制幻灯片演示】的倒三角按钮，在弹出的下拉列表中选择【从头开始录制】或【从当前幻灯片开始录制】选项。本例中选择【从头开始录制】选项。

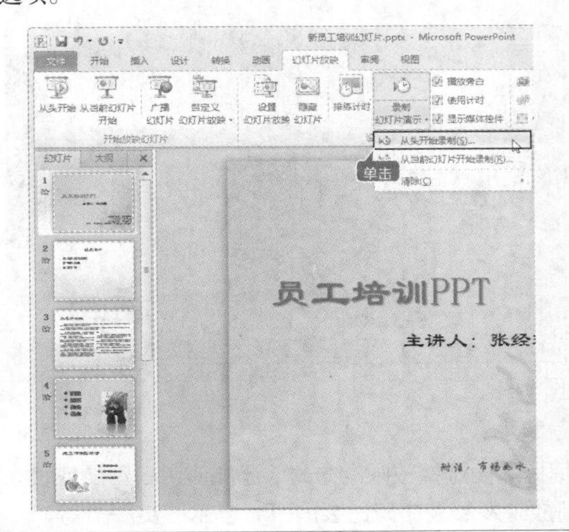

2 弹出【录制幻灯片演示】对话框

弹出【录制幻灯片演示】对话框，在该对话框中默认选中【幻灯片和动画计时】复选框和【旁白和激光笔】复选框。用户可以根据需要选择需要的选项。

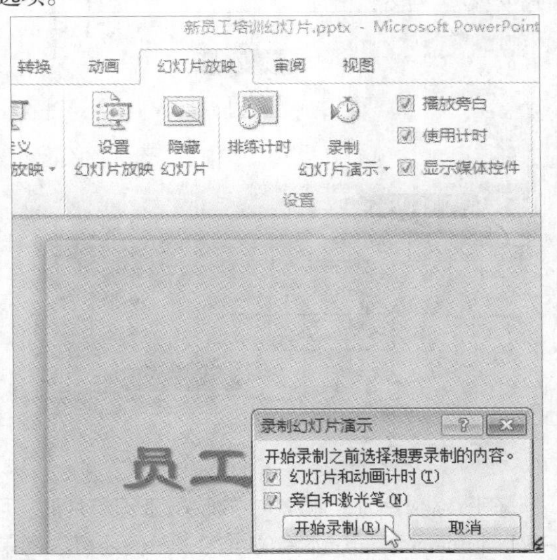

3 开始放映

单击【开始录制】按钮，幻灯片开始放映，并自动开始计时。

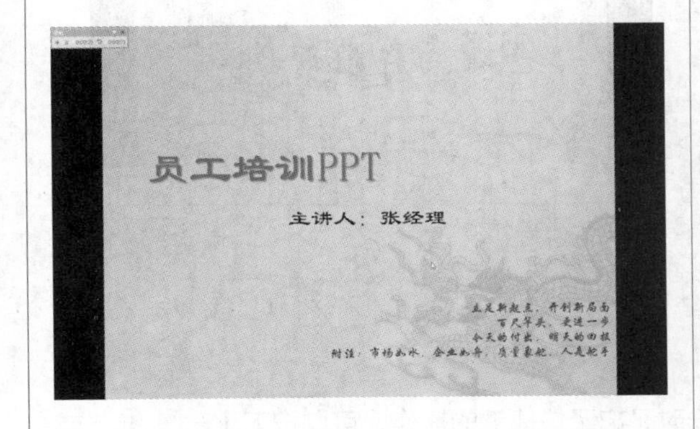

4 放映结束

幻灯片放映结束时，录制幻灯片演示也随之结束，并在该窗口中显示每张幻灯片的演示计时时间。

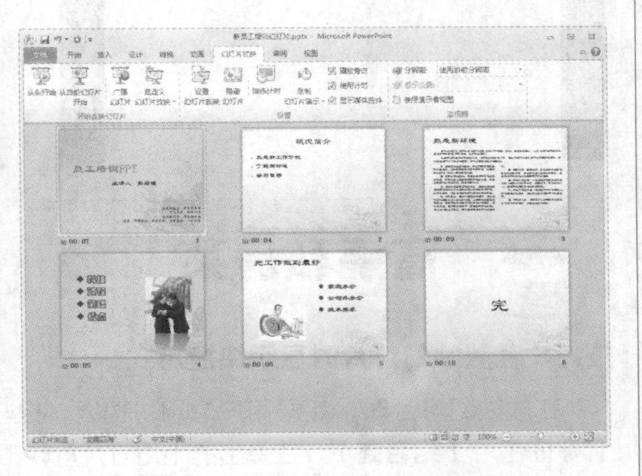

15.11 实例10——打印幻灯片

 本节视频教学时间：2分钟

幻灯片制作完成后，用户可以通过放映对其进行查看，也可以将其打印出来进行查看。

1 设置【打印】选项

单击【文件】选项卡，在弹出的列表中选择【打印】选项，设置打印的份数为“3份”，选择连接的打印机，在【设置】下拉列表中选择【打印全部幻灯片】选项。

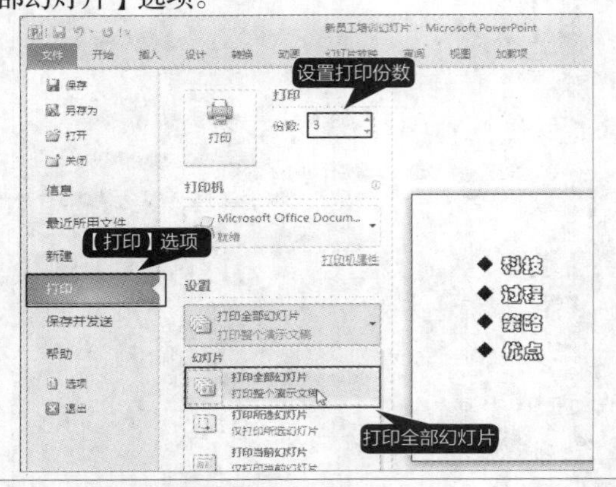

2 显示打印进度

单击【打印】按钮，则返回幻灯片，在幻灯片窗格下方显示打印进度。

举一反三

在PowerPoint 2010中放映员工幻灯片时，可以根据需要选择放映的方式、添加演讲者备注或者让PPT自动演示。通过本章的学习，我们还可以简单设置放映发展战略研讨会PPT、艺术欣赏PPT等。

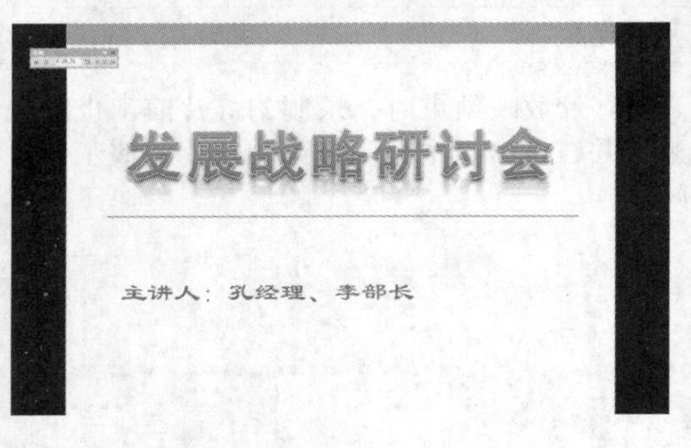

高手私房菜

技巧：在放映幻灯片时显示快捷方式

在放映幻灯片时，如果用户想用快捷键，但一时又忘了快捷键的操作，可以按下【F1】键（或【SHIFT+?】组合键），在弹出的【幻灯片放映帮助】对话框中可以显示快捷键的操作提示。

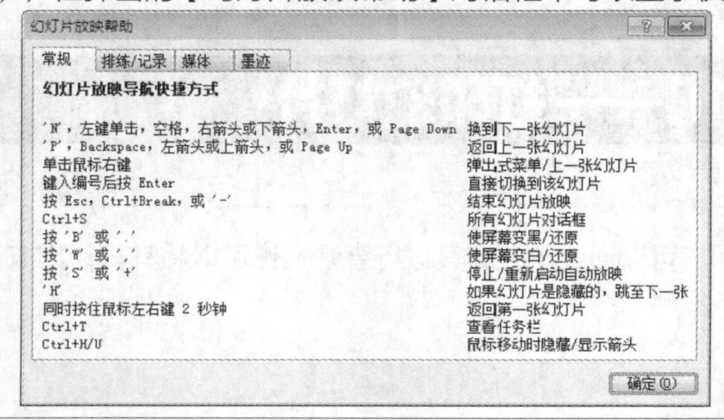

第16章

制作个人年终总结发言幻灯片

本章视频教学时间：1 小时 4 分钟

好的PPT能给人一种赏心悦目的感觉，让人看起来非常舒服，很容易就能认同演讲者的观点。本章为你介绍借助PPT制作个人年终总结报告的方法，让你制作年终总结报告时达到事半功倍的效果。

【学习目标】

通过本章的学习，了解图表、形状、图片、艺术字等元素在幻灯片中的使用，并且熟悉在幻灯片中插入超链接、为幻灯片添加动画效果、设置换片方式以及演示幻灯片的方法。

【本章涉及知识点】

- 掌握设计不同幻灯片页面的方法
- 掌握使用各种视图查看幻灯片的方法
- 掌握设置幻灯片动画效果的方法
- 掌握设置幻灯片切换效果的方法
- 了解如何放映幻灯片

16.1 实例1——制作首页幻灯片

本节视频教学时间：6分钟

制作幻灯片，首页最重要，一个好的首页幻灯片，给人的第一印象就会很好。

16.1.1 添加艺术字

为幻灯片添加艺术字，让幻灯片表达出不同的效果。

1 选择艺术字样式

打开随书光盘中“素材\ch16\个人年终总结”，选择第1张幻灯片，在【插入】选项卡的【文本】选项组中单击【艺术字】按钮，在弹出的【艺术字】下拉列表中选择“渐变填充-灰色-80%，强调文字颜色4，映像”选项。

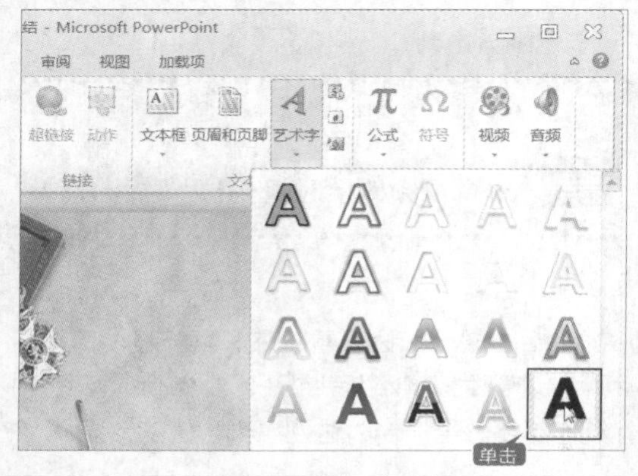

2 输入艺术字

单击鼠标，在工作表选定的表格中即可自动插入一个艺术字框，并在艺术字框中输入“2012年年终总结”，如图所示。

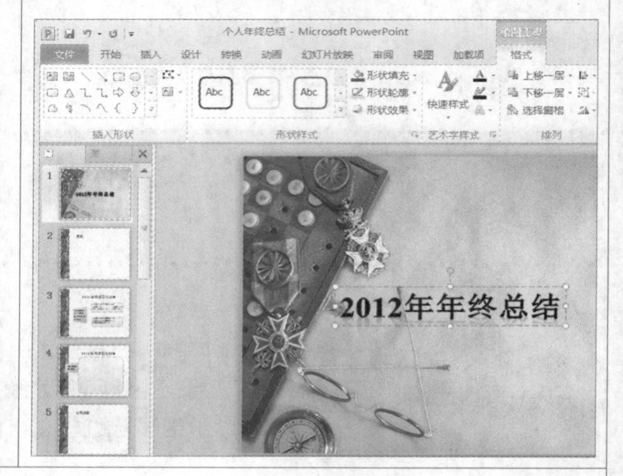

16.1.2 设置艺术字

艺术字添加完成之后，设置其格式，使艺术字更加美观。

1 设置字体

选中艺术字，在【开始】选项卡下【字体】组中对艺术字设置字体，如图所示。

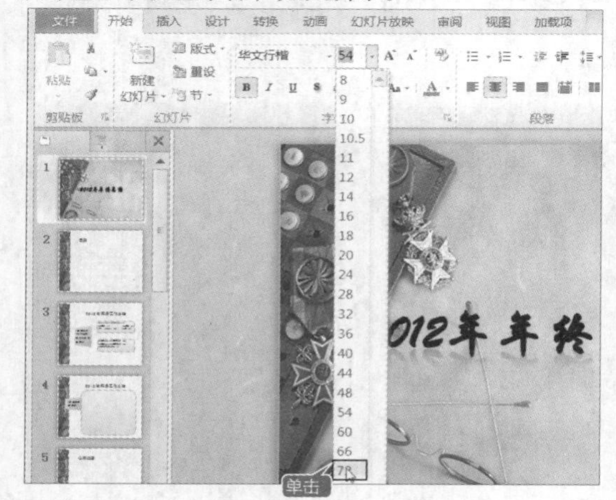

2 拖曳至合适位置

将鼠标光标移至艺术字文本框边缘，当鼠标光标变为✥时，单击鼠标左键，长按并拖曳至合适位置。

16.2 实例2——设计包含图片的幻灯片页面

本节视频教学时间：7分钟

幻灯片中包含一些图片，可以达到图文并茂的效果，使幻灯片不再那么单调。

16.2.1 插入图片

在制作幻灯片时，适当插入一些图片，可以达到更好的效果，在“个人年终总结”演示文稿首页插入图片的具体操作步骤如下。

1 单击【图片】按钮

选择第2张幻灯片，单击【插入】选项卡【图像】选项组中的【图片】按钮。

2 完成插入

在弹出的【插入图片】对话框中浏览到随书光盘中的“素材\ch16\图片”文件，单击【插入】按钮即可将图片插入演示文稿中。

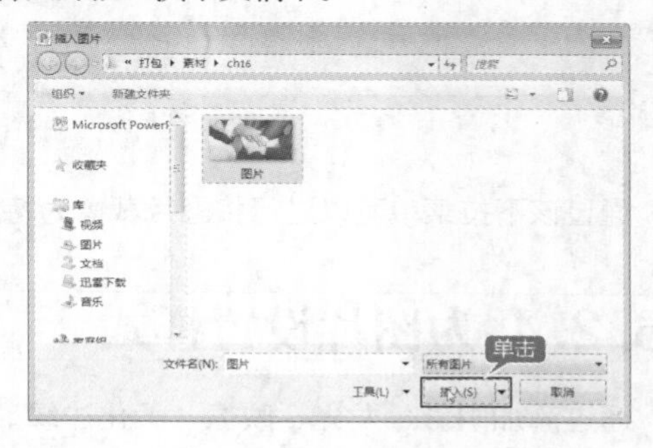

16.2.2 调整图片的大小

新插入的图片大小可以根据当前幻灯片的情况进行调整，调整图片大小的具体步骤如下。

1 拖曳鼠标调整大小

选中插入的图片，将鼠标指针移至图片四周的尺寸控制点上，按住鼠标左键拖曳，就可以更改图片的大小。

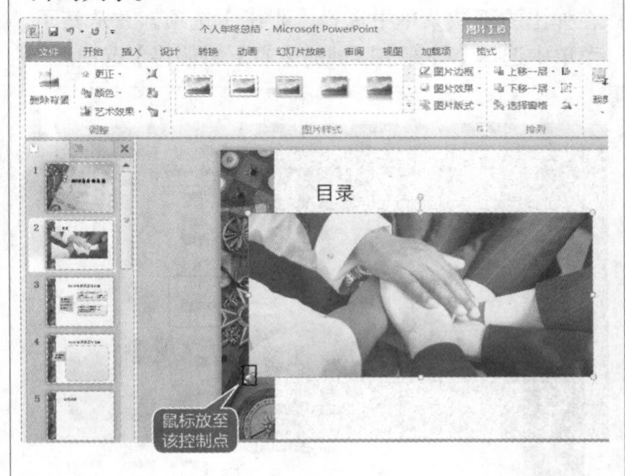

2 拖曳至合适位置

松开鼠标左键即可完成调整操作，将鼠标光标移至图片上时，当鼠标光标变为✥时，单击鼠标左键，长按并拖曳至合适位置。

16.2.3 裁剪图片

裁剪通常用来隐藏或修整部分图片，以便进行强调或删除不需要的部分。

裁剪图片时先选中图片，然后在【图片工具】➤【格式】选项卡【大小】组中单击【裁剪】按钮直接进行裁剪，此时可以进行4种裁剪操作。

(1) 裁剪某一侧：将该侧的中心裁剪控点向里拖动。

(2) 同时均匀地裁剪两侧：按住【Ctrl】键的同时，将任一侧的中心裁剪控点向里拖动。

(3) 同时均匀地裁剪全部四侧：按住【Ctrl】键的同时，将一个角部裁剪控点向里拖动。

(4) 放置裁剪：通过拖动裁剪方框的边缘移动裁剪区域或图片。

完成后在幻灯片空白位置处单击或按【Esc】键退出裁剪操作即可。

单击【大小】组中【裁剪】按钮或倒三角按钮，弹出包括【裁剪】、【裁剪为形状】、【纵横比】、【填充】和【调整】选项的下拉菜单。

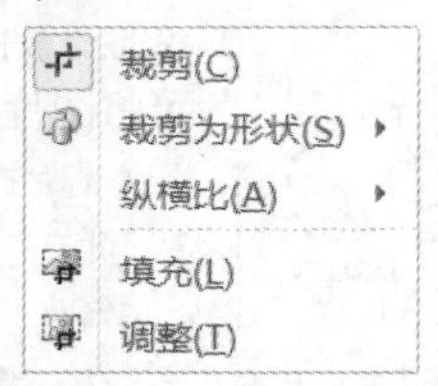

通过该下拉菜单可以进行将图片裁剪为特定形状、裁剪为通用纵横比、通过裁剪来填充形状等操作。

16.2.4 为图片设置样式

通过添加阴影、发光、映像、柔化边缘、凹凸和三维（3-D）旋转等效果可以增强图片的感染力，还可以为图片设置样式来更改图片的亮度、对比度或模糊度等。

选择要设置样式的图片后，可以通过【图片工具】➤【格式】选项卡【图片样式】组中的选项为图片设置样式。

1 设置图片外观样式

选中图片，单击【图片工具】➤【格式】选项卡【图片样式】组中左侧的【其他】按钮，在弹出的菜单中选择【柔化边缘椭圆】选项。

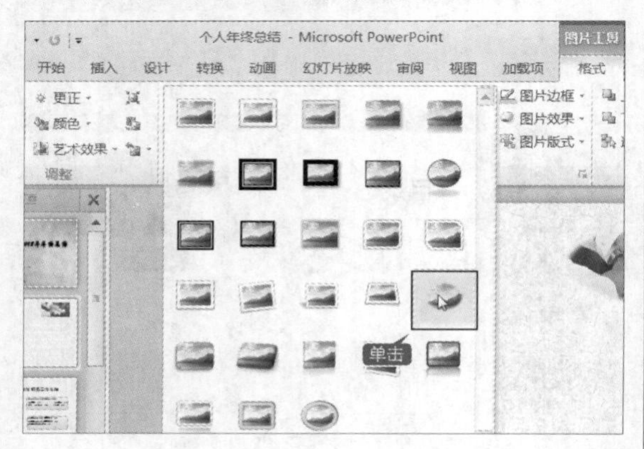

2 设置【阴影】

单击【图片样式】组中的【图片效果】按钮，在弹出的下拉菜单中选择【阴影】选项，并从其子菜单中选择【外部】区域的【右下斜偏移】选项。

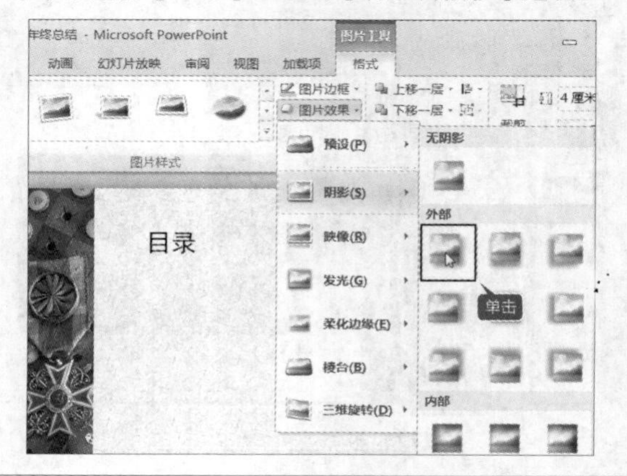

3 设置【柔化边缘】

再次单击【图片效果】按钮，在弹出的下拉菜单中选择【柔化边缘】选项，并从其子菜单中选择【25磅】选项，更改柔化边缘为25磅。

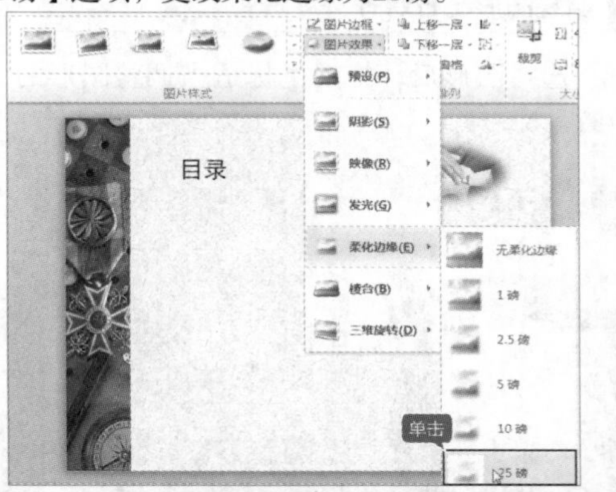

4 查看效果

最终效果如图所示。

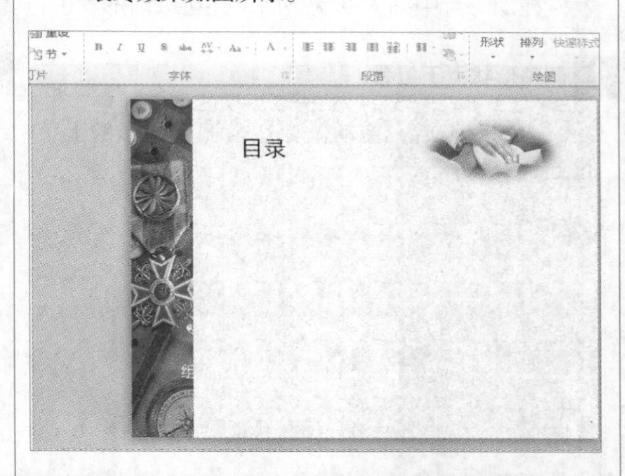

16.3 实例3——设计包含形状的幻灯片页面

本节视频教学时间：7分钟

在文件中添加一个形状，或者合并多个形状可以生成一个绘图或一个更为复杂的形状。添加一个或多个形状后，还可以在其中添加文字、项目符号、编号和快速样式等。

16.3.1 绘制形状

在幻灯片中，单击【开始】选项卡【绘图】组中的【形状】按钮，可以弹出【形状】下拉列表，在其中选择要使用的形状后单击即可。

1 选择形状样式

选择第2张幻灯片，单击【插入】选项卡【插图】组中的【形状】按钮，在弹出的菜单中选择【矩形】选项。

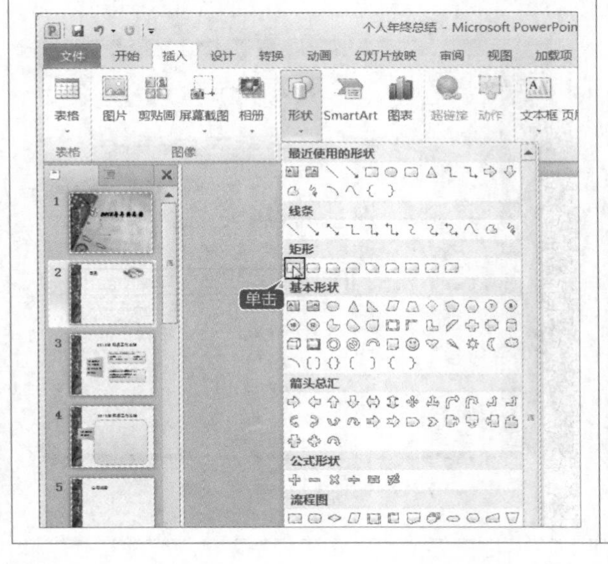

2 绘制形状

此时鼠标指针在幻灯片中的形状显示为+，在幻灯片空白位置处单击，按住鼠标左键不放并拖动到适当位置处，释放鼠标左键，绘制的矩形形状如下图所示。重复绘制形状操作绘制其他形状，如图所示。

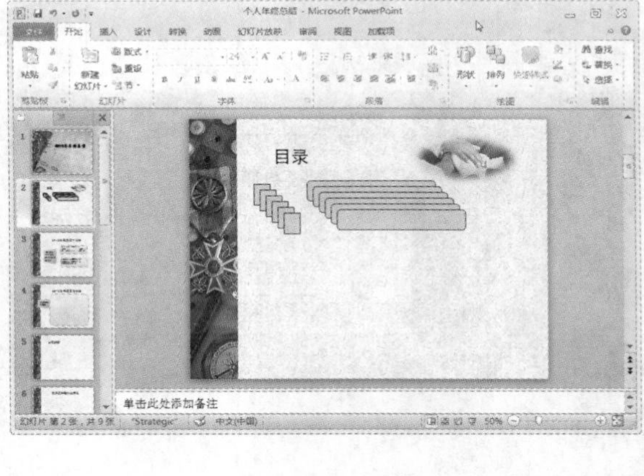

16.3.2 调整形状

在幻灯片中插入形状之后，还可以对形状进行调整，包括调整形状位置和形状大小。

1 调整形状上下位置

选择图形后，拖动鼠标适当调整图形的上下位置。

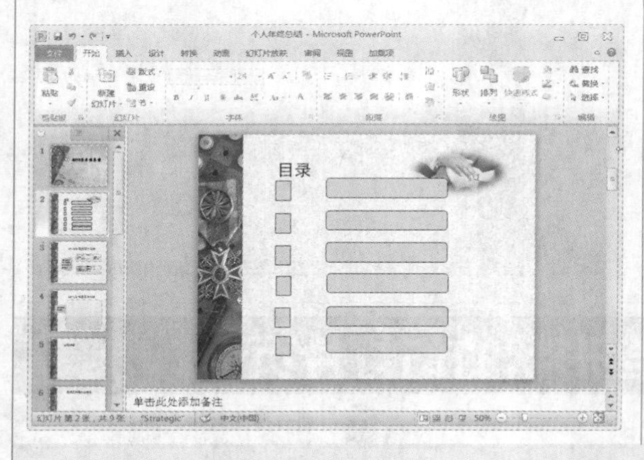

2 调整图形左右对齐

选择图形后，拖动鼠标适当调整图形的左右位置。

工作经验小贴士

在调整图形时，也可以使用【绘图工具】选项卡下【排列】组中的各个命令选项，包括上移一层、下移一层、左对齐、右对齐、横向分布、纵向分布等。

16.3.3 组合形状

在同一张幻灯片中插入多张形状时，可以组合为一个形状。

1 输入内容

依次选择形状，单击鼠标右键，在弹出的列表中选择【编辑文字】菜单命令，在形状中输入文本内容，并且调整文字样式后如下所示。

2 组合形状

选择图形后，单击鼠标右键，在弹出的快捷菜单中选择【组合】➤【组合】菜单命令。

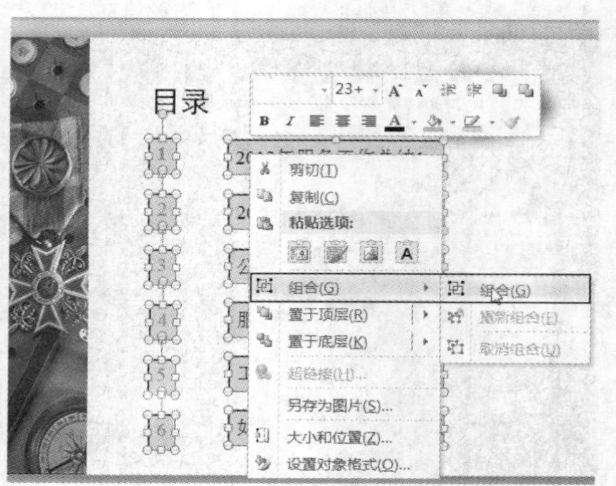

16.3.4 设置形状的样式

设置形状的样式主要包括设置填充形状的颜色、填充形状轮廓的颜色和形状的效果等。

1 设置形状样式

选择第1个矩形后，单击【图片工具】➤【格式】选项卡【形状样式】组中的【其他】按钮，在弹出的列表中选择一种形状样式即可。

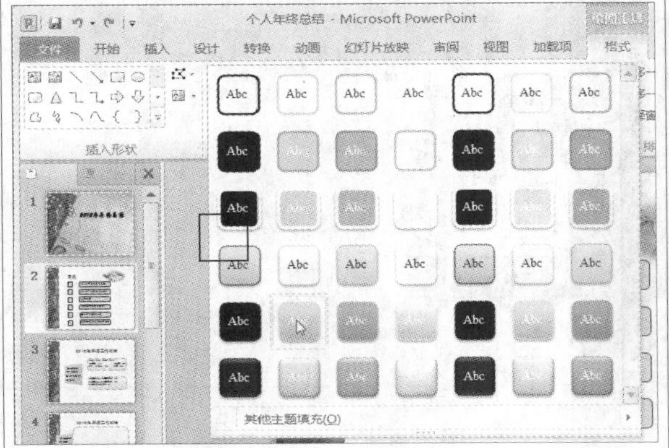

2 设置其他的形状样式

依次为其他形状选择形状样式，设置后如图所示。

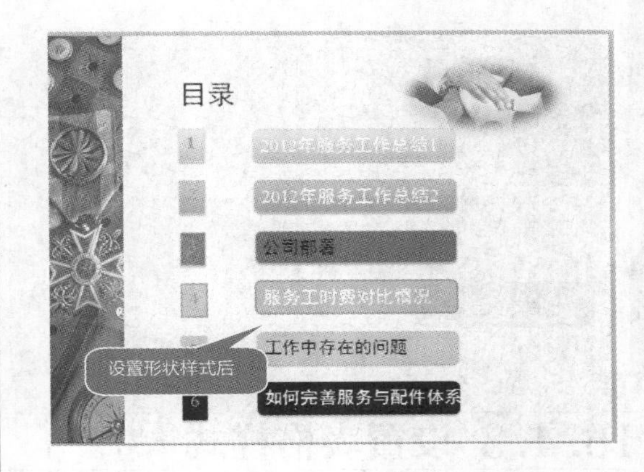

工作经验小贴士

如果系统提供的形状样式不能满足用户的需求，用户可以在【图片工具】➤【格式】选项卡【形状样式】组中的【形状填充】、【形状轮廓】和【形状效果】选项中自定义形状样式。

16.4 实例4——设计包含表格的幻灯片页面

本节视频教学时间：10分钟

表格是幻灯片中很常用的一类模板，可以直接在PowerPoint 2010中插入表格，也可以直接将表格复制到PPT中。

16.4.1 插入表格

用户可以通过多种方法在PPT中插入表格，在这里以使用【插入表格】对话框为例介绍。

1 设置表格行数和列数

选择第4张幻灯片，单击【插入】选项卡【表格】组中的【插入表格】菜单命令，弹出【插入表格】对话框，设置插入表格行数和列数。

插入表格

列数(C)：9

行数(R)：15

确定　取消

2 完成表格插入

单击【确定】按钮即可插入表格。

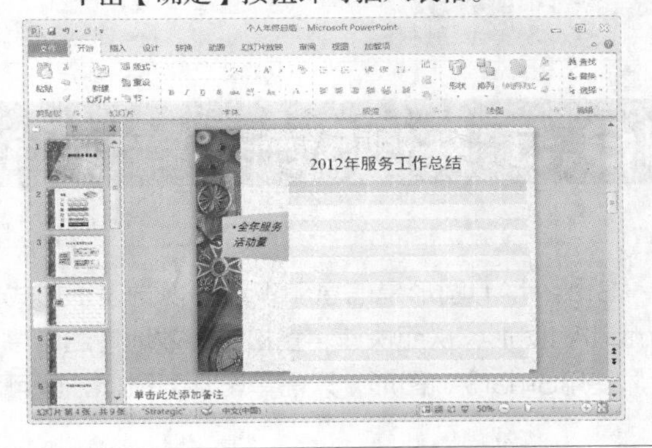

16.4.2 输入文字并设置对齐方式

插入表格后，在表格中输入文本内容。

1 输入文本

依次单击单元格，输入文本内容如下图所示。

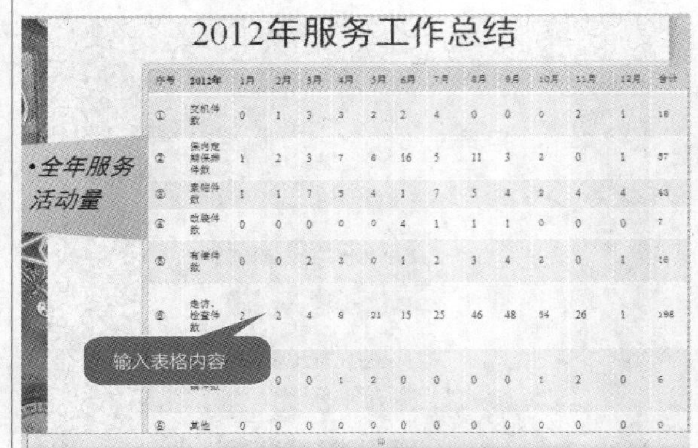

2 调整文本对齐方式

将表格中的文本设置为“居中对齐”，并且适当调整表格行高和列宽后，效果如图所示。

16.4.3 设置表格样式

创建表格和输入文本内容之后往往还需要根据实际情况设置表格的样式。

1 选择表格样式选项

选择表格后，单击选中【表格工具】➤【设计】选项卡下的【表格样式选项】组中【表格样式选项】中的【第一列】复选框。

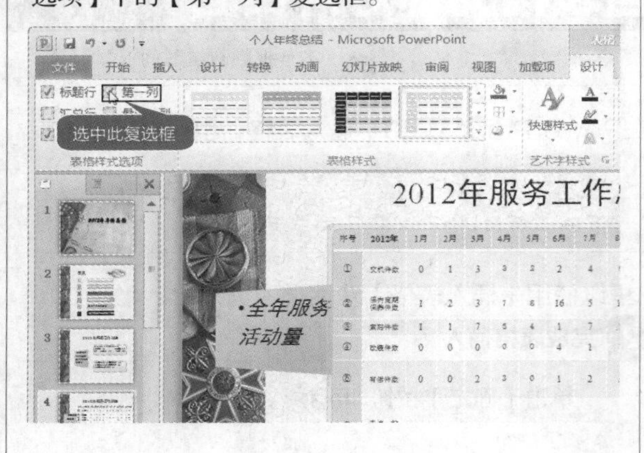

2 应用表格样式

在【表格样式】选项组中单击【其他】按钮，在弹出的列表中选择一种表格样式即可。

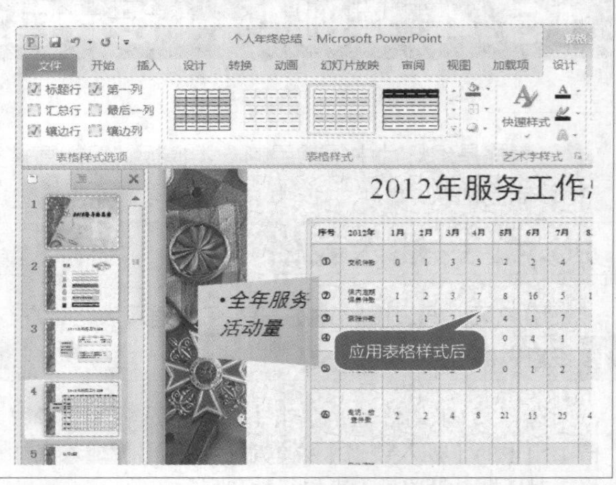

16.5 实例5——设计包含SmartArt图形的幻灯片页面

本节视频教学时间：6分钟

SmartArt图形是信息和观点的视觉表示形式。用户可以通过从多种不同布局中进行选择来创建SmartArt图形，从而快速、轻松和有效地传达信息。

使用SmartArt图形，只需单击几下鼠标，就可以创建具有设计师水准的插图。

16.5.1 插入SmartArt图形

组织结构图是以图形方式表示组织的管理结构，如公司内的部门经理和非管理层员工。在PowerPoint中，通过使用SmartArt图形，可以创建组织结构图并将其包括在演示文稿中。

1 插入层次结构图

选择第5张幻灯片，单击【插入】选项卡【插图】选项组中的【SmartArt】选项，弹出【选择SmartArt图形】对话框。在左侧列表中选择【层次结构】选项，然后在中间列表中选择一种，单击【确定】按钮。

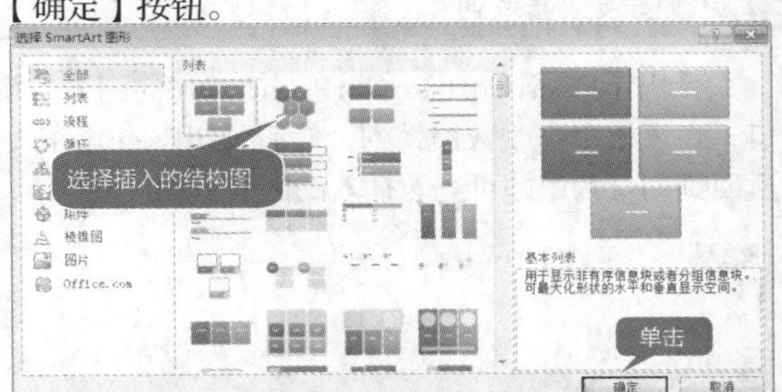

2 查看效果

效果如图所示。

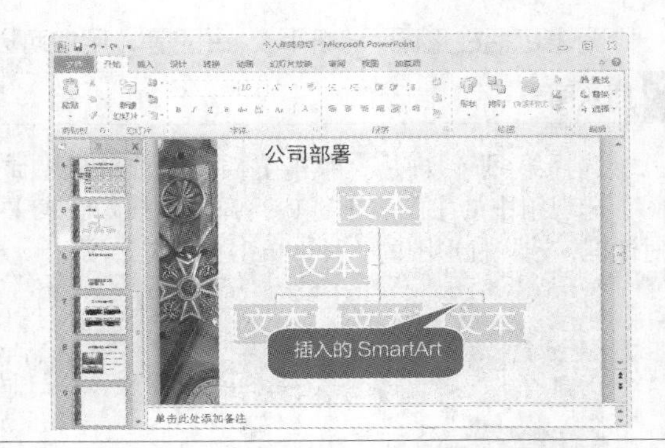

16.5.2 编辑SmartArt图形

插入的SmartArt图形一般结构都是比较简单的，插入后，我们还可以根据需要添加或删除形状。

1 添加形状

单击第2个形状，单击鼠标右键，选择【插入形状】➤【在后面添加形状】菜单命令，即可在形状右侧添加形状，重复添加命令添加其他形状。

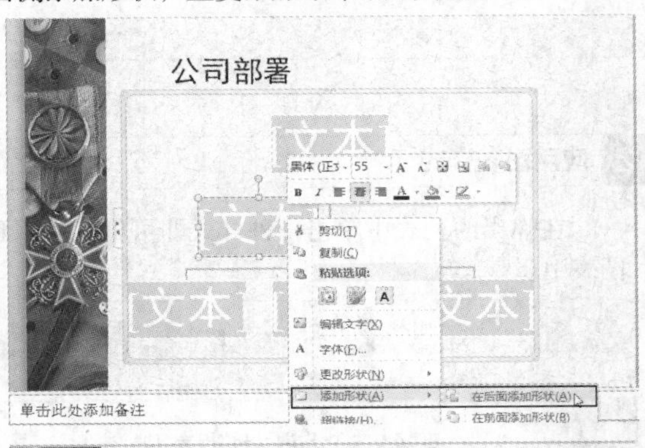

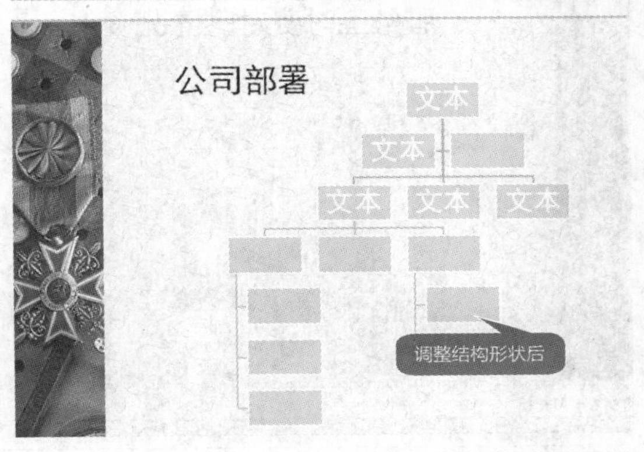

2 输入文本内容

形状结构设计完成之后，就可以向形状中添加文本。

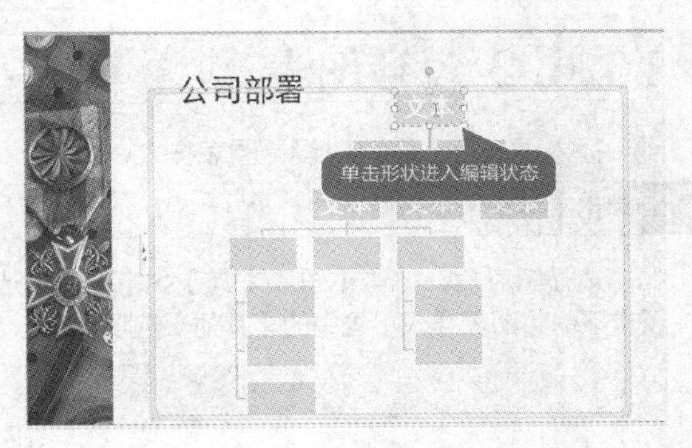

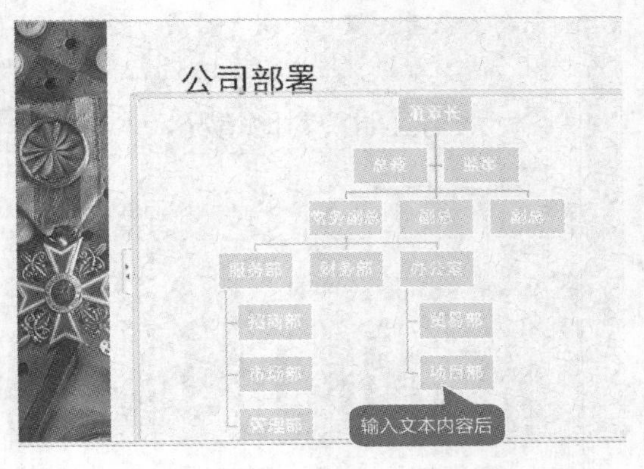

16.6 实例6——设计包含图表的幻灯片页面

本节视频教学时间：4分钟

形象直观的图表与文字数据相比更容易让人理解，插入在幻灯片中的图表可以使幻灯片的显示效果更加清晰。

16.6.1 插入图表

图表包括柱形图、条形图、饼图等，用户可以根据实际需要选择要插入的图表类型。

1 插入图表

选择第6张幻灯片，单击【插入】选项卡【插图】选现组中的【图表】选项，弹出【插入图表】对话框，选择柱形图的一种，单击【确定】按钮。

2 更改图表数据系列

弹出【Microsoft PowerPoint 2010的图表】窗口，在表格中更改数据系列，然后关闭Excel窗口，返回到幻灯片中即可查看插入的图表。

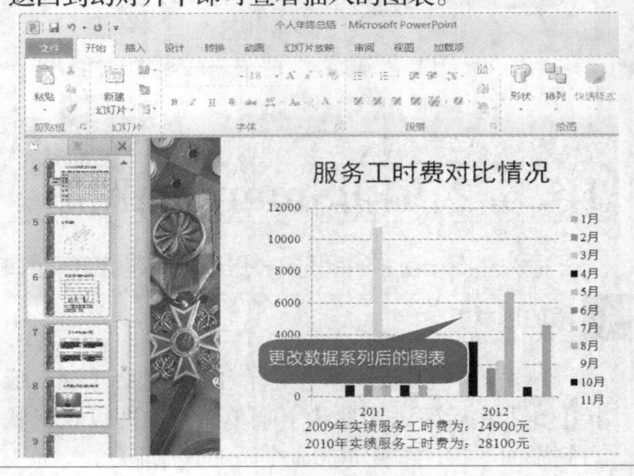

16.6.2 设计图表

插入图表后，还可以设计图表样式。

1 单击【其他】按钮

选择图表后，单击【图表工具】➤【设计】选项卡下的【图表样式】组中的【其他】选项。

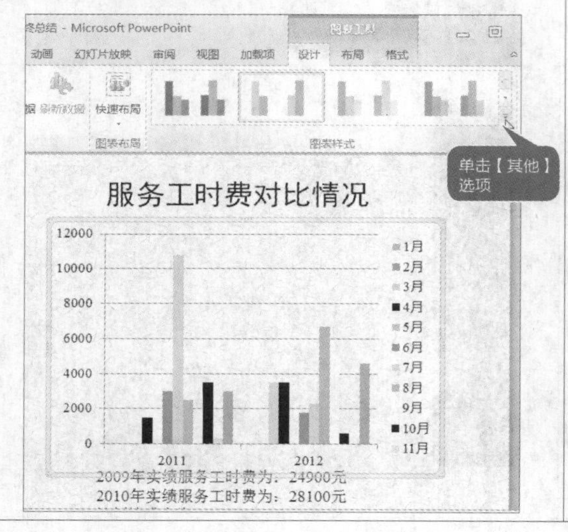

2 应用图表样式

在弹出的列表中单击一种样式即可将其应用到图表中。

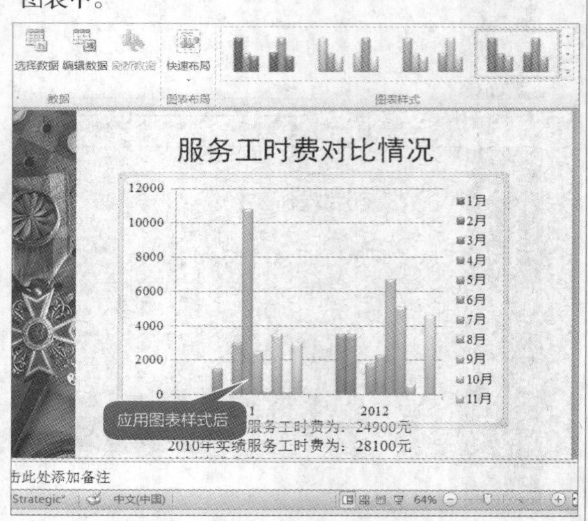

16.7 实例7——设计结束幻灯片

本节视频教学时间：2分钟

设计一张结束幻灯片，让年终报告更加完整。

1 插入文字

选择第8张幻灯片，单击【插入】选项卡【文本】选现组中的【文本框】选项，在幻灯片中插入一个横排文本框，输入“谢谢观赏”。

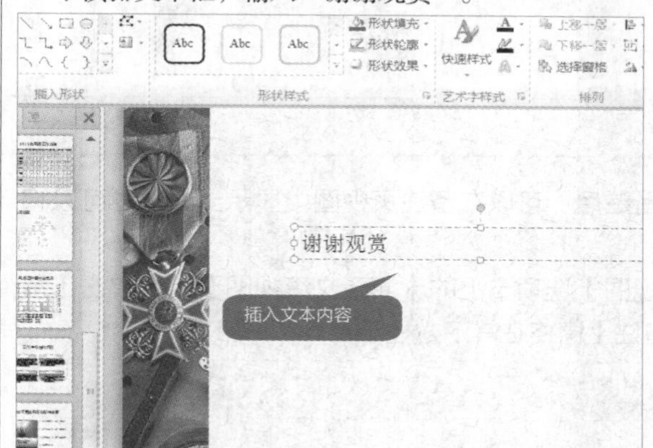

2 设置文字

选择输入的文本，设置字体样式并且调整位置后如下所示。

16.8 实例8——查看制作的PPT

本节视频教学时间：5分钟

PowerPoint 2010中用于编辑、打印和放映演示文稿的视图包括普通视图、幻灯片浏览视图、备注页视图、幻灯片放映视图、阅读视图和母版视图。

16.8.1 普通视图

普通视图是主要的编辑视图，可用于撰写和设计演示文稿。普通视图包含【幻灯片】选项卡、【大纲】选项卡、【幻灯片】窗格和【备注】窗格4个工作区域。

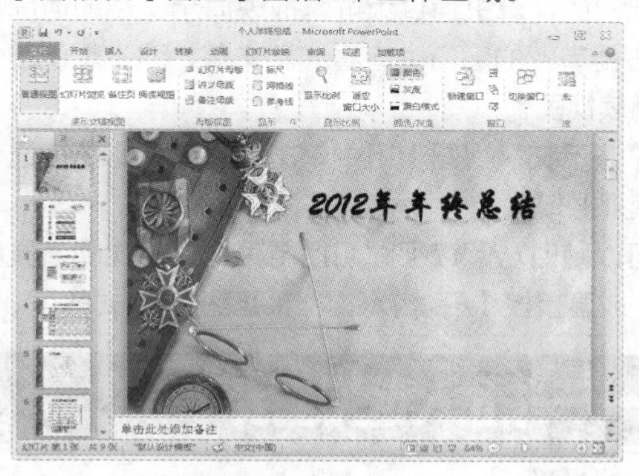

16.8.2 幻灯片浏览视图

幻灯片浏览视图可以查看缩略图形式的幻灯片。通过此视图，在创建演示文稿以及准备打印演示文稿时，用户可以轻松地对演示文稿的顺序进行排列和组织。

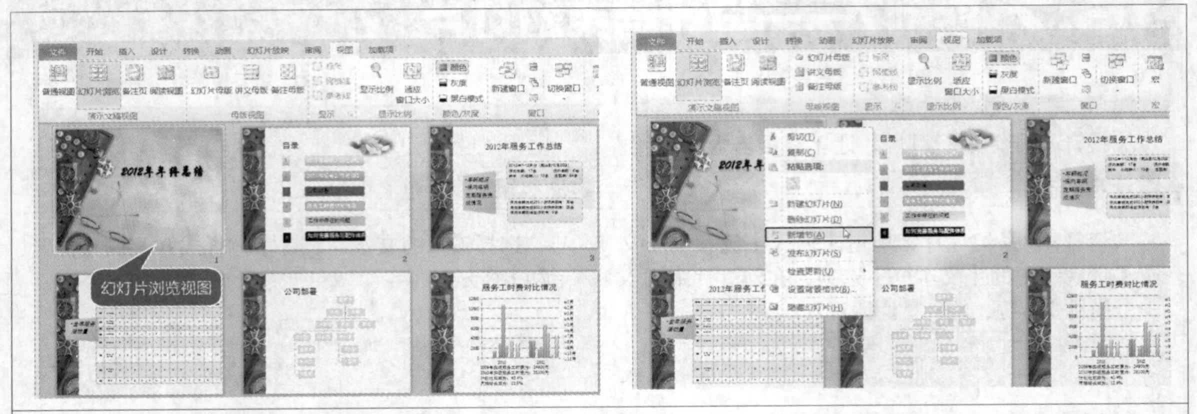

16.8.3 备注页视图

在【备注】窗格中输入要应用于当前幻灯片的备注后，可以在备注页视图中显示出来，也可以将备注页打印出来并在放映演示文稿时进行参考。

如果要以整页格式查看和使用备注，可以在【视图】选项卡上的【演示文稿视图】组中单击【备注页】按钮，此时【幻灯片】窗格在上方显示，【备注】窗格在其下方显示。

16.8.4 阅读视图

阅读视图用于用户想用自己的计算机通过大屏幕放映演示文稿的情况，便于用户查看。如果用户希望在一个设有简单控件以方便审阅的窗口中查看演示文稿，而不想使用全屏的幻灯片放映视图，也可以在自己的计算机上使用阅读视图。

在【视图】选项卡上的【演示文稿视图】组中单击【阅读视图】按钮，或单击状态栏上的【阅读视图】按钮都可以切换到阅读视图模式。

如果要更改演示文稿，可以随时从阅读视图切换至某个其他视图。具体操作方法为，在状态栏上直接单击其他视图模式按钮，或直接按【Esc】键退出阅读视图模式即可。

16.9 实例9——插入超链接

本节视频教学时间：7分钟

在PowerPoint中，超链接可以是从一张幻灯片到同一演示文稿中另一张幻灯片的连接，也可以是从一张幻灯片到不同演示文稿中另一张幻灯片、电子邮件地址、网页或文件等的连接。用户可以从文本或对象中创建超链接。

16.9.1 链接到现有文件

可以将演示文稿链接到现有文件中，具体操作步骤如下。

1 选择链接文件

选择第9张幻灯片中的“谢谢观赏”文本，单击【插入】选项卡【链接】选项组中的【超链接】按钮，弹出【插入超链接】对话框，在【链接到：】列表中选择【现有文件或网页】，然后在列表中选择【个人年终总结】选项。

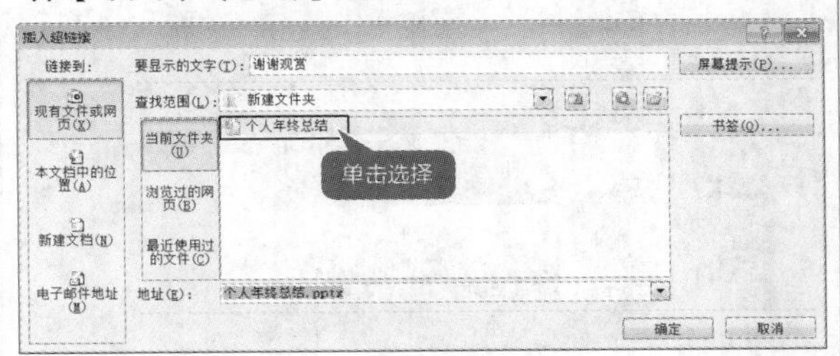

2 插入超链接

单击【确定】按钮即可插入链接。

16.9.2 链接到其他幻灯片

可以将演示文稿链接到其他幻灯片中，具体操作步骤如下。

1 选择链接文件

选择第1张幻灯片中的“年终总结”文本，单击【插入】选项卡【链接】选项组中的【超链接】按钮，弹出【插入超链接】对话框，单击【浏览文件】按钮，弹出【链接到文件】对话框，选择链接的文件后，单击【确定】按钮返回到【插入超链接】对话框中。

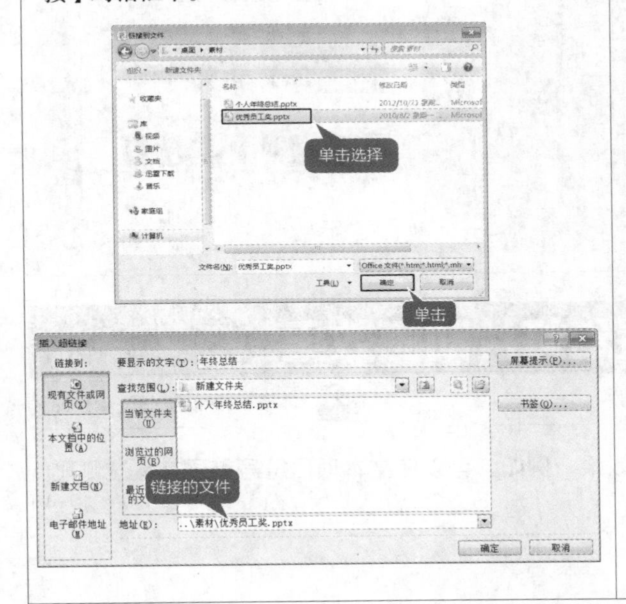

2 插入超链接

单击【确定】按钮即可插入链接。

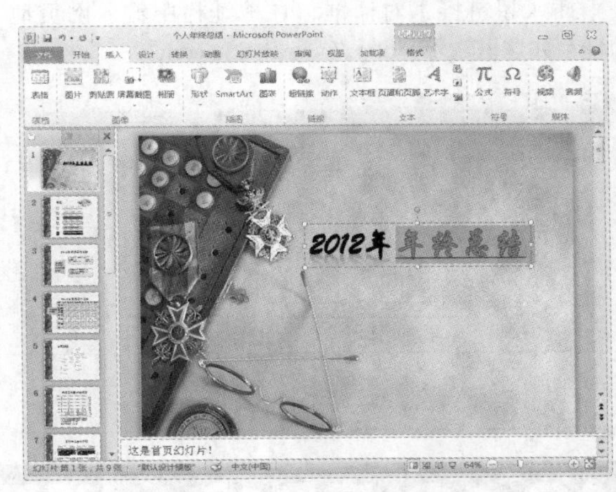

16.9.3 链接到电子邮件

可以将演示文稿链接到电子邮件中，具体操作步骤如下。

1 选择链接文件

选择第8张幻灯片中的标题文本，单击【插入】选项卡【链接】选项组中的【超链接】按钮，弹出【插入超链接】对话框，在【链接到：】列表中选择【电子邮件地址】，然后输入电子邮件地址。

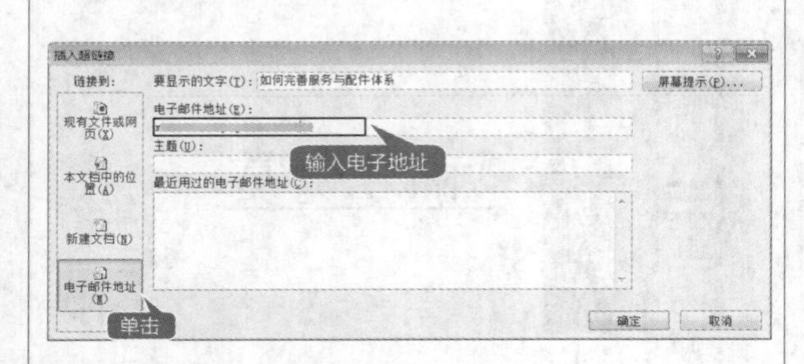

2 插入超链接

单击【确定】按钮即可插入链接。

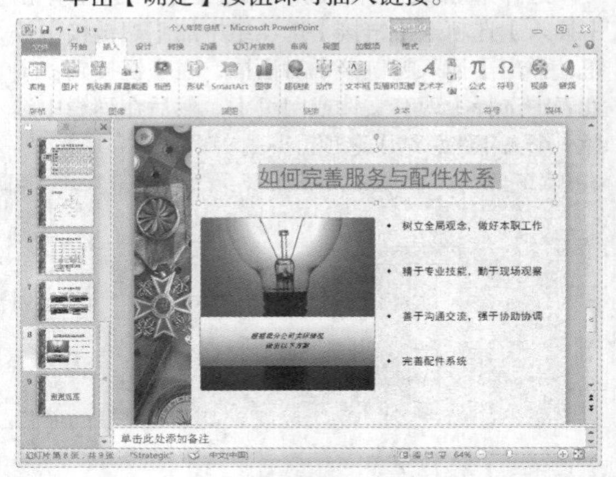

16.9.4 链接到网页

也可以将演示文稿中的文本链接到Web上的页面或文件中，具体操作方法如下。

1 选择链接文件

选择第8张幻灯片中的标题文本，单击【插入】选项卡【链接】选项组中的【超链接】按钮，弹出【插入超链接】对话框，在地址栏中输入网页地址，如这里输入“http://www.baidu.com”。

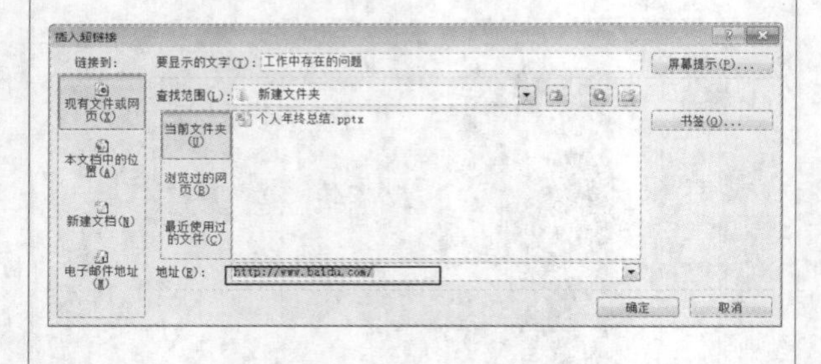

2 插入超链接

单击【确定】按钮即可插入链接。

16.10 实例10——设置幻灯片动画效果

本节视频教学时间：2分钟

动画用于给文本或对象添加特殊视觉或声音效果。例如，可以使文本项目符号点逐字从左侧飞入，或在显示图片时播放掌声。

1 选择动画

选择第1张幻灯片中的文本框，然后单击【动画】选项卡【动画】选项组中的【其他】按钮，在弹出的列表中选择【进入】组中的【飞入】动画效果。

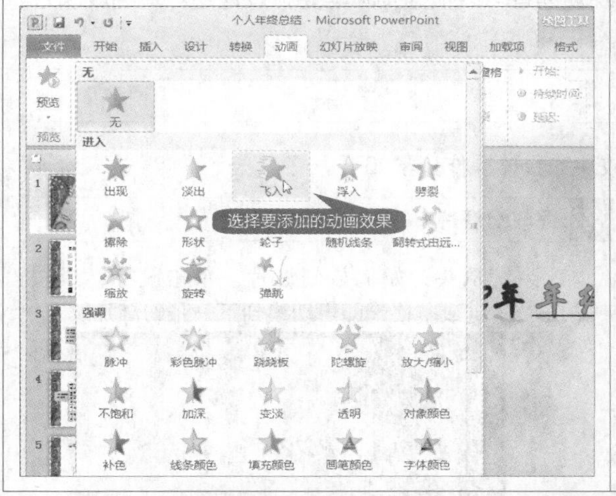

2 预览动画

添加动画效果后，文字对象前面将显示一个动画编号标记 1 ，单击【预览】按钮可以预览动画效果。依次为其他文本或图形添加动画效果。

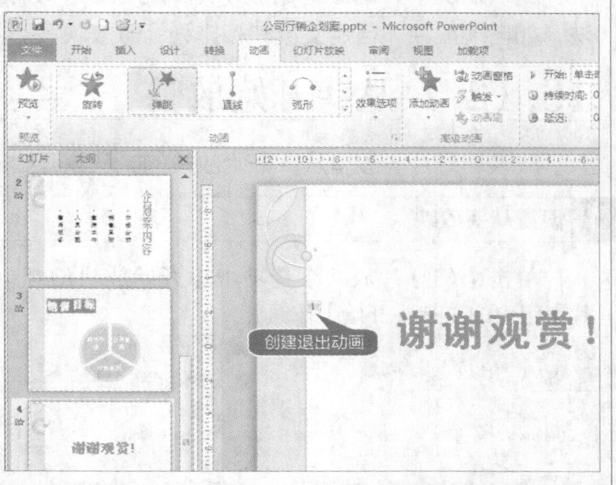

16.11 实例11——设置幻灯片切换效果

本节视频教学时间：3分钟

幻灯片切换效果是在演示期间从一张幻灯片移到下一张幻灯片时在【幻灯片放映】视图中出现的动画效果。幻灯片切换时产生的类似动画效果，可以使幻灯片在放映时更加生动形象。

1 添加切换效果

选择第1张幻灯片中的文本框，然后单击【转换】选项卡【转换到此幻灯片】选项组中的【其他】按钮，在弹出的列表中选择【细微】组中的【推进】切换效果。

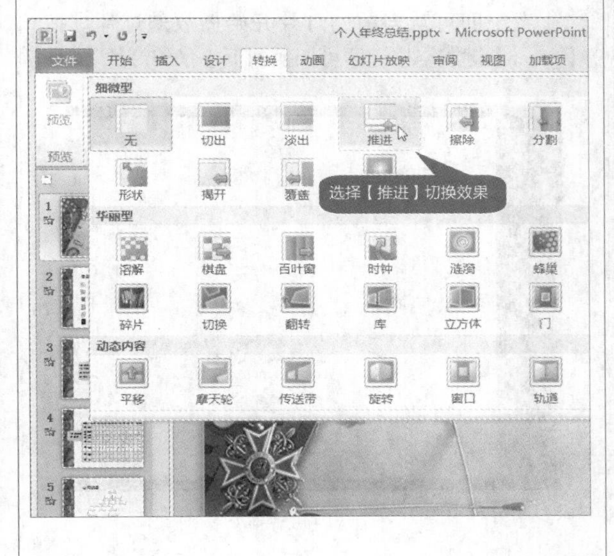

2 预览切换效果

单击【预览】按钮可以预览切换效果，并且依次单击其他幻灯片，为其添加切换效果。

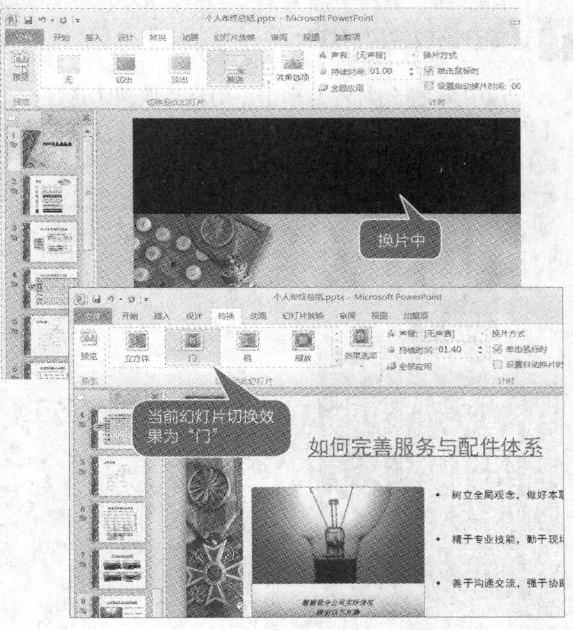

16.12 实例12——开始演示幻灯片

本节视频教学时间：5分钟

默认情况下，幻灯片的放映方式为普通手动放映。读者可以根据实际需要，设置幻灯片的放映方法，如自动放映、自定义放映和排列计时放映等。

16.12.1 从头开始放映

放映幻灯片一般是从头开始放映的，从头开始放映的具体操作步骤如下。

1 设置从头放映

单击【幻灯片放映】选项卡【开始放映幻灯片】组中的【从头开始】按钮。

2 播放幻灯片

系统从头开始播放幻灯片。单击鼠标，或按【Enter】键或空格键即可切换到下一张幻灯片。

工作经验小贴士

按键盘上的上、下、左、右方向键也可以向上或向下切换幻灯片。

16.12.2 从当前幻灯片开始放映

在放映“个人年终总结”幻灯片时可以从选定的当前幻灯片开始放映，具体操作步骤如下。

1 选择开始放映的幻灯片

选中第3张幻灯片，单击【幻灯片放映】选项卡【开始放映幻灯片】组中的【从当前幻灯片开始】按钮。

2 播放幻灯片

系统即可从当前幻灯片开始播放幻灯片。按【Enter】键或空格键即可切换到下一张幻灯片。

16.12.3 自定义多种放映方式

利用PowerPoint的【自定义幻灯片放映】功能，可以为幻灯片设置多种自定义放映方式。

1 选择【自定义放映】菜单

单击【幻灯片放映】选项卡【开始放映幻灯片】组中的【自定义幻灯片放映】按钮，在弹出的下拉菜单中选择【自定义放映】菜单命令。

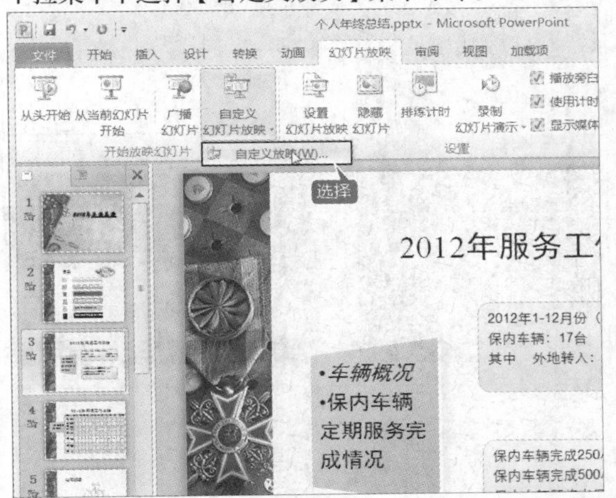

2 弹出【定义自定义放映】对话框

弹出【自定义放映】对话框，单击【新建】按钮，弹出【定义自定义放映】对话框。

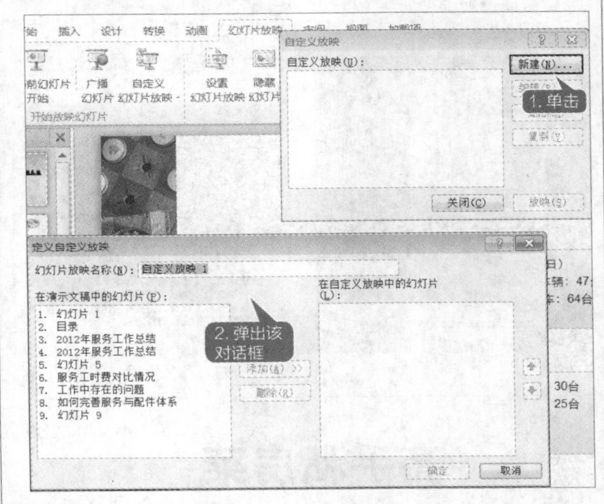

3 自定义放映的幻灯片

在【在演示文稿中的幻灯片】列表框中选择需要放映的幻灯片，然后单击【添加】按钮即可将选中的幻灯片添加到【在自定义放映中的幻灯片】列表框中。单击【确定】按钮。

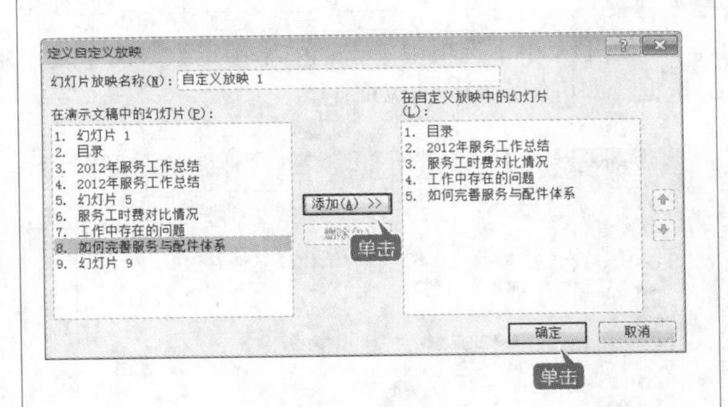

4 查看自动放映效果

返回到【自定义放映】对话框，单击【放映】按钮，可以查看自动放映效果。

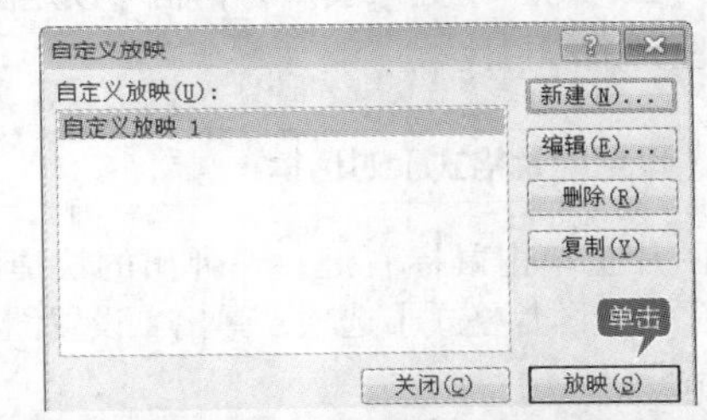

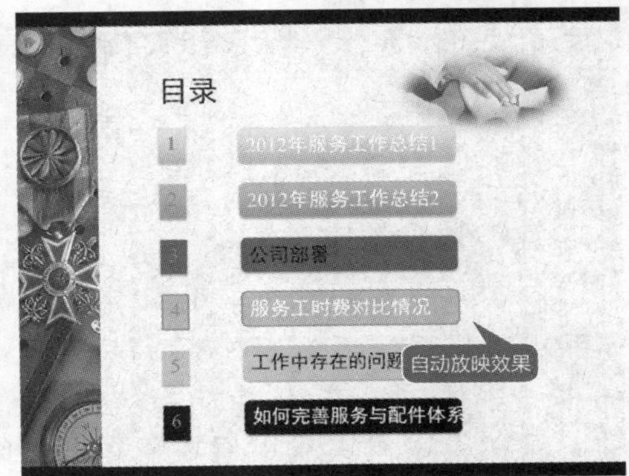

16.12.4 放映时隐藏指定幻灯片

在演示文稿中可以将某一张或多张幻灯片隐藏，这样在全屏放映幻灯片时就可以不显示此幻灯片。

1 单击【隐藏幻灯片】按钮

选中第7张幻灯片，单击【幻灯片放映】选项卡【设置】组中的【隐藏幻灯片】按钮。

2 插入图片

即可在【幻灯片/大纲】窗格中的【幻灯片】选项卡下的缩略图中看到第7张幻灯片编号显示为隐藏状态，这样在放映幻灯片的时候第7张幻灯片就会被隐藏起来。

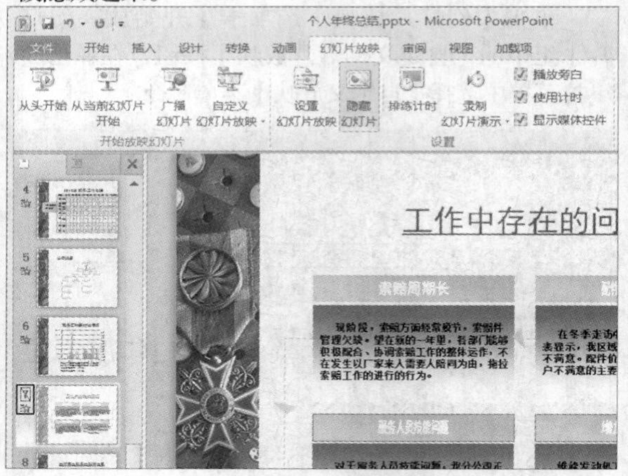

高手私房菜

技巧：锁定插入图片的纵横比

用户在幻灯片中插入图片时，若不锁定图片的纵横比，图片就有可能失真，通过以下方法可以锁定插入图片的纵横比。

1 弹出【设置图片格式】对话框

在图片上单击鼠标右键，在弹出的快捷菜单中选择【设置图片格式】选项，弹出【设置图片格式】对话框。

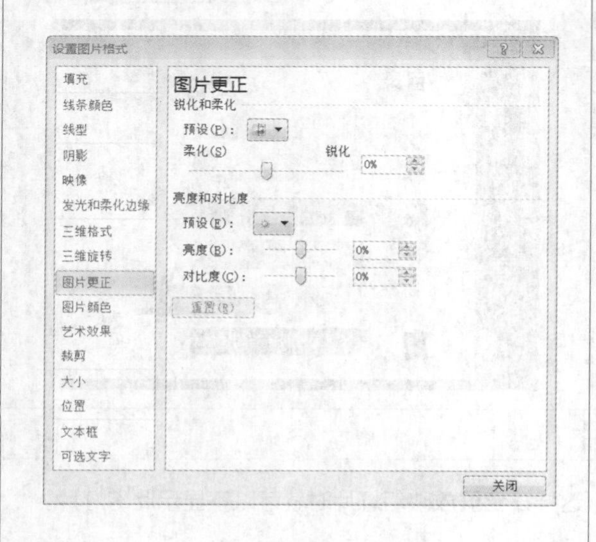

2 锁定图片的纵横比

在【大小】选项中单击选中【锁定纵横比】复选框，即可锁定图片的纵横比。

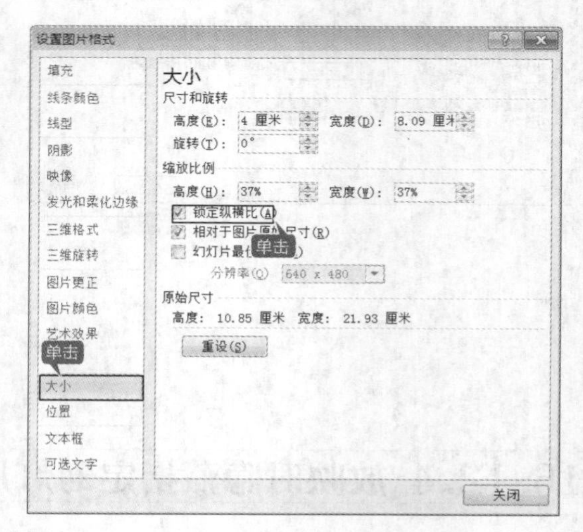

第 17 章

使用 Outlook 收发邮件

本章视频教学时间：24 分钟

Microsoft Outlook 2010的主要功能是进行邮件传输和个人信息管理。使用Outlook 2010，可以方便地收发电子邮件、管理联系人信息、记日记、安排日程和分配任务，同时也可以实现多人之间的工作信息通信和联络。

【学习目标】

- 通过本章的学习，可以掌握如何使用 Outlook 收发邮件、管理联系人。

【本章涉及知识点】

- 了解 Outlook 2010 的工作界面
- 创建与管理账户
- 收发邮件
- 回复邮件
- 管理邮件
- 管理联系人

17.1 认识Outlook 的工作界面

 本节视频教学时间：3分钟

和以往的版本相比，Outlook 2010的界面有了明显的变化，它采用了全新的面向结果的工作界面，即Outlook 2010在其消息传递界面中使用了Microsoft Office Fluent的用户界面。在Outlook 2010中的可访问位置包含有丰富的功能菜单，便于用户轻松地在各个选项间导航。

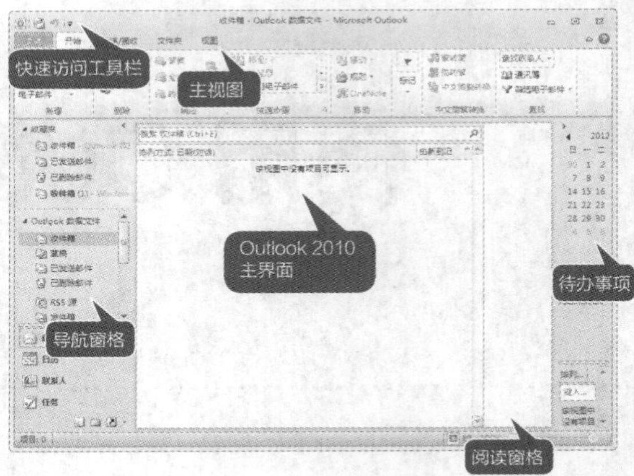

工作经验小贴士

在使用Microsoft Office Outlook 2010之前，需要配置Outlook账户，这里不再赘述。

Outlook的主界面主要包括选项卡、功能区、快速访问工具栏、导航窗格、主视图、阅读窗格和待办事项等。

(1) 快速访问工具栏：包括Outlook 2010常用功能的快捷按钮。

(2) 导航窗格：包括【邮件】、【日历】、【联系人】、【任务】、【便笺】、【文件夹列表】、【快捷方式】和【日记】等窗格。

(3) 主视图：主视图会根据当前选择窗格的不同而发生相应的变化，其中提供当前所选文件夹的主要选项。

(4) 阅读窗格：Outlook 2010的阅读窗格中会显示收件箱中的邮件列表，单击邮件即可显示该邮件的预览内容。

(5) 待办事项：待办事项是指事先安排好的要做的事情。Outlook 2010的待办事项由【日期选择区】、【约会区】、【任务输入面板】和【任务列表】4部分组成。

17.2 实例1——创建与管理账户

 本节视频教学时间：5分钟

创建与管理账户是Outlook 2010的基本功能，使用该功能可以创建多个账户。

17.2.1 创建邮件账户

创建邮件账户的具体步骤如下。

1 选择【信息】选项

启动Outlook 2010程序，打开该程序的主界面。单击【文件】选项卡，在打开的列表中选择【信息】选项，打开【账户信息】设置界面，单击【添加账户】按钮。

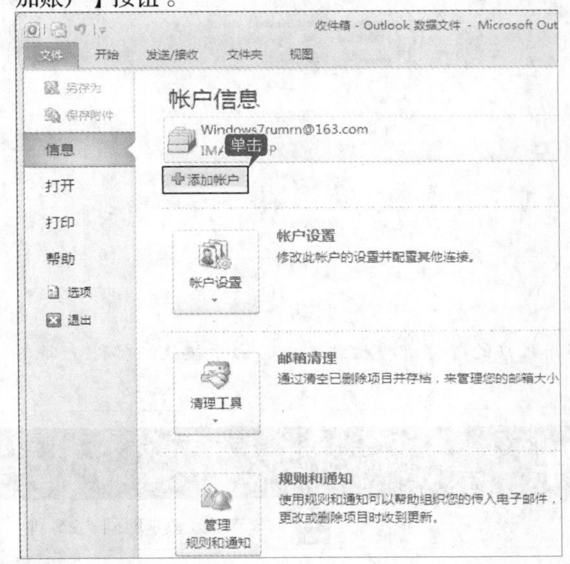

2 单击【添加账户】按钮

打开【添加新账户】对话框，单击选中【电子邮件账户】单选项，然后单击【下一步】按钮。在打开的窗口中的【您的姓名】文本框中输入账户的名称，如："lw"；接着在【电子邮件地址】文本框中输入电子邮件的地址；在【密码】和【重新键入密码】文本框中输入电子邮件地址的密码。单击【下一步】按钮。

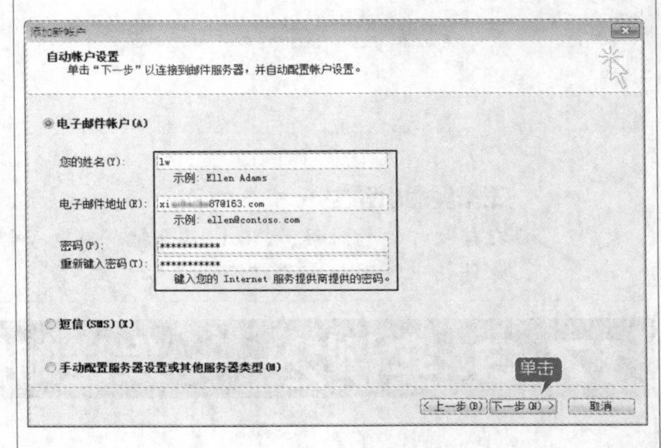

3 显示配置成功

打开【正在配置】对话框，其中显示了配置的进度。配置完成，会在【添加新账户】对话框中显示配置成功的提示信息。单击【完成】按钮。

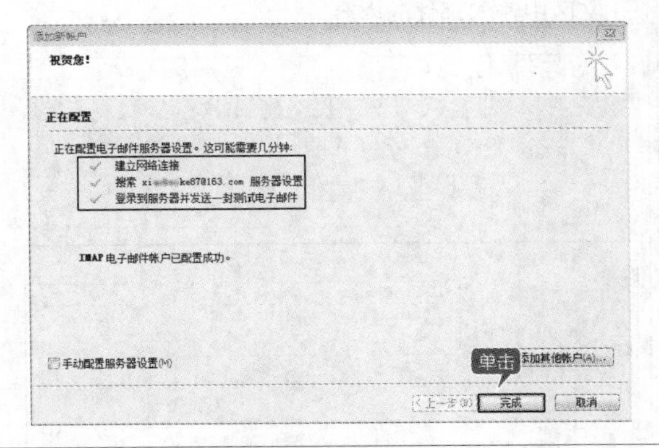

4 创建完成

在Outlook 2010的导航窗格中就会显示新创建的账户信息。

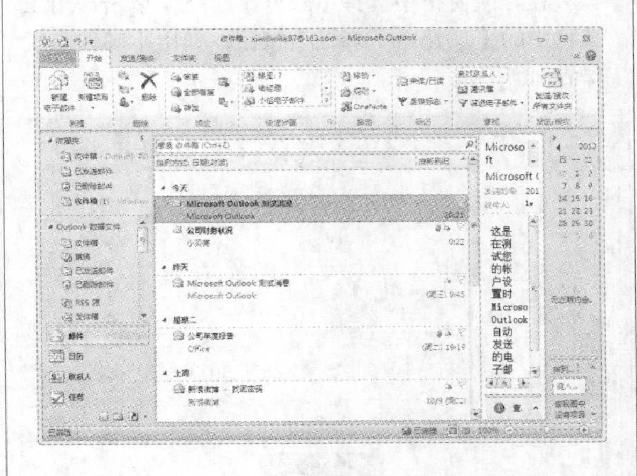

17.2.2 管理邮箱账户

学会管理邮箱账户，可以在联系人很多的时候轻松地找到特定的联系人或通讯组。在Outlook中可以同时管理多个邮箱账户。

1 选择【信息】选项

发送邮件的时候，在Outlook主界面中单击【文件】选项卡，在弹出的列表中选择【信息】选项。

2 选择账户

单击【账户信息】右侧的倒三角按钮，在弹出的下拉列表中选择一个账户，可以以该邮箱账户的身份发送邮件，如果没有选择，则以默认的邮箱账户发送邮件。

工作经验小贴士

在接收邮件的时候，Outlook会把所有电子邮箱账户的邮件都接收到本机。由于接收的邮件全部在收件箱中，因此需要对邮件进行管理。

17.3 实例2——发送邮件

本节视频教学时间：2分钟

电子邮件是Outlook 2010中最主要的功能，使用“电子邮件”功能，可以方便地发送电子邮件。

1 弹出【邮件】工作界面

在导航窗格中选择【邮件】窗格，单击常用工具栏中的【新建电子邮件】按钮，弹出【邮件】工作界面。

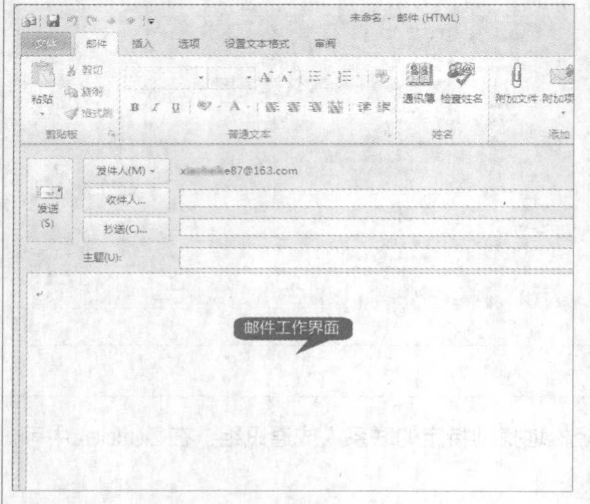

2 编辑邮件

在【收件人】文本框中输入收件人的E-mail地址，在【主题】文本框中输入邮件的主题，在邮件正文区中输入邮件的内容。

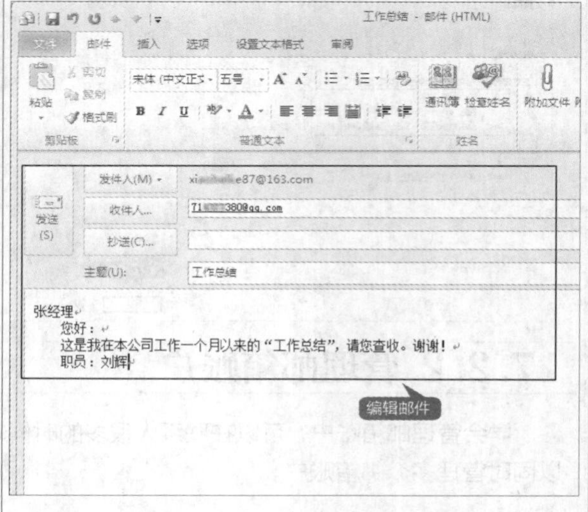

3 插入附件

在【邮件】选项卡的【添加】选项组中单击【附加文件】按钮，弹出【插入文件】对话框，在【查找范围】下拉列表中选择要附加的文件，然后单击【插入】按钮。插入的附件如下图所示。

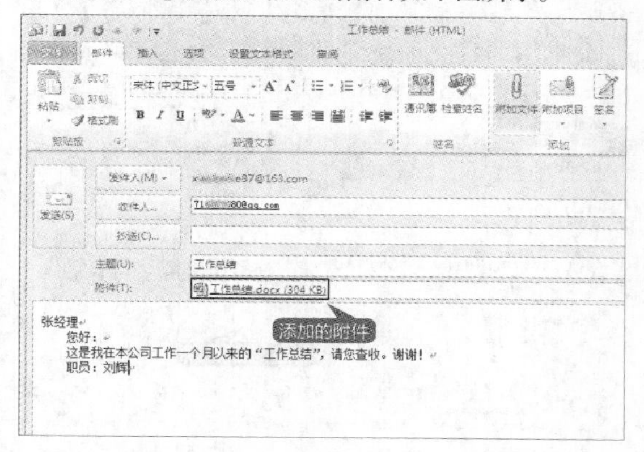

4 对邮件文本内容进行调整

使用【邮件】选项卡【普通文本】选项组中的相关工具按钮，对邮件文本内容进行调整，调整完毕，单击【发送】按钮即可。

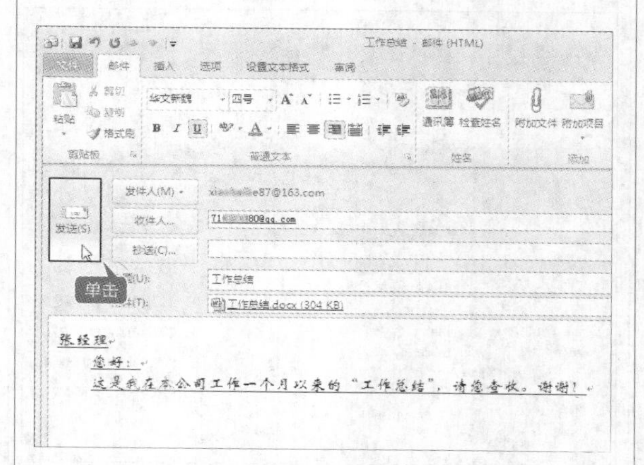

工作经验小贴士

此时，【邮件】工作界面会自动关闭并返回主界面，在导航窗格中的【已发送邮件】窗格中便多了一封已发送的邮件信息，Outlook会自动将其发送出去。

17.4 实例3——接收邮件

本节视频教学时间：3分钟

下面详细介绍如何在Outlook中接收电子邮件。

1 选择【收件箱】

在【邮件】窗格中选择【收件箱】，显示出【收件箱】窗格，然后单击【发送/接收所有文件夹】按钮。

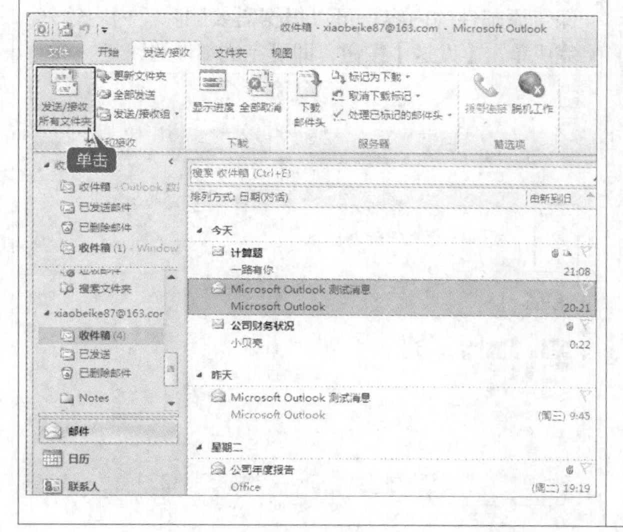

2 显示出邮件接收的进度

如果有邮件到达，则会出现如图所示的【Outlook 发送/接收进度】对话框，并显示出邮件接收的进度，状态栏中会显示发送/接收状态的进度。

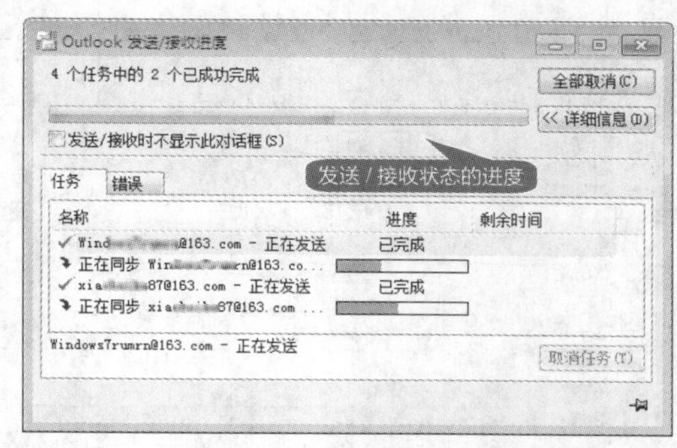

3 【收件箱】窗格中则会显示邮件的基本信息

接收邮件完毕，在【邮件】窗格中会显示收件箱中收到的邮件数量，而【收件箱】窗格中则会显示邮件的基本信息。

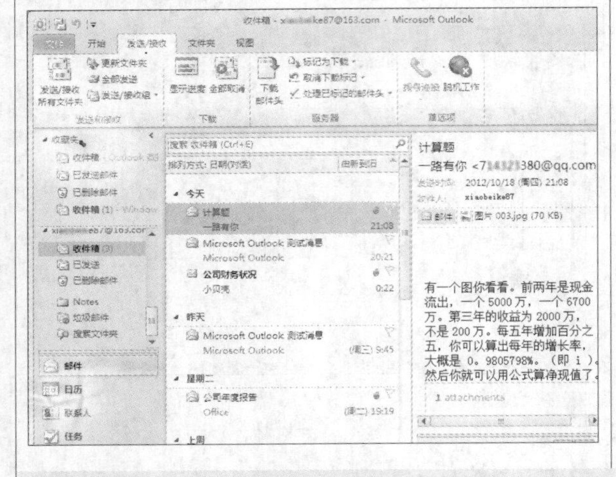

4 浏览邮件内容

在邮件列表中双击需要浏览的邮件，可以打开邮件工作界面并浏览邮件内容。

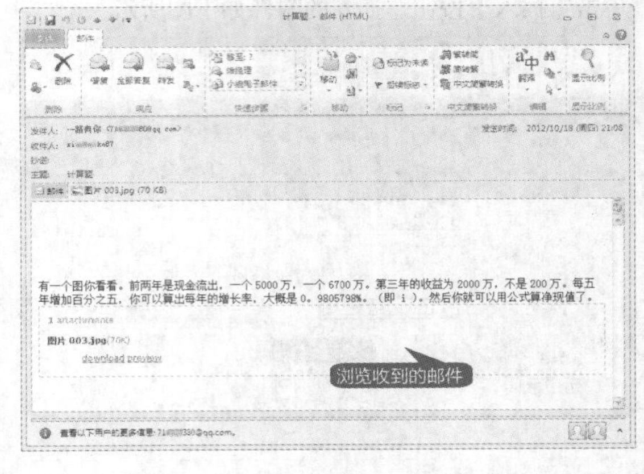

工作经验小贴士

右键单击附件文档，在弹出的快捷菜单中选择【打开】菜单项，弹出【打开邮件附件】对话框，单击【打开】按钮，可以直接打开附件文档，单击【保存】按钮，则可把附件保存到电脑中。

17.5 实例4——回复邮件

本节视频教学时间：3分钟

回复邮件是邮件操作中必不可少的一项，在Outlook 2010中回复邮件的具体步骤如下。

1 单击【答复】按钮

选中需要回复的邮件，然后单击【开始】选项卡【响应】选项组中的【答复】按钮回复，也可以使用【Ctrl+R】组合键回复。

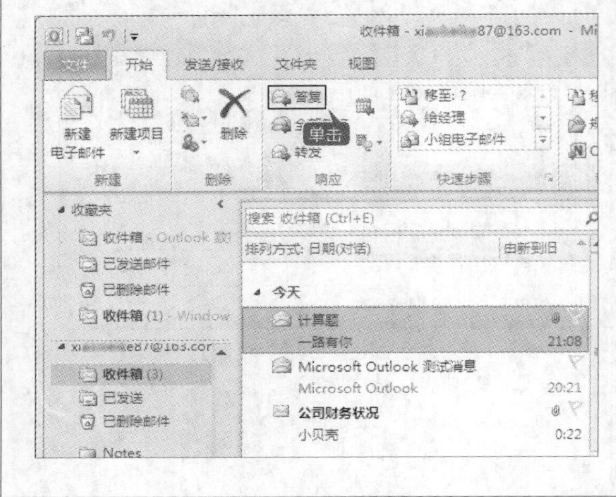

2 单击【发送】按钮

系统弹出回复工作界面，在【主题】下方的邮件正文区中输入需要回复的内容，Outlook系统默认保留原邮件的内容，可以根据需要删除。内容输入完成单击【发送】按钮，即可完成邮件的回复。

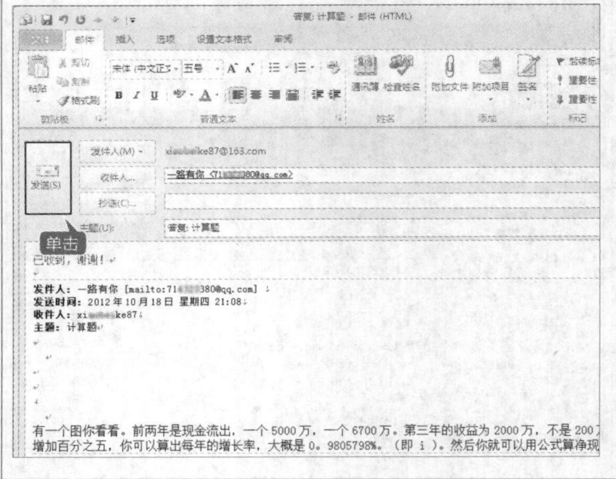

17.6 实例5——管理邮件

本节视频教学时间：6分钟

当收件箱里的邮件过多的时候，想要找到所需的邮件并不是一件很容易的事情，如果能将收件箱里的邮件分门别类管理的话，就能轻松地找到所需的特定邮件。

Outlook 2010邮件窗格中默认的只有一个收件箱和发件箱，接收到的邮件和发送的邮件会混杂在一起，无法区别，而在收件箱和发件箱中分别创建一些新的文件夹，就可以对邮件分类管理。

1 选择【新建文件夹】菜单项

选择导航窗格中的【邮件】窗格，选中【收件箱】选项，单击鼠标右键，在弹出的快捷菜单中选择【新建文件夹】菜单项。

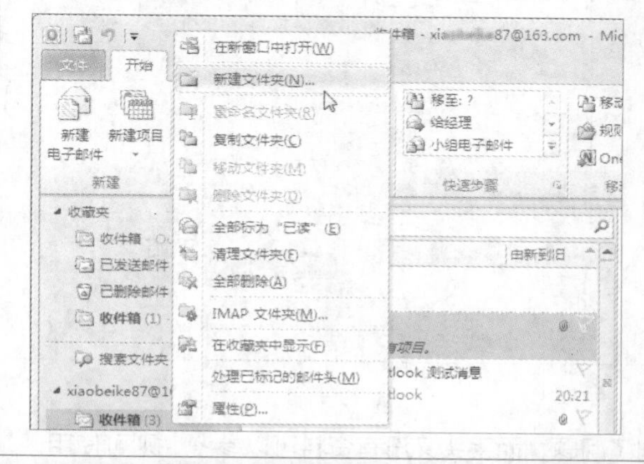

2 输入新建文件夹的名称

弹出【新建文件夹】对话框，在【名称】文本框中输入新建文件夹的名称，如“工作邮件”，然后单击【确定】按钮，即可将不同的邮件分类放到不同的文件夹中。

17.7 实例6——管理联系人

本节视频教学时间：2分钟

学会管理联系人，可以在联系人很多的时候轻松地找到特定的联系人或通讯组。

1 选择【联系人】菜单项

在Outlook主界面中单击【开始】选项卡【新建】选项组中的【新建项目】按钮下方的下三角按钮，在弹出的下拉列表中选择【联系人】选项。

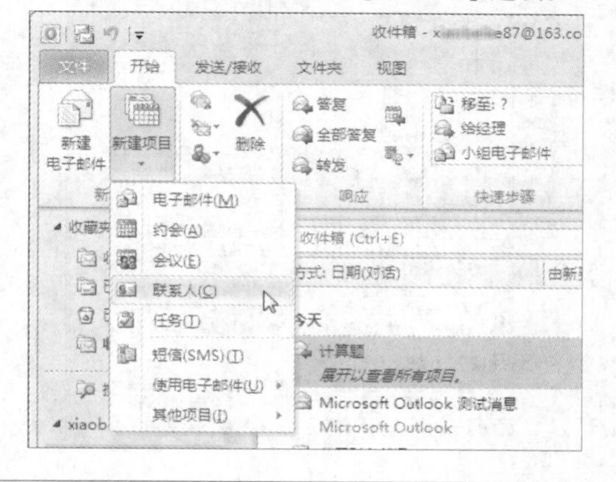

2 设置【联系人】界面

弹出【联系人】工作界面，在【姓氏（G）/名字（M）】右侧的两个文本框中输入姓和名；根据实际情况填写单位、部门和职务；单击右侧的照片区，可以添加联系人的照片或代表联系人形象的照片；在【电子邮件】文本框中输入电子邮箱地址、网页地址等。填写完联系人信息后单击【保存并关闭】按钮，即可完成一个联系人的添加。

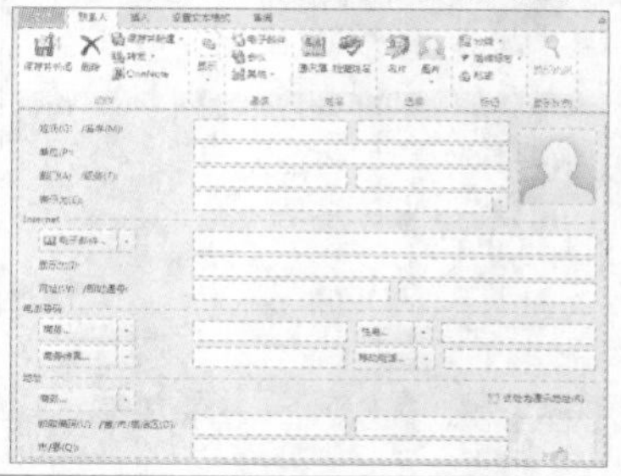

工作经验小贴士

如果需要批量添加一组联系人，可以采取添加通讯组列表的方式。这里不再赘述。

高手私房菜

技巧1：如何查看联系人

默认情况下，只需要单击导航窗格上的【联系人】窗格，即可显示联系人列表，双击联系人，即可打开联系人工作界面，可以再次对联系人进行编辑。

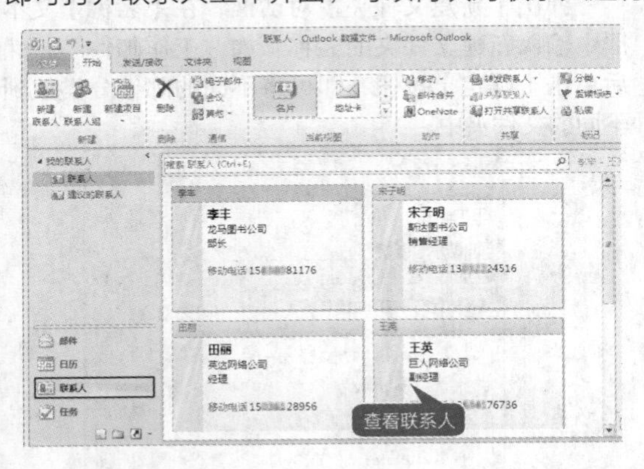

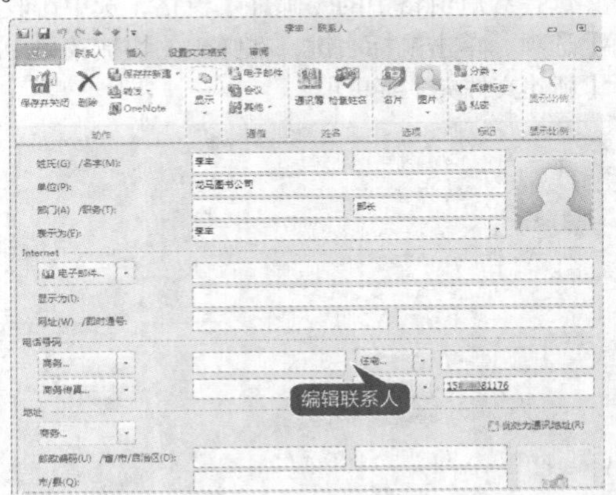

技巧2：使用Outlook的帮助文件

如果在使用Outlook收发邮件的实际操作中遇到了问题，而手头又没有资料可以参考，则可使用Outlook的帮助功能来解决问题。具体的操作步骤如下。

1 弹出【Outlook 帮助】对话框

打开Outlook 2010主界面，单击常用工具栏最右侧的【Microsoft Office Outlook 帮助】按钮，或按【F1】键打开帮助界面。

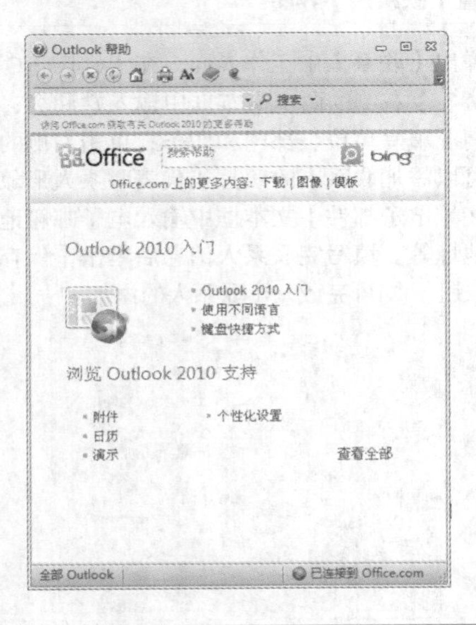

2 查看【附件】帮助

在帮助界面中单击与所遇到的问题相对应的帮助标题，可以打开更详细的帮助内容。如打开【附件】选项，如图所示。

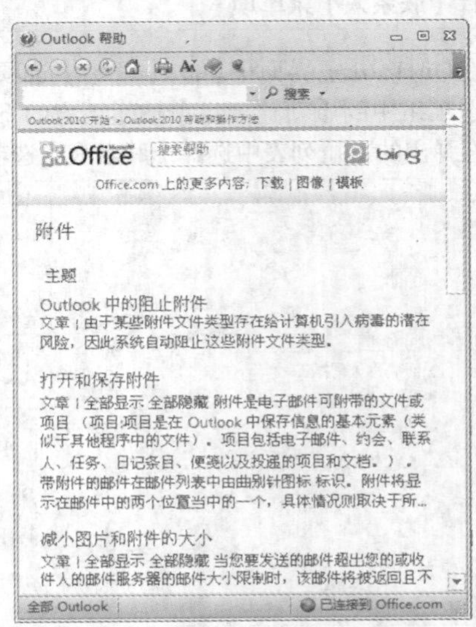

第 18 章

利用网络辅助办公

本章视频教学时间：1 小时 6 分钟

使用电脑上网前首先需要认识浏览器，然后可以使用浏览器浏览网页、查阅资料和下载资料等。

【学习目标】

- 通过本章的学习，可以掌握上网冲浪的方法。

【本章涉及知识点】

- 掌握 IE 浏览器的知识
- 掌握保存网页内容的方法
- 掌握网上搜索的方法
- 掌握网上下载的方法

18.1 认识IE浏览器

本节视频教学时间：11分钟

IE浏览器是微软的新版本Windows操作系统的一个组成部分，Windows 7操作系统自带的浏览器为Internet Explorer 8，现在已经可以在Windows 7操作系统中下载和安装Internet Explorer 9。下面就来认识一下Windows 7的默认浏览器Internet Explorer 8。

(1) 地址栏

用户在地址栏中输入网址，能快速进入要浏览的网页，既方便又节省时间。

(2) 菜单栏

菜单栏包括【文件】、【编辑】、【查看】、【收藏夹】、【工具】、【帮助】选项，单击各个选项都有各自不同的用途。

(3) 收藏夹栏

收藏夹栏可以将经常使用或者喜欢的网站保存起来，不用打开 IE 浏览器，直接单击收藏夹栏中收藏的网址即可快速进入网页。

(4) 命令栏

命令栏包括【主页】、【源】、【阅读邮件】、【打印】、【页面】、【安全】、【工具】、【帮助】选项。在 Internet Explorer 8 界面中，可以对命令选项进行相应的操作。

(5) 状态栏

状态栏提供更改缩放级别和安全性级别等辅助功能，以显示当前的各种状态。

18.2 实例1——利用网络搜索资源

本节视频教学时间：4分钟

对IE浏览器有了一定的了解之后，就可以使用IE浏览器浏览网页了。

1 打开网站主页

打开IE浏览器，在地址栏中输入龙马工作室网址“http://www.51pcbook.com/”，按【Enter】键，即可进入该网站的首页。

2 打开链接

在首页中可以看到包含多个链接，单击要查看的链接“有奖征集图书创作意见”，即可在新的选项卡中显示“有奖征集图书创作意见”网页。

18.3 实例2——从网上下载资料

 本节视频教学时间：12分钟

网络就像一个虚拟的世界，在网络中用户可以搜索到几乎所有的资源，当自己遇到想要保存的数据时，就需要将其从网络中下载到自己的电脑硬盘之中。

18.3.1 去哪下载

用户在下载资源时，可以到官方网站或者一些知名的下载网站下载。下面推荐一些关于软件、音乐、电影等方面的网站。

1. 软件下载网站推荐

网站	网址
天空	http://www.skycn.com/
狗狗软件	http://soft.gougou.com/
太平洋电脑网	http://www.pconline.com.cn/
ZOL 应用下载	http://xiazai.zol.com.cn/

2. 音乐下载网站推荐

网站	网址
搜狗音乐	http://music.sogou.com/
百度 MP3	http://music.baidu.com/
酷狗音乐	http://www.kugou.com/
九天音乐	http://www.9sky.com/

3. 电影下载网站推荐

网站	网址
土豆网	http://www.tudou.com/
迅雷看看	http://www.kankan.com/
风行网	http://www.funshion.com/

18.3.2 怎样下载

常用的下载方法有多种，包括另存为下载、使用IE下载、使用软件下载以及BT下载等。本小节就来介绍这几种下载方法。

1. 另存为下载

另存为是保存文件的一种方法，也是下载文件的一种方法，尤其是当用户在网络上遇到自己想要收藏的图片时，就可以使用另存为方法将其下载到自己的电脑之中。

1 输入搜索内容

打开百度首页，单击【图片】超链接，进入图片搜索页面，在【百度搜索】文本框中输入想要搜索的图片的关键字，如输入“玫瑰”。

2 下载图片

单击【百度一下】按钮，即可打开有关“玫瑰”的图片搜索结果，单击图片以大图形式显示，然后单击鼠标右键，使用【图片另存为】菜单命令保存图片即可。

2. 使用IE下载

用IE浏览器直接下载是最普通的一种下载方式，但是这种下载方式不支持断点续传。一般情况下这种方法只在下载小文件的时候使用，对于下载大文件则很不适用。

1 单击【下载】按钮

打开要下载的程序所在的页面。单击需要下载的链接，如这里单击【下载】按钮。

2 单击【保存】按钮

弹出提示框，单击【保存】按钮，即可开始下载软件。

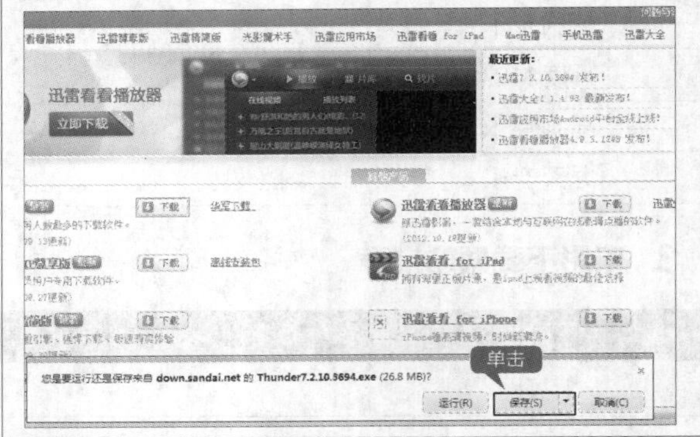

3 弹出【查看和跟踪下载】对话框

单击【查看下载】按钮，弹出【查看和跟踪下载】对话框，在该对话框中可选择暂停或取消下载。

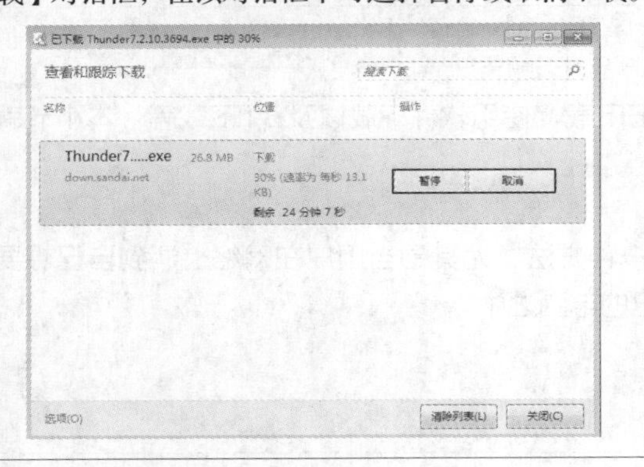

4 单击【下载】链接

单击【下载】链接，可以打开下载文件所在的位置，下载完成后双击安装文件，即可执行程序的安装操作。

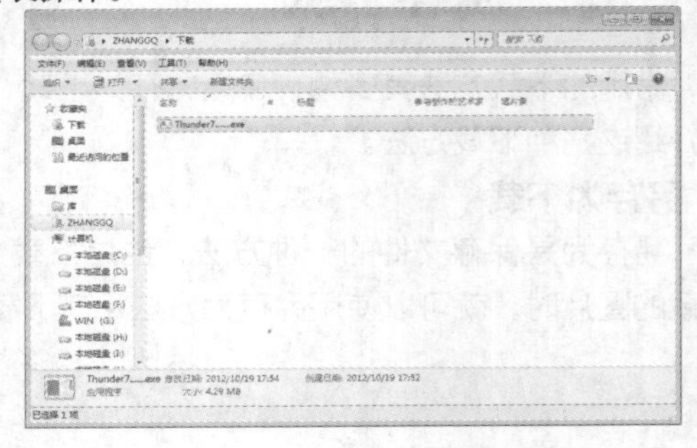

3. 使用下载软件下载

1 启动迅雷7

下载安装"迅雷7"并启动该软件，进入迅雷7主界面。

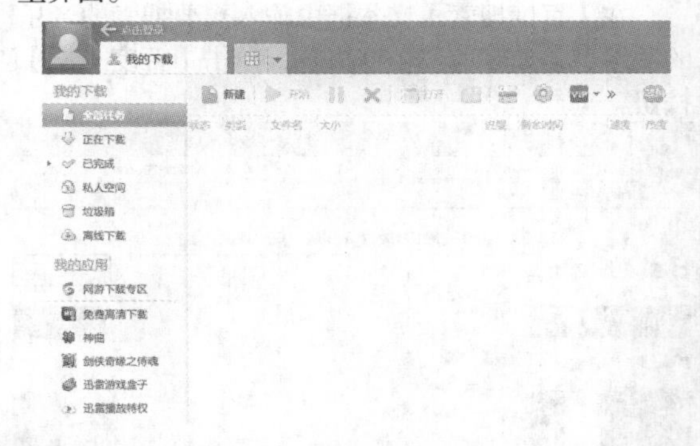

2 打开"迅雷看看"网站

在IE浏览器地址栏中输入"http://www.kankan.com/"，打开"迅雷看看"网站。

3 单击【免费下载】超链接

在"迅雷看看"网页中单击选择要下载的电影，进入在线观看页面（电影播放页面），单击【免费下载】超链接。

4 单击【下载选中的文件】按钮

弹出【高清免费下载】提示框，选择下载影片类型，单击【下载选中的文件】按钮。

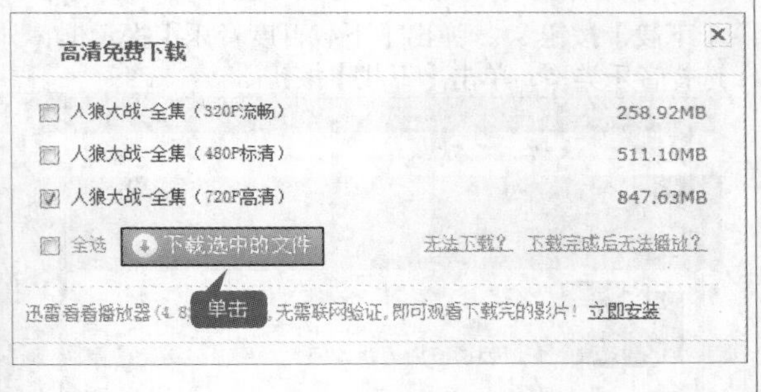

5 单击【立即下载】按钮

弹出迅雷【新建任务】提示框，单击【立即下载】按钮。

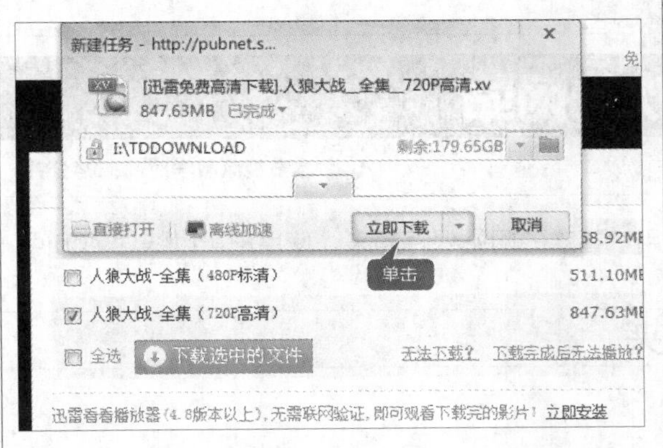

6 使用迅雷开始下载电影

弹出【迅雷7】下载界面，显示电影正在下载。

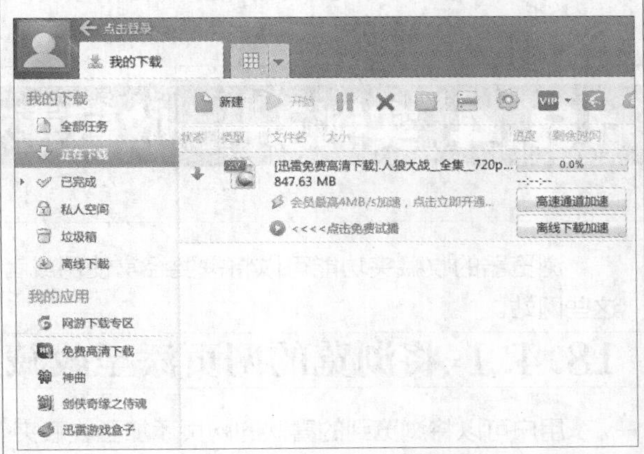

18.3.3 下载音乐

使用百度搜索引擎下载mp3音乐的具体操作步骤如下。

1 打开“百度音乐”

打开IE浏览器，在地址栏中输入百度音乐搜索网址“ http://music.baidu.com/”，按下【Enter】键，即可打开“百度音乐”。

2 单击【百度一下】按钮

在【百度搜索】文本框中输入想要搜索的音乐的关键字，如输入“一剪梅”，单击【百度一下】按钮。

3 单击【下载】按钮

打开有关“一剪梅”的音乐搜索结果，单击【下载】按钮，弹出【下载百度音乐】提示框，选择音乐类型，单击【下载】按钮。

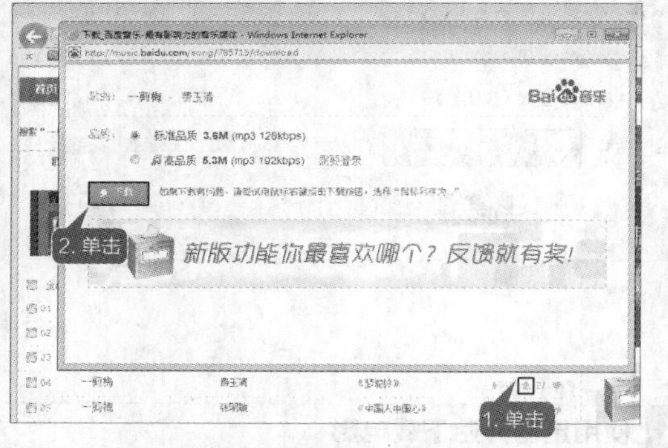

4 下载音乐

弹出迅雷【新建任务】提示框，单击【立即下载】按钮，即可下载音乐。

工作经验小贴士

下载音乐还可以利用客户端进行下载，如多米、酷狗、酷我音乐盒等。下载电影、戏曲以及小说和资料等方法与之类似。

18.4 实例3——收藏喜欢的网站

本节视频教学时间：24分钟

浏览器的收藏夹功能可以将需要经常使用或者用户喜欢的网站保存起来，使用户可以快速地访问这些网站。

18.4.1 将浏览的网页添至收藏夹

用户可以将浏览到的喜欢的网页添加至收藏夹。

1 打开要收藏的网页

打开IE浏览器，在地址栏中输入龙马工作室网址“http://www.51pcbook.com/”，按【Enter】键，即可进入该网站的首页。

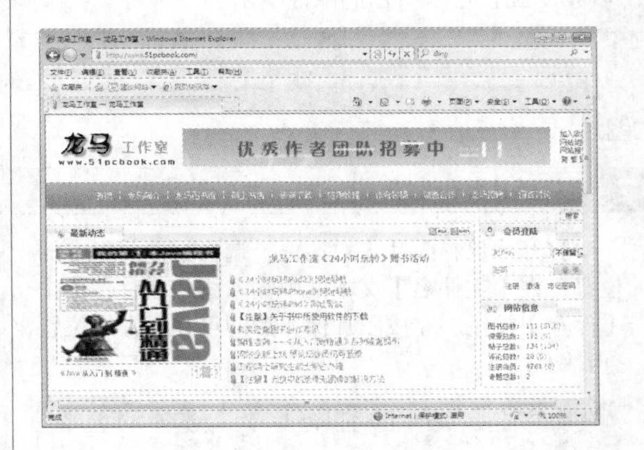

2 选择【添加到收藏夹】按钮

单击【收藏夹】按钮，在打开的下拉列表中单击【添加到收藏夹】按钮。

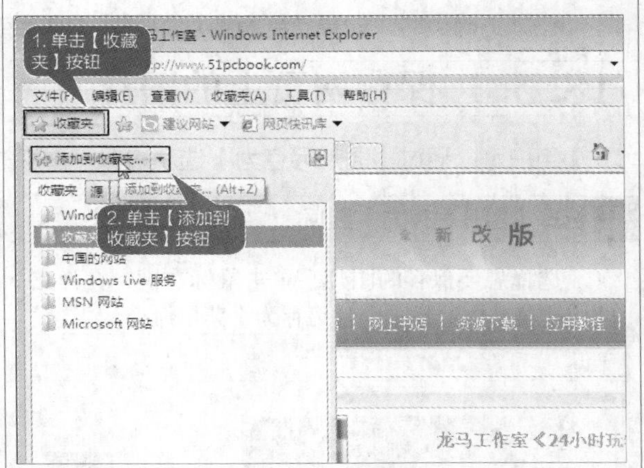

3 打开【添加收藏】对话框

打开【添加收藏】对话框，可以在【名称】文本框中输入新的名称，在【创建位置】下拉列表中选择要收藏到的文件夹，单击【添加】按钮。

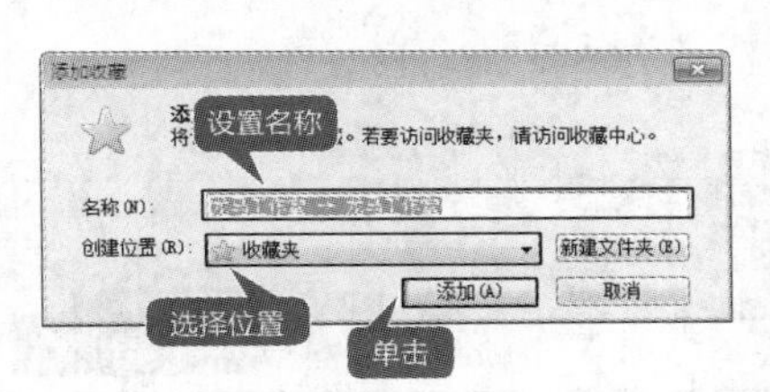

工作经验小贴士

单击【新建文件夹】按钮，将会打开【创建文件夹】对话框，在【文件夹名】文本框中输入新的文件夹名，单击【确定】按钮，可以创建新文件夹来保存网站。

4 完成收藏

单击【收藏夹】按钮，即可在下拉列表中看到新添加的网址。

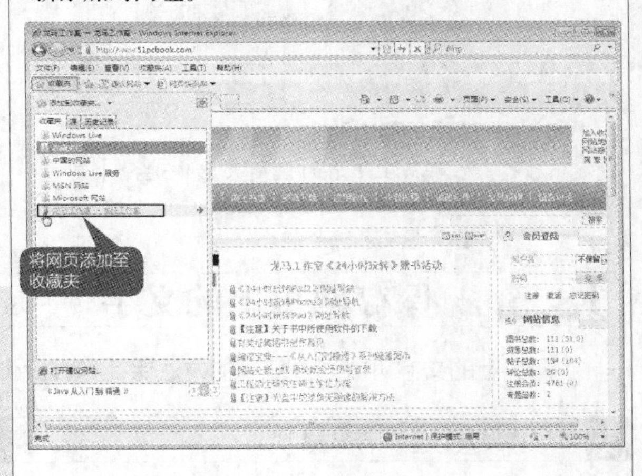

工作经验小贴士

如果要快速地将选择的网站收藏到【收藏夹栏】，可以单击【收藏夹栏】中的【添加到收藏夹栏】按钮。

龙马工作室 → 龙马工作室 建议网站 ▾ 网页快讯库 ▾

18.4.2 删除收藏夹中的文件

当收藏夹中的文件不再需要时，可以将其删除。在【整理收藏夹】对话框中选择要删除的【工作学习】文件夹，单击【删除】按钮，在弹出的【删除文件夹】对话框中单击【是】按钮，即可将选择的文件夹删除。

18.5 实例4——保存网页上的内容

本节视频教学时间：6分钟

在浏览网页时，如果看到有喜欢的图片、文字或Flash动画，可以将它们保存下来。

18.5.1 保存网页上的图片

用户可以通过【图片另存为】选项来保存喜欢的图片。

1 选择【图片另存为】选项

选择想要保存的图片，单击鼠标右键，在弹出的快捷菜单中选择【图片另存为】菜单命令。

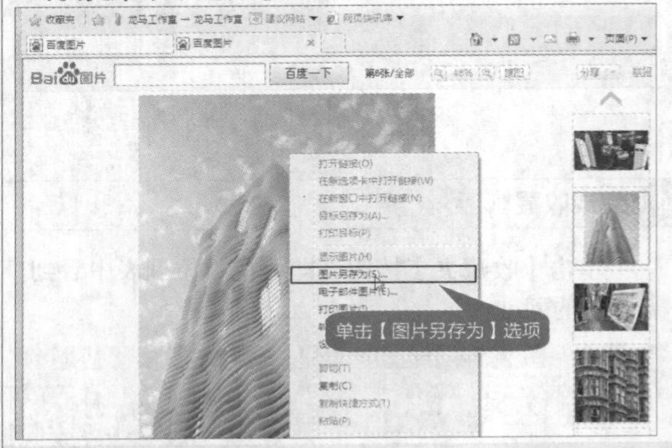

工作经验小贴士

也可以在弹出的快捷菜单中选择【复制】菜单命令，在要保存的位置按【Ctrl+V】组合键。

2 选择图片保存位置

打开【保存图片】对话框，选择文件要保存的位置，在【文件名】文本框中输入图片名称，单击【保存】按钮。完成图片保存后即可在保存的位置查看图片。

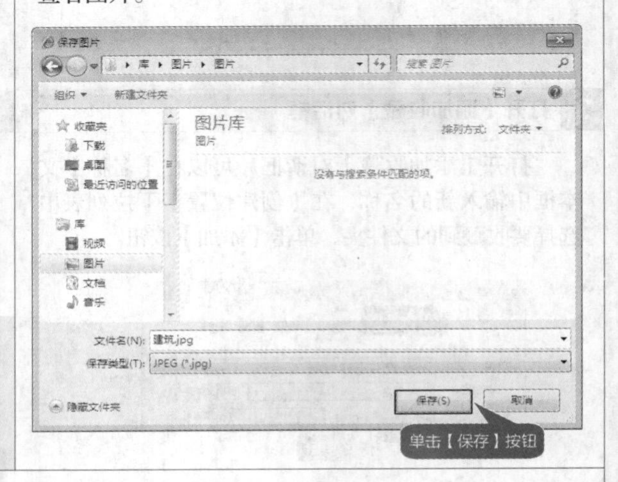

18.5.2 保存网页上的文字

网页上的文字可以通过复制的方法保存到Word或TXT格式的文档中。

1 选择要保存的文字并复制

在打开的网页中选择所有要保存的文字，单击鼠标右键，在弹出的快捷菜单中选择【复制】命令。

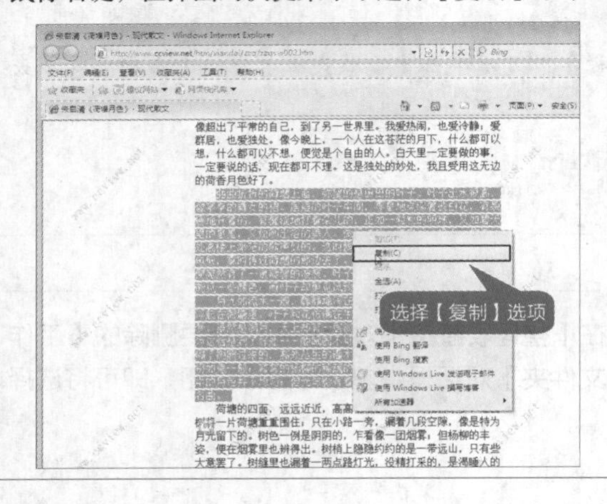

2 保存所选的文字

新建一个TXT文档，并打开该文档，在文档中按【Ctrl+V】组合键，将复制的内容粘贴至文档中，保存文档即可。

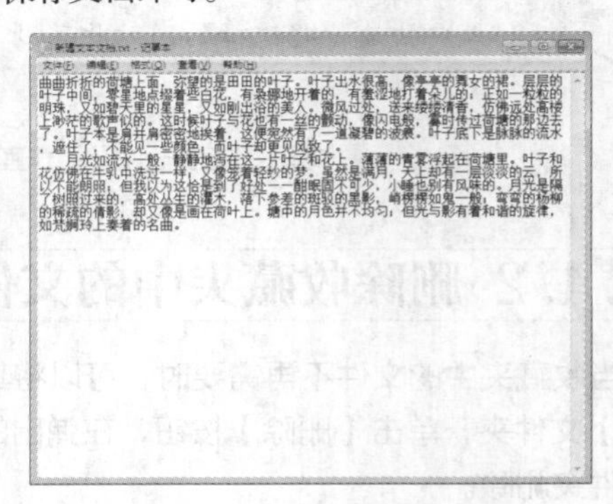

18.6 实例5——使用邮箱发送电子邮件

本节视频教学时间：6分钟

在网络发达的现阶段，邮箱的种类多种多样，下面介绍如何使用QQ邮箱发送电子邮件。

1 编辑邮件

打开QQ邮箱，选择【写信】选项，在【邮箱联系人】列表中选择收件人，并输入“主题”和“正文”，在“主题”下方可选择添加附件以及照片等。

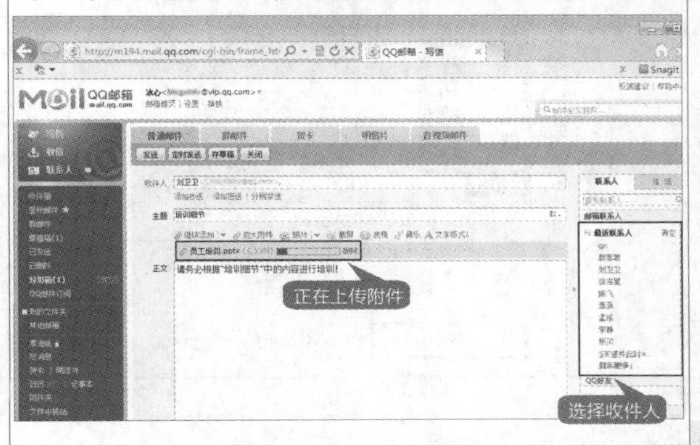

工作经验小贴士

在收件人处可直接输入联系人邮箱地址。

2 发送邮件

单击【发送】按钮即可发送邮件。

工作经验小贴士

如果邮箱和手机已绑定，对方回信时就会有短信提示。

18.7 实例6——使用QQ传输文件

本节视频教学时间：2分钟

传输文件的方法有多种，比较常用的是QQ聊天工具的文件传送功能，以下为使用QQ传输文件的方法。

1 选择【发送文件】选项

在打开的QQ聊天窗口中单击【传送文件】按钮右侧的倒三角按钮，从弹出的列表中选择【发送文件】选项。

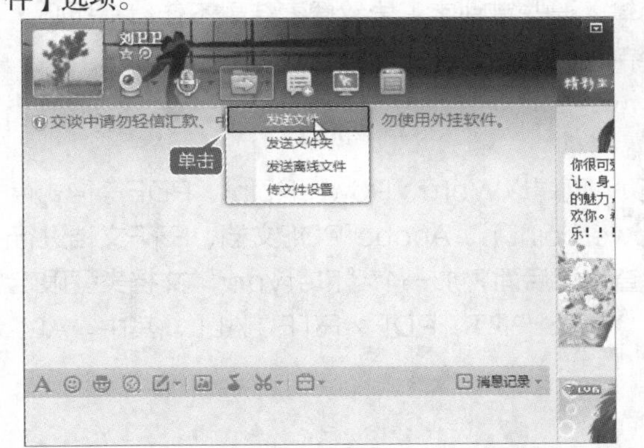

2 传送文件

在弹出的【打开】对话框中选择要传输的文件，单击【打开】按钮即可传输文件。

18.8 实例7——使用飞鸽传书在局域网传输文件

本节视频教学时间：3分钟

在办公室工作环境中，公司员工连接有局域网，可以利用局域网使用飞鸽传输工具传输文件。

1 选择传输文件

安装并打开“飞鸽传书”软件，将须要传输的文件拖曳至飞鸽传书页面的对话框中。

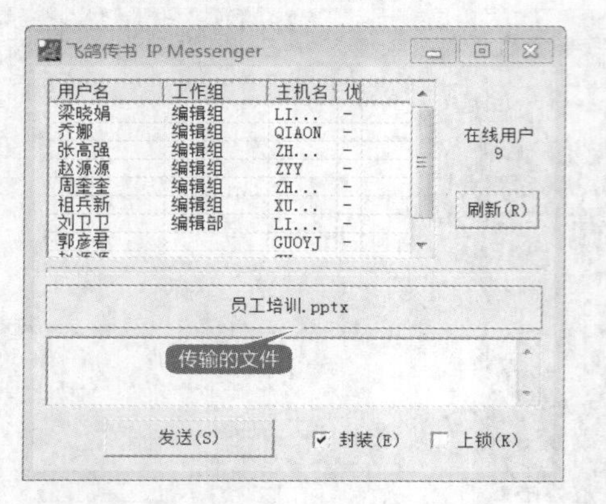

2 发送文件

选择需要传输到的同事，然后单击【发送】按钮即可传输文件。

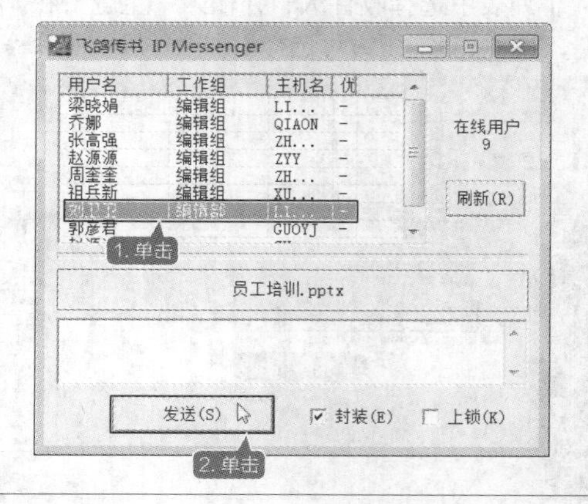

高手私房菜

技巧：搜索技巧

搜索引擎就是帮助用户方便地查询网上信息的，用户在使用搜索引擎时，掌握一些常用的搜索技巧，可以更快更准确地得到想要的搜索结果。

(1) 拼音提示

如果用户在搜索某个词时，只知道某个词的发音，却不知道怎么写，或者嫌某个词拼写输入太麻烦，就可以只输入查询词的汉语拼音，百度就能把最符合要求的对应汉字提示出来，拼音提示显示在搜索结果上方。

(2) 错别字提示

由于汉字输入法的局限性，我们在搜索时经常会输入一些错别字，导致搜索结果不佳。别担心，百度会给出错别字纠正提示，错别字提示显示在搜索结果上方。

(3) 专业文档搜索

很多有价值的资料，在互联网上并非是普通的网页，而是以Word、PowerPoint、PDF等格式存在。百度支持对Office文档（包括Word、Excel、Powerpoint）、Adobe PDF文档、RTF文档进行全文搜索。要搜索这类文档也很简单，只要在普通的查询词后面，加一个“filetype:”文档类型限定即可。“Filetype:”后可以跟以下文件格式：DOC、XLS、PPT、PDF、RTF、ALL。其中，ALL表示搜索所有文件类型。

第19章

办公设备的使用

本章视频教学时间：33 分钟

除了掌握基本的电脑操作之外，具备办公管理所需的知识与经验，能够熟练操作常用的办公器材，例如打印机和扫描仪等，也是十分必要的。因为在处理日常的事物中，随时都有可能使用办公设备打印资料或扫描资料。

【学习目标】

- 通过本章的学习，可以了解一些办公设备的连接、配置以及使用方法等。

【本章涉及知识点】

- 掌握打印机的连接与使用
- 掌握投影仪的连接与使用
- 掌握扫描仪的连接和配置
- 了解 U 盘或移动硬盘
- 掌握路由器的连接和配置

19.1 实例1——打印机的连接与使用

本节视频教学时间：10分钟

打印机是自动化办公中不可缺少的一个组成部分，是重要的输出设备之一。通过打印机，用户可以将在电脑中编辑好的文档、图片等资料打印输出到纸上，从而方便将资料进行存档、报送及作其他用途。

1. 连接打印机

目前，打印机接口有SCSI接口、EPP接口、USB接口3种。一般电脑使用的是EPP和USB两种。如果是USB接口打印机，可以使用其提供的USB数据线与电脑USB接口相连接，再接通电源即可。启动电脑后，系统会自动检测到新硬件，用户可按照向导提示进行安装，安装过程中只需指定驱动程序的位置。

2. 安装打印机驱动

连接打印机后，电脑如果没有检测到新硬件，可以按照如下方法安装打印机的驱动程序。

1 打开【添加打印机】对话框

单击【开始】按钮，从弹出的菜单中选择【设备和打印机】选项。弹出【设备和打印机】窗口，单击【添加打印机】按钮，即可打开【添加打印机】对话框。

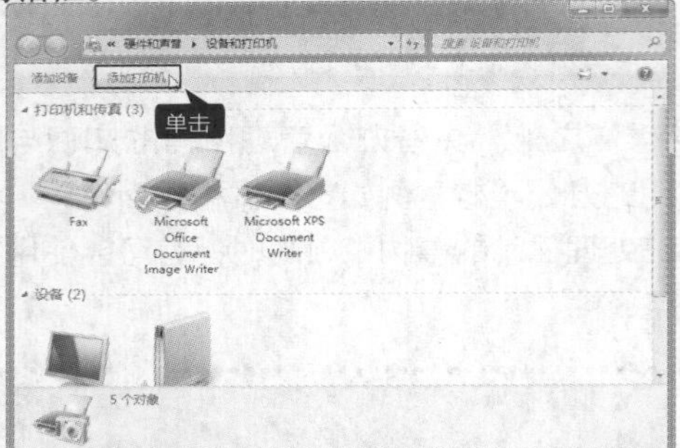

2 选择【添加本地打印机】选项

选择【添加本地打印机】选项，单击【下一步】按钮。如果打印机不连接在本地电脑上，而连接在其他电脑上（本地电脑通过网络使用其他电脑上的打印机），则选择【添加网络、无线或Bluetooth打印机】选项。

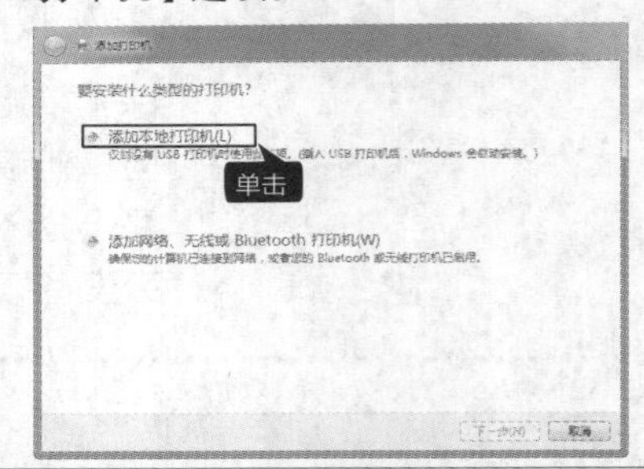

3 选择默认的端口

弹出【选择打印机端口】页面，采用默认的端口，单击【下一步】按钮。如果安装多个打印机，用户则需要创建多个端口。

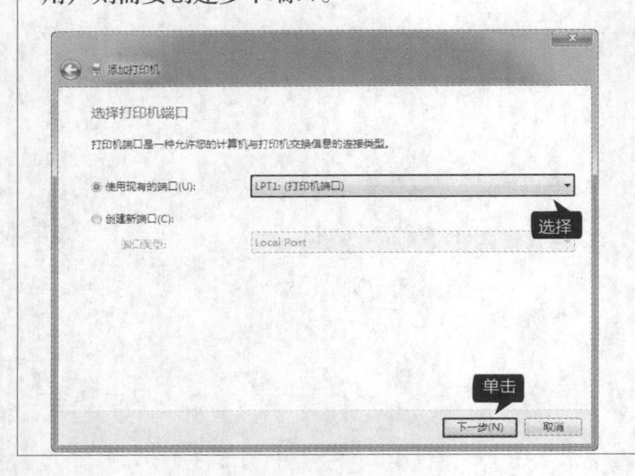

4 单击【从硬盘安装】按钮

弹出【安装打印机驱动程序】页面，在【厂商】列表中选择打印机的厂商名称，在【打印机】列表中选择打印机的驱动程序型号，单击【下一步】按钮。如果有打印机的驱动光盘，可以单击【从硬盘安装】按钮，从弹出的对话框中选择驱动程序即可。

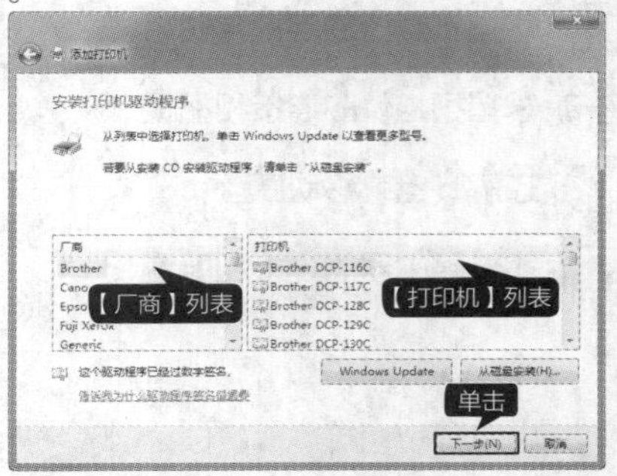

5 输入打印机名称

弹出【键入打印机名称】页面，输入打印机的名称“我的打印机”，单击【下一步】按钮。

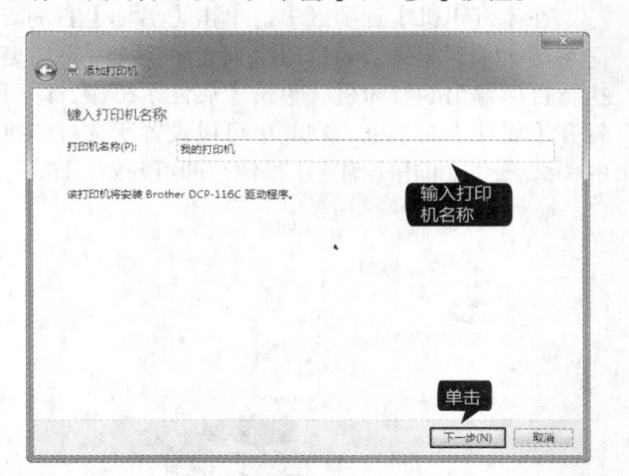

6 显示安装进度

系统开始自动安装打印机驱动程序，并显示安装的进度。

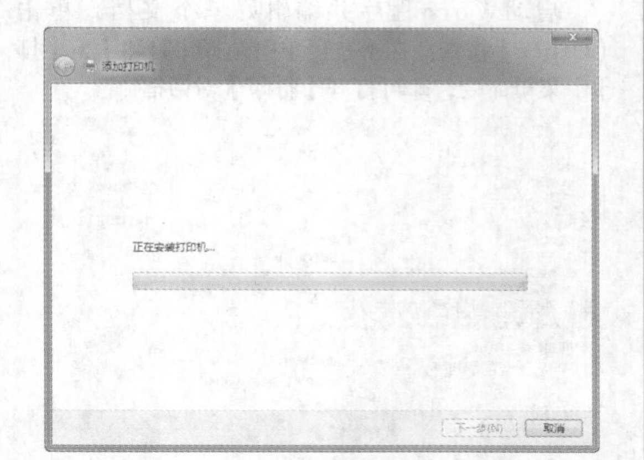

7 单击【完成】按钮

打印机驱动程序安装完成后，单击【完成】按钮。

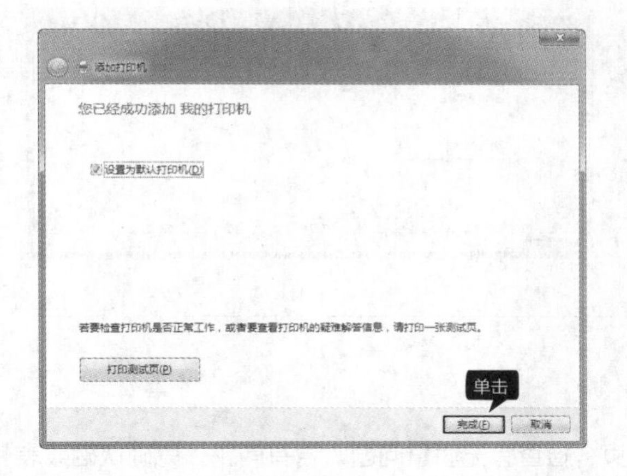

8 查看新添加的打印机

在【设备和打印机】窗口中，用户可以看到新添加的打印机。

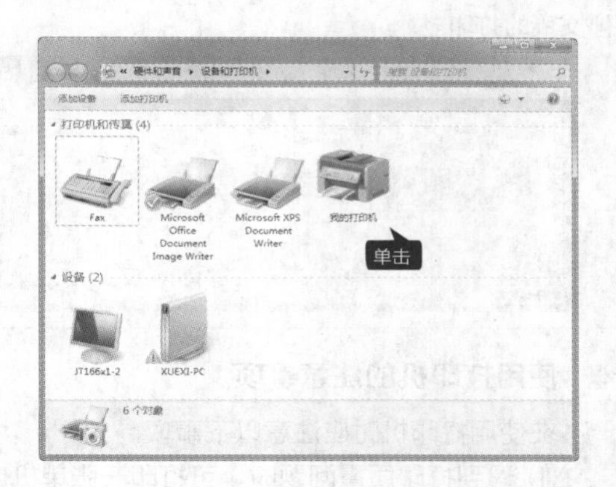

3. 打印文件

打印机的驱动程序安装完成后，用户即可打印文件。执行打印操作时，在通知区域将自动跳出一个打印机图标，该图标就是打印管理器图标，双击即可打开打印管理器窗口。通过该窗口，用户可以暂停、中止和重新打印文档。

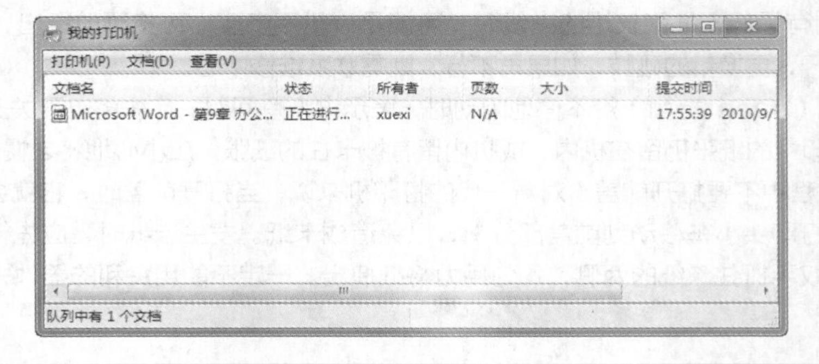

下面以打印Word文档为例介绍整个操作过程。

1 打开【打印】对话框

启动Word程序并编辑好一个文档，单击【Office】按钮，在下拉菜单中选择【打印】➤【打印】菜单命令，即可打开【打印】对话框。

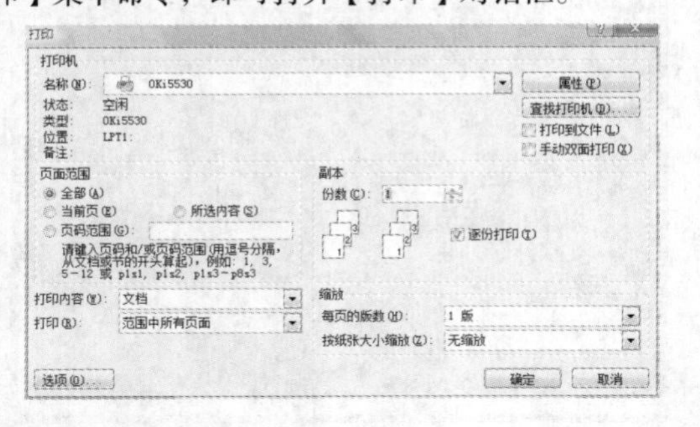

2 设置打印机

在【打印机】选项区中，单击【名称】右侧的向下按钮，在显示的打印机列表中选择一个需要执行打印输出的打印机，单击【属性】按钮，即可打开【属性】对话框，在其中可以设置所选打印机的一些属性，单击【确定】按钮，即可开始打印。

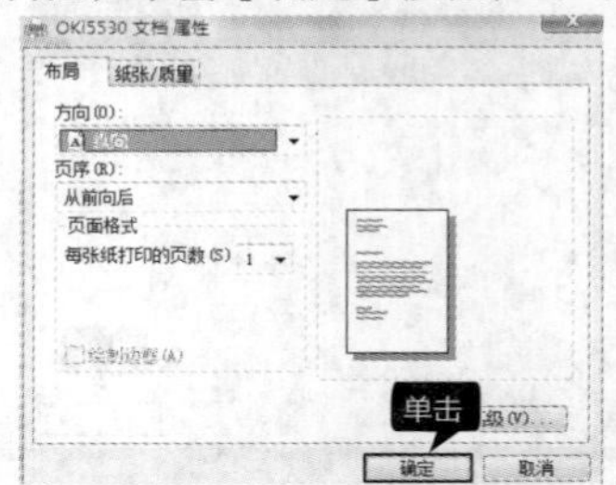

3 打开打印管理器窗口

在通知区域将自动跳出一个打印机图标，该图标就是打印管理器图标，双击即可打开打印管理器窗口，选择【文档】➤【暂停】菜单命令，即可暂停文稿的打印。

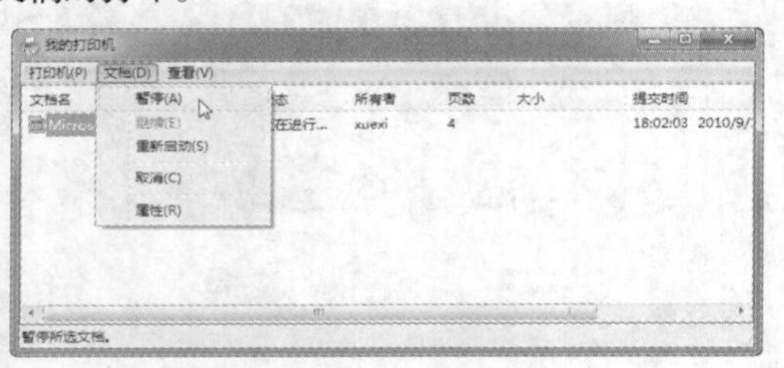

4 继续打印文稿

选择【文档】➤【继续】菜单命令，即可继续开始文稿的打印工作。

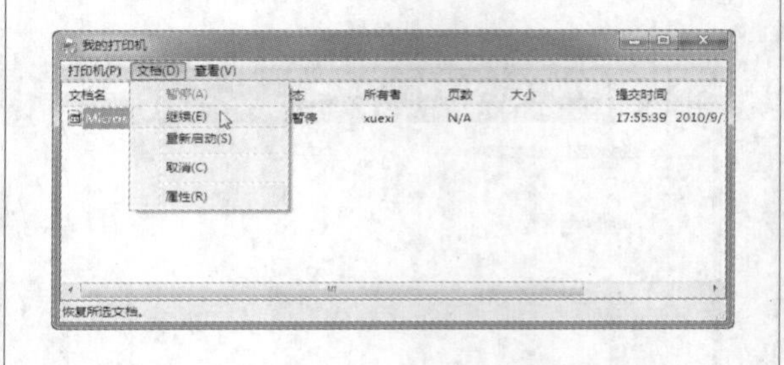

4. 使用打印机的注意事项

在使用打印机时应注意以下事项。

(1) 遇到打印质量问题时，可打印一张单机自测页，检查有无质量问题。若有问题，先确认硒鼓表面是否良好，更换另一个硒鼓，再打印一张自测页，若问题持续，则需要联系维修中心。如打印测试页没有问题，需要确认其他软件有无问题。如有，重新安装驱动程序；如没有，重新配置或安装应用程序。

(2) 在往打印机放纸时，一定先用手将多页纸拉平整，放到纸槽后，将左右卡纸片分别卡到纸的两边。此外，应使用符合标准的打印纸。

(3) 当遇到有平行于纸张长边的白线时，可能是碳粉不多了，可将硒鼓取出，左右晃动一下再打印。如果还不行，更换新的硒鼓，如果再不行，则需联系维修中心。

(4) 当缺纸（paper out）灯不停地闪动时，表示进纸有问题。应先将电源关上，从进纸架上将纸张取出。如打印中的纸张仍留在机内，或机内留有被卡住的纸张，应小心地将之慢慢拉出。

(5) 打印过程中不要打开前盖（对新一代的打印机来说，当打开前盖时，它就会“聪明”地以为要换墨盒，并把打印头小车移动到前盖部分），以免造成卡纸。发生卡纸时，应先将前盖打开，将硒鼓取出，然后用双手抓住卡纸的两侧，均匀用力将纸拽出。一定不能用尖利的器件去取纸，这样容易损坏加热组件。

19.2 实例2——投影仪的连接与使用

本节视频教学时间：7分钟

投影仪在办公中应用也很广泛，在使用投影仪之前，首先需要将其连接到电脑上。而正确的连接能够使投影的效果更好。

1. 电脑和投影仪的连接

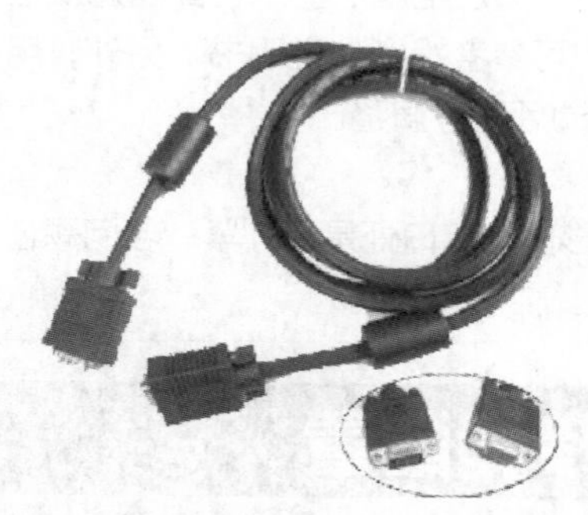

⑴ 连接投影仪和电脑前一定要将投影仪和电脑关掉，否则可能会产生严重后果，电脑和投影仪的接口有可能烧坏。

⑵ 将机箱上的蓝色插头（APG）插到电脑上对应的APG接口上，插紧。如需要声音输出的电脑，将机箱上的音频线插入相应的接口，绿色为音频接口，红色为麦克风接口。

⑶ 将所有接口连接后，打开电源。先开投影仪，投影仪开完后将控制板上的按钮点击到电脑上，再打开电脑，以便投影仪接收电脑信号。使用完成后，电脑和投影仪可以一起关闭，然后在没有电的情况下将接头拔掉。

⑷ 如果在电脑打开后还是没有信号，就将信号进行切换。投影仪与电脑连接好后，开启投影仪，但投影仪不能显示电脑画面，这可能是因为电脑与投影仪的连接还是需要切换。此时只要按住电脑的Fn（功能键），然后同时按下标识为LCD/CRT或显示器图标的对应功能键，进行切换即可。

2. 使用时出现的故障及解决方法

⑴ 在投影仪上出现的颜色不对（偏黄或者偏红）、有雪花点、有条纹以及投影仪上的信号时有时无，有时显示的是“不支持”的情况下怎么办?

将连接处的接头接紧，颜色正常后慢慢将手松开。如果还是出现以上情况，多做几次，直到颜色恢复正常。因为接头经常使用难免会有松动，要将接头处插紧（谨记千万不要将接头在带电的情况下拔掉，以免烧坏电脑和投影仪的接口。）

⑵ 如出现单面有信号，另外的一面没有信号，该如何解决?

如果是电脑上有显示，而投影上显示的是“无信号”，首先要检查连接是否正确，控制板上的按钮是否点击到电脑上，再重启电脑进行一次切换就可以了。如果是投影仪上有显示，而电脑上没显示，解决的方法和上面一样。如果以上方法都不能显示，有可能是电脑设置问题，还有就是功能键是否被禁用。

⑶ 如在电脑上使用播放视频时，电脑上有播放的图像，而投影仪上没有怎么办?

如出现以上情况，先将播放器暂停，点击鼠标右键，将光标移动到属性上并点击，在出现的对话框中点击设置，在出现的画面中点击高级，这时会另外弹出一个对话框，点击“疑难解答”，将“硬件加速”的滚动条从“全”向“无”拖动一半即可，再将播放器打开，这样两面就可以都显示图像了。

⑷ 在电脑上播放视频时没有声音输出，该如何解决?

先检查音频线是否连接正确，检查电脑上的声音是不是调在最大上，再检查机箱下面音箱的开关是否打开，两根音频接头（一红一白）所连接的是不是对的（红对红，白对白，要求在同一列），声音是不是最大。只要有一个地方没有接对，都会导致声音无法输出。只要将电脑上的声音和音响上的声音调节到最大，再将线路连接至正确的接法即可。

(5) 投影仪有信息输入，但无图像，该如何解决?

在保证电脑输出模式正确的情况下，出现以上故障应首先检查电脑的分辨率和刷新频率是否与投影仪相匹配。电脑一般硬件配置较高，所能达到的分辨率和刷新频率均较高，若超过了投影仪的最大分辨率和刷新频率，就会出现以上现象。解决方法很简单，通过电脑的显示适配器调低这两项参数值，一般分辨率不超过600×800，刷新频率在60~75Hz，可参考投影仪说明书。另外，用户有可能碰到无法调整显示适配器的情况，请重新安装原厂的显卡驱动后再行调整。

(6) 投影图像偏色，如何解决?

这主要是VGA连接线的问题，检查VGA线与电脑、投影仪的接口处是否拧紧。若问题还存在，那就再去买一根质量好一点VGA线，注意连接端口的+·型号。

19.3 实例3——扫描仪的连接和配置

本节视频教学时间：4分钟

扫描仪的作用是将稿件上的图像或文字输入到电脑中。如果是图像，可以直接使用图像处理软件进行加工，如果是文字，则可以通过OCR软件，把图像文本转化为电脑能识别的文本文件，这样可节省把字符输入电脑的时间，大大提高输入速度。

目前，许多类型的办公和家用扫描仪均配有OCR软件，如紫光的扫描仪配备了紫光OCR，中晶的扫描仪配备了尚书OCR，Mustek的扫描仪配备了丹青OCR等。扫描仪与OCR软件共同承担着从文稿的输入到文字识别的全过程。

通过扫描仪和OCR软件，就可以对报纸、杂志等媒体上刊载的有关文稿进行扫描，随后进行OCR识别（或存储成图像文件，留待以后进行OCR识别），将图像文件转换成文本文件或Word文件进行存储。

扫描仪的安装有一定的难度，用户需要根据接口的不同而采用不同的方法。如果扫描仪的接口是USB类型的，用户需要在【设备管理器】中查看USB装置是否工作正常，然后再安装扫描仪的驱动程序，之后重新启动电脑，并用USB连线把扫描仪接好，随后电脑就会自动检测到新硬件。

1 弹出【系统】窗口

在桌面上选择【计算机】图标并单击鼠标右键，在弹出的快捷菜单中选择【属性】菜单命令。弹出【系统】窗口，选择【设备管理器】选项。

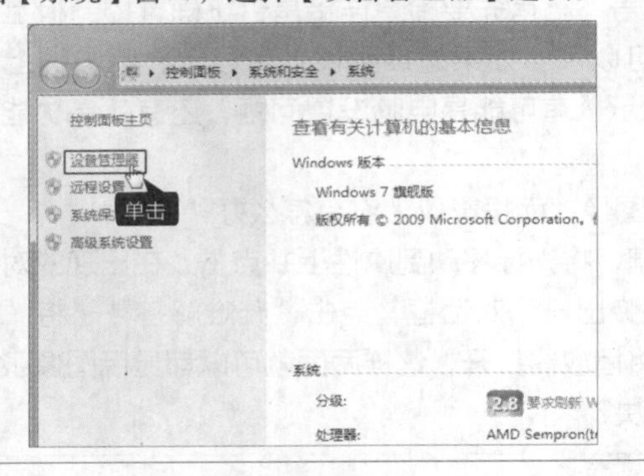

2 查看USB设备是否正常工作

弹出【设备管理器】窗口，单击【通用串行总线控制器】列表，查看USB设备是否正常工作，如果有问号或叹号都是不能正常工作的提示。

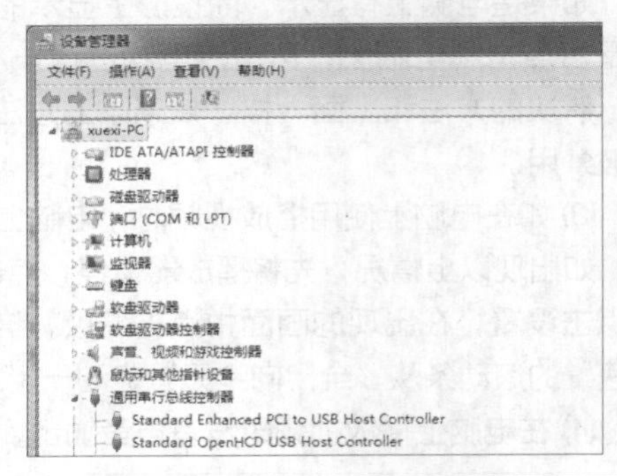

工作经验小贴士

如果扫描仪是并口类型的，在安装扫描仪之前，用户需要进入BIOS，在【I/O Device Configuration】选项里把并口的模式设为【EPP】，然后连接好扫描仪，并安装驱动程序即可。安装扫描仪驱动的方法和安装打印机的驱动方法类似，这里就不再赘述。

扫描文件先要启动扫描程序，再将要扫描的文件放入扫描仪中，运行扫描仪程序。如果不需要扫描全部文件区域，可通过在扫描程序中拖动虚框的4个角来改变扫描区域。选择扫描区域后，在扫描程序窗口中单击【扫描】按钮，即可开始扫描文件。

如果要扫描文字对象，可在工具栏中单击【设定识别区域】工具按钮，选择文字识别对象。

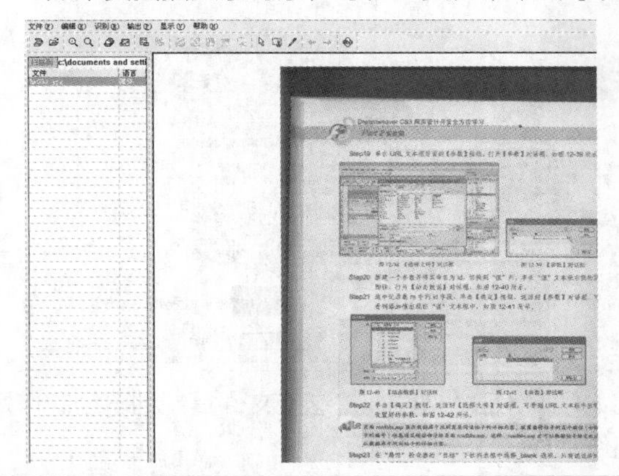

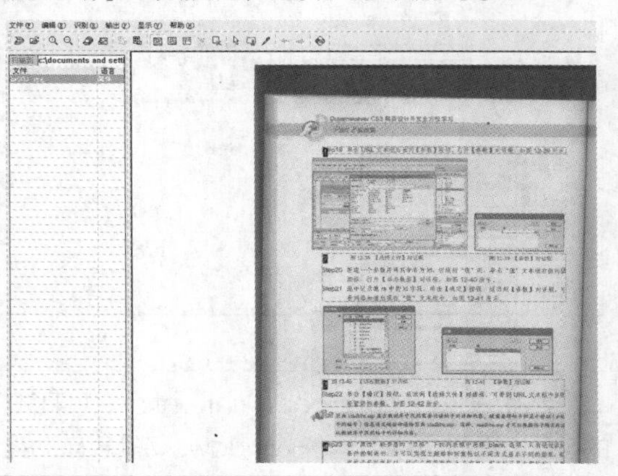

19.4 实例4——使用U盘或移动硬盘

本节视频教学时间：7分钟

U盘或移动硬盘都是移动存储产品，通过USB接口与电脑连接，实现即插即用。

19.4.1 使用U盘或移动硬盘传递数据

用户可以通过U盘或移动硬盘将数据从一台电脑移动到另一台电脑上。首先，将U盘或移动硬盘与计算机连接，然后将计算机中的数据粘贴至U盘或移动硬盘中，这里使用U盘。复制完成之后，退出U盘，将U盘与另外一台计算机连接。打开U盘之后，选中要传递的数据，按【Ctrl+C】组合键复制，然后，打开本地计算机的目的磁盘或文件夹，按【Ctrl+V】组合键粘贴即可。

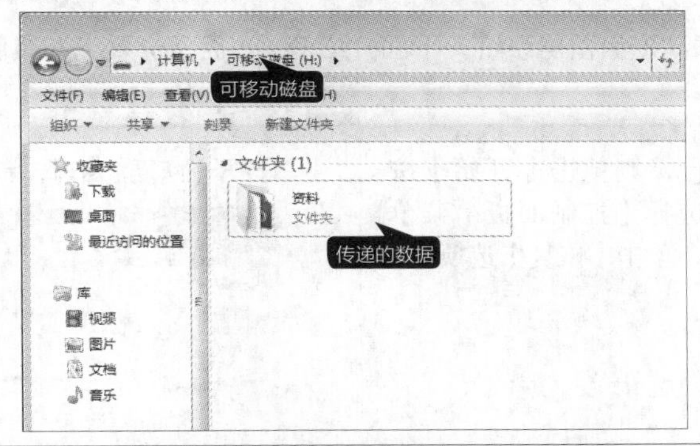

19.4.2 使用U盘或移动硬盘制作系统安装盘

将引导Windows 7的文件复制到U盘中，这样就相当于制作了一个紧急启动U盘。

制作Windows 7操作系统紧急启动U盘的具体操作步骤如下。

1 弹出【计算机】窗口

在桌面【计算机】图标上单击鼠标右键，在弹出的快捷菜单中选择【打开】菜单命令，随即进入【计算机】窗口。按下键盘上的【Alt】键，将【计算机】窗口中的菜单栏激活。然后选择【工具】➤【文件夹选项】菜单命令。

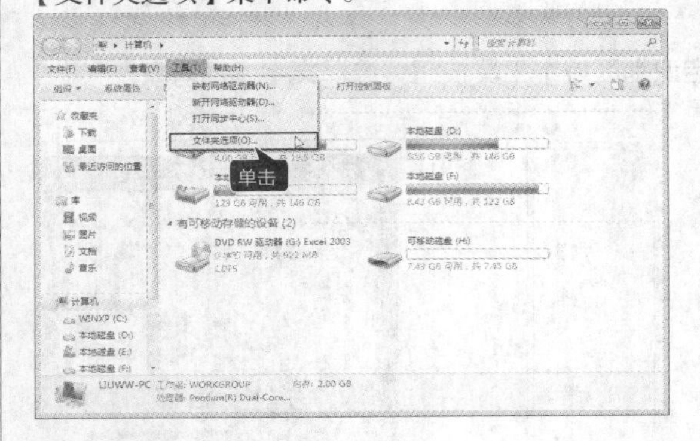

2 设置【文件夹选项】

打开【文件夹选项】对话框，在【高级设置】列表框中撤消选中【隐藏受保护的操作系统文件（推荐）】和【隐藏已知文件类型的扩展名】复选框，并单击选中【显示隐藏的文件、文件夹和驱动器】单选项。单击【确定】按钮，退出【文件夹选项】对话框。

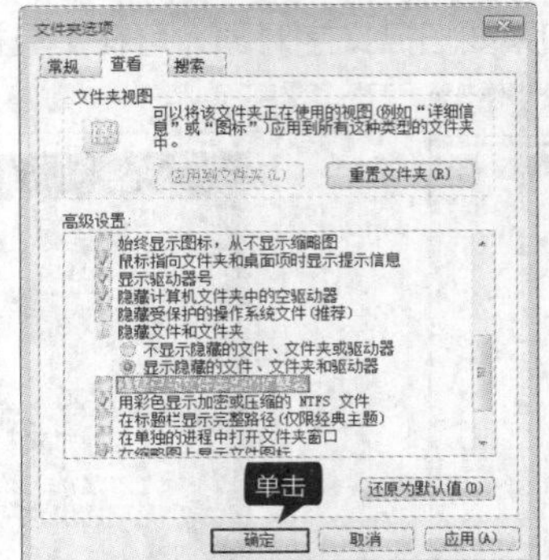

然后进入C盘找到boot、ini、ntldr、NTDETECT.COM三个文件，将这些文件复制到已经制作好的U盘启动盘之中，这样Windows 7紧急启动盘就制作完成了。

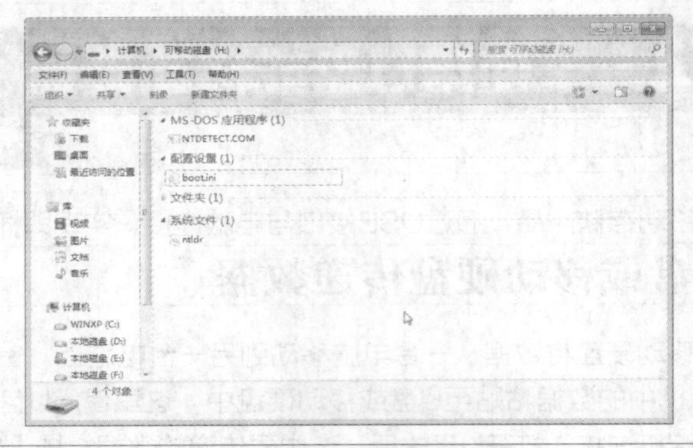

19.4.3 使用U盘或移动硬盘备份系统

用户可以使用U盘或移动硬盘备份系统，下面介绍使用U盘备份系统的具体操作步骤。

1 单击【恢复】选项

如果系统能够正常运行，则单击【开始】按钮，从弹出的快捷菜单中选择【控制面板】菜单项，打开【控制面板】窗口，单击【恢复】选项。

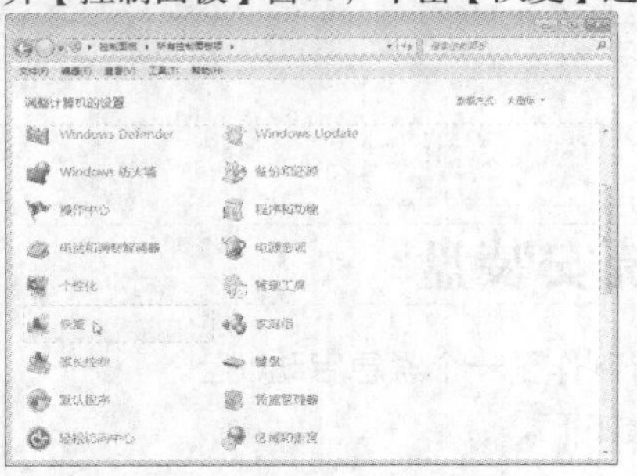

2 打开【恢复】窗口

打开【恢复】窗口，单击【高级恢复方法】链接。

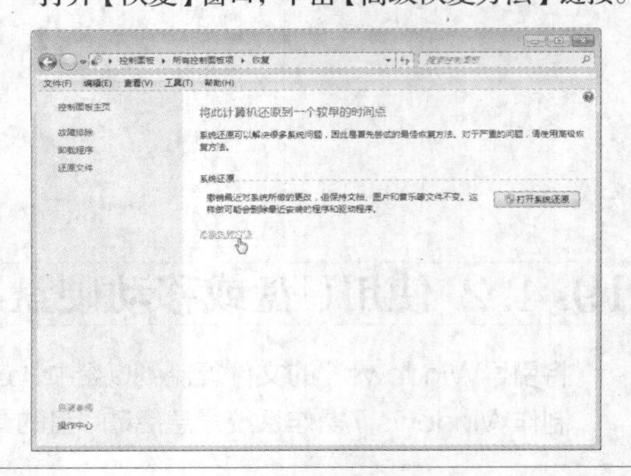

3 选择恢复方法

打开【选择一个高级恢复方法】窗口，在这个窗口中有【使用之前创建的系统映像恢复计算机】和【重新安装Windows（需要Windows 安装光盘）】两个选项。

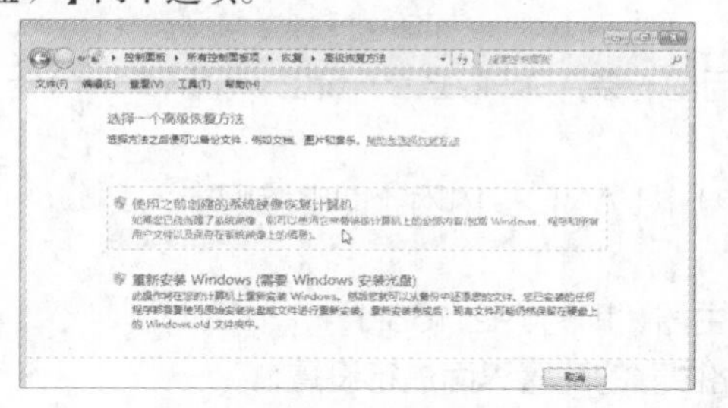

4 单击【立即备份】按钮

这里推荐重新备份一下，单击【立即备份】按钮。打开【设置备份】对话框，并启动Windows备份。

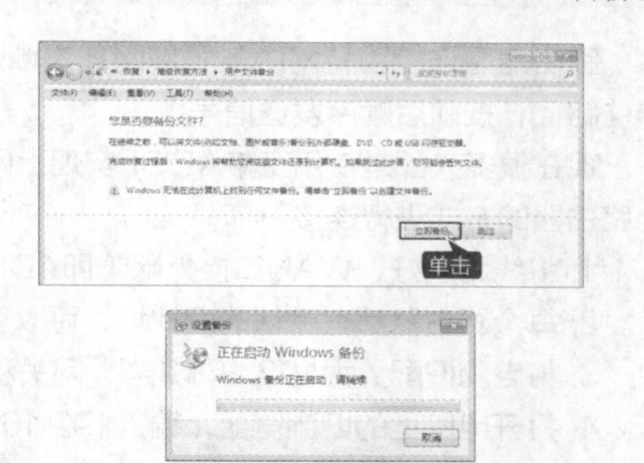

5 保存备份位置

启动Windows备份完成后，将打开【选择要保存备份的位置】对话框，在其中选择备份文件保存的位置，这里选择【本地磁盘（F）】。单击【下一步】按钮，在打开的对话框中，选择【让Windows选择（推荐）】单选项。

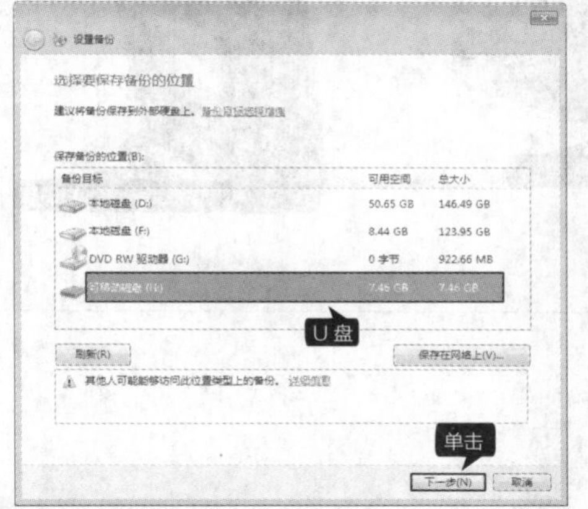

6 打开【查看备份设置】对话框

单击【下一步】按钮，打开【查看备份设置】对话框，在其中查看系统自己选择的备份文件。

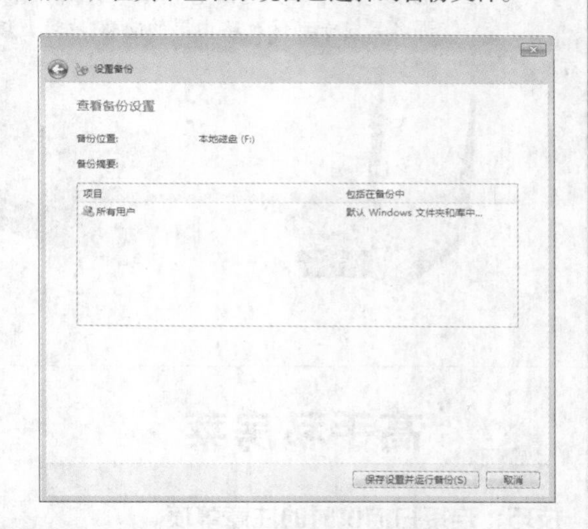

7 打开【备份和还原文件】窗口

单击【保存设置并运行备份】按钮，打开【备份和还原文件】窗口，在其中显示了正在进行备份，以及备份的进度。

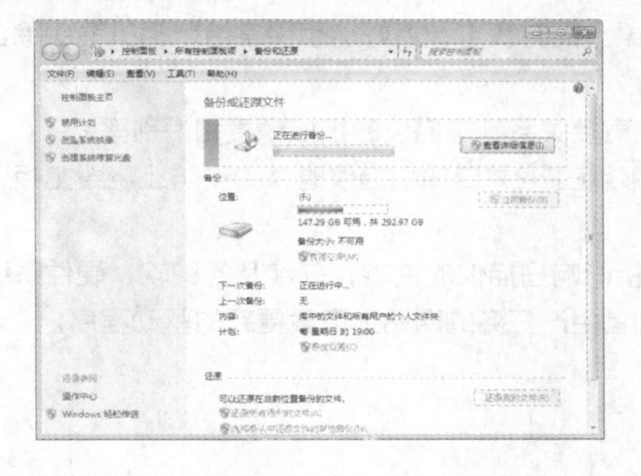

8 备份完成

备份完成之后，系统自动打开【重新启动计算机并继续恢复】窗口。单击【重新启动】按钮。

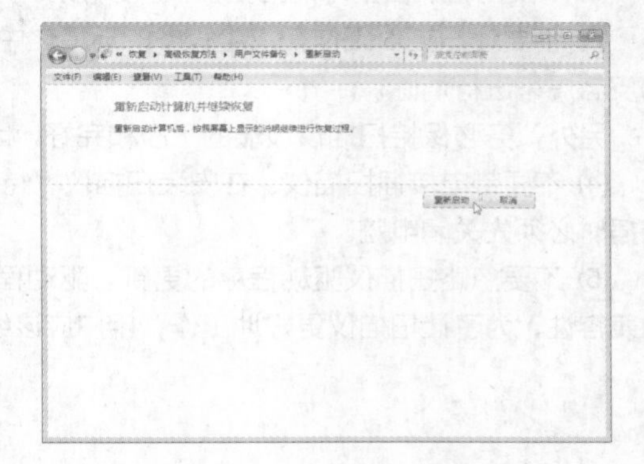

19.5 实例5——路由器的连接和配置

本节视频教学时间：5分钟

路由器是连接因特网中各局域网、广域网的设备，它会根据信道的情况自动选择和设定路由，以最佳路径，按前后顺序发送信号。

现在很多人都是使用宽带ADSL实现上网，几台电脑用同一条ADSL线，一般以一个Modem+一个路由器的方式进行连接。

1. 将线路连好，WAN口接外网（即ADSL或别的宽带），LAN口接内网，即电脑网卡；
2. 每个路由器都有默认的IP地址，可以查看说明书；
3. 将电脑IP配置为192.168.1.*，网关和DNS指向路由器，即为192.168.1.1；
4. 打开电脑上的IE浏览器，输入192.168.1.1，进入路由器的配置界面进行设置；
5. 这时就可以顺利地浏览网页了。

工作经验小贴士

如果用户发现自己的电脑根本上不了网，这主要是路由器的MAC地址在作怪，可以找到MAC地址克隆选项，选择克隆MAC地址，保存后就可以上网。若是没有MAC地址克隆这个选项，那么只能手动修改路由器的MAC地址，这里不再赘述。

路由器

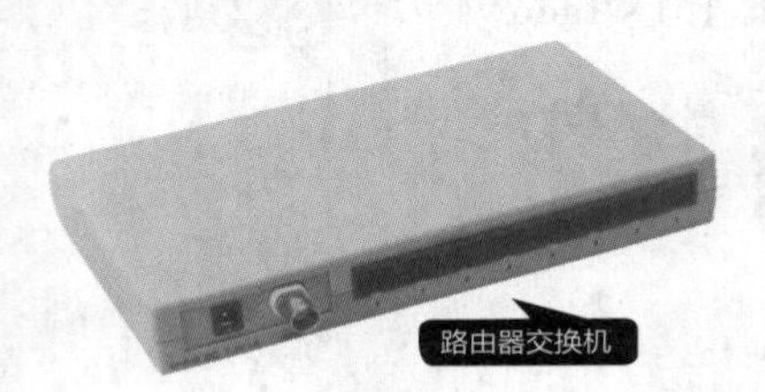

路由器交换机

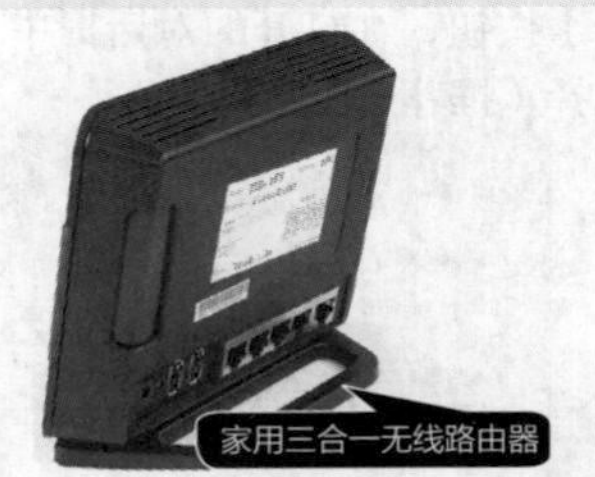

家用三合一无线路由器

高手私房菜

技巧：连接扫描仪时的注意事项

扫描仪是一种比较精致的设备，用户在平时连接使用时，需要注意以下几点。

⑴ 不要忘记锁定扫描仪。为了避免损坏光学组件，扫描仪通常都设有专门的锁定/解锁结构，移动扫描仪前，应先锁住光学组件。

⑵ 不要用有机溶剂来清洁扫描仪，以防损坏扫描仪的外壳以及光学元件。

⑶ 不要让扫描仪工作在灰尘较多的环境之中，如果上面有灰尘，最好能用平常给照相机镜头除尘的皮老虎来进行清除。

另外，务必保持扫描仪玻璃的干净和完好，因为它直接关系到扫描仪的扫描精度和识别率。

⑷ 不要带电接插扫描仪。在安装扫描仪，特别是采用EPP并口的扫描仪时，为了防止烧毁主板，接插时必须先关闭电脑。

⑸ 不要忽略扫描仪驱动程序的更新。驱动程序直接影响扫描仪的性能，并涉及各种软、硬件系统的兼容性，为了让扫描仪更好地工作，用户应该经常到其生产厂商的网站上下载更新的驱动程序。

第 20 章

Office 2010 的高级办公应用
——使用辅助插件

本章视频教学时间：17 分钟

网络中有许多插件，可以使Office的功能变得更加强大。本章介绍常见辅助插件的使用。

【学习目标】

- 通过本章的学习，可以了解 Office 辅助插件的强大功能。

【本章涉及知识点】

- 了解 Excel 2010 的插件
- Excel 2010 插件的基本使用
- Office Tab 插件使用
- PowerPoint 2010 插件的基本使用

20.1 实例1——使用Excel增强盒子绘制斜线表头

本节视频教学时间：5分钟

官方网站中公布的Excel增强盒子，是一个集合Excel常用功能的免费插件，为用户提供了极大的方便。在Excel中使用增强盒子的具体步骤如下。

1 安装【增强盒子】插件

从官方网站上下载并安装“Excel增强盒子”软件至本地计算机中，然后打开Excel 2010应用软件，可以看到Excel 2010的工作界面中增加了一个【增强盒子】选项卡，其中包含了许多Excel增强功能。

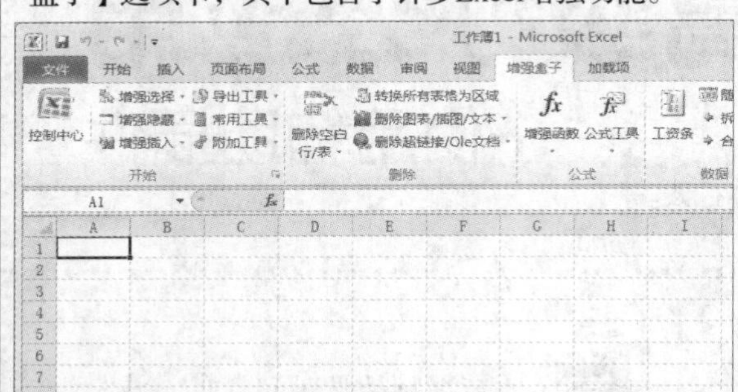

2 使用【插入斜线表头】选项

选择A1单元格，单击【增强盒子】选项卡【开始】选项组中的【增强插入】按钮，在弹出的下拉列表中选择【插入斜线表头】选项。

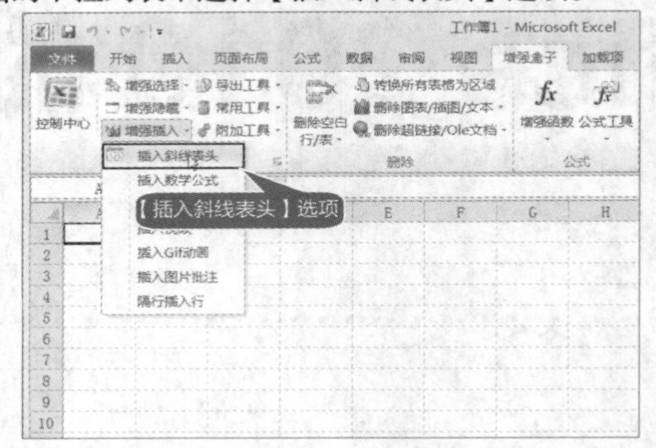

3 弹出【斜线表头】对话框

弹出【斜线表头】对话框，选择【表头样式】为【三分样式】。单击【确定】按钮。

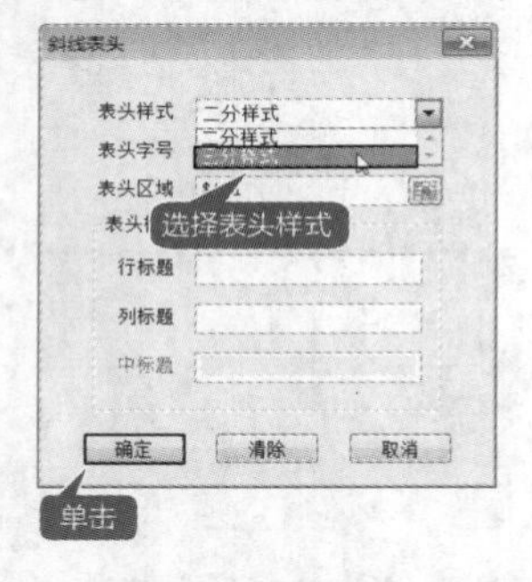

4 完成三分表头插入

即可在单元格中插入一个三分表头。

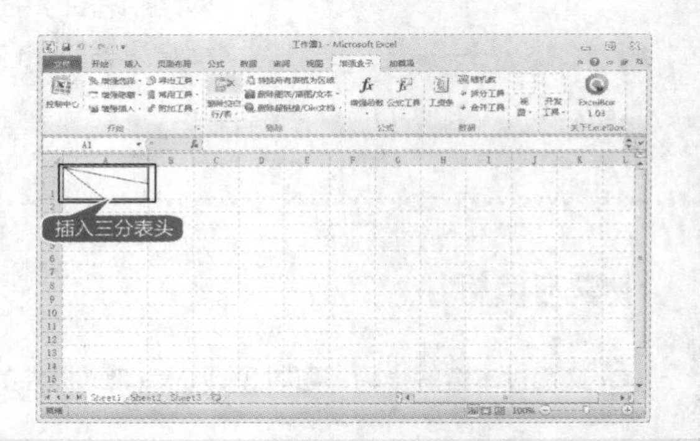

工作经验小贴士

安装增强插件后，Excel工作界面中增加了一个【增强盒子】选项卡。单击【增强盒子】选项卡【开始】选项组中的【控制中心】按钮，在Windows桌面的右上角会出现一个控件中心图标。双击该图标，可以隐藏Excel；在该图标上单击鼠标右键，在弹出的快捷菜单中，可以执行【返回Excel】命令、【关闭Excel】命令、【显/隐功能区】命令，对Excel进行控制操作。

20.2 实例2——使用Excel增强盒子选择最大单元格

本节视频教学时间：2分钟

用户可以使用【增强盒子】来选择一定区域内单元格内数值最大的单元格。具体的操作步骤如下。

1 输入数据

启动Excel 2010，在单元格中输入如图中的相关数据。

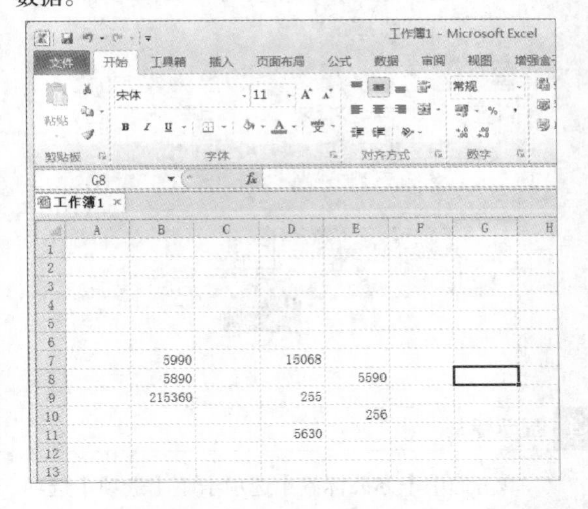

2 选择【选择区域中最大单元格】菜单项

单击【增强盒子】选项卡【开始】选项组中的【增强选择】按钮 增强选择，在弹出的下拉菜单中选择【选择区域中最大单元格】菜单项。

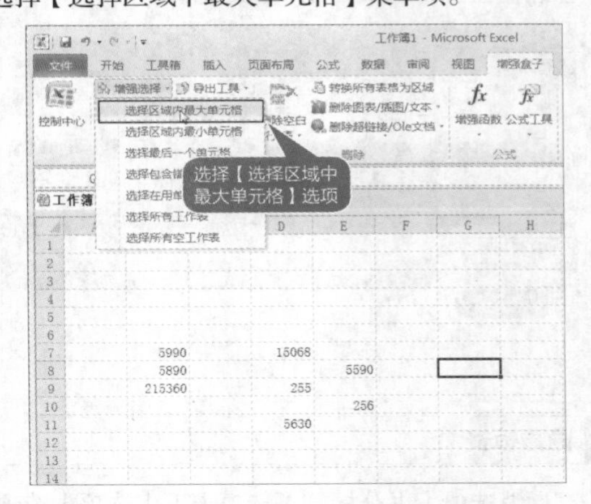

3 选择单元格区域

弹出【选择区域中最大单元格】菜单项对话框，在工作表中选择包含所有数据的单元格，这里选择A1:E11单元格区域。

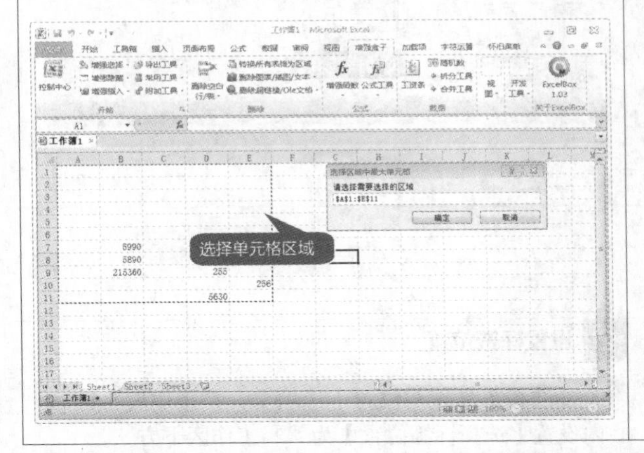

4 选择最大单元格区域

单击【确定】按钮，即可自动选择最大单元格区域。

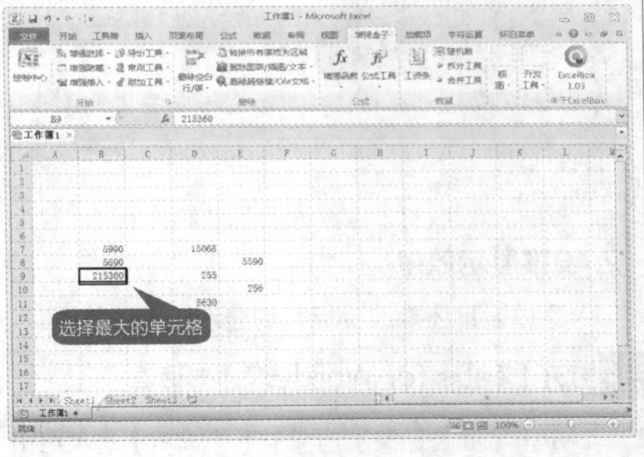

20.3 实例3——使用OfficeTab在Word中加入标签

本节视频教学时间：6分钟

在Word和Excel应用软件中加入标签，可以使多个文档存在于同一个窗口中。用户在使用的时候，只需要单击标签，便可以在多个文档中切换不同的文档或工作表窗口。

1. 在Word中新建与隐藏标签

在安装Office Tab插件之后就可以新建与隐藏标签。

1 打开文档Word文档

从官方网站中下载Office Tab插件，并安装至本地计算机中。之后打开一个Word文档，可以发现标签已经存在于Word文档工作区的上方。

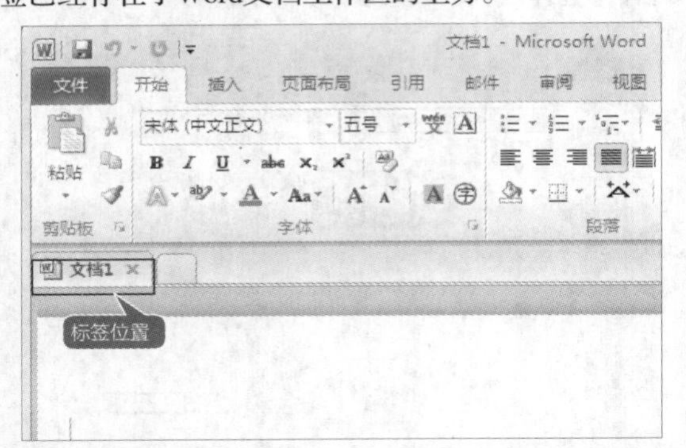

2 新建标签

单击“文档1”标签后的【新建】按钮，或者按【Ctrl+N】组合键，即可新建一个“文档2”标签。

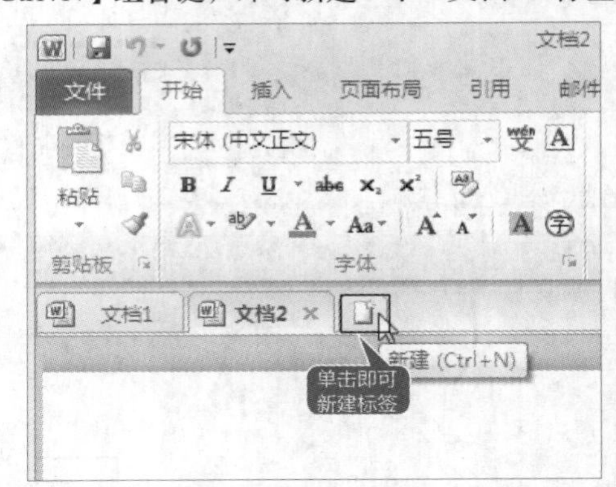

3 隐藏标签

撤消选中【办公标签】选项卡下【选项】选项组中的【显示标签栏】复选框，即可隐藏标签。

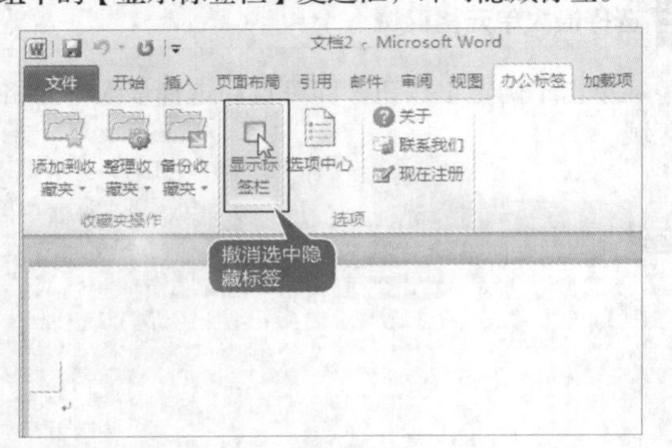

4 显示标签

单击选中【办公标签】选项卡下【选项】选项组中的【显示标签栏】复选框，即可再次显示标签。

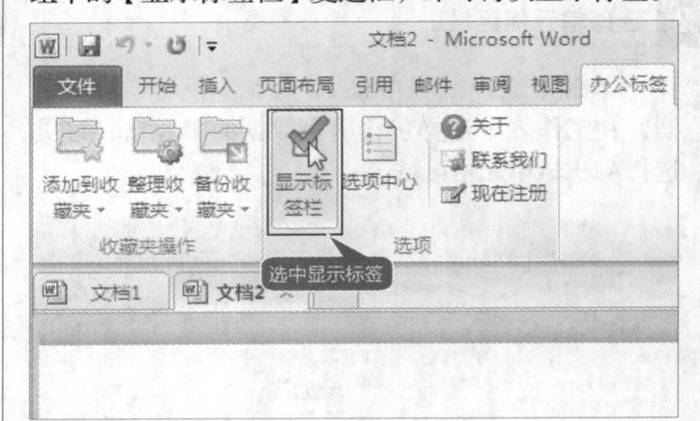

2. 设置显示效果

通过设置还能改变标签的显示位置和效果。

1 打开【Tabs for Word选项】对话框

单击【办公标签】选项卡下【选项】选项组中的【选项中心】按钮，打开【Tabs for Word选项】对话框。

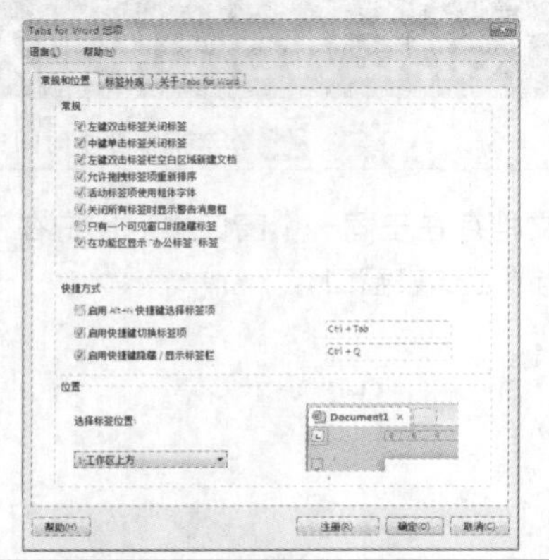

2 设置标签位置

选择【常规与位置】选项卡，在【位置】区域内设置【选择标签位置】为“2-工作区下方”。

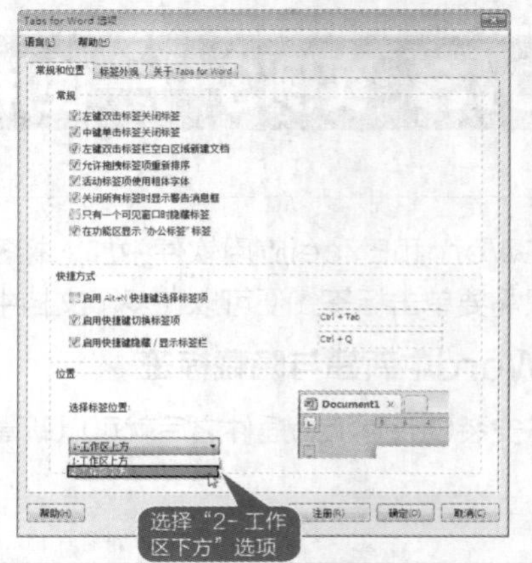

3 设置标签样式

选择【标签外观】选项卡，在【标签样式】选择组下的【选择标签样式】下拉列表中选择“标签样式-5”选项。

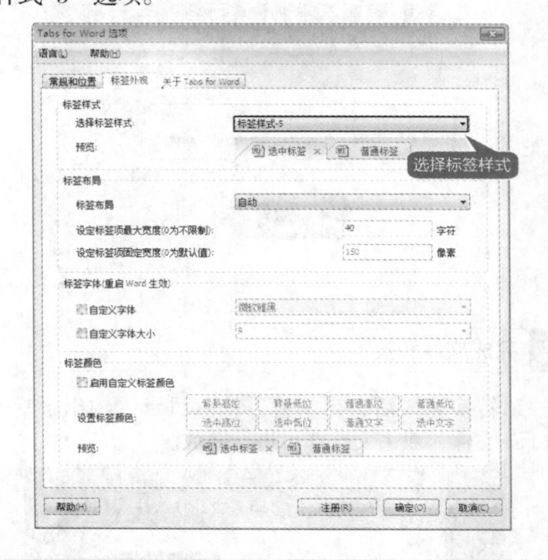

4 显示最终效果

单击【确定】按钮，返回至Word窗口，即可查看最终的设置效果。

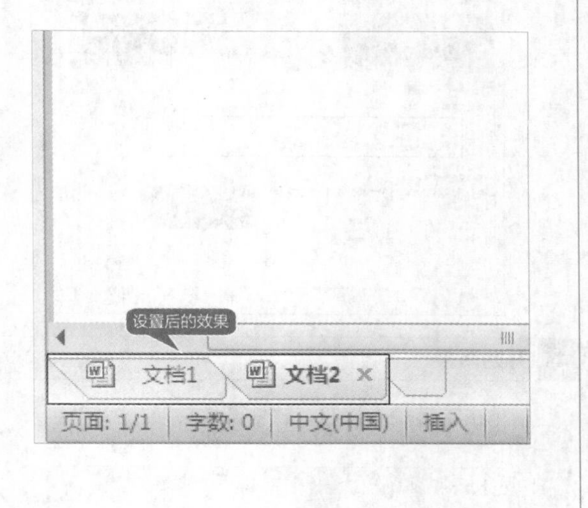

工作经验小贴士

Excel、PowerPoint中标签的使用方法和标签在Word中的使用方法相同，这里不再赘述。

20.4 实例4——转换PPT为Flash动画

本节视频教学时间：4分钟

如果需要在其他没有安装PowerPoint的电脑中播放PPT文件，就需要先安装PowerPoint或将PPT进行打包，可以通过【PowerPoint 转 Flash】软件将PPT转换为Flash格式的视频文件。这样不仅可以使用播放器进行播放，还可以将其添加到网页中。

1 启动软件

安装并启动【PowerPoint 转 Flash】软件。

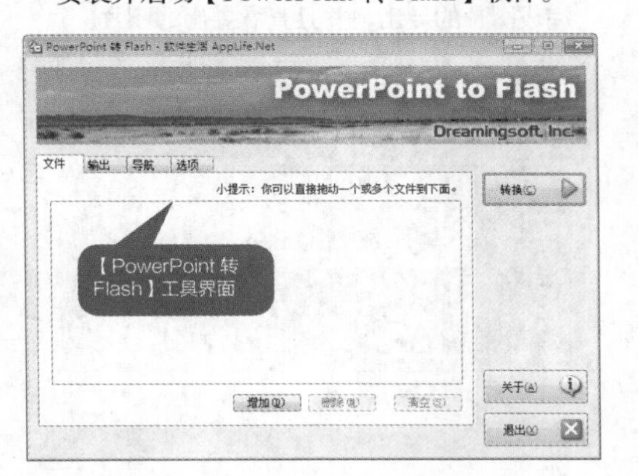

2 添加文件

单击【增加】按钮，添加“素材\ch20\书法文化.ppt”文件。

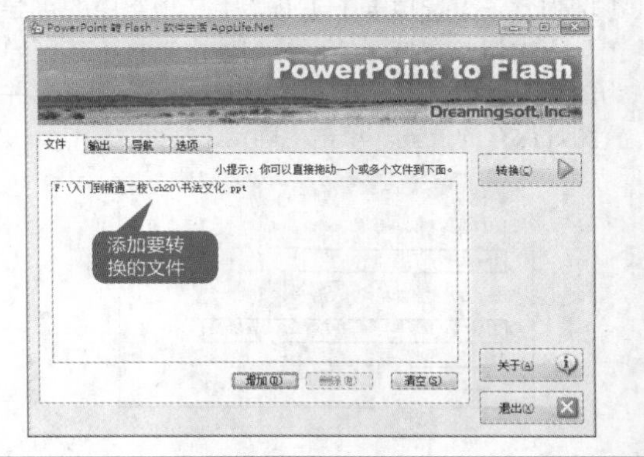

3 选择输出路径

选择【输出】选项卡，设置文件的输出路径。

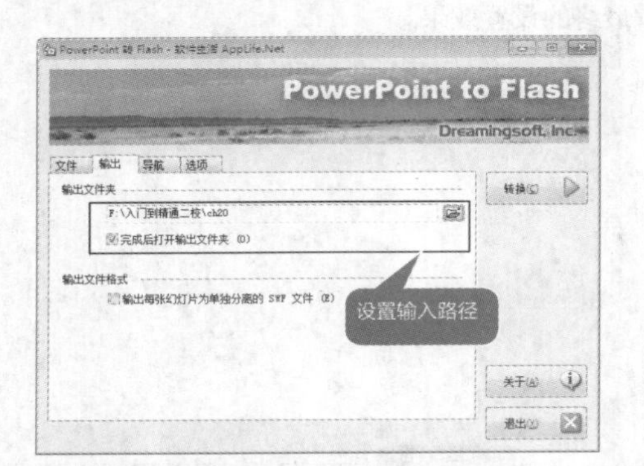

4 设置生成文件的大小和背景

选择【选项】选项卡，设置生成Flash文件的大小和背景颜色。

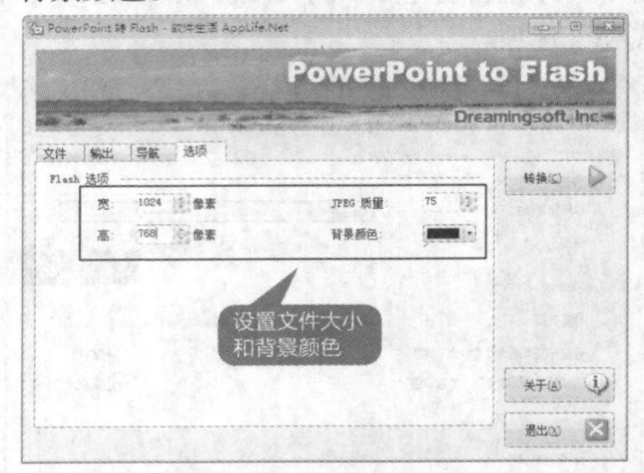

5 开始转换

单击【转换】按钮，软件开始转换。

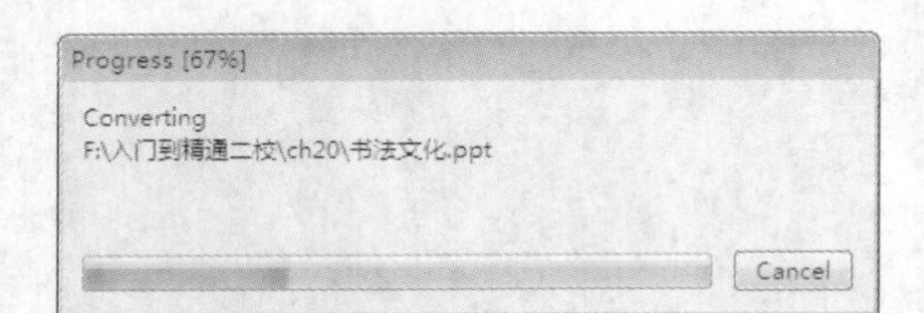

6 完成文件转换

转换完成后，自动打开输入目录，输出了1个Flash文件，双击文件即可进行播放。

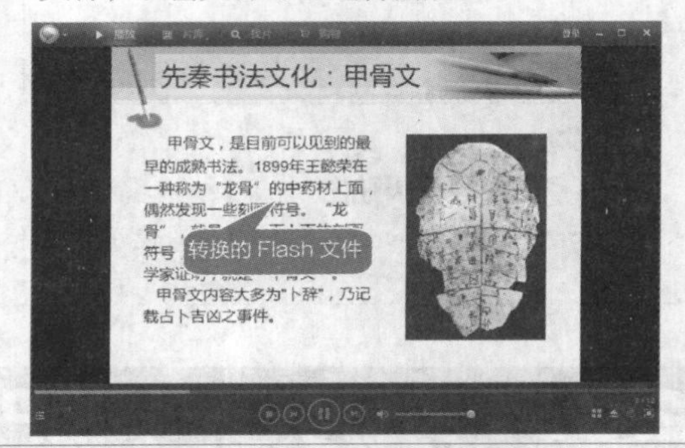

高手私房菜

技巧：将选区导出为图片

使用增强盒子可以将选区导出为bmp格式的图片。

1 选择数据区域

打开随书光盘“素材\ch20\员工工资表”，单击【增强盒子】选项卡下【开始】选项组中的【导出工具】按钮，在打开的下拉列表中选择【选区导出为图片】选项，设置选区为A3:F3单元格区域，并设置图片保存的位置。单击【确定】按钮。

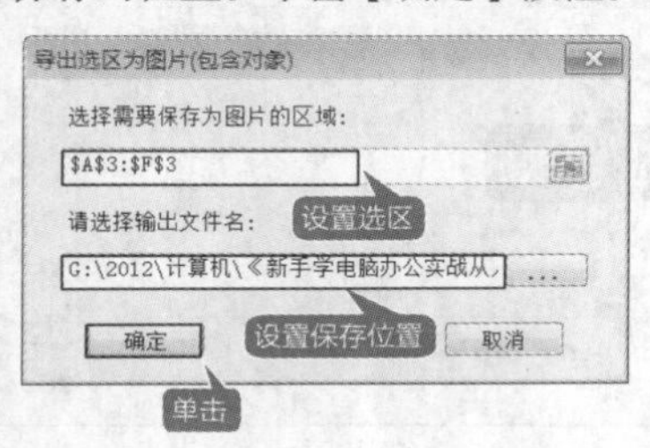

2 查看效果

完成图片的导出，并且查看导出的图片。

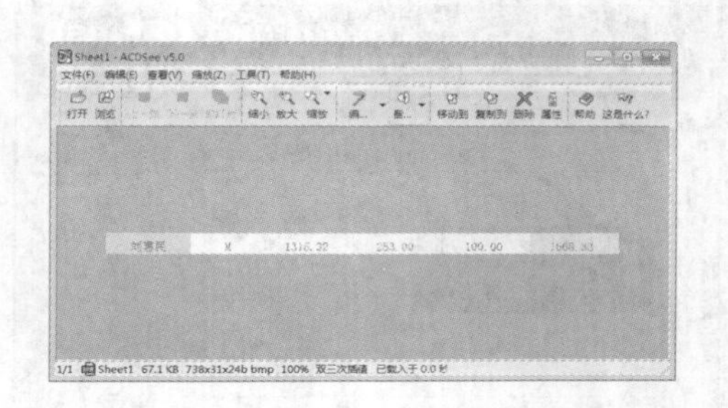

第 21 章

Office 2010 的协同应用

——Office 组件间的协作

本章视频教学时间：24 分钟

Office 2010中各个组件之间不仅可以实现资源共享，还可以相互调用，这样可以提高工作的效率。

【学习目标】

通过本章的学习，可以了解 Office 系列办公软件的相互协作应用， 使工作更加高效。

【本章涉及知识点】

- 掌握 Word 与 Excel 之间协作的方法
- 掌握 Word 与 PowerPoint 之间协作的方法
- 掌握 Excel 与 PowerPoint 之间协作的方法
- 掌握 Outlook 与其他组件之间协作的方法

21.1 实例1——Word与Excel之间的协作

本节视频教学时间：6分钟

在Office系列软件中，Word与Excel之间经常相互共享及调用信息。

21.1.1 在Word中创建Excel工作表

在Word中可以直接创建Excel工作表，这样用户就不用在两个软件之间来回切换了。

1 弹出【对象】对话框

单击【插入】选项卡【文本】选项组中的【对象】按钮，弹出【对象】对话框，在【对象类型】列表框中选择【Microsoft Excel 工作表】选项，然后单击【确定】按钮。

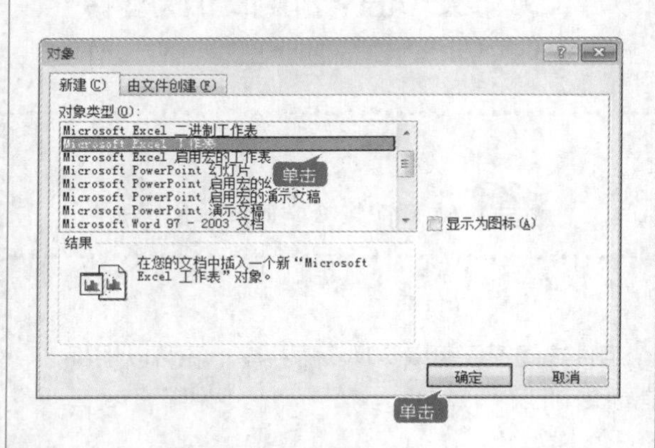

2 文档中出现Excel工作表

文档中就会出现Excel工作表的状态，同时当前窗口最上方的功能区显示的是Excel软件的功能区，然后直接在工作表中输入需要的数据即可。

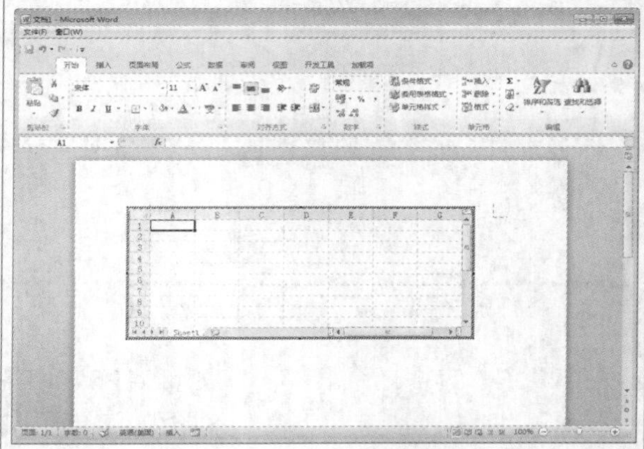

21.1.2 在Word中调用Excel图表

在Word中也可以调用Excel工作表或图表编辑数据，调用Excel图表的具体操作步骤如下。

1 弹出【对象】对话框

打开Word软件，单击【插入】选项卡【文本】选项组中的【对象】按钮，在弹出的【对象】对话框中选择【由文件创建】选项卡，单击【浏览】按钮。

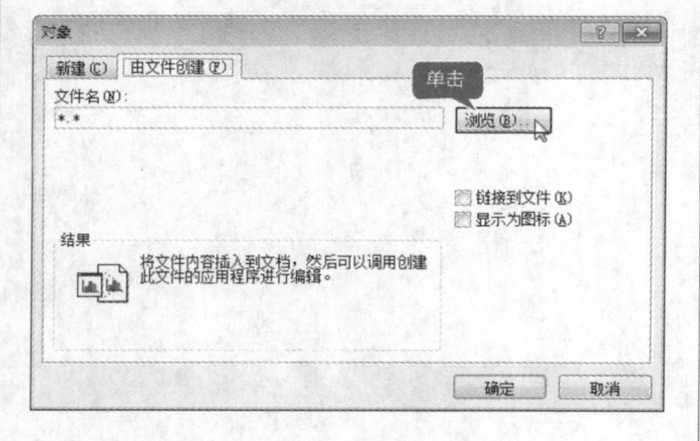

2 弹出【浏览】对话框

在弹出的【浏览】对话框中选择需要插入的Excel文件，这里选择随书光盘中的“素材\ch21\图表.xlsx”文件，然后单击【插入】按钮。

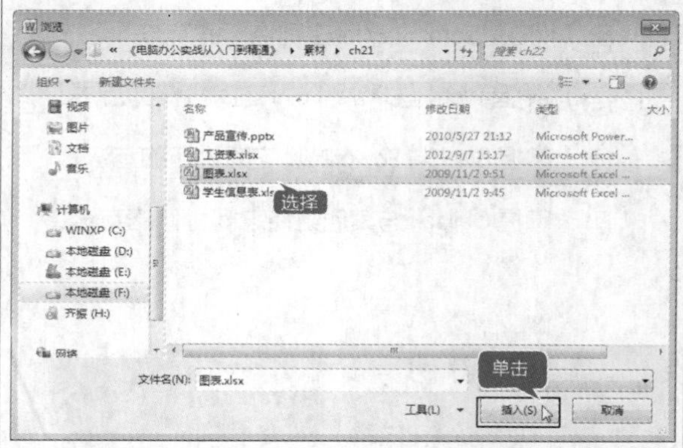

3 返回【对象】对话框

单击【对象】对话框中的【确定】按钮，即可将Excel图表插入Word文档中。

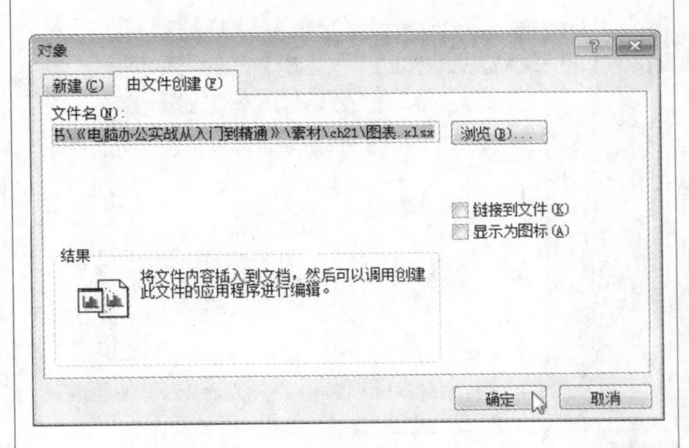

4 调用图表效果

插入Excel图表以后，可以通过工作表四周的控制点调整图表的位置及大小。

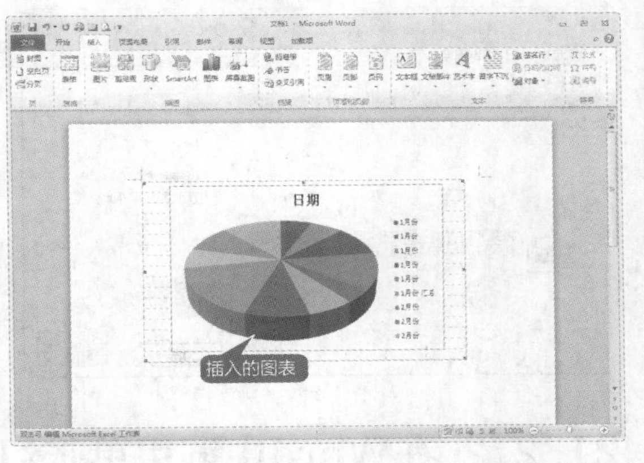

21.2 实例2——Word与PowerPoint之间的协作

本节视频教学时间：6分钟

Word与PowerPoint之间的信息共享不是很常用，但偶尔也需要在Word中调用PowerPoint演示文稿。

21.2.1 在Word中调用PowerPoint演示文稿

用户可以将PowerPoint演示文稿插入Word中编辑和放映，具体的操作步骤如下。

1 弹出【对象】对话框

打开Word软件，单击【插入】选项卡【文本】选项组中的【对象】按钮，在弹出的【对象】对话框中选择【由文件创建】选项卡，单击【浏览】按钮。

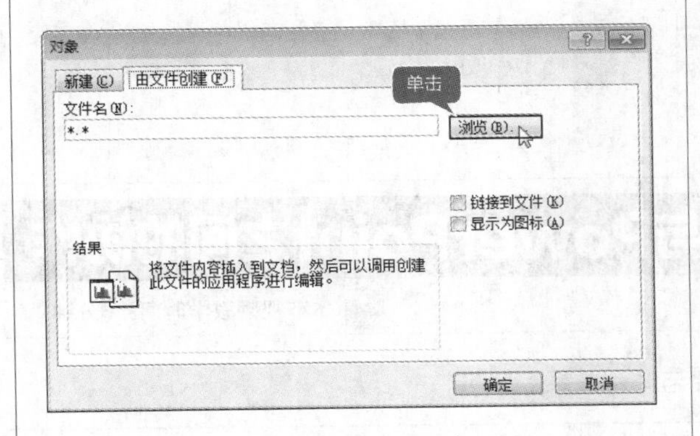

2 打开【浏览】对话框

在打开的【浏览】对话框中选择需要插入的PowerPoint文件，这里选择随书光盘中的“素材\ch21\产品宣传.pptx”文件，然后单击【插入】按钮。

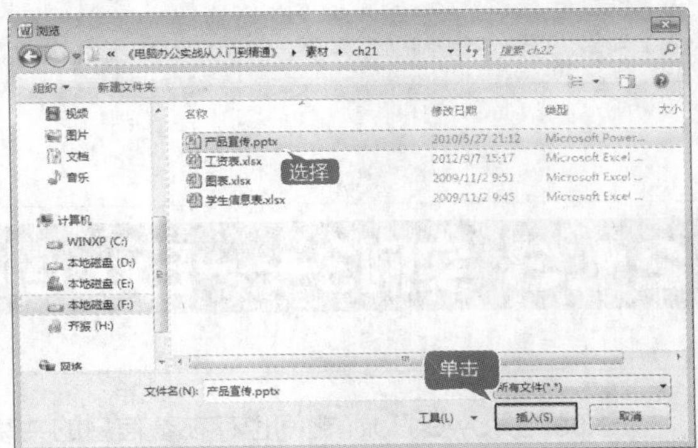

3 返回【对象】对话框

返回【对象】对话框，单击【确定】按钮，即可在文档中插入所选的演示文稿。

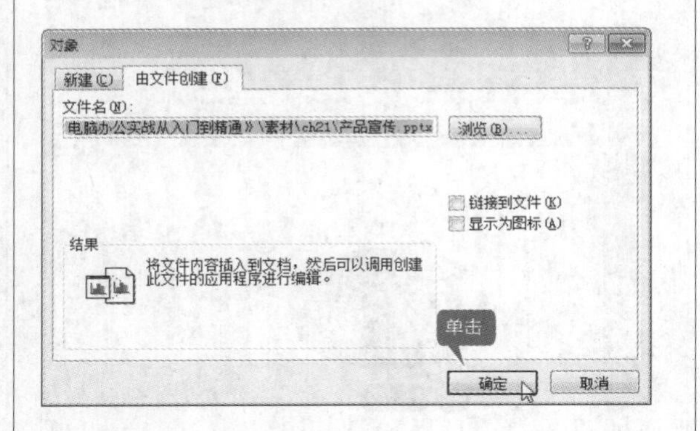

4 调用演示文稿效果

插入PowerPoint演示文稿以后，可以通过演示文稿四周的控制点来调整演示文稿的位置及大小。

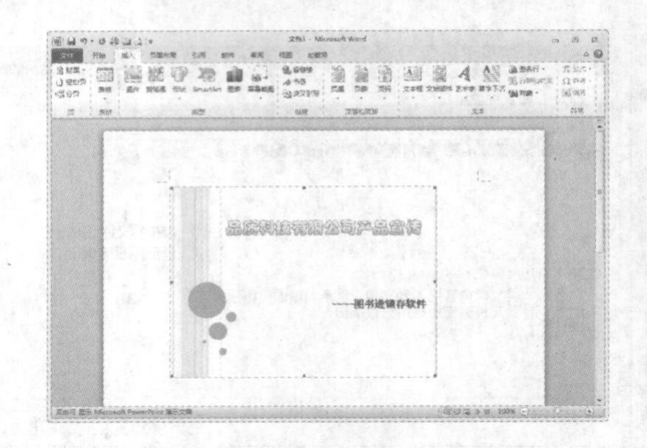

21.2.2 在Word中调用单张幻灯片

根据不同的需要，用户可以在Word中调用单张幻灯片，具体的操作步骤如下。

1 选择【复制】菜单项

打开随书光盘中的“素材\ch21\产品宣传.pptx”文件，在演示文稿中选择需要插入Word中的单张幻灯片，然后单击鼠标右键，在弹出的快捷菜单中选择【复制】菜单项。

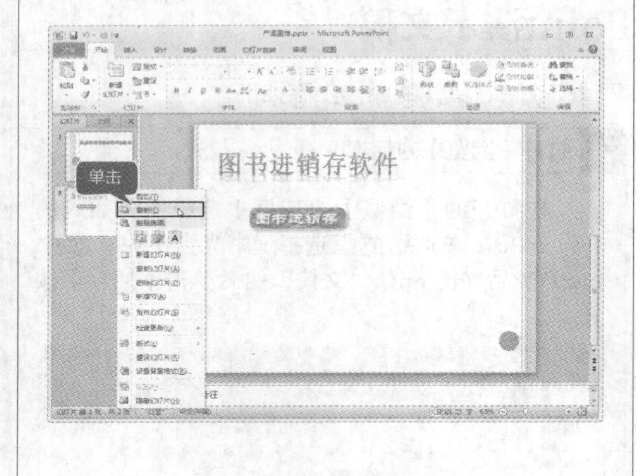

2 调用单张幻灯片

切换到Word软件中，单击【开始】选项卡【剪贴板】选项组中的【粘贴】按钮下方的倒三角按钮，在下拉菜单中选择【选择性粘贴】菜单项，弹出【选择性粘贴】对话框，选中【粘贴】单选按钮，在【形式】列表框中选择【Microsoft PowerPoint 幻灯片 对象】选项，然后单击【确定】按钮即可。最终效果如下图所示。

21.3 实例3——Excel与PowerPoint之间的协作

本节视频教学时间：6分钟

Excel与PowerPoint之间也存在着信息的共享与调用关系。

21.3.1 在PowerPoint中调用Excel工作表

用户可以将在Excel中制作的工作表调用到PowerPoint中放映，这样可以为讲解省去很多麻烦。

1 复制数据区域

打开随书光盘中的“素材\ch21\学生信息表.xlsx”文件，将需要复制的数据区域选中，然后单击鼠标右键，在弹出的快捷菜单中选择【复制】菜单项。

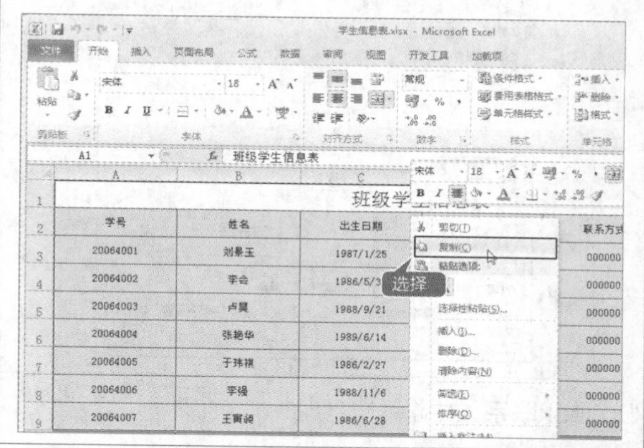

2 调用Excel工作表效果

切换到PowerPoint软件中，单击【开始】选项卡【剪贴板】选项组中的【粘贴】按钮，最终效果如图所示。

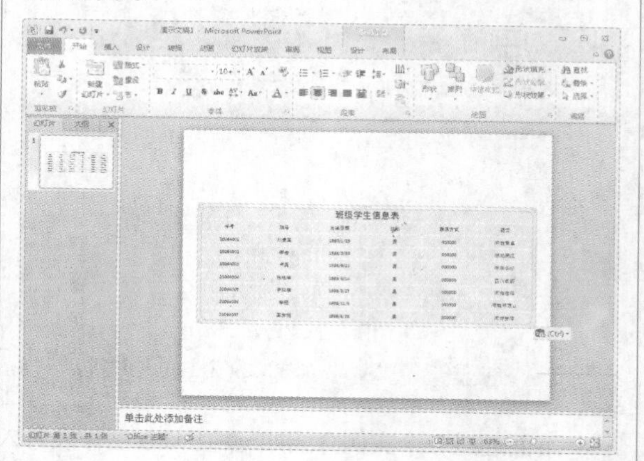

21.3.2 在PowerPoint中调用Excel图表

用户也可以在PowerPoint中调用Excel图表，具体的操作步骤如下。

1 选择【复制】菜单项

打开随书光盘中的“素材\ch21\图表.xls”文件，选中需要复制的图表，然后单击鼠标右键，在弹出的快捷菜单中选择【复制】菜单项。

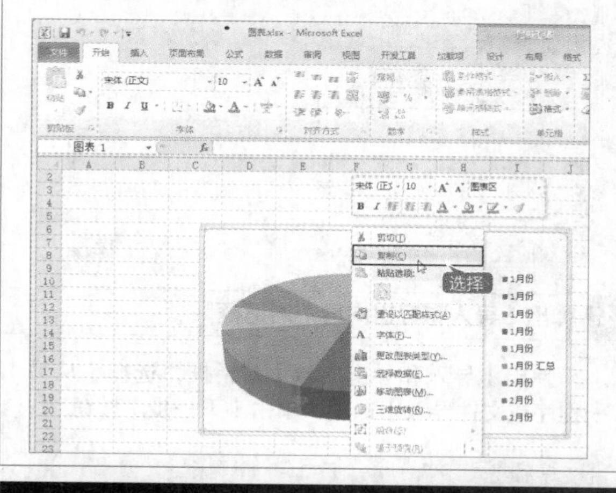

2 调用Excel图表效果

切换到PowerPoint软件中，单击【开始】选项卡【剪贴板】选项组中的【粘贴】按钮，最终效果如图所示。

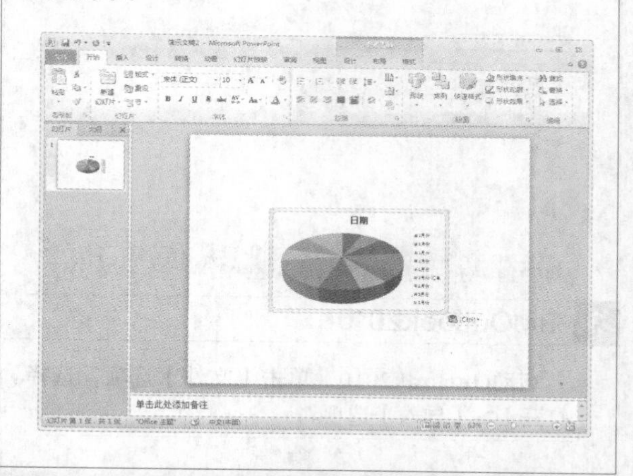

21.4 实例4——Outlook与其他组件之间的协作

本节视频教学时间：6分钟

因为使用Word可以查看、编辑和编写电子邮件，故Outlook与Word之间的联系非常紧密。Outlook与Word之间最常用的协作就是使用Outlook通讯簿查找地址。

1 单击【信封】按钮

单击【邮件】选项卡【创建】选项组中的【信封】按钮。

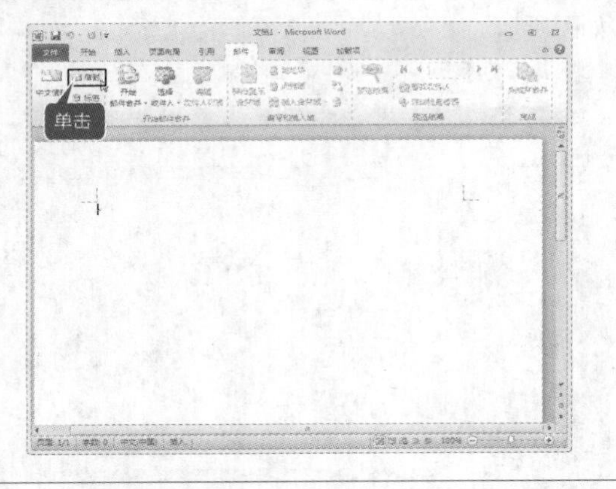

2 设置【信封和标签】对话框

弹出【信封和标签】对话框，在【收信人地址】文本框中输入对方的邮箱地址，或者单击【通讯簿】按钮，从Outlook中查找对方的邮箱地址。

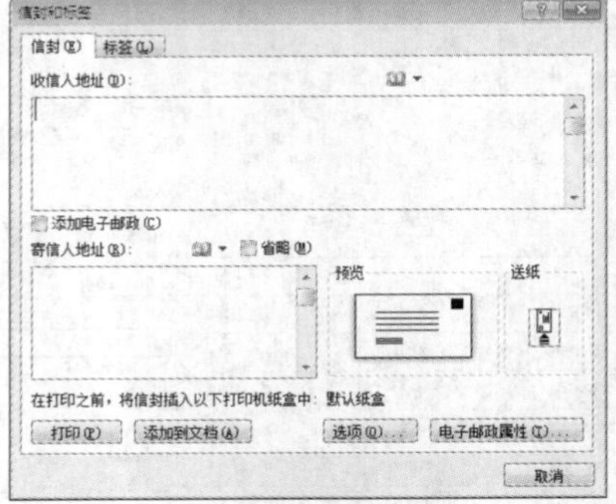

下面通过一个实例介绍如何将Excel工作表导入Outlook联系人中。

1 输入区域名称

打开随书光盘中的“素材\ch21\客户信息表.xlsx”文件，选中需要导入的客户信息数据，如A1:D5单元格区域，将光标定位于名称框中，输入这个区域的名称“客户信息表”。

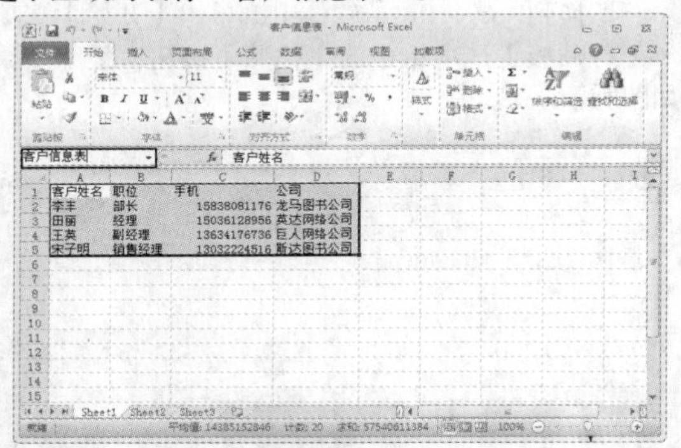

2 区域名称设置完成

输入后回车确认，区域名称设置完成。为了测试，可以单击名称框右边的下拉箭头，在弹出的列表中选择【客户信息表】选项，此时A1:D5单元格区域就被选中，这表明【区域名称】被成功设置。

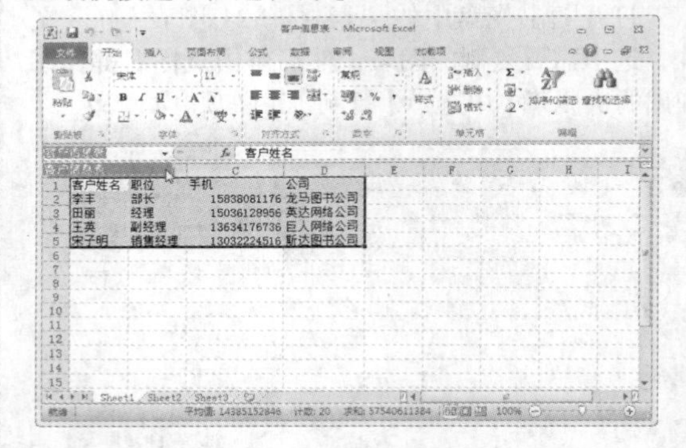

3 启动Outlook2010

启动Outlook2010，单击【文件】选项，选择【打开】➤【导入】选项。

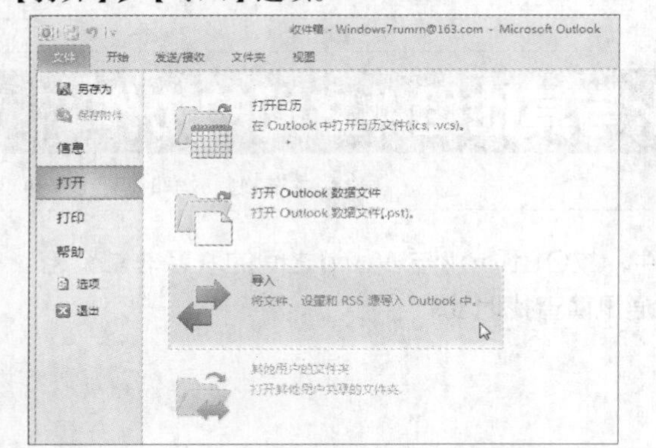

4 弹出【导入和导出向导】对话框

弹出【导入和导出向导】对话框，选择【从另一程序或文件导入】选项，单击【下一步】按钮。

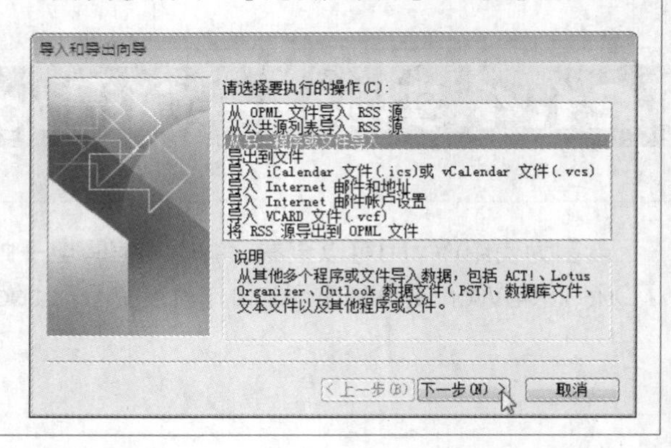

5 弹出【导入文件】对话框

弹出【导入文件】对话框，选择文件类型为【Microsoft Excel 97—2003】，单击【下一步】按钮。

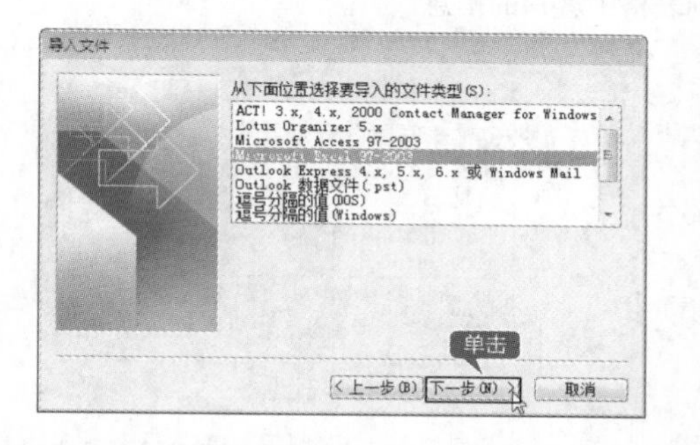

6 选择要导入的文件

在弹出的对话框中单击【浏览】按钮，在弹出的【浏览】对话框中选择“素材\ch21\客户信息表.xls”文件，然后单击【确定】按钮。

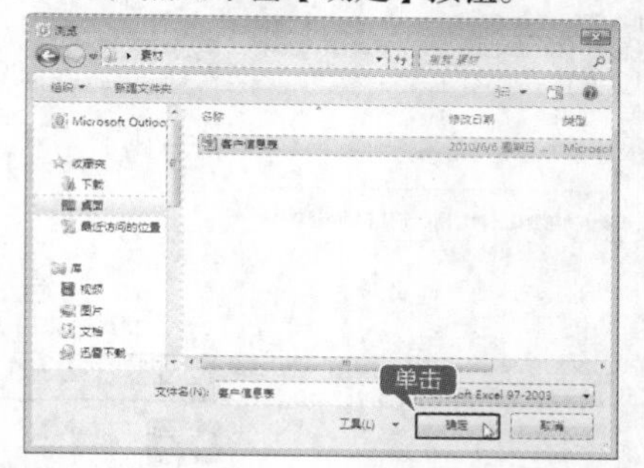

7 返回【导入文件】对话框

返回【导入文件】对话框，单击【下一步】按钮。

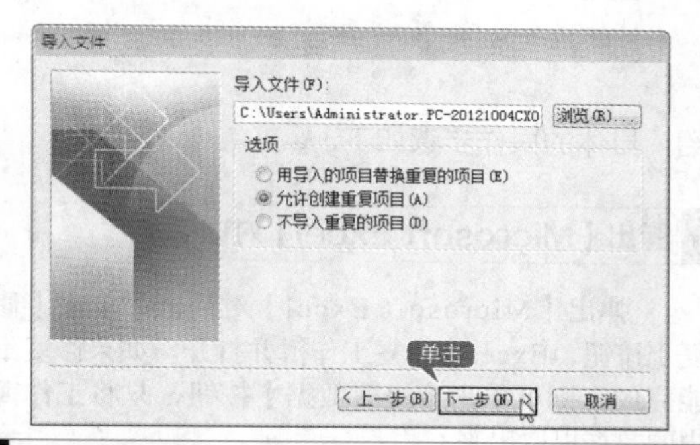

8 选择导入的目标文件夹为【联系人】选项

选择导入的目标文件夹为【联系人】选项，单击【下一步】按钮。

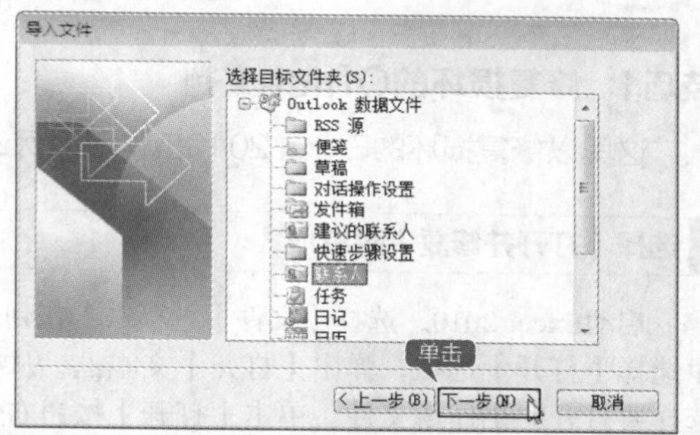

9 单击【映射自定义字段】按钮

选中【将“客户信息表”导入下列文件夹：联系人】复选框，单击【映射自定义字段】按钮。

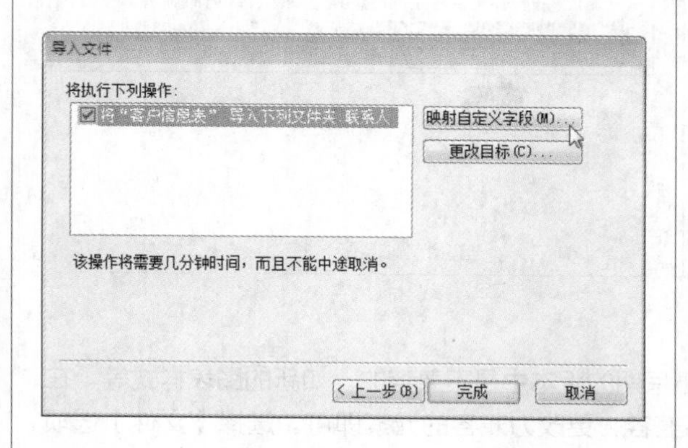

10 设置【映射自定义字段】对话框

在左边的列表框中选中一个字段【客户姓名】，按住鼠标左键不放，拖曳到右边列表框中与该字段含义相同的字段【姓名】的右边，【职位】字段应该拖动到【职务】字段的右边，【手机】字段应该拖动到【移动电话】字段的右边，【公司】字段应该拖动到【单位】字段的右边，然后单击【确定】按钮，完成字段映射的操作。

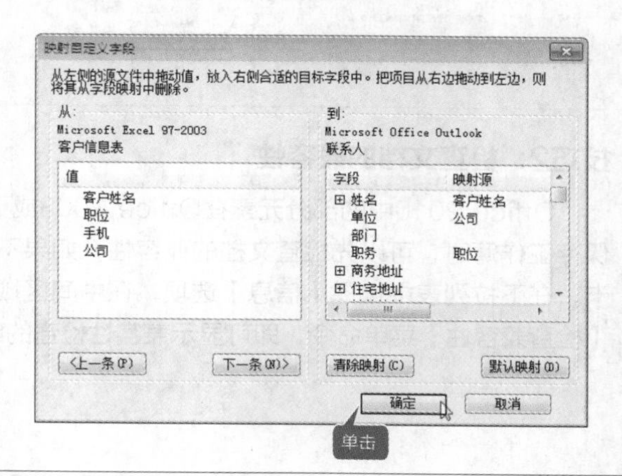

11 单击【完成】按钮

返回【导入文件】对话框，单击【完成】按钮。

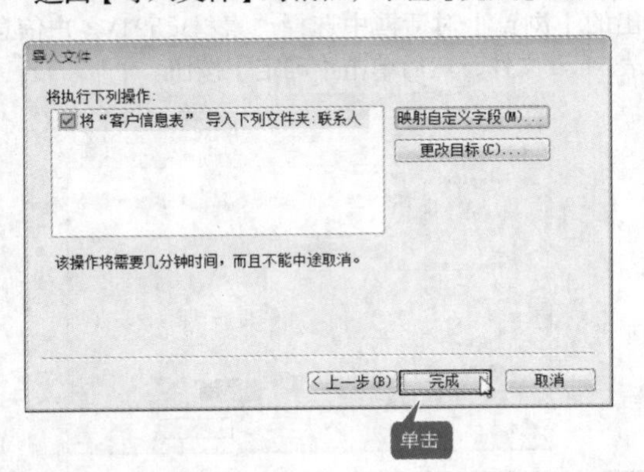

12 可以看到表格中客户的信息

选择【开始】选项卡，在【我的联系人】窗口中选择【联系人】选项，在编辑窗口中用户可以看到表格中客户的信息。

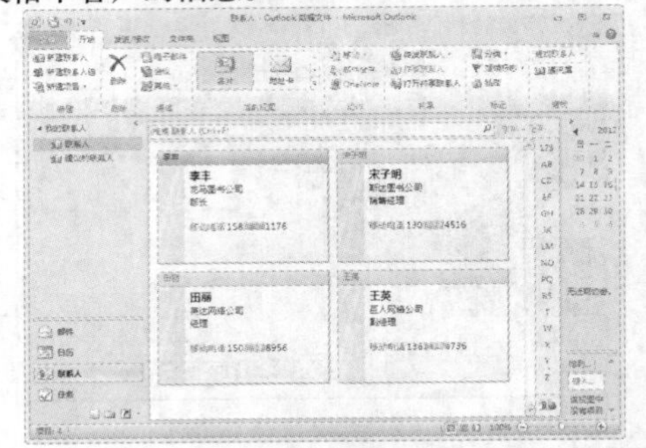

高手私房菜

技巧1：修复损坏的Office文档

这里以修复损坏的Excel 2010工作簿为例进行介绍，具体的操作步骤如下。

1 选择【打开并修复】菜单项

启动Excel 2010，选择【文件】选项卡，在列表中选择【打开】选项，弹出【打开】文本框，从中选择要打开的工作簿文件。单击【打开】按钮右侧的下拉箭头，在弹出的下拉菜单中选择【打开并修复】菜单项。

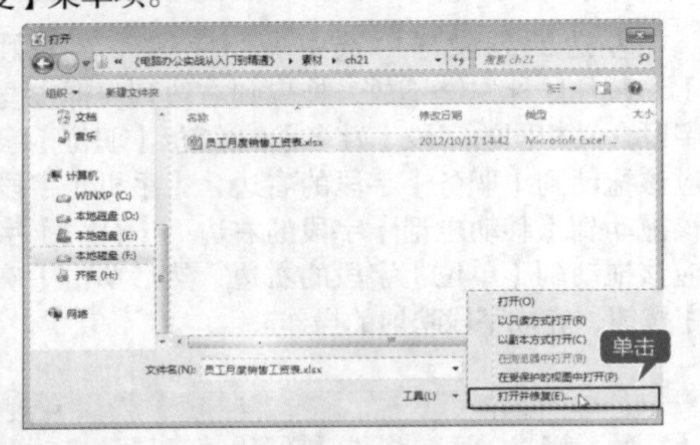

2 弹出【Microsoft Excel】对话框

弹出【Microsoft Excel】对话框，单击【修复】按钮，Excel将修复工作簿并打开。如果修复不能完成，则可单击【提取数据】按钮，只将工作簿中的数据提取出来。

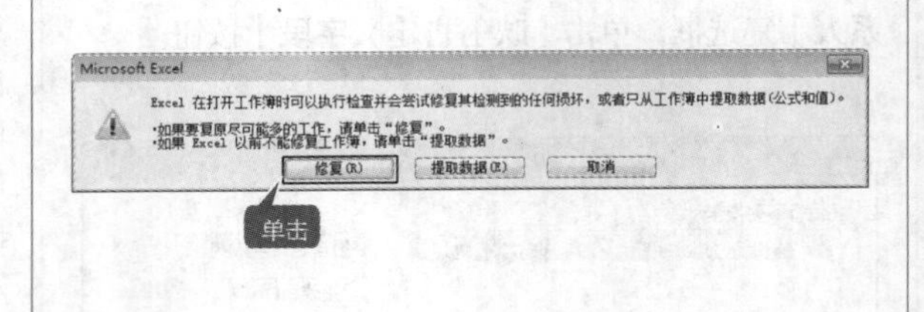

技巧2：检查文档的兼容性

Office 2010中的部分元素在Office 2003或更早期的版本中是不兼容的，如新的图表样式等。在保存工作簿时，可以先检查文档的兼容性，如果不兼容，更改为兼容的元素即可。选择【文件】选项卡，在下拉列表中选择【信息】选项，在中间区域单击【检查问题】按钮，在弹出的下拉菜单中选择【检查兼容性】菜单命令，即可显示兼容性检查的结果。

第 22 章

Office 的跨平台应用

——使用手机移动办公

本章视频教学时间：28 分钟

很多年前，人们拿着纸和笔办公；
过了几年，人们拿着笔记本电脑办公；
现在，使用手机移动办公也成为一种潮流。

【学习目标】

- 通过本章的学习，可以了解使用手机移动办公的方法和技巧。

【本章涉及知识点】

- 使用 iPhone 查看办公文档
- 使用手机协助办公
- 使用手机制作报表
- 使用手机定位幻灯片
- 使用平板电脑（iPad）编辑 Word 文档

22.1 使用iPhone(iOS)查看办公文档

本节视频教学时间：6分钟

使用iPhone可以轻松查看办公文档。

22.1.1 查看iPhone上的办公文档

在iPhone上安装Office²Plus，可以让你在iPhone中轻松查看同一个局域网内电脑中的Word和Excel文档。

1 将文档放进iPhone中

使用数据线将iPhone与电脑连接，在电脑中启动iTunes。在iTunes中单击识别的iPhone名（酷机），单击【应用程序】按钮，并向下滚动到“文件共享”选项处，在应用程序下选择“Office²Plus”选项，右侧窗格中会显示该软件中的文档，直接拖曳电脑中的文档到右侧的“‘Office²Plus’的文档”窗格中。

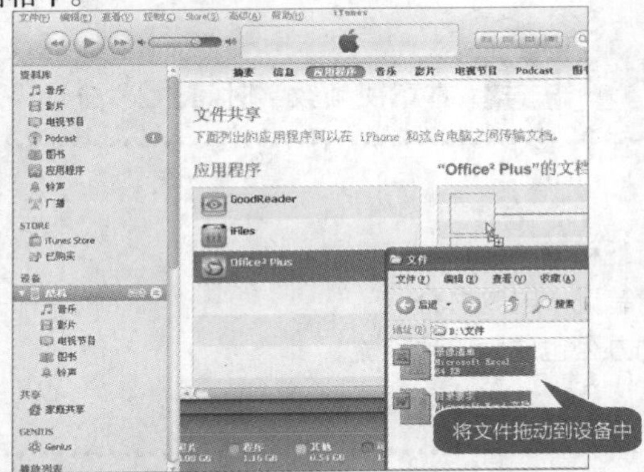

2 选择【本地文件】选项

在iPhone中单击【Office²Plus】图标，在【Office²Plus】界面单击【本地文件】选项。

3 单击【目录要求】文档

在打开的【本地文件】界面中看到拖曳进去的文档，然后单击【目录要求】文档。

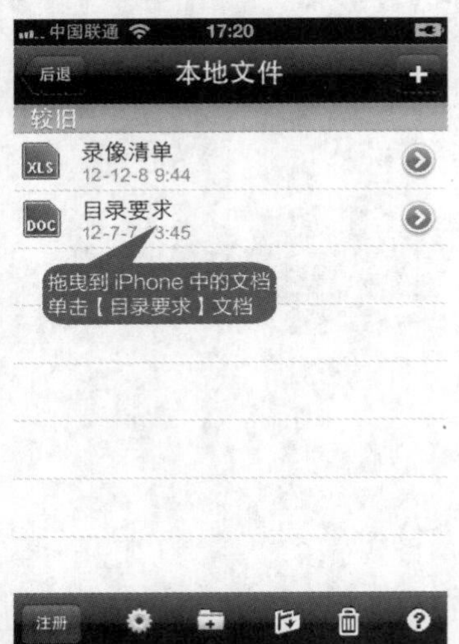

4 查看Word文档

在iPhone中查看Word文档，单击【关闭】按钮，即可返回【本地文件】界面。

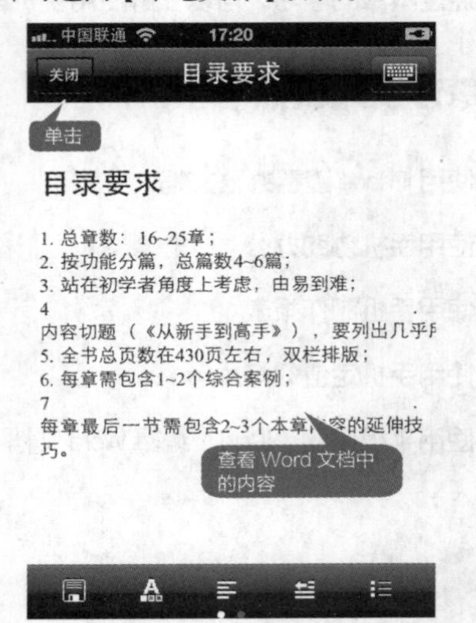

5 选择【录像清单】文档

在【本地文件】页面中单击【录像清单】文档。

6 查看【录像清单】文档

查看打开的Excel文档，拖动即可查看其他列或行的内容。

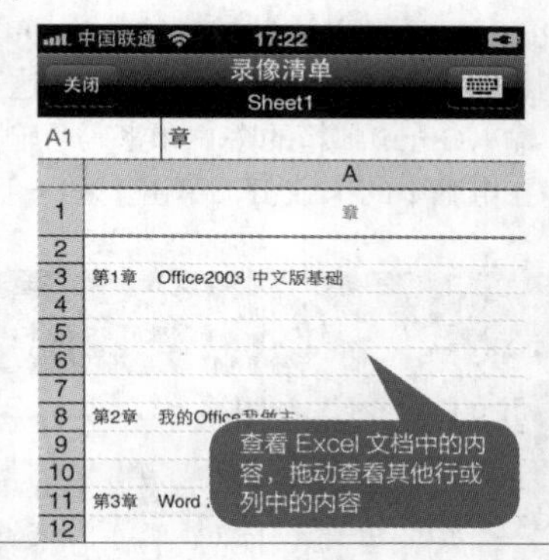

22.1.2 远程查看电脑上的办公文档

文档在办公室或家里的电脑上，无论你在何处，都能轻松使用iPhone连接电脑办公。

1. 在电脑中设置PocketCloud

1 下载安装PocketCloud并输入账户信息

在电脑中下载并安装PocketCloud，安装完成后，在弹出的界面中输入Gmail账户和密码。单击【Next】按钮。

2 完成PocketCloud安装

单击【Finish】按钮，即可完成PocketCloud的安装及邮箱的登录。

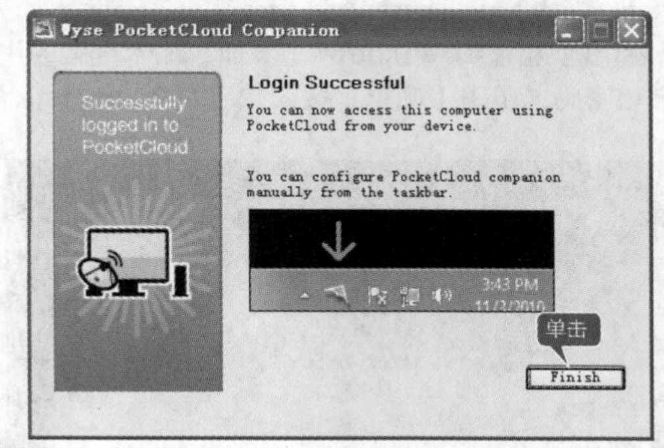

3 选择【远程】选项卡

右键单击【我的电脑】图标，在弹出的菜单中选择【属性】，在弹出的【系统属性】对话框中选择【远程】选项卡。

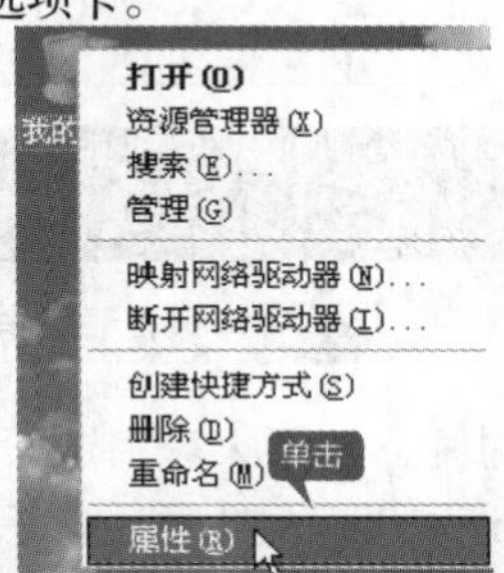

4 计算机远程设置

选中【允许用户远程连接到此计算机】复选框，单击【确定】按钮。

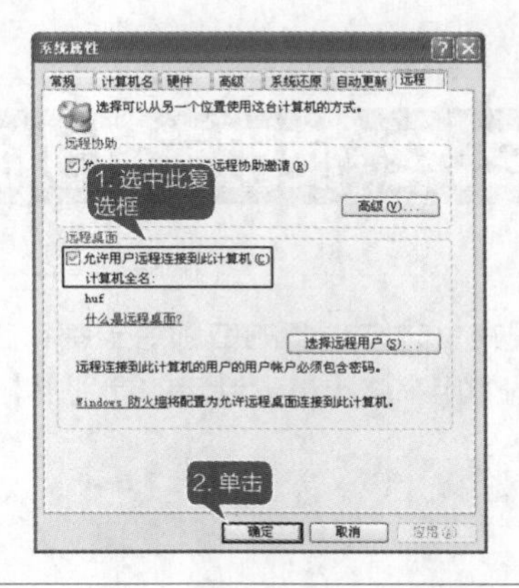

工作经验小贴士

电脑当前的账户需要有密码，否则无法进行远程连接。

2. 在iPhone中设置PocketCloud

1 下载安装PocketCloud并输入账户信息

在iPhone中下载并安装“PocketCloud”，安装后单击图标，在打开的界面中单击【从这开始】链接文字。输入Gmail邮箱的账户和密码（输入的邮箱账户要和在电脑中的一致），单击【下…】按钮。

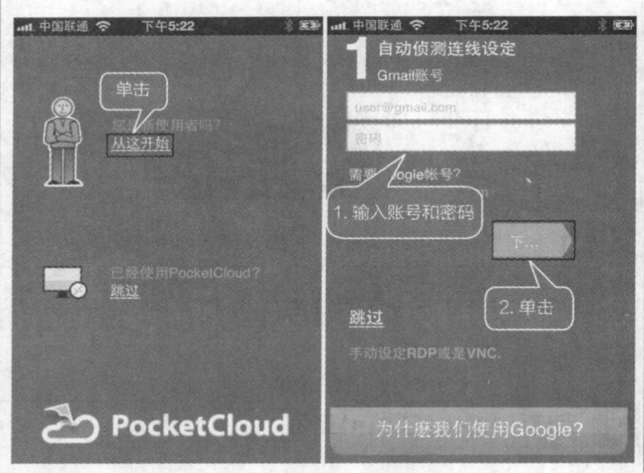

2 完成登录

即可开始远程登录，远程登录完成后，单击【完成】按钮，在iPhone中单击检测到的电脑名称。

3 输入电脑的用户名和密码

弹出【登录到 Windows】界面，输入电脑的用户名和密码，单击【确定】按钮。

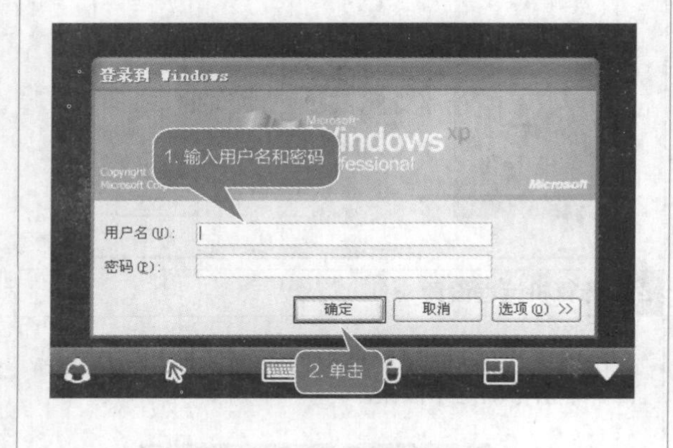

4 打开办公文档

连接电脑桌面之后，即可在iPhone中操作此电脑，查看办公文档了。

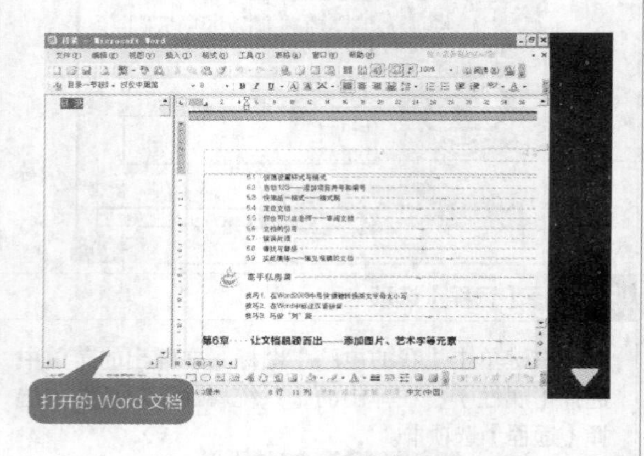

22.2 使用手机协助办公

本节视频教学时间：9分钟

现在，越来越多的白领每天都得在公交或者地铁上花费很多时间。如果大家将这段时间加以利用，例如用来修改最近制定的计划书，不仅可以加快工作的进度，还能够获得上司的赏识，何乐而不为呢？

22.2.1 收发电子邮件

手机自带的【电子邮件】以及【Gmail】等软件功能非常强大，使用这些软件发送邮件只需要在初次使用时进行设置，节省了每次登录时输入用户名和密码的时间，使操作更快捷。

1 配置邮箱账户

单击应用程序界面的【电子邮件】图标，在“账户设定”页面，选择邮箱服务商（这里选择“126”），输入邮箱地址和密码，然后单击【下一步】按钮。

2 登录邮箱

系统开始连接服务器，连接成功后，即可登录邮箱。

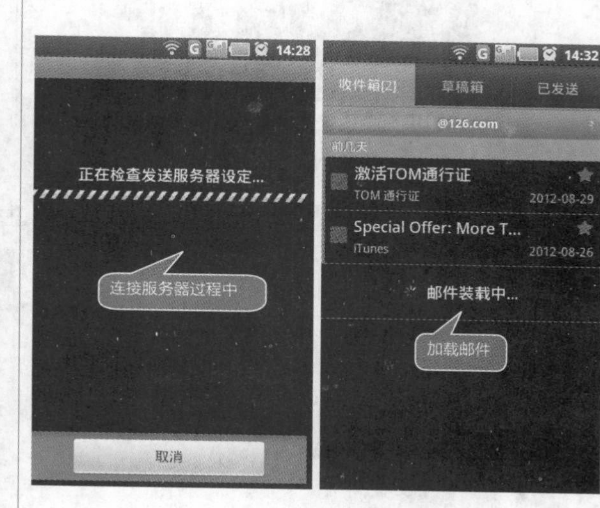

3 发送电子邮件

在手机上单击【选项】（菜单）键，在弹出的底部菜单中单击【编写】按钮，输入收件人地址和邮件主题以及邮件的内容，单击【发送】按钮。

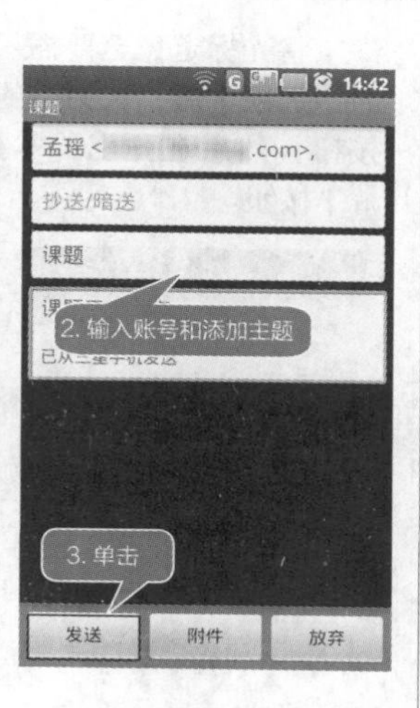

4 查看电子邮件

在【收件箱】页面中，单击要查看的邮件，即可查看该邮件。

5 查看附件

在邮件中，单击 按钮，展开并查看附件。

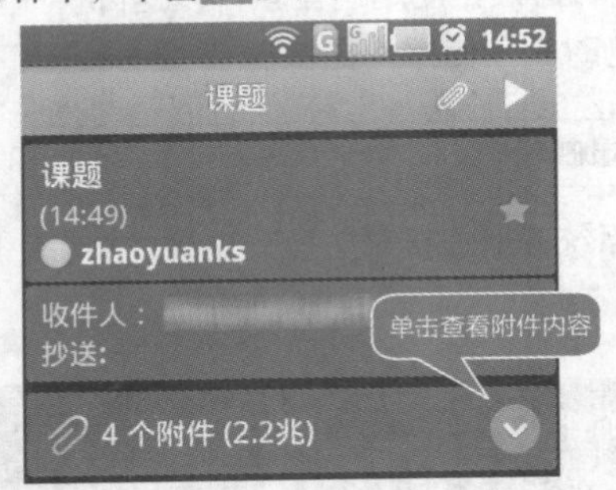

6 保存附件

单击【全部保存】按钮，可将附件全部保存至手机中，也可单击 逐个保存附件。

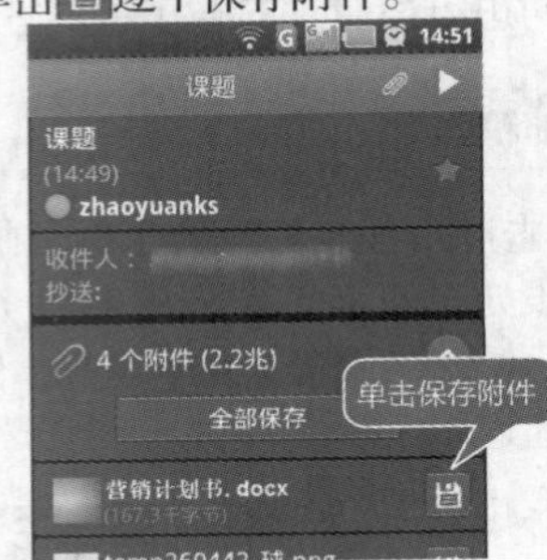

22.2.2 编辑和发送文档

利用“Office办公套件”应用程序可以对文档进行编辑，并发送。

1 新建Word文档

下载并安装“Office办公套件”应用程序，进入【Office办公套件】页面，单击页面底部的【新建】按钮，在弹出的选择列表中单击【Word文档】选项。

2 打开本地文档

除了创建Word文档外，用户也可以直接打开本地文件。单击【本地文件】按钮，在【本地文件】页面中单击【营销计划书.docx】文档，即可打开该文档。

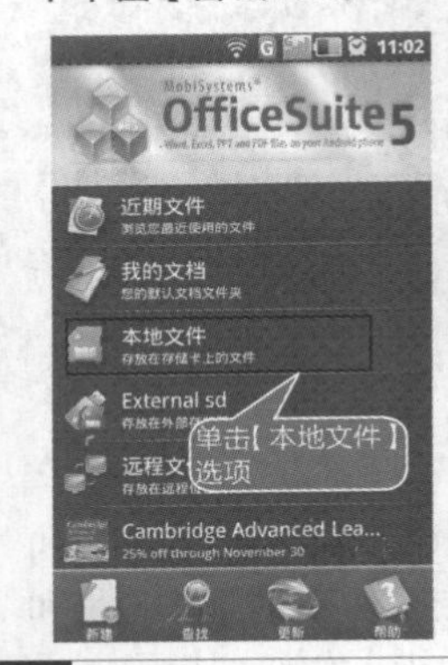

3 编辑文档

打开文档后，在屏幕上点击并拖曳，可以选中一段文字，文字底部变为淡蓝色，在选取的两端会出现两个淡黄色的标志，拖曳标志可精确扩大或缩小选取范围，单击页面底部的按钮即可对文字进行编辑。

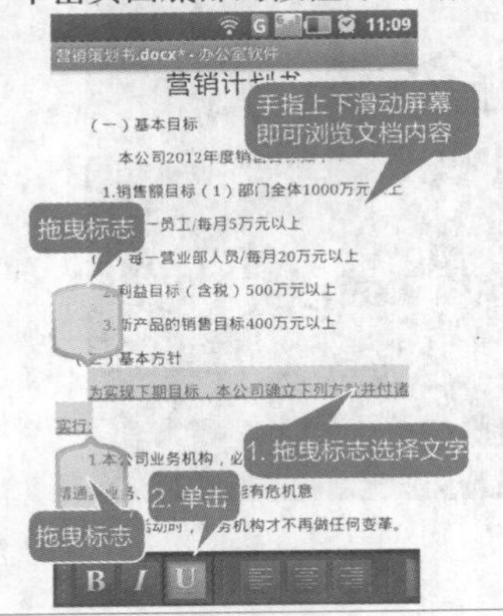

4 插入图片

将光标定位至要插入图片的位置，单击手机上的【选项】键，在弹出的底部菜单中单击【插入】按钮，然后在弹出的【插入】对话框中单击【图片】按钮。

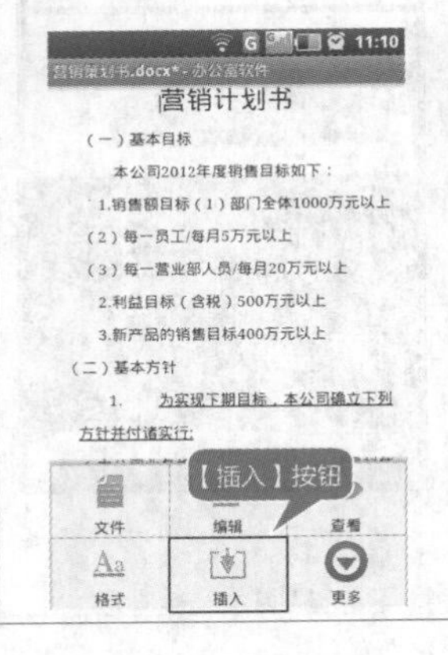

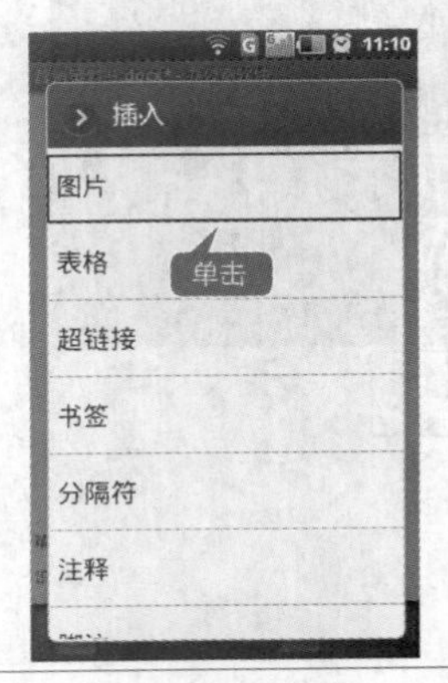

5 保存文档

在手机中选择图片并单击，即可将图片插入到文档中。单击手机上的【选项】键，在弹出的底部菜单中单击【文件】按钮，然后在弹出的列表中单击【保存】按钮即可完成文件的保存。

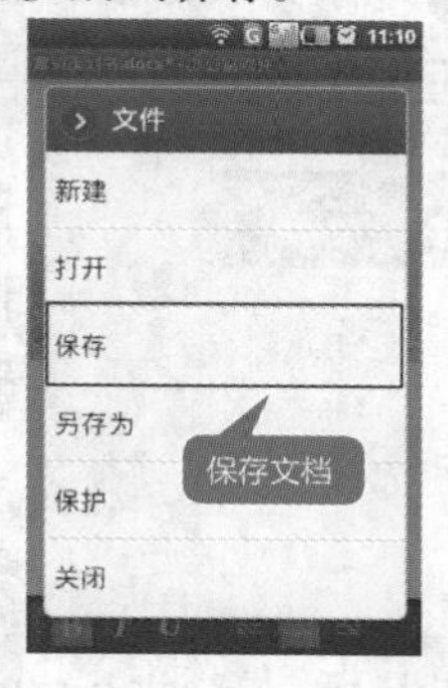

6 选择发送方式

长按【营销计划书.docx】文档，在弹出的【文件选项】对话框中单击【发送文件】按钮。弹出【发送文件】对话框，在该页面中可以单击【电子邮件】或【蓝牙】选项，选择发送方式。

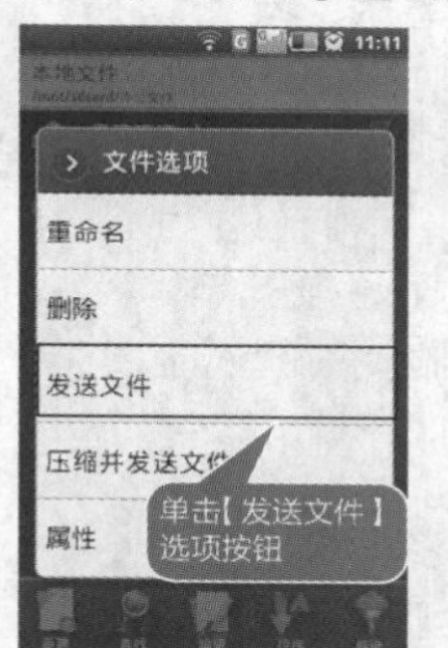

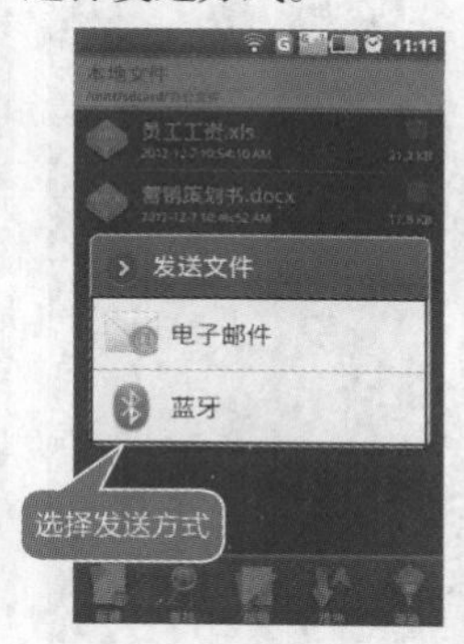

22.2.3 在线交流工作问题

在Android中使用MSN，能让你随时交流工作。

1 安装并登录MSN

下载并安装“手机MSN”，进入MSN登录界面。输入账号和密码后单击【登录】按钮登录MSN。

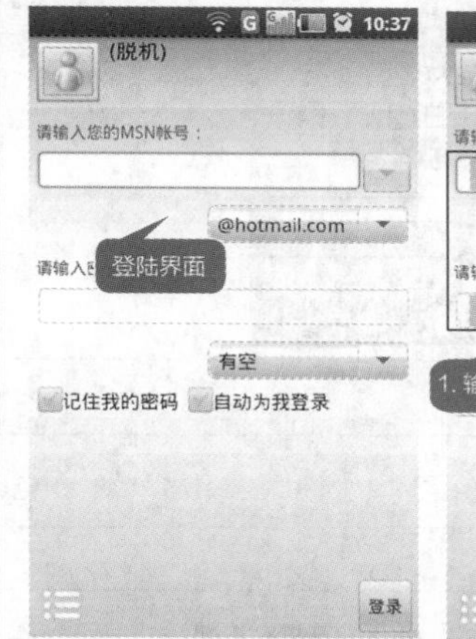

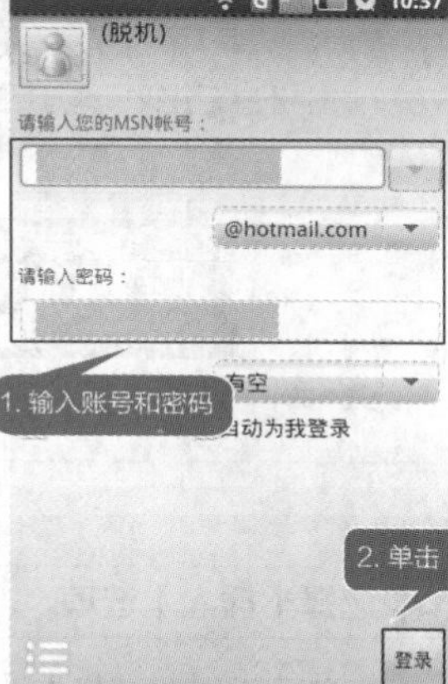

2 在线交流

在进入的好友界面中单击【常用联系人】选项，然后单击人名。在空白框中输入信息，然后单击【发送】按钮，即可发送消息。

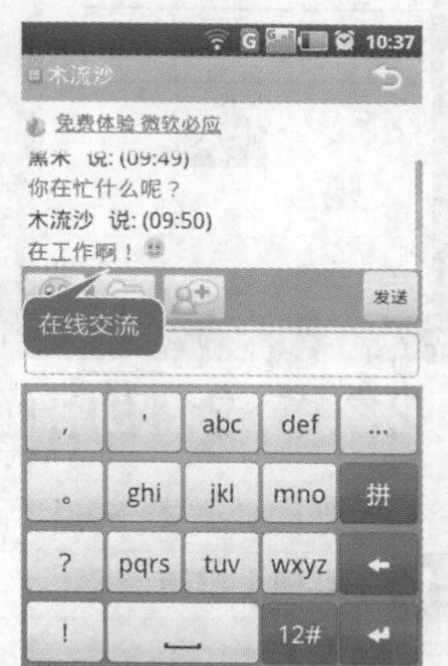

22.3 使用手机做报表

本节视频教学时间：6分钟

使用手机办公，随时随地制作报表。

22.3.1 表与表之间的转换

了解Excel的朋友都知道，一张工作簿中可以包含好几张工作表。那么，在手机中如何进行工作表间的切换呢？

1 打开Excel Mobile文档管理界面

打开手机主菜单，单击【Office Mobile】图标，进入Office Mobile主界面，单击【Excel Mobile】图标，进入Excel Mobile文档管理界面。

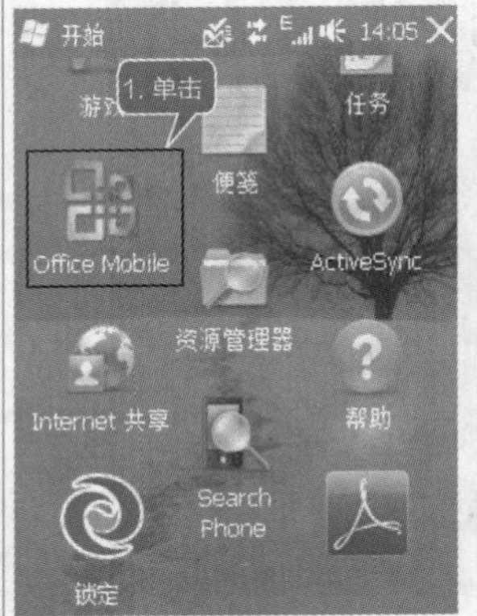

2 查看Excel文档

在【Excel Mobile】页面【所有文件夹】列表中单击【员工工作日志】文档，打开此文件，单击【查看】显示快捷菜单。

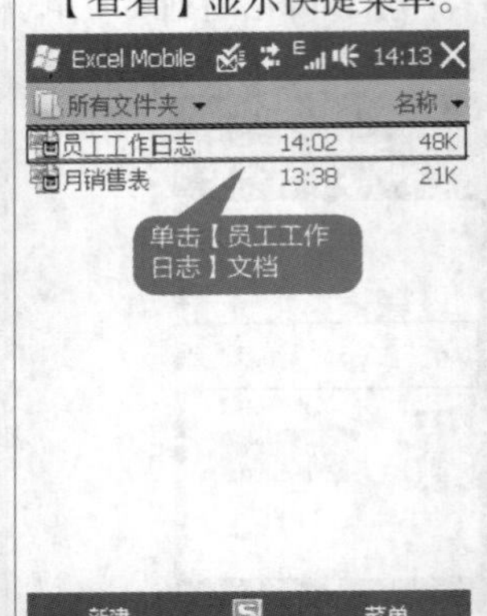

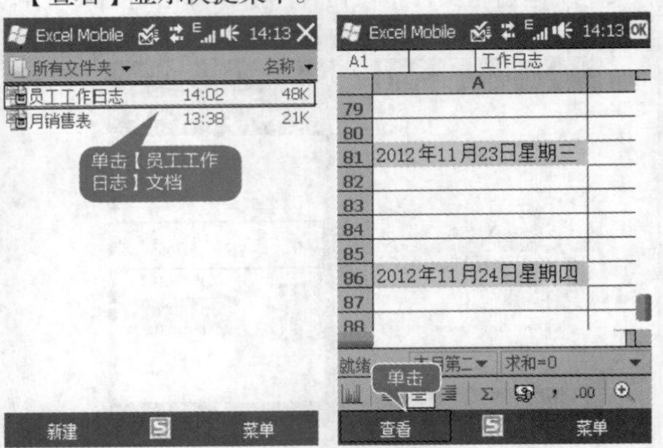

3 选择工作表

单击【工作表】选项，在弹出的工作表菜单中，单击选择的工作表即可打开该表。

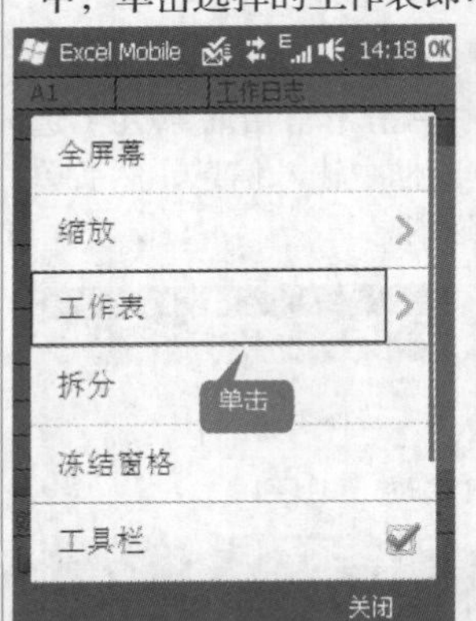

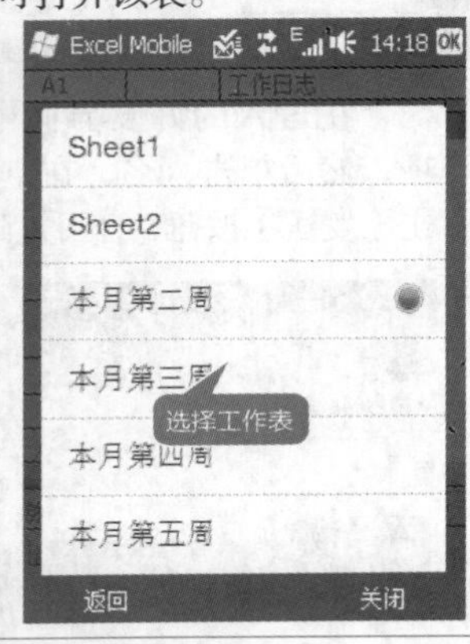

4 使用其他方法选择工作表

在打开的Excel Mobile文档管理界面中，可直接单击 本月第三▼ 方框，也可弹出工作表菜单。

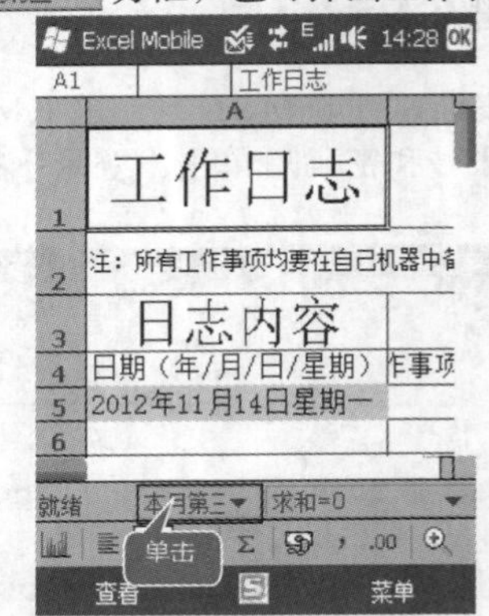

22.3.2 使用函数求和

处理数据要充分利用函数功能，轻松自在我手中。

1 【菜单】按钮

打开“销售电器表.xlsx”，单击B8单元格，并单击【菜单】按钮。

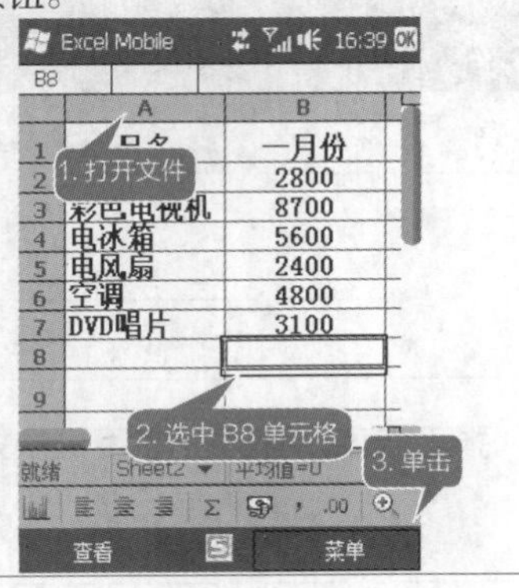

2 选择【插入】选项

弹出快捷菜单界面，单击【插入】选项。

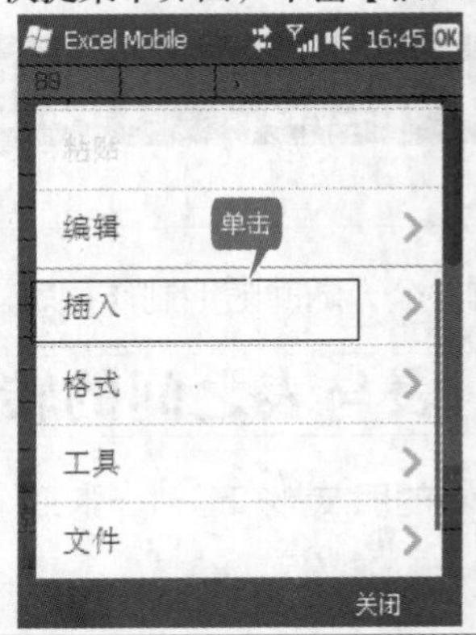

3 调用【函数】选项

弹出插入快捷菜单，单击【函数】选项。

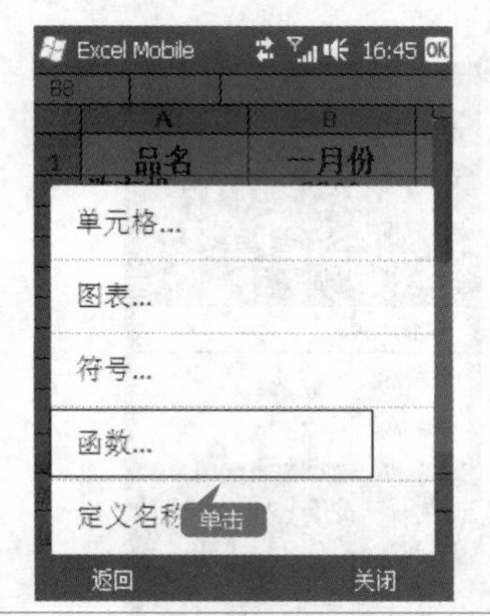

4 选择函数

打开【插入函数】界面，选择SUM（number1，number2...），单击【确定】按钮。

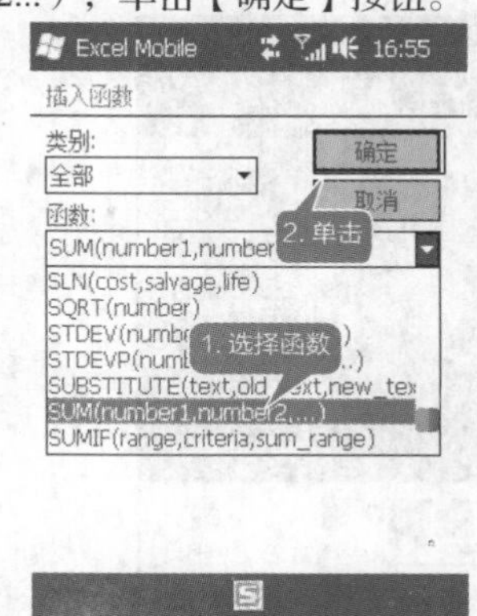

5 编辑公式

编辑函数公式为SUM(B2:B7)。

6 使用函数求和

单击 Σ 图标即可求和。

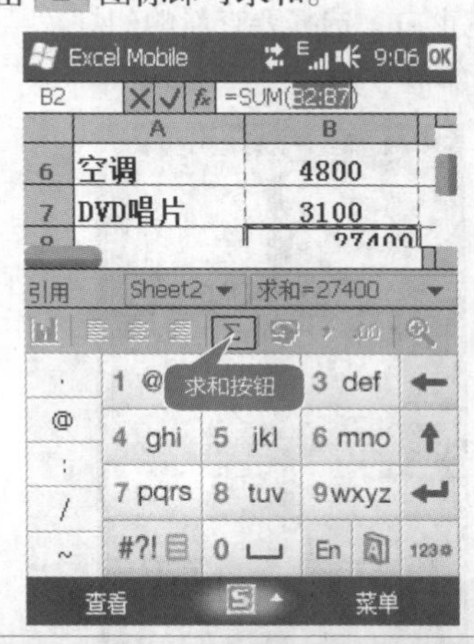

22.4 使用手机定位幻灯片

本节视频教学时间：2分钟

幻灯片张数较多，查看某一张特定幻灯片会有许多不便。可以通过预览快速转至所需的幻灯片。

1 单击【本地文件】选项

打开安装的Office办公套件，进入软件界面，单击【本地文件】选项。

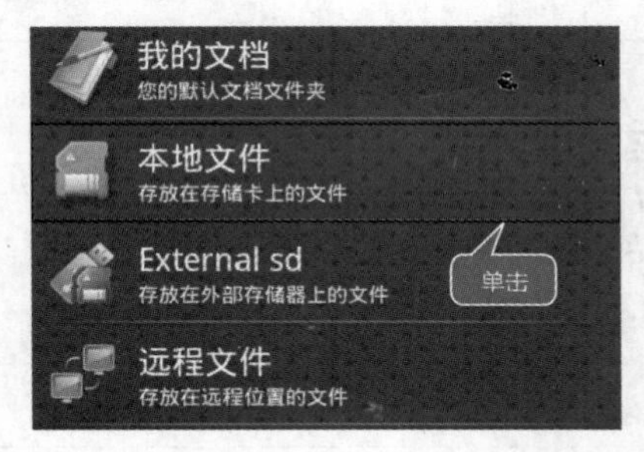

2 打开幻灯片

打开文件列表，打开【食品营养报告.pptx】幻灯片。

3 单击【Menu】菜单键

单击【Menu】菜单键，在弹出的快捷菜单中，单击【查看】菜单命令。

4 单击【转到幻灯片…】选项

在弹出的【查看】对话框中，单击选择【转到幻灯片…】选项。

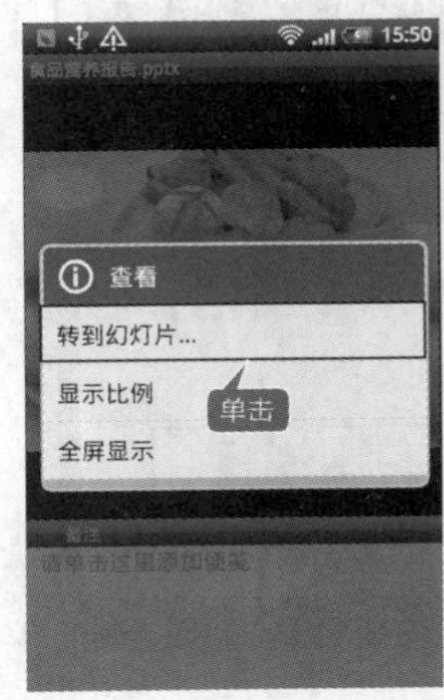

5 选择要查看的幻灯片

打开预览窗口，选择要查看的幻灯片。如下图所示，单击【幻灯片5】。

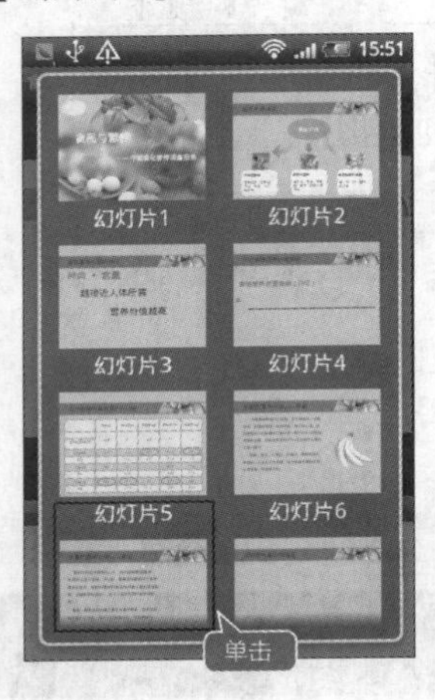

6 查看幻灯片

此时，即可快速转至选择的幻灯片进行查看。

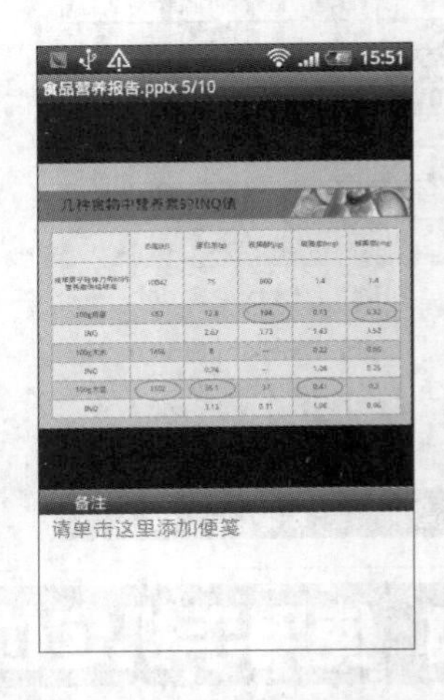

22.5 使用平板电脑（iPad）编辑Word文档

本节视频教学时间：4分钟

使用平板电脑编辑文档正在被越来越多的人接受，它的实用性要远远大于手机。平板电脑在办公应用中的范围越来越广，给人们带来了很大的便利。

工作经验小贴士

在iTunes或App Store中搜索并下载“Pages”应用程序，完成安装。

1 打开应用程序

单击iPad桌面上的【Pages】程序图标。

2 进入程序界面

此时，即可进入程序界面，单击【添加】按钮➕，弹出下拉菜单，单击【创建文稿】选项。

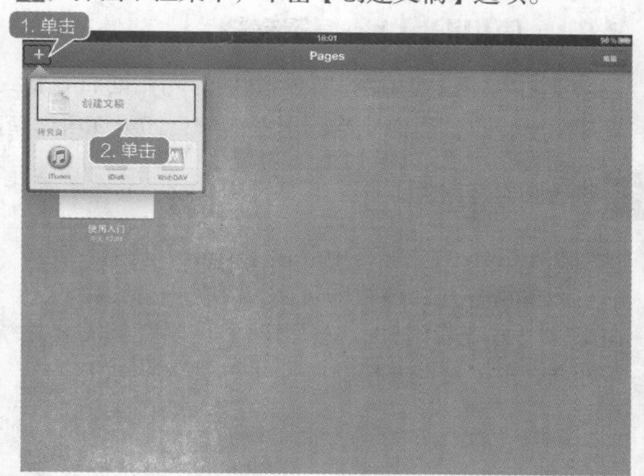

3 进入选取模板界面

此时进入选取模板界面，单击【空白】模板，即可创建空白文档。

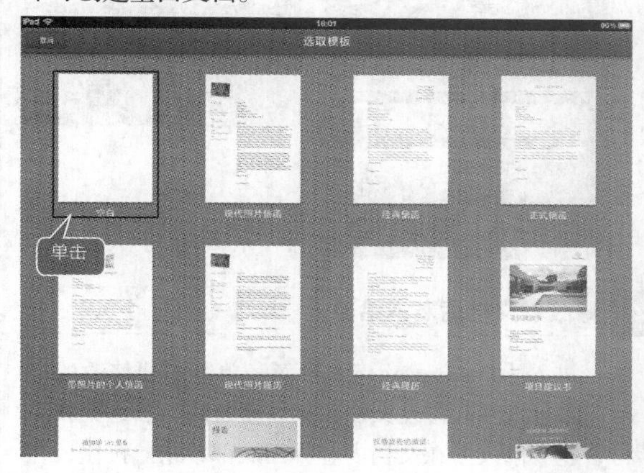

4 弹出快捷菜单栏

在文档中输入标题，并长按编辑区屏幕弹出快捷菜单栏，单击【全选】菜单命令。

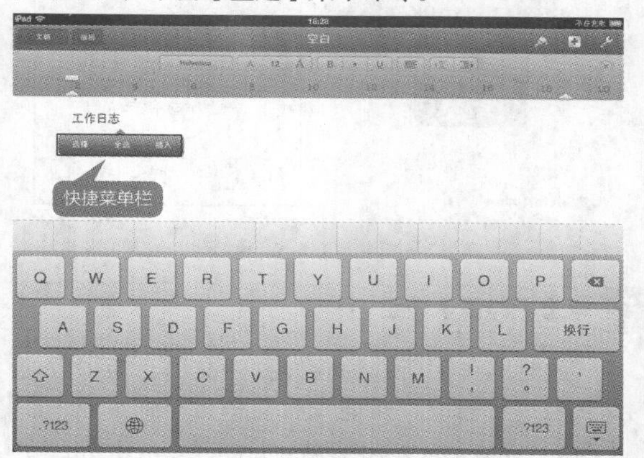

5 设置标题格式

选中标题并弹出子菜单栏，将标题字体设置为“黑体-简”，字号为“18”，对齐方式为“居中”。

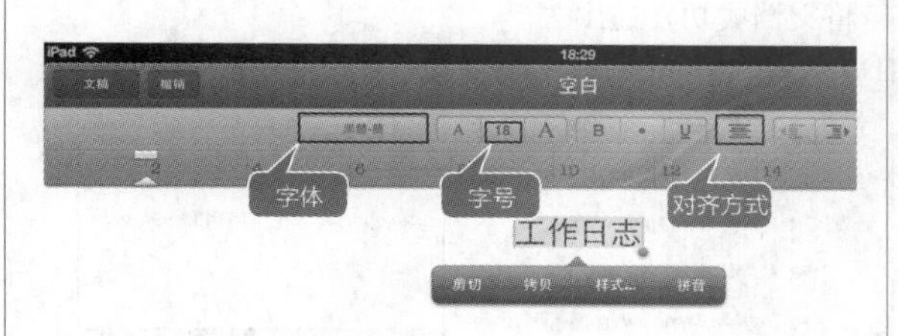

6 输入文档正文内容

另起一行输入文档的正文内容，文档完成后，退出该应用程序，文档会自动保存。

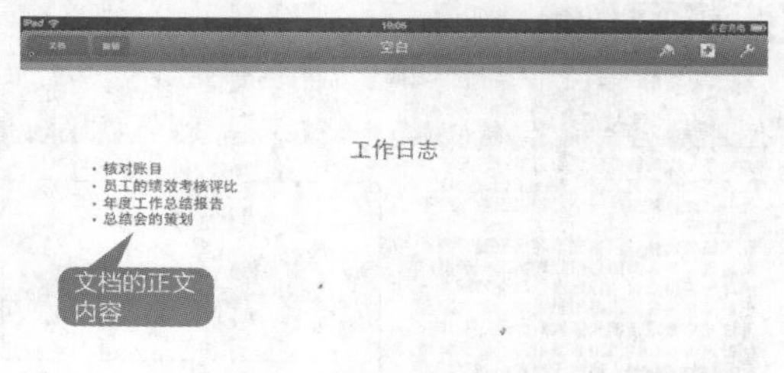

高手私房菜

技巧：使用iPhone编辑文档

使用电脑查看和编辑文档受到时间和地点的制约，出现紧急情况时，公司领导需要你马上浏览一份方案并作出修改，而你又恰巧出差在外，如果你身边有部iPhone，那就万事大吉了！

1 查看邮件及附件

在iPhone的主屏幕中单击【Mail】图标，登录邮箱后单击打开邮件，即可阅读相关内容。用户可在邮件下方查看附件，这里有4个重要文档需要立即处理，单击这些文档即可打开并浏览具体内容。

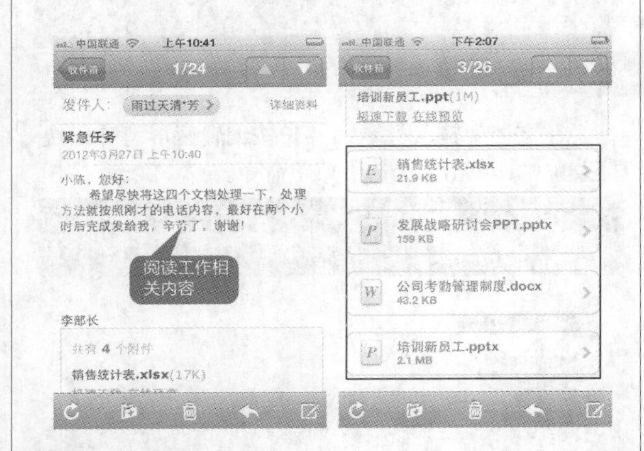

2 单击【DocsTogo】按钮

如果需要修改文档，如这里需要修改Word文档，打开该文档后单击右上方的按钮，在弹出的对话框中选择打开方式，这里单击【打开方式】按钮。在弹出的对话框中选择用哪个软件打开文档，这里选择单击【DocsTogo】按钮。

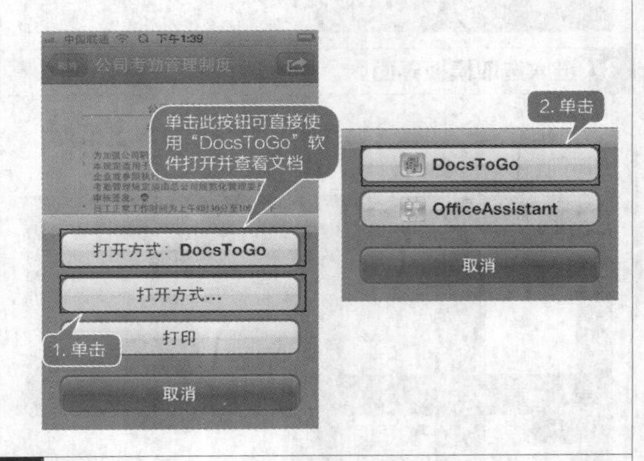

3 单击【存储】按钮

此时即可用所选的软件打开文档，为了方便对文档进行修改，需要先将文档另存到本地，在【DocsTogo】的文档内容界面底部单击按钮，在弹出的快捷菜单中单击【另存为】选项。在【另存为】界面中设置文件名称和保存位置，完成后单击【存储】按钮，即可将文档保存到手机上的当前软件内，并同时返回到文档内容界面，单击该界面左上角的按钮。

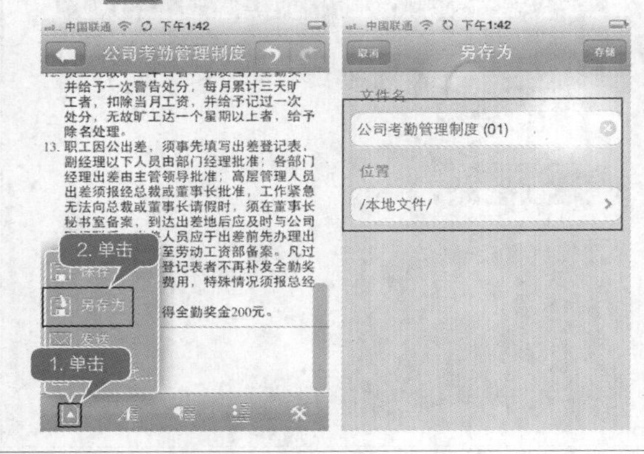

4 修改好文档后发送给他人

进入【Documents】界面，单击需要修改的文档，即可进入并修改文档，具体修改的方法这里就不再赘述。修改后在文档内容界面底部单击按钮，在弹出的快捷菜单中单击【保存】选项，即可保存对文档的修改，将文档发送给他人，需要在文档内容界面底部单击按钮，在弹出的快捷菜单中单击【发送】选项，即可在弹出的界面中输入收件人邮箱地址和邮件的主题，完成后单击【发送】按钮，即可将文档成功发送出去。